PRISMA NWA | BIOLOGIE

ist ein Lern- und Arbeitsbuch, das den Schülerinnen und Schülern den Erwerb von Kenntnissen und Fähigkeiten im Rahmen naturwissenschaftlichen Arbeitens ermöglicht.

Eine geeignete Aufbereitung soll den Umgang mit dem Buch erleichtern. Zu diesem Zwecke sind verschiedene Symbole und Kennzeichnungen verwendet worden, die überall im Buch die gleiche Bedeutung haben:

Startpunkt – Der Startpunkt bildet den Einstieg in das Thema. Durch einen motivierenden, oft alltagsnahen Einblick in das Thema sowie einen bildorientierten Seitenaufbau soll das Interesse des Schülers geweckt werden.

Werkstatt – Diese Seite stellt Schülerexperimente vor. Die Werkstattseite dient dem Erkenntnisgewinn durch Primärerfahrung und dem Erwerb von Handlungskompetenzen. Eine kleinschrittige, detaillierte Versuchsbeschreibung in schülergerechter Sprache ermöglicht eine selbstständige Versuchsdurchführung durch die Schülerinnen und Schüler.

Strategie – Der Seitentyp Strategie dient der Vermittlung von Methodenkompetenz und fördert den Erwerb von Schlüsselqualifikationen. Diese Einzel- oder Doppelseiten geben den Schülerinnen und Schülern Impulse für den Kompetenzerwerb durch Primär- und Sekundärerfahrungen.

▶111 ▶177 – Basisseiten sind durch ein kleines graues Quadrat gekennzeichnet und enthalten sinnvoll ausgewählte Lerninhalte, die den Erwerb der im Lehrplan geforderten Kompetenzen ermöglichen. Die Lerninhalte eines Themas werden übersichtlich und klar gegliedert angeboten. Wo thematische Querverbindungen vorhanden sind, wird auf die entsprechenden Seiten in Prisma NWA Chemie 4/5 (▶111) und Prisma NWA Physik 4/5 (▶177) verwiesen.

Brennpunkt – Dieser Seitentyp behandelt aktuelle, manchmal strittige Themen zu der Unterrichtseinheit. Wissenschaftliche und technische Hintergrundinformationen sowie fächerübergreifende Bezüge vertiefen das Stoffgebiet.

Lexikon – Auf Lexikonseiten werden Unterrichtsinhalte systematisch zusammengestellt. Durch die lexikalische Abhandlung ist dieser Seitentyp gut zum Nachschlagen geeignet.

Zeitpunkt – Die Zeitpunktseite informiert über historische Ereignisse und vermittelt geschichtliches Hintergrundwissen. Insbesondere Angaben zu historisch wichtigen Persönlichkeiten und ihren Errungenschaften werden hier dokumentiert.

Schlusspunkt – Der Schlusspunkt ist die letzte Einheit eines Themas. Er enthält eine Zusammenfassung der wichtigsten Lerninhalte des Themas und ein vielfältiges Aufgabenangebot.

Hinweis zu den Versuchen
Vor der Durchführung eines Versuchs müssen mögliche Gefahrenquellen besprochen werden. Die geltenden Richtlinien zur Vermeidung von Unfällen beim Experimentieren sind zu beachten. Da Experimentieren grundsätzlich umsichtig erfolgen muss, wird auf die üblichen Verhaltensregeln, insbesondere auf die GUV-SI 8070 „Richtlinien zur Sicherheit im Unterricht" nicht jedesmal erneut hingewiesen.

Die Anleitungen für weitere Versuche sind nach Schüler- und Lehrerversuch unterschieden und enthalten in besonderen Fällen Hinweise auf mögliche Gefahren.

Schülerversuch. Die allgemeinen Hinweise zur Vermeidung von Unfällen beim Experimentieren müssen bekannt sein.
Auch Schülerversuche sind nur auf Anweisung des Lehrers durchzuführen.

Lehrerversuch

Gefahrensymbol. Bei Versuchen, die mit diesem Zeichen versehen sind, müssen vom Lehrer besondere Vorsichtsmaßnahmen getroffen werden.

▷ Verweis auf Bild oder Versuch

Die Merksätze sind durch einen grauen Balken mit blauem Dreieck gekennzeichnet.
Sie beinhalten die wichtigsten Lerninhalte kurz und prägnant.

Das graue Quadrat mit Dreieck fasst im Schlusspunkt einzelne Themenbereiche kurz zusammen.

1 Eine Aufgabendifferenzierung erfolgt durch die Farbgebung der Aufgabennummer.
2 Dabei sind schwierige oder zeitintensive Aufgaben durch rote Ziffern gekennzeichnet.
3 Aufgaben, zu denen im Anhang des Buches Musterlösungen angeboten werden, sind durch eine doppelte Unterstreichung gekennzeichnet.

PRISMA NWA | BIOLOGIE 4 | 5

Baden-Württemberg

Manfred Bergau
Anke Beuren
Irmgard Bohm
Günter Ganz
Gerda Hagen
Claudia Lissé-Thöneböhn
Helmut Prechtl
Hans-Jürgen Seitz
Bernd Thomas
Charlotte Willmer-Klumpp

Ernst Klett Verlag
Stuttgart · Leipzig

1. Auflage 1 14 13 12 11 10 | 2015 14 13 12 11

Alle Drucke dieser Auflage sind unverändert und können im Unterricht nebeneinander verwendet werden.
Die letzten Zahlen bezeichnen jeweils die Auflage und das Jahr des Druckes.

Autorinnen und Autoren: Manfred Bergau, Anke Beuren, Irmgard Bohm, Dr. Günter Ganz, Gerda Hagen, Claudia Lissé-Thöneböhn, Prof. Dr. Helmut Prechtl, Dr. Hans-Jürgen Seitz, Prof. Dr. Bernd Thomas, Charlotte Willmer-Klumpp
Unter Mitarbeit: Ulf Klumpp

Redaktion: Micaela Stierle
Herstellung: Horst Andres

Layoutkonzeption und Gestaltung: Matthias Balonier, Infografik, Lützelbach
Unter Mitarbeit von: Elke Kurz, Kernen i. R.; Martina Mannhart, Stuttgart
Umschlaggestaltung: KOMA AMOK®, Kunstbüro für Gestaltung, Stuttgart
Illustrationen: Matthias Balonier, Lützelbach; Udo Buffler, Marburg; d. Biografiker, München; Jeanne Kloepfer, Lindenfels; Angelika Kramer, Stuttgart; Karin Mall, Berlin; Tom Menzel, Rohlsdorf; Otto Nehren, Achern; Gerhart Römer, Ihringen; Prof. Jürgen Wirth, Dreieich
Reproduktion: Meyle + Müller, Medien-Management, Pforzheim
Druck: Firmengruppe APPL, aprinta druck, Wemding

Printed in Germany
ISBN: 978-3-12-068335-3

9 783120 683353

Sahne-
torte
Pommes
Wurst
Schweins-
haxe
Schoko-
lade

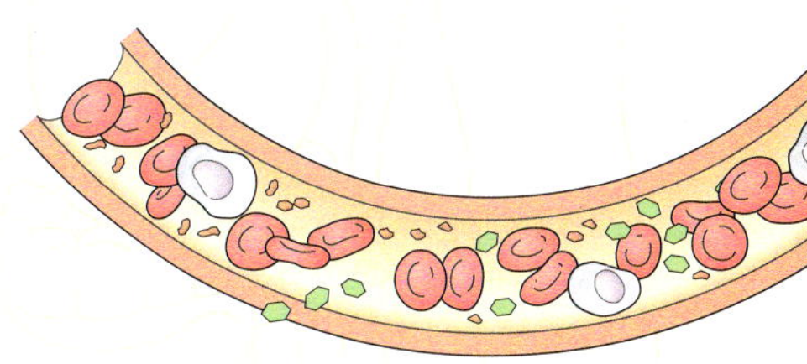

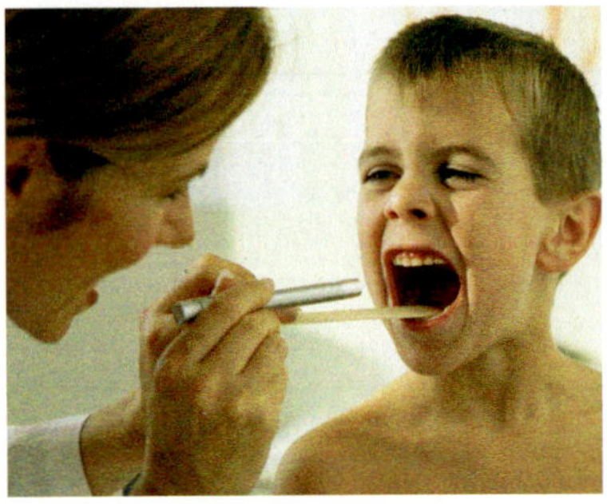

54 Für die Gesundheit kann jeder etwas tun

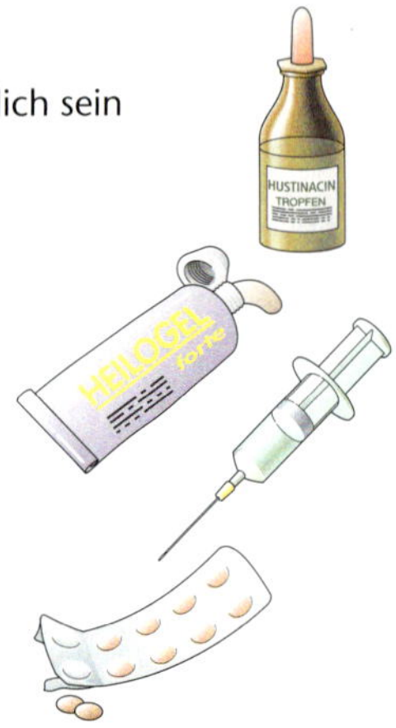

90 Erwachsen werden – die Zeit voller Fragezeichen

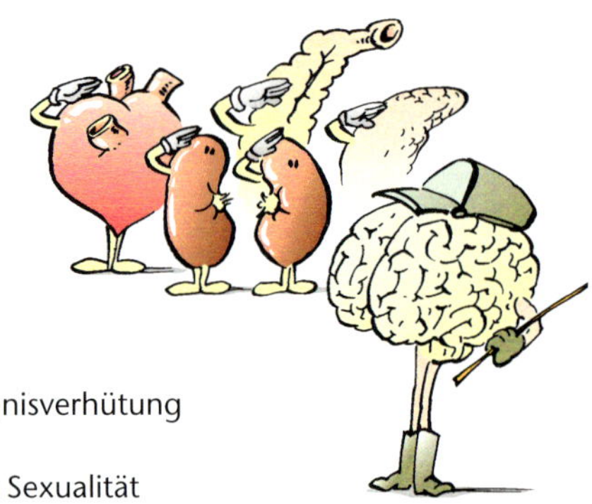

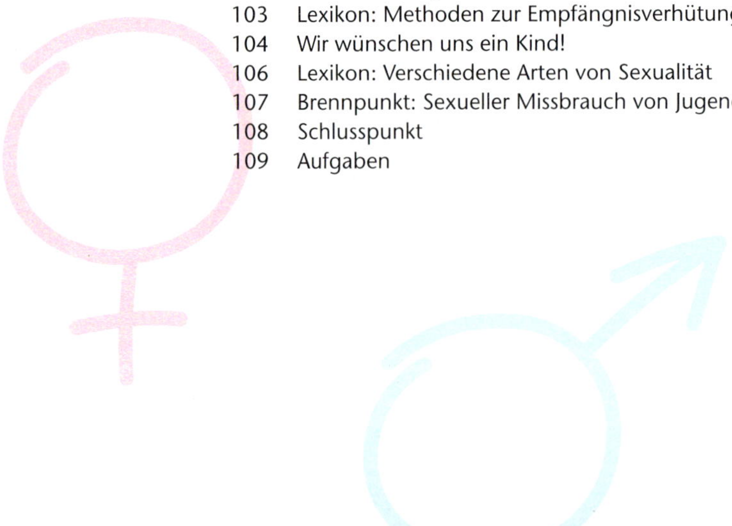

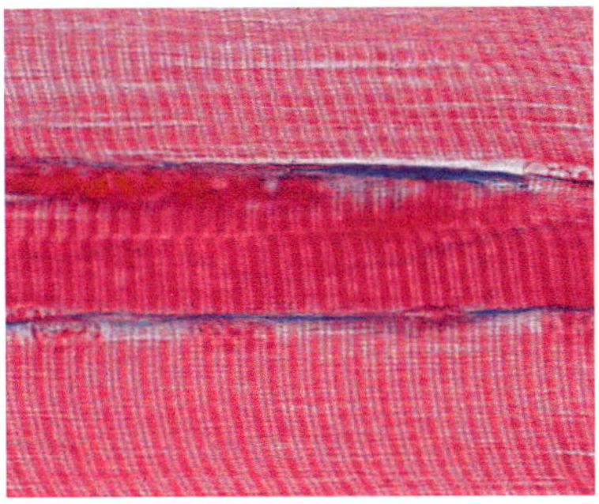

110 Die Zelle – Baustein des Lebendigen

138 Erbanlagen werden an die Nachkommen weitergegeben

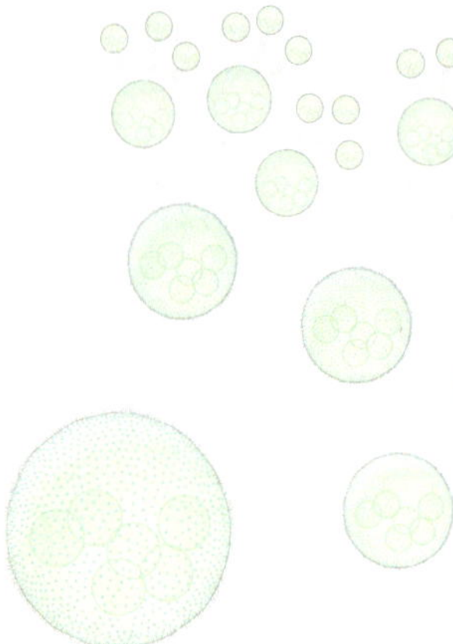

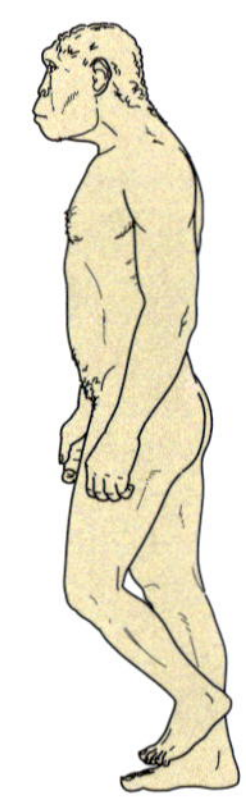

222 Ökologisch denken – nachhaltig handeln

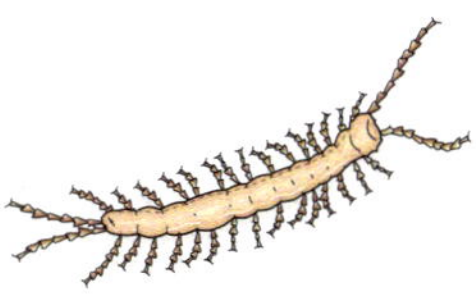

260 Anhang

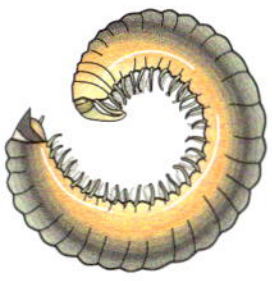

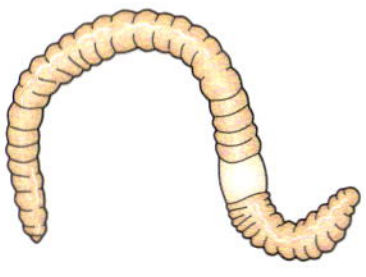

Stoffwechsel

„Fastfood ist ungesund und macht krank!", sagen die einen. „Nur wenn du zu viel davon isst", meinen die anderen. Was stimmt denn nun?

Was ist eigentlich dran an der gesunden Ernährung? Steckt in Fastfood-Gerichten nicht dasselbe drin wie in Öko-Produkten? Das sind Fragen, die du dir vielleicht selbst schon gestellt hast.

Sicher ist auf jeden Fall, dass du Nahrung zu dir nehmen musst. Denn sie liefert deinem Körper wichtige Baustoffe und lebensnotwendige Energie für alle Körperfunktionen.

In diesem Kapitel erfährst du, was mit der Nahrung und anderen Stoffen, die du aufnimmst, in deinem Körper passiert – wie sie verarbeitet und umgewandelt werden. Es lohnt sich, diesen Stoffwechsel einmal genauer zu betrachten. Viel Spaß bei der Reise durch deinen Körper.

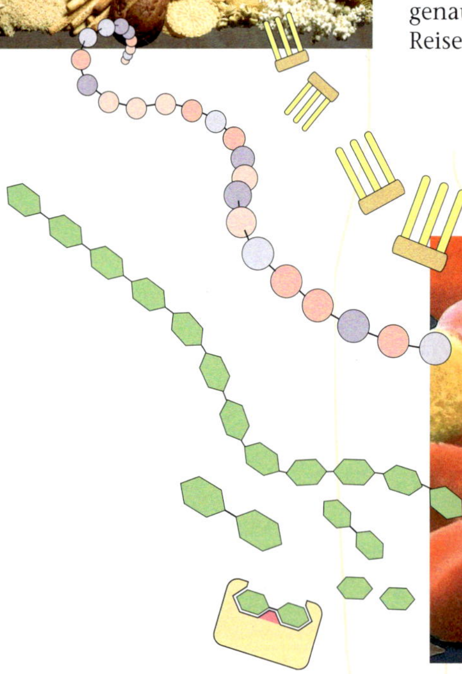

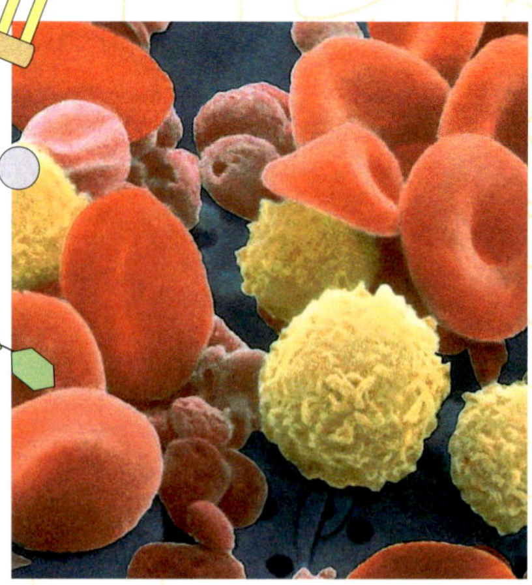

O_2
CO_2

▶234ff.

Was du bisher schon gelernt hast

Das steckt in unserer Nahrung
Kohlenhydrate, Fette und Eiweiße sind **Nährstoffe**. Sie bilden die Grundpfeiler unserer Ernährung und sind in Nahrungsmitteln in unterschiedlichen Anteilen enthalten. Vor allem die **Kohlenhydrate** und die **Fette** liefern dem Körper die notwendige Energie. Für den Körperaufbau, die Erneuerung und den Erhalt der Körperzellen sind **Eiweiße**, auch Proteine genannt, wichtig.

Andere wichtige Inhaltsstoffe
Neben den Nährstoffen sind in Nahrungsmitteln noch weitere wichtige Inhaltsstoffe enthalten. **Ballaststoffe** sind die unverdaulichen Bestandteile in Obst, Gemüse und allen Vollkornprodukten. Sie füllen den Darm, regen die Darmtätigkeit an und verhindern Verstopfung.

Vitamine sind für die Gesundheit unentbehrlich. Der Körper kann Vitamine nicht selbst herstellen, deshalb müssen sie täglich mit der Nahrung aufgenommen werden. Dabei reichen schon kleinste Mengen, aber fehlen dürfen sie nicht. Die meisten Vitamine sind in frischem Obst und Gemüse enthalten, andere Vitamine kommen in Fleisch und Fisch vor.

Auch verschiedene **Mineralstoffe** benötigen wir in geringen Mengen. Sie sind lebenswichtig für den Aufbau des Körpers. Calcium, enthalten in der Milch, wird zum Beispiel für den Aufbau von Knochen und Zähnen benötigt.

▶ Nährstoffe sind Kohlenhydrate, Fette und Eiweiße. Sie liefern dem Körper Energie und dienen als Baustoffe. Daneben braucht der Körper noch Vitamine, Mineral- und Ballaststoffe.

Wasser ist lebenswichtig
Wasser ist der Hauptbestandteil deines Körpers. Es kann bis zu zwei Dritteln deines Körpergewichtes ausmachen. Wasser befindet sich in den Zellen, in Zellzwischenräumen und im Blut. Wasser dient als Transport- und Lösungsmittel für Nährstoffe und andere Stoffe. Das Wasser in deinem Körper verdunstet über die Haut. Dabei kühlt der Schweiß den Körper und schützt ihn vor Überhitzung.
Das Wasser in deiner Atemluft befeuchtet die Atemwege. Der größte Teil des Wassers wird aber über den Urin ausgeschieden. Damit der Organismus seine Leistungsfähigkeit behält, muss der Wassergehalt im Körper immer gleich hoch sein. Trinken ist deshalb sehr wichtig.

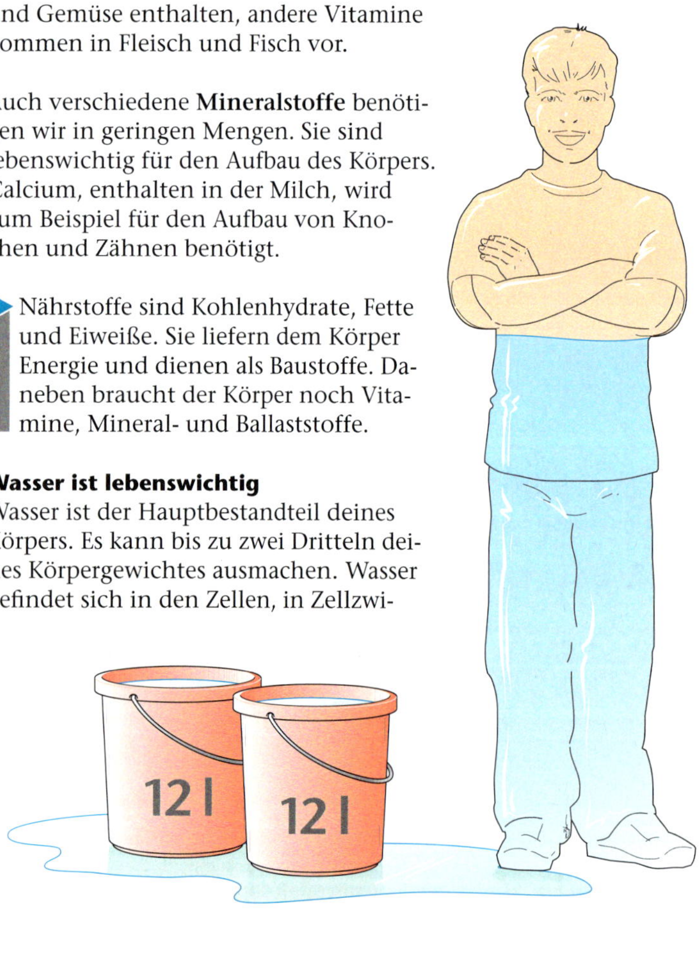

Wie viel Flüssigkeit braucht der Mensch?
Bei warmem Wetter oder wenn du Sport treibst, kannst du über 2 l Wasser verlieren. Dein Körper hat nun weniger Wasser und dein Blut wird dickflüssiger. Dein Gehirn reagiert und meldet Durst. Der Durst bewahrt dich davor auszutrocknen. Der Wasserverlust muss wieder ausgeglichen werden. Einen Teil der Flüssigkeit nimmst du mit der Nahrung auf, darüber hinaus solltest du täglich 1,5 bis 2 l trinken. Unter extremen Bedingungen, wie z. B. in der Wüste, kann der Wasserbedarf sogar bis zu 15 l betragen.

▶ Trinken ist lebensnotwendig. Täglich solltest du 1,5 bis 2 l trinken.

▶ 234ff.

Auf die Zusammensetzung kommt es an
Entscheidend für eine ausgewogene Ernährung ist die Auswahl von Nahrungsmitteln. Sie müssen die für den Körper wichtigen Nährstoffe in einem ausgeglichenen Verhältnis enthalten.
Die **Ernährungspyramide** (▷ B 1) gibt dir wichtige Hinweise über die Zusammensetzung der Mahlzeiten.

Die Grundlage der Ernährung sollten Kartoffeln, Reis, Nudeln und Brot sein. Sie sind die Hauptlieferanten für Kohlenhydrate. Vollkornprodukte enthalten mehr Vitamine und Mineralstoffe als Weißmehlprodukte.
Gemüse und Obst solltest du reichlich essen. Fünf Portionen, über den Tag verteilt, werden von Ernährungswissenschaftlern empfohlen.

Fleisch, Fisch und Eier sind eiweißreich. Der Körper braucht für Wachstum und Aufbau nur wenig davon, deshalb sollte man sie nur in kleinen Portionen essen. Ideal ist dabei eine Kombination aus tierischem und pflanzlichem Eiweiß.

Verwende Fette und Öle sparsam, denn zu viel Fett macht nicht nur dick, es kann dich auch krank machen. Ganz verzichten dürfen wir allerdings auf Fett nicht, denn viele Vitamine sind erst durch die Anwesenheit von Fetten für den Körper verwertbar. Außerdem sorgt Fett für den guten Geschmack der Speisen.

Kuchen, Kekse und Süßigkeiten solltest du nur gelegentlich genießen.

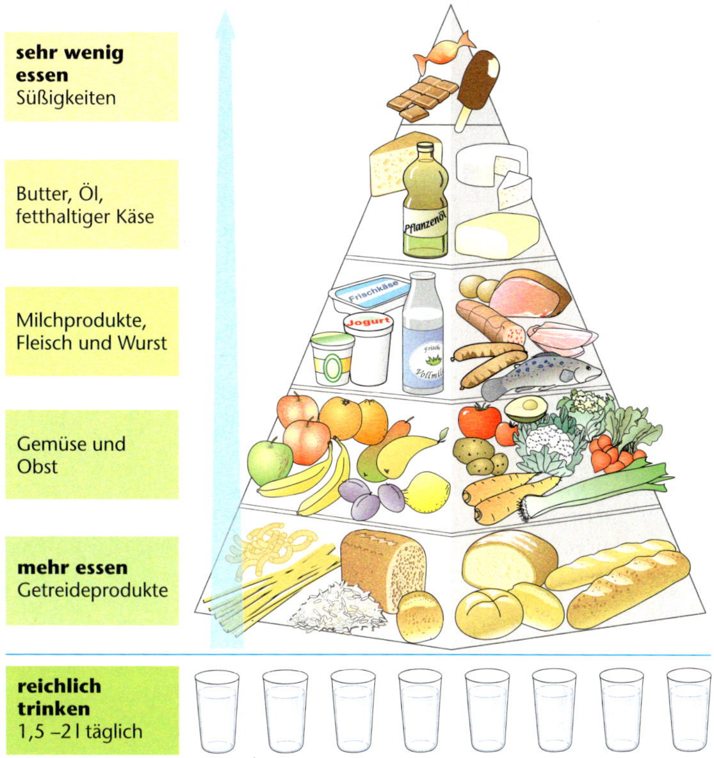

1 Ernährungspyramide

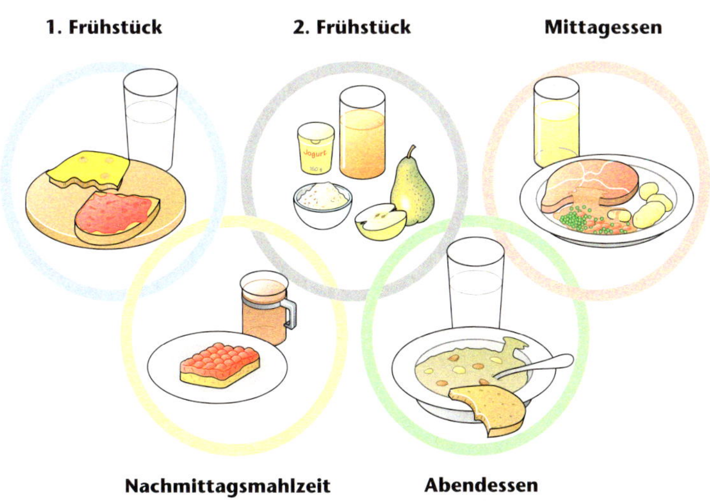

2 Fünf Mahlzeiten über den Tag verteilt werden empfohlen.

Kalorien
Woher weiß man eigentlich, wie viel Energie in einem Lebensmittel steckt? Wissenschaftler verbrennen die Nahrungsmittel in einem speziellen Gerät, dem Kalorimeter, und messen, wie viel Wärme entsteht. Diese Energie geben sie in der Einheit **Kilojoule (kJ)** an.

Die richtige Menge – richtig verteilt
Der tägliche Energiebedarf eines Menschen hängt vom Alter und von der Lebensweise ab, ebenso von seiner Tätigkeit. Die Deutsche Gesellschaft für Ernährung empfiehlt einen Rhythmus von fünf Mahlzeiten am Tag. Die drei Nährstoffe sollten in ausgewogener Menge enthalten sein. Je aktiver du bist, desto mehr Energie benötigen deine Muskeln. Wer mehr Energie mit seiner Nahrung zu sich nimmt als er verbraucht, wird zu dick. Dagegen hilft am besten Bewegung und weniger essen. Aber es gibt auch Menschen, die zu dünn sind. Sie sollten immer kleine Zwischenmahlzeiten essen, dafür eignen sich besonders gut Obst und Vollkornprodukte.

▶ Für eine ausgewogene Ernährung ist die richtige Zusammenstellung der Nahrung wichtig.

▶242f.
▶245

Kohlenhydrate als Energielieferanten

Kohlenhydrate – Energie, die fit macht
Morgen ist ein wichtiger Tag für die Leichtathleten der achten Klassen: Es geht um den Einzug ins Finale bei „Jugend trainiert für Olympia". Herr Wiesend, der Sportlehrer, weist noch einmal darauf hin, am heutigen Abend und am Wettkampfmorgen vor allem Kohlenhydrate zu essen. Und das nicht ohne Grund: Kohlenhydrate sind die wichtigsten Energielieferanten für unseren Körper. Nahrungsmittel, die besonders viele Kohlenhydrate enthalten, zeigt Abbildung 1. Es handelt sich vor allem um Nahrungsmittel, die aus Pflanzen hergestellt werden.

Einmal – zweimal – mehrmals
Neben Traubenzucker, der wie Fruchtzucker zu den Einfachzuckern gehört, zählen auch die Zweifachzucker und die Vielfachzucker zu den Kohlenhydraten (▷B2). Der wichtigste Zweifachzucker ist der Rohr- bzw. Rübenzucker, auch Haushaltszucker genannt. Stärke ist ein Vielfachzucker, der aus vielen Einfachzucker-Bausteinen besteht, die miteinander verbunden sind.

Schokoriegel oder Nudeln?
Der Traubenzucker in einem Schokoriegel wird schnell ins Blut aufgenommen und der Körper kann die gespeicherte Energie sofort nutzen. Da der Traubenzucker dabei verbraucht wird, reicht die daraus gewonnene Energie nur für ca. 30 Minuten. Kurz vor einer zu erbringenden Leistung ist Traubenzucker deshalb sehr wirkungsvoll. Wenn es aber darum geht, sich für einen längeren Sportwettkampf fit zu machen, ist Traubenzucker kein geeigneter Energielieferant.

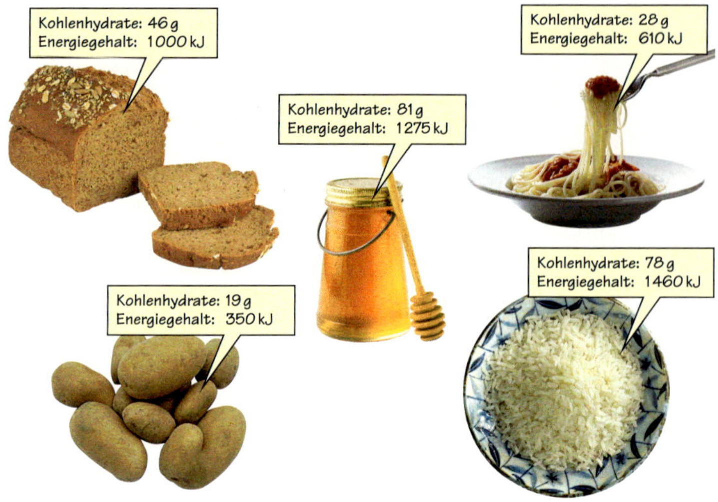

1 Kohlenhydrathaltige Nahrungsmittel (Werte beziehen sich auf 100 g)

Hier leistet die Stärke, die beispielsweise in Nudeln vorhanden ist, gute Dienste. Stärke muss im Körper zuerst in ihre Bausteine zerlegt werden. Erst dann kann die darin gespeicherte Energie genutzt werden. Da die Zerlegung der Stärke schrittweise abläuft, dauert es eine gewisse Zeit, bis die Energie zur Verfügung steht. Dafür reicht die gespeicherte Energiemenge für eine längere Zeitspanne (▷B3).

Stärke ist ein Vielfachzucker, der aus langen Ketten besteht. Um die Energie daraus nutzen zu können, müssen die Ketten vom Organismus zunächst in die Bausteine zerlegt werden.

Aufgabe

1 Informiere dich im Internet über die Ernährung eines Radprofis während der „Tour de France". Was kannst du bei dessen Nahrungsauswahl feststellen? Nenne Gründe dafür und berichte darüber.

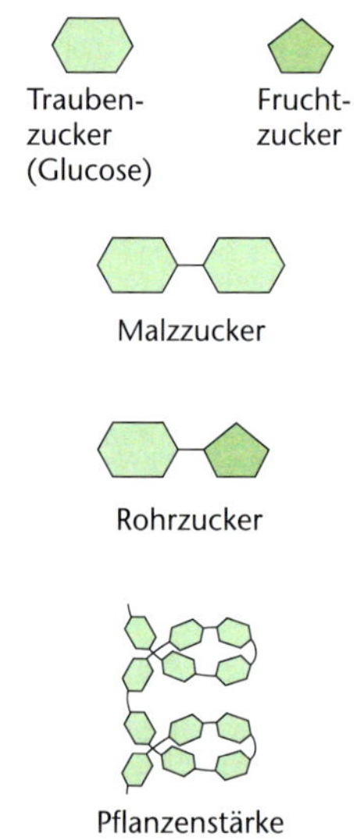

2 Kohlenhydrate

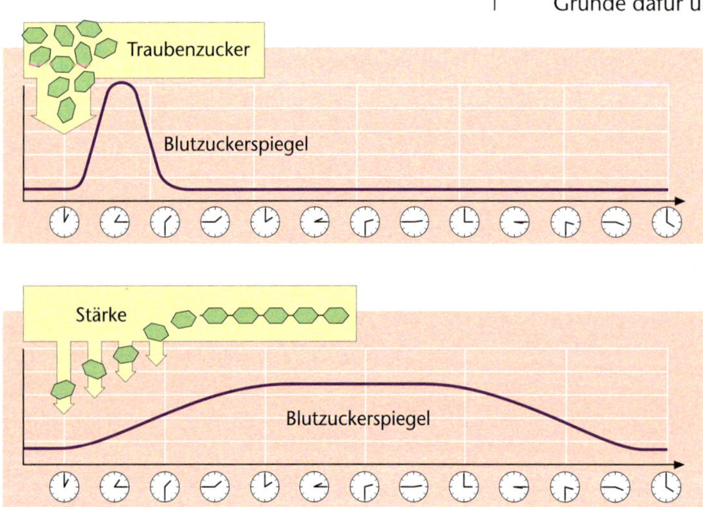

3 Wirkung verschiedener Kohlenhydrate auf den Blutzuckerspiegel

▶235
▶236

Fette

1 Fetthaltige Nahrungsmittel (Werte beziehen sich auf 100 g)

Was ist eigentlich ein Fett?

Es gibt tierische und pflanzliche Fette, die beide Bestandteile unserer Nahrung sein können (▷ B 1). Chemisch gesehen, besteht ein Fettmolekül aus dem Alkohol **Glycerin** und drei **Fettsäuren**, die sehr unterschiedlich aufgebaut sein können (▷ B 2). Einige dieser Fettsäuren können vom menschlichen Körper nicht selbst hergestellt werden. Sie müssen mit der Nahrung aufgenommen werden. Man nennt sie **essenziell**.

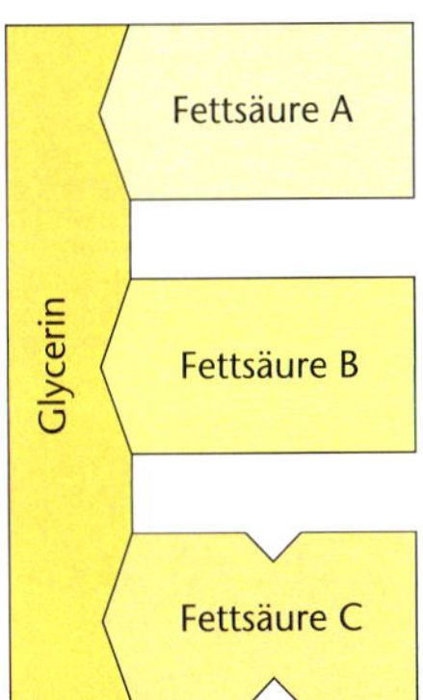

2 Fettmolekül, Schema

Wozu braucht der Körper Fette?

Fette werden von deinem Körper für verschiedene Aufgaben benötigt: Zum einen dienen sie zum Aufbau von Zellbestandteilen, wie z. B. Zellmembranen, zum anderen sind sie wichtig für die Energiegewinnung. Denn auch Fette sind sehr energiereich: So liefert 1 g Fett mehr als doppelt so viel Energie wie 1 g Kohlenhydrat. Nimmst du allerdings zu viele Fette auf, bildet sich **Depotfett**, das sich vor allem an Bauch und Hüfte anlagert und dick macht. In diesem eingelagerten Fett wird somit Energie gespeichert.

Schon 100 g sind fast zu viel

Marc isst für sein Leben gern Schinkencroissants. Das findet seine Mutter nicht so gut. „Die enthalten zu viel Fett, das ist ungesund", meint sie. Aber Marc winkt ab, „nie im Leben, ich hab doch nicht mal Butter drauf."

Der Tagesbedarf an Fett liegt beim Mann bei 1,5 g pro Kilogramm Körpergewicht, bei einer Frau bei 1 g pro Kilogramm Körpergewicht. Diese Menge wird schnell erreicht, denn häufig nehmen wir „versteckte" Fette zu uns. So enthält Marcs Schinkencroissant ohne Butteraufstrich bereits 10 g Fett im Teig und 25 – 30 g Fett im Schinken. Das entspricht bereits einem Drittel seines Tagesbedarfs!

Der übermäßige Verzehr von Lebensmitteln mit hohem Fettanteil, ist meistens die Ursache dafür, dass Menschen zu dick sind. Vor allem in Ländern mit ausreichendem Nahrungsangebot kannst du dies beobachten. Dabei warnen Ärzte immer wieder vor den möglichen Folgen einer Überernährung: Herzinfarkt, Schlaganfall, Gefäßkrankheiten und Zuckerkrankheit.

▶ Fette sind sehr energiereich. Werden sie in überschüssigen Mengen aufgenommen, führen sie zu Übergewicht. Die Folgen können Herz- und Kreislauferkrankungen sein.

Aufgabe

1 a) Untersuche das Frühstück deiner Familie. Berechne die Fettmenge mithilfe einer Nährwerttabelle für jedes Familienmitglied.
Wo sind überall Fette enthalten?
b) Wo könnten Fette in der Nahrung eingespart werden?

3 100 g Chips enthalten 5x so viel Fett wie 100 g Bratkartoffeln.

▶ 238ff.

Eiweiße

1 Eiweißhaltige Nahrungsmittel (Werte beziehen sich auf 100 g)

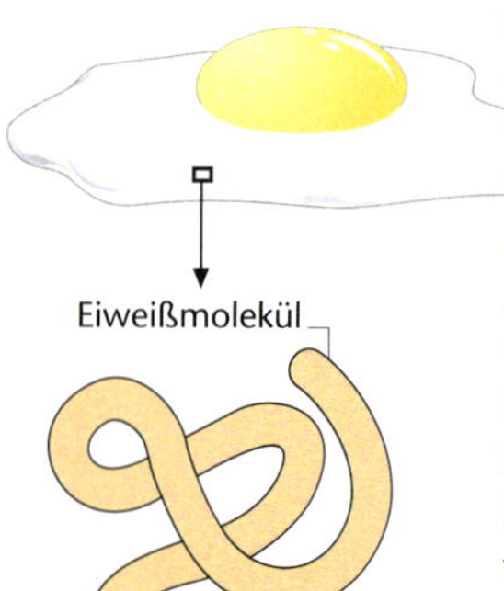

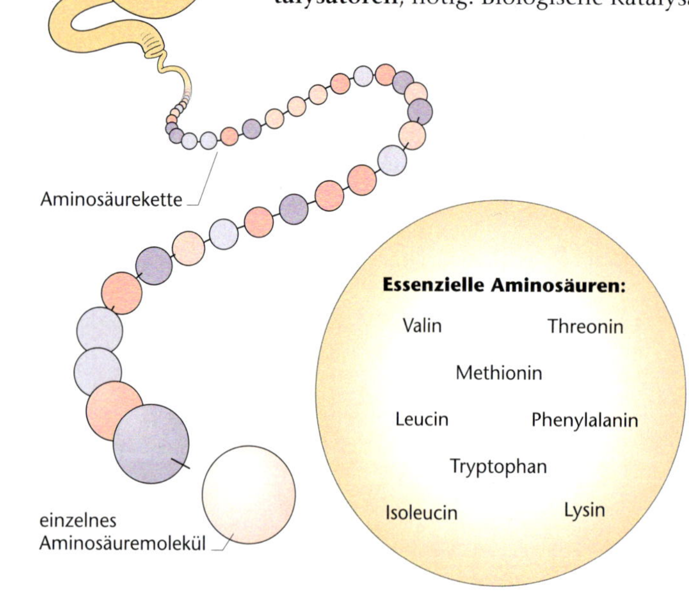

2 Vom Eiweißmolekül zur Aminosäure, Schema

Eiweiße machen stark

Ohne Eiweiße wäre unser Leben nicht möglich. Sie sind als Baustoffe unentbehrlich. So braucht unser Organismus Eiweiße, um Zellen und Organe zu bilden oder um Substanzen in die Zellen zu schleusen. Jugendliche benötigen während des Wachstums Eiweiße vor allem zum Aufbau der Muskeln. Auch an der Bildung von Abwehrstoffen, Hormonen oder Blutgerinnungsfaktoren sind Eiweiße beteiligt.
Für den Ablauf von chemischen Reaktionen im menschlichen Körper sind häufig Reaktionsbeschleuniger, so genannte **Katalysatoren**, nötig. Biologische Katalysatoren sind die **Enzyme**. Auch sie gehören zu den Eiweißen.

Wie viel Eiweiß braucht der Mensch?

Heutzutage ist bekannt, dass 0,45 g Eiweiß pro Kilogramm Körpergewicht das absolute Minimum sind, um den menschlichen Organismus funktionstüchtig zu halten. Um diesen Minimalzustand zu vermeiden, sollen Erwachsene jeden Tag 0,8 g Eiweiß pro kg Körpergewicht mit der Nahrung aufnehmen.

Aminosäuren – Bausteine der Eiweiße

Alle Eiweiße bestehen aus den gleichen Bausteinen, den **Aminosäuren**. In der Natur kommen 20 verschiedene Aminosäuren vor. Acht davon sind für uns Menschen essenziell. Da sie vom Körper nicht aufgebaut werden können, müssen sie mit der Nahrung aufgenommen werden. Die für den Körper wichtigen Aminosäuren finden wir sowohl in tierischen Nahrungsprodukten wie Eier, Käse, Fisch und Fleisch, als auch in Nahrungsmitteln pflanzlichen Ursprungs, beispielsweise in Sojaprodukten, Erbsen und Kartoffeln.

Essenzielle Aminosäuren können nicht im Organismus gebildet werden. Der Mensch muss sie mit der Nahrung aufnehmen.

Aufgabe

1 Informiere dich anhand von Fachbüchern, wie der Eiweißbedarf in der Schwangerschaft ansteigt. Wie könnte eine Schwangere sich entsprechend ernähren? Berichte in der Klasse über deine Ergebnisse.

▶239
▶245

Wie weist man Nährstoffe nach?

Wenn wir essen oder trinken, nehmen wir meist ein Gemisch verschiedener Nahrungsbestandteile auf. Mit den folgenden Versuchen kannst du die einzelnen Bestandteile der Nahrung nachweisen.
Trage bei allen Versuchen von Anfang an eine Schutzbrille.

1 Nachweis von Eiweiß (Biuret-Reaktion)

Material
Schutzbrille, Eiklar, Wasser, alkalische Kupfersulfatlösung (reizend, gesundheitsschädlich), 2 Reagenzgläser, Pasteurpipette

Versuchsanleitung
a) Fülle in das erste Reagenzglas ca. 2 cm hoch Wasser, in das zweite die gleiche Menge der Eiklarlösung.
b) Tropfe vorsichtig jeweils etwas alkalische Kupfersulfatlösung zu und schüttle.

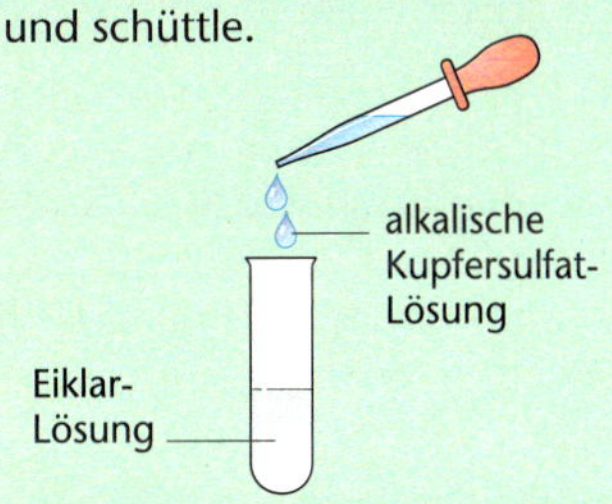

1 Zu Versuch 1

Aufgabe
Vergleiche die beiden Reagenzgläser. Was stellst du fest?

2 Nachweis von Traubenzucker (Glucose)

Material
Schutzbrille, 2 Reagenzgläser, Fehling I- und II-Lösung (ätzend, gesundheitsschädlich), Traubenzucker, Wasser, Becherglas

Versuchsanleitung
a) Mische in einem Reagenzglas 2 ml Fehling I- mit 2 ml Fehling II-Lösung.
b) Verteile die Mischung gleichmäßig auf die zwei Reagenzgläser.
c) Gib in das erste Reagenzglas 2 ml einer Traubenzuckerlösung, die du zuvor durch Mischen von einer Spatelspitze Traubenzucker und 10 ml Wasser hergestellt hast.
d) Fülle in das zweite Reagenzglas die gleiche Menge Wasser.
e) Erwärme beide Lösungen vorsichtig im Wasserbad.

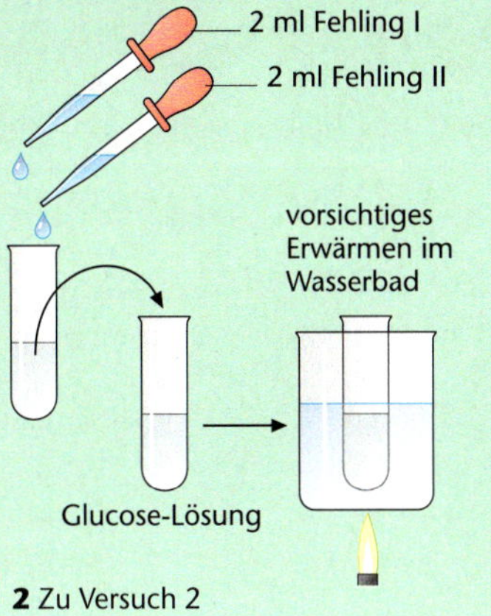

2 Zu Versuch 2

Aufgabe
Welche Veränderungen kannst du feststellen? Protokolliere.

3 Wir prüfen auf Fett

Material
Schutzbrille, 2 Reagenzgläser, Filterpapier, Salatöl, Sudan-III-Lösung, Wasser, Wasserbad, Fön, Löschpapier

Versuchsanleitung
a) Gib 1 ml Salatöl und 2 ml Wasser zusammen in ein Reagenzglas.
b) Gib nun 2 ml Sudan-III-Lösung dazu und erwärme das Gemisch vorsichtig im Wasserbad.

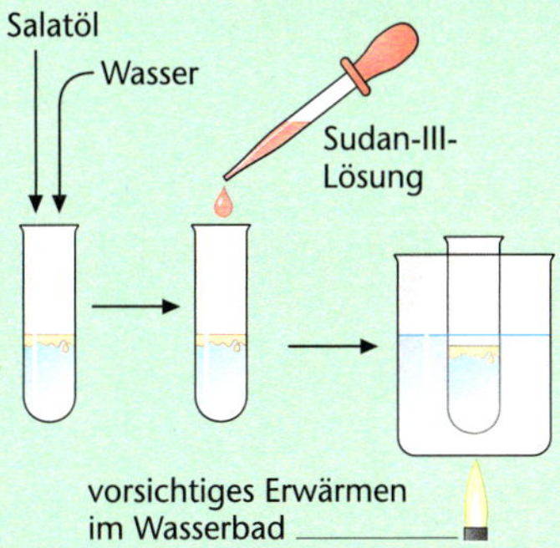

3 Zu Versuch 3

Aufgabe
Was stellst du nach einigen Minuten fest? Protokolliere.
Fett lässt sich auch mit der **Fettfleckprobe** nachweisen: Gib dazu einen Tropfen Salatöl und einen Tropfen Wasser auf ein Löschpapier und föhne es dann trocken.

Aufgabe
Was kannst du beobachten, wenn du das Löschpapier gegen das Licht hältst?

4 Stärkenachweis

Material
Schutzbrille, Kartoffelmehl, Pasteurpipette, 2 Reagenzgläser mit Stopfen, Spatellöffel, Iod-Kaliumiodidlösung, Wasser

Versuchsanleitung
a) Gib einen gehäuften Spatellöffel Kartoffelmehl in das erste Reagenzglas und füge 5 ml Wasser hinzu.
b) Verschließe jetzt das Reagenzglas mit dem Stopfen und schüttle die Mischung gut durch.
c) Öffne anschließend das Reagenzglas und gib mit der Pipette 5–10 Tropfen der Iod-Kaliumiodidlösung in das Gemisch.
d) Fülle das zweite Reagenzglas mit der gleichen Menge Wasser und tropfe 5–10 Tropfen der Iod-Kaliumiodidlösung zu.

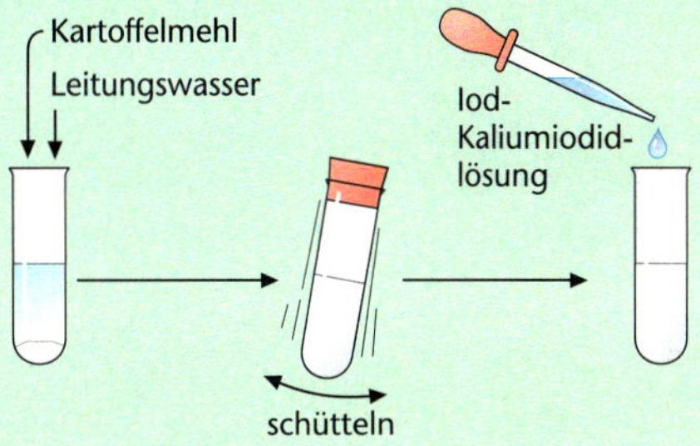

4 Zu Versuch 4

Aufgabe
Vergleiche die beiden Reagenzgläser. Was kannst du beobachten?

Aufgaben

1 Notiere anhand deiner Beobachtungen für die Nachweise der Nährstoffe jeweils einen Merksatz.

2 Führe die Versuche 1–4 mit verschiedenen Lebensmitteln durch und protokolliere jeweils deine Ergebnisse.

fettlösliche Vitamine	Bedarf (in mg)	Funktion
A	0,90	– dient dem Aufbau des Sehpurpurs – Vorsorge gegen Bindehautschäden
D	0,05	– sorgt für die Kalkablagerung in den Knochen und beugt der Rachitis vor
E	12,00	– wichtiger „Radikalfänger" – beugt der Arteriosklerose vor
K	0,50	– unentbehrlich für den Vorgang der Blutgerinnung
wasserlösliche Vitamine	**Bedarf** (in mg)	**Funktion**
B_1	1,1 – 1,6	– wachstumsfördernd – hilft beim Kohlenhydrat-Stoffwechsel
B_2	1,5 – 1,8	– fördert das Wachstum von Haaren, Haut und Fingernägeln – fördert die Entwicklung der Keimzellen
B_6	1,6 – 2,1	– wichtig für die Eiweiß- und Fettaufnahme – beugt Haut- und Nervenstörungen vor
B_{12}	0,003	– steigert das Wachstum und den Appetit – Verbesserung von Konzentration und Gedächtnisleistung
C	75	– unterstützt die Wundheilung – beugt Infektionen vor

1 Übersicht über die wichtigsten Vitamine und ihre Bedeutung

Vitamine helfen Krankheiten vorzubeugen, indem sie das Immunsystem stärken. So sollte ein gesunder Erwachsener täglich 75 mg Vitamin C zu sich nehmen. Man unterscheidet zwischen wasser- und fettlöslichen Vitaminen (▷ B 1). **Wasserlösliche Vitamine** können im Körper kaum gespeichert werden. Dadurch kann es leicht zu einer Unterversorgung kommen, die zu Mangelerscheinungen führen kann. **Fettlösliche Vitamine** können vom Körper nur bei gleichzeitiger Zufuhr von Fett aufgenommen werden. Diese Vitamine werden im körpereigenen Fettgewebe gespeichert und können nach Bedarf zur Verfügung gestellt werden.

Kleine Dosis mit großer Wirkung

Vitamine sind Substanzen, die bereits in geringen Mengen wirken. Dein Körper benötigt sie für fast alle lebenswichtigen Funktionen. Da der menschliche Organismus Vitamine jedoch gar nicht oder nur in unzureichend kleinen Mengen herstellen kann, müssen sie mit der Nahrung aufgenommen werden.

Freie Radikale werden „abgefangen"

In unserem Körper laufen viele Prozesse ab, bei denen Molekülbruchstücke entstehen. Man nennt sie **freie Radikale**. Sie sind sehr reaktionsfreudig und verbinden sich leicht mit anderen Verbindungen. Im Körper kann es so zu Fehlreaktionen kommen. Für den Menschen können vor allem Sauerstoffradikale gefährlich werden, da diese die Zellen schädigen und für die Tumorbildung mitverantwortlich gemacht werden. Um dies zu verhindern, müssen die freien Radikale „abgefangen" werden. Bei einem gesunden Menschen geschieht dies ohne Probleme. Durch Mangelernährung oder übermäßigen Alkoholkonsum kann der Stoffwechsel jedoch gestört sein. Freie Radikale können dann eher angreifen. Speziell die Aufnahme der Vitamine C und E schützen die Körperzellen vor dem Angriff freier Radikale (▷ B 2).

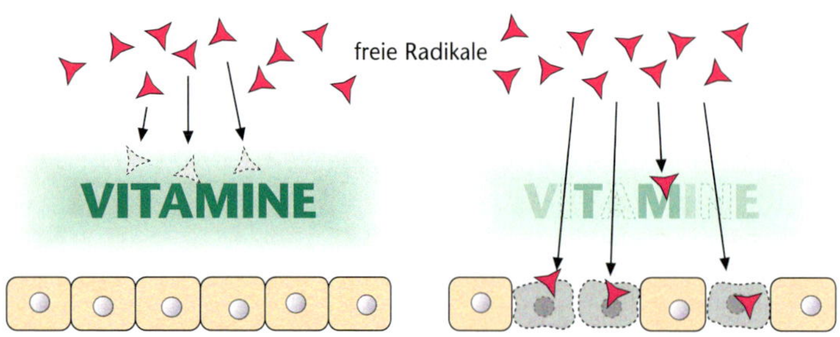

Eine ausgewogene, vitaminreiche Kost schützt die Körperzellen.

Mangelernährung schwächt den Schutz.

2 Vitamine schützen unsere Körperzellen vor freien Radikalen.

> Vitamine sind lebenswichtige Wirkstoffe, die dem Körper durch die Nahrung zugeführt werden müssen und bereits in geringen Mengen wirken.

Aufgaben

1 Welche Nahrungsmittel sind besonders vitaminreich? Gib an, welche Vitamine hauptsächlich darin enthalten sind.

2 Informiere dich im Internet oder anhand eines Fachbuchs über die Vitaminmangelkrankheit „Skorbut". Bereite hierzu ein Referat vor.

Mineralstoffe und Spurenelemente
Zu den **Mineralstoffen** zählen die Salze von **Calcium**, **Kalium** und **Natrium**. Aber auch **Eisen-**, **Iod-** und **Phosphorsalze** werden von deinem Körper benötigt; allerdings in wesentlich kleineren Mengen. Deshalb werden die drei letztgenannten Stoffe auch als **Spurenelemente** bezeichnet.
Damit der Knochenaufbau reibungslos ablaufen kann, musst du genügend Calciumsalze zu dir nehmen. Fast 95 % der Calciummenge werden in Knochen und Zähnen gebunden. Aber auch die Muskeln sind auf Calciumsalze angewiesen, sie könnten sich nicht kontrahieren, dein Herz würde aufhören zu schlagen.

Selbst wenn du diese Stoffe nur in sehr kleinen Mengen brauchst, viele Körperfunktionen könnten ohne diese Spurenelemente nicht ablaufen (▷ B 1).

▶ Mineralstoffe und Spurenelemente sind für viele Funktionen des menschlichen Organismus unersetzlich.

Zu einer ausgewogenen Ernährung gehören Ballaststoffe
Ballaststoffe sind fast ausschließlich in pflanzlichen Lebensmitteln enthalten, vor allem in Vollkornprodukten, Gemüse und Obst. Da sie der Organismus nicht verwerten kann, passieren sie den Darm schnell. Aufgrund ihrer chemischen Struktur binden die Ballaststoffe Wasser und quellen stark auf. Dadurch wird die Darmwand gedehnt und die Darmtätigkeit angeregt. Außerdem bilden die Darmzellen mehr Schleim wodurch der Transport des Nahrungsbreis beschleunigt wird. Dieser Effekt führt dazu, dass sich der Enddarm regelmäßig entleert.

▶ Ballaststoffe helfen, eine Stuhlverstopfung zu vermeiden.

Aufgabe

1 Führt eine Expertenbefragung zum Thema gesunde Ernährung durch und erstellt dann einen Ernährungsplan.

Spurenelemente

	Wichtig für:	Vor allem in:	Mangelerscheinung:
Eisen	das Blut	Vollkornprodukten Fleisch (Leber, Niere) Gemüse Pilzen (Pfifferlinge) Sojamehl Brennnesseln	Erschöpfung Anämie (Blutarmut)
Iod	die Schilddrüse	Seefischen (Schellfisch, Seelachs) Krustentieren	gestörte Schilddrüsenfunktion Kropfbildung
Phosphor	das Skelett	Käse Sojabohnen Getreide Leber	Muskelschwäche Knochenleiden
Fluor	das Skelett die Zähne	Trinkwasser und Mineralwasser Seefischen	Karies
Zink	die Enzyme die Insulinsynthese	Rindfleisch, Leber Fisch Milchprodukten Gemüse	Appetitlosigkeit erhöhte Infektionsgefahr verzögerte Wundheilung

1 Bedeutung einiger Spurenelemente

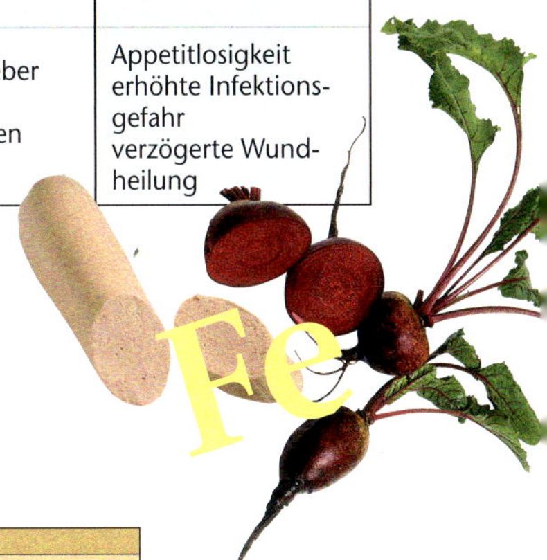

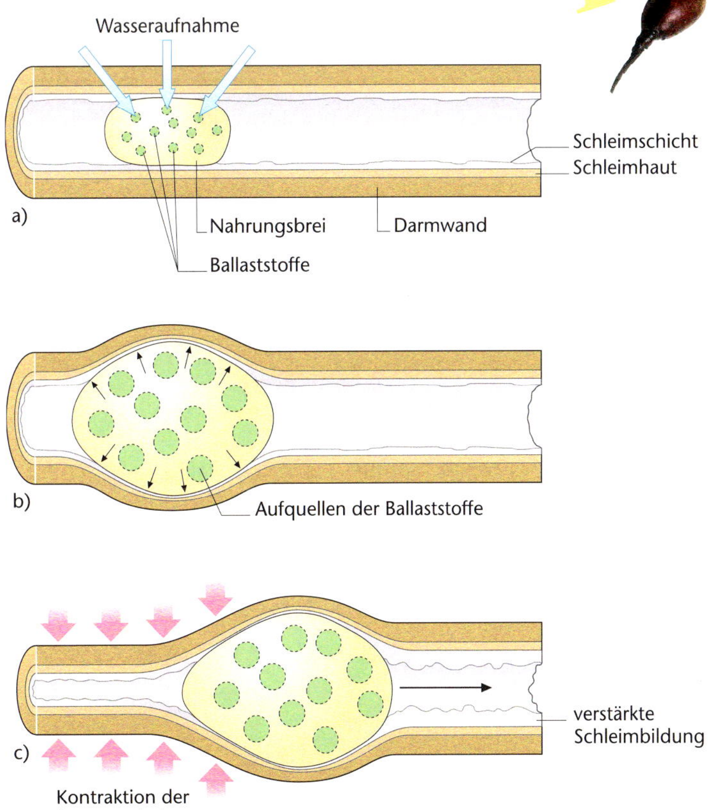

2 So wirken Ballaststoffe

▶80ff.

Wer braucht welche Ernährung?

1 Der Körper braucht Energie.

Nahrung ist verpackte Energie

Während du acht Stunden schläfst, schlägt dein Herz fast 32000 Mal und pumpt dabei mehr als 4500 l Blut durch deinen Körper. Du atmest weiter, auch deine Verdauung leistet sich keine Pause und deine Körpertemperatur beträgt weiterhin 37 °C. Für alle Körperfunktionen benötigst du Energie. Der Energiebedarf bei völliger Ruhe wird als **Grundumsatz** bezeichnet. Er ist von Geschlecht, Alter und Gewicht abhängig. Berechnet wird der Grundumsatz eines Menschen, indem pro Kilogramm Körpergewicht ein Energiebedarf von ca. 4 kJ pro Stunde angesetzt wird. Ein Erwachsener mit einem Gewicht von 70 kg benötigt somit an einem Tag ca. 7000 kJ. Diese Berechnung ist jedoch relativ ungenau, denn bei jeder körperlichen oder geistigen Arbeit wird zusätzlich Energie verbraucht. Durch diesen Leistungsumsatz ist der gesamte Energieumsatz deshalb erheblich größer.

▶ Männer, Frauen und Kinder haben wegen ihrer unterschiedlichen körperlichen Voraussetzungen einen unterschiedlichen Energiebedarf.

Alle Zellen brauchen Energie

Nicht nur Körperaktivitäten wie Bewegung, Atmung und Herzschlag sind auf Energie aus der Nahrung angewiesen. Ganz unbemerkt erneuern sich auch viele Gewebe unseres Körpers. So sterben Hautzellen ständig ab, während in der Unterhaut neue Hautzellen entstehen.

Um den Prozess der Zellerneuerung leisten zu können, braucht der Körper Baustoffe wie die Eiweiße aus der Nahrung. Dieser **Baustoffwechsel** ist die Grundlage dafür, dass spezialisierte Zellen im Körper Haare, Muskeln, Knochen, Knorpel und andere Gewebe aufbauen können.

Dagegen werden die Betriebsstoffe Kohlenhydrate und Fette dem **Betriebsstoffwechsel** zugerechnet. Diese Stoffe stellen dem Körper ausreichend Energie für alle Prozesse zur Verfügung.

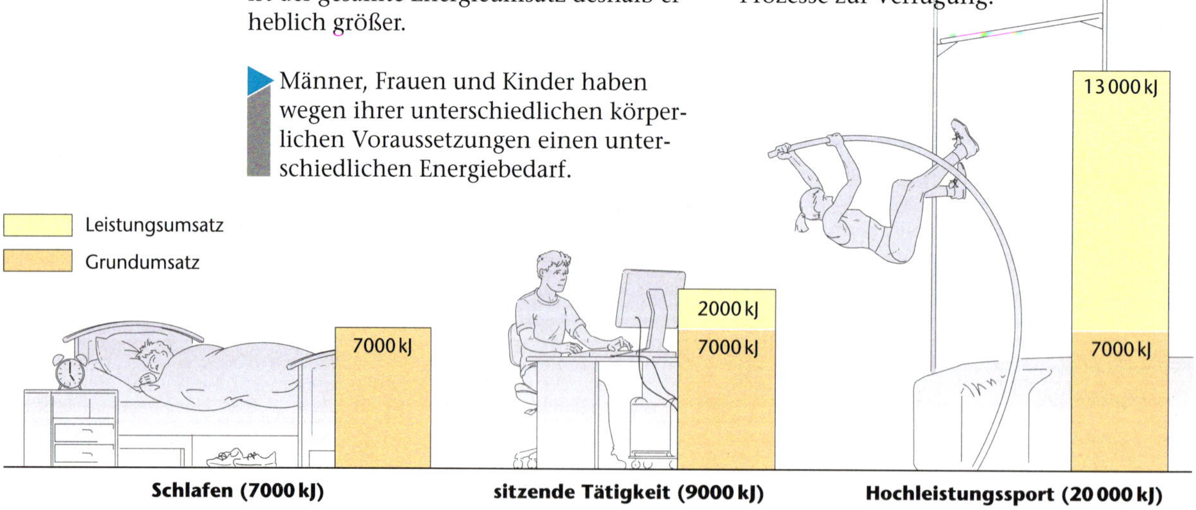

Der Baustoffwechsel schafft die Grundlage für die Erneuerung von Körperzellen. Der Betriebsstoffwechsel stellt Energie für den Ablauf aller Stoffwechselvorgänge zur Verfügung.

Genug Energie zum Speichern

Unsere tägliche Nahrung enthält mehr Energie als wir für den Bau- und Betriebsstoffwechsel benötigen. Wenn der menschliche Organismus ausreichend mit Traubenzucker (Glucose) versorgt ist, kann zusätzlicher Traubenzucker in der Leber und in den Muskelzellen in eine Speicherform überführt werden. Diese Speicherform des Traubenzuckers heißt **Glykogen** und ist ähnlich aufgebaut wie Stärke. Und wie diese kann Glykogen bei Energiebedarf wieder in die Grundbausteine zerlegt und verwertet werden.

	Eiweiß (in g)	Fett (in g)	Kohlenhydrate (in g)	Mineralstoffe (in mg)	Energiemenge (in kJ)
Schinken, gekocht	19	20	–	507	1145
Hühnereier	11	10	1	372	615
Vollmilch	3,5	3,5	5	368	275
Vollmilch-Jogurt	5	4	5	475	310
Hartkäse, vollfett	25	28	3	1436	1555
Butter	1	83	–	48	3240
Roggenvollkornbrot	7	1	46	558	1000
Mischbrot	7	1	52	577	1055
Weizenvollkornbrot	8	1	47	362	1010
Brötchen	7	1	58	251	1160
Kartoffeln	2	–	19	519	350
Pommes Frites	4	15	41	96	1361
Linsen	24	1	56	1302	1480
grüne Bohnen	2	–	5	321	130
Tomaten	1	–	3	324	75
Haselnüsse	14	62	13	1194	2890
Äpfel	0,3	–	12	147	210
Bananen	0,8	–	16	286	275
Marmelade	–	–	66	40	1090
Vollmilchschokolade	9	33	55	878	2355

2 Nährstoffgehalt verschiedener Lebensmittel bezogen auf 100 g

3 Nährstoffgehalt verschiedener Mittagessen (Werte beziehen sich auf die Portion)

Nicht nur auf die Energiemenge kommt es an

Die Nährstoffe enthalten nicht die gleiche Menge an verwertbarer Energie. So kann dein Körper aus 100 g Fett ungefähr doppelt so viel Energie gewinnen wie aus 100 g Traubenzucker (▷ B 4). Auf den ersten Blick erscheint deshalb die Ernährung mit fetthaltigen Nahrungsmitteln vorteilhaft. Schließlich kann so der Energiebedarf relativ schnell gedeckt werden.

Leider reicht dies allein nicht aus, denn auch die Aufnahme aller Nährstoffe in ausreichender Menge ist wichtig. So kann es bei einseitiger Ernährung leicht passieren, dass insgesamt zu viele Nährstoffe aufgenommen werden. Die jetzt zusätzlich vorhandene Energie wird vom Körper nicht genutzt. Die Folge: Speicherung der Kohlenhydrate und Fette in Form von Depotfett – man wird übergewichtig.

Aufgaben

1 Männer haben in der Regel einen höheren Muskelanteil als Frauen. Wie wirkt sich dies auf den Grundumsatz aus?

2 Bei chronischer Unterernährung bekommen die betroffenen Patienten häufig Haarausfall. Auch neigen sie gehäuft zu Knochenbrüchen.
Erkläre den Zusammenhang.

3 Glykogen kann vom Körper in Fett umgewandelt werden. Welche Auswirkung könnte dies haben?

4 Ist Fastfood ungesund? Beantworte die Frage, indem du die Nährstoff- und Energiemenge eines Fastfood-Gerichts ermittelst und mit den von Ernährungsexperten vorgeschlagenen Werten vergleichst.

Nährstoff	Energiegehalt
1 g Kohlenhydrate	17 kJ
1 g Eiweiß	17 kJ
1 g Fett	39 kJ

4 Energiegehalt der reinen Nährstoffe

Strategie

Lernen in der Gruppe macht Spaß!

1 Gruppenarbeit ist im Berufsleben besonders wichtig.

In der Gruppe geht's leichter

Anjas Mutter arbeitet im Kindergarten in einem Arbeitsteam, Fabians Vater in einer Montagegruppe. Stefanies Bruder gehört zur Bedienungsmannschaft einer Kantine. An fast allen Arbeitsplätzen in Industrie, Wirtschaft und Verwaltung ist für die Bewältigung moderner Aufgaben und zur Durchführung von Projekten Zusammenarbeit gefragt. Das ist auch in der Schule so.

Daher ist es wichtig, dass du Teamarbeit oder Gruppenarbeit übst.

In der Gruppe lernst du, selbst aktiv zu sein, du kannst gemeinsam mit anderen arbeiten, diskutieren, entscheiden und Probleme lösen.

2 Nahrungsmittel werden in Gruppenarbeit untersucht.

A. Wie stellt ihr eure Gruppen zusammen?

Bei der Gruppenbildung sollte nicht nur Sympathie entscheiden. Effektiv lernt ihr zusammen, wenn Jungen und Mädchen, leistungsstarke und leistungsschwächere Schülerinnen und Schüler zusammenarbeiten. Die, die schon etwas vom Stoff verstehen und andere, die noch keine Ahnung haben, sollten sich zusammentun. Die Gruppe sollte drei, maximal vier Mitglieder haben, sonst können nicht alle gleich gut mitarbeiten. Auf diese Weise ergänzt ihr euch gut und bekommt ein gutes Gesamtergebnis.

B. Kennst du das „Ich – Du – Wir – Prinzip"?

a) Zuerst machst du dich eigenständig mit der Fragestellung vertraut, überlegst, was du schon zum Thema weißt und versuchst, eigene Schritte in Richtung auf die Lösung zu gehen. Nimm dir Zeit, lasse dich nicht hetzen. Das ist die „Ich-Phase".

b) Um Fortschritte zu machen, tauschst du dich mit einem Partner aus, ergänzt seine Ideen, versuchst zu verstehen, was sie oder er über die Fragestellung oder das Problem denkt.
Damit arbeitet ihr als Partner an der Lösung weiter. Das ist die „Du-Phase".

c) Zum Schluss überlegt die ganze Gruppe, was jeder schon weiß und wie ein gemeinsames Ergebnis erarbeitet werden kann. Das ist die „Wir-Phase".

C. Gruppenarbeit – so wird´s gemacht:

- In der Gruppe kann man im Klassenzimmer und draußen arbeiten. Ein Plakat gemeinsam zu erstellen, macht viel mehr Spaß. Im Freien könnt ihr in Gruppen Tiere und Pflanzen sammeln und bestimmen, Proben entnehmen und eure Beobachtungen zusammentragen.
- Verteilt die Arbeiten gerecht. Es kann nicht sein, dass Einzelne nur schreiben und andere nur die Versuche machen.
- Sprecht während der Gruppenarbeit immer wieder darüber, ob alle mit ihrer Aufgabe zufrieden sind.
- Denkt beim Arbeiten auch daran, wie ihr eure Ergebnisse später präsentieren wollt.
- Vielleicht haben deine Lehrerin oder dein Lehrer Beobachtungsaufgaben zu eurem eigenen Verhalten und zur eigenen Leistung im Team gegeben.
  Sprecht darüber in der Gruppe: Wer arbeitet besonders gut? Wer muss noch etwas mehr leisten? Wer stört den Arbeitsbetrieb?

Probleme der Welternährung

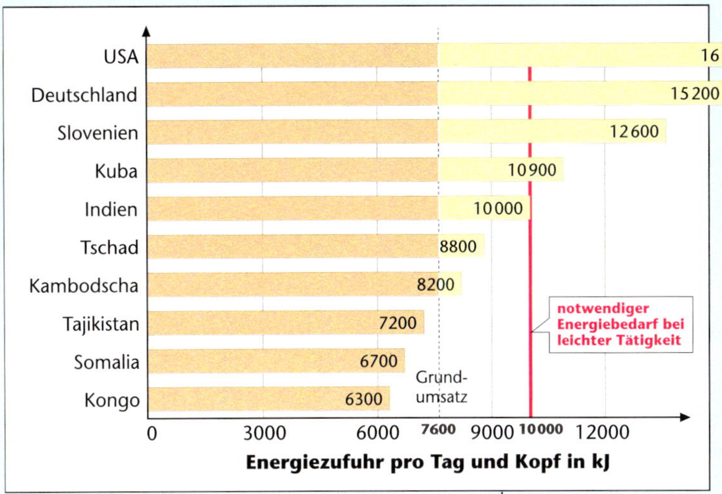

2 Ernährungssituation verschiedener Staaten

Das Ausmaß des Hungers

Der „Weltbericht zu Hunger und Unterernährung" der Vereinten Nationen (UNO) aus dem Jahr 2004 vermeldet, dass weltweit über 850 Millionen Menschen chronisch an Unterernährung leiden. Diesen Menschen, unter ihnen mehr als 220 Mio. Kinder und Jugendliche unter 15 Jahren, steht ein tägliches Nahrungsangebot zur Verfügung, das 2000–3200 kJ unter dem errechneten Energiebedarf pro Tag liegt (▷B2).
Betroffen sind vor allem die Entwicklungsstaaten in Afrika, Südamerika und Asien.

Das Spektrum der Mangelerscheinungen

Trotz der Mangelernährung an Kohlenhydraten, Fetten und Eiweißen bereitet dies den vor Ort tätigen Ärztinnen und Ärzten weniger Sorgen.
Vielmehr sind es die Vitamine und Mineralstoffe, die den unterernährten Kindern und Jugendlichen fehlen. Dadurch können lebensbedrohliche Krankheiten entstehen. Häufige Erscheinungen von Vitamin- und Mineralstoffmangel sind Blutarmut infolge von Eisenmangel sowie Blindheit aufgrund des Vitamin-A-Mangels. Bei Kindern sind häufig Wachstumsstörungen zu beobachten, die durch Iodmangel hervorgerufen werden. Und auch für ungeborene Kinder besteht Gefahr. Denn Calciummangel führt bei Schwangeren zu Knochenmissbildungen der Feten.

Die Maniok-Strategie

Gegen die Unterernährung in unserer Welt, versuchen unter anderem die Vereinten Nationen zu helfen. Ein Ansatz ist die **Maniok-Strategie**: Die Maniokpflanze (▷B3), die auch Brotwurzel genannt wird, kann bis zu 3 m hoch werden und gedeiht in allen tropischen und subtropischen Ländern. Während die Wurzeln besonders stärkehaltig sind, enthalten die Blätter viel Vitamin A und C, ferner Eisen- und Calciumverbindungen sowie Eiweiße. Aus den Blättern und Wurzelknollen wird vor allem Maniok-Mehl hergestellt. Dieses Mehl ist die Grundlage für verschiedene Speisen. Das Maniok-Projekt ist eines von vielen mit denen die UNO bis zum Jahr 2020 erreichen will, die Zahl der unterernährten Menschen zu halbieren.

1 Maniokverarbeitung

Aufgaben

1 Wie hoch ist dein täglicher Energiebedarf? Worauf müsstest du verzichten, wenn dir nur dasselbe Nahrungsangebot wie Jugendlichen in Entwicklungsstaaten zur Verfügung stünde?

2 Informiere dich im Internet über andere Projekte zur Bekämpfung der Unterernährung. Erstelle dazu ein Plakat.

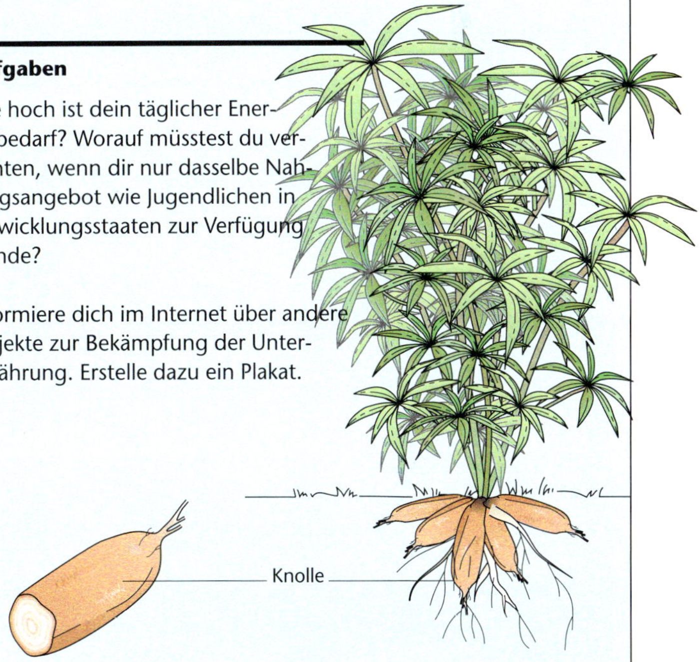

3 Maniokpflanze

1 Lebensmittel, gegen die häufiger Allergien auftreten

Essen – immer ein Genuss?
Nina sieht heute Morgen total zerkratzt aus. An den Armen und im Gesicht sieht man überall Kratzspuren. „Na, mit welchem Kater hast du dich gestern angelegt", spottet Manuel. „Von wegen Kater", antwortet Nina, „Vermutlich war´s der Pfirsichquark!" Denn seit drei Wochen bekommt Nina jedes Mal, nachdem sie ihren heiß geliebten Pfirsichquark gegessen hat, einen heftigen Hautausschlag. „Dann solltest du mal einen Test machen lassen" meint Manuel, „vermutlich reagierst du auf etwas in deinem Pfirsichquark allergisch."

Vorsicht reizend!
Bei einer Allergie reagiert der Körper aufgrund einer Störung des Immunsystems zu stark auf bestimmte Stoffe aus der Umwelt. Diese Reizstoffe, so genannte **Allergene**, können mit der Nahrung in den Körper gelangen. Dabei reicht es aus, wenn man nur gegen einen Inhaltsstoff eines Lebensmittels allergisch reagiert. Die Folge können Hautausschlag oder Durchfall und Erbrechen, aber auch Atemnot sein.

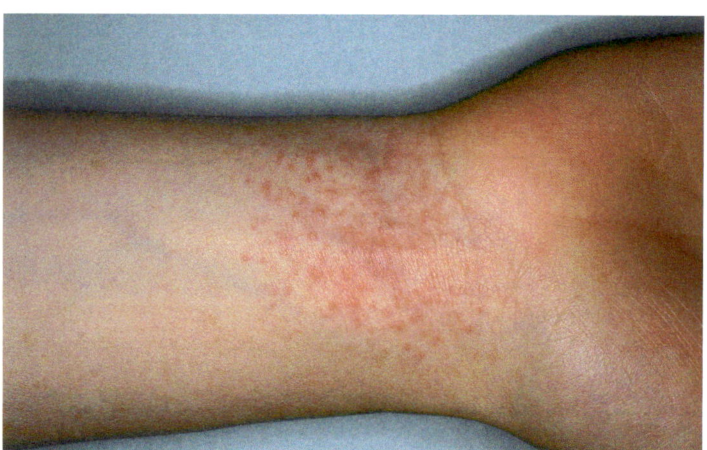

2 Allergische Reaktion

Lebensmittelallergien nehmen zu
In den letzten Jahren sind Lebensmittelallergien häufiger geworden. Dies könnte mit der gehäuften Verwendung von verarbeiteten Lebensmitteln zusammenhängen. Außerdem bestehen die meisten Produkte aus einem Gemisch vieler einzelner Lebensmittel. Von denen kann jedes eine Allergie hervorrufen. Auch die steigende Anzahl exotischer Lebensmittel und gentechnisch hergestellter Eiweiße auf unserem Speiseplan könnte einen Teil des Anstiegs der Lebensmittelallergien bedingen.

Ein Test schafft Klarheit
Um den Grund für ihre Allergie herauszufinden, bleibt Nina letztendlich nur der Gang zum Hautarzt. Empfohlen wird in der Regel folgendes Vorgehen: Nach einer Fastenperiode von einigen Tagen werden nacheinander Getreide-, Milch-, Fleisch- und Gemüseprodukte einzeln verzehrt. Außerdem werden dem Patienten die Inhaltsstoffe der verdächtigen Lebensmittel im so genannten Prick-Test unter die Haut injiziert. So stellt sich meist nach kurzer Zeit heraus, auf welches Lebensmittel der Patient allergisch reagiert. Die einzige Therapie, die dann bleibt, ist die systematische Vermeidung der Lebensmittel, die eine Allergie hervorrufen.

Nahrungszusatzstoffe, gentechnisch hergestellte Eiweiße und exotische Lebensmittel können zu Allergien führen. Erst ein ärztlich durchgeführter Allergietest schafft Klarheit.

Aufgabe

1 Frag nach, ob in deiner Klasse/deiner Schule Jugendliche von einer Lebensmittelallergie betroffen sind. Führe mit ihnen ein Interview über ihr Leben als Allergiepatient. Wie sieht ihr Alltag aus?

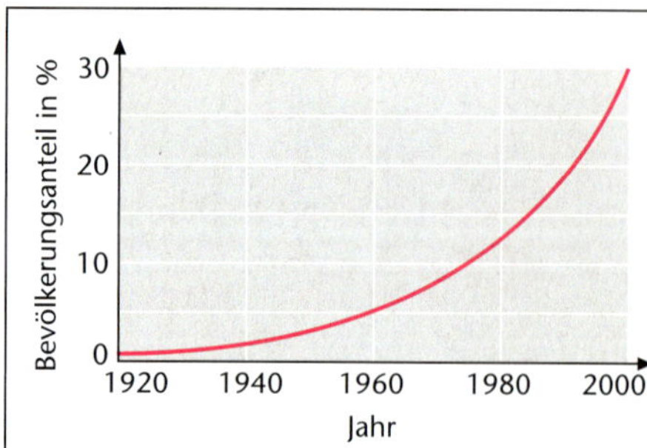

3 Lebensmittelallergien werden häufiger

Zusatzstoffe in Lebensmitteln

Nahrungsmittel sollen nicht nur sättigen, sie sollen auch gut schmecken und zudem noch appetitanregend aussehen. In der Lebensmittelindustrie benutzt man **E-Nummern** zur Kennzeichnung der vielfältigen Zusatzstoffe (▷ B 1). Einzelne Zusatzstoffe können im Lebensmittel auch mehrere Funktionen erfüllen.

Verwendung	E-Nummer
Farbstoffe	100 – 199
Konservierungsstoffe	200 – 299
Antioxidantien	300 – 321
Säuerungsmittel	322 – 399
Gelier-, Verdickungs- und Feuchthaltemittel	400 – 429
verschiedene Zusatzstoffe	500 – 949
Süßstoffe	950 – 1518

1 Grobe Einteilung der Zusatzstoffe nach ihrem Verwendungszweck

Farbstoffe geben den Nahrungsmitteln eine bestimmte Farbe. Margarine ist normalerweise weißlich. Durch Zusatz von ß-Carotin (E 160) wird Margarine gelblich eingefärbt. Der naturidentische Farbstoff Riboflavin (E 101) hat eine gelb-orange Farbe und kommt oft in Cremespeisen vor. Der synthetische Farbstoff d-Couleur (E 150d) verleiht der Cola ihre typische Farbe (▷ B 2).

2 Cola enthält den Farbstoff d-Couleur.

3 Konservierungsstoffe in Wurst

Konservierungsstoffe und **Antioxidationsmittel** (Antioxidantien) dienen dazu, Lebensmittel haltbar zu machen und gegen Verderben zu schützen. Zu diesen Zusatzstoffen gehören meist organische Säuren oder Salze von Säuren. E 202 ist die Kennzeichnung für den Konservierungsstoff Kaliumsorbat, einem Salz der Sorbinsäure. Dieser wird z. B. in Margarine oder Marmelade verwendet.
Natriumnitrit (E 250) findet sich oft in Wurst (▷ B 3), Fisch oder Käse.

4 Säuerungsmittel in Marmelade

Säuerungsmittel und **Geschmacksverstärker** verleihen Speisen bestimmte Geschmacksrichtungen. Gleichzeitig haben sie oft auch konservierende Wirkung. Meist benutzt man dazu organische Säuren oder deren Salze. Beispiele sind Natriumglutamat (E 621) in süß-sauren Soßen oder Citronensäure (E 330) in Obst- und Gemüsekonserven (▷ B 4).

5 Verdickungsmittel in Ketchup

Verdickungs- und **Geliermittel** dienen zum Andicken von Lebensmitteln. Pektin (E 440) ist ein Geliermittel und findet sich vielfach in Marmelade (▷ B 4). Xanthan (E 415) ist in vielen Fertigsalaten oder Ketchup (▷ B 5) enthalten.

6 Süßstoff enthält Cyclamat

Süßstoffe wie Cyclamat (E 952) und Saccharin (E 954) ersetzen den normalen Haushaltszucker (▷ B 6). Diese Süßungsmittel sind für Diabetiker geeignet. Sie stehen jedoch in Verdacht Krebs erregend zu sein.

Emulgatoren sind meist Ester, die eine dauerhafte Durchmischung von nicht mischbaren Flüssigkeiten ermöglichen.
Polyglycerinester (E 475) ist ein Stoff, der bei der Schokoladenherstellung eingesetzt wird, um die Fettphase mit der Wasserphase zu verbinden.

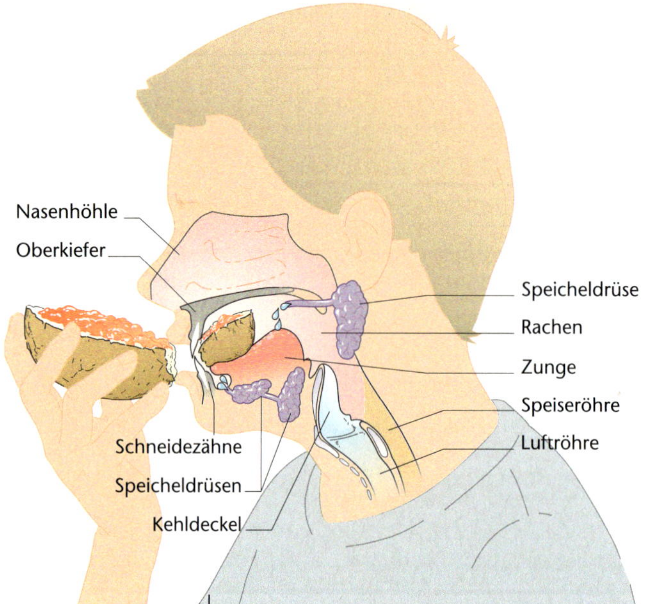

1 Die Verdauung beginnt im Mund.

Die zwei Stufen der Verdauung

Alle Zellen des Menschen sind ständig auf Energie, die aus den Nährstoffen gewonnen wird, angewiesen. Allerdings sind die Nährstoffteilchen sehr groß. Sie müssen zunächst zerkleinert – verdaut – werden. Denn erst die kleinsten Bausteine der Nährstoffe können durch die Darmwand ins Blut gelangen und dann zu allen Zellen des Körpers transportiert werden.

Gut gekaut ist halb verdaut

Bereits im Mund beginnt die Verdauung. Dabei wird die Nahrung zunächst durch Zähne und Zunge mechanisch in kleinere Bruchstücke zerlegt. Allerdings reicht das nicht aus. Die entstandenen Nahrungsteilchen sind immer noch zu groß. Erst durch die chemische Verdauung gelingt es, alle Nährstoffe in ihre Grundbausteine zu zerlegen. Dieser Vorgang beginnt zwar schon im Mund, läuft verstärkt jedoch erst im Magen und vor allem im Dünndarm ab.

Enzyme – ganz spezielle Eiweiße

Bei der chemischen Verdauung spielen bestimmte Eiweiße, die Enzyme, eine wichtige Rolle. Enzyme sind Biokatalysatoren. Sie ermöglichen, dass chemische Reaktionen schon bei Körpertemperatur ablaufen. Dabei binden die Ausgangsstoffe an das Enzym und werden in die Endstoffe umgewandelt. Da es für jeden Ausgangsstoff ein bestimmtes Enzym gibt, das wie ein Schlüssel in ein Schloss passt, sind an der Zerlegung der Nährstoffe viele Enzyme beteiligt: Im Mundspeichel ist das Enzym **Amylase** vorhanden. Es zerlegt Stärke in Zweifachzucker-Teilchen (▷ B 2). Diese werden im Dünndarm schließlich durch das Enzym Maltase in Einfachzucker zerlegt.

Es geht abwärts

Während des Kauens wird immer wieder ein Teil des Nahrungsbreis mit der Zunge in den hinteren Bereich der Mundhöhle geschoben. Beim anschließenden Schlucken drückt die Zunge gegen den Gaumen, dabei verschließt der Kehldeckel die Luftröhre. So wird verhindert, dass man sich verschluckt. Durch Muskelkontraktionen im Rachen wird der Nahrungsbrei anschließend in die Speiseröhre geschoben und gelangt über diesen fast 30 cm langen Muskelschlauch in den Magen.

Die Verdauung läuft in zwei Stufen ab: Neben der mechanischen Verdauung ist vor allem die chemische Verdauung für die Zerlegung der Nährstoffe wichtig. Hierbei spielen Enzyme eine wichtige Rolle.

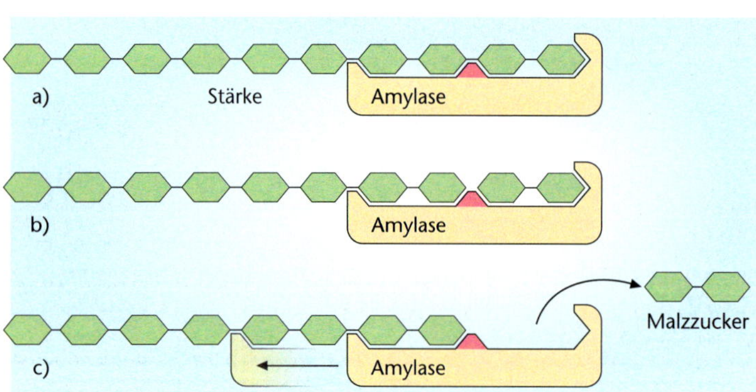

2 Enzyme sind Proteine, die eine chemische Reaktion fördern, ohne sich selbst dabei zu verändern.

Versuche

1 Kaue etwas Toastbrot langsam mindestens fünf Minuten.
Beschreibe den Geschmack des Brotes zu Beginn und am Ende des Versuches. Welche Veränderungen kannst du wahrnehmen?
Gib hierfür eine Erklärung.

2 Überlege dir einen weiteren Versuch, mit dem du deine Erklärung belegen kannst.

Der Magen – ein kräftiger Muskel

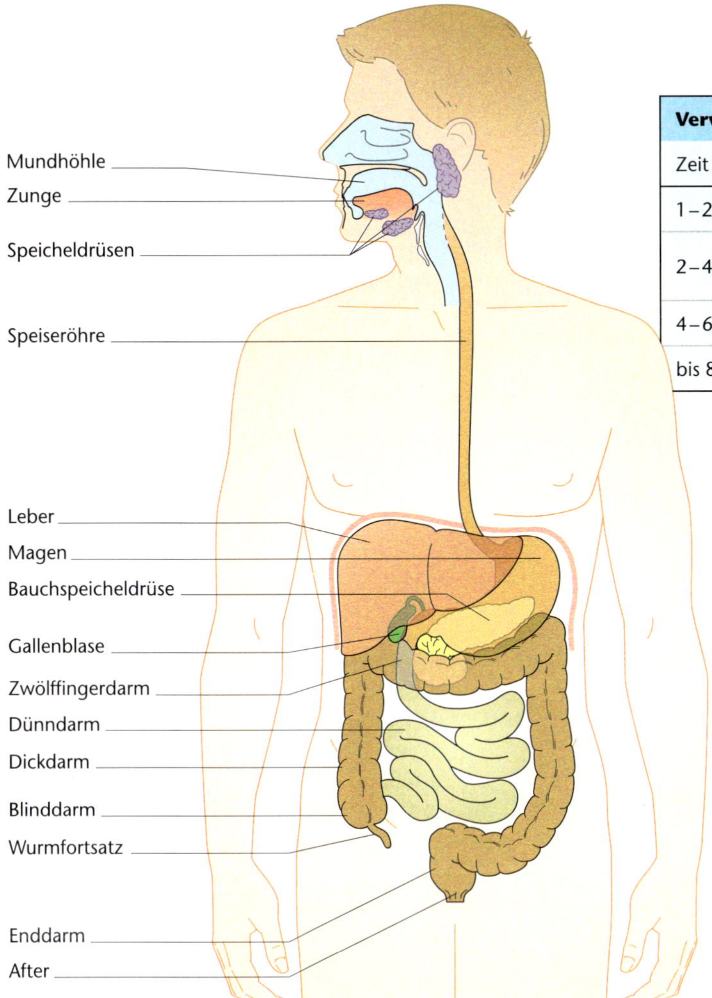

Verweildauer einiger Speisen im Magen

Zeit	Lebensmittel
1–2h	Getränke, Weißbrot, Reis, Kartoffelpüree
2–4h	Bananen, gedünstetes Gemüse, mageres Fleisch, grüner Blattsalat
4–6h	Bratkartoffeln, gebratenes Fleisch
bis 8h	Fettreiches Fleisch (Gans), Ölsardinen

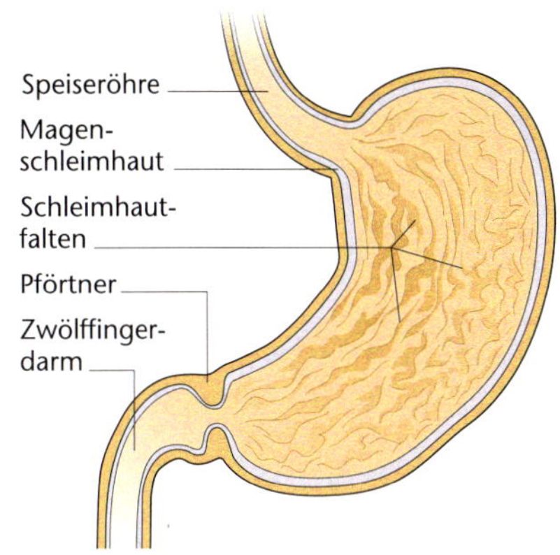

1 Schema des Verdauungssystems und Magen im Schnitt

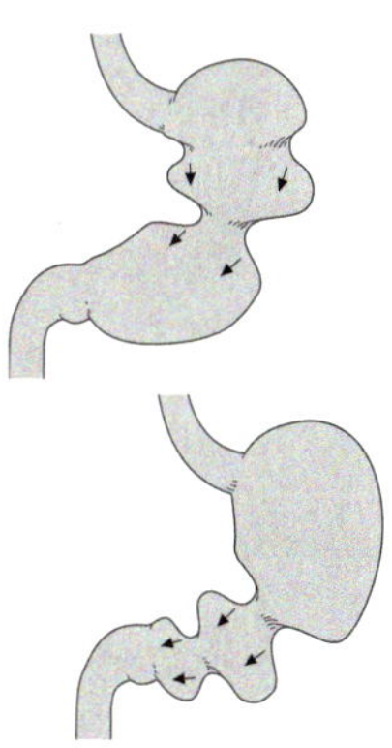

2 Magenbewegungen

Viel Zeit im Magen

Der Magen ist ein Muskel, der einen großen Hohlraum besitzt. In seinen Wänden befinden sich viele unterschiedliche Drüsenzellen. Einige produzieren einen Magensaft, der eine 0,3 %ige Salzsäure enthält. Zum einen vernichtet die Salzsäure Bakterien, die in den Magen gelangen, zum anderen zerstört sie die Struktur der Eiweiße. Zusammen mit Enzymen, von Bedeutung ist hier das **Pepsin**, wird im Magen so die Eiweißverdauung eingeleitet.

Durch einen Schutzschleim, den spezielle Magenzellen produzieren, wird der Magen vor einer Selbstverdauung durch die Enzyme geschützt.

Im Magen wird der Nahrungsbrei immer weiter durchgemischt, mit Schleim und Enzymen vermengt und dann in Portionen in den Dünndarm weitertransportiert.

Besonders für die Fettverdauung ist diese Durchmischung unverzichtbar: Fette neigen dazu, sich zu großen Fetttropfen zusammen zu schließen, was sie fast unverdaulich macht. Die Durchmengung im Magen führt dazu, dass aus großen Tropfen kleine Fetttröpfchen werden, die dann im Dünndarm verdaut werden können. Aus diesem Grund kann die Verweildauer verschiedener Nahrungsmittel im Magen sehr unterschiedlich sein (siehe Tabelle oben).

▶ Rhythmische Magenbewegungen führen zu einer Verkleinerung der Fetttropfen. Dadurch wird fettreiche Nahrung für die Verdauung im Dünndarm vorbereitet.

Aufgabe

1 Warum haben viele Menschen nach einer sehr fetthaltigen Mahlzeit Magenschmerzen oder Sodbrennen? Erkläre die Zusammenhänge.

Durch die „Pforte"
Nicht nur bei großen Firmen, auch in deinem Körper gibt es einen **Pförtner**. Es handelt sich um einen Muskel, der sich zwischen Magen und Dünndarm befindet. Erschlafft der Muskel, gelangen kleine Portionen des Nahrungsbreis vom Magen in den ersten Abschnitt des Dünndarms, den **Zwölffingerdarm**. Im Dünndarm findet die eigentliche Verdauung statt.

Aus dem Darm ins Blut
Die Verdauungsenzyme im Dünndarm spalten die Nährstoffe bis nur noch Grundbausteine vorhanden sind. Sie sind nun klein genug, um über die Dünndarmwand ins Blut aufgenommen werden zu können. Dieser Vorgang, die **Resorption**, kann bis zu 14 Stunden dauern. Dabei spielen die Dünndarmzotten, kleine Ausstülpungen der Darmwand, eine wichtige Rolle. Durch die Dünndarmzotten (▷B 1) wird die Oberfläche des Dünndarms stark vergrößert: Aufgefaltet ergeben die Zotten eine Fläche von bis zu 300 m^2, was ungefähr der Größe eines Tennisplatzes entspricht.

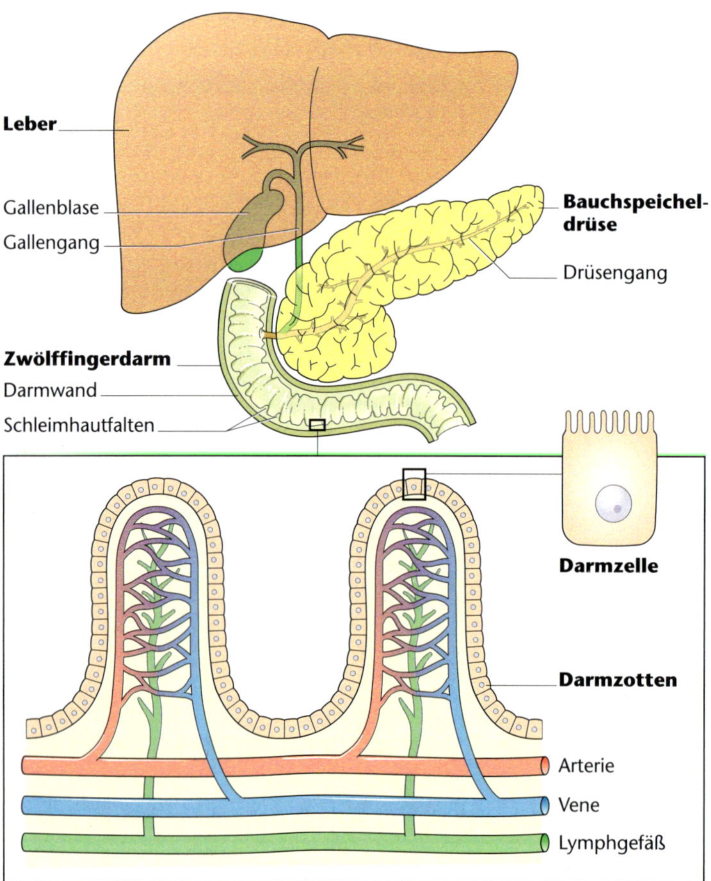

1 Leber, Gallenblase, Bauchspeicheldrüse und Dünndarm mit Zotten

2 So wirkt der Gallensaft auf Fett

Leber und Bauchspeicheldrüse – zwei wichtige Verdauungsorgane
Über den Gallengang gibt die Gallenblase, die an der Unterseite der Leber angewachsen ist, ihre gelblich-grüne Gallensäure in den Zwölffingerdarm ab. Die Gallensäure wird von der Leber gebildet und in der Gallenblase gespeichert. Die Gallensäure ist für die Fettverdauung sehr wichtig: Sie verhindert, dass kleinste Fetttröpfchen zu großen Fetttropfen zusammenfließen (▷B 2). Die Verdauung kann so schneller ablaufen.

Die Leber erfüllt viele Aufgaben
Die Leber ist nicht nur für die Produktion von Gallensäure zuständig. Sie besitzt viele weitere Funktionen. So wird hier aus Traubenzucker Glykogen aufgebaut und gespeichert. Bei Energiebedarf kann aus dem Glykogen dann wieder Traubenzucker hergestellt werden. Die Leber ist auch für die Entgiftung des Blutes zuständig. Deshalb münden alle Venen des Verdauungssystems in die daumendicke **Pfortader**, eine Vene, die ihr Blut in die Leber führt.
Alkohol und viele Medikamente sind so genannte **Leberzellgifte**. Werden sie in übermäßiger Form aufgenommen, können sie zu einer **Leberzirrhose** führen: Leberzellen werden dann zu funktionsunfähigem Narbengewebe umgewandelt. Da die Leber durch kein anderes Organ ersetzt werden kann, wird der Mensch schwer krank oder stirbt.

Die Bauchspeicheldrüse
Auch die Bauchspeicheldrüse gibt ihre Verdauungsenzyme in den Zwölffingerdarm ab. Sie ist ein 10–12 cm langes, dünnes Organ, das hinter dem Magen auf der linken Bauchseite liegt. Ihre Zellen produzieren die Enzyme für die Verdauung aller Nährstoffe.

Die eigentliche Verdauung findet im Dünndarm statt. Mithilfe von Enzymen werden Nährstoffe in ihre Grundbausteine zerlegt. Diese erreichen durch die Dünndarmwand das Blutgefäßsystem.

Was von der Nahrung übrig bleibt

Durch das Zusammenziehen der Muskeln wird der verbliebene Nahrungsbrei in den Dickdarm befördert. Im Nahrungsbrei sind jetzt nur noch unverdauliche Anteile und Flüssigkeit enthalten.

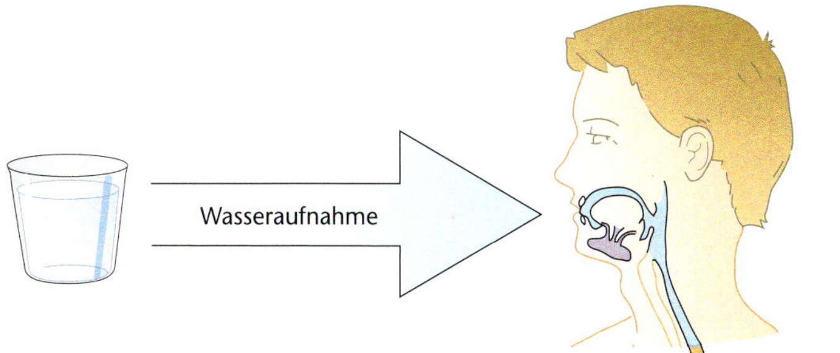

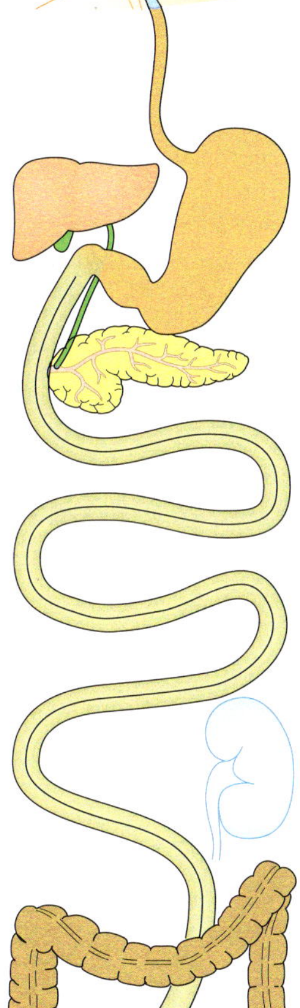

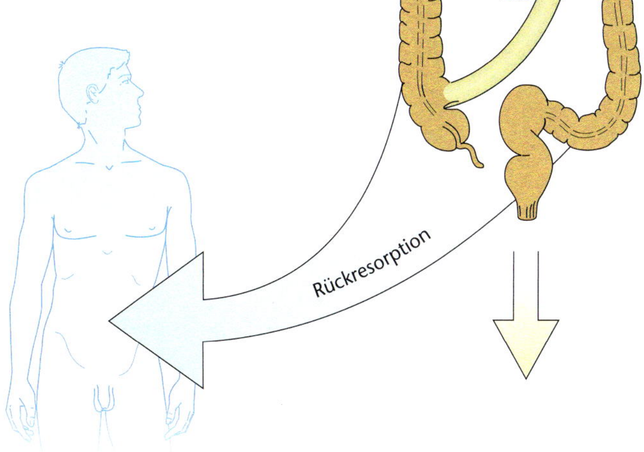

1 Der Weg des Wassers im Körper

Eindicken!

Pro Tag nimmt der Körper durch Getränke und Nahrung ca. 3 l Wasser auf, die in den Darm gelangen. Dazu kommen noch etwa 7 l Flüssigkeit durch Mundspeichel, Magensaft, Schleim und Gallensäure. Mit dem Stuhl werden normalerweise nur 200 ml ausgeschieden, die restliche Flüssigkeitsmenge gelangt über die Dickdarmschleimhaut wieder in die Blutgefäße. Diesen Vorgang nennt man **Rückresorption**. Der Nahrungsbrei wird dabei eingedickt.

Kleine Helfer

Im Dickdarm werden in den ersten Lebensmonaten durch Nahrungsaufnahme Bakterien angesiedelt. Viele Milliarden dieser harmlosen Bakterien befinden sich im Dickdarm. Sie stellen unter anderem mehrere lebensnotwendige Vitamine her, die dann vom Körper aufgenommen werden.

Die Stuhlausscheidung

Der eingedickte Brei, den wir jetzt **Stuhl** nennen, wird zum Enddarm befördert. Im Bereich des Dickdarmendes liegt eine höhlenartige Erweiterung. Ist diese mit Stuhl gefüllt, ist es an der Zeit, eine Toilette aufzusuchen.

Die mit der Nahrung aufgenommene Flüssigkeit wird zum größten Teil im Dickdarm über die Schleimhaut in die Blutgefäße rückresorbiert.

Antibiotika haben Nebenwirkungen

Sicherlich hast du von deinem Hausarzt oder deiner Hausärztin bei einer schweren Bakterieninfektion schon einmal Antibiotika bekommen. Diese Medikamente töten Bakterien ab. Doch leider nicht nur die Bakterien, die dich krank gemacht haben. Auch die im Dickdarm lebenden Bakterien werden abgetötet. Dadurch geraten dein Immunsystem und der Mechanismus der Wasserrückresorption durcheinander. Diese Störung hat zur Folge, dass du Durchfall bekommst, denn die Flüssigkeit verbleibt im Darm.

Aufgaben

1 Weshalb ist es wichtig, bei Durchfallerkrankungen besonders viel zu trinken?

2 Cola wird bei Durchfallerkrankungen oft zusammen mit Salzstangen als Heilmittel empfohlen.
Auf welcher richtigen Therapieannahme beruht dieses alte „Hausmittelrezept"?

3 Beschreibe und erkläre den Bau einer Darmzelle.

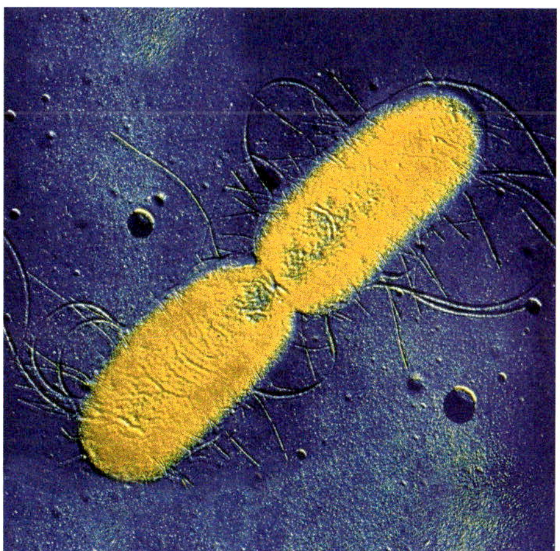

2 E. Coli-Bakterien sind typische Darmbakterien.

Versuche zur Verdauung

Kohlenhydrate, Fette und Eiweiße können durch chemische Reaktionen in die jeweiligen Grundbausteine zerlegt werden. Bei 37 °C laufen diese Reaktionen allerdings sehr langsam ab.
In den Verdauungssäften des menschlichen Körpers sind Stoffe vorhanden, die chemische Reaktionen beschleunigen, die Enzyme. Mit einfachen Versuchen kannst du die Wirkung der Enzyme bei den Verdauungsvorgängen überprüfen.

1 Enthält Mundspeichel Amylase?

Material
3 Reagenzgläser, Reagenzglasständer, Tropf-Pipette, Spatel, Iod-Kaliumiodidlösung, Stärkelösung, Mundspeichel, Amylase

Versuchsanleitung
a) Fülle in ein Reagenzglas 6 cm hoch Stärkelösung und gib einige Tropfen Iod-Kaliumiodidlösung hinzu.
b) Gib in ein zweites Reagenzglas etwas Mundspeichel und schütte 2 cm der Lösung aus Reagenzglas 1 hinzu.
c) Schütte auch in das dritte Reagenzglas 2 cm der Lösung aus Reagenzglas 1 und löse eine Spatelspitze Amylase darin auf.
d) Schüttle die Reagenzgläser und lasse sie dann etwa 10 min stehen.
e) Beschreibe deine Beobachtungen. Wie kannst du diese erklären?

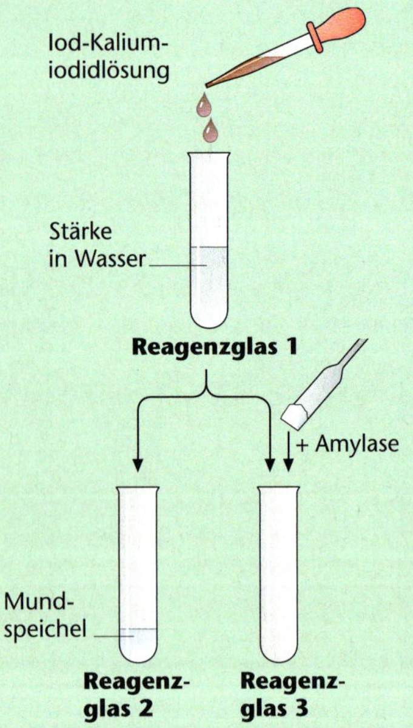

1 Zu Versuch 1

2 Chemische Zerlegung von Stärke

Material
Schutzbrille, 2 Reagenzgläser, Reagenzglasständer, Spatel, Wasserbad, Stärke, Iod-Kaliumiodidlösung, verdünnte Salzsäure (ätzend, c = 1 mol/l)

Versuchsanleitung
a) Gib in die beiden Reagenzgläser jeweils eine Spatelspitze Stärke und fülle 4 cm hoch mit Wasser auf.
b) Schüttle bis die Stärke gelöst ist.
c) Stelle ein Reagenzglas in den Reagenzglasständer.
d) Gib in das zweite Reagenzglas zusätzlich 5 cm hoch Salzsäure und erwärme das Gemisch 10 Minuten lang im siedenden Wasserbad.
e) Füge nach dem Abkühlen in beide Reagenzgläser einige Tropfen der Iod-Kaliumiodidlösung.
f) Beschreibe deine Beobachtungen und erkläre sie.

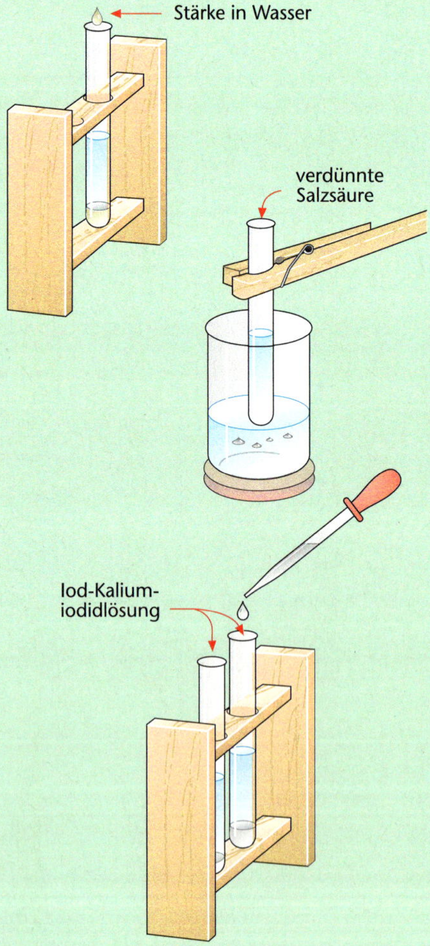

2 Zu Versuch 2

Aufgabe
Vergleiche die Versuche 1 und 2. Was ist identisch, worin unterscheiden sie sich?

3 Die Wirkung des Gallensaftes

Material
2 Reagenzgläser mit Stopfen, Reagenzglasständer, Speiseöl, Rinder- oder Schweinegalle

Versuchsanleitung
a) Fülle ein Reagenzglas 5 cm hoch mit Wasser und gib 10 Tropfen Speiseöl hinzu.
b) Verschließe das Reagenzglas mit dem Stopfen und schüttle das Gemisch kräftig.
c) Stelle das Reagenzglas in den Reagenzglasständer.
d) Fülle das zweite Reagenzglas 2 cm hoch mit Wasser und mit der gleichen Menge Gallenlösung.

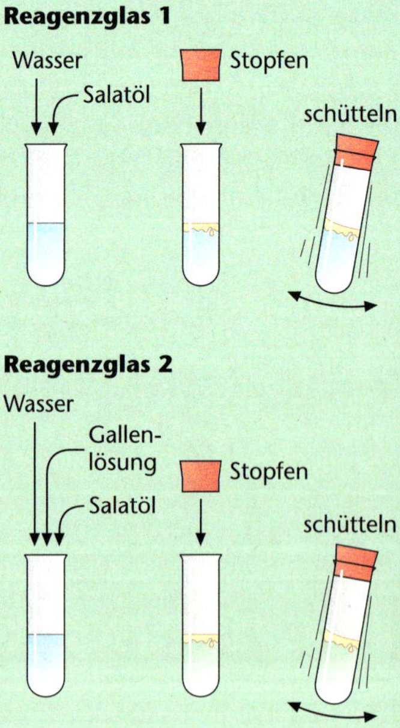

3 Zu Versuch 3

e) Gib auch hier 10 Tropfen Speiseöl hinzu und verschließe das Reagenzglas.
f) Schüttle auch dieses Gemisch kräftig, bevor du es abstellst.
g) Beschreibe deine Beobachtungen.

Aufgabe
Was bedeutet dieses Ergebnis für die Fettverdauung im Dünndarm?

4 Eiweißspaltung durch Pepsin

Material
Schutzbrille, 4 Reagenzgläser mit Stopfen, Reagenzglasständer, Tropfpipetten, Gasbrenner, Spatel, gekochtes Ei, Leitungswasser, verdünnte Salzsäure (ätzend, c = 1 mol/l), Pepsinlösung, Wärmeschrank, wasserfester Stift

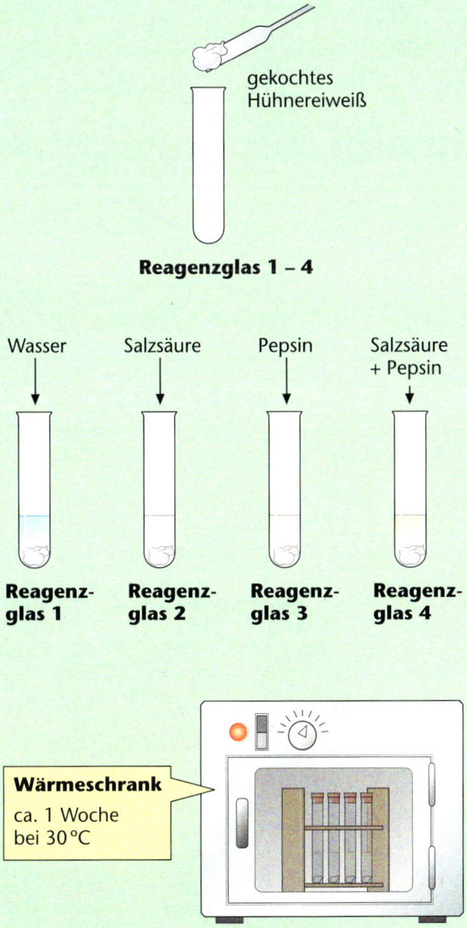

4 Zu Versuch 4

Versuchsanleitung
a) Nummeriere die Reagenzgläser und stelle sie in den Reagenzglasständer.
b) Gib in jedes Reagenzglas jeweils ein Stück des Eiweißes.
c) Fülle in Reagenzglas 1 etwa 4 cm hoch Leitungswasser.
d) Gib in Reagenzglas 2 vorsichtig die gleiche Menge der verdünnten Salzsäure.
e) Fülle in das dritte Reagenzglas 4 cm hoch von der Pepsinlösung.
f) In das vierte Reagenzglas füllst du mit der Pipette vorsichtig 2 cm Salzsäure und 2 cm Pepsinlösung. Schüttle vorsichtig.
g) Stelle den Reagenzglasständer mit den Reagenzgläsern für ca. 1 Woche bei 30 °C in den Wärmeschrank.
h) Beschreibe und erkläre deine Beobachtungen.

Aufgabe
Übertrage die gewonnenen Erkenntnisse auf die menschliche Verdauung.

5 Den Aminosäuren auf der Spur

Mithilfe der Dünnschichtchromatografie (DC) kann man die Aminosäuren der Proteine trennen. Hierzu müssen die Proteine zunächst über Nacht mit Säure hydrolysiert, d. h. gespalten, werden.

Material
DC-Platte, DC-Kammer, Lineal, Bleistift, feine Pipetten, Föhn, Messzylinder, Becherglas, Rundkolben mit Stopfen, Wärmeschrank, 1-Butanol (mindergiftig), Eisessig (ätzend), Wasser, verdünnte Salzsäure (ätzend), Ninhydrin-Sprühreagenz (leichtentzündlich), verschiedene Aminosäure-Lösungen, Probe von Versuch 4, Ansatz 4

Versuchsanleitung
a) Gib zur Spaltung der Proteine 2 ml der Lösung von Versuch 4, Ansatz 4, in den Rundkolben und füge 2 ml verdünnte Salzsäure hinzu. Verschließe den Kolben und stelle ihn für 24 Stunden bei 100 °C in den Wärmeschrank.
b) Stelle das Fließmittel für die Chromatografie her: Mische 40 ml 1-Butanol mit 10 ml Eisessig und 10 ml Wasser und fülle von diesem Gemisch in die DC-Kammer. Verschließe die Kammer mit einem Deckel.
c) Markiere auf der DC-Platte die Startlinie. Achte darauf, dass diese Linie über dem Flüssigkeitsspiegel in der DC-Kammer ist.
d) Trage mithilfe feiner Pipetten folgende Proben vorsichtig auf: – Versuch 4 (Ansatz 4) – Hydrolysat (siehe a) – verschiedene Aminosäure-Lösungen.

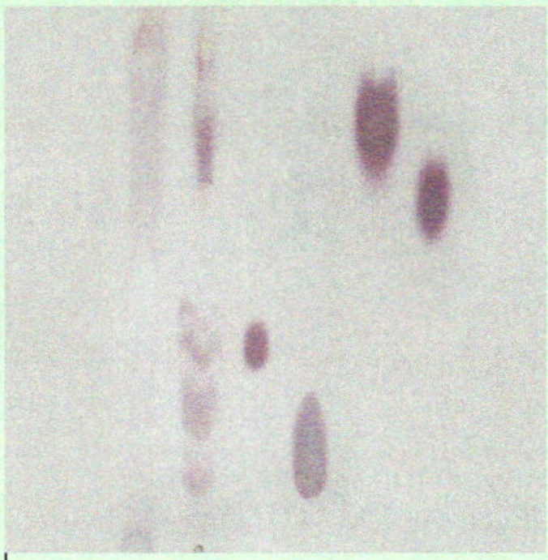

5 Zu Versuch 5

Föhne die aufgetragenen Substanzflecken trocken, stelle die DC-Platte in die Kammer und verschließe sie.
e) Entnimm die Platte kurz bevor das Fließmittel den oberen Rand der Platte erreicht hat. Trockne die Platte unter dem Abzug mit dem Föhn.
f) Besprühe die Platte unter dem Abzug mit dem Ninhydrin-Reagenz und lege sie dann für 10 min bei 80 °C in den Wärmeschrank. Betrachte sie anschließend.
g) Beschreibe deine Beobachtungen.

Aufgaben
1. Fertige vom Ergebnis der Chromatografie eine Zeichnung an.
2. Wie kannst du die Muster der einzelnen Bahnen erklären?
3. Was sagt das Ergebnis über die Funktionsweise des Magens aus?

Lexikon

Erbrechen und mehr

Wenn du längere Zeit nichts gegessen hast, enthält dein Magen vor allem Flüssigkeit und Luft. Ziehen sich die Muskeln im Magen zusammen, werden Flüssigkeit und Luft bewegt. Dabei entsteht ein typisches Geräusch, das **Magenknurren**. Das Magenknurren ist somit ein Zeichen für „Hunger". Um das Knurren zu unterbinden musst du etwas essen.

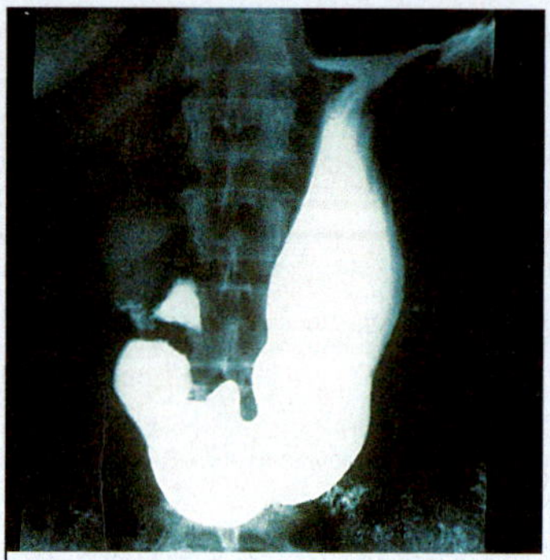

1 Röntgenaufnahme vom Magen

Hast du verdorbene oder giftige Speisen zu dir genommen, reagiert dein Magen „sauer". Dir ist übel und du musst dich **erbrechen**. Diese Reaktion schützt den Körper vor Vergiftungen.

Bewegt sich der Darm nur sehr langsam, so wird dem Darminhalt zu viel Wasser entzogen. Man bekommt eine **Verstopfung**. Ursachen sind oft zu wenig Ballaststoffe in der Nahrung, zu wenig Zufuhr an Getränken oder Bewegungsmangel.

2 ... das schadet dem Magen.

Eine der häufigsten Verdauungsbeschwerden ist **Durchfall**. Mehrmals täglich entleert sich dabei der Darm. Der Darminhalt ist wässrig. Dadurch kommt es zu starkem Flüssigkeitsverlust. Neben Wasser verliert der Körper auch wichtige Mineralstoffe. Das kann vor allem für Säuglinge und alte Menschen gefährlich werden. Durchfall kann verschiedene Ursachen haben. Oft sind es krankheitserregende Bakterien, die in verunreinigtem Trinkwasser oder in verdorbenen Speisen enthalten sind.

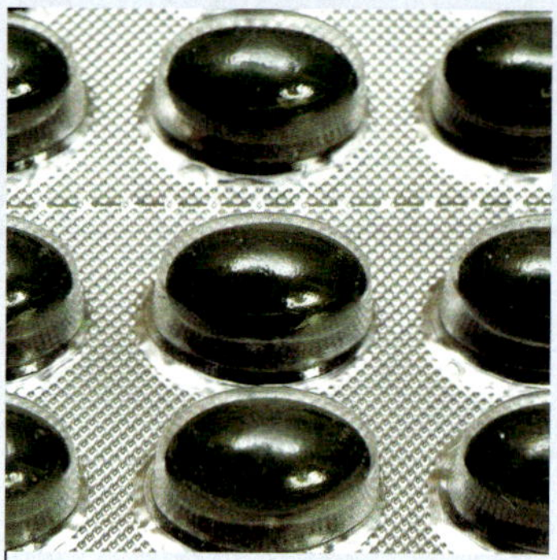

3 Kohletabletten, bei Durchfall

Sicherlich hast du das auch schon erlebt: Ein brennender Schmerz zieht entlang deiner Speiseröhre nach oben in Richtung Rachenraum: **Sodbrennen**. Schuld daran ist die Magensäure. Normalerweise bleibt die Magensäure im Magen, Muskeln am Mageneingang verhindern den Übertritt in die Speiseröhre. Ab und zu versagt diese Sperre, vor allem wenn du fette oder scharfe Speisen, aber auch Nikotin und Alkohol zu dir genommen hast.

Vor allem Babys leiden häufig unter **Blähungen**, da sie beim Trinken sehr viel Luft verschlucken. Der Magen und der Darm sind dann durch Gase aufgebläht. Bei einem „Bäuerchen", dem Aufstoßen, entweicht die Luft wieder. Aber nicht nur Babys geht das so, wir alle verschlucken beim Essen immer etwas Luft, was dann zu Blähungen und Aufstoßen führen kann.
Gase, vor allem Wasserstoff, Methan und Kohlenstoffdioxid, werden auch von Darmbakterien produziert. Hauptsächlich nach dem Essen von Bohnen und Kohl entstehen dadurch Blähungen.

4 Säugling macht „Bäuerchen."

Wenn die Dünndarmzellen unvollständig ausgebildet werden, kommt es bei Babys oft zu ersten Anzeichen einer Störung der Nährstoffaufnahme. Bei der **Zöliakie** kann ein Eiweiß im Getreide, das Gluten, nur teilweise oder gar nicht verdaut werden. Dann muss von den Betroffenen eine besondere Diät („glutenfrei") eingehalten werden.

Wie ein kleines Säckchen hängt die zwei bis vier Zentimeter lange Abzweigung, der Wurmfortsatz, am Blinddarm. Da es im Wurmfortsatz immer warm und feucht ist, können sich Bakterien ideal vermehren. Übersteigt die Zahl der Bakterien die Abwehrkraft des Körpers, entzündet sich der Wurmfortsatz, fälschlicherweise oft **Blinddarmentzündung** genannt. Damit diese Entzündung nicht lebensbedrohlich wird, muss der Wurmfortsatz meist operativ entfernt werden.

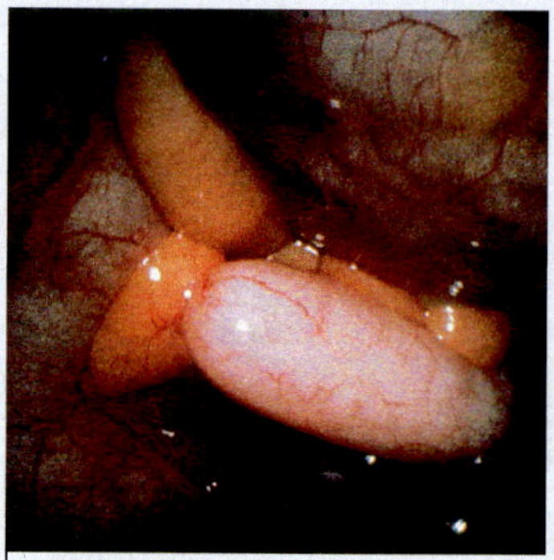

5 Entzündeter Wurmfortsatz

Brennpunkt

Morbus Crohn

„Vor 4 Jahren im Mai fing alles an. Ich war 12 Jahre alt, hatte Bauchschmerzen und bekam Durchfall. ‚Naja, das hat jeder mal', dachte ich, ‚das geht sicher wieder vorbei'. Tat es aber leider nicht. Der Durchfall blieb, nicht nur ein paar Tage, nicht nur ein paar Wochen, sondern Monate. Anfangs hab ich niemandem davon erzählt, zunächst war es ja nur Durchfall, aber dann hatte ich auch Blut im Stuhl und verlor immer mehr an Gewicht. Auch meine Hausärztin war sich zunächst nicht sicher. Nach den Untersuchungen von Blut- und Stuhlproben folgten Magen- und Darmspiegelungen sowie Röntgenuntersuchungen des Darms. Und dann stand die Diagnose fest: Morbus Crohn.

(Julia, 16 Jahre)

Morbus Crohn – einige Fakten
Wie ungefähr 80 000 Menschen in Deutschland leidet auch Julia an Morbus Crohn. 1932 hat Dr. B. CROHN (1884–1983) die Krankheit zum ersten Mal beschrieben; sie wurde nach ihm benannt (Morbus lat.: Krankheit). Es handelt sich um eine chronische Entzündung der Dickdarmwand. Die Entzündungen treten meist in Schüben auf, dazwischen liegen beschwerdefreie Zeiten.
In Deutschland erkranken jährlich etwa 6–10 von 100 000 Kindern an Morbus Crohn. Häufig treten die ersten Krankheitssymptome schon vor der Pubertät auf. Die Patienten leiden vor allem an Bauchschmerzen und Durchfall. Als Folge kommt es zu starker Gewichtsabnahme. Außerdem können noch Fieber und Appetitlosigkeit hinzukommen. Auch Blut im Stuhl sowie Erkrankungen außerhalb des Darmes sind typisch für die Krankheit. Hierzu zählen vor allem Augenentzündungen, Gelenkschmerzen und Rückenschmerzen. Durch die Vielzahl der unterschiedlichen Symptome kann es allerdings manchmal einige Jahre dauern, bis Morbus Crohn erkannt wird.

Ursache unbekannt
Die Ursache von Morbus Crohn ist noch unbekannt. Allerdings sind bestimmte Erbanlagen notwendig, ohne die die Krankheit nicht ausbrechen würde. Gesichert ist auch, dass Abwehrzellen vermehrt in den betroffenen Darmabschnitten auftreten und dabei auch das eigene Gewebe schädigen. Außerdem scheint Rauchen den Ausbruch der Erkrankung zu begünstigen.

Untersuchungsmethoden
Eine sichere Diagnose kann meist erst nach weiteren Untersuchungen gestellt werden. Bei einer Darmspiegelung werden Gewebeproben der befallenen Darmabschnitte entnommen und untersucht. Außerdem können Veränderungen im Darmbereich mithilfe von Ultraschall- oder Röntgenuntersuchungen festgestellt werden. Hierzu wird dem Patienten ein Kontrastmittel gegeben. Auf dem Röntgenfilm sind dann Verengungen und Verschlingungen im Darm zu erkennen.

Was kann man tun?
Die Krankheit kann nicht geheilt werden. Es ist allerdings möglich, die Beschwerden zu lindern. Deshalb werden vor allem entzündungshemmende Mittel, wie Cortison, eingesetzt. Bei schweren Krankheitsverläufen wird zusätzlich ein Mittel eingesetzt, das die Abwehrzellen hemmt. In manchen Fällen müssen stark betroffene Darmabschnitte operativ entfernt werden.

Genauso wichtig wie die medikamentöse Behandlung ist eine Ernährungstherapie. Wichtig ist eine Ernährung, die den Darm wenig belastet und sehr energiereich ist.

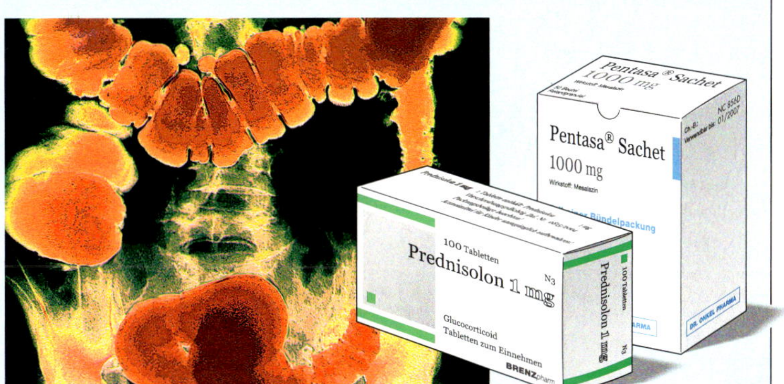

1 Röntgenaufnahme eines entzündeten Darmes, Medikamente gegen Morbus Crohn

Aufgabe

1 Viele Kinder und Jugendliche leiden heutzutage unter einem „Reizdarm". Führe hierzu eine Expertenbefragung durch und berichte in der Klasse.

1 Frische Luft!

Ich brauche frische Luft!

Damit in deinem Körper die Stoffwechselvorgänge ablaufen können, benötigt er Energie, die er aus den Nährstoffen gewinnt. Allerdings genügt die Aufnahme von Nährstoffen alleine nicht. Wie bei vielen chemischen Reaktionen ist auch für die Vorgänge in deinem Körper Sauerstoff nötig. Er gelangt beim Einatmen von Luft in die Lunge. Hier wird Sauerstoff aufgenommen und Kohlenstoffdioxid an die Umgebung abgegeben.

Die Nase hat's in sich

Meistens atmen wir über die Nase, die zusammen mit den Nasennebenhöhlen, dem Rachenraum und dem Mund zum oberen Atmungstrakt gehört.
Dabei wird Luft durch die Nasenlöcher eingesaugt. Die Nase ist mit einer Schleimhaut ausgekleidet. Hier sitzen viele Härchen, an denen die in der Luft befindlichen Fremdkörper hängen bleiben. Außerdem befinden sich in der Nasenschleimhaut viele kleinste Blutgefäße, durch die die Luft auf 37 °C angewärmt wird. Im Innern der Nase wird die Luft durch viele Schleimzellen angefeuchtet, bevor sie an den Riechzellen vorbeiströmt. Sie dienen als Erkennungs- und Warnsystem. So vermeidet man es beispielsweise schlechte, verdorben riechende Nahrung zu essen.

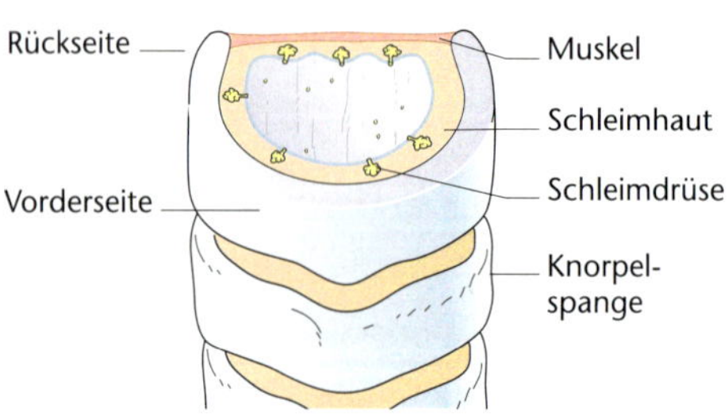

2 Luftröhre im Querschnitt

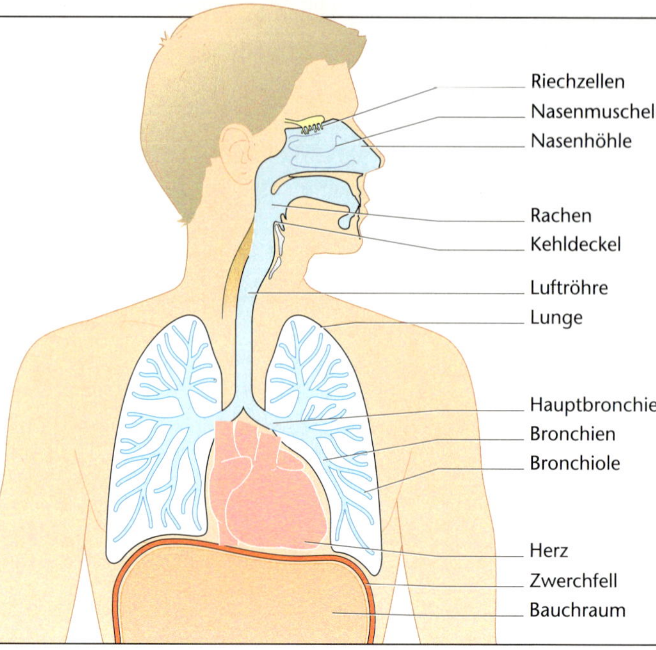

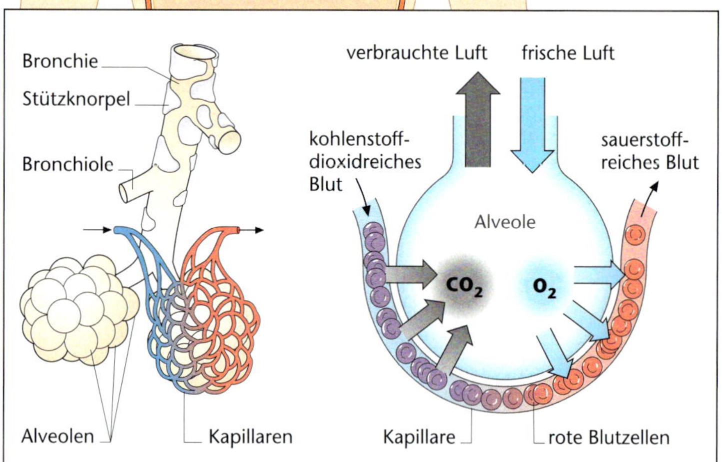

3 Gasaustauch bei der Atmung

Rachenraum und Luftröhre

Nachdem die Luft die Nase passiert hat, gelangt sie in den Rachen und strömt in die Luftröhre, vorbei am geöffneten Kehldeckel, der nur beim Schlucken geschlossen wird. Kehlkopf und Kehldeckel werden zusammen mit der Luftröhre und den Bronchien zum unteren Atmungstrakt gezählt. Die Luftröhre ist ca. 20 cm lang. Sie wird von hufeisenförmigen Knorpelspangen gestützt, die durch Muskeln miteinander verbunden sind. An ihrem unteren Ende teilt sich die Luftröhre. Die rechte und linke Hauptbronchie führen jeweils in einen Lungenflügel. Die Hauptbronchien verzweigen sich weiter und münden in immer kleiner werdende Bronchien. Diese sind schließlich so klein, dass du sie nur noch bei starker Vergrößerung erkennen kannst. Die letzten Bronchien münden in die Lungenbläschen, die **Alveolen**.

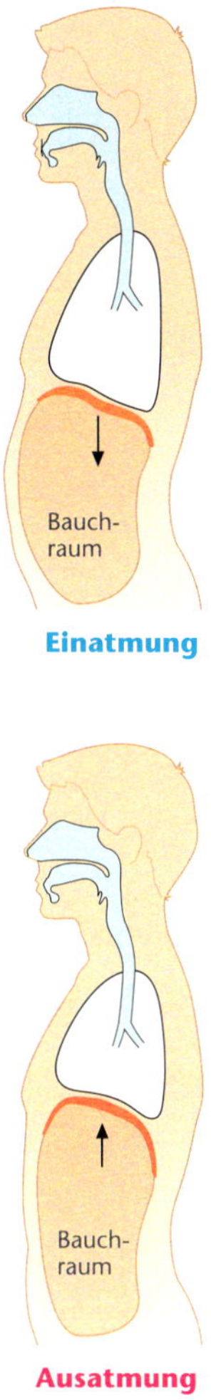

4 Lage des Zwerchfells bei der Atmung

Von hier gelangt der Sauerstoff der eingeatmeten Luft in die Kapillaren, wo er vom roten Blutfarbstoff, dem **Hämoglobin**, gebunden wird. Die roten Blutzellen transportieren ihn dann zu allen Körperzellen. Gleichzeitig wandert an den roten Blutzellen gebundenes und im Blutplasma gelöstes Kohlenstoffdioxid aus den Lungenkapillaren in die Lungenbläschen.

Die Atemluft gelangt über Nase und Mund in die Luftröhre und von dort in die Bronchien und Lungenbläschen. Dort wird der Sauerstoff von den roten Blutzellen aufgenommen.

Muskeln unterstützen die Atemmechanik

Die Lunge selbst besitzt keine Muskeln. Sie wird passiv durch Muskeln des Brust- und Bauchraums bewegt. Hierbei spielt das Zwerchfell eine wichtige Rolle. Das **Zwerchfell** ist ein großer Muskel unterhalb der Lunge, der den Brust- vom Bauchraum trennt. Beim Einatmen zieht sich das Zwerchfell zusammen und vergrößert so den Brustraum. Die Lungenflügel werden dabei nach unten und auseinander gezogen. Entspannt sich das Zwerchfell, verkleinert sich der Brustraum wieder. Dabei werden die Lungenflügel wieder nach oben geschoben und man atmet aus (▷B 4).

Immer dann, wenn man stark ein- oder ausatmen muss, wird das Zwerchfell von weiteren Muskeln unterstützt (▷B 5). Zwischen der Lunge und dem Brustkorb befindet sich ein Spalt, der mit einer Flüssigkeit gefüllt ist. Ähnlich wie zwei nasse Glasplatten die aneinander haften, kann die Lunge so gedehnt und zusammengezogen werden.

Das Zwerchfell und die Zwischenrippenmuskeln sind für die Atmung wichtig. Durch diese Muskeln wird die Lunge beim Einatmen gedehnt und Luft eingesaugt.

Gifte zerstören die Schleimhäute

Neben Sauerstoff, Kohlenstoffdioxid und anderen Gasen, können in der Luft auch Krebs erregende Stoffe wie beispielsweise Benzindämpfe und Asbestfasern vorkommen. Dabei hängt die Gefährlichkeit dieser Stoffe von ihrer Konzentration in der Atemluft ab. Bei vielen Menschen ist es vor allem der Zigarettenrauch, dessen Teerstoffe die Schleimhäute der Bronchien schädigt. Nach einigen Jahren ist die Bronchienschleimhaut von Rauchern derart verklebt, dass Fremdkörper nur mit großen Anstrengungen abgehustet werden können. Das führt zu einer andauernden Entzündung der Bronchien, dem **Raucherhusten**. Eine Folge dieser chronischen Entzündung kann Lungenkrebs sein.

Zigaretten enthalten Krebs erregende Stoffe. Diese können bei Rauchern Lungenkrebs verursachen.

Aufgaben

1 Während der Atmung werden viele verschiedene Muskeln genutzt. Besorge dir eine Fotokopie des menschlichen Skeletts und zeichne die beteiligten Muskelgruppen ein.

2 Die äußere Oberfläche der Lunge beträgt etwa 0,1 m^2, die innere dagegen 70 m^2. Wie kommt dieser Unterschied zustande? Welcher Vorteil ergibt sich daraus für den Körper?

3 a) Beschreibe den Weg der eingeatmeten Luft.
b) Überlege dir, an welchen Stellen die Giftstoffe des Zigarettenrauchs besonders wirken können. Welche Folgen könnte dies jeweils haben?
c) Suche nach Möglichkeiten, diese Folgen so gering wie möglich zu halten.

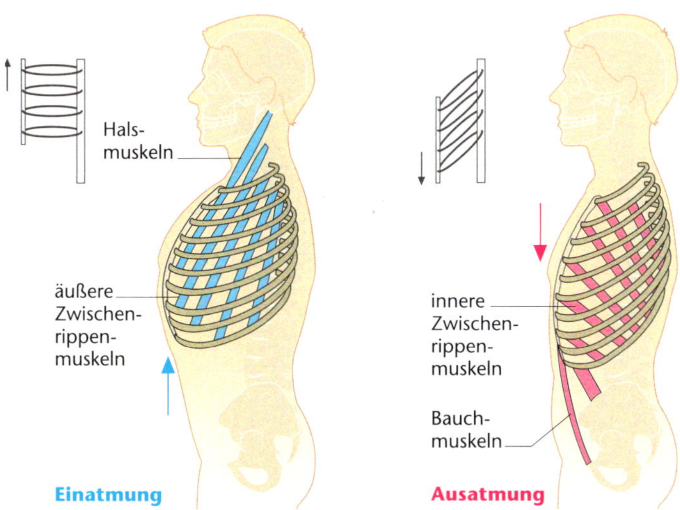

5 Hals- und Zwischenrippenmuskeln unterstützen die Atmung.

Versuche zur Atmung

1 Ein Modellversuch zur Bauchatmung

In Ruhe bewegt sich der Brustkorb kaum beim Atmen. Bei der Bauchatmung hebt und senkt sich lediglich der Bauch. Das liegt an der Bewegung des Zwerchfells (▷B 1).

Material

Glasglockenmodell

Versuchsanleitung

Halte das Modell mit der einen Hand fest und ziehe mit der anderen Hand an der Gummihaut.

Aufgaben

1. Was beobachtest du, wenn du an der Gummihaut ziehst? Was geschieht beim Loslassen?

2. Ordne die einzelnen Teile des Modells den entsprechenden Bereichen des Atmungssystems zu: Glasglocke, Glasrohr mit Gabelung, Luftballons, Gummihaut.

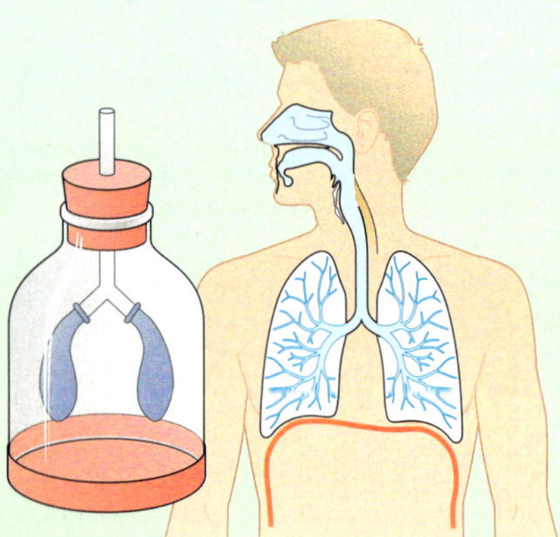

1 Zu Versuch 1

2 Wir basteln ein Modell zur Brustatmung

Bei körperlicher Anstrengung dagegen kannst du spüren, wie sich der Brustkorb hebt und senkt. Dabei heben Zwischenrippenmuskeln den Brustkorb an und dehnen ihn aus. Dadurch strömt Luft in die Lunge. Beim Ausatmen senkt sich der Brustkorb, die Lunge verkleinert sich und die Luft strömt wieder aus. Diese Atmung nennt man Brustatmung.

Material

Pappkarton (DIN A4), Bleistift, Lineal, Briefklammern, Schere

Versuchsanleitung

Zeichne auf dem Karton im Abstand von 2 cm Linien. Schneide den Karton an den Linien durch, sodass du mehrere 2 cm breite Streifen erhältst. Lege die Streifen wie unten abgebildet aufeinander und befestige sie jeweils mit einer Briefklammer.

2 Zu Versuch 2

Aufgaben

1. Bring das Modell in die Stellung beim Ausatmen und beim Einatmen.

2. Bewege das Modell hin und her. Vergleiche mit den Vorgängen der Brustatmung.

3. Erkläre, wie sich das Volumen des Brustkorbes ändern kann, obwohl sich die Länge der Rippen nicht verändert.

3 Wie viel Luft passt in die Lunge?

Material

Glaswanne, Glasglocke mit Hahn, Stativmaterial, Wasserstrahlpumpe, 2 Gummischläuche, gewinkeltes Glasrohr, Wasser

Versuchsanleitung

Baue die Apparatur entsprechend Abbildung 3 auf. Verbinde mithilfe des Gummischlauchs den Hahn der Glasglocke mit der Wasserstrahlpumpe.
Fülle die Glasglocke mit Wasser, indem du die Wasserstrahlpumpe anstellst und den Hahn öffnest. Wenn die Glasglocke vollständig mit Wasser gefüllt ist, schließt du den Hahn und die Wasserstrahlpumpe.
Setze das gewinkelte Glasrohr auf den zweiten Gummischlauch und halte diesen so in die Glaswanne, dass sich das Glasrohr unter der Glasglocke befindet.
Zur Bestimmung des Atemvolumens musst du so kräftig wie möglich in den Schlauch blasen. Atme vorher einige Male tief ein.

Aufgabe

Notiere dein maximales Atemvolumen. Vergleiche deinen Wert mit denen deiner Mitschülerinnen und Mitschüler. Suche Gründe für die unterschiedlichen Werte.

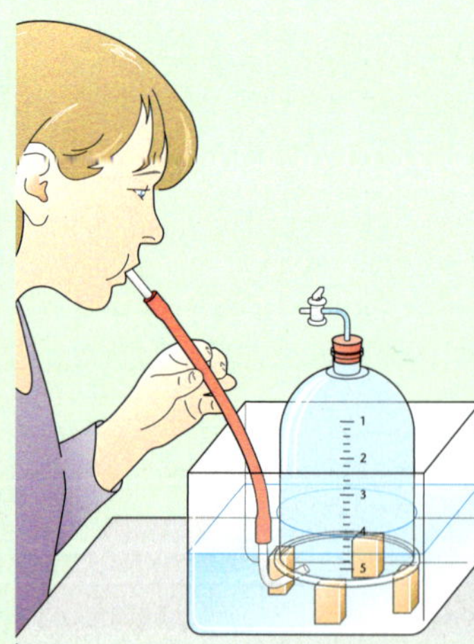

3 Bestimmung des Atemvolumens

4 Untersuchung einer Schweinelunge

Material

Schweinelunge (möglichst mit Luftröhre), Präparierschale, Einmal-Handschuhe, 50 cm langer Gummischlauch mit Mundstück, 10 cm langes Glasrohr, Bindfaden

Versuchsanleitung

a) Lege die Lunge in die Präparierschale und untersuche die Lunge mit den Händen.

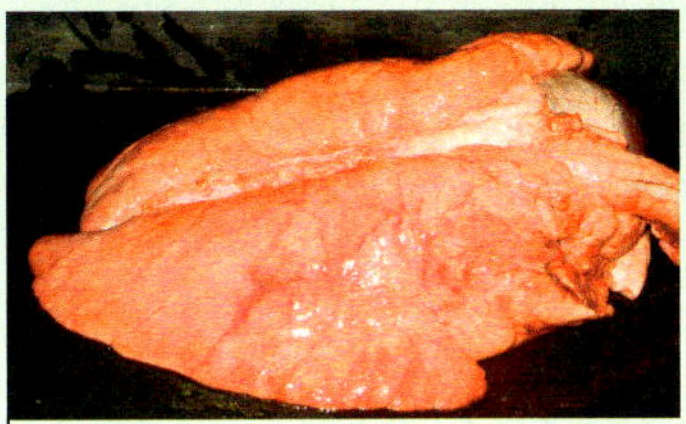

4 Lunge eines Hausschweines

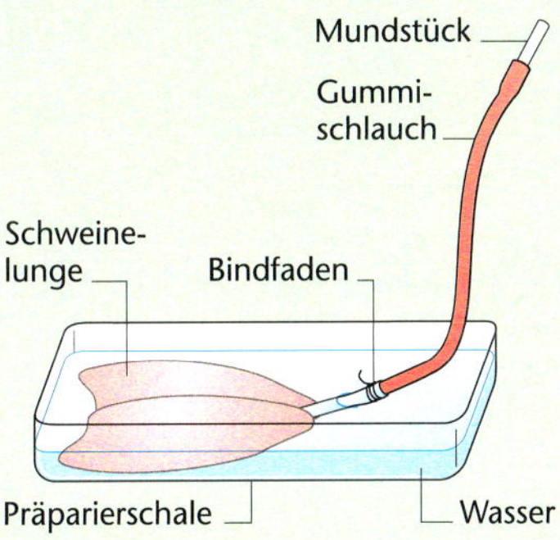

5 Zu Versuch 4 b)

b) Stecke das Glasrohr in den Gummischlauch und schiebe es durch die Luftröhre in die Schweinelunge. Binde mithilfe des Bindfadens die Luftröhre fest um den Gummischlauch.
Blase Luft durch den Schlauch in die Lunge.

Aufgaben

1. Beschreibe das Aussehen und die Form der Lunge.
Wie fühlt sich die Lunge an?
Welche Teile kannst du finden?
Fertige eine Zeichnung der Lunge an und beschrifte sie.

2. Was kannst du beobachten, wenn du in die Lunge bläst?

5 Nachweis von Kohlenstoffdioxid

Material

Zwei 100 ml Bechergläser, langer Strohhalm, Schutzbrille, Kalkwasser (ätzend), Kohlenstoffdioxid aus der Gasflasche

Versuchsanleitung

a) Setze die Schutzbrille auf und fülle das Becherglas zur Hälfte mit Kalkwasser. Dein Lehrer oder deine Lehrerin lässt aus der Gasflasche vorsichtig Kohlenstoffdioxid in das Kalkwasser einströmen.
b) Fülle auch das zweite Becherglas mit Kalkwasser. Nimm den Strohhalm und blase vorsichtig hinein. Achte darauf, dass kein Kalkwasser in deinen Mund gelangt!

Aufgabe

Beschreibe jeweils deine Beobachtungen. Was kannst du daraus schließen?

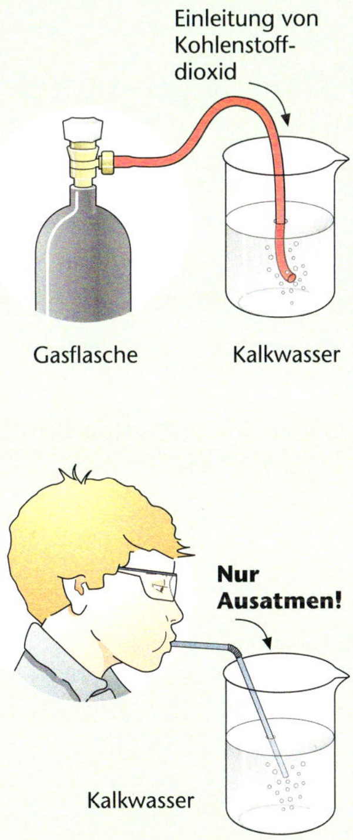

6 Nachweis von Kohlenstoffdioxid

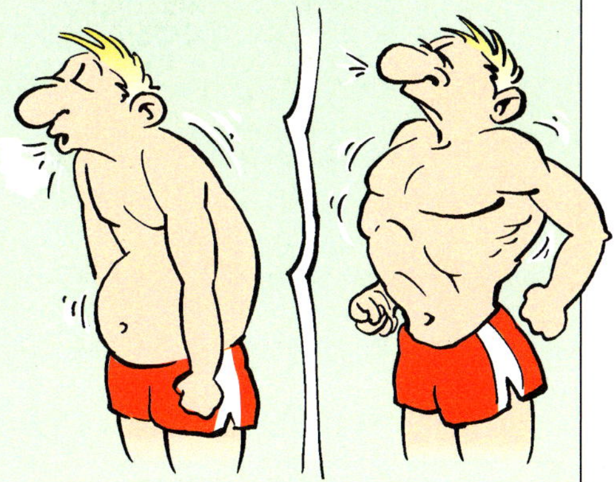

6 Einatmen – ausatmen

Material

Stativmaterial, 2 Gaswaschflaschen, Schlauchstücke, Kalkwasser (ätzend), Mundstück

Versuchsanleitung

Befestige die Gaswaschflaschen am Stativmaterial und verbinde sie, wie in Abbildung 7 gezeigt, miteinander. Fülle in beide Gaswaschflaschen ca. 2 cm hoch Kalkwasser.
Atme durch den Schlauch vorsichtig und gleichmäßig ein und aus.

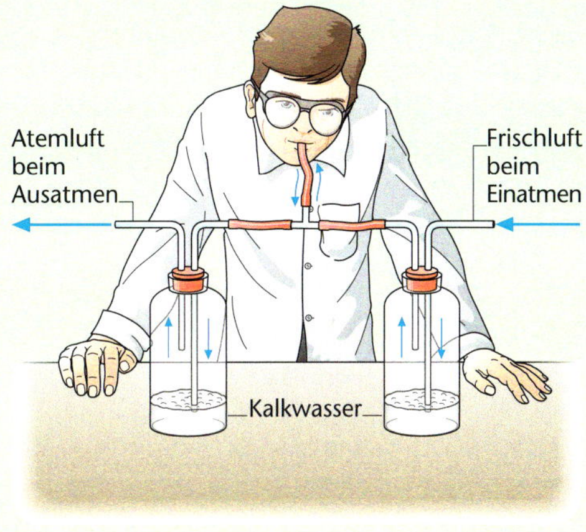

7 Zu Versuch 6

Aufgaben

1. Welche Veränderungen kannst du nach einigen Minuten feststellen?

2. Gib eine Erklärung für deine Beobachtungen.

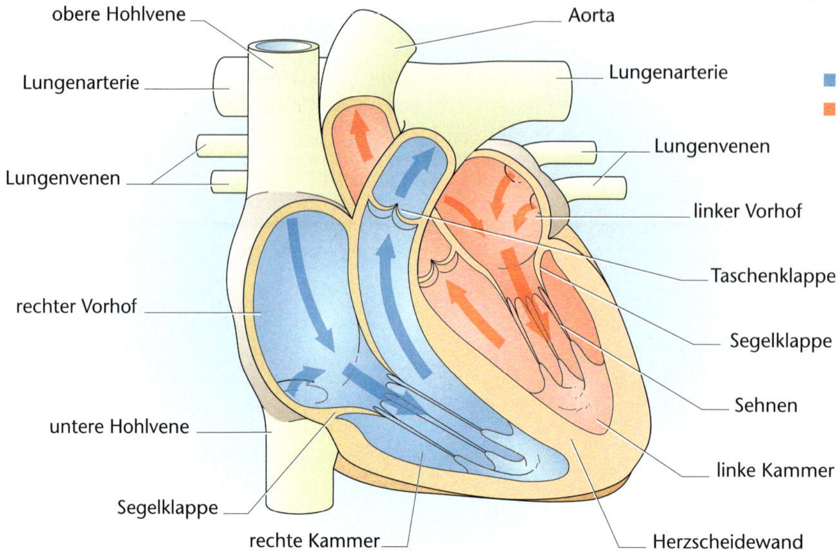

1 Bau des Herzens

■ Sauerstoffarmes Blut
■ Sauerstoffreiches Blut

Die lebenswichtige Pumpe

Damit das Blut alle Organe und jedes Gewebe im Körper erreichen und mit Sauerstoff versorgen kann, muss es mit kräftigem Druck durch die Blutgefäße gepumpt werden. Diese Aufgabe erfüllt das **Herz**, das durchschnittlich 60–70 Mal pro Minute schlägt.

Unser Herz ist ein faustgroßer Hohlmuskel, der vom Herzbeutel umschlossen wird. Durch die Herzscheidewand wird das Herz in eine rechte und eine linke Herzhälfte geteilt. Beide Herzhälften werden noch einmal durch Segelklappen unterteilt, sodass ein rechter Vorhof und eine rechte Herzkammer, sowie ein linker Vorhof und eine linke Herzkammer entstehen (▷B 1).

Ventile beeinflussen den Blutstrom

Bei jedem Herzschlag zieht sich das Herz zusammen. Dabei wird das Blut aus den Herzkammern in die Lunge und den restlichen Körper gepumpt. Zwischen den Vorhöfen und den Kammern auf jeder Seite liegt jeweils eine **Segelklappe** (▷B 1 und B 2). Durch sie wird verhindert, dass Blut aus den Herzkammern in die Vorhöfe zurückfließt.

Aufgabe

1 Informiere dich im Internet oder bei deinem Hausarzt/Hausärztin, wie ein Herzschrittmacher funktioniert. Welche „natürliche" Aufgabe nimmt er wahr? Halte darüber ein Kurzreferat.

Die Segel der Segelklappen sind durch dünne Sehnenfäden an kleinen Muskeln befestigt. Wenn sich die Muskeln kontrahieren, werden die Sehnenfäden gespannt und die Segel fest zusammengezogen. Zwischen der rechten Herzkammer und der Lungenarterie, bzw. zwischen der linken Kammer und der Aorta liegen die Taschenklappen. Auch sie verhindern, dass Blut zurückfließt.

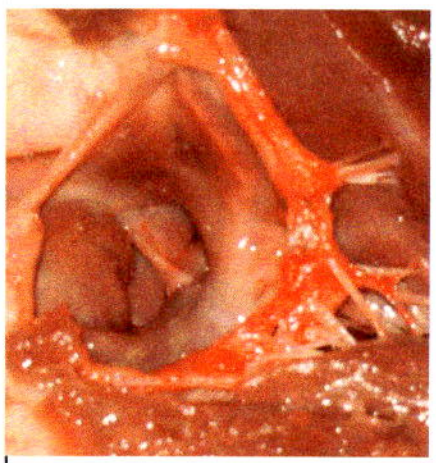

2 Segelklappe, frei präpariert

▶ Das Herz ist ein Hohlmuskel, der das Blut durch den Körper pumpt. Die Fließrichtung des Blutes im Herzen wird durch Klappen geregelt. Segel- und Taschenklappen verhindern, dass das Blut zurückfließt.

Ein endloser Kreislauf im Körper

Das Blut fließt in einem geschlossenen Blutgefäßssystem. Dieses umfasst zwei Kreisläufe – den Lungen- und den Körperkreislauf.

Der Lungenkreislauf

Im **Lungenkreislauf** fließt das kohlenstoffdioxidreiche Blut aus der rechten Herzkammer zu den Lungen und gelangt über die Lungenarterien in die Lungenkapillaren. Dort geben die roten Blutzellen das Kohlenstoffdioxid in die Lungenbläschen ab und nehmen Sauerstoff auf. Das Blut fließt hier sehr langsam, sodass jede rote Blutzelle optimal mit Sauerstoff beladen werden kann. Von den Kapillaren fließt das Blut in die Lungenvenen, die in den linken Vorhof des Herzens münden.

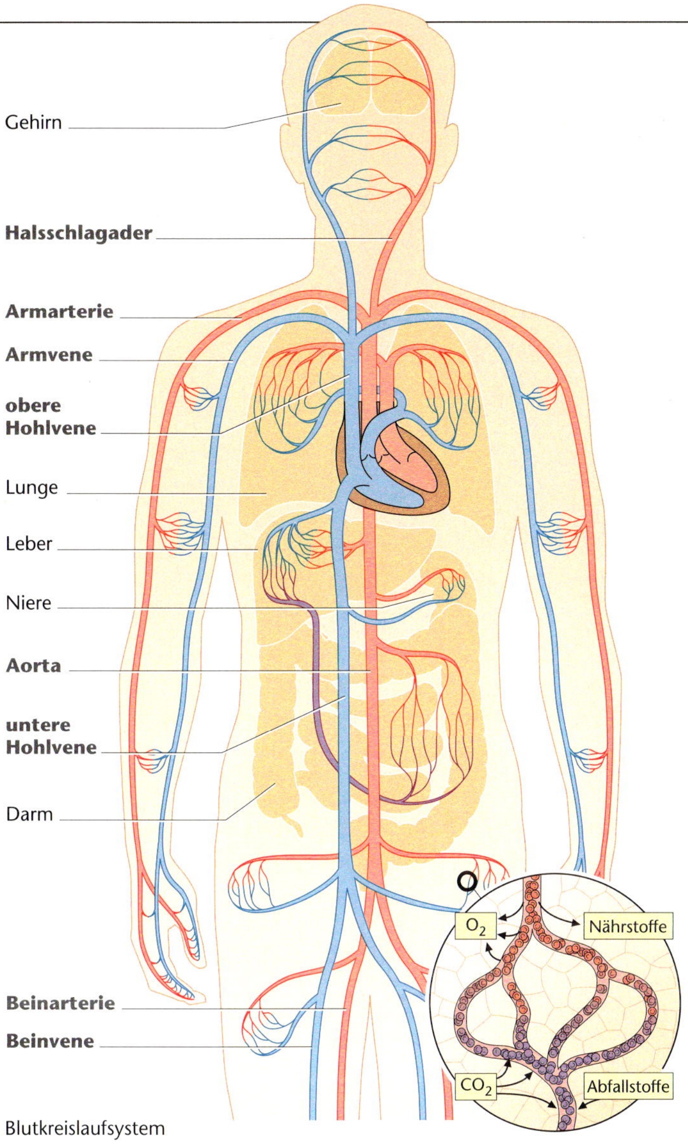

3 Blutkreislaufsystem

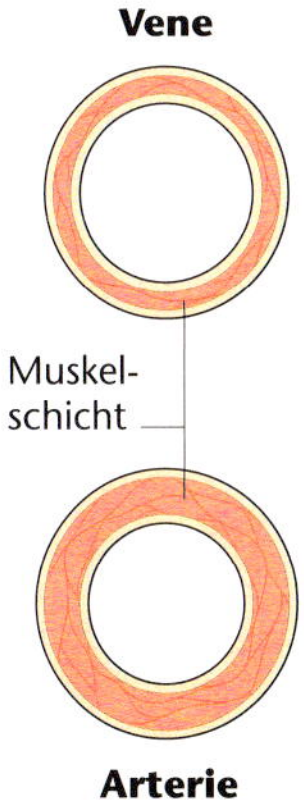

4 Arterien und Venen sind unterschiedlich gebaut.

Der Körperkreislauf

Aus dem linken Vorhof wird das sauerstoffreiche Blut über die linke Herzkammer in die Hauptschlagader, die Aorta und in die Körperarterien gepumpt. Da das Blut auf diesem Weg in den gesamten Körper gelangt, wird dieser Kreislauf **Körperkreislauf** genannt. Den Druck, mit dem das Herz das Blut in die Aorta und den Körperkreislauf pumpt, bezeichnet man als **Blutdruck**.

▶ Das Blut fließt in einem geschlossenen Kreislauf durch den Körper. Man unterscheidet den Lungen- und den Körperkreislauf.

Durch Arterien und Venen

Dein Herz pumpt das sauerstoffreiche Blut in die **Aorta**. Diese führt durch den Brustkorb und den Bauch bis ins Becken. Auf ihrem Weg dorthin gibt sie immer wieder Äste, die **Arterien**, ab. Diese Arterien münden in die großen Organe, wie Gehirn, Magen, Milz, Leber, Nieren aber auch in Eierstöcke und Hoden sowie in den Darm.

Im oberen Brustkorb und im Becken spaltet sich die Aorta in die Arm-, bzw. Beinarterien auf. Jede Arterie verästelt sich immer weiter in viele kleine Blutgefäße, die **Kapillaren**. Diese durchziehen wie ein Netz das Organ und geben Sauerstoff und Nährstoffe direkt in die einzelnen Zellen ab. Abführende Kapillaren nehmen Abfallstoffe und Kohlenstoffdioxid auf und münden in eine zugehörige **Vene**.
Die Venen der Beine, sowie der Bauch- und Brustorgane münden in die **untere Hohlvene**, die Venen der Arme und des Kopfes in die **obere Hohlvene**. Beide Hohlvenen ziehen in den rechten Herzvorhof.

▶ Das Blutgefäßsystem besteht aus Arterien, Venen und Kapillaren.
Die Arterien führen vom Herzen weg, die Venen führen zum Herzen hin.

Der Gefäßaufbau

Arterien und Venen sind unterschiedlich aufgebaut (▷ B 4). Arterien besitzen eine kräftige Muskelschicht, damit sie dem hohen Blutdruck standhalten und das Blut weiterpumpen können.
Venen besitzen dagegen nur eine dünne Muskelschicht sowie Klappen, die verhindern, dass das Blut zurückfließt. Außerdem liegen Venen an Muskeln und Arterien, sodass durch die Muskelanspannung und den Puls der Arterien das venöse Blut passiv zum Herzen gepresst werden kann.

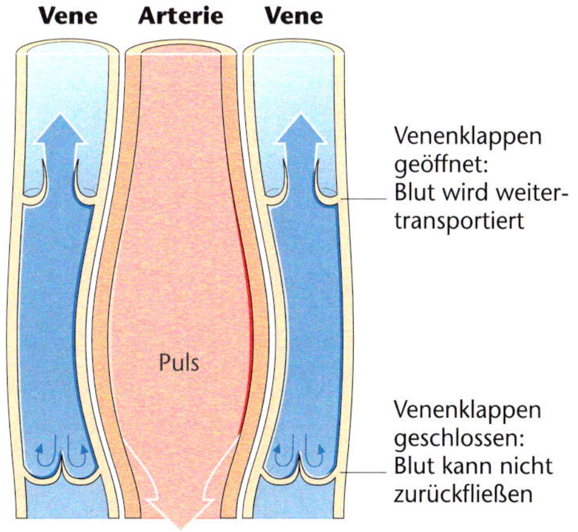

5 Bluttransport in den Venen

▶235

Macht Wohlstand krank?

1 Fastfood

2 Übergewichtig durch Bewegungsmangel

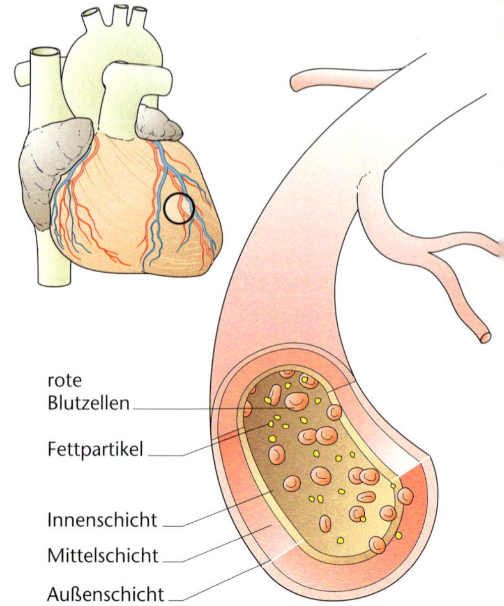

4 Querschnitt durch eine Arterie und Entstehung eines Herzinfarkts

Bei uns geht es vielen gut
In den meisten Familien gibt es Kühlschrank, Waschmaschine, Auto und Fernseher. Unser Leben ist relativ bequem. Auch die Arbeit vieler Leute ist dank moderner Maschinen körperlich nicht sehr anstrengend. Da das Lebensmittelangebot jedoch sehr reichhaltig ist, kann der Umgang damit zu einem Problem werden.

Der Body-Mass-Index (BMI) ist ein Zahlenwert, der angibt, ob du unter-, normal- oder übergewichtig bist. Dieser Wert ist ein Durchschnittswert.

So wird der Body-Mass-Index berechnet:

$$\frac{\textbf{Körpergewicht in kg}}{\textbf{(Körpergröße in m)}^2} = \textbf{BMI}$$

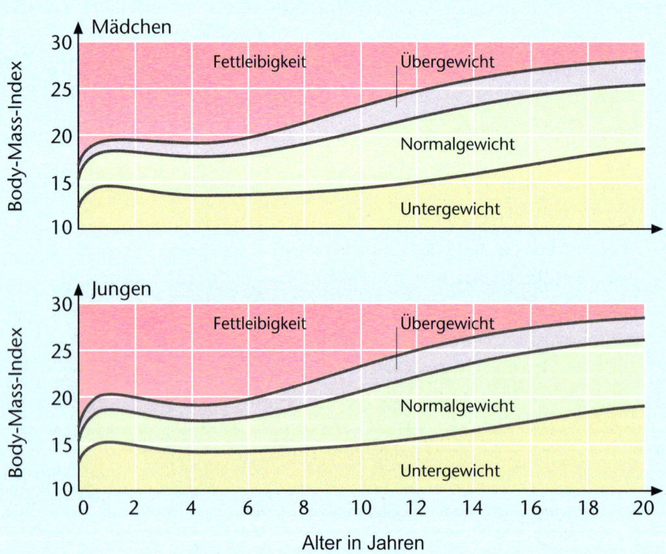

3 Berechnung des BMI und Tabelle zum Ablesen

Wohlstand birgt auch Risiken
Viele Menschen bewegen sich zu wenig und nehmen mit ihrer Nahrung mehr Energie auf, als sie verbrauchen. Dieser Überschuss wird vom Körper als Fettreserve gespeichert. Übergewicht (▷ B 2) ist die Folge. Es belastet Herz und Kreislauf.

Zu viele Süßigkeiten, zu fette und zu salzige Nahrungsmittel bewirken meist Bluthochdruck. Zu hoher Blutdruck schädigt die Blutgefäße und fördert die Entstehung weiterer Herz-Kreislauf-Erkrankungen.
In Deutschland stirbt jeder zweite Mensch an Herz-Kreislauf-Erkrankungen, wie z. B. dem Herzinfarkt.

▶ Mangelnde Bewegung und falsche Ernährung begünstigen die Entstehung von Herz-Kreislauf-Erkrankungen.

Zu viel Fett ist ungesund …
Durch falsche Ernährung gelangen zu viele Fettbestandteile ins Blut. Werden sie nicht verbraucht, können sich manche von ihnen in den Innenwänden der Arterien ablagern. Diese Ablagerungen werden Plaques genannt (▷ B 4). Dort kommt es zu Verhärtungen und dauerhaften Entzündungen in der Gefäßwand. Man spricht von **Arteriosklerose**.
Die Arterien können sich dann z. B. bei körperlicher Belastung durch Sport nicht entsprechend erweitern, um das zu versorgende Gewebe ausreichend zu durchblu-

ten. Das könnte im Unterschenkel zu schmerzhaften Wadenkrämpfen führen. Die Arteriosklerose wird auch durch Rauchen und zu hohen Blutdruck begünstigt. Zudem gibt es eine erbliche Veranlagung. Schon bei Jugendlichen tritt diese meist vermeidbare Krankheit auf.

... und sogar gefährlich

In den Gefäßwänden platzen manchmal die Plaques auf. Dann bildet sich im Gefäß schnell ein Blutgerinnsel, das wie ein Pfropf das Blutgefäß verschließt. Ein solches Blutgerinnsel heißt **Thrombus**. Durch das verschlossene Gefäß kann nun ein Bereich des Körpers nicht mehr ausreichend mit Nährstoffen und Sauerstoff versorgt werden.

Dazu wird ein Venenstück z.B. aus dem Oberschenkel verwendet.
Einen Herzinfarkt können diese Maßnahmen jedoch nicht verhindern.

Vorbeugen lohnt sich!

Willst du dem Risiko einer Herz-Kreislauf-Erkrankung vorbeugen, solltest du dich regelmäßig bewegen, Sport treiben, dich gesund ernähren und ein normales Gewicht halten.
Achte darauf, wenig Salz, wenig tierisches Fett und wenig Zucker zu essen.

Das Risiko, an Arteriosklerose und Herzinfarkt zu erkranken, kann jeder selbst möglichst gering halten.

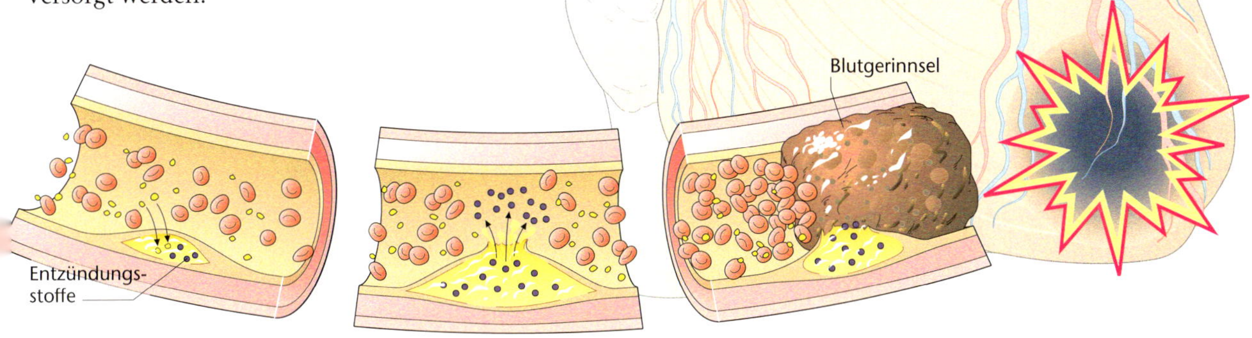

Überschüssiges Fett lagert sich in den Arterienwänden ab. Zusammen mit weiteren Stoffen aus dem Blut bildet sich eine zähe Plaque. Außerdem beginnen sich Entzündungsstoffe in der Plaque zu sammeln.

Die Plaque dehnt sich mit der Zeit aus und kann aufreißen. Durch den Riss gelangen die entzündungsfördernden Stoffe aus der Plaque ins Blut.

Durch die Entzündungsstoffe gerinnt das Blut. Es entsteht ein Blutgerinnsel, das die Arterie verstopfen kann. Die Sauerstoffversorgung des Gewebes wird unterbrochen.

Wird der Herzmuskel nicht mehr mit Sauerstoff versorgt, stirbt er ab. Man spricht dann von einem **Herzinfarkt**.

Sind die Arterien verschlossen, die den Herzmuskel versorgen, spürt man dort starke Schmerzen, die in den linken Arm ausstrahlen. Es tritt Herzstechen auf. Einige Betroffene leiden auch unter starker Übelkeit. Ein Teil des Herzmuskels stirbt wegen der Unterversorgung ab, es ist zum **Herzinfarkt** gekommen.

Ein Infarkt kann auch im Gehirn stattfinden. Er wird **Schlaganfall** oder **Hirninfarkt** genannt.

Eine Arteriosklerose am Herzen kann ein Druck- und Engegefühl hinter dem Brustbein hervorrufen. Wird sie erkannt, haben Ärzte einige Möglichkeiten, um dieses Symptom zu lindern. Das betroffene Blutgefäß kann mit einem kleinen Ballon geweitet oder die Plaques können mithilfe eines Laserstrahls entfernt werden. Es kann auch operativ eine Umleitung, ein so genannter **Bypass**, gelegt werden.

Aufgaben

1 Bei einem Herzstillstand setzen Ärzte häufig einen „Defibrillator" ein. Informiere dich über die Einsatzmöglichkeiten dieses Gerätes. Verfasse einen Bericht, stelle Vor- und Nachteile in einer Tabelle gegenüber.

2 a) Überlegt in Gruppen, welche Risiken für Herz-Kreislauf-Erkrankungen es in eurem Alltag gibt.
b) Diskutiert über Änderungsvorschläge.
c) Stellt euer Ergebnis der Klasse vor.

3 a) Mithilfe des Body-Mass-Index (▷ B 3) kannst du dein Körpergewicht leicht einordnen. Prüfe, ob du Normalgewicht hast.
b) Beschaffe dir Informationen über die Anteile Unter-, Normal- und Übergewichtiger in der Bevölkerung.
c) Erfasse diese Anteile im Kreisdiagramm.

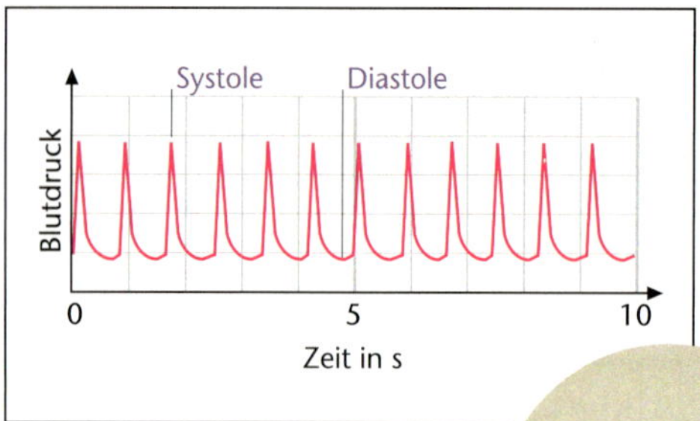

1 Blutdruck in Ruhe

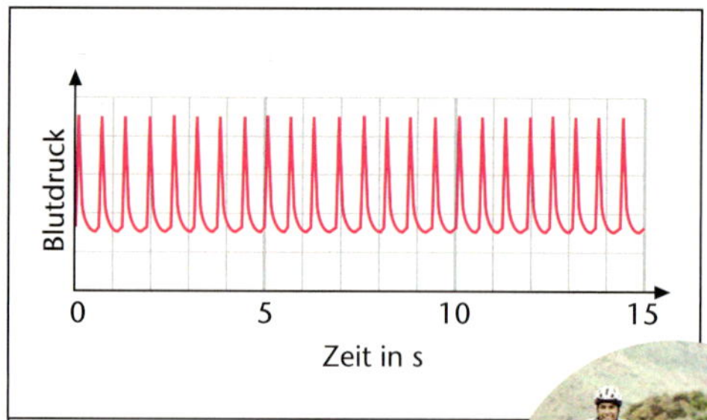

2 Blutdruck unter Belastung

Allen Lebenslagen angepasst

Der Blutfluss und damit die Durchblutung aller Gewebe und Organe werden auch bei unterschiedlichen Schwerkraftverhältnissen aufrechterhalten. Damit die genannte Blutversorgung immer funktioniert, sind mehrere Steuerungsmechanismen vorhanden: Nerven steuern die Eng- und Weitstellung der Arterien, um den Blutdruck zu erhöhen, bzw. zu vermindern. Außerdem können zusätzlich über Botenstoffe die Pumpmenge des Herzens und die Herzfrequenz verändert werden.

Der Blutdruck

Eigentlich ist der Blutdruck als die Kraft definiert, die das Blut auf die Gefäßwände ausübt. Ärzte dagegen messen bei ihren Patienten immer nur den **arteriellen Blutdruck**. Der Blutdruck ist abhängig von der Gesamtblutmenge im Körper, von der Herzfrequenz und von der Blutmenge, die pro Herzschlag aus dem Herzen herausgepumpt wird.

Jedes Mal, wenn sich der Herzmuskel zusammenzieht, steigt somit der Blutdruck in den Arterien. Es entsteht eine Druckwelle, die durch die Arterien wandert. An Stellen, an denen Arterien nahe der Körperoberfläche verlaufen, kannst du dies als **Puls** fühlen. Die Pulsfrequenz entspricht dabei der Frequenz des Herzschlages.

Während sich die Herzkammern zusammenziehen, Mediziner sprechen von der **Systole**, kann der Blutdruck in den Arterien beim gesunden Menschen im Ruhezustand bis zu 120 mmHg (Millimeter Quecksilbersäule) ansteigen. Man nennt diesen oberen Blutdruckwert den **systolischen** Wert. Als **diastolischer** Wert wird der Blutdruck bezeichnet, der entsteht, wenn die Herzkammern nach der Pumpaktion erschlaffen (auch **Diastole** genannt) und der Druck in den Arterien abfällt (▷ B 3). Dieser Wert sollte beim gesunden Menschen zwischen 70 und 90 mm Hg betragen.

Wenn sich das Herz zusammenzieht, wird das Blut in die Arterien gepumpt. Der Druck wird als systolischer Wert gemessen. Beim Erschlaffen der Herzkammern misst man den diastolischen Wert.

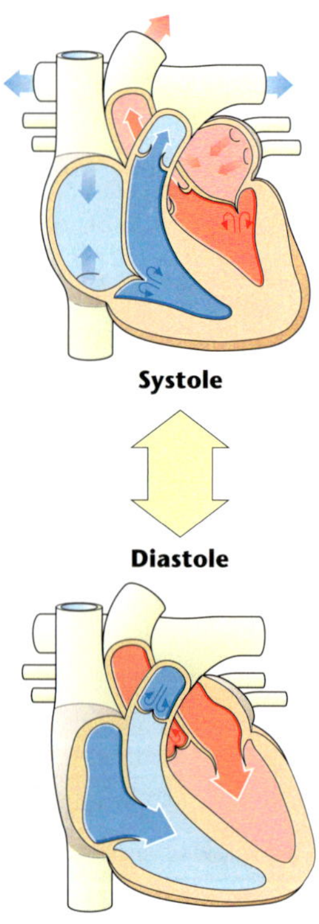

3 Funktion des Herzens

4 RIVA ROCCI

Alter in Jahren	Blutdruck in mm Hg
bis 10	90/60
10–30	110/75
30–40	125/85
40–60	140/90
über 60	150/90

5 Blutdruck

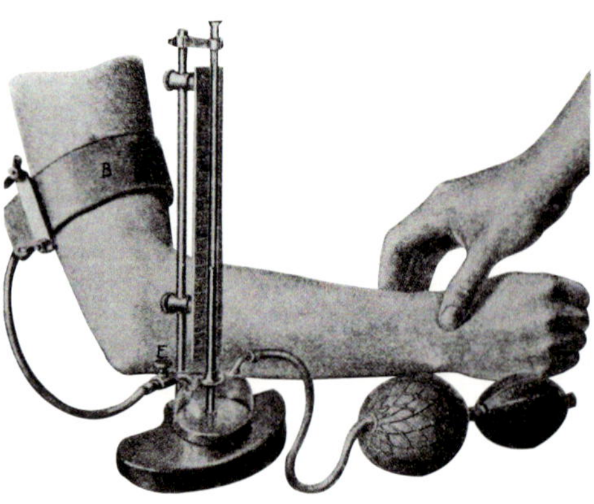

6 Messung des Blutdrucks nach RIVA ROCCI

Die Messung von Puls- und Blutdruck

Auf einen gesunden Kreislauf kommt es an!
Du weißt bereits, dass das Herz durch seine Pumpkraft dafür verantwortlich ist, dass jede einzelne Zelle mit Sauerstoff versorgt wird. Damit der Pumpmechanismus auch in jeder „Lebenslage" funktioniert, muss ein ausreichender Blutdruck vorhanden sein. Blut kann, wie jede andere Flüssigkeit auch, nur dann durch Gefäße wie Arterien und Venen fließen, wenn zwischen Anfang und Ende ein Druckunterschied besteht. Der Anfang unseres Kreislaufsystems ist die Aorta, das Ende sind die beiden Hohlvenen. Das folgende Praktikum soll dir zeigen, dass der Blutdruck an unterschiedlichste Bedingungen angepasst werden kann.

1 Pulsmessung
Üblicherweise misst man die Herzfrequenz an einer nah an der Körperoberfläche verlaufenden Arterie (Schlagader), z. B. der Schlagader am Handgelenk.

Material
Stoppuhr, Millimeterpapier, Schreibzeug

Versuchsanleitung
a) Arbeite mit einem Partner oder einer Partnerin zusammen.
b) Miss, wie in Abbildung 1 gezeigt, am Handgelenk deines Partners 30 Sekunden lang den Puls.
c) Multipliziere den gezählten Wert mit 2.
d) Die Messung wird wiederholt, nachdem ihr jeweils 30 Kniebeugen gemacht habt.
e) Nun entspannt ihr euch drei Minuten, bevor ihr die nächste Messung durchführt.
f) Nach weiteren drei Minuten Entspannungspause erfolgt die letzte Messung.

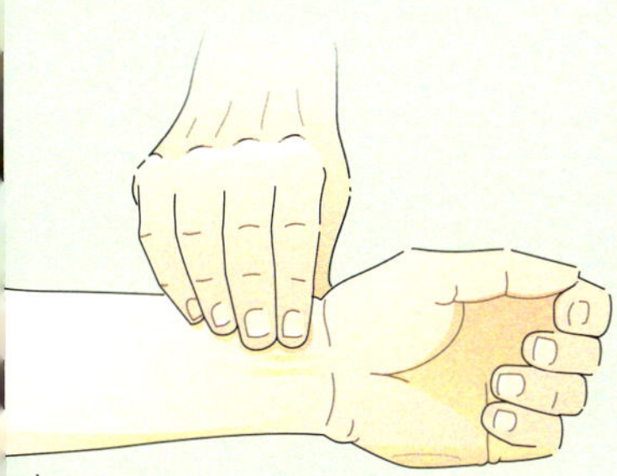

1 Pulsmessung am Handgelenk

Aufgaben
1. Wie kommt der Pulsschlag zustande?
2. Notiere die Werte, die du im Sitzen gemessen hast sowie nach 30 Kniebeugen.
3. Erstelle anhand deiner Werte ein Balkendiagramm.
4. Beschreibe das Diagramm und erläutere es.

2 Pulsschlag an verschiedenen Stellen
Versuchsanleitung
a) Versuche, mit deiner rechten Hand den Puls an der Halsschlagader zu fühlen.
b) Suche jetzt mit deiner linken Hand den Puls am rechten Handgelenk.
c) Bleib am Puls und fühle gleichzeitig mit der rechten Hand den Puls an der Halsschlagader. Somit kannst du gleichzeitig den Puls an zwei verschiedenen Stellen messen.

Aufgabe
Was fällt dir beim Vergleich der beiden Pulsschläge (am Handgelenk und an der Halsschlagader) auf? Begründe deine Beobachtung.

3 Blutdruckmessung
Material
Blutdruckmessgerät, Stoppuhr, Zeichenmaterial

Versuchsanleitung
a) Lege deinem Partner, deiner Partnerin, die Blutdruckmanschette wie in Abbildung 2 am Oberarm an. Achte darauf, dass der Arm entspannt auf dem Tisch aufliegt. Außerdem sollte man sich während der Messung möglichst nicht bewegen und auch nicht sprechen. Miss anschließend den Blutdruck gemäß der Geräteanleitung.
b) Wiederhole die Messung nach 30 Kniebeugen sowie nach einer Ruhepause von drei bzw. sechs Minuten.

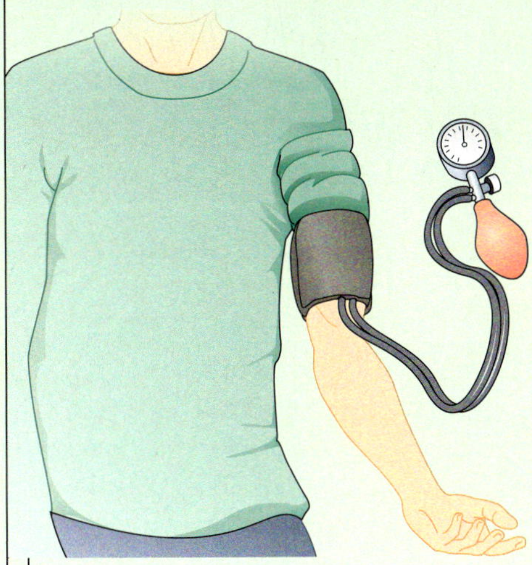

2 Anlegen der Blutdruckmanschette

Aufgabe
Erstelle auch für diese Messreihe ein Balkendiagramm. Vergleiche die Werte mit denen der Pulsmessung. Was kannst du daraus ableiten?

4 Herzfrequenzen verschiedener Tiere
Material
Kassette mit Herztönen verschiedener Tiere

Versuchsanleitung
Hör die Tonbandkassette „Herztöne" an.

Aufgaben
1. Ermittle die Zahl der Herzschläge für die Tiere auf der Kassette.
2. Lege eine Tabelle an, in die du die auf der Kassette gemachten Angaben über Art des Lebewesens, Alter, Gewicht und die Herzfrequenz (Zahl der Herzschläge pro Minute) einträgst.
3. Formuliere: „Die Herzfrequenz, ist abhängig von ...".
Erkläre diesen Zusammenhang.
4. Rechenaufgabe: Unser Herz pumpt in einer Minute ca. 7 Liter Blut durch den Körper. Berechne die Pumpleistung für: 1 Stunde, 1 Tag, 1 Monat, 1 Jahr, im Laufe eines Lebens (75 Jahre).

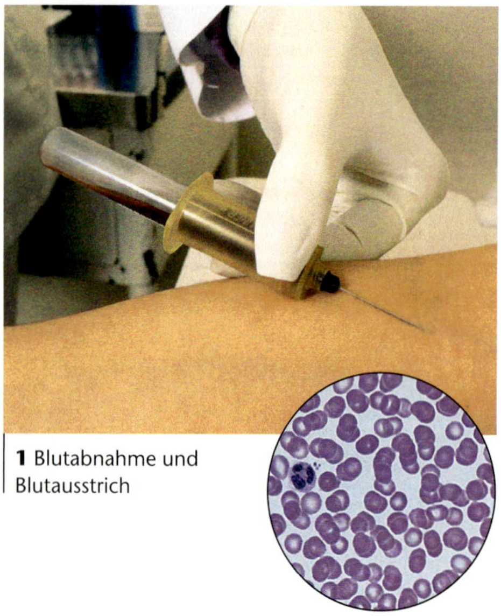

1 Blutabnahme und Blutausstrich

Blut – was gehört dazu?

Auf den ersten Blick sieht Blut wie eine einheitlich rote Flüssigkeit aus. Aber menschliches Blut besteht aus vielen Bestandteilen: Neben dem **Blutplasma**, kommen im Blut auch **rote** und **weiße Blutzellen**, sowie **Blutplättchen** vor.

Feste und flüssige Bestandteile

Das gesamte Blutvolumen macht beim Menschen ungefähr 5–7 l aus. Das Blutvolumen besteht ungefähr zur Hälfte aus dem gelblich durchsichtigen **Blutplasma**, zur anderen Hälfte aus den festen Bestandteilen, den Blutzellen.

Weiße Blutzellen dienen der Abwehr

Um Bakterien, Viren oder Krebszellen abwehren zu können, besitzt unser Körper auch unterschiedliche weiße Blutzellen, die **Leukozyten**.

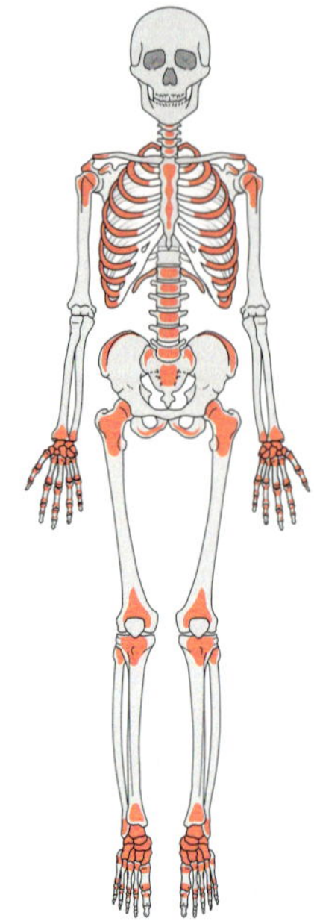

3 Lage des roten Knochenmarkes

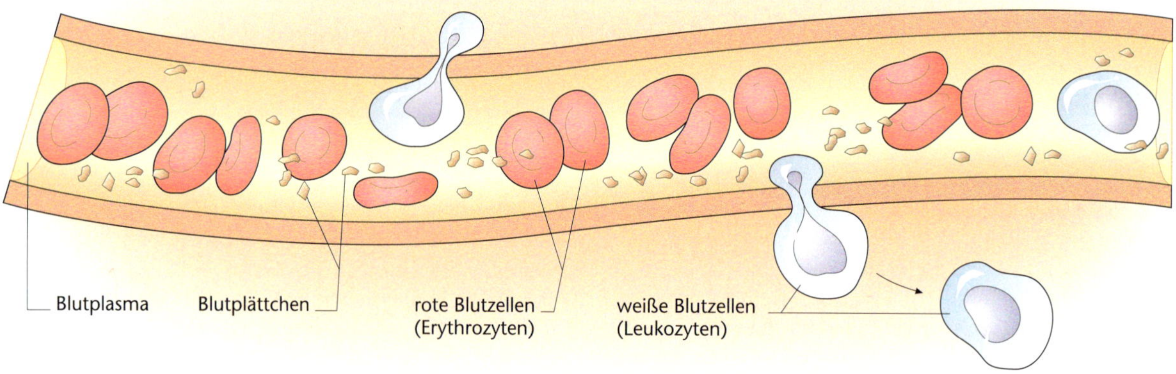

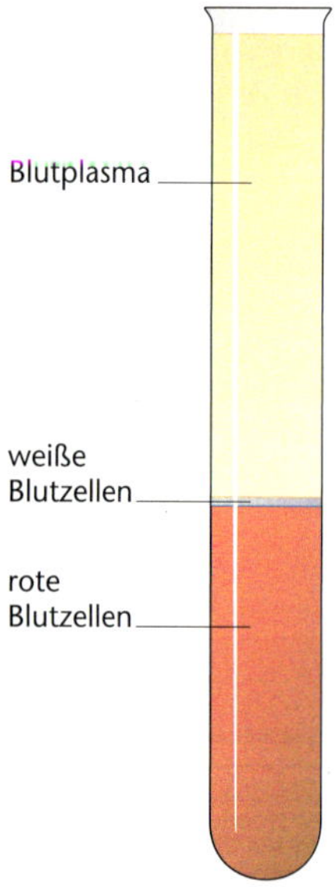

2 Zusammensetzung des Blutes

Die Transportfunktion des Blutes

Das Blutgefäßsystem mit Arterien, Venen und Kapillaren durchzieht jede Körperregion. So ist es möglich, dass die roten Blutzellen und das Blutplasma Sauerstoff (O_2), Nährstoffe und andere Stoffe zum jeweiligen Bestimmungsort transportieren, um alle Gewebe zu versorgen.
Umgekehrt werden anfallende Abfallprodukte über das Blut zur Leber, zu den Nieren oder, wie beim Kohlenstoffdioxid (CO_2), zur Lunge abtransportiert.

▶ Über das Blut werden vor allem Sauerstoff und Nährstoffe zu allen Körperzellen transportiert.

4 Größenvergleich

Blut reguliert die Körpertemperatur
Eine weitere Funktion des Blutes ist der Wärmetransport. Durch die ständige Blutzirkulation erhält sich der Körper in seinem Inneren eine immer gleich bleibende Kerntemperatur von 37 °C.

Die Blutzellbildung
Alle Blutzellen werden im Knochenmark deiner Röhrenknochen und Beckenknochen aus Vorläuferzellen, den so genannten **Stammzellen**, gebildet. Eine einzige Stammzelle ist in der Lage, je nach Bedarf rote oder weiße Blutzellen oder Blutplättchen zu bilden.

▶ Alle Blutzellen werden im roten Knochenmark aus den Stammzellen gebildet.

Die roten Blutzellen
Rote Blutzellen besitzen keinen Zellkern. Sie können sich also nicht durch Zellteilung vermehren.
Ihr rotes Aussehen erhalten die roten Blutzellen, auch **Erythrozyten** genannt, durch ihren Farbstoff, das **Hämoglobin**. Dieser Farbstoff ist in der Lage, Sauerstoff aufzunehmen und zu binden. Nach der Sauerstoffaufnahme in den Lungenkapillaren transportiert die rote Blutzelle ihn zu Organen und Geweben. Hier gibt die Blutzelle den Sauerstoff ab, nimmt Kohlenstoffdioxid in gelöster Form auf und transportiert es zurück zu den Lungenkapillaren, wo es in die Lungenbläschen abgegeben und schließlich ausgeatmet wird.

▶ Rote Blutzellen transportieren mithilfe ihres Farbstoffes Hämoglobin Sauerstoff aus den Lungenkapillaren zu Organen und Geweben.

Der „Friedhof" der roten Blutzellen
Eine rote Blutzelle hat einen Durchmesser von 8 µm. Während sie durch die Blutbahn im Plasma transportiert wird, muss sie auch die Milz passieren. Die Milz besteht im Inneren aus vielen kleinen Netzen, deren Poren einen Durchmesser von 4 µm haben. Ungefähr 115 Tage lang ist die rote Blutzelle elastisch genug, um dieses Netzgitter passieren zu können. Dann verliert die Zellwand der roten Blutzelle ihre Elastizität und wird brüchig. Durch kleine Einrisse in der Zellmembran dringt nun Blutplasma in die rote Blutzelle ein. Jetzt kann sie nicht mehr durch das Netzgitter der Milz hindurch, sie bleibt stecken. Fresszellen, Makrophagen, die zu den weißen Blutzellen gehören, zerlegen die rote Blutzelle.

5 Erythrozyten in der Milz

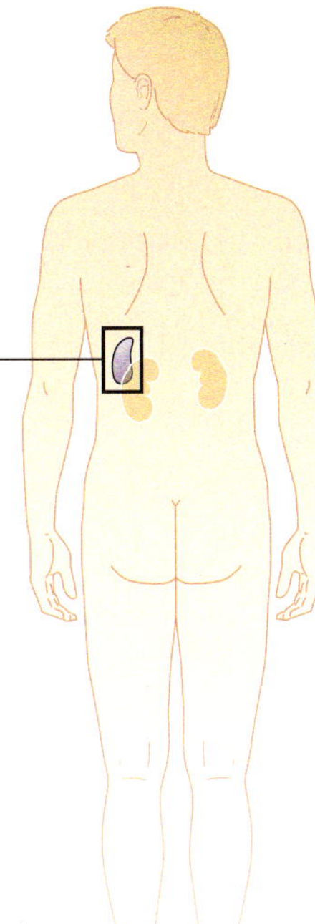

6 Lage der Milz im Körper

Aufgaben

1 Wenn ein Mensch im Sommer zu wenig trinkt, sagen manche Leute, sein Blut sei eingedickt.
Erkläre, was damit gemeint ist.

2 Weshalb können Erkrankungen der Stammzellen immer eine verheerende Auswirkung auf den menschlichen Organismus haben?

3 Viele Sportverbände schicken ihre Spitzensportler 4–6 Wochen vor großen internationalen Wettkämpfen zum Höhentraining in die Alpen. Dort in 1800–2400 m Höhe herrscht ein niedrigerer Luftdruck, der anfangs das Atmen erschwert.
a) Wie reagiert der Körper auf diese erschwerte Situation?
b) Warum können vor allem Ausdauersportler anschließend im Flachland bessere Leistungen erbringen?

4 Erstelle eine Tabelle und trage die Eigenschaften der festen Bestandteile des Blutes ein: Anzahl, Größe, Form, Lebensdauer, Bildungsort, Funktion.
Benutze neben deinem Buch auch andere Informationsquellen.

7 Höhentraining …

Werkstatt

Wir untersuchen Blut

Im Blut können sich viele Krankheitserreger aufhalten. Deshalb musst du bei allen Versuchen folgendes beachten:
Trage stets Handschuhe. Wenn du dich trotzdem einmal verletzt, desinfiziere die Wunde sofort und melde den Vorfall deinem Biologielehrer oder deiner Biologielehrerin!

1 Blutausstrich

Material

2–3 ml Schweineblut, Tropfpipetten, 2 Objektträger, Deckglas, Mikroskop, Färbelösung (Methylenblau), Löschpapier

Versuchsanleitung

a) Entnimm mit der Tropfpipette etwas Blut und gib vorsichtig einen Tropfen an den Rand des ersten Objektträgers.

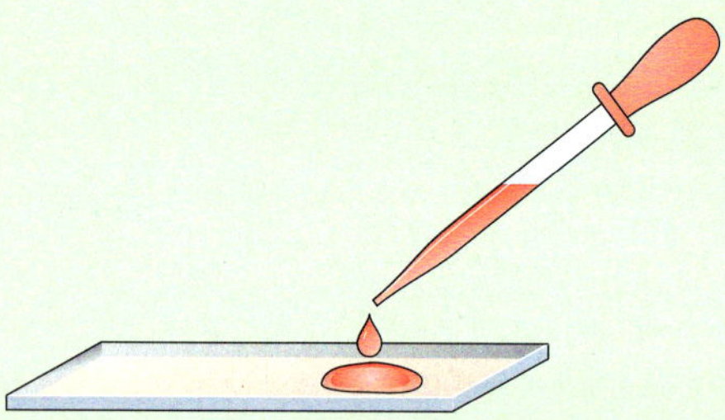

b) Nimm den zweiten Objektträger und setze ihn in einem Winkel von 70° an den Blutstropfen auf den ersten Objektträger auf, wie es in der Abbildung dargestellt ist.

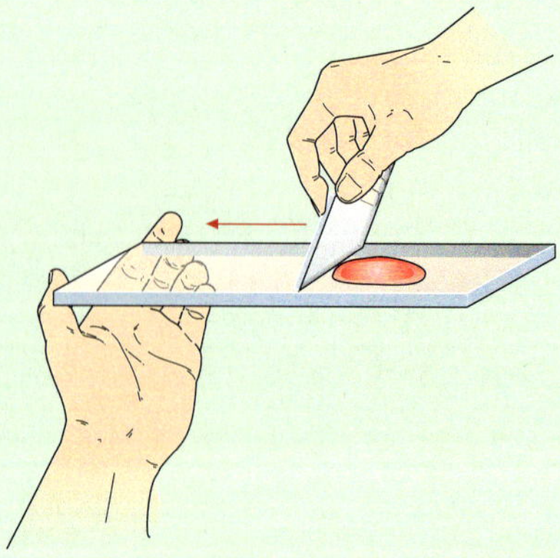

c) Ziehe den schräg aufgesetzten Objektträger langsam vom Blutstropfen weg. Beachte dabei, dass sich die zwei Objektträger immer berühren.

d) Lass den Objektträger trocknen und gib dann einen Tropfen der Färbelösung darauf.

e) Warte 2 Minuten, gib einen Tropfen Wasser darauf und lege ein Deckglas auf. Sauge eventuell überschüssiges Wasser mithilfe des Löschpapiers ab.

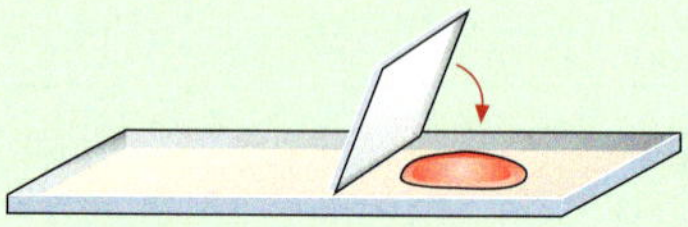

f) Mikroskopiere dein Präparat. Beginne zunächst mit der kleinsten Vergrößerung.

Aufgabe

Zeichne den betrachteten Ausschnitt möglichst groß. Woran kannst du die einzelnen Zellen erkennen?

2 Nachweis der Sauerstoff- und Kohlenstoffdioxidaufnahme

Material

Frisches Schweineblut, 2 Gaswaschflaschen, Stativmaterial, Gummischläuche, Kohlenstoffdioxid und Sauerstoff aus Gasflaschen

Versuchsanleitung

a) Befestige die Gaswaschflasche mithilfe des Stativmaterials, sodass sie sicher steht.

b) Fülle ca. 3 cm hoch frisches Schweineblut ein.

c) Verbinde die Gaswaschflasche mit der Sauerstoff-Flasche.

d) Bitte deinen **Lehrer** oder **Lehrerin** vorsichtig einige Minuten Sauerstoff in die Gaswaschflasche einzuleiten.

e) Fülle die zweite Gaswaschflasche auch mit Blut, diesmal wird aber Kohlenstoffdioxid aus der Gasflasche eingeleitet (**darf nur von Unterrichtenden durchgeführt werden!**).

f) Notiere deine Beobachtungen, die du bei den beiden Versuchen machst. Gib hierfür eine Erklärung.

Aufgabe

Überlege dir, was passiert, wenn du jetzt in die erste Gaswaschflasche Kohlenstoffdioxid und in die zweite Sauerstoff einleiten würdest?
Führe den Versuch anschließend gemeinsam mit deinem Lehrer oder deiner Lehrerin durch.

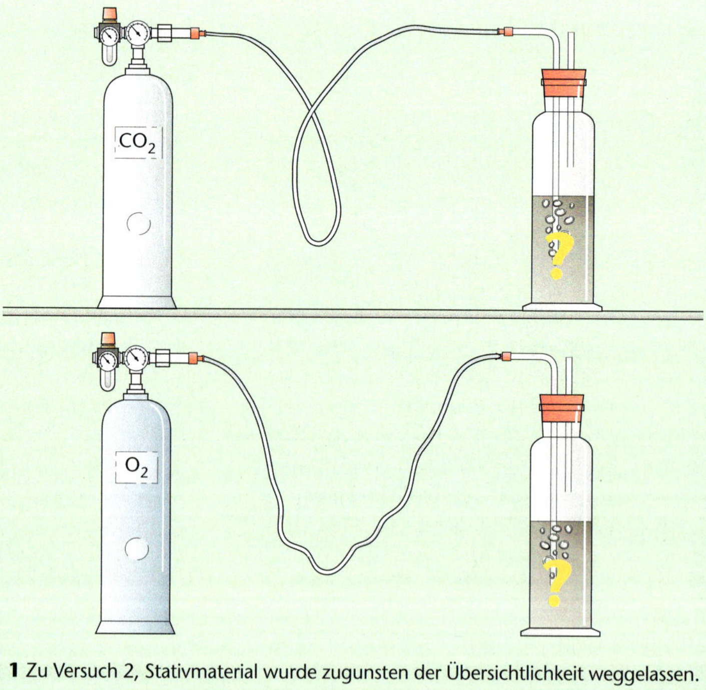

1 Zu Versuch 2, Stativmaterial wurde zugunsten der Übersichtlichkeit weggelassen.

Blutplättchen und Blutgerinnung

Blutgerinnung ist lebensnotwendig

Bestimmt hast du dich auch schon mal in den Finger geschnitten. Zuerst blutete die Wunde stark, nach einigen Minuten ließ der Blutstrom nach und kam letztlich ganz zum Stillstand. Die **Blutgerinnung** verhindert, dass wir bei einer Verletzung verbluten. An der Blutgerinnung sind die Blutplättchen beteiligt. Es sind scheibenförmige, kernlose Zellen, deren Lebensdauer 10–12 Tage beträgt. Danach werden sie in der Milz abgebaut.

Schritt für Schritt wird die Blutung gestoppt

Bei einer blutenden Wunde greifen mehrere Mechanismen ineinander: Durch chemische Stoffe angeregt, verengt sich zunächst das verletzte Blutgefäß, sodass weniger Blut aus der Wunde austreten kann. Zusätzlich lagern sich an den Wundrändern Blutplättchen an und verstopfen die Wunde. Mehrere Faktoren bewirken anschließend, dass das wasserlösliche Bluteiweiß Fibrinogen in das wasserunlösliche, fadenartige Fibrin umgewandelt wird. So entsteht ein Netz aus vielen kleinen Fäden, das die Wunde überzieht. Nach 2–4 Minuten ist sie ganz verschlossen. Lücken des Verschlussnetzes werden mit roten und weißen Blutzellen gefüllt. Im Laufe der Zeit wird das Verschlussnetz fest und trocken, man spricht von **Wundschorf**.
Neben dem Fibrinogen sind noch 14 andere Eiweiße, die so genannten **Gerinnungsfaktoren** aus der Leber und **Calciumsalze** an der Blutgerinnung beteiligt.

Zusammen mit Gerinnungsfaktoren, die in der Leber gebildet werden, verschließen Blutplättchen eine blutende Wunde.

Wenn Blut nicht gerinnt

Die häufigste Störung der Blutgerinnung ist die so genannte **Bluterkrankheit**. Bei dieser Erkrankung fehlt ein Blutgerinnungsfaktor, weshalb die betroffenen Patienten schon bei kleinsten Verletzungen schwere Blutungen vor allem in den Gelenken erleiden. Im Verletzungsfall muss den Betroffenen sofort der fehlende Gerinnungsfaktor gespritzt werden.

Aufgaben

1 Bei schweren Leberschäden, wie sie beispielsweise bei Alkoholismus oder Hepatitis vorkommen, bluten die betroffenen Patienten teilweise sehr stark. Versuche den Zusammenhang zu erklären.

2 Erkläre, weshalb sich Blutplättchen nicht vermehren können.

3 Überlege dir, welchen Vorteil dieser komplizierte Ablauf der Blutgerinnung besitzt.

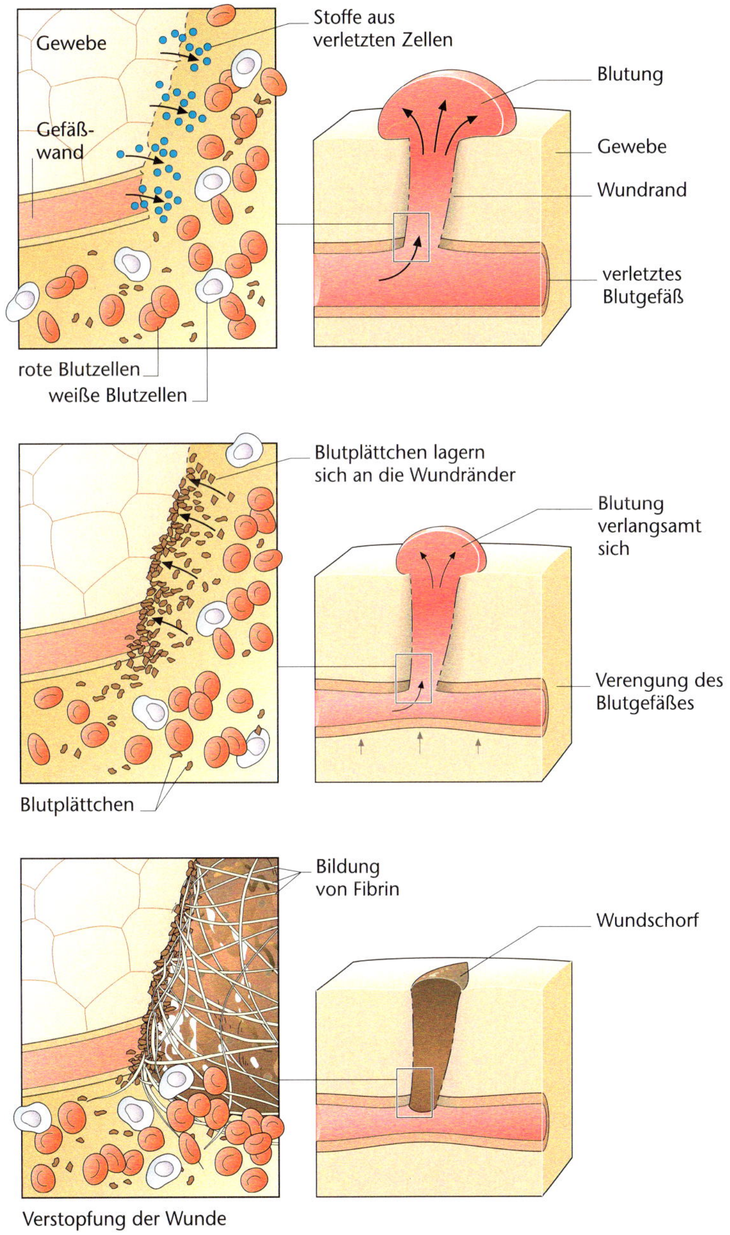

1 Entstehung von Wundschorf

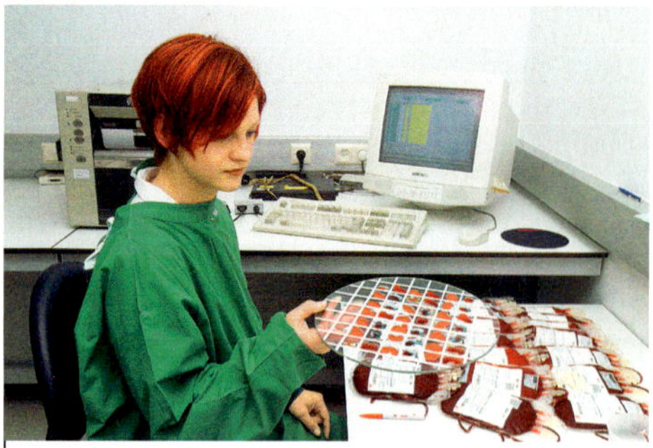

1 Kreuzprobe

Blutspender gesucht!
Bei großen Operationen oder schweren Unfällen benötigen Menschen oftmals fremdes Blut, um überleben zu können. Doch nicht jedes Blut ist gleich.

Die Blutgruppen
Die roten Blutzellen besitzen auf ihrer Oberfläche charakteristische Merkmale, die so genannten **Antigene**. Man hat festgestellt, dass es vier verschiedene Antigen-Typen gibt. Aufgrund dieser vier Typen wird Blut in **vier Blutgruppen** eingeteilt: A, B, AB und 0 (Null). Den Blutgruppen entsprechend, unterscheidet man rote Blutzellen mit dem **Antigen A**, **Antigen B**, **Antigen AB** und solche, die **kein Antigen** tragen, die roten Blutzellen der Blutgruppe 0.

Menschliches Blut wird nach Strukturmerkmalen der Oberfläche roter Blutzellen in vier Blutgruppen unterteilt: A, B, AB und 0 (Null).

Wie Schlüssel und Schloss
Im Blutserum findet man bestimmte Moleküle, so genannte **Antikörper**, die sich mit den Antigenen der roten Blutzellen verbinden können. Wie der Schlüssel zu einem Schloss, passt der Antikörper A zum Antigen A, der Antikörper B zum Antigen B. Während Menschen der Blutgruppe AB keine Antikörper im Serum haben, besitzen Menschen der Blutgruppe 0 Antikörper A und B (▷B2). Treffen Antikörper und Antigene des gleichen Typs aufeinander, verbinden sie sich. Man spricht von der **Antigen-Antikörper-Reaktion**. Das Blut verklumpt.

„Übertragungsfehler" sind gefährlich
Damit Blut von einem Menschen auf einen anderen übertragen werden kann, müssen die **Antigene** zwischen Spender und Blutempfänger übereinstimmen. Kommt es aber bei einer Blutübertragung, auch **Bluttransfusion** genannt, zu einem Fehler, hat dies lebensbedrohliche Folgen: Durch die Antigen-Antikörper-Reaktion verklumpen die roten Blutzellen. Im schlimmsten Fall könnte dies zum Tod des Empfängers führen.
Aus diesem Grund müssen Ärzte vor jeder Transfusion eine **Kreuzprobe** durchführen. Dabei wird je ein Tropfen Blut von Empfänger und Spender miteinander verrührt, um festzustellen, ob es verklumpt.

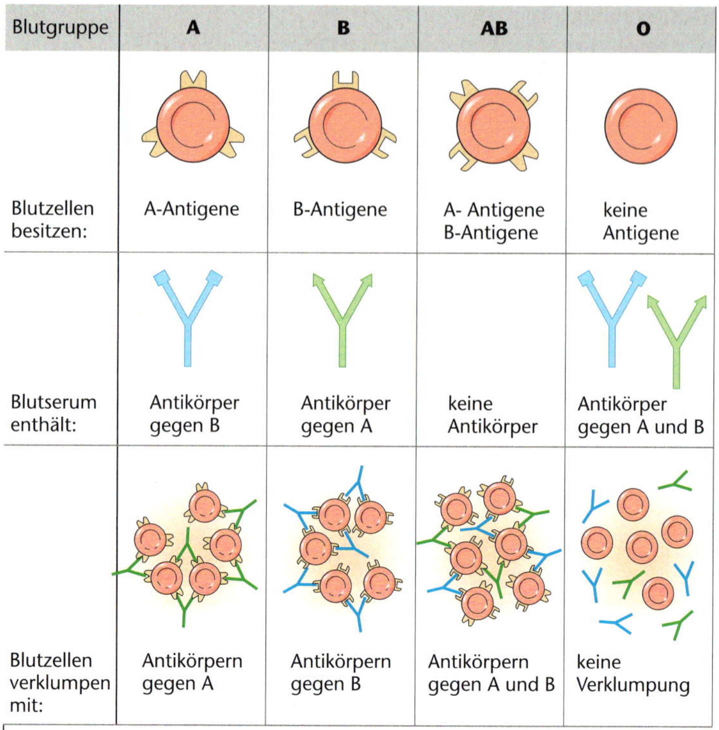

Blutgruppe	A	B	AB	0
Blutzellen besitzen:	A-Antigene	B-Antigene	A- Antigene B-Antigene	keine Antigene
Blutserum enthält:	Antikörper gegen B	Antikörper gegen A	keine Antikörper	Antikörper gegen A und B
Blutzellen verklumpen mit:	Antikörpern gegen A	Antikörpern gegen B	Antikörpern gegen A und B	keine Verklumpung

2 Blutgruppen

Der Rhesusfaktor
Auf der Oberfläche der roten Blutzellen sind neben den Antigenen A und B noch andere Antigene vorhanden. Hierzu gehört auch das Rhesussystem. Es erhielt seinen Namen, weil es erstmals bei Rhesusaffen entdeckt worden war. Menschen, die das **Rh-Antigen** tragen, werden als **Rh-positiv** oder **D-positiv** bezeichnet.

3 Blutspenden kann Leben retten!

Aufgabe

1 In Schweden und den USA hat die Entdeckung von „künstlichem Blut" großes Aufsehen erregt. Es handelt sich um ein Pulver, das Eigenschaften des menschlichen Blutes besitzt.
Recherchiere im Internet, um welche Eigenschaften es sich handelt und berichte über deine Ergebnisse.

Entdeckung der Blutgruppen

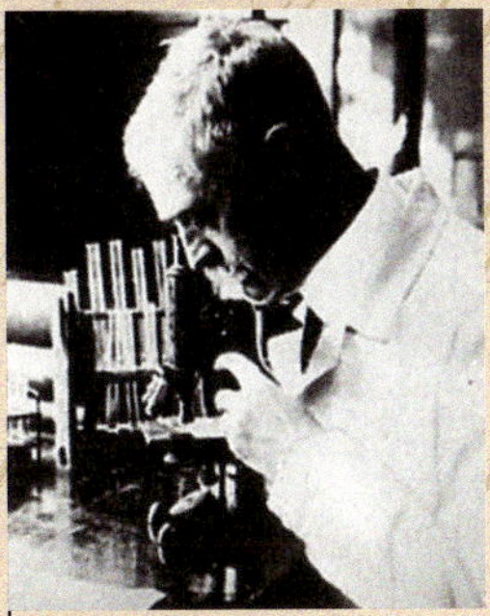

1 Karl Landsteiner

Blutübertragung war ein Glücksspiel

Bei vielen Verletzungen, Operationen, aber auch bei Geburten, verlieren Menschen Blut. Dass Blut für die Menschen lebensnotwendig ist, war Ärzten schon seit langer Zeit bekannt. Um den Patienten das Leben zu retten, übertrugen sie Blut von anderen Menschen oder von Tieren. Häufig erfüllte sich die Hoffnung, Leben zu retten, jedoch nicht: Viele Patienten starben nach einer Blutübertragung. Warum war lange Zeit ein Rätsel. Aus diesem Grund war es gegen Ende des 19. Jahrhunderts in vielen Ländern, teilweise unter Androhung der Todesstrafe, verboten, Blut zu übertragen.

Landsteiner findet des Rätsels Lösung

In einer Veröffentlichung des Jahres 1901 schrieb der österreichische Arzt Karl Landsteiner (1868–1943) Folgendes: *„Vor einiger Zeit habe ich beobachtet und mitgetheilt, dass öfters Blutserum von normalen Menschen rothe Blutkörperchen anderer gesunder Individuen zu verklumpen im Stande ist.“*

Seine Beobachtung war der Anlass für eine Versuchsreihe, die er zusammen mit fünf Kollegen an der Universität in Wien durchführte. Landsteiner entnahm allen Versuchspersonen Blut und trennte jeweils das Blutserum von den roten Blutzellen. Er vermischte die einzelnen Proben wechselseitig und stellte folgendes fest:

„... so liessen sich die Sera in den meisten Fällen in drei Gruppen eintheilen: In einer Anzahl von Fällen (Gruppe A) reagiert das Serum auf die Körperchen einer anderen Gruppe (B), nicht aber auf die der Gruppe A, während wieder die Körperchen A vom Serum B in gleicher Weise beeinflusst werden. In der dritten Gruppe (C) agglutiniert das Serum die Körperchen von A und B, während die Körperchen C durch die Sera von A und B nicht beeinflusst werden.“

Das AB0-Blutgruppensystem

Im Jahr 1902 wurde eine weitere Blutgruppe, die seltener auftritt, entdeckt.
Diese vier Blutgruppen werden heute mit A, B, AB und 0 (Null) bezeichnet. Man spricht deshalb auch vom **AB0-Blutgruppensystem**. Durch die Forschungsergebnisse Landsteiners konnten von nun an die Blutgruppen genau bestimmt werden. Blutübertragungen können seit dieser Zeit gezielt und erfolgreich durchgeführt werden. Für seine Arbeit erhielt Karl Landsteiner 1930 den Nobelpreis.

Aufgaben

1. Fasse die Beobachtungen und die Deutung der Versuche von Landsteiner mit eigenen Worten zusammen.
2. Welche drei Blutgruppen entdeckte Landsteiner? Begründe deine Antwort.
3. Ordne allen Mitarbeitern die richtige Blutgruppe (A, B, AB oder 0) zu.
4. „Landsteiner hatte bei seinen Experimenten viel Glück.“ Nimm zu dieser Aussage Stellung.

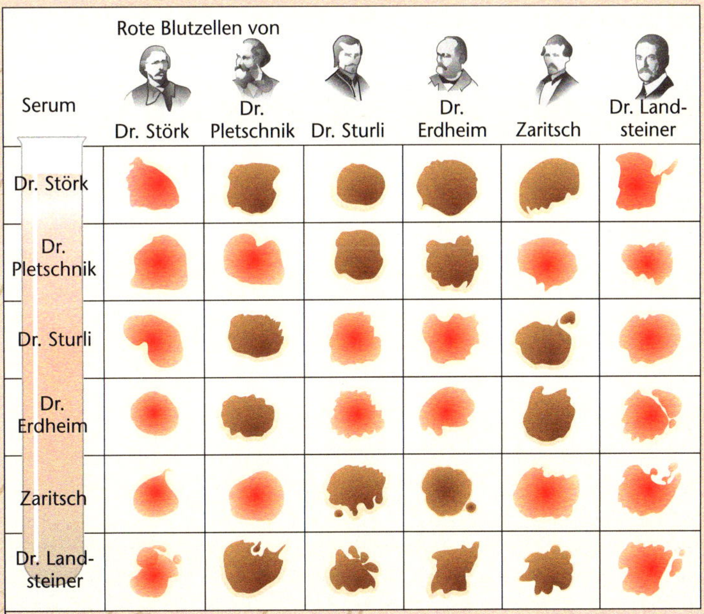

2 Landsteiners Ergebnisse; braun = verklumpt, hellrot = verklumpt nicht

Die Lymphe

Das Lymphsystem stellt neben dem Blutgefäßsystem ein zweites Gefäßsystem in deinem Körper dar. Fast überall im Körper beginnen Lymphkapillaren, die in zunehmend größer werdende Lymphgefäße münden. Wie bei den Venen verhindern Taschenklappen, dass die in den Gefäßen fließende Flüssigkeit, die **Lymphe**, zurückfließt. Bei der Lymphe handelt es sich um filtriertes Blutplasma, das aus den Blutgefäßen in die Organe und Gewebe und von dort in die Lymphkapillaren diffundiert. Da die Lymphe wesentlich langsamer als das Blut zirkuliert, werden mehr Zelltrümmer, abgetötete Erreger und Fremdkörper aufgenommen und abtransportiert. Insgesamt werden täglich etwa zwei Liter Lymphe gebildet. Hat die Lymphe auf ihrem Weg durch den Körper den großen Lymphbrustgang unter dem linken Schlüsselbein erreicht, wird sie in die dort verlaufende Vene entleert. So wird die Flüssigkeit, die im Bereich der Blutkapillaren ausgetreten ist, wieder dem Blutkreislauf zugeführt.

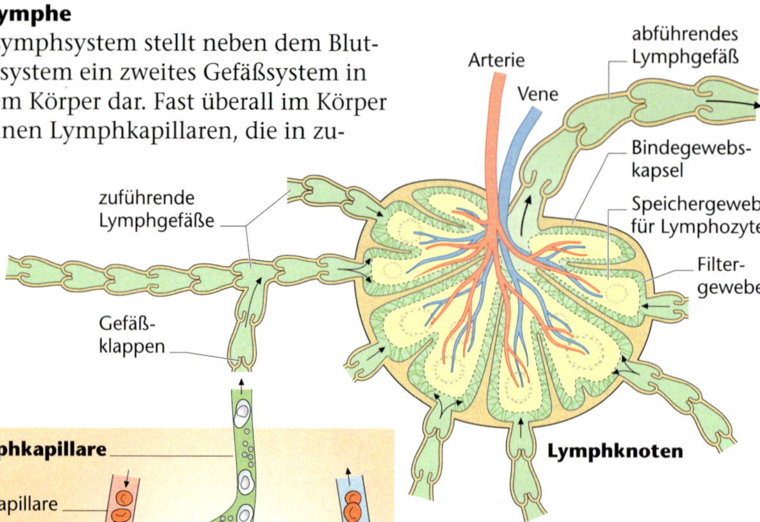

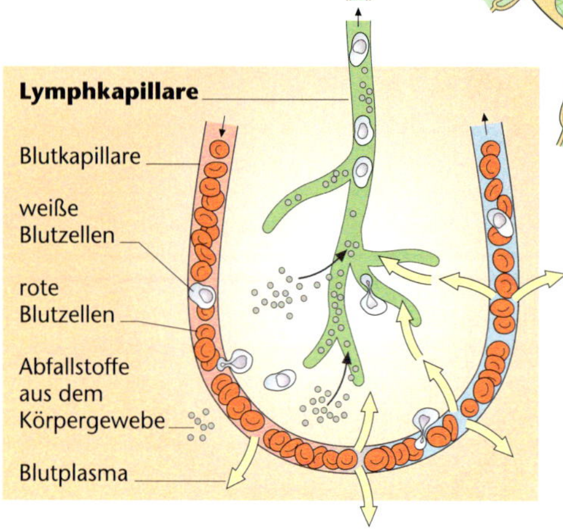

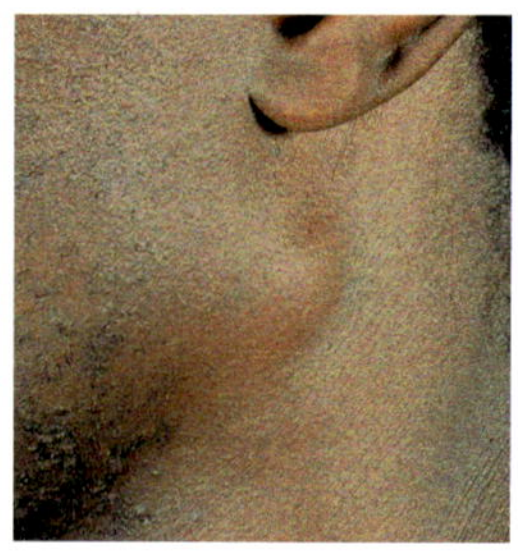

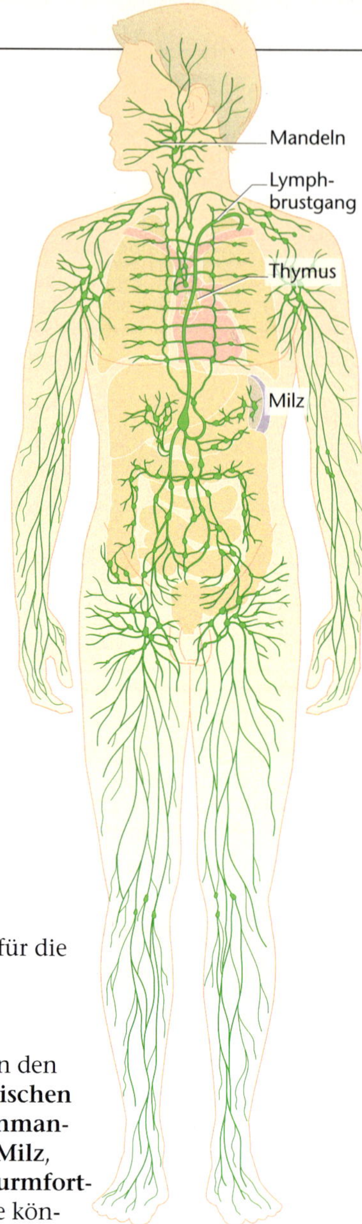

Lymphknoten – wichtige Zwischenstationen im Lymphsystem

Immer wieder sind im Lymphsystem große Auffangstationen zwischengeschaltet, die Lymphknoten. Sie dienen der Speicherung von bestimmten weißen Blutzellen, den Lymphozyten. Wenn du krank bist, schwellen die Lymphknoten an, weil dann besonders viele weiße Blutzellen für die Abwehr benötigt werden.

Die lymphatischen Organe

Zum Lymphsystem gehören neben den Lymphgefäßen auch die **lymphatischen Organe**. Hierzu zählen die **Rachenmandeln**, aber auch der **Thymus**, die **Milz**, **Teile des Dünndarms** und der **Wurmfortsatz** des Blinddarms. Diese Organe können unspezialisierte weiße Blutzellen für bestimmte Abwehraufgaben ausbilden.

> Das Lymphsystem dient dem Abtransport von Zelltrümmern und fremden Zellen. Durch die Entleerung in die Schlüsselbeinvenen wird das Lymphsystem gereinigt.

Aufgaben

1 Welche Folgen hat der Verlust von Rachenmandeln und Wurmfortsatz, wenn diese aufgrund einer Entzündung entfernt wurden? Begründe deine Erklärung.

2 Erkundige dich bei einem Physiotherapeuten, was man unter „Lymphdrainage" versteht und wann diese angewandt wird. Berichte darüber.

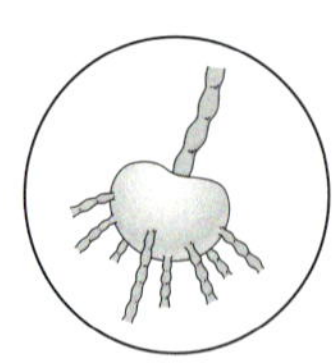

1 Lymphknoten in Originalgröße

Strategie

Prinzipien erkennen – vernetzt denken

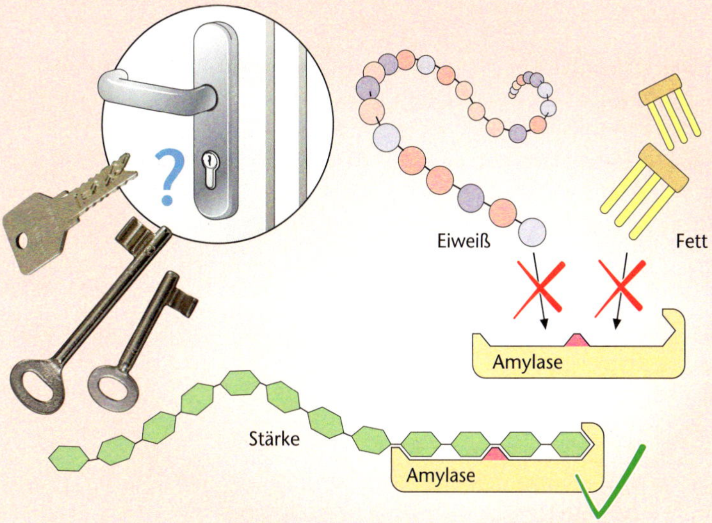

Beim Thema „Stoffwechsel" hast du zum ersten Mal etwas über das **„Schlüssel-Schloss-Prinzip"** gehört. Du hast das Prinzip „Wer den richtigen Schüssel hat, darf eintreten" verstanden und in deinem Gedächtnis gespeichert.

Im Unterricht solltest du aber den gelernten Stoff nicht nur in einzelnen „Schubladen" deines Gehirns ablegen, sondern in Zusammenhängen denken. Dieses Erkennungssystem gibt es auch in anderen Bereichen der Biologie, nicht nur beim Stoffwechsel.

Mach dir klar, dass die Biologie ein großes vernetztes System ist, in dem es immer wiederkehrende Gesetzmäßigkeiten gibt, die du nur zu übertragen brauchst. Dazu musst du kombinieren und „offen" denken. Die Wirklichkeit um dich herum besteht ja auch nicht aus Einzelbausteinen, sondern sie ist ein ineinander greifendes Gefüge von Wirkungen und Rückwirkungen.

Die Biologen nennen dieses Denken „vernetzt", weil es nicht an Einzelheiten klebt, sondern flexibel und über den „Tellerrand schauend" ist. Überlege, wo Vorgänge nach ähnlichem Muster ablaufen. Denke an die Begriffe „Schlüssel", Schloss" und „Rezeptor". Vielleicht findest du weitere Situationen, in denen dieses Prinzip in der Natur angewendet wird. Suche in Themengebieten wie „Hormone" oder „Blutgruppen".

Versuche, wenn du ein neues Thema behandeltst, zu überlegen, ob du das Prinzip nicht schon in anderem Zusammenhang kennen gelernt hast.

Du hast gehört, dass die Oberfläche des Dünndarms bis zu 300 m^2 beträgt. Diese **Oberflächenvergrößerung** ist sehr wichtig für die Resorption der Nährstoffe ins Blut. Die Größe der Austauschfläche spielt aber auch in anderen Bereichen der Biologie eine Rolle. Denke an die Zellorganellen, ihren Aufbau und ihre Aufgaben sowie an andere Organsysteme im menschlichen und tierischen Körper. Wenn du verstanden hast, wie Bau und Funktion zusammenhängen, kannst du dieses Prinzip auch in anderen Fachbereichen, z. B. der Technik, suchen.

1 Das Prinzip der Oberflächenvergrößerung findet man z. B. bei Dünndarm und Gehirn. In der Technik nutzt man es z. B. beim Katalysator.

Blutreinigung

Die Nieren liegen rechts und links neben der Wirbelsäule im hinteren Bauchraum. Sie sind die wichtigsten Ausscheidungsorgane des Menschen. Die Nieren erfüllen verschiedene Funktionen. Über sie werden Gift- und Abfallstoffe mit dem Harn abgegeben. Außerdem regeln die Nieren den Wasser- und Mineralstoffhaushalt im menschlichen Körper.

Bau der Niere

Im Nierenquerschnitt erkennt man einen äußeren dunkelroten **Rindenbereich** und einen inneren, heller gefärbten **Markbereich**. Ganz innen liegt das Nierenbecken.
Die gesamte Blutmenge des Körpers wird an einem Tag viele Male über die Nierenarterien in die unzähligen Nierenkörperchen in der Rindenregion gepumpt. Das entspricht in 24 Stunden einer Gesamtmenge von ca. 1500 Litern!
Die Nierenkörperchen bestehen aus einem Knäuel an Kapillaren, das von einer schützenden Kapsel umgeben ist. Da das Blut in diese Kapillaren gepresst wird, erhöht sich dort der Blutdruck. Durch den hohen Blutdruck in den Nierenkörperchen wird das Wasser aus dem Blut in den Kapillaren herausgepresst.
Wegen ihrer Größe können Blutzellen und große Eiweißmoleküle nicht durch die Kapillarenwände herausgelangen und verbleiben in den Kapillaren.
Pro Tag ergibt sich so eine Filtrationsmenge von 180 Litern. In diesem so genannten **Primärharn** befinden sich neben Giftstoffen auch Aminosäuren, Harnstoff, Traubenzucker und verschiedene gelöste Salze.

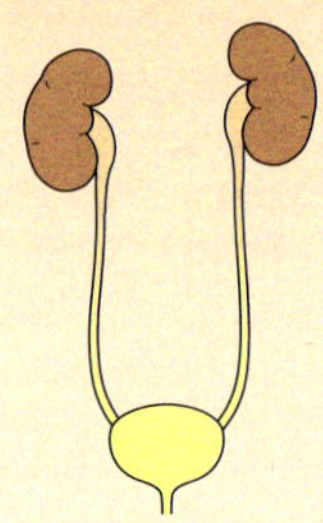

Das Nierengewebe besteht aus dem Rinden- und Markbereich. Die Nierenrinde enthält eine Vielzahl an Nierenkörperchen, in denen der Primärharn gebildet wird.

Aus 180 werden zwei!

Der Primärharn fließt aus dem Nierenkörperchen in das Nierenkanälchen. Auf dem Weg durch das Nierenkanälchen werden aus dem Primärharn ein Großteil der Salze und des Wassers sowie die gesamte Traubenzuckermenge zurückgewonnen. Diesen Vorgang nennt man Rückresorption. Es bleibt ein Flüssigkeitsfiltrat von zwei Litern, der **Urin**, zurück. Mehrere Nierenkanälchen münden in ein Sammelröhrchen, mehrere Sammelröhrchen vereinigen sich zu größeren Kanälen, die zum Nierenbecken führen.

Über das Nierenbecken gelangt der Urin durch den Harnleiter in die Harnblase und wird ausgeschieden.

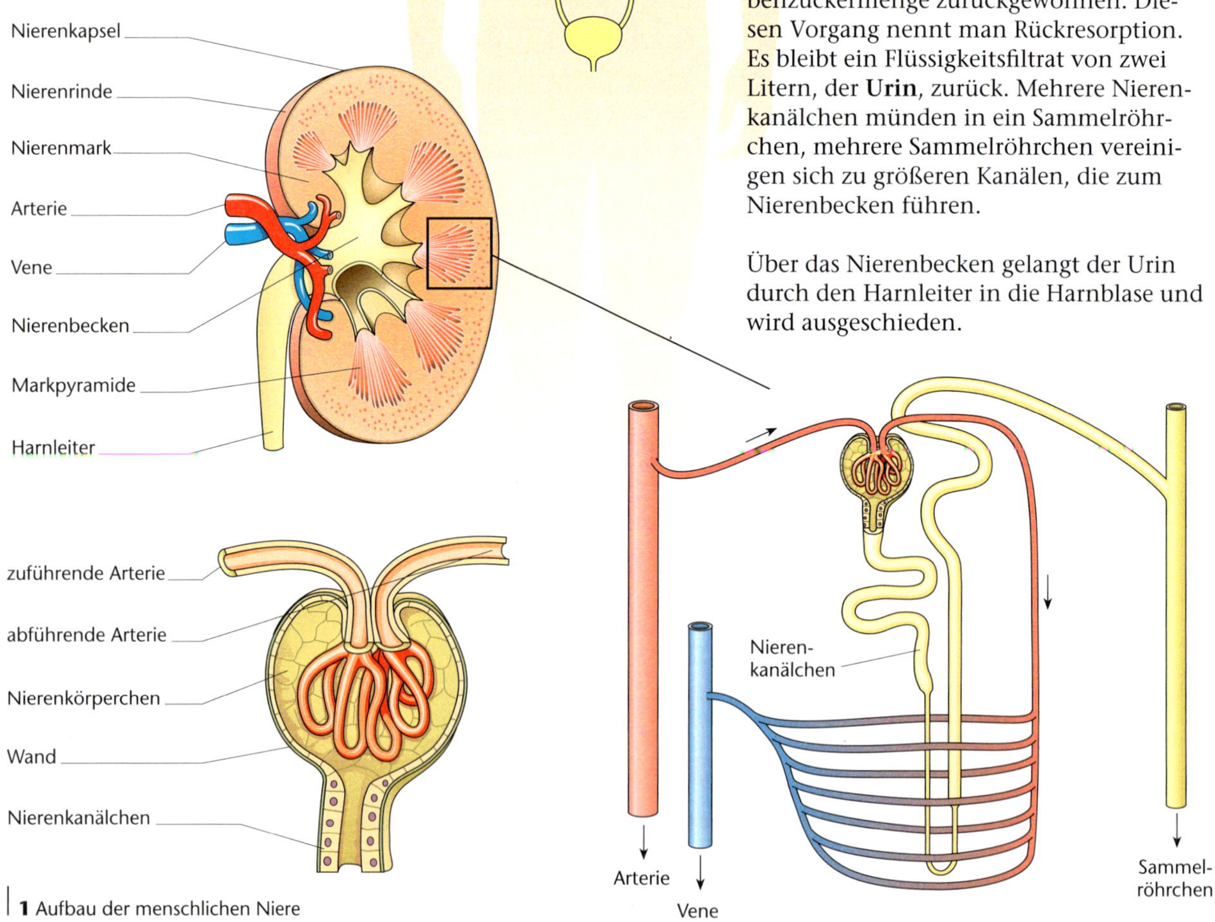

1 Aufbau der menschlichen Niere

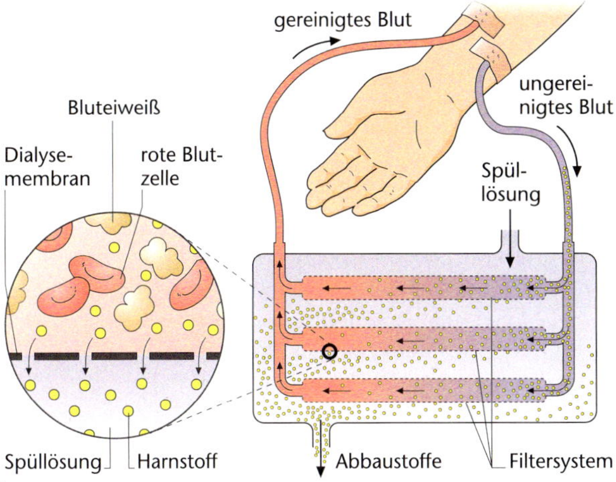

2 Dialyse

Entgiftung ist nicht alles
Die Niere steuert über die Ausscheidung auch den Wasser- und Mineralstoffhaushalt deines Organismus. Befinden sich zu viele Kalium- oder Natriumsalze im Blut, werden sie durch den Urin ausgeschieden. Umgekehrt sind die Nierenkanälchen auch in der Lage, Salze zurückzuhalten.

Die Nieren entgifteten das Blut von wasserlöslichen Abfallsubstanzen. Sie reguliert auch den Wasser- und Mineralsalzhaushalt.

Die künstliche Niere
Sterben beide Nieren ab, kann kein anderes Organ die Funktionen im Körper übernehmen. Die erkrankten Menschen müssen dann 2–3 Mal pro Woche zur Blutwäsche oder **Dialyse**: Sie werden für mehrere Stunden an eine künstliche Niere angeschlossen (▷ B 2). Es handelt sich um eine Maschine, die Giftstoffe aus dem Blut der Patienten herausfiltert. Die Dialyse stellt allerdings nur eine Lösung für eine bestimmte Zeit dar. Dann müssen Ärzte eine geeignete Spenderniere suchen, um sie zu transplantieren. Leider gibt es bei uns noch immer zu wenige Organspender, um allen Nierenkranken helfen zu können.

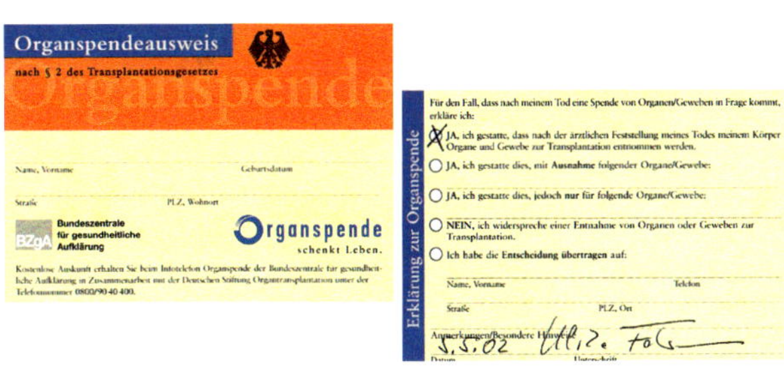

Werkstatt

Präparation einer Schweineniere

Eine Schweineniere entspricht in ihrer Größe und Form der eines Menschen.

Material
Schweineniere (mit Ansätzen der Blutgefäße und Harnleiter), Präparierschale, Skalpell, Glasstab, Wasserflasche, Einmal-Handschuhe

Versuchsanleitung
a) Lege die Schweineniere in die Präparierschale. Schneide die Niere mit dem Skalpell vorsichtig der Länge nach auf. Achte darauf, dass der Schnitt waagerecht verläuft.
Nimm die abgeschnittene obere Hälfte ab und betrachte die untere Hälfte.
b) Untersuche die Zu- und Abflüsse der Niere mithilfe des Glasstabes.

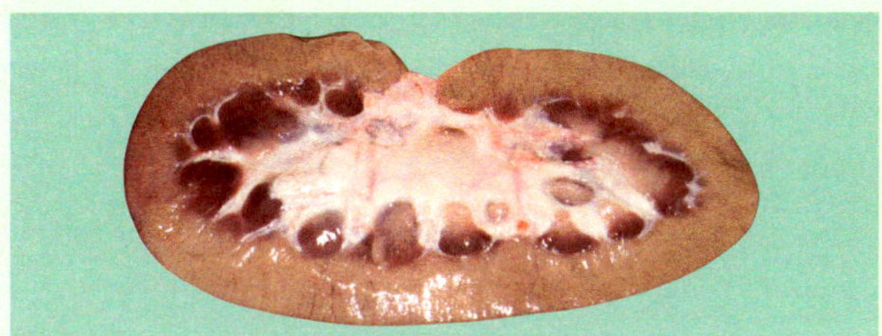

1 Längsschnitt einer Niere

Aufgaben
1. Fertige eine Übersichtsskizze der unteren Nierenhälfte an.

2. Suche und beschreibe folgende Teile der Niere:
Nierenmark – Nierenrinde – Nierenbecken – Nierenarterie und -vene – Harnleiter.

3. Zeichne die gefundenen Teile in deiner Skizze ein und beschrifte diese.

Aufgaben

1 Informiere dich beim DRK oder bei Ärzten wie du Organspender werden kannst und berichte darüber.

2 Vergleiche in einer Internetrecherche das österreichische und deutsche Organspendegesetz. Welche Unterschiede stellst du fest? Berichte über deine Recherche.

3 Sammelt in der Klasse Argumente für und gegen das Spenden von Organen und diskutiert darüber.

Stoffwechsel

Der Stoffwechsel – ein System, das ineinander greift
Nahrung wird im menschlichen Körper verdaut, indem alle Bestandteile in ihre Bausteine zerlegt werden. Diese gelangen in die Blutbahn und werden so allen Zellen zur Verfügung gestellt. Durch das Blut gelangen Abfallprodukte aus den Zellen wieder in den Darm oder zur Niere, wo sie ausgeschieden werden.

Nährstoffe
Im menschlichen Organismus sind Kohlenhydrate wichtigste Energielieferanten. Fette brauchen wir zum Aufbau von Zellwänden. Eiweiße sind die Grundlage zum Aufbau von Zellen.

Auf den Umsatz kommt es an
Die Energie, die der Körper im Ruhezustand benötigt, um alle Stoffwechselprozesse ausführen zu können, wird Grundumsatz genannt. Wenn man allerdings arbeitet, lernt oder Sport treibt, benötigt der Körper mehr Energie.

Vitamine und mehr
Vitamine sind lebenswichtige Wirkstoffe, die dem Organismus mit der Nahrung zugeführt werden müssen.
Viele Körperfunktionen sind ohne die ausreichende Aufnahme von Mineralstoffen und Spurenelementen nicht möglich.
Regelmäßig aufgenommene Ballaststoffe helfen, Verstopfungen zu vermeiden.

Die Verdauung
Bei der Verdauung werden die langkettigen Nährstoffe in ihre Grundbausteine zerlegt. Hierfür sind Biokatalysatoren, die Enzyme, nötig. Sie beschleunigen den Ablauf der Reaktionen im Körper.
Die endgültige Verdauung aller Nahrungsstoffe findet im Dünndarm statt. Hier gelangen die Spaltprodukte über die Dünndarmzotten in die Blutbahn.

Tief Luft holen
Damit in deinem Körper Stoffwechselvorgänge ablaufen können, wird, neben den Nährstoffen, auch Sauerstoff benötigt. Dieser gelangt über die Nase und den Mund in die beiden Lungenflügel. In den Lungenbläschen findet hier der Gasaustausch statt: Sauerstoff gelangt in die Kapillaren, wird von den roten Blutzellen gebunden und zu allen Körperzellen transportiert. Gleichzeitig wandert Kohlenstoffdioxid aus den Kapillaren in die Lungenbläschen und wird ausgeatmet.

Bei der Atmung unterstützen Zwischenrippenmuskeln das Zwerchfell. Dadurch wird die Lunge beim Einatmen gedehnt und so Luft eingesaugt.

Schadstoffe der Luft, vor allem Teer aus dem Zigarettenrauch, können die Atemwege schädigen und dadurch die Sauerstoff-Aufnahme erschweren.

Das Herz – die Pumpe des Körpers
Das Blut fließt in einem geschlossenen Kreislauf durch den Körper. Dabei hat das Herz die Funktion einer Pumpe. Etwa 70-mal pro Minute zieht sich dieser Hohlmuskel zusammen und pumpt so das Blut aus den Herzkammern sowohl in den Lungen- als auch in den Körperkreislauf. Hierbei verhindern Klappen, dass das Blut zurückfließt.

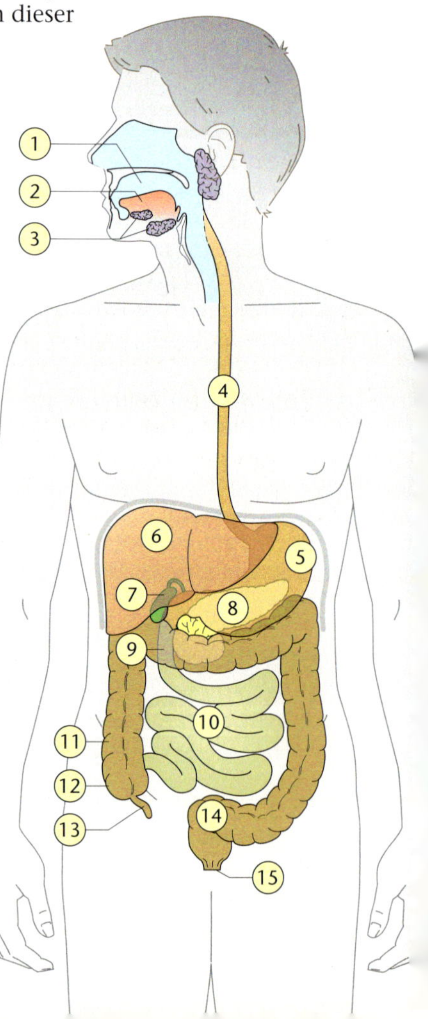

1 Verdauungsorgane des Menschen

Blut- unverzichtbar für den Transport

Für den Nährstofftransport ist das Blut unverzichtbar. Aber auch Wärme und die Atemgase werden mithilfe des Blutes im ganzen Körper verteilt. So transportieren die roten Blutzellen Sauerstoff zu allen Organen und Zellen und bringen von dort Kohlenstoffdioxid zur Lunge. Weiße Blutzellen übernehmen alle Abwehraufgaben. Die Blutplättchen spielen beim Wundverschluss eine wichtige Rolle.

Antigene und Antikörper

Auf der Oberfläche der roten Blutzellen findet man die Blutgruppenantigene. In einem fremden Organismus können sie die Bindung mit Antikörpern bewirken und mit diesen verklumpen. Um dies zu verhindern, muss vor jeder Bluttransfusion das Spender- mit dem Empfängerblut verglichen und überprüft werden.

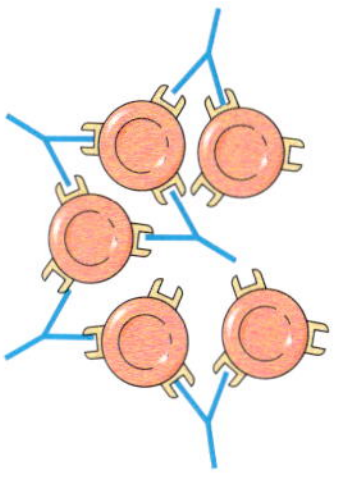

Die Nieren

Mithilfe der Nieren wird das Blut von wasserlöslichen Abfallprodukten gereinigt. Im Laufe eines Tages entstehen bei diesem Prozess ca. 180 l Primärharn. Davon wird der Großteil gereinigt wieder ins Blut zurück geführt, nur etwa zwei Liter werden als Urin ausgeschieden.

Aufgaben

1 In Asien gibt es als Krankheit eine Form der Kohlenhydratunverträglichkeit. Was bedeutet so eine Krankheit für die betroffenen Patienten?

2 Benenne die in der Abbildung 1 angegebenen Organe und gib ihre Funktion an.

3 Nenne drei Beispiele für Prozesse, bei denen der Körper Eiweiße benötigt.

4 „Ballaststoffe sind besser als Abführmittel." Begründe diese Aussage.

5 Begründe den altbekannten Satz „Nicht mit vollem Magen schwimmen gehen!"

6 Wie wird der Magen vor einer Selbstverdauung geschützt?

7 Wodurch können die Speisen, die ein Verstorbener kurz vor seinem Tod gegessen hat, den Rechtsmedizinern helfen, den Todeszeitpunkt zu bestimmen?

8 Kinder in den Entwicklungsstaaten, die sich fast ausschließlich von Reis und Wasser ernähren, sind oft für ihr Alter zu klein. Erkläre die Zusammenhänge.

9 In welchen Situationen hat der menschliche Organismus einen erhöhten Vitamin-C-Bedarf? Begründe!

10 Benenne die nachfolgenden Gefäße. Woran kannst du sie sicher erkennen?

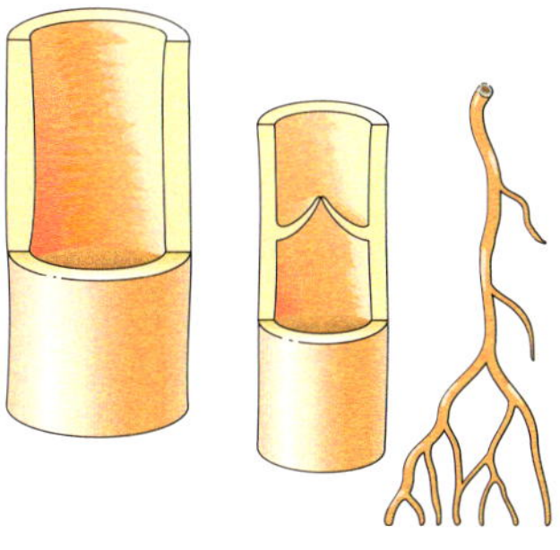

11 Beschreibe den Weg einer roten Blutzelle von der oberen Hohlvene zur Aorta.

12 Hunde können besser riechen als Menschen. Welchen Grund könnte das haben?

13 Mittlerweile erleiden schon Jugendliche einen Herzinfarkt. Welche Gründe für diese lebensbedrohliche Erkrankung gibt es?

14 Nach einem Schlaganfall können sich manche Betroffene nicht mehr an ihren Namen erinnern. Wie ist das zu erklären?

15 Benenne die einzelnen Bereiche der Niere und gib ihre jeweilige Funktion an.

16 Welches biologische Prinzip liegt der Funktionsweise der Gallensäure zugrunde? Suche weitere Beispiele.

17 Das Schlüssel-Schloss-Prinzip ist in der Tier- und Pflanzenwelt weit verbreitet. Nenne und beschreibe mehrere Beispiele aus verschiedenen Bereichen der Biologie.

18 Während stundenlangem Sitzen schwellen bei vielen Menschen beispielsweise auf langen Flügen die Beine und Füße an. Erkläre dieses Phänomen.

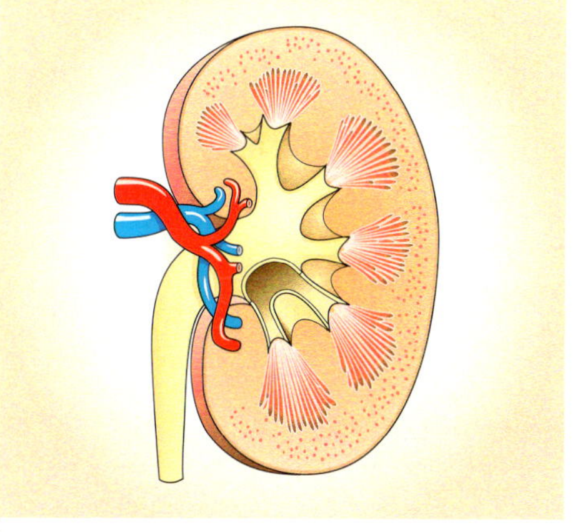

2 Zu Aufgabe 15

Für die Gesundheit kann jeder etwas tun

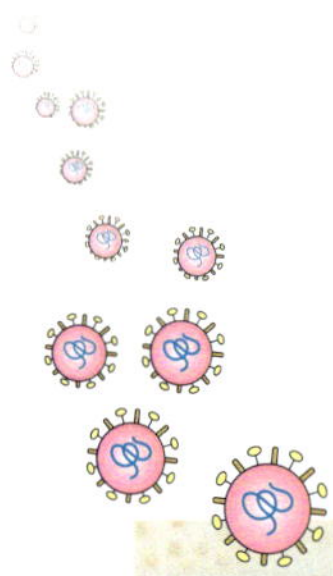

Krank? Gesund! Obwohl uns ständig riesige Mengen sehr kleiner Krankheitserreger umgeben, sind wir fast immer gesund.

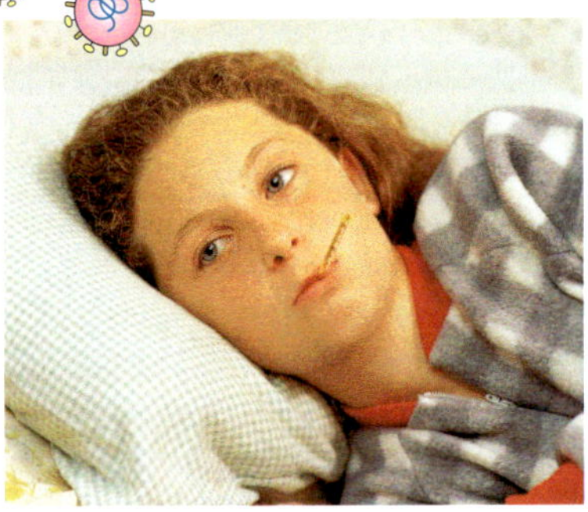

Manchmal werden wir aber doch krank. Uns plagt z. B. eine starke Erkältung und wir haben Fieber. Dann konnte unser Körper diese Krankheit nicht abwehren.

Sind wir krank geworden, gibt es verschiedene Wege, die eine Heilung ermöglichen und beschleunigen können.

Eine gesunde Lebensweise kann helfen, vielen Krankheiten vorzubeugen.

Du kannst in diesem Kapitel viel über Gesundheit und Krankheit, Vorbeugen und Heilen erfahren.

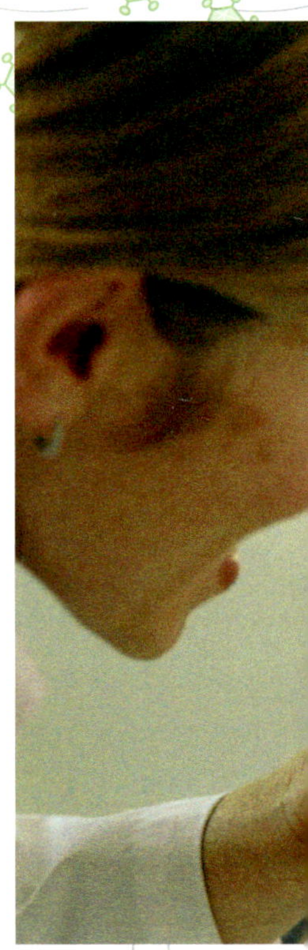

Aufgabe

1 a) Beschreibe die letzten drei Krankheiten, die du hattest.
b) Was hast du jeweils getan, um wieder gesund zu werden?

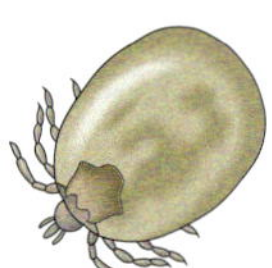

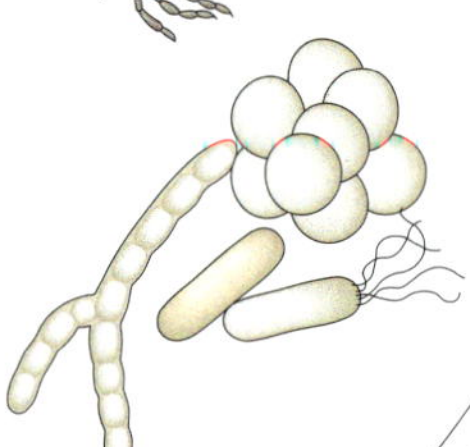

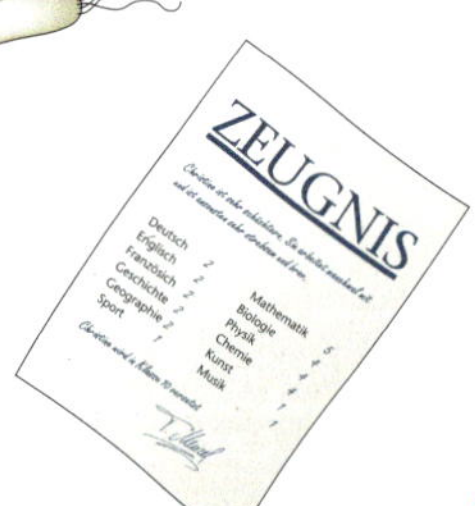

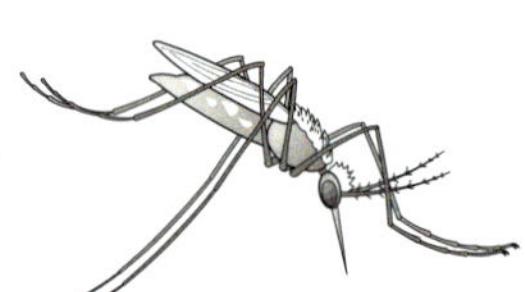

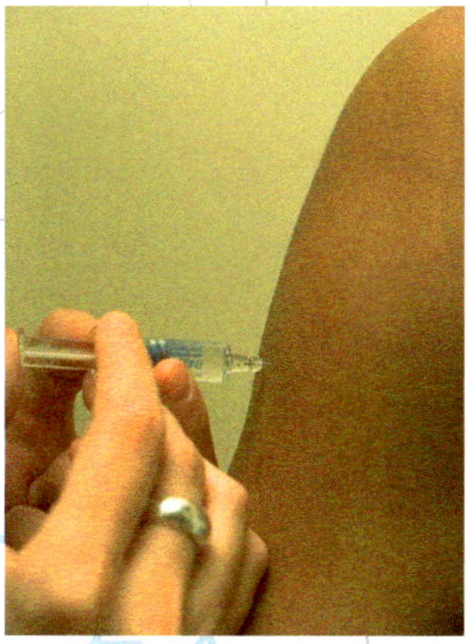

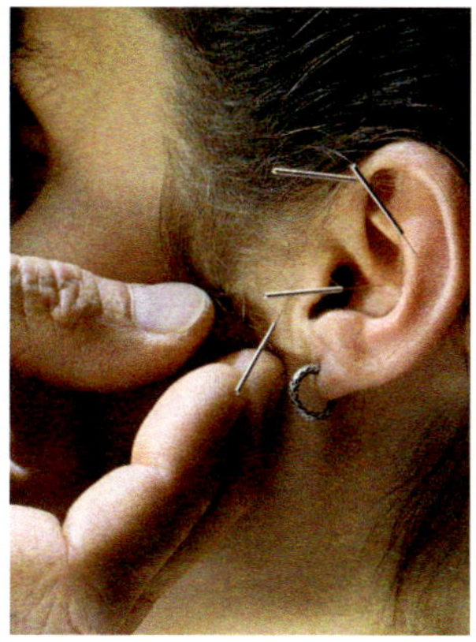

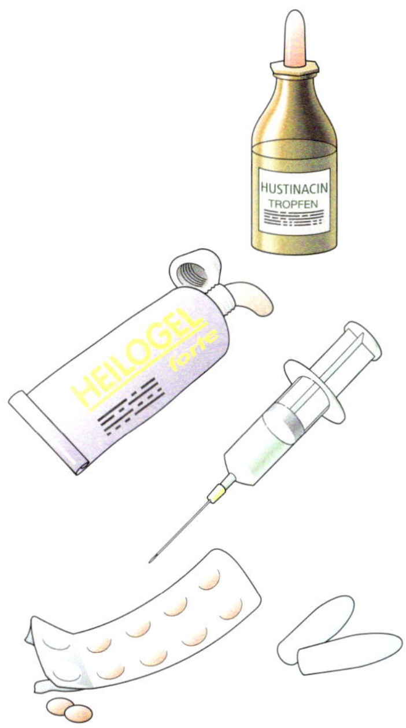
HUSTINACIN
TROPFEN
HEILOGEL
forte

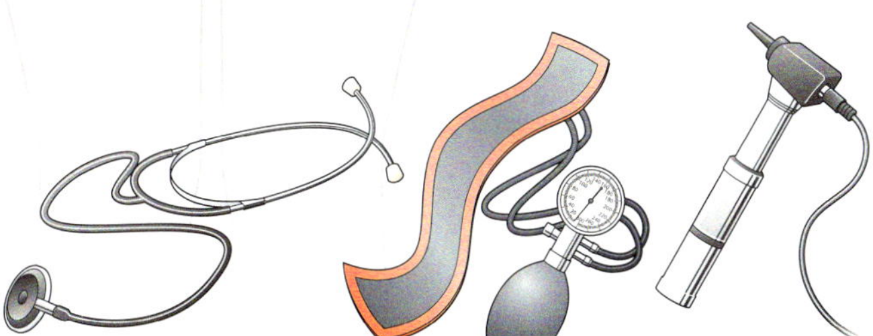

Gesundheit? Krankheit?

1 Drei Schulfreunde: Luca (links), Anna (Mitte) und Jannis (rechts)

Drei Schulfreunde

Seit gestern liegt Luca mit Fieber im Bett. Er hat Husten, Hals- und Kopfschmerzen, seine Nase läuft. Ein paar Tage wird es noch dauern, bis dieser grippale Infekt überstanden ist.

Anna hat zwei Hobbies: Tanzen und ausgefallene Outfits. Ihre Kleidung muss sie bei guter Beleuchtung aussuchen. Dann kann sie Hell und Dunkel voneinander unterscheiden, aber Umrisse nimmt sie nur schemenhaft wahr. Anna kann nicht normal sehen.
Deshalb ist sie in ungewohnter Umgebung unsicher und bittet manchmal fremde Leute um Hilfe. Einige haben dann großes Mitleid, Anna mag das nicht. Ihr geht es prima.

Jannis sitzt neuerdings oft allein in seinem Zimmer und grübelt, ob sich seine Eltern auch seinetwegen trennen wollen. Dann bekommt er oft Bauchschmerzen. In der Schule wird er immer schlechter. Nicht einmal das Leichtathletiktraining macht Jannis noch Spaß. Früher war ihm keine Übung zu anstrengend und er war gern mit seinen Freunden beim Training. Doch nun hat Jannis zu nichts mehr Lust.

Gesund oder krank?

Gesund zu sein ist ein ganz persönliches Gefühl. Wie Anna kann man sich trotz großer Beeinträchtigungen gesund fühlen. Sie schafft es, ihr Leben zu meistern. Anna kommt mit sich und ihrer Umgebung gut zurecht. Zur Umgebung gehören neben den Freunden und der Familie auch die Schule und die Lebensbedingungen.

Luca und Jannis geht es nicht gut. Luca wird bald wieder gesund sein und sich wohl fühlen. Jannis weiß zwar nicht, ob er richtig krank ist, er fühlt sich aber sehr schlecht.

Sich gesund oder krank zu fühlen, ist manchmal ein ganz persönlicher Eindruck.

2 So sieht Anna ihre Umgebung.

Aufgaben

1 a) Vergleiche die Situationen von Luca und Jannis.
b) Wer ist gesund, wer ist krank? Begründe.

2 Überlege dir eine Geschichte, in der die Begriffe „gesund“, „krank“, „behindert“, „Spaß“, „traurig“, „Freunde“ und „Eltern“ vorkommen.
Schreibe die Geschichte auf.

3 a) Stelle dir vor, Anna wäre in deiner Klasse, und schreibe auf, welche Schwierigkeiten Anna hätte.
b) Sammelt zu zweit Ideen, wie ihr Anna helfen könntet.
Tragt eure Ideen der Klasse vor.

Eine typische Kinderkrankheit
Erste Krankheitsanzeichen sind ein feuerroter Rachen, hohes Fieber, Kopfschmerz, Erbrechen und Schluckschmerz. Man fühlt sich sehr matt. Bald bildet sich ein Hautausschlag und die Zunge ist entzündet. Man nennt dieses Symptom **Himbeerzunge** (▷ B 1). Es ist ein deutliches Anzeichen für **Scharlach**. Da Scharlach meist im Kindesalter auftritt, spricht man von einer **Kinderkrankheit**.
Die Erreger dieser Krankheit sind Bakterien (▷ B 2). Sie sind auch in winzigen Tröpfchen der Ausatemluft von Erkrankten enthalten. Atmet ein anderer Mensch diese Tröpfchen ein, kann er sich mit dem Bakterium angestecken. Mediziner sprechen von einer **Infektion**, bei Scharlach wegen des Ansteckungsweges von einer **Tröpfcheninfektion**.

Der Zeitraum von der Ansteckung bis zum Auftreten der ersten Krankheitsanzeichen, der Symptome, heißt **Inkubationszeit**. Sie beträgt bei Scharlach 3–4 Tage. In dieser Zeit vermehrt sich der Erreger in der Rachenschleimhaut.

Nach etwa acht Tagen geht der Hautausschlag zurück und das Fieber sinkt. Die Krankheitssymptome klingen ab und die Erkrankung lässt nach. Dieser Zeitraum bis zum Gesundwerden wird **Rekonvaleszenz** genannt.

▶ Scharlach ist eine bakterielle Infektionskrankheit, die zu den typischen Kinderkrankheiten gehört.

Besonders wirksam – Penicillin
Weil andere Medikamente nicht helfen, wird Scharlach mit **Penicillin** behandelt. Dadurch wird die Dauer der Krankheit verkürzt und die Symptome werden abgeschwächt. Ein Stoff, der Bakterien abtötet oder ihre Vermehrung verhindert, heißt **Antibiotikum**. Hierzu zählt das Penicillin. Es gibt unterschiedliche Penicillin-Varianten gegen verschiedene bakterielle Erkrankungen. Antibiotika werden beispielsweise gegen Entzündungen der Atemwege wie Bronchitis verordnet. Natürlich haben Antibiotika auch Nebenwirkungen: Sie zerstören z. B. auch nützliche Bakterien im Darm. Antibiotika dürfen nur unter ärztlicher Kontrolle eingenommen werden.

▶ Antibiotika töten Bakterien oder stoppen ihre Vermehrung.

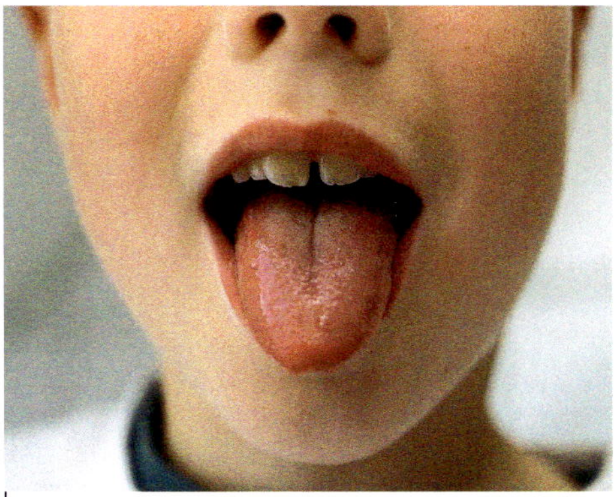
1 Himbeerzunge

2 Erreger von Scharlach

Aufgaben

1 Beschreibe den Verlauf der Kinderkrankheit Scharlach.

2 Erkläre die Begriffe Infektion, Inkubationszeit und Rekonvaleszenz mit eigenen Worten.

3 Was ist Penicillin und wie wirkt es?

Zeitpunkt

Schimmelpilze im Kampf gegen Bakterien?

1 Alexander Fleming

Eine zufällige Entdeckung
1928 experimentierte Alexander Fleming (1881–1955) mit Bakterienkulturen. Als er vergessene Kulturen nach einigen Wochen zufällig wiederfand, fiel ihm etwas auf: Dort, wo Schimmelpilz wuchs, hatte sich die Bakterienkultur nicht ausgebreitet. Um den Schimmelpilz herum gab es einen bakterienfreien Bereich, einen so genannten Hemmhof (▷ B 2).
Fleming schloss daraus, dass dieser Penicillium notatum (▷ B 3) genannte Schimmelpilz einen Stoff freisetzt, der die Vermehrung der Bakterien verhindert. Nach dem Pilz nannte Fleming den Stoff **Penicillin**. Damit war das erste Antibiotikum entdeckt.

2 Wirkung von Penicillin

3 Penicillium notatum

3 ANTONY VAN LEEUWENHOEK und sein Mikroskop

Klein, aber stark

In der Luft, im Wasser, im Boden – sogar im Menschen leben **Bakterien**. Mit bloßem Auge kannst du sie nicht sehen, denn sie sind winzig klein. Die meisten von ihnen sind nur wenige tausendstel Millimeter groß. Deshalb werden sie **Mikroorganismen** genannt.
ANTONY VAN LEEUWENHOEK (1632–1723) hat als erster Mensch mithilfe eines sehr einfachen Mikroskops (▷ B 3) Bakterien gesehen. Schon 1678 betrachtete er sie in Regenwasser, das er zuvor mit Pfeffer versetzt hatte.

Nur eine einzige Zelle

Bakterien sind Einzeller (▷ B 5). Nur die Größten von ihnen werden unter dem Lichtmikroskop sichtbar. Die Kleineren können mit einem Elektronenmikroskop betrachtet werden.
Nach der äußeren Form werden drei Bakteriengruppen unterschieden: die **Kugelbakterien**, die **Stäbchenbakterien** und die **Schraubenbakterien** (▷ B 4).

Aus einer Zelle werden viele

Unter günstigen Bedingungen vermehren sich Bakterien sehr schnell durch Zweiteilung, pflanzen sich also ungeschlechtlich fort. Ein neu entstandenes Bakterium teilt sich wiederum schon nach etwa 20 Minuten.
Die meisten Bakterien können extreme Temperaturen nicht überleben. Die optimale Temperatur der meisten Bakterien, die Krankheiten verursachen, liegt bei 20–40 °C.

Herrschen schlechte Bedingungen, hüllt sich das Bakterium vorübergehend in eine Kapsel. In diesem Ruhezustand wird es **Spore** genannt.
Einige Sporen bleiben mehrere tausend Jahre lebensfähig, andere überleben sogar Temperaturen von 130 °C.

▶ Bakterien sind winzige Einzeller, die als Sporen längere Zeit überdauern können.

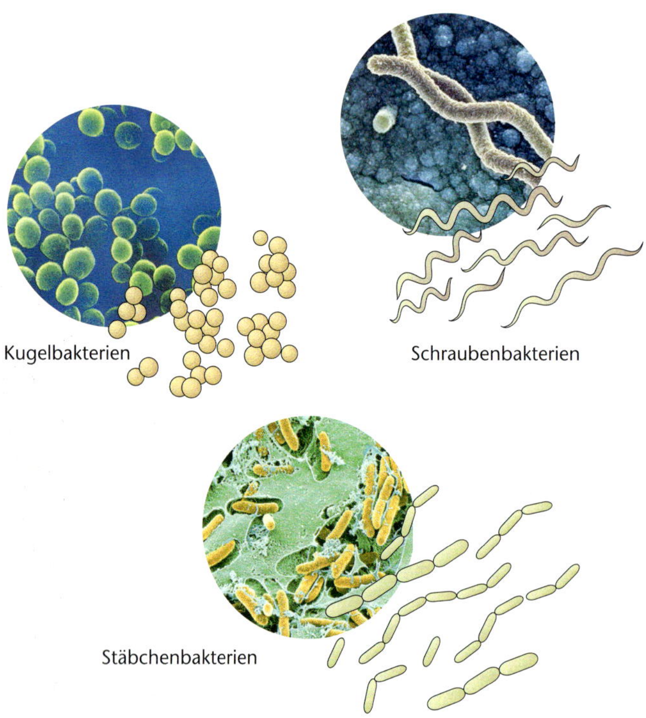

4 Bakterien, verschiedene Formen

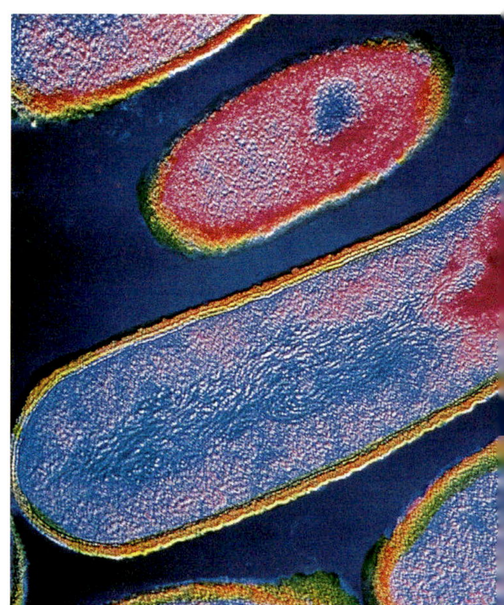

5 Aufbau eines Bakteriums

Zeitpunkt

Louis Pasteur

LOUIS PASTEUR (1822–1895) entwickelte ein Verfahren, bei dem empfindliche Lebensmittel schonend bei 62–85 °C erhitzt und dann schnell wieder abgekühlt werden. Dabei sterben sehr viele der enthaltenen Mikroorganismen ab. Besonders widerstandsfähige Mikroorganismen und Bakteriensporen überleben das so genannte **Pasteurisieren**. Daher sind die pasteurisierten Lebensmittel keimarm, aber nicht keimfrei.
Man erreicht aber eine längere Haltbarkeit und auch krankheitserregende Mikroorganismen werden abgetötet. Geschmack, Farbe, Vitamin- und Mineralstoffgehalt werden kaum beeinträchtigt. Insbesondere Milch, aber auch Sauergemüse und Säfte werden heutzutage pasteurisiert. In der Milch werden auch die Milchsäurebakterien abgetötet. Die Milch wird dann nicht so schnell sauer. Das Pasteurisieren unter hohem Druck ist eine viel versprechende neue Entwicklung. Lebensmittel können so noch schonender haltbar gemacht werden.

Bakterien sind vielseitig
Einige Krankheiten des Menschen, wie Masern und Akne, werden von Bakterien verursacht.
Aber viele Bakterien sind äußerst nützliche Helfer. Milchsäurebakterien erzeugen Jogurt, Quark und auch Sauerkraut. Essigsäurebakterien wandeln Wein in Essig um und auch in der Medikamentenherstellung werden Bakterien genutzt.
Sogar im Darm des Menschen sorgen Milliarden von Bakterien für eine gut funktionierende Verdauung.
Aber die Hauptaufgabe der Bakterien in der Natur ist der Abbau toter Substanz.

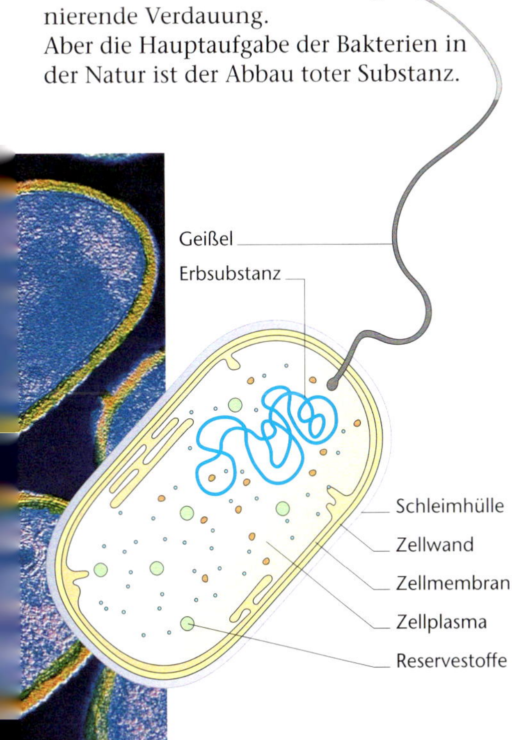

Aufgaben

1 a) Überlegt in Partnerarbeit, wie ihr Modelle herstellen könnt, die die drei Bakteriengruppen verdeutlichen.
b) Besorgt euch das nötige Material, verarbeitet es und stellt die Modelle in der Schule aus.

2 a) Vergleiche den Bau eines Bakteriums mit dem einer tierischen Zelle.
b) Fasse die Unterschiede in einer Tabelle zusammen.

3 Berechne, wie viele Bakterien in vier Stunden aus einer Bakterienzelle hervorgehen, wenn die Zellteilung nach jeweils 20 Minuten erfolgt.

4 a) Sammelt in Gruppenarbeit Informationen über Leben und Forschung von ALEXANDER FLEMING, IGNAZ PHILLIP SEMMELWEIS oder LOUIS PASTEUR.
b) Haltet ein Kurzreferat dazu.

5 a) Welcher Temperaturbereich ist für bakterielle Krankheitserreger besonders günstig?
b) Ziehe Schlussfolgerungen für das Aufbewahren und Haltbarmachen von Lebensmitteln.

6 Erstelle eine Tabelle, in der du von drei bakteriellen Erkrankungen Infektionsweg, Inkubationszeit, Symptome und Vorbeugungs- oder Heilungsmöglichkeiten zusammenfasst.

Wir untersuchen Bakterien

Um Bakterien untersuchen zu können, muss man sie „sichtbar" machen. Deshalb werden die Mikroorganismen in speziellen Nährmedien gezüchtet. Diese enthalten alle Stoffe, die Bakterien zum Wachsen und zur Vermehrung benötigen. Nährmedien können flüssig oder fest sein. Ein Flüssignährmedium besteht aus Wasser, dem Nährstoffe zugesetzt wurden. Um ein festes Nährmedium herzustellen, gibt man in ein Flüssignährmedium Agar hinzu und erwärmt das Ganze. Agar ist eine Substanz, die aus Algen gewonnen wird. Ähnlich wie Gelatine, die du vom Kuchenbacken kennst, sorgt Agar dafür, dass sich das Medium beim Abkühlen verfestigt. Das warme, noch flüssige Medium wird in so genannte Petri-Schalen gegossen. Hier kühlt es ab und wird langsam fest. In den Petri-Schalen können nun Bakterien gezüchtet werden. Sie wachsen heran und bilden sichtbare Kolonien.

1 Herstellung von Agar-Platten

Beim Umgang mit Bakterien musst du einige Regeln beachten:
- Vor dem Arbeiten müssen die Glasgeräte (Pasteurpipette, Drigalski-Spatel) sterilisiert werden. Dazu werden sie vorsichtig durch die Brennerflamme gezogen.
- Achte darauf, dass du die Bakterien nicht mit den Händen berührst.
- **Bebrütete Petrischalen dürfen nicht mehr geöffnet werden** und müssen in einem Schnellkochtopf oder Autoklaven entsorgt werden. In diesem Gerät werden die Bakterien in heißem Wasserdampf unter Druck bei ca. 120 °C abgetötet.
- Reinige nach den Versuchen die Geräte und deinen Arbeitsplatz mit Desinfektionsmittel oder 70 %-igem Alkohol.
- Wasche dir anschließend unbedingt die Hände.

1 Bakterien unter dem Mikroskop

Material
Objektträger, Deckglas, Pipette, Mikroskop (mit Objektiv 100 x), Immersionsöl, Papiertaschentücher, alkoholische Lösung, Milchsäurebakterien (aus Natur-Jogurt oder aus frischem Sauerkraut)

Versuchsanleitung
Entnimm mit der Pipette etwas vom wässrigen Überstand des Jogurts oder des Sauerkrauts und gib davon einen Tropfen auf den Objektträger. Lege dann vorsichtig das Deckglas auf und sauge mit dem Papiertuch überschüssige Flüssigkeit ab.

Mikroskopiere dein Präparat zuerst bei zehnfacher, dann bei vierzigfacher Vergrößerung. Um die Bakterien noch besser betrachten zu können, musst du bei hundertfacher Vergrößerung mikroskopieren. Gib hierzu einen Tropfen Immersionsöl auf das Deckglas und drehe das Objektiv (100 x) vorsichtig über das Präparat.

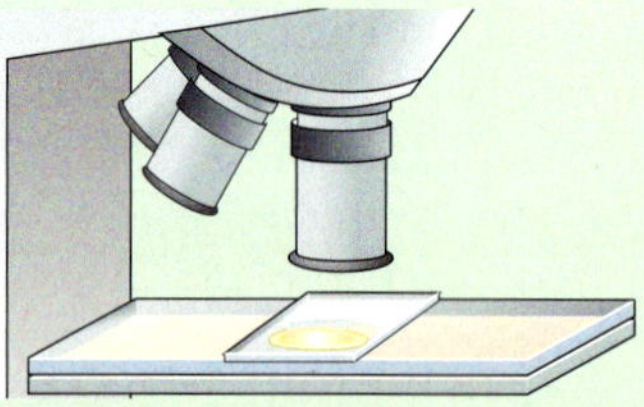

Reinige nach dem Mikroskopieren das Objektiv mit einem weichen Tuch. Reinige anschließend den Objektträger und das Deckglas mit heißem Wasser, wische deinen Arbeitsplatz mit einer alkoholischen Lösung ab.

Aufgaben
1. Betrachte die Bakterien unter dem Mikroskop und zeichne einige davon.

2. Informiere dich darüber, welche Bakterienarten zur Herstellung von Jogurt benutzt werden. Zu welchen Bakterienformen gehören sie?

3. Suche im Internet nach mikroskopischen Aufnahmen von Bakterien. Erstelle einen „Steckbrief" mit Namen, Bakterienform, Vorkommen und eventuell Verwendung.

4. Informiere dich über das Leben und die wissenschaftlichen Erfolge von ROBERT KOCH. Erstelle eine Präsentation über ihn.

2 Anlegen von Bakterienkulturen

Material
Sterile Petrischalen mit Nährboden, Impföse, Bunsenbrenner, Drigalski-Spatel, 2 Bakterienlösungen (z. B. E.coli K12, Mikrococcus luteus) Pasteurpipette, Wärmeschrank, wasserfester Folienstift, durchsichtiges Klebeband, Becherglas mit Wasser-Alkoholgemisch (Vorsicht brennbar!).

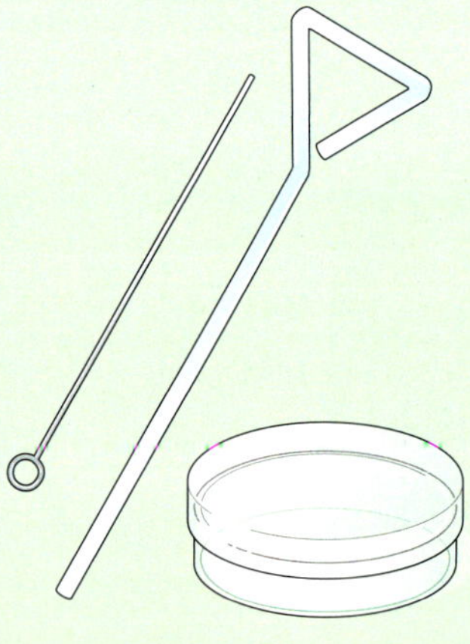

a) Ausplattieren:
Beim Ausplattieren werden die Bakterien gleichmäßig auf dem Nährboden verteilt.

Versuchsanleitung
Gib mit der sterilen Pipette einen Tropfen einer Bakterienlösung in die Petrischale. Achte hierbei darauf, dass du die Petrischale nur wenig öffnest.

Tauche den Drigalski-Spatel in die Alkohol-Lösung und flamme ihn vorsichtig ab. Öffne dann die Petrischale etwas und verreibe die Bakterien mit dem Drigalski-Spatel in der Petrischale.
Verschließe die Petrischale, klebe sie rundherum mit Klebeband zu beschrifte sie (Name, Datum, Bakterienart).

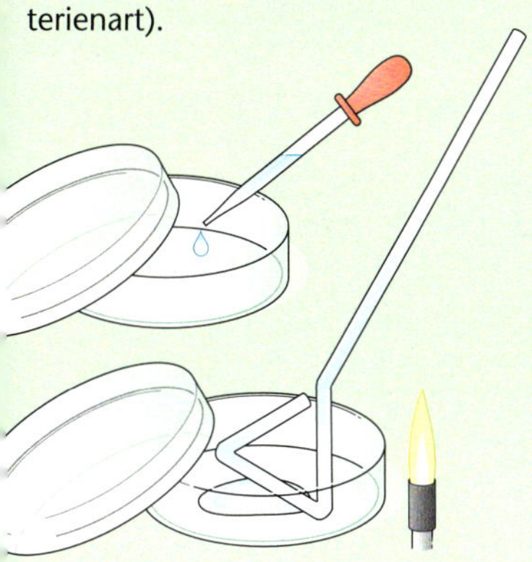

2 Aufbringen der Bakterien

Verfahre mit der zweiten Bakterienart genauso. Gib die Petrischalen in den Wärmeschrank und bebrüte sie bei 30 °C mindestens 4 Tage.

Aufgabe
Beschreibe, was du in den Petrischalen beobachten kannst. Welche Gemeinsamkeiten, welche Unterschiede stellst du fest?

b) Verdünnungsausstrich:
Versuchsanleitung
Halte eine Impföse in die Brennerflamme bis sie glüht. Tauche die abgekühlte Impföse in die Bakterienlösung und gib einen Tropfen in die leicht geöffnete Petrischale. Streiche dabei die Impföse,

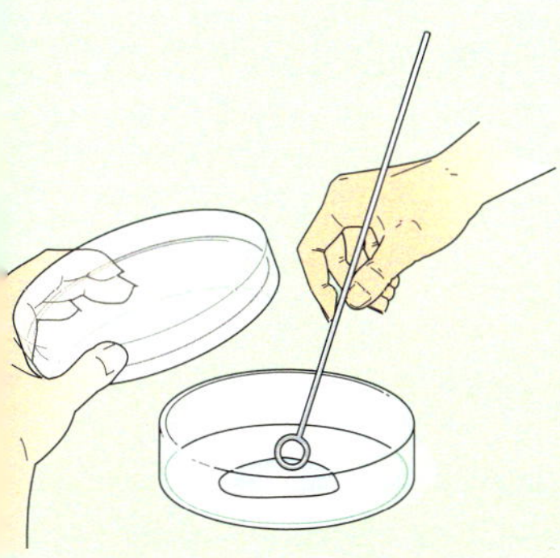

3 Übertragung einer Bakterienkultur

vorsichtig über den Nährboden. Verschließe die Petrischale mit dem Klebeband und beschrifte sie (Name, Datum, Bakterienart).

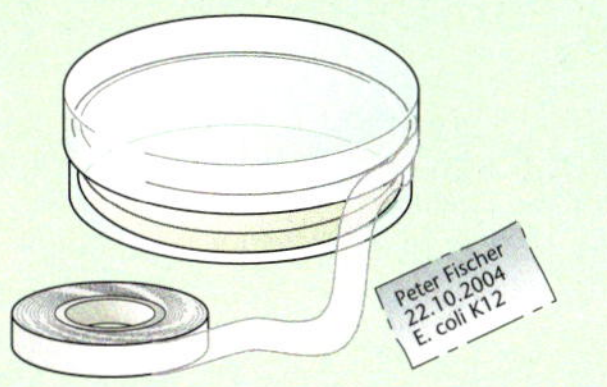

4 Die Petrischale muss fest verschlossen werden.

Halte zur Sterilisation die Impföse nochmals in die Brennerflamme. Gib die Petrischale in den Wärmeschrank und bebrüte sie bei 30 °C mindestens 4 Tage.

Aufgaben
1. Was kannst du in der Petrischale beobachten? Beschreibe. Welchen Unterschied zum Versuch „Ausplattieren" stellst du fest?

2. Erkläre, wieso man von einem „Verdünnungsausstrich" spricht? Überlege dir, weshalb Mikrobiologen überhaupt Verdünnungsausstriche herstellen.

3 Wo kommen Bakterien vor?

Material
Mehrere Petrischalen mit Nährboden, durchsichtiges Klebeband, wasserfester Folienstift, Wärmeschrank

Versuchsanleitung
Um festzustellen, wo überall Bakterien vorkommen kannst du verschiedene Versuche durchführen. Verschließe nach den Versuchen die Petrischalen, klebe sie rundherum zu und beschrifte sie mit Namen und Datum. Gib auch an, welchen Versuch du in welcher Petrischale durchgeführt hast. Lege die Petrischalen in den Wärmeschrank und bebrüte sie bei 30 °C mindestens 4 Tage.

Mögliche Versuche:
a) Öffne eine Petrischale, huste kräftig hinein und verschließe sie.

b) Lass die zweite Petrischale für 30 Minuten geöffnet in der Nähe der Heizung stehen.

c) Lege in die dritte Petrischale eine Münze.

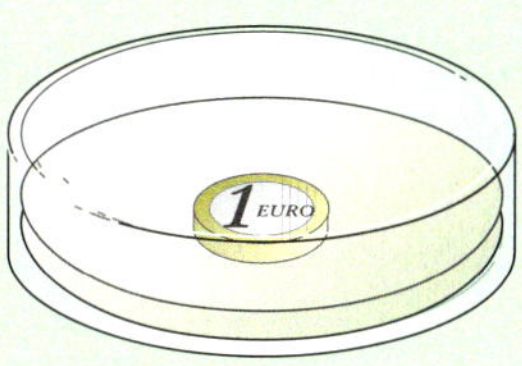

d) Drücke vorsichtig deine ungewaschenen Finger auf den Nährboden. Wasche dir anschließend die Hände und wiederhole den Versuch. Benutze hierzu eine neue Petrischale.

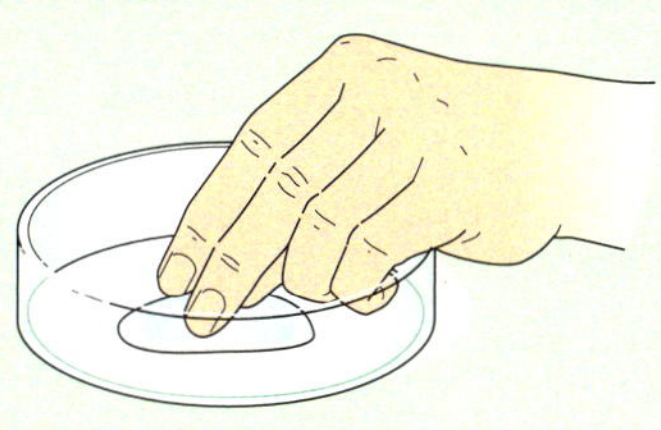

Aufgaben
1. Überlege dir weitere Experimente, stelle Vermutungen über die Ergebnisse auf und überprüfe deine Vermutungen mithilfe der Versuche.

2. Betrachte nach dem Bebrüten die Petrischalen.
Notiere deine Beobachtungen und erkläre sie.

3. Wo findest du überall Bakterien? Nenne Gründe dafür.

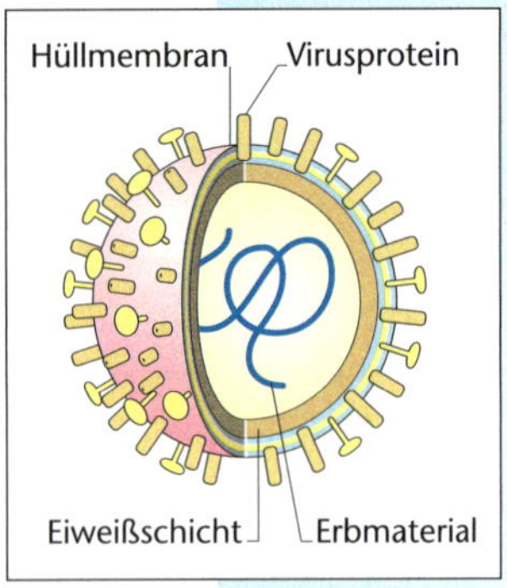

Aufbau eines Virus

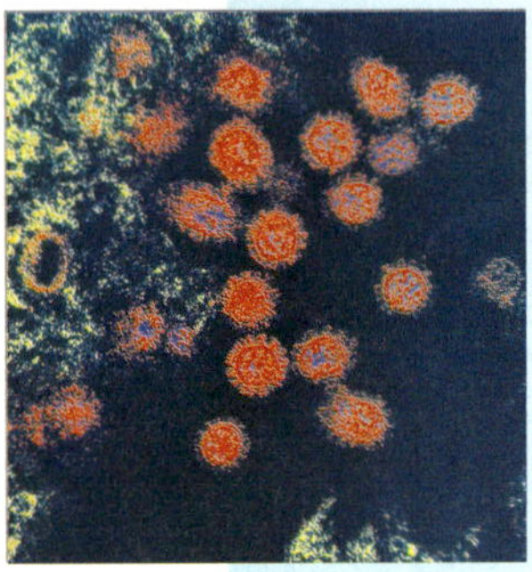

Grippe-Viren

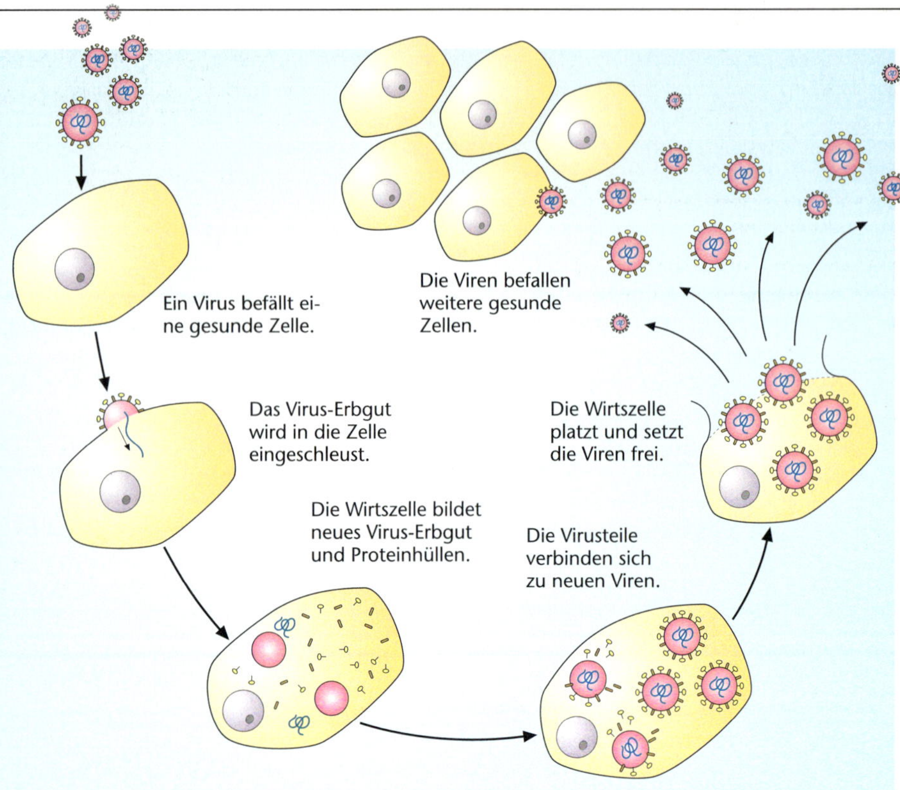

1 Verlauf einer Virusinfektion

Sehr klein und sehr gefährlich

Einen grippalen Infekt kennst du als starke Erkältung. Zunächst verspürst du einen Niesreiz, bald „läuft" die Nase für einige Tage. Die Ursache sind Viren, die die Nasenschleimhaut befallen (▷ B 1).
Sie sind sehr klein, ihr Durchmesser erreicht nur 0,02 – 0,3 µm, das ist ein Bruchteil von einem tausendstel Millimeter. Viren kann man deshalb nur unter einem Elektronenmikroskop sehen. Viren bestehen größtenteils aus Erbmaterial und einer Proteinhülle (▷ B 1). Sie erfüllen nicht alle Lebenskriterien: Sie wachsen und bewegen sich nicht, haben einen eingeschränkten Stoffwechsel und pflanzen sich nicht selbst fort.
Für die Vermehrung ist jedoch Stoffwechsel nötig. Deshalb befällt das Virus eine Zelle, die daraufhin neue Viren herstellt. Dabei ruht der eigentliche Stoffwechsel der Zelle.
Eine solche befallene Zelle heißt **Wirtszelle**. Die vielen neu gebildeten Viren bringen die Wirtszelle zum Platzen und befallen anschließend weitere Zellen.

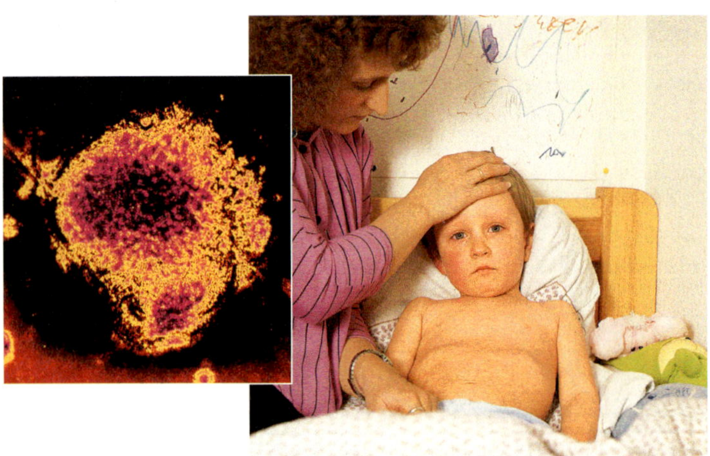

2 Kind mit Röteln, Rötelnvirus links

Viren bestehen aus Erbmaterial und Proteinhülle. Für ihre Fortpflanzung nutzen sie Wirtszellen.

Viren sind Krankheitserreger

Sehr viele Erkrankungen werden von Viren verursacht. Es sind beispielsweise Grippe, Hepatitis, AIDS und einige Kinderkrankheiten, wie Masern, Windpocken und Mumps.

Auch Röteln sind virusbedingt. Das Röteln-Virus (▷ B 2) vermehrt sich in den Zellen der oberen Atemwege und gelangt danach ins Blut. Die Inkubationszeit beträgt 2 – 3 Wochen, dann entwickeln sich leichtes Fieber und Halsschmerzen.

Aufgaben

1 Ist ein Virus ein Lebewesen? Begründe deine Antwort.

2 a) Informiert euch in Partnerarbeit über Windpocken, Masern und Mumps. Nutzt Lexika, Internet oder befragt eure Hausärzte.
b) Erstellt eine Tabelle, in die ihr Erreger, Inkubationszeit und Symptome eintragt.
c) Hattet ihr selbst eine dieser Krankheiten?

3 Mädchen sollen gegen Röteln geimpft werden. Erkläre.

4 a) Informiere dich, wie Hepatitiserkrankungen entstehen und übertragen werden.
b) Wie kann man vorbeugen?

Der typische Ausschlag (▷ B 2) mit kleinen roten Flecken beginnt am Kopf und breitet sich über den ganzen Körper aus. Nach höchstens drei Tagen verschwindet der Ausschlag. Die Übertragung des Virus auf andere Menschen beginnt schon eine Woche bevor sich der Ausschlag bildet.

Das Röteln-Virus wird durch Tröpfcheninfektion oder Schmierinfektion übertragen. Für Kinder sind Röteln relativ harmlos. Gefährlich ist die Krankheit für Schwangere, die noch keine Röteln hatten oder nicht dagegen geimpft sind: Es kann zu Fehlgeburten oder zu Schäden beim Fetus kommen. Dabei sind meistens Herz, Gehör und Augen betroffen.
Deshalb sollten alle Mädchen unbedingt vor Beginn der Pubertät gegen Röteln geimpft sein.

Da Viruserkrankungen auch bakterielle Infektionen begünstigen, kann es zu schwer wiegenden Folgeerkrankungen kommen.

Viele Krankheiten werden durch Viren hervorgerufen. Dazu gehören die Röteln.
Gegen Röteln sollten alle Mädchen geimpft werden.

Brennpunkt

Die echte Grippe kann sehr gefährlich sein

Alle Jahre wieder
Jeden Winter gibt es eine Grippewelle. Die **echte Grippe** ist eine Viruserkrankung der oberen Atemwege. Das hoch infektiöse **Influenza-Virus** wird durch Tröpfcheninfektion übertragen. 1–3 Tage nach der Infektion treten hohes Fieber, Kopf-, Muskel- und Gliederschmerzen, Schüttelfrost und trockener Husten auf. Nach 8–10 Tagen ist die Grippe überwunden.
Häufig kommt es jedoch durch schwere Folgeinfektionen zu Herzversagen, Kreislaufkollaps oder Lungenentzündung. An diesen Folgeinfektionen sterben in Deutschland jährlich 5000–8000 Menschen. Im Winter 1995/96 breitete sich das Virus stärker als gewöhnlich aus und brachte in Deutschland etwa 20000 Menschen den Tod.

Nicht nur der Mensch hat Grippe
Influenza-Viren gibt es auch bei Vögeln und Hausschweinen. Durch eine Kombination des Erbmaterials von Menschen- und Tiervirus kann ein neues, sehr ansteckendes und für Menschen oft tödliches Mischvirus entstehen (▷ B 1).
Die Grippe kann wüten wie die Pest, 1918/19 starben weltweit über 40 Millionen Menschen. 1957 folgte eine nächste tödliche Grippewelle. Eine weitere konnte 1997 in Hongkong gestoppt werden: Ein gefährliches Tier-Influenza-Virus wurde durch die Tötung von 1,5 Millionen Hühnern unter Kontrolle gebracht.

Impfen
Das Influenza-Virus verändert sich schnell. Deshalb sammeln Fachleute weltweit Informationen über die aktuellen Viren und sagen vorher, welche Virus-Varianten für den nächsten Winter wahrscheinlich sind. Dem entsprechend werden Impfstoffe gegen Grippe hergestellt.

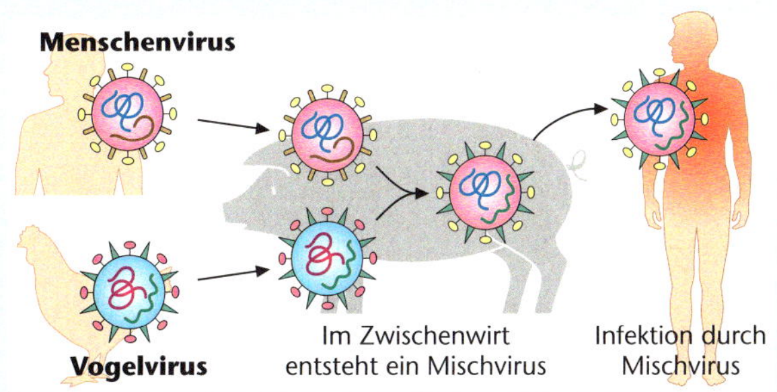

1 Mischvirus

Bakterielle Erkrankungen

Alle auf dieser Seite vorgestellten Krankheiten sind sehr gefährlich. Daher muss in jedem Fall ein Arzt oder eine Ärztin aufgesucht werden, wenn der Verdacht auf eine dieser Erkrankungen vorliegt!

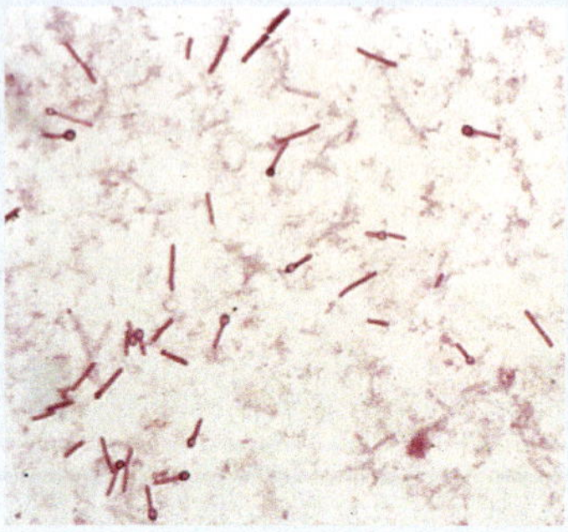

Tetanus entsteht, wenn mit Erde oder Schmutz ganz bestimmte Bakterien in eine Wunde gelangen. Diese Bakterien geben einen Stoff ab, der nach 4–14 Tagen zu starken Muskelkrämpfen führt. Im deutschen Namen **Wundstarrkrampf** finden sich entscheidende Merkmale der Krankheit wieder. Unbehandelt führen die Krämpfe in kürzester Zeit zum Tod.

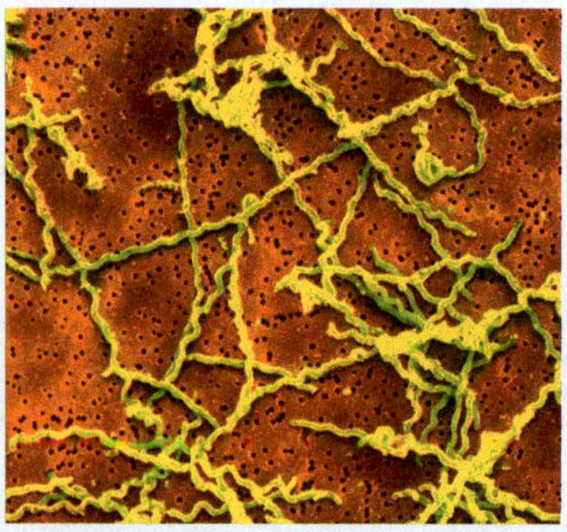

Die **Syphilis** oder **Lues** oder **Harter Schanker** ist eine meldepflichtige Krankheit. Sie wird durch Geschlechtsverkehr übertragen. Die Infektion erfolgt über kleinste Hautverletzungen. Ein rötlicher Knoten an der Infektionsstelle verschwindet nach wenigen Wochen.

Zwei bis drei Monate später zeigen sich Symptome wie Hautausschlag, Kopfschmerzen, Fieber und Müdigkeit. Spätestens jetzt muss eine Behandlung mit Penicillin erfolgen. Geschieht das nicht, werden Organe im ganzen Körper angegriffen und die Krankheit endet tödlich. Vor einer Infektion schützt die Verwendung von Kondomen.

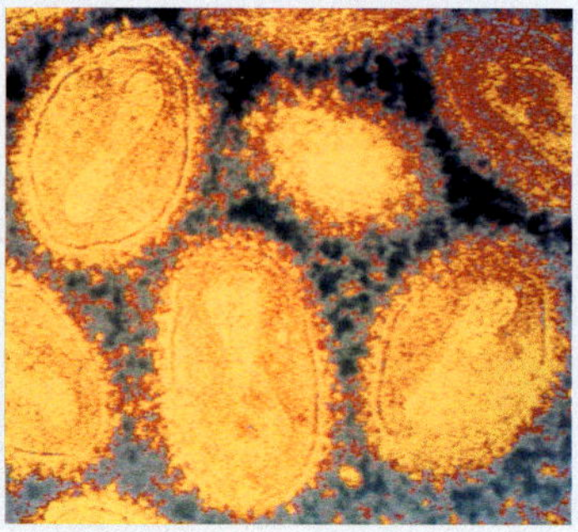

An **Keuchhusten** erkranken meist Säuglinge und Kinder. Die Ansteckung erfolgt über Tröpfcheninfektion. Ein bis zwei Wochen später kommt es zu keuchendem, krampfartigem Husten mit Erbrechen. Die nächtlichen Hustenanfälle können zum Ersticken führen.
Ursache des Keuchhustens ist eine bakteriell hervorgerufene Entzündung der Atemwege. Keuchhusten ist in den ersten sechs Wochen extrem ansteckend und daher meldepflichtig.

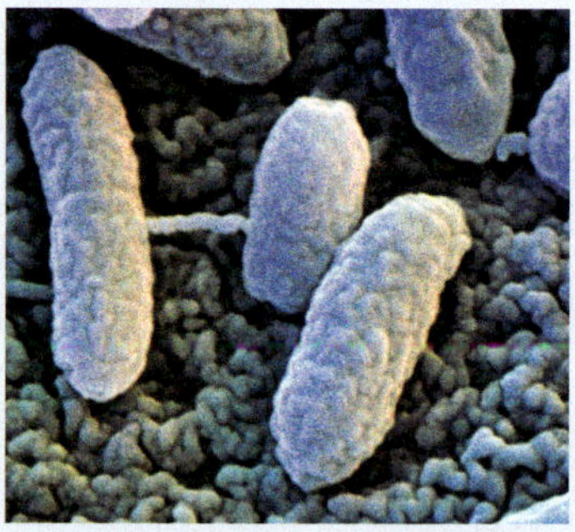

Wird mit Geflügel oder Eiern nicht hygienisch umgegangen und werden sie dann verzehrt, kann es zur **Lebensmittelvergiftung** durch **Salmonellen** kommen. Dabei gibt es über 1600 verschiedene Bakterienarten, die eine solche Lebensmittelvergiftung hervorrufen können.

Die nach 20–24 Stunden auftretenden Symptome sind Erbrechen und wässriger Durchfall. Sie halten ein bis zwei Tage an. Wegen des Flüssigkeitsverlustes muss viel getrunken werden. Gefährlich wird diese Krankheit für Kinder, alte und abwehrgeschwächte Menschen. Sie ist meldepflichtig, d. h. das Auftreten der Krankheit muss dem Gesundheitsamt gemeldet werden.
Durch vollständiges Garen von Eiern, Geflügel und ihren Produkten kann man die Infektion vermeiden.

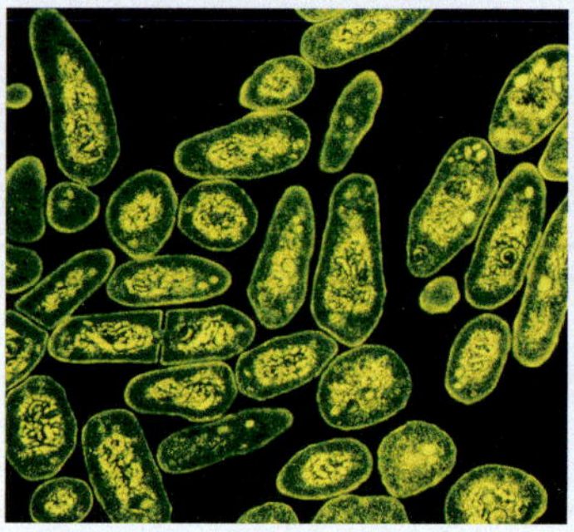

Eine der häufigsten Infektionskrankheiten der Lunge ist Tbc, die **Tuberkulose**. Weltweit sterben pro Jahr mehr als 2 Millionen Menschen an der in Deutschland meldepflichtigen Erkrankung. Früher wurde diese Krankheit Schwindsucht genannt und war noch viel stärker verbreitet.
Der Erreger wird durch Tröpfcheninfektion übertragen und befällt die Lunge. Nach vier bis sechs Wochen Inkubationszeit wird das Lungengewebe zerstört. Zusätzlich treten Fieber, Schwäche, Husten mit blutigem Auswurf und Gewichtsabnahme auf. Auch alle anderen Organe können durch Streuung der Bakterien geschädigt werden.

Tuberkulose kann auch heute nur schwer behandelt werden. Es wird ein Antibiotika enthaltendes Medikament verordnet.
Da meist dort Tuberkulose auftritt, wo viele Menschen auf engem Raum unter schlechten hygienischen Bedingungen leben, ist Hygiene eine gute Vorbeugung.

Viruserkrankungen

An **Kinderlähmung** können auch Erwachsene erkranken. Sie wird von Polioviren hervorgerufen. Erkrankte leiden an Kopf-, Rücken- und Gliederschmerzen und schwitzen stark. Bald darauf setzen Lähmungen ein. In schweren Fällen muss künstlich beatmet werden. Die Rekonvaleszenz dauert bis zu zwei Jahre. Oft bleiben Veränderungen an Skelett und Gelenken zurück.

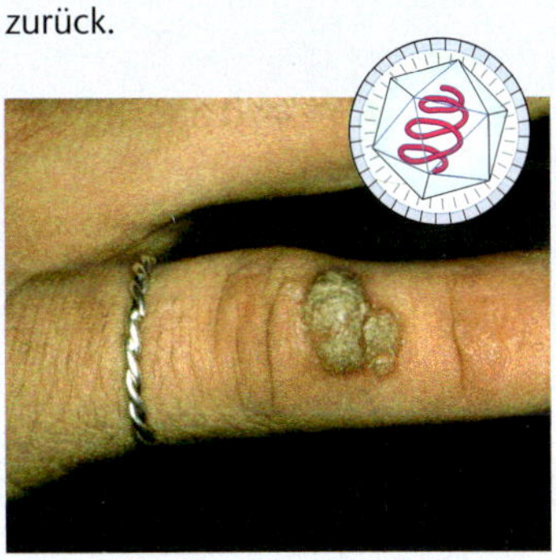

Viren sind auch für die Bildung von **Warzen** verantwortlich. Sie bewirken nach einer Inkubationszeit von sechs Wochen bis zwanzig Monaten ein unnormales Wuchern von Hautzellen. Oft heilen Warzen von selbst ab.

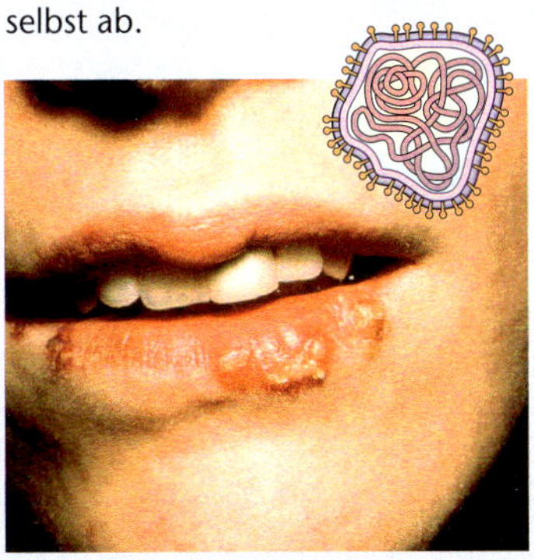

Auch die mit klarer Flüssigkeit gefüllten **Lippen-Herpesbläschen** sind das Werk von Viren. Sie befinden sich nach einer Erstinfektion dauerhaft und ohne Symptome in Nervenzellen. Signale wie Fieber, UV-Licht oder Stress reaktivieren das Virus. Nach Kribbeln und Stechen an den Lippen oder auch Naseneingängen bilden sich Herpesbläschen. Sie trocknen ab und verheilen in ca. 10 Tagen narbenlos. Medikamente verkürzen das Abheilen.

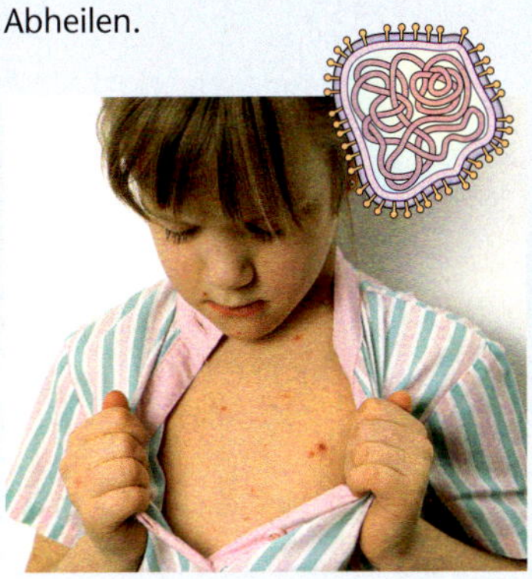

Windpocken werden meist durch Tröpfcheninfektion übertragen. Von der Infektion bis zum Ausbruch dieser Kinderkrankheit vergehen 10–21 Tage. Infizierte sind schon in den letzten 3–4 Tagen der Inkubationszeit und den fünf folgenden Tagen ansteckend. Typische Symptome sind leichtes Fieber und rote stecknadelkopfgroße Hautflecken, aus denen sich in wenigen Stunden Bläschen entwickeln, die später verschorfen und abheilen. Der Ausschlag ist zuerst am Kopf sichtbar, breitet sich aber über Rumpf und Extremitäten aus. Nur wenn wegen des starken Juckreizes gekratzt wird, bilden sich Narben. Die Krankheit dauert eine Woche und nach 2–3 Wochen sind alle Hautveränderungen abgeheilt. Hat man die Windpocken überstanden, erkrankt man daran nicht wieder.

Hepatitis B ist eine Leberentzündung und meldepflichtig. Das Virus wird mit dem Blut weitergegeben und ist hoch infektiös, d. h. schon geringste Konzentrationen führen zu einer Infektion. Die Inkubationszeit beträgt 40–160 Tage. Die Lebertätigkeit wird gestört, es tritt Gelbsucht auf. Einige Menschen überwinden die Krankheit in vier Monaten völlig, andere erleiden ein Leberversagen oder die Leber arbeitet nur noch eingeschränkt. Bei 30 % der Patienten ist die Behandlung erfolgreich. Vorbeugen kann man durch Impfen.

Auch das **Masern**-Virus wird über Tröpfcheninfektion übertragen. Nach 10–14 Tagen Inkubationszeit treten Husten, Schnupfen und leichtes Fieber auf. Nach weiteren vier Tagen zeigt sich am Hals und hinter den Ohren ein Hautausschlag, der sich über den ganzen Körper ausbreitet. Dieses Stadium der typischen Kinderkrankheit dauert 3–4 Tage. In der folgenden Rekonvaleszenz schuppt die Haut ab. Masern sind 1–2 Tage vor dem Auftreten der ersten Symptome bis zur kompletten Ausbreitung des Hautausschlags hoch ansteckend.

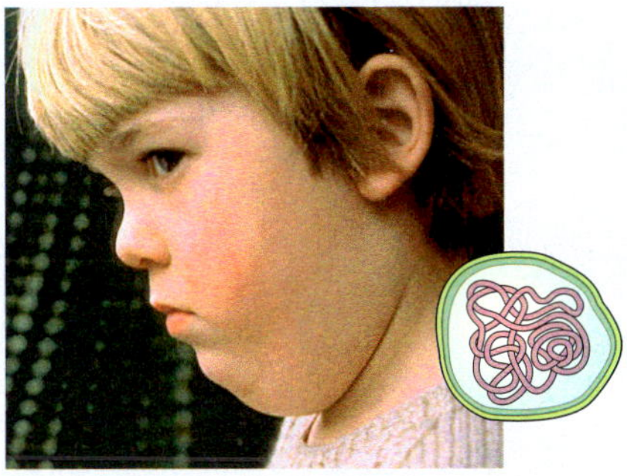

Mumps ist eine Kinderkrankheit, bei der es neben Fieber und Kopf- und Gliederschmerzen zum Anschwellen meist beider Ohrspeicheldrüsen kommt. Nach 5–8 Tagen sinkt das Fieber und die schmerzhafte Schwellung geht zurück. Die Inkubationszeit beträgt 12–35 Tage. Infizierte übertragen das Mumps-Virus schon 4 Tage vor bis 7 Tage nach Beginn der Krankheitsanzeichen durch Tröpfchen- oder Schmierinfektion.

1 Fresszelle (gelb) attackiert Bakterien (rot).

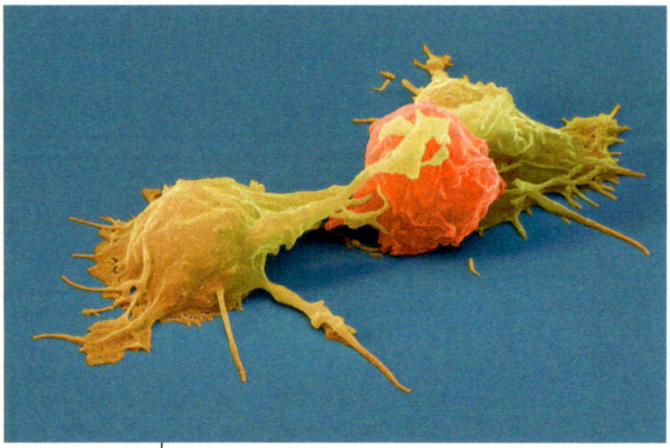

2 Fresszellen (gelb) attackieren Krebszelle (rot).

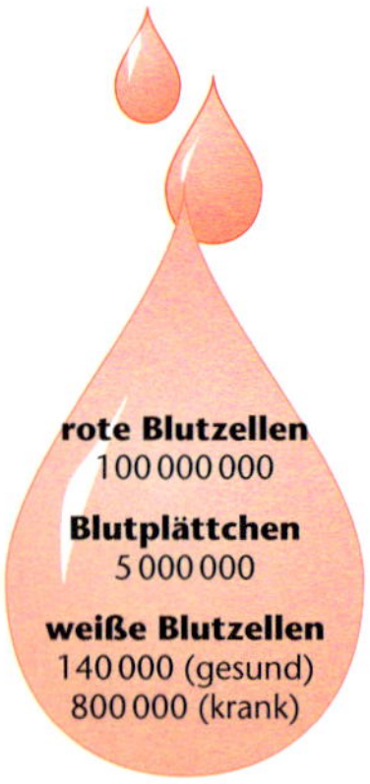

3 Ein Tropfen Blut enthält …

In ständiger Abwehr

Obwohl dein Körper ständig einer Vielzahl von Krankheitserregern ausgesetzt ist, wirst du trotzdem nur manchmal krank. Der Körper setzt den Erregern nämlich viele Barrieren: Die Schleimhäute bilden abwehrenden Schleim, Tränenflüssigkeit wirkt keimtötend, der Magensaft enthält Salzsäure und die Haut bildet eine Bakterien abwehrende Schicht, den Säureschutzmantel. Hin und wieder gelingt es jedoch einigen Krankheitserregern, diese Barrieren zu überwinden und in den Körper zu gelangen.

Von Fressern, Killern und Helfern

In deinem Körper sind die **weißen Blutzellen** für die Abwehr zuständig. Mit dem Blut oder der Lymphflüssigkeit können sie an jede Stelle im Körper gelangen. Es gibt verschiedene weiße Blutzellen, die unterschiedliche Aufgaben erfüllen. Dringen zum Beispiel einzelne Krankheitserreger in den Körper ein, werden sie von so genannten **Fresszellen** erkannt und „gefressen" (▷B 1 und 2). Ist aber eine sehr große Zahl von Erregern in den Körper vorgedrungen, können sie von den Fresszellen allein nicht bekämpft werden. Dann gelingt es den Erregern, sich im Körper zu vermehren. Die Fresszellen informieren aber **T-Helferzellen** über bestimmte Merkmale der Erreger. Die T-Helferzellen setzen daraufhin zwei Abwehrmechanismen in Gang:

- Zum einen regen sie **Plasmazellen** zur Bildung ganz spezieller Eiweiße an, die man **Antikörper** nennt. Diese Antikörper binden sich gezielt an die Erreger und machen sie dadurch unschädlich.
- Zum anderen werden Killerzellen angeregt, nach infizierten Zellen zu suchen und diese abzutöten.

Die Antikörper-Erreger-Klümpchen und die abgetöteten infizierten Zellen können schließlich von den Fresszellen beseitigt werden.

Während der Immunreaktion werden **Gedächtniszellen** gebildet. Diese speichern Informationen über die Eigenschaften des bekämpften Erregers. Wird der Körper zu einem späteren Zeitpunkt erneut durch den gleichen Erreger befallen, können sofort sehr viele passende Antikörper gebildet werden. Damit kann der Krankheitserreger sehr rasch bekämpft werden, bevor es ihm gelingt, sich im Körper stark zu vermehren. Deshalb erkrankt der Mensch meist nicht noch einmal an dieser Krankheit, er ist **immun** gegen den Erreger geworden.

Ist der Erreger jedoch ein Virus, versagt die Abwehr über die Gedächtniszellen oft. Das Virus-Erbmaterial verändert sich sehr schnell. Dadurch entstehen rasch zahlreiche neue Varianten des Virus, die von den Gedächtniszellen nicht wiedererkannt werden können. Weil die schnelle Abwehr über die Gedächtniszellen überlistet wird, können Viruserkrankungen, wie z. B. die Echte Grippe, immer wieder sehr gefährlich werden.

▶ Verschiedene weiße Blutzellen bewirken die Abwehr von Krankheitserregern. Nach überstandenen Erkrankungen ist der Mensch gegen diesen speziellen Erreger oft immun.

Vorbeugung hilft

Das Immunsystem kann in seinem täglichen Abwehrkampf unterstützt werden. Zum Beispiel sorgen ausreichend Schlaf und Erholung sowie eine ausgewogene

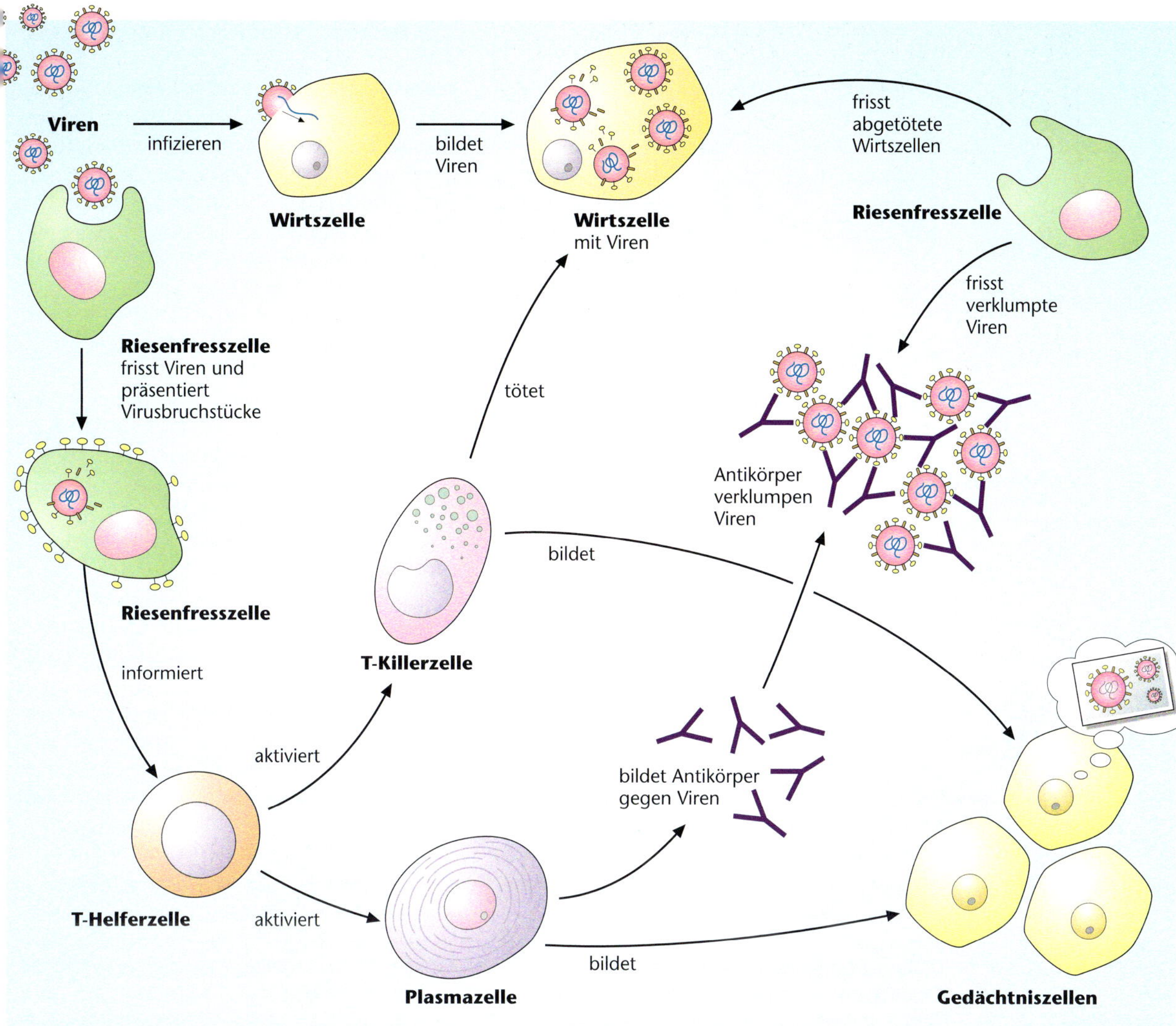

4 Immunreaktion, Schema

Ernährung und Sport für eine Stärkung des Immunsystems. Die Krankheitsabwehr funktioniert auch besser, wenn man glücklich und zufrieden ist.

Eine gesunde Lebensweise stärkt das Immunsystem und beugt so Krankheiten vor.

5 Sport und gesunde Ernährung sind wichtig.

Aufgaben

1 Beschreibe die Immunreaktion deines Körpers, wenn er von Krankheitserregern befallen wird.

2 Überlege, welche Bedeutung Fieber bei Erkrankungen haben könnte.
Tipp: Denke dabei auch an chemische Reaktionen.

3 a) Wie stärkst du dein Immunsystem?
b) Nenne weitere Möglichkeiten, mit denen du einer Immunschwäche vorbeugen kannst.

Schüler fragen – Experten antworten

Manche sagen, dass Impfschäden manchmal schlimm sein können. Andere behaupten, man sollte Kinder auf jeden Fall impfen. Wo bekomme ich Informationen?

Im Kindergarten meiner Schwester gehen gerade die Windpocken um. Obwohl alle Kinder, mit denen sie spielt, nacheinander krank geworden sind, ist sie noch gesund. Kann ich mich anstecken?

Mein kleiner Bruder spielt mit Freunden oft im Wald. Da jetzt die Zeckenzeit kommt, müssen wir ihn gegen FSME impfen?

Was sind eigentlich Experten?
Nicht immer könnt ihr alle Informationen, die ihr braucht, nur in Büchern finden. Dann solltet ihr einen Experten befragen. Experten sind Fachleute, Spezialisten in ihrem jeweiligen Fachgebiet, die über einen großen Erfahrungsschatz verfügen und die neuesten Forschungsergebnisse kennen.

Adressen von Experten aus dem Internet

- *Bundeszentrale für gesundheitliche Aufklärung BzgA www.bzga.de*
- *Robert Koch Institut www.rki.de*
- *Apotheken www.aponet.de*
- *Ärzte www.arzt.de*

Wie bereitet ihr eine Expertenbefragung vor?
Sammelt zuerst alle Fragen, die euch einfallen, ordnet sie nach Themenschwerpunkten und schreibt sie auf. Vielleicht sind auch im Laufe des Unterrichts immer wieder Fragen aufgetaucht. Die solltet ihr gleich festhalten. Überlegt, wie ihr die Befragung durchführen wollt, und verteilt die Aufgaben. Einer von eurer Gruppe stellt die Fragen, ein anderer schreibt die Antworten der Expertin oder des Experten auf. Bei einem längeren Gespräch könnt ihr euren Gesprächspartner fragen, ob ihr seine Antworten aufnehmen dürft. Die Aufnahme könnt ihr dann später in Ruhe anhören und auswerten. Vielleicht braucht ihr auch jemanden, der Fotos macht.
Ganz ohne Vorwissen hat es aber wenig Sinn, einen Experten zu „löchern“. Versucht, die Antworten zuerst in eurem Biologiebuch zu finden, vielleicht hilft auch das Internet weiter.

Wie findet ihr Experten?
Hört euch zuerst in eurem Heimatort um. Fragt Eltern oder Bekannte, ob sie jemanden kennen, der eure Fragen beantworten kann. Nicht nur Ärzte sind Experten für Gesundheit und Krankheit, auch Rettungsdienste, Krankenkassen oder Beratungsstellen können euch weiterhelfen. Experten kann man auch über das Internet finden. Gebt in eine Suchmaschine den gesuchten Begriff, zum Beispiel die Krankheit, ein und schaut, wer zu diesem Thema etwas veröffentlicht hat.

Kontaktaufnahme
Wenn ihr nur wenige Fragen habt, reicht es, wenn einer von euch die Informationen per Telefon einholt. Überlegt euch alle Fragen vorher genau und schreibt sie sorgfältig auf! Notiert die Antworten des Experten, damit ihr nichts vergesst. Wenn ihr möchtet, dass alle Klassenkameraden erfahren sollen, was der Experte erzählt, solltet ihr ihn zu euch in die Schule einladen. Entwerft dazu einen höflichen Brief, in dem ihr den Experten bittet, euch zum Thema Fragen zu beantworten. Sicher hat der Experte auch eine E-Mail-Adresse, dann könnt ihr ihm ein Mail schreiben und einen Termin und Treffpunkt für den Besuch bei euch ausmachen. Sind der Experte oder die Expertin bei euch in der Schule, begrüßt sie höflich und stellt sie der Klasse vor. Einer von euch muss die Moderation übernehmen, das heißt, das Gespräch in der Gruppe leiten.

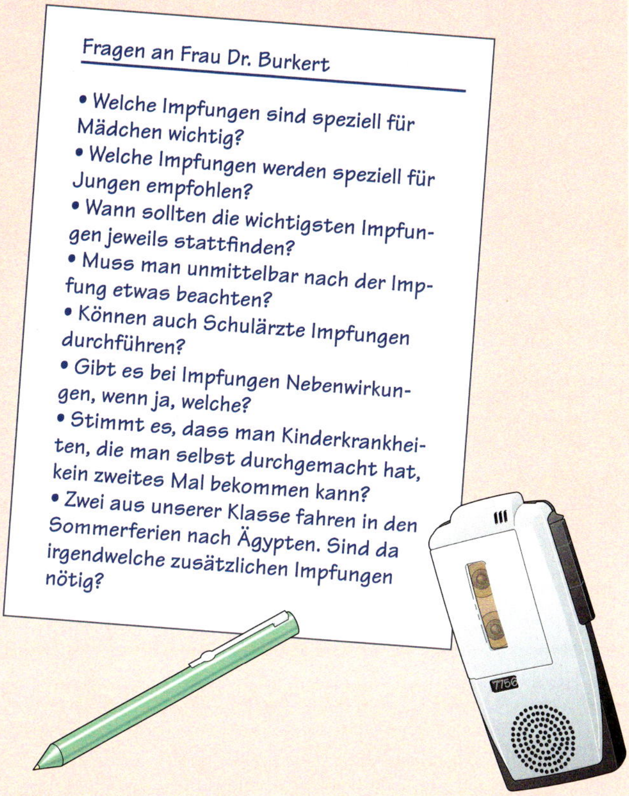

Worauf muss man beim Besuch eines Experten achten?
Ihr könnt den Experten auch an seinem Arbeitsplatz besuchen. Vielleicht geht ihr zu zweit hin – vier Ohren hören mehr als zwei. Vergesst nicht, Fotoapparat und Diktiergerät mitzunehmen. Macht euch Notizen und lasst euch Material mitgeben, dann erinnert ihr euch zu Hause besser an Einzelheiten.

Manchmal sprechen Experten ein richtiges „Fachchinesisch" mit vielen Fremdwörtern. Wenn ihr die komplizierte Expertensprache nicht versteht, fragt sofort nach. Lasst es euch noch einmal mit einfachen Worten, eventuell an einem Beispiel, erklären. Nach jedem Gespräch mit Experten werdet ihr selbstbewusster und mutiger im Befragen!

Was verbirgt sich hinter den vier Buchstaben?
Sicherlich hast du schon oft von AIDS oder HIV gehört. Doch was verbirgt sich wirklich hinter diesen beiden Abkürzungen?

AIDS, das **A**quired **I**mmune **D**eficiency **S**yndrome (engl.) beschreibt das erworbene Immunschwächesyndrom, während HIV das **H**uman **I**mmunodeficiency **V**irus, das menschliche Immunschwäche-Virus meint.
Es handelt sich also um ein Virus, welches das menschliche Immunsystem entscheidend schwächt.

Auch das HI-Virus braucht Wirtszellen
Um sich vermehren zu können, benötigt das HI-Virus, wie übrigens alle Viren, einen Wirt. Die Wirtszelle, die das HI-Virus nutzt, ist die T-Helferzelle. Diese Zelle, die zu den weißen Blutzellen zählt, gehört zum Abwehrsystem des Menschen. Normalerweise spielen T-Helferzellen bei der Immunreaktion eine wichtige Rolle: Sie aktivieren Plasmazellen dazu, Antikörper zu bilden.

Gut versteckt, ist schon gewonnen
Um sich in der T-Helferzelle vermehren zu können, besitzt das HI-Virus einen raffinierten Mechanismus, der es ihm ermöglicht, seine Erbinformation in die Erbinformation der T-Helferzelle einzubauen. Nun produziert die Helferzelle ausschließlich HI-Viren und kann sich selber durch Zellteilung nicht weiter vermehren. Dadurch kann sich das Virus ungestört im Inneren der T-Helferzelle vermehren. Da es sich innerhalb dieser Zelle befindet, kann es vom menschlichen Abwehrsystem von außen nicht erkannt werden. Reicht der Platz zur weiteren Vermehrung in einer T-Helferzelle nicht mehr aus, verlassen die HI-Viren die Wirtszelle und befallen neue Helferzellen.

HI-Viren vermehren sich nur in T-Helferzellen. Für das menschliche Abwehrsystem sind sie dadurch nicht zu erkennen und können von unserem Immunsystem nicht bekämpft werden.

Die Körperabwehr geht zugrunde
Im Laufe von einigen Jahren werden so viele T-Helferzellen befallen, dass der menschliche Organismus nicht mehr über genügend Abwehrzellen verfügt, um sich gegen Krankheitserreger wehren zu können.

Die betroffenen Patienten sterben dann häufig an Krankheiten, die für den gesunden Körper kein Problem sind. Zu diesen Erkrankungen zählen beispielsweise der

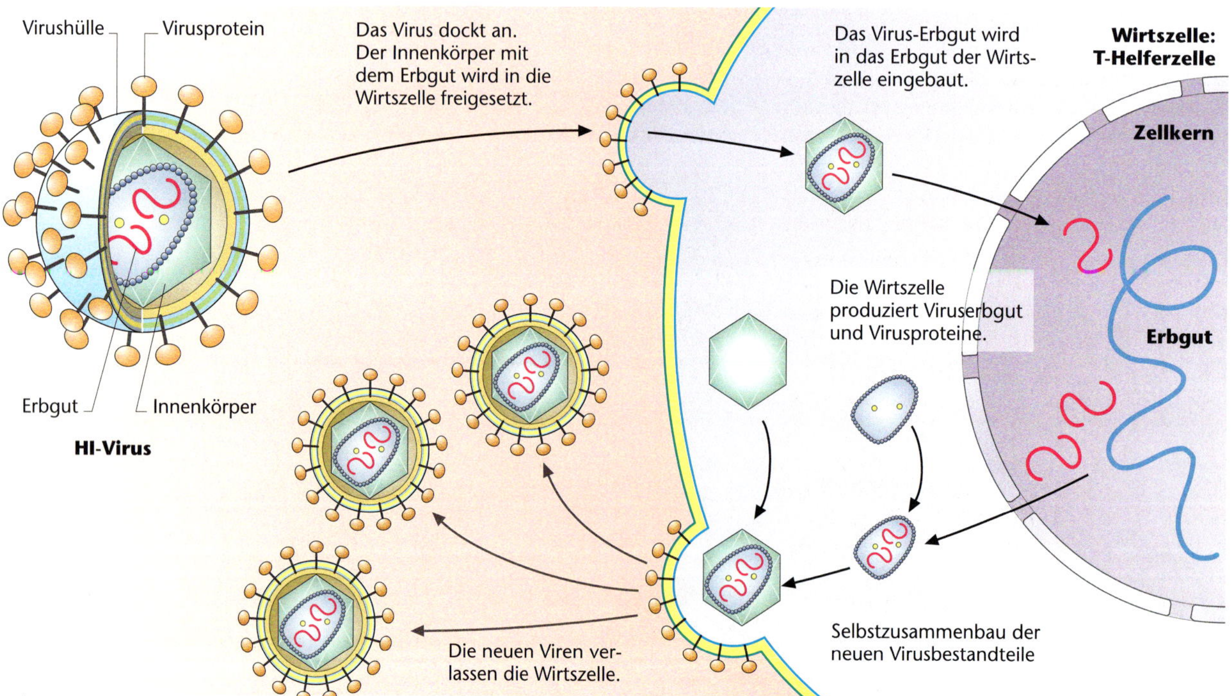

1 Vermehrung des HI-Virus in der T-Helferzelle

grippale Infekt oder ein einfacher Pilzbefall.

HIV oder AIDS – eine Begriffsbestimmung

Immer wieder kommt es vor, dass die beiden Begriffe durcheinander gebracht werden: Die HIV-Infektion läuft in fünf Phasen ab. Erst wenn ein Patient das letzte Stadium erreicht hat, sprechen Mediziner von AIDS. In den ersten vier Stadien spricht man von **HIV-positiv**, das bedeutet, dass das Virus im Blut des Patienten nachgewiesen werden konnte.

Unnötige Angst?

Tom hat einen guten Freund, Jakob, in seiner Clique, dessen Bruder an HIV erkrankt ist. Mediziner sagen, er ist HIV-positiv. Immer wenn Tom bei Jakob zu Besuch ist, hat er Angst sich anzustecken.

Er traut sich nicht mehr bei Jakob zu essen oder sich im Bad die Hände abzutrocknen. Tom befürchtet, dass er sich durch das gemeinsame Essbesteck oder durch gemeinsam benutzte Handtücher anstecken könnte. Früher hat Jacobs Bruder Tom Nachhilfe in Mathe gegeben, auch dieses Angebot nimmt Tom nicht mehr an.

Dabei ist Toms Angst vollkommen falsch. Denn HI-Viren können nicht durch Geschirr, Handtücher, Bettwäsche oder normalen Körperkontakt übertragen werden.

Du kannst also einem HIV-positiven Menschen ruhig die Hand geben oder ihn in den Arm nehmen!

Hier ist Vorsicht geboten!

Doch weißt du, wo du wirklich aufpassen musst? Gefährlich ist vor allem der ungeschützte Geschlechtsverkehr. Deshalb solltest du als junger Mann immer ein Kondom benutzen. Als junge Frau musst du darauf achten, dass dein Partner immer ein Kondom benutzt, wenn ihr zusammen schlafen wollt.

Aber es gibt auch andere gefährliche Situationen: So dürfen Drogenabhängige niemals untereinander die Injektionsnadeln austauschen.
Auch wenn du beispielsweise einmal im Krankenhaus ein Praktikum machst, musst du dir immer Schutzhandschuhe anziehen, wenn du Blut- oder Urinproben transportierst.

2 Gib AIDS keine Chance

In letzter Zeit haben Wissenschaftler festgestellt, dass auch Tränen- und Speichelflüssigkeit eine ganz geringe Anzahl von Viren enthalten können. Aber ob diese geringe Erregermenge ausreicht, um eine Infektion auslösen zu können, ist noch nicht erforscht.

Wenn du die oben genannten Vorsichtsmaßnahmen beachtest, kann dir nichts passieren!

Beim Geschlechtsverkehr kannst du dich durch die Benutzung eines Kondoms vor der Ansteckung durch HI-Viren und andere sexuell übertragbare Krankheiten schützen.

Aufgaben

1 Erkläre, worin sich eine HIV-Infektion von einer Infektion mit Masern-Viren unterscheidet.

2 Nenne Situationen, in denen du dich mit HIV infizieren könntest. Wie kannst du dich schützen?

3 Plant eine Exkursion zur Aidshilfe. Informiert euch im Internet über die nächstgelegene Kontaktstelle.

1 EDWARD JENNER

Impfen – die Idee ist schon alt!

Ende des 18. Jahrhunderts waren die Pocken eine der häufigsten Todesursachen. Damals machte EDWARD JENNER (1749–1823) eine Beobachtung:

Viele Bauern, die vorher an harmlosen Kuhpocken erkrankt waren, bekamen nie die echten Pocken, eine oft tödlich verlaufende Krankheit. Und die wenigen Menschen, die die echten Pocken überlebt hatten, erkrankten daran kein zweites Mal. JENNER hatte eine Idee: Er infizierte einen Jungen mit Kuhpocken. Einige Wochen später übertrug er Erreger der echten Pocken auf den Jungen.

Wie vermutet, erkrankte der Junge nicht an dieser gefährlichen Krankheit. Er war **immun** geworden.

Zwei Möglichkeiten der künstlichen Immunisierung

JENNERS Methode wird heute weltweit mit Erfolg angewandt. Abgeschwächte Erreger, sie sind den echten sehr ähnlich, werden ins Blut gespritzt. Dadurch setzt die normale Immunreaktion ein. Antikörper werden gebildet und Gedächtniszellen ermöglichen später ein schnelles Abwehren des sehr ähnlichen, echten Krankheitserregers. Die Gedächtniszellen bleiben oft bis ans Lebensende im Körper, gegen manche Erreger muss aber in regelmäßigen Abständen erneut geimpft werden.

Der geimpfte Mensch ist immun. Bei dieser Schutzimpfung bildet der Mensch die Antikörper selbst, es ist eine **aktive Immunisierung** (▷ B 2).

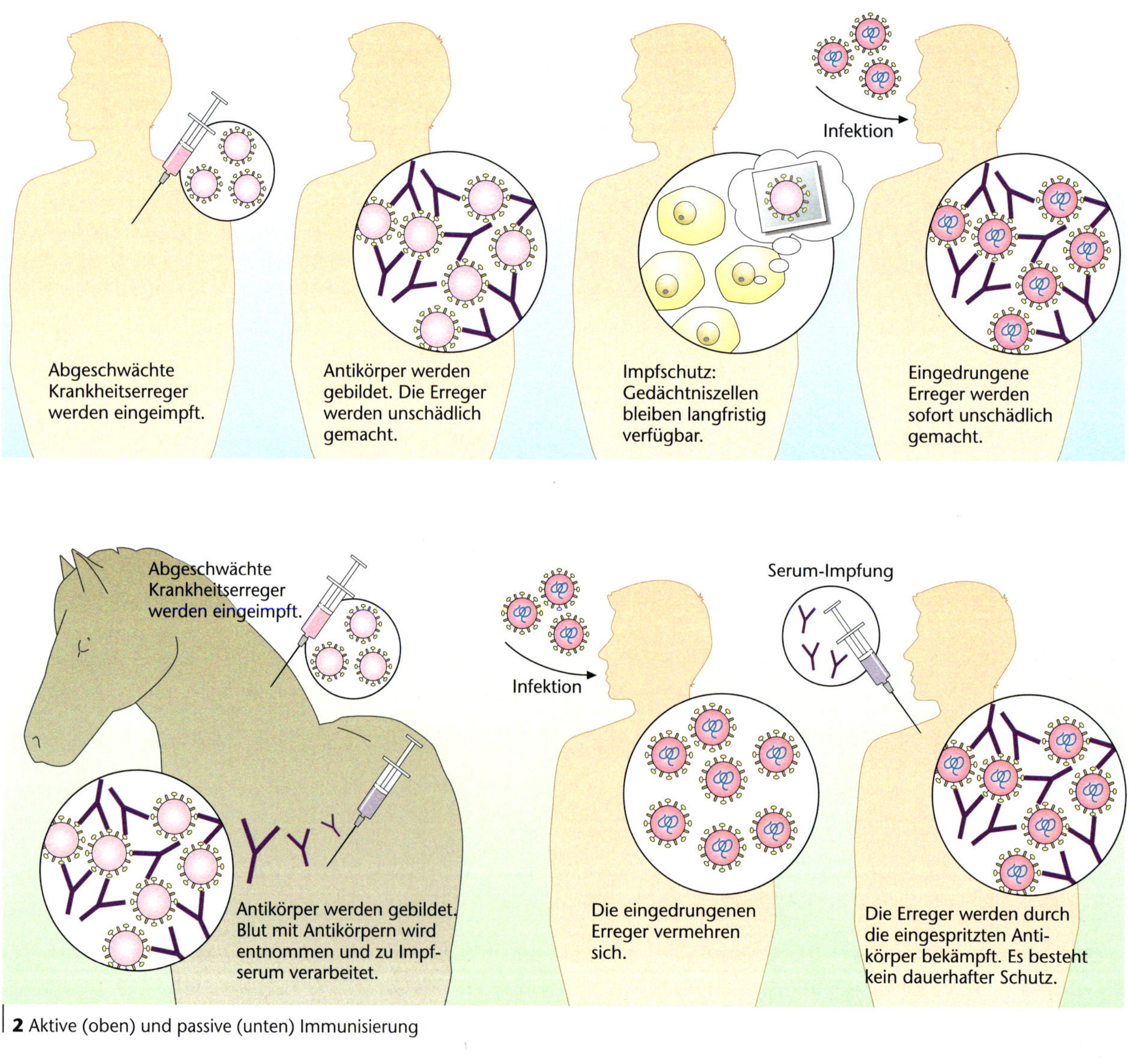

2 Aktive (oben) und passive (unten) Immunisierung

Impfstoff	Lebensmonat				Lebensjahr			
	2	3	4	12	2	4	14	ab 18
Diphtherie, Tetanus, Keuchhusten	●	●	●	●				
Diphtherie, Tetanus						●	●	●
Keuchhusten							●	
Hämophilus influenza B	●	●	●	●				
Kinderlähmung	●	●	●	●			●	
Hepatitis B	●	●	●	●				
Masern, Mumps, Röteln				●	●			
Grippe								●
Pneumokokken								●

3 Impfplan, Ausschnitt

Auch für Menschen, die keine Schutzimpfung erhielten und erkranken, gibt es eine Impfmöglichkeit. Ihnen werden passende Antikörper gespritzt, die den Erreger unschädlich machen und so die Krankheit heilen können. Diese Heilimpfung bietet nur für kurze Zeit Schutz. Das Immunsystem ist nicht aktiv geworden, es hat keine Gedächtniszellen gebildet. Deshalb heißt diese Impfung **passive Immunisierung**.

Die benötigten Antikörper werden von Tieren, z. B. Pferden gebildet, die zuvor aktiv immunisiert wurden. Das Blut dieser Tiere wird entnommen und zu Impfstoffen verarbeitet, die die gewünschten Antikörper enthalten.

Die aktive Immunisierung bietet langfristigen Schutz. Die passive Immunisierung schützt nur sehr kurzfristig.

Es piekt nur ein bisschen

Weltweit sind viele Krankheiten, wie z. B. Kinderlähmung und Pocken durch Schutzimpfungen stark zurückgegangen.
Auch Diphtherie, bei der es zu Herzkomplikationen kommen kann, und Tetanus treten kaum noch auf.
Da die Gefahr einer Erkrankung inzwischen gering ist, macht sich eine „Impfmüdigkeit" breit. Viele Eltern lassen ihre Kinder nicht mehr impfen. Es entsteht eine so genannte **Impflücke**, die die Ausbreitung von Erregern begünstigt.
So können wieder Fälle von Kinderlähmung auftreten.

Um den sicheren Impfschutz zu erleichtern, gibt es mittlerweile Kombinationsimpfstoffe. Mit nur einmaligem Spritzen erreicht man die Immunität gegen sechs Krankheiten.

Aus einem Impfplan (▷ B 3) oder beim Hausarzt kannst du erfahren, wann welche Impfung sinnvoll ist. Ist die Immunisierung erfolgt, wird sie in deinen Impfpass (▷ B 4) eingetragen.

In wenigen Fällen hat eine Impfung mit abgeschwächten Erregern Erkrankungen verursacht. Nach Impfungen gegen Kinderlähmung gab es solche **Impfschäden**. Da diese Fälle aber sehr selten auftreten und die Gefahr, ohne Impfung an Kinderlähmung zu erkranken, viel größer ist, sollte sich jeder Mensch impfen lassen. Alle Menschen sollten unbedingt auch gegen **Tetanus** geimpft sein. Eine Infektion kann schon erfolgen, wenn in kleine alltägliche Verletzungen, wie etwa Kratzer, Erde oder Schmutz gelangt. Es wäre unverantwortlich, nicht gegen diese tödliche Krankheit geimpft zu sein.
Welche Impfungen genau für den Einzelnen ratsam sind, sollte mit dem Hausarzt oder der Hausärztin besprochen werden.

Impfungen sind ein sinnvoller Schutz vor Infektionskrankheiten.

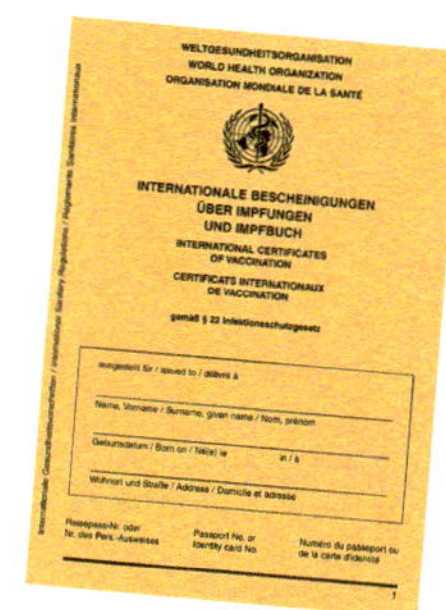

4 Impfpass

Eine gute Reisevorbereitung

Wer Urlaub in tropischen Ländern machen möchte, sollte sich lange vorher über mögliche Krankheitsrisiken informieren. Gegen einige Tropenkrankheiten ist eine Schutzimpfung angebracht, manchmal sogar vorgeschrieben. Da eine Immunisierung mehrere Impfungen umfassen kann, ist ein „Last-Minute"-Impfschutz nicht immer möglich.

Aufgaben

1 Erläutere mithilfe von Abbildung 2 die beiden Formen der Immunisierung.

2 a) Informiere dich über die Krankheit Diphtherie.
b) Schreibe dazu einen Steckbrief.

3 a) Vergleiche deinen Impfpass mit den Vorgaben des Impfplans in Bild 3.
b) Bist du ausreichend geschützt?

4 Jenner infizierte ein Kind, um seine Vermutung zu überprüfen.
Diskutiert in der Gruppe, ob dieses Vorgehen verantwortungsvoll war.

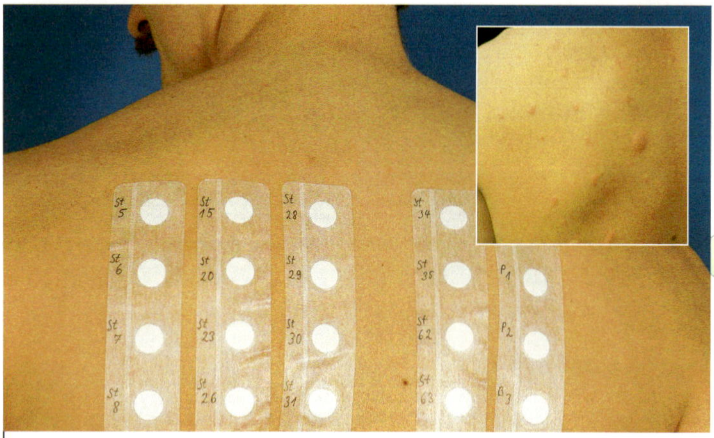

1 Allergietest, Testergebnis rechts

2 Gebrauch eines Inhalators bei allergischem Asthma

Hatschi!

Paul musste schon wieder niesen, das fünfte Mal hintereinander. Außerdem ist er müde, die Nase läuft und sein Kopf tut weh. Und die Augen erst! Sie sind gerötet, jucken und tränen. Paul vermutet eine Erkältung, aber irgendwie ist es anders. Und gerade heute passiert das – am ersten schönen Tag im Frühling.

Ein paar Tage später erfährt Paul beim Arzt, dass er unter **Heuschnupfen** leidet. Bei einem Test wurde die Haut eingeritzt und dabei mehrere Testflüssigkeiten in die Haut eingebracht (▷ B 1). Anhand von Rötungen und kleinen Schwellungen stellte der Arzt fest, dass Paul besonders auf Hasel- und Birkenpollen reagiert.

Da immer mehr Leute von Heuschnupfen betroffen sind, gibt es in den Medien täglich Pollenflugvorhersagen. Aus Pollenflugkalendern (▷ B 4) kann man ablesen, wie lange die Belastung durch bestimmte Pollen etwa andauern wird.

Das Immunsystem rastet aus

In Pauls Körper werden harmlose Pollen wie Krankheitserreger behandelt und bekämpft. Eine solche Überreaktion des Immunsystems auf Stoffe aus der Umwelt heißt **Allergie**. Allergieauslöser werden als **Allergene** bezeichnet. Diese Stoffe gelangen über die Atemluft, die Nahrung oder durch den direkten Kontakt in den Körper. Theoretisch könnten alle körperfremden Stoffe Allergien hervorrufen.
Manche Leute haben noch größere Schwierigkeiten als Paul. Sie leiden zusätzlich an Atemnot, weil sich Luftröhre und Bronchien verengen. Diese gefährliche Reaktion wird **allergisches Asthma** genannt. Linderung kann ein Medikament bringen, das inhaliert, also eingeatmet wird (▷ B 2).

Beim ersten Kontakt mit dem Pollenallergen bilden die Plasmazellen Antikörper. Ein Teil dieser Antikörper bindet an die Allergene (Pollen), ein Teil heftet sich jedoch auch an so genannte Mastzellen. Diese enthalten Stoffe, die eine Entzündung auslösen. Es hat eine **Sensibilisierung** stattgefunden. Beim zweiten Einatmen der Pollen werden diese über die Antikörper an die Mastzellen gebunden. Die Mastzellen setzen nun ihre entzündungsauslösenden Stoffe frei, wodurch es zur Schleimhautschwellung und den weiteren Heuschnupfensymptomen kommt (▷ B 3). Diese Bekämpfung des eigentlich harmlosen Allergens bezeichnet man als **allergische Reaktion**.

Allergien sind Überreaktionen des Immunsystems auf harmlose Stoffe aus der Umwelt.

Es gibt viele Allergene

Die Reaktionen auf Allergene können vielfältig sein.
Bei **Lebensmittelallergien** treten Durchfall und Erbrechen, Hautausschlag (▷ B 3), Gesichtsschwellung und Atemnot auf. Auslöser können z. B. Milch und Milchprodukte, Zitrusfrüchte, Erdbeeren, Hülsenfrüchte, Tomaten oder Nüsse sein.
Zu **Insektengiftallergien** kommt es nach Bienen- oder Wespenstichen. Sie führen zu Schwellungen, Hautausschlägen, Übelkeit, Erbrechen und Schüttelfrost. Atem-

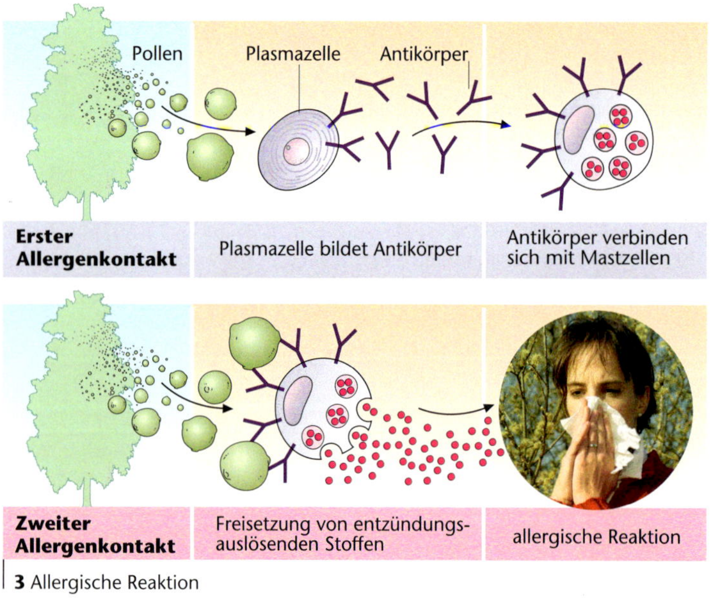

3 Allergische Reaktion

not und Kreislaufkollaps können lebensbedrohlich werden.
Auch Luftschadstoffe und Arzneimittel, z. B. Penicillin, können als Allergene verschiedene Symptome hervorrufen.

Katzen, Milben und Co
An den Haaren von Haustieren trocknen Rückstände von Speichel, Urin und Kot an. Diese Rückstände können Auslöser der **Tierhaarallergie** sein. Reaktionen sind neben tränenden Augen, Niesreiz und laufender Nase auch verengte Bronchien, wodurch die Atmung erschwert ist.

Auch Kot von mikroskopisch kleinen Milben, die im Hausstaub leben, ist ein Allergen. Die Milben kommen hauptsächlich in Decken, Kissen, Teppichen und Polstermöbeln vor. Das Allergen wird eingeatmet. Diese **Hausstauballergie** äußert sich in allergischem Schnupfen und Asthma.

Eine allergische Entzündung der Haut, die **Kontaktdermatitis**, tritt nur an den Körperstellen auf, die direkten Kontakt mit dem Allergen haben. Die Haut rötet sich und juckt. Kosmetika, Reinigungsmittel und Metalle (z. B. Nickel) können diese Reaktion bewirken.

Viele Stoffe aus unserer Umwelt wirken Allergie auslösend.

Umgang mit Allergien
Damit die allergische Reaktion verhindert wird, kann das Allergen gemieden werden. Hausstauballergiker müssen dafür sorgen, dass Milben schlechte Lebensbedingungen vorfinden. Sie säubern die Räume häufiger, verzichten auf Teppiche und benutzen Decken und Kissen, die so heiß gewaschen werden können, dass Milben dabei absterben. Für Kissen, Bettdecken und Matratzen gibt es spezielle Überzüge, die so kleine Poren haben, dass der Milbenkot nicht hindurchpasst.

Doch nicht jedes Allergen kann gemieden werden. Manchmal schwächen Medikamente die allergische Reaktion ab. Bei Insektengiftallergien kann die starke Sensibilität manchmal durch eine schrittweise Gewöhnung an das Allergen, eine **Desensibilisierung**, teilweise rückgängig gemacht werden. Auch die eiweißarme Ernährung oder das Einstechen von Nadeln an vorgegebenen Körperstellen, die **Akupunktur**, können einige Allergiesymptome lindern.

Tierhaare

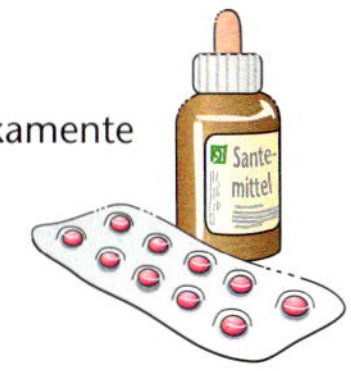

Medikamente

Bienen- und Wespengift

Nicht allein die Allergene verursachen die allergische Reaktion. Oft kommen mit starken Belastungen, schlechten Ernährungsgewohnheiten und schwierigen Lebenssituationen weitere Faktoren dazu. Daher solltest du auf gute Ernährung, ausreichende Entspannung und ein zufriedenes, ausgeglichenes Leben viel Wert legen.

Mit Allergien kann man oft leichter umgehen, indem man Allergene meidet, spezielle Medikamente nutzt und gesund lebt.

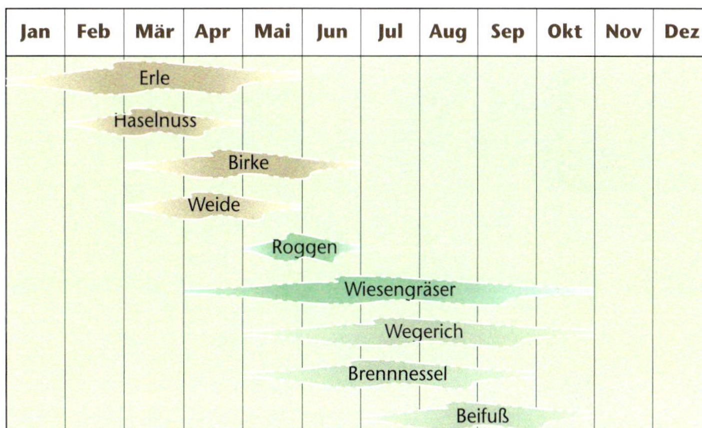

4 Pollenflugkalender

Aufgaben

1 a) Beschreibe die Symptome der Pollenallergie.
b) Bei welchen anderen Allergien können ähnliche Symptome auftreten?

2 a) Führe bei deinen Freunden und Bekannten eine Umfrage durch:
– Welche Allergien treten bei ihnen auf?
– In welchem Alter trat die allergische Reaktion zum ersten Mal auf?
– Wie gehen sie mit der Allergie um?
b) Fasse die Antworten in einer Tabelle zusammen.

3 Nina trägt schon lange am liebsten Jeans. Seit einer Woche hat sie dort, wo der Metallknopf sitzt, eine Kontaktdermatitis. Allergien treten also plötzlich auf. Wie kannst du das erklären?

Blütenpollen
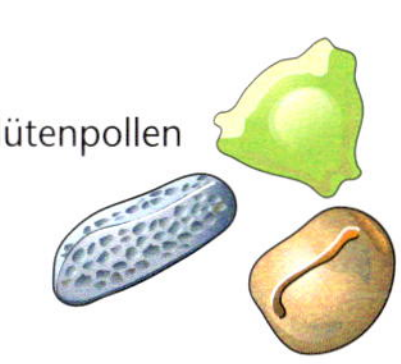

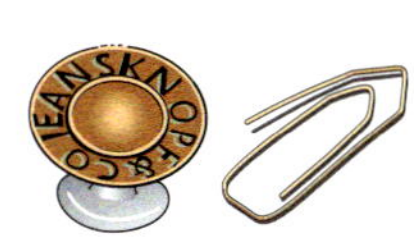

Metalle

Vollkommen gestresst?

So ein Stress!
Auf dem Heimweg hupt neben Katharina plötzlich ein Bus – mit einem blitzschnellen Sprung erreicht sie den Gehweg.

1 Stress kann viele Ursachen haben.

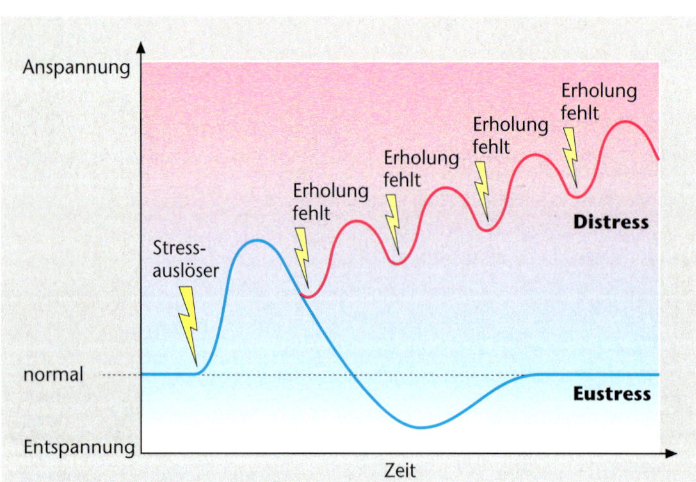

2 Eustress und Disstress im Vergleich

Der Schreck sitzt ihr noch im Körper, das Herz schlägt laut und schnell, sie atmet tief, schwitzt und ist hellwach.
In Katharinas Körper wurde viel Energie bereit gestellt. Dabei sind Stoffe freigesetzt worden, die die schnelle Versorgung der Muskeln mit Nährstoffen und Sauerstoff ermöglichen. Diese körperliche Reaktion steigert die Leistungsfähigkeit und wird als **Stress** bezeichnet. Der Körper stellt sich so auf gefährliche Situationen ein.
Die Ursachen für Stress können sehr vielfältig sein (▷B 1).

Stress kann unterschiedliche Ursachen haben, er steigert die Leistungsfähigkeit.

Zwei Arten von Stress
Lampenfieber vor einem Auftritt, Verliebtsein, Aufregung vor der Arbeit oder dem Sportwettkampf: Diesen angeregten Zustand kennst du sicher auch, er lässt dich tolle Leistungen vollbringen. Es ist positiver Stress, er heißt **Eustress**. Wichtig ist dabei, dass du dich nach dem Auftritt oder der Arbeit, also nach einer Leistungsphase, wieder erholst.

Fehlt die Erholung und folgt ein Belastungszustand dem anderen, stehst du unter Dauerstress (▷B 2). Die immer neu bereit gestellte Energie wird nicht mehr abgebaut. Dieser negative Stress wird **Disstress** genannt. Er kann Schlafstörungen und auch Süchte auslösen. Erschöpfung und Krankheit sind die Folge.
Wann Eustress zu Disstress wird, erlebt jeder Mensch anders.

Der Eustress kann sich in Disstress verwandeln, wenn die notwendigen Erholungspausen fehlen.

Aufgaben

1 In Stresssituationen sind Herzschlag und Atmung intensiver. Begründe.

2 Überdenke deinen gestrigen Tag.
a) Wodurch wurde Stress ausgelöst?
b) Was empfandest du als Eustress und was als Disstress?
Vergleiche mit deinen Klassenkameraden.

3 Du kannst selbst verhindern, dass aus Eustress Disstress wird.
Beschreibe drei Beispiele.

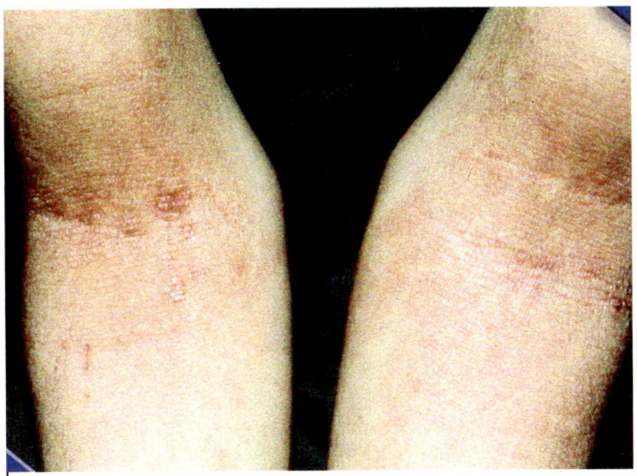

1 Neurodermitis

Meine Haut ist sehr trocken. Vor ein paar Jahren bildeten sich in den Ellenbeugen rote, schuppende und manchmal nässende Stellen. Diese Ekzeme jucken unerträglich. Besonders, wenn ich wegen Streitereien meiner Eltern oder in der Schule unter Stress stehe, bekomme ich nachts Kratzanfälle und kann nicht schlafen. Ich lasse mir dann eiskaltes Wasser über die blutig gekratzte Haut laufen.

Meine Ärztin sagt, ich habe Neurodermitis. Sie hat mir eine Salbe verschrieben, damit die Ekzeme nicht so stark jucken und auch schneller abheilen. Aber immer, wenn ich vor irgendetwas Angst habe und unter Druck stehe, treten diese scheußlichen Ekzeme wieder auf. Erst vor kurzem habe ich im Nacken eine neue Stelle bemerkt.

2 Fallbeispiel Maike

Die „Kummerkrankheiten"
Es gibt einen Zusammenhang zwischen Gefühlen, seelischen Belastungen, Stress und dem Abwehrsystem deines Körpers gegen Krankheiten.

Wenn du an dich gestellte Anforderungen gut bewältigst, glücklich und zufrieden bist und deine Probleme löst, fördert das deine Gesundheit.

Fühlst du dich aber oft hilflos, siehst keinen Ausweg oder bist überfordert, dann kann das deiner Gesundheit schaden. Dir kann „etwas auf den Magen geschlagen" sein.
Seelische Probleme können also dein Immunsystem schwächen und bewirken, dass der Körper krank wird.
Man spricht von **psychosomatischen Erkrankungen**. Dazu gehören beispielsweise Magen-, Darm-, Herz-Kreislauf- und Hauterkrankungen.

Psychosomatische Erkrankungen können durch seelische Probleme ausgelöst werden.

Aufgaben

1 Psychosomatische Erkrankungen sind schwer zu heilen.
Begründe.

2 a) Informiert euch in Gruppen über die Schuppenflechte und das Bronchialasthma. Ihr könnt Experten dazu befragen oder das Internet und Bücher nutzen.
b) Erstellt dazu ein Plakat.

3 Lies das Fallbeispiel von Maike (▷ B 2).
a) Welche Ursachen hat ihre Erkrankung?
b) Die Therapie ist noch nicht vollständig. Was müsste ergänzt werden?

Die Diagnose ist schwierig
Es sind viele Faktoren, die zur Entstehung einer Erkrankung beigetragen haben können.
Um psychosomatische Erkrankungen zu erkennen, müssen Ärzte deshalb nicht nur über die körperlichen Symptome Bescheid wissen, sondern benötigen auch viele Informationen über die Lebensgeschichte und den Alltag der Patienten.

Der lange Weg der Heilung
Um eine psychosomatische Erkrankung zu heilen, müssen die Ursachen bekannt sein. Da seelische Probleme die Krankheit auslösen, ist meist eine psychologische Betreuung notwendig. Hier können Patienten lernen, wie sie mit Menschen und Situationen besser umgehen können. Dazu brauchen sie viel Geduld. Wichtig ist vor allem, dass man lernt, über den eigenen Kummer zu sprechen. Dabei ist es sehr hilfreich, wenn man es schafft, vor anderen auch Schwächen einzugestehen.

Begleitet wird diese Therapie oft durch Medikamente, die die Krankheitssymptome lindern.

Die oft vielfältigen Ursachen erfordern neben Medikamenten meist auch eine psychologische Therapie.

Strategie

Stress lass nach!

Das Wort Stress kommt aus dem Englischen und bedeutet „Druck“. Unter Druck fühlen wir uns in Situationen, in denen wir unter Anspannung stehen. Unser Körper befindet sich dann in einem Zustand erhöhter Alarmbereitschaft, das ist auf Dauer nicht gesund. Da niemand zugleich gestresst und entspannt sein kann, ist Entspannung der beste Weg zur Stressbewältigung. Entspannung kann über den Körper, also deine Muskulatur sowie deine Atmung, oder über deine Gedanken eingeleitet werden. Wenn sich dein Körper entspannt, kann sich auch deine Psyche entspannen. Wenn deine Gedanken zur Ruhe kommen, folgt auch eine körperliche Entspannung.

Es gibt hilfreiche Strategien, um Stress zu vermeiden:

A. Zeit einteilen

Schiebe die Hausaufgaben und das Lernen nicht vor dir her. Du vermeidest Stress-Situationen, indem du deine Zeit besser einteilst. Man nennt das Zeitmanagement, wenn man z. B. früh genug beginnt, auf eine Klassenarbeit zu lernen, und nicht erst zwei Tage vor der Arbeit. Vielleicht führst du einen Terminkalender.

8.00 – 13.00 Schule
13.30 Mittagessen
14.00 Ausruhen
14.30 Hausaufgaben
16.00 Pause
16.30 Tischtennis
18.00 Abendessen ...

B. Rechtzeitig Pausen einlegen

„Gewaltaktionen“ nützen beim Lernen überhaupt nichts. Ein kurzer Spaziergang an der frischen Luft, ein bisschen Ausruhen auf dem Bett und Musikhören sind einfache Methoden, Stress abzubauen.

C. Sorge für ausreichend Bewegung und Sport

Stress setzt nicht nur deine Psyche unter „Strom“, sondern auch deinen Körper. Ausdauersport entschärft den Stress, er hält dein „Standgas“ niedrig und macht einen „breiten Rücken“.

D. Stresspuffer

Verschaffe dir positive Erlebnisse, denn sie sind der beste „Stresspuffer“. Unternimm gemeinsam etwas mit deinen Freunden oder deiner Familie.

Setze dich entspannt hin und reibe deine Handinnenflächen aneinander, bis sie ganz warm sind. Lege dann die beiden Hände auf deine geschlossenen Augen. Genieße die Wärme, die von deinen Händen auf deine Augen übergeht.

Versuche, einige Minuten ganz bewusst mit geschlossenen Augen ruhig ein- und auszuatmen und dabei an ein angenehmes Erlebnis zu denken. Beim Öffnen der Augen wirst du eine deutliche Entspannung fühlen.

E. Probleme richtig bewerten

Stelle dir ab und zu folgende Fragen: Ist alles wirklich so schlimm, wie ich es empfinde? Mache ich gerade aus einer Mücke einen Elefanten? Hat meine Situation nicht auch etwas Positives? Sprich mit jemandem über dein „Stressproblem“, danach sieht sicher vieles wieder anders aus!

Zellen werden verändert

Der Körper eines einzigen Menschen besteht aus Billionen von Zellen. In fast jeder Zelle ist im Zellkern Erbmaterial vorhanden, welches die Entwicklung dieser Zelle steuert. Auch neu entstehende Zellen erhalten dieses Erbmaterial. Umwelteinflüsse können das Erbmaterial und damit auch die Zellen verändern. Die auftretenden Veränderungen können repariert werden. Doch wenn zu viele Reparaturen am Erbmaterial nötig sind, bleiben einige Veränderungen bestehen. So kann **Krebs** entstehen.

Krebs – was ist das?

Die veränderten, geschädigten Zellen teilen sich unnatürlich häufig und sehen anders aus als die normalen Nachbarzellen. Sie bilden bösartige Tumore, das sind Geschwülste, die als Krebs bezeichnet werden.
Bei gutartigen Tumoren verbleiben die abnormen Zellen am Entstehungsort, bei bösartigen **Tumoren** dringen sie in das benachbarte Gewebe ein und zerstören es. Außerdem können sich Teile des Tumors lösen und in anderen Organen Tochtergeschwülste, so genannte **Metastasen**, bilden. Gutartige Tumore können sich zu bösartigen entwickeln.

Zigarettenrauch, Stoffe, die von einigen Schimmelpilzarten gebildet werden, ultraviolette Strahlung der Sonne und giftige Lösemittel in vielen Filzstiften, Klebern und Lacken können das Erbmaterial in den Zellkernen schädigen. Diese Stoffe können **Krebs erregend** sein.
Um das Risiko einer Krebserkrankung so gering wie möglich zu halten, solltest du Krebs erregende Stoffe meiden.

Verschiedene äußere Einflüsse können Zellen so verändern, dass sie Krebsgeschwülste bilden.

Die Sonne strahlt

Endlich Sonne! Das verbessert sofort deine Laune. Aber die Sonne sendet auch **UV-Strahlung** aus. Bist du zu lange ohne Schutz in der Sonne, bewirkt die UV-Strahlung einen **Sonnenbrand**. Deine Haut ist so gereizt, dass sie sich rötet. Die Hautzellen werden durch die UV-Strahlung geschädigt und nicht in allen kann das Erbmaterial wieder repariert werden. Diese Zellschäden können später zu **Hautkrebs** führen.
Schutz vor der Sonne und damit ein geringeres Hautkrebsrisiko bieten luftige lange Kleidung und Lotionen oder Cremes mit hohem Lichtschutzfaktor. Außerdem solltest du dich nicht zu lange der Sonne aussetzen.

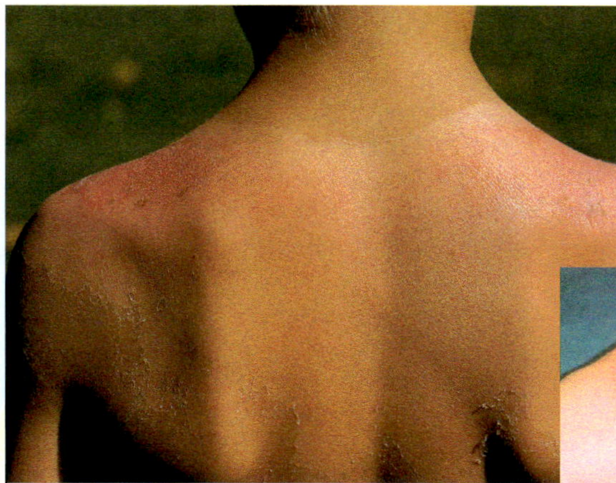
1 Sonnenbrand

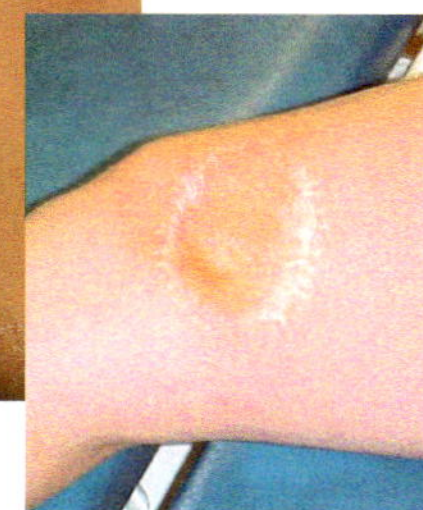
2 Hautkrebs muss großflächig entfernt werden.

Die UV-Strahlung der Sonne kann Hautkrebs verursachen.

Diagnose Krebs: Was dann?

Werden Krebserkrankungen bereits in frühen Stadien erkannt, sind die Heilungsaussichten meist gut. Daher gibt es für einige Krebsarten **Vorsorgeuntersuchungen**.
Wird eine Krebsgeschwulst entdeckt, entfernt man sie meist operativ. Es ist auch möglich, die Tumorzellen mit Medikamenten oder besonderen Bestrahlungen abzutöten. Trotz alledem ist Krebs in Deutschland die zweithäufigste Todesursache.

Aufgaben

1 „Die Haut ist wie ein Elefant, sie vergisst nie." Erkläre diese Aussage.

2 Informiere dich beim Arzt oder der Ärztin über Krebsvorsorgeuntersuchungen. Warum sind sie so wichtig?

3 Erkundige dich bei Ärzten oder im Internet und erarbeite ein Referat zu folgenden Fragestellungen: Wie kannst du deine Haut am besten schützen? Wie kann Hautkrebs von harmlosen Leberflecken unterschieden werden?

4 Stellt in Partnerarbeit Regeln für das Verhalten in der Sonne auf.

5 a) Was bedeutet der Lichtschutzfaktor 18 (LSF 18) auf einer Sonnencreme?
b) Wirst du mit einem LSF 18 weniger braun als mit einem LSF 8?

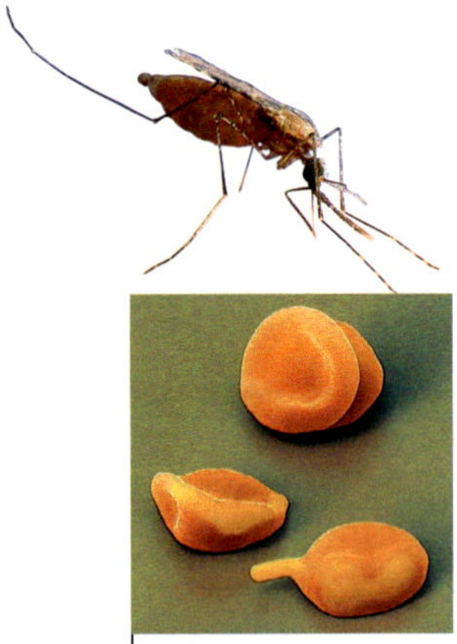

1 Anopheles (oben), Malariaerreger in roter Blutzelle (unten)

Ungewollte Mitbringsel

Verreist man in entferntere Gebiete der Erde, kann es passieren, dass man auch gefährliche Krankheitserreger mit nach Hause bringt.
Jedes Jahr wird bei mehreren hundert zurückgekehrten deutschen Urlaubern **Malaria** festgestellt. Weltweit erkranken jedes Jahr etwa 300–500 Millionen Menschen, 1,5–2,7 Millionen sterben an dieser Krankheit.

Ein Mückenstich genügt

Der Malariaerreger **Plasmodium** ist ein Einzeller und gelangt durch den Stich einer **Anophelesmücke** (▷ B 1) ins menschliche Blut.

Plasmodien vermehren sich in der Leber und danach in den roten Blutzellen (▷ B 1 und B 2) durch Zellteilung, also ungeschlechtlich. Dadurch platzen die roten Blutzellen auf.
Dabei werden Abfallprodukte freigesetzt, die zu starkem Fieber, Schüttelfrost und Schweißausbrüchen führen.
Diese Fieberanfälle treten bei der häufigsten Malariaform alle zwei Tage auf.

Wird ein Malaria-Infizierter wieder von einer Anophelesmücke gestochen, gelangen Plasmodien mit dem Blut in die Mücke. Dort vermehren sich die Plasmodien geschlechtlich. Beim nächsten Blutsaugen können die neu gebildeten Plasmodien wieder einen Menschen infizieren.

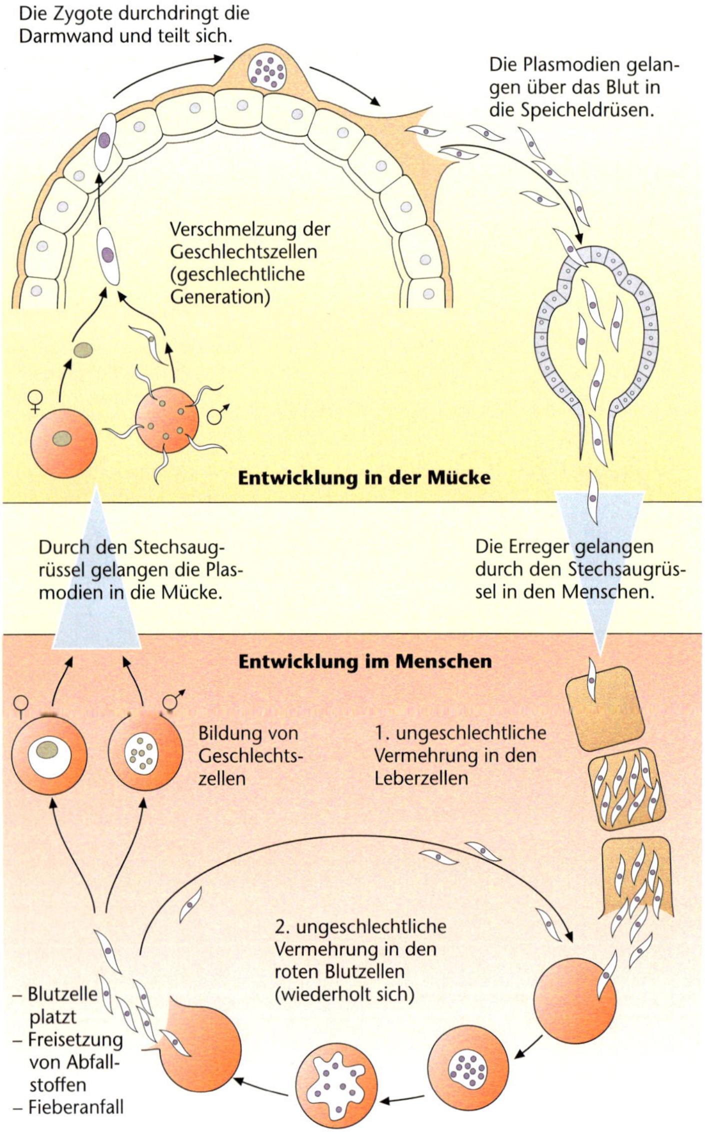

2 Entwicklungszyklus der Malaria

Malaria vermeiden

Da Anophelesmücken meist nachts oder in der Dämmerung stechen, sollte man dann lange Kleidung tragen und unter einem Moskitonetz schlafen. Die Haut kann auch zusätzlich mit einem Insektenabwehrmittel eingerieben werden.
Schon vor Reisebeginn kann man vorbeugend Medikamente gegen den Malariaerreger einnehmen, die das Erkrankungsrisiko verringern.

▶ Malaria ist eine weit verbreitete Infektionskrankheit, deren Erreger beim Stich der Anophelesmücke übertragen wird.

Aufgaben

1 a) Informiere dich über die Lebensansprüche der Anophelesmücke.
b) Auch in Deutschland kam es früher zu Malariainfektionen. Welche Bedingungen mussten damals vorhanden gewesen sein? Begründe.

2 a) Beschreibe den Verlauf von Malaria mithilfe von Abbildung 2.
b) Malaria wird auch Wechselfieber genannt. Erläutere.

3 a) Informiere dich im Internet, für welche Fernreiseziele eine Malariavorbeugung empfohlen wird.
b) Zeichne oder kopiere eine Weltkarte und trage diese Gebiete in deine Karte ein.
c) Finde heraus, welche Gemeinsamkeiten die eingezeichneten Gebiete haben.

Andere Länder – andere Krankheiten

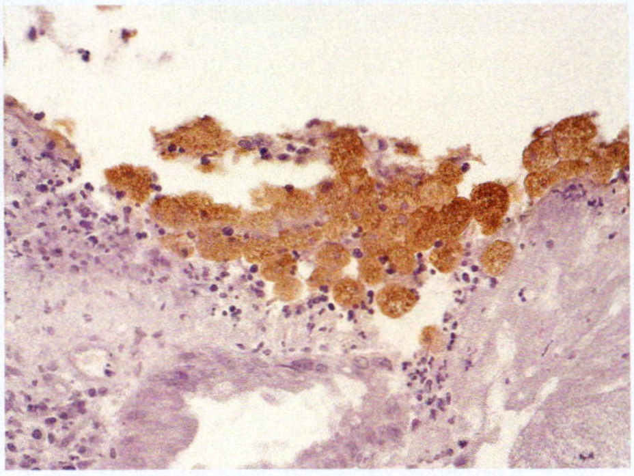

Die **Amöbenruhr** ist weltweit verbreitet, tritt aber hauptsächlich in den warmen Gebieten der Erde auf. Von den ca. 500 Millionen Infizierten erkranken mehr als 10 % nach einer Inkubationszeit von einem Tag bis vier Wochen.

Der Erreger ist ein Einzeller. Er gelangt mit verunreinigtem Wasser oder ungewaschenem Obst in den Darm des Menschen und schädigt Darmwand und Leber. Starke Bauchkrämpfe und blutiger Durchfall sind erste Symptome. Die meisten Infizierten erkranken nicht und zeigen keine Symptome. Trotzdem scheiden sie den Erreger in großen Mengen aus. Nur Hygiene kann vor Amöbenruhr schützen.

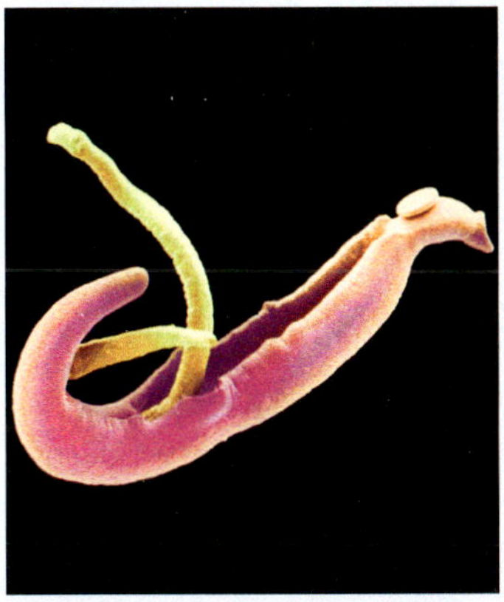

Etwa 200 Millionen Menschen sind weltweit an **Bilharziose** erkrankt. In Wasserschnecken der warmen Tropen- und Subtropengewässer lebt der Erreger, der Pärchenegel. Sein Name rührt daher, dass die Weibchen von den Männchen getragen werden.

Beim Arbeiten auf dem Reisfeld oder beim Baden im Fluss gelangen die Larven dieses Egels in die Haut des Menschen.

In den nächsten zwei Tagen entzündet sich die Eintrittsstelle. Die Egellarven treten in die Blutgefäße von Darm oder Blase über und entwickeln sich dort zu geschlechtsreifen Saugwürmern. Spätere Symptome wie Fieber, Gliederschmerzen und juckende Quaddeln treten 3–12 Wochen nach dem Befall auf.
Mit Kot oder Urin scheidet der Mensch Pärchenegeleier aus, die die Wasserschnecken aufnehmen. In ihnen entwickeln sich wiederum Egellarven.

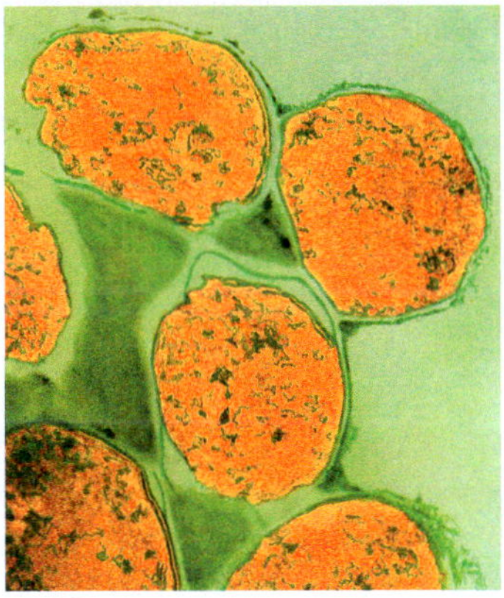

Nach der Infektion mit dem Erregerbakterium dauert es meist 2–5 Jahre oder noch länger, bis **Lepra** ausbricht. Übertragen wird das Bakterium mit dem Nasensekret oder der Muttermilch erkrankter Frauen. Weltweit sind 12 Millionen Menschen erkrankt, jedes Jahr gibt es ca. 700 000 neue Fälle.

Erfolgt die Infektion bei gutem Zustand des Abwehrsystems, sind Hautveränderungen, Lähmungen, Schmerzunempfindlichkeit und Muskelschwund die Folge. Lepra kann dann mit Medikamenten geheilt werden. Bei Abwehrschwäche, die durch schlechte Lebensbedingungen und unzureichende Ernährung hervorgerufen wird, kommt es zu schweren Verstümmelungen.
Lepra muss dann unbedingt im frühen Stadium behandelt werden.
Eine Isolierung der Erkrankten ist nicht nötig. Früher wurden die Erkrankten, die „Aussätzigen", aus Furcht vor Ansteckung aus den Dörfern und Städten verbannt.

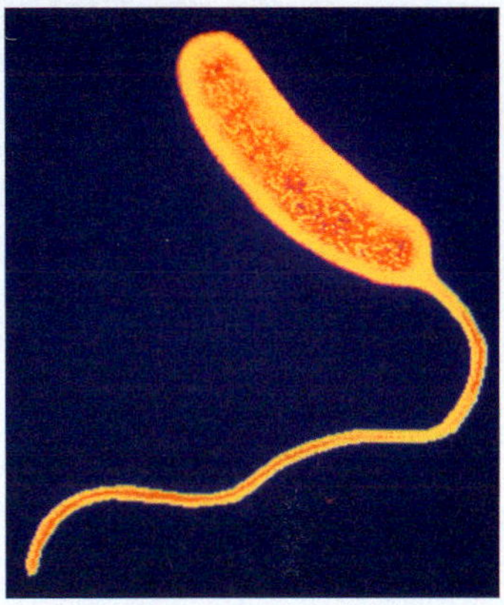

Vorwiegend in Asien, aber auch in Afrika und Lateinamerika sterben jedes Jahr etwa 2,5 Millionen Menschen an **Cholera.** Wenige Stunden bis fünf Tage nach der Infektion mit dem Erregerbakterium treten massive wässrige Durchfälle und Erbrechen auf. Unbehandelt führt Cholera bei bis zu 70 % der Erkrankten zum Tod.

Das Cholera-Bakterium wurde 1883 von ROBERT KOCH identifiziert. Es gelangt vor allem mit Trinkwasser oder rohem Fisch in den menschlichen Dünndarm und gibt dort ein Gift frei. Dies führt zu starkem Durchfall, der wiederum einen extremen Verlust an Flüssigkeit und Mineralstoffen mit sich bringt. Cholera-Patienten können innerhalb eines Tages 20 l Wasser verlieren! Der hohe Flüssigkeitsverlust kann zu Krämpfen, Kollaps, Herzrhythmusstörungen und zum Koma führen.
Bei Verdacht einer Cholera-Infektion werden Betroffene sofort isoliert. Eine Schutzimpfung gegen Cholera ist möglich.

Zecke leer

Zecke vollgesogen

1 Stechsaugrüssel einer Zecke, 530fach vergrößert

2 Verbreitung der Hirnhautentzündung

Dem einen nutzt, was anderen schadet
Es gibt Lebewesen, die andere Tiere oder Pflanzen benutzen, ihnen dabei schaden, sie aber nicht unmittelbar töten. Solche Lebewesen heißen **Parasiten**. Zu ihnen gehören neben Einzellern und Egeln auch Zecken und Bandwürmer.

Blutsauger
Im Wald und auf Wiesen leben kleine Spinnentiere, die sich von Säugetierblut ernähren, die Zecken. Meist sitzen sie an Gräsern, lassen sich abstreifen und suchen an Säugetieren, also auch am Menschen, eine gut durchblutete, warme und dünnhäutige Stelle. Hier bohren sie sich mithilfe ihres Stechsaugrüssels (▷ B 1) in die Haut und saugen Blut. Ihr Gewicht kann dabei auf das 100 bis 200fache ansteigen. Viele Monate können sie sich vom aufgenommenen Blut ernähren.

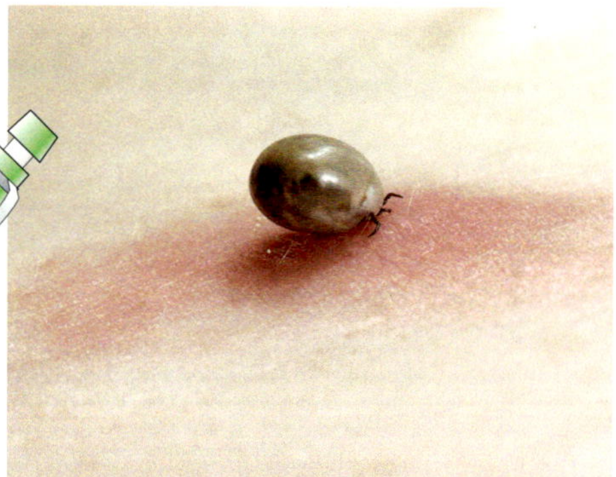

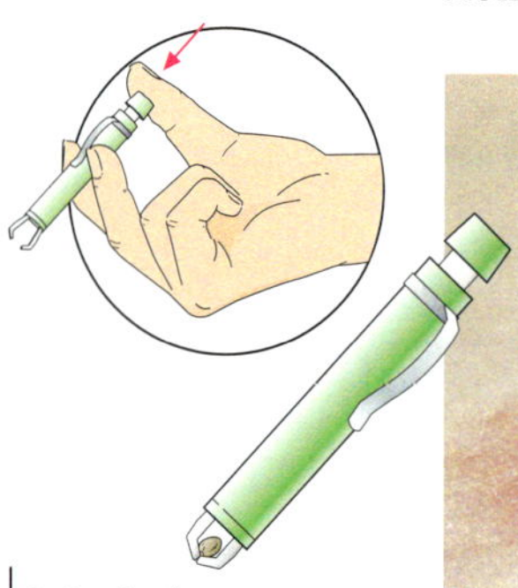

3 Zur Entfernung von Zecken gibt es spezielle Zeckenzangen.

Damit das Blut beim Saugen nicht gerinnt, gibt die Zecke Speichel in die Wunde ab. So können Bakterien und Viren aus dem Speichel der Zecke ins menschliche Blut gelangen.

Ein gefährliches Virus ist vor allem bei den Zecken in Süddeutschland verbreitet. Es ruft bei 10 % der infizierten Menschen **Hirnhautentzündungen** und Gehirnentzündungen hervor, die zu bleibenden Schäden führen können. Gegen diese Virusinfektion ist eine Impfung möglich und wird für die entsprechenden Gebiete (▷ B 2) teilweise angeraten.

Ein Bakterium im Zeckenspeichel ist der Erreger der **Borelliose**. Bis zu vier Wochen nach dem Zeckenbiss bildet sich dort meist eine ringförmige Rötung. Jetzt sollte spätestens ein Arzt oder eine Ärztin aufgesucht werden, die Heilungsaussichten sind sehr gut. Unbehandelt riskiert man spätere Lähmungen, Gedächtnisstörungen und chronische Gelenkentzündungen. Das Borelliosebakterium wird von 20–30 % aller Zecken übertragen.

Wenn du eine Zecke an deinem Körper findest, ziehe sie vorsichtig mit einer Zeckenzange heraus oder lege deinen Zeigefinger auf und entferne die Zecke durch kreisende Bewegungen. Entzündet sich die Einstichstelle, suche einen Arzt oder eine Ärztin auf.

▶ Zecken ernähren sich von Blut und können gefährliche Krankheitserreger übertragen.

Ein Bandwurm auf Abwegen

Der 3,5 mm lange Fuchsbandwurm lebt normalerweise im Dünndarm von Füchsen. Dort hält er sich mit vier Saugnäpfen und zwei Hakenkränzen (▷B 4) fest. Mit dem Kot gelangen Wurmeier nach außen, die vom Wind verbreitet und von Mäusen mit der Nahrung aufgenommen werden. In den Mäusen bilden sich aus Eiern Larven, die sich in der Leber festsetzen. Aus Larven entwickeln sich dort vielkammerige Blasen oder **Finnen**, die das Lebergewebe durchsetzen. Wird die kranke Maus vom Fuchs gefressen, gelangen Finnen in den Fuchsdarm und wachsen dort zu Bandwürmern heran.

Dieser Ablauf kann verändert sein. Werden Wurmeier auf ungewaschenen Waldfrüchten oder Fallobst vom Menschen mitgegessen, gelangen sie in den Darm. In der Leber bilden sich Finnen, die operativ nicht zu entfernen sind. Medikamente können das Fortschreiten der Erkrankung zwar bremsen, meist endet diese aber tödlich.

▶ Die Finnen des Fuchsbandwurms sind für den Menschen lebensbedrohend.

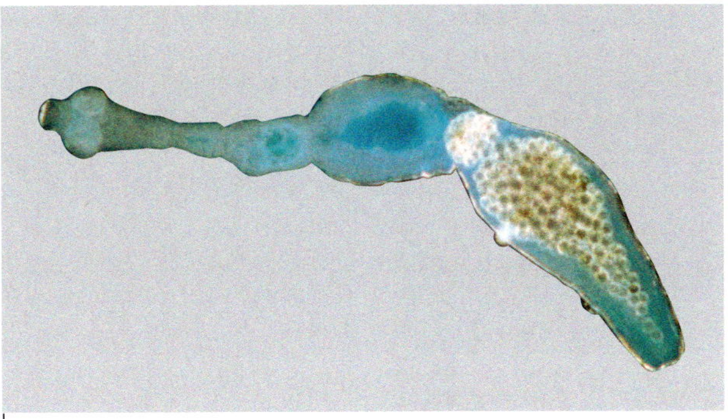

4 Kleiner Fuchsbandwurm

Aufgaben

1 a) Welches Medikament wird bei Borelliose vermutlich verschrieben?
b) Warum hilft es nicht gegen die Erreger der Hirnhautentzündung?

2 Es gibt weitere Bandwurmarten. Informiere dich über eine Art und erarbeite dazu ein Referat.

3 Erfrage in der Apotheke, ob und wo die Impfung gegen Hirnhautentzündung ratsam ist. Berichte.

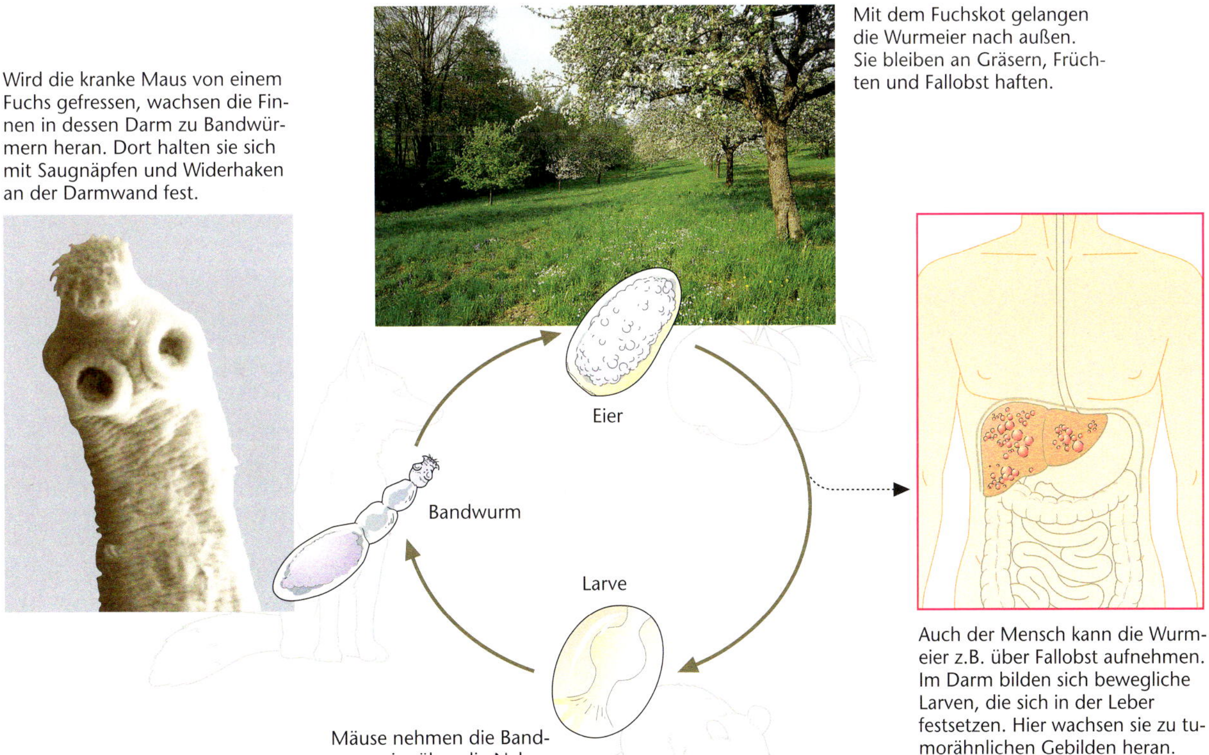

Mit dem Fuchskot gelangen die Wurmeier nach außen. Sie bleiben an Gräsern, Früchten und Fallobst haften.

Wird die kranke Maus von einem Fuchs gefressen, wachsen die Finnen in dessen Darm zu Bandwürmern heran. Dort halten sie sich mit Saugnäpfen und Widerhaken an der Darmwand fest.

Auch der Mensch kann die Wurmeier z.B. über Fallobst aufnehmen. Im Darm bilden sich bewegliche Larven, die sich in der Leber festsetzen. Hier wachsen sie zu tumorähnlichen Gebilden heran.

Mäuse nehmen die Bandwurmeier über die Nahrung auf. Die Larven setzen sich in der Leber fest und entwickeln sich dort zu Finnen.

5 Lebenszyklus des kleinen Fuchsbandwurmes

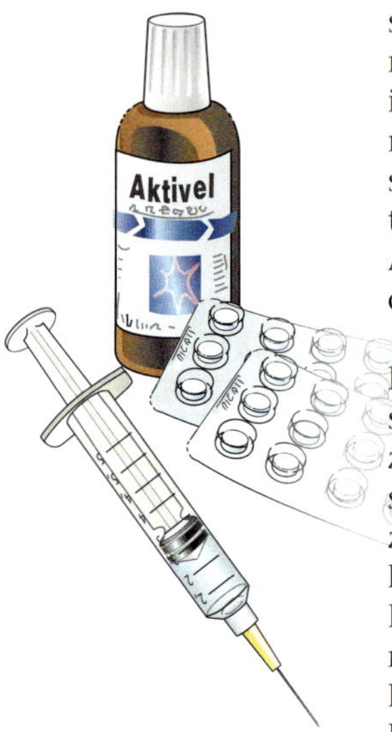

Eine ganze Palette steht zur Auswahl
Immer, wenn du dich richtig krank fühlst, solltest du einen Arzt oder eine Ärztin aufsuchen. Sie können entscheiden, was dir am besten helfen wird.
Es gibt unterschiedliche Möglichkeiten, Krankheiten zu heilen oder ihre Symptome zu lindern. Daher benötigen Ärzte und Heilpraktiker umfassende Informationen über ihre Patienten.

Synthetische Mittel
Diese Heilmittel werden künstlich hergestellt. Viele **synthetische Medikamente** müssen verschrieben werden, sie sind nur in Apotheken erhältlich. Diese Medikamente enthalten zum Teil pflanzliche Bestandteile. Auch einige natürliche Heilmittel erhält man nur auf Rezept. Dosierung, Art und Dauer der Einnahme werden durch Ärzte genau erläutert.

In jeder Medikamentenschachtel befindet sich ein **Beipackzettel**, auf dem Hinweise zur Einnahme und zu Neben- und Wechselwirkungen mit anderen Medikamenten zu finden sind. Antibiotika müssen z. B. komplett aufgebraucht werden.
Diese Hinweise musst du vor der Einnahme des Medikaments unbedingt lesen. Falls du sie nicht verstehst, frage deine Eltern oder die Fachleute in der Apotheke oder Arztpraxis.

Medikamente müssen trocken und kühl aufbewahrt werden. Ist das Verfallsdatum überschritten, kannst du sie in der Apotheke abgeben, Medikamente werden dort fachgerecht entsorgt.

Heilpflanzen
Mit **Heilpflanzen** und anderen Stoffen aus der Natur unterstützte der Mensch schon immer seine Gesundheit und linderte oder heilte damit verschiedene Krankheiten. Salbei hilft zum Beispiel als Dampfbad oder Tee bei Halsschmerzen und Erkältungen. Fencheltee fördert die Verdauung und befreit von Blähungen, außerdem lindert er Bronchitis und Husten.
Kamille wirkt entzündungshemmend und wird bei Erkrankungen im Magen-Darm-Bereich als Tee getrunken.
So können Hausmittel manche Tablette überflüssig machen. Bei dauerhafter Anwendung könnte es aber zu unerwünschten Nebenwirkungen kommen. Daher muss man sich vorher in der Apotheke informieren.

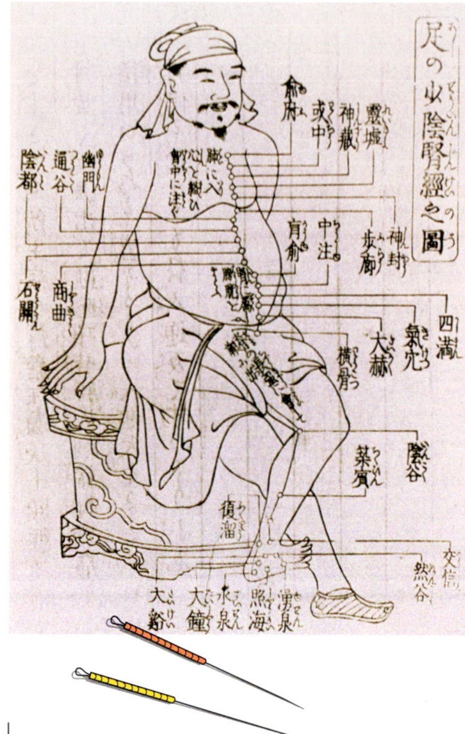

1 Akupunkturpunkte

Homöopathische Mittel
Eine weitere Heilmöglichkeit ist die **Homöopathie**. Die Grundidee der Homöopathie, Gleiches mit Gleichem zu heilen, geht auf SAMUEL HAHNEMANN (1755–1843) zurück. Als Heilmittel werden die krankheitsverursachenden Stoffe in sehr starker Verdünnung eingesetzt und für jeden Patienten ganz speziell zusammengestellt.

Akupunktur
Diese asiatische Heilmethode ist uralt. Es gibt ganz bestimmte Körperstellen, so genannte Akupunkturpunkte (▷ B 1), die in direktem Zusammenhang mit dem Funktionieren von Organen stehen. Werden Nadeln in die Akupunkturpunkte gestochen, kann es gelingen, dass die Organe wieder normal arbeiten. Es wird noch erforscht, warum diese Methode Erfolg haben kann.
Hilfreich ist **Akupunktur** bei Magen-Darm-Problemen, Schmerzen, Entzündungen, Allergien, Asthma, Augen- und Rachenerkrankungen.

▶ Mit synthetischen Mitteln, Hausmitteln, Homöopathie und Akupunktur stehen sehr verschiedene Heilmethoden zur Verfügung. Manchmal können Nebenwirkungen auftreten.

Ich weiß selbst, was mir hilft

Immer mehr Medikamente, zu denen auch Schlaf-, Abführ-, Aufputschmittel und Schmerztabletten gehören, können ohne Rezept in der Apotheke gekauft werden. Erfolgt die Einnahme ohne ärztliche Kontrolle, können sie deiner Gesundheit schaden. Von manchen Medikamenten kannst du sogar süchtig werden.
Deshalb solltest du dir Medikamente nie selbst „verordnen". Nur ein Spezialist kann entscheiden, welche Heilmethode am meisten Erfolg verspricht.
Bei vielen Krankheiten helfen auch einfache Hausmittel oder veränderte Lebensgewohnheiten. Verbessert sich die Situation nicht, musst du unbedingt einen Arzt oder eine Ärztin aufsuchen.

Die unkontrollierte Anwendung von Medikamenten kann der Gesundheit schaden.

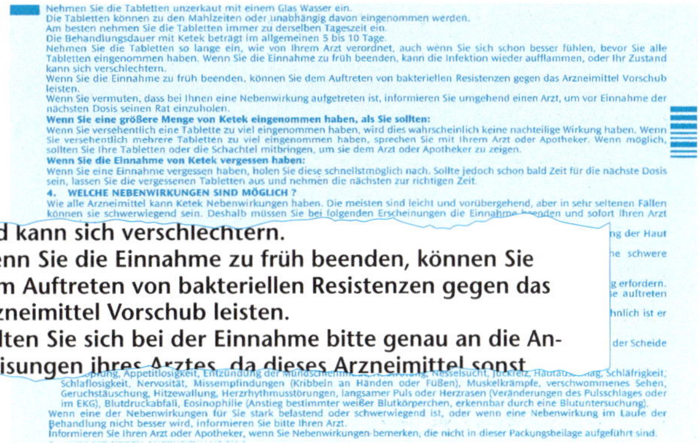

Nehmen Sie die Tabletten unzerkaut mit einem Glas Wasser ein.
Die Tabletten können zu den Mahlzeiten oder unabhängig davon eingenommen werden.
Am besten nehmen Sie die Tabletten immer zu derselben Tageszeit ein.
Die Behandlungsdauer mit Ketek beträgt im allgemeinen 5 bis 10 Tage.
Nehmen Sie die Tabletten so lange ein, wie von Ihrem Arzt verordnet, auch wenn Sie sich schon besser fühlen, bevor Sie alle Tabletten eingenommen haben. Wenn Sie die Einnahme zu früh beenden, kann die Infektion wieder aufflammen, oder Ihr Zustand kann sich verschlechtern.
Wenn Sie die Einnahme zu früh beenden, können Sie dem Auftreten von bakteriellen Resistenzen gegen das Arzneimittel Vorschub leisten.
Wenn Sie vermuten, dass bei Ihnen eine Nebenwirkung aufgetreten ist, informieren Sie umgehend einen Arzt, um vor Einnahme der nächsten Dosis seinen Rat einzuholen.
Wenn Sie eine größere Menge von Ketek eingenommen haben, als Sie sollten:
Wenn Sie versehentlich eine Tablette zu viel eingenommen haben, wird dies wahrscheinlich keine nachteilige Wirkung haben. Wenn Sie versehentlich mehrere Tabletten zu viel eingenommen haben, sprechen Sie mit Ihrem Arzt oder Apotheker. Wenn möglich, sollten Sie Ihre Tabletten oder die Schachtel mitbringen, um sie dem Arzt oder Apotheker zu zeigen.
Wenn Sie die Einnahme von Ketek vergessen haben:
Wenn Sie eine Einnahme vergessen haben, holen Sie diese schnellstmöglich nach. Sollte jedoch schon bald Zeit für die nächste Dosis sein, lassen Sie die vergessenen Tabletten aus und nehmen die nächsten zur richtigen Zeit.
4. WELCHE NEBENWIRKUNGEN SIND MÖGLICH ?
Wie alle Arzneimittel kann Ketek Nebenwirkungen haben. Die meisten sind leicht und vorübergehend, aber in sehr seltenen Fällen können sie schwerwiegend sein. Deshalb müssen Sie bei folgenden Erscheinungen die Einnahme beenden und sofort Ihren Arzt

bild kann sich verschlechtern.
Wenn Sie die Einnahme zu früh beenden, können Sie dem Auftreten von bakteriellen Resistenzen gegen das Arzneimittel Vorschub leisten.
Halten Sie sich bei der Einnahme bitte genau an die Anweisungen ihres Arztes, da dieses Arzneimittel sonst

... Appetitlosigkeit, Entzündung der Mundschleimhaut, ... Nesselsucht, Juckreiz, Hautausschlag, Schläfrigkeit, Schlaflosigkeit, Nervosität, Missempfindungen (Kribbeln an Händen oder Füßen), Muskelkrämpfe, verschwommenes Sehen, Geruchstäuschung, Hitzewallung, Herzrhythmusstörungen, langsamer Puls oder Herzrasen (Veränderungen des Pulsschlages oder im EKG), Blutdruckabfall, Eosinophilie (Anstieg bestimmter weißer Blutkörperchen, erkennbar durch eine Blutuntersuchung).
Wenn eine der Nebenwirkungen für Sie stark belastend oder schwerwiegend ist, oder wenn eine Nebenwirkung im Laufe der Behandlung nicht besser wird, informieren Sie bitte Ihren Arzt.
Informieren Sie Ihren Arzt oder Apotheker, wenn Sie Nebenwirkungen bemerken, die nicht in dieser Packungsbeilage aufgeführt sind.

2 Beipackzettel eines Antibiotikums

Aufgaben

1 Nenne einige Krankheiten, bei denen Hausmittel allein nicht helfen.

2 Lies den Ausschnitt des Beipackzettels eines Antibiotikums. Was ist bei der Einnahme unbedingt zu beachten? Begründe deine Antwort.

3 Stelle dir vor, eine Klassenkameradin hat oft Kopfschmerzen und nimmt dann meist eine Schmerztablette.
a) Welche Vor- und Nachteile hat das? Diskutiert darüber in der Klasse. Befragt auch einen Experten dazu.
b) Es gibt andere Möglichkeiten als die Einnahme von Tabletten. Welche fallen dir ein?

4 Erstelle eine Kräutertee-Kartei. Entnimm die benötigten Informationen dem Internet oder Büchern. Du kannst auch einen Apotheker oder eine Apothekerin befragen.
a) Welche Pflanzen kann man für Kräutertees verwenden?
b) Wie wird dieser Tee zubereitet?
c) Welche Wirkung hat er?
d) Erstelle mithilfe deiner Kartei eine zusätzliche Liste, in der du mögliche Beschwerden alphabetisch auflistest und das entsprechende Hausmittel zuordnest.

Werkstatt

Ein Rezept für Ringelblumensalbe

Ringelblumen-Salbe unterstützt die Heilung bei Schnittwunden, kleinen Verbrennungen und wunden Stellen. Sie wird auch bei Prellungen und Zerrungen angewendet.

Material

60 g getrocknete Ringelblumen (aus der Apotheke oder dem Drogeriemarkt), 200 g Vaseline, Topf, dünnes Tuch, Salbengefäß

Versuchsanleitung

Erwärme die Vaseline im Wasserbad, bis sie flüssig ist, und gib dann die Ringelblumen dazu. Lasse diese Mischung etwa 10 Minuten kochen. Rühre dabei ab und zu um.
Gieße die Mischung durch das dünne Tuch in das Salbengefäß. Drücke die Ringelblumen kräftig aus, damit die enthaltene Flüssigkeit nicht verloren geht. Verschließe nach dem Abkühlen der Mischung das Salbengefäß.
Verbrauche die Salbe schnell, sonst wird sie ranzig.

Bevor es zu spät ist

So viele verschiedene Krankheiten es gibt, so viele Chancen hast du auch, dafür zu sorgen, möglichst gar nicht krank zu werden – gesund sein ist das Ziel.

Aufgabe

1 Schau dir die verschiedenen Tipps zur Vorbeugung an.
Wie beugst du Krankheiten vor?

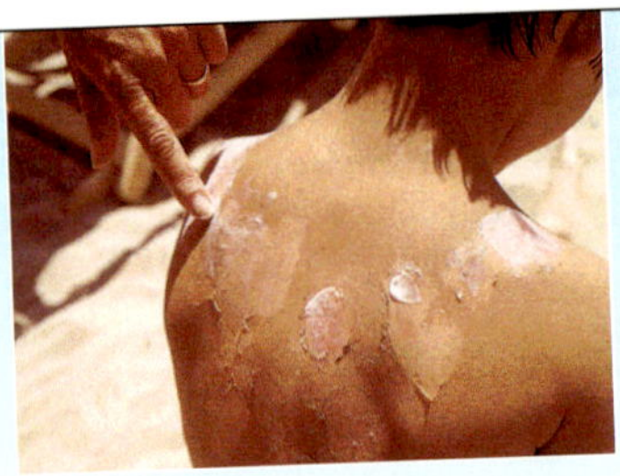

Viele schädliche Umwelteinflüsse kann man vermeiden. Vor zu viel Sonne sollten wir uns schützen, um nicht an Krebs zu erkranken. Filzstifte und Kleber gibt es auch ohne giftige Lösemittel. Und schimmelige Lebensmittel muss man komplett wegwerfen, da sie Krebs auslösen können.

Ohne **Hygiene** haben Krankheitserreger ein leichtes Spiel. Vor dem Essen und nach dem Gang zur Toilette muss man sich die Hände waschen. Obst sollte immer gewaschen werden und in vielen Urlaubsländern darf nur abgekochtes Wasser getrunken werden.

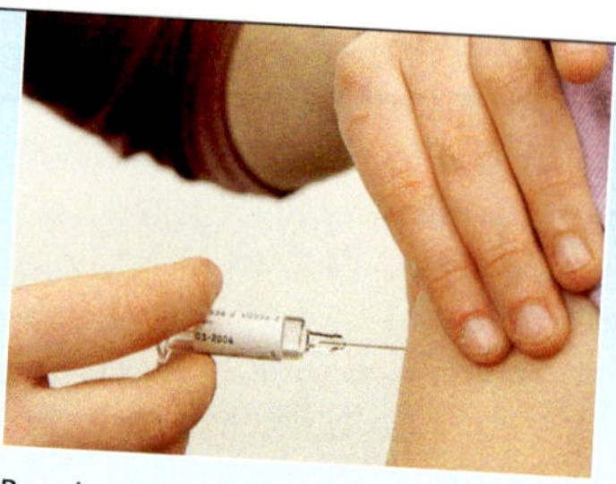

Regelmäßige **Schutzimpfungen** laut Impfkalender können uns vor schweren Erkrankungen wie Kinderlähmung, Keuchhusten und Tetanus bewahren.

Bewegung muss unbedingt sein. nicht nur die Muskulatur, auch das Herz-Kreislaufsystem wird dadurch gestärkt und vor Krankheiten geschützt.

Eine **kalte Dusche** härtet ab. Man sollte erst warm duschen und dann kalt nachduschen. So wird das Immunsystem in Schwung gehalten.

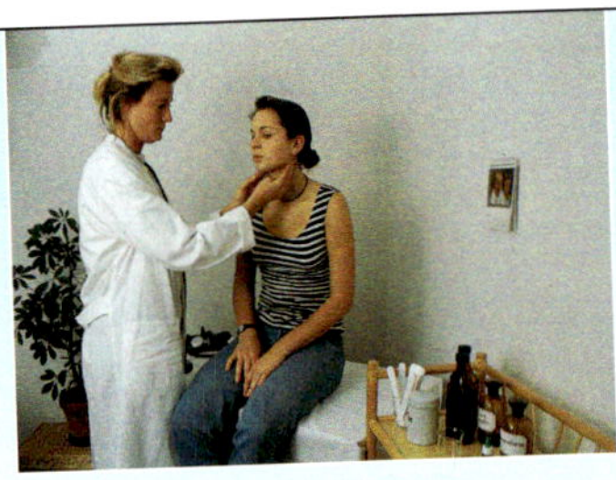

Untersuchungen durch Ärzte dienen auch der Früherkennung von Krankheiten. Viele Krankeiten sind umso besser oder nur dann zu heilen, wenn sie früh genug erkannt werden.

Gesunde Ernährung ist entscheidend, damit unser Immunsystem richtig funktioniert und damit wir nicht übergewichtig werden.

Entspannen hilft gegen Distress. Erholungspausen sind wichtig, wenn wir wieder leistungsfähig sein wollen.

Nicht ein einziger Tag sollte ohne **Lachen und Spaß** vergehen. Auch das stärkt unser Immunsystem und es macht das Leben gleich viel schöner.

Für die Gesundheit kann jeder etwas tun

Gesund oder krank?
Gesund oder krank zu sein, ist ein ganz persönlicher Eindruck, der vom Menschen selbst und von seiner Umgebung abhängt.

Bakterien
Bakterien kommen als Kugel-, Stäbchen- oder Schraubenbakterien vor. Als Sporen können sie ungünstige Bedingungen überdauern.
Bakterien verursachen u. a. Scharlach, Wundstarrkrampf und Tuberkulose. Antibiotika verhindern die Vermehrung von Bakterien.
Manche Bakterien sind sehr nützlich und werden z. B. bei der Herstellung von Lebensmitteln eingesetzt.

Viren
Viren haben einen eingeschränkten Stoffwechsel. Sie sind für ihre Vermehrung auf Wirtszellen angewiesen.
Grippe, Hepatitis und manche Kinderkrankheiten sind virusbedingt. Gegen Röteln sollten alle Mädchen zu Beginn der Pubertät geimpft sein.

Immunreaktion im Körper
Fresszellen, T-Helferzellen, Plasmazellen, Killerzellen und Gedächtniszellen sorgen für die Abwehr von Krankheitserregern. Diese weißen Blutzellen bewirken, dass Antikörper gebildet werden. Deshalb kann nach überstandenen Erkrankungen für den speziellen Erreger teilweise Immunität bestehen.

AIDS
Das HI-Virus wird vor allem durch Sexual- und Blutkontakt übertragen. Einmal in einen menschlichen Organismus eingebunden, benötigt es als Wirt zur weiteren Vermehrung die T-Helferzelle.

Impfen
Die passive Immunisierung ist eine Heilimpfung und wirkt kurzfristig.
Die aktive Immunisierung ist eine Schutzimpfung. Die vom Geimpften gebildeten Antikörper verbleiben meist langfristig im Blut. Gegen viele Erreger sind Schutzimpfungen möglich und ratsam. Erkrankungen wie Kinderlähmung und Diphtherie sind dadurch stark zurückgegangen.

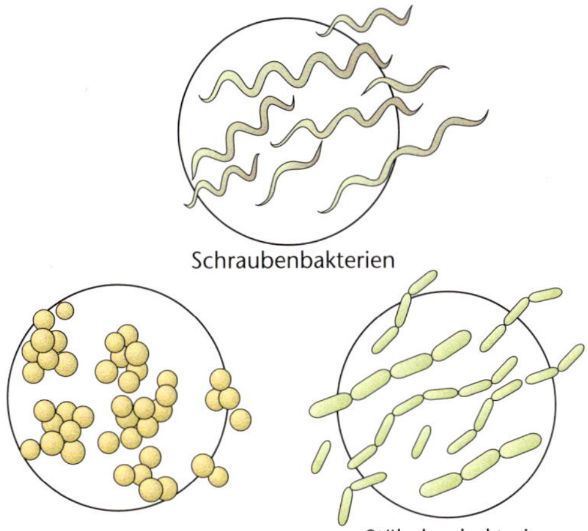

1 Bakterien, verschiedene Typen

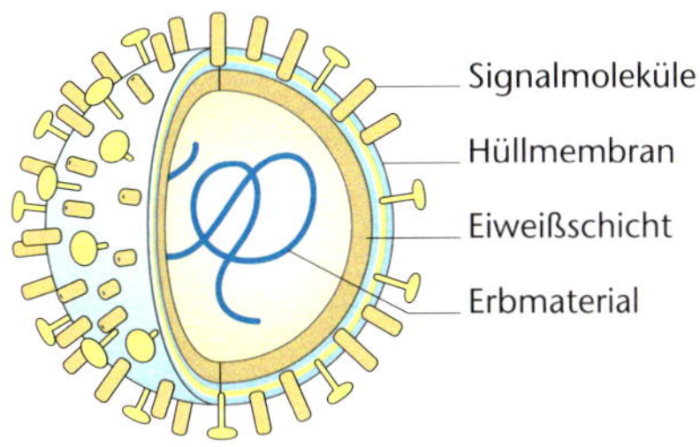

2 Aufbau eines Virus (Bsp. Rhinovirus)

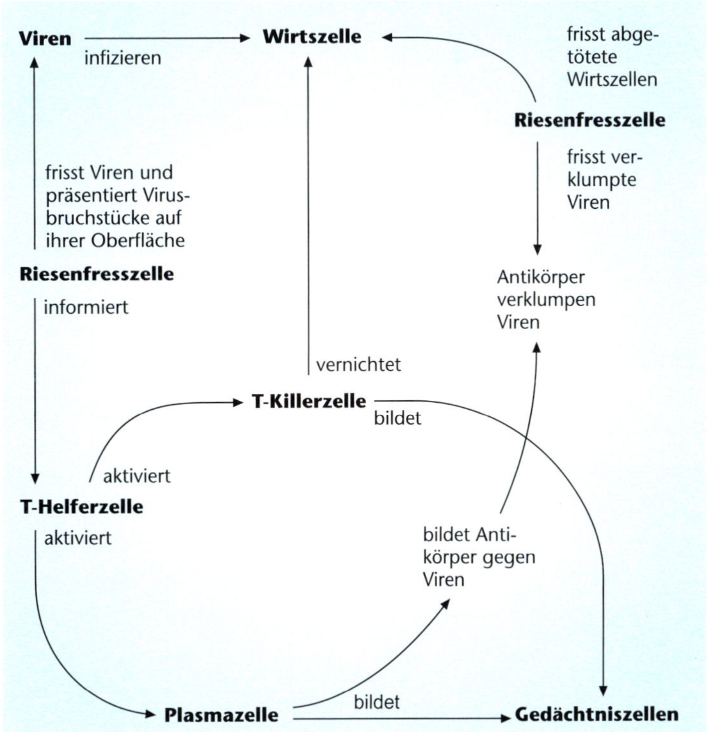

3 Immunreaktion, Schema

4 Allergene

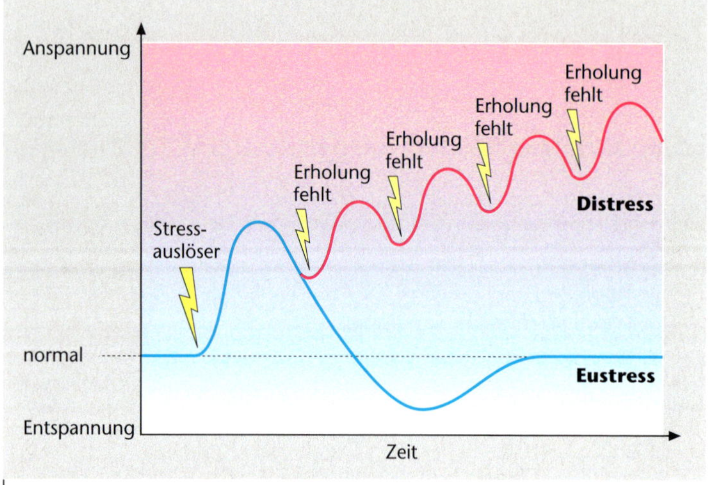

5 Stress

REZEPT REZEPT REZEPT **REZEPT** REZEPT REZEPT REZEPT

je 250 g	*Möhren, grüne Bohnen, Stangensellerie, Blumenkohl, Fenchel, entkernte Paprikaschoten, alles in kleine Stücke geschnitten*	Essig, Öl, Salz und Zucker in einem großen Kochtopf vermischen und aufkochen. Das Gemüse dazugeben; mit den Möhren, dem härtesten Gemüse, beginnen. Dann die grünen Bohnen und den Stangensellerie und nach einigen Minuten Blumenkohl, Fenchel und Zwiebeln hineingeben. Die Garzeit für alle Gemüse soll insgesamt nicht mehr als 20 Minuten betragen. Kurz bevor der Kochtopf vom Herd genommen wird, die Paprikaschoten hineingeben, aber nicht mehr kochen. Das abgekühlte Essiggemüse in Einmachgläser füllen. Es hält sich bis zu 3 Monaten.
250 g	*kleine Zwiebeln*	
1 l	*Weißweinessig*	
10 cl	*Olivenöl*	
100 g	*Salz*	
100 g	*Zucker*	

6 Zu Aufgabe 1

7 Zecke

8 Fuchsbandwurm

Allergien
Allergien sind Überreaktionen des Immunsystems. Allergene sind beispielsweise Pollen, Tierhaare und Lebensmittel. Sie können u. a. Schnupfen, Atemnot und Hautausschläge hervorrufen.

Stress
Stress erhöht kurzfristig die Leistungsfähigkeit des Körpers. Verschiedene Faktoren können dies bewirken. Fehlen zwischen den Belastungen durch Stress die Erholungspausen, kann aus dem positiven Eustress der krank machende Disstress werden.

Psychosomatische Erkrankungen
Seelische und soziale Aspekte wirken auf das Abwehrsystem des Menschen. Sie können es schwächen und psychosomatische Erkrankungen hervorrufen. Diese Erkrankungen betreffen oft die Haut, den Verdauungstrakt oder das Herz-Kreislauf-System.

Krebs
Bei Krebserkrankungen vermehren sich krankhaft veränderte Zellen unkontrolliert. Äußere Einflüsse können derartige Zellveränderungen bewirken. Das UV-Licht der Sonne kann z. B. Hautkrebs verursachen.

Ferntourismus
In anderen Gegenden der Erde gibt es andere Krankheiten, z. B. Cholera, Amöbenruhr und Malaria.
Der Malariaerreger wird durch die Anophelesmücke übertragen. Mit Medikamenten kann Malaria vermieden werden. Anderen Krankheiten wie Amöbenruhr und Cholera kann man durch Hygiene vorbeugen.

Parasiten
Parasiten sind auf andere Lebewesen angewiesen und können Krankheiten verursachen oder übertragen.

Heilung
Zur Heilung werden synthetische Mittel, Hausmittel, homöopathische Mittel und auch Akupunktur eingesetzt. Sie unterscheiden sich in Anwendungsgebieten und Nebenwirkungen.
Die Einnahme von Medikamenten sollte immer ärztlich verordnet sein, da sonst gesundheitliche Schäden zu befürchten sind.

Vorbeugung
Zufriedenheit, gesunde Ernährung, ausreichende Bewegung und Schutzimpfungen helfen mit, gesund zu bleiben.

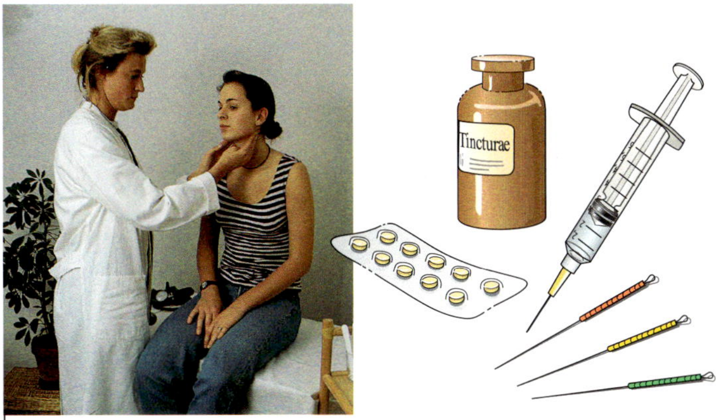

9 Untersuchung

Aufgaben

1 a) Auf welche Weise werden die im Rezept (▷ B 6) erwähnten Lebensmittel haltbar gemacht?
b) Überlege dir weitere Konservierungsmethoden und leite daraus ab, welche allgemeinen Grundsätze der Lebensmittelkonservierung zugrunde liegen.

2 a) Beschreibe die Stressreaktion.
b) Erkläre den Unterschied zwischen Eustress und Disstress.

3 a) Wie kann Krebs entstehen?
b) Welche Vorsorgemaßnahmen gegen Hautkrebs sollte man treffen?

4 a) Was ist eine psychosomatische Erkrankung?
b) Wie kann sie vermieden werden?

5 „Eine Infektion ist eine Krankheit." Überprüfe, ob dieser Satz richtig ist.
Begründe deine Antwort.

6 a) Warum können Durchfälle eine Nebenwirkung von Antibiotika sein?
b) Können Antibiotika gegen Grippe helfen? Begründe.

7 Scharlach, Masern, Windpocken und Mumps sind typische Kinderkrankheiten.

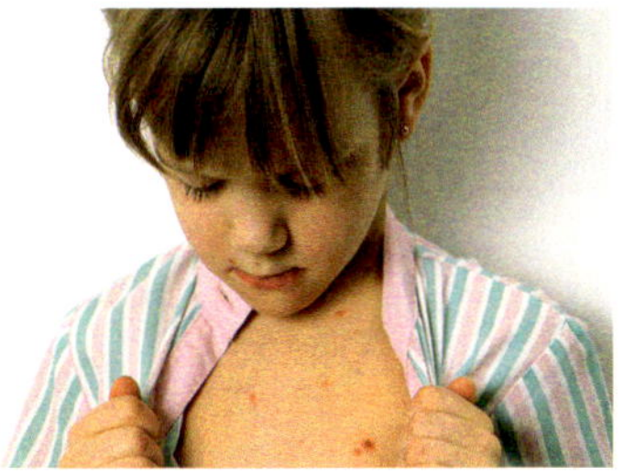

10 Windpocken

Begründe, warum Erwachsene später meist kein 2. Mal an diesen Krankheiten leiden.

8 a) Fertige eine Skizze zur Immunreaktion an.
b) Erkläre anhand der Skizze, wie der Körper Krankheitserreger abwehrt.

9 Patienten erhalten bei und nach Organtransplantationen Medikamente, die das Immunsystem unterdrücken.
Weshalb ist das notwendig?

10 a) Vergleiche in einer Tabelle die aktive mit der passiven Immunisierung.
b) Warum ist ein Impfpass für jeden wichtig?
c) Kann es auch sinnvoll sein, Jungen gegen Röteln zu impfen? Begründe.

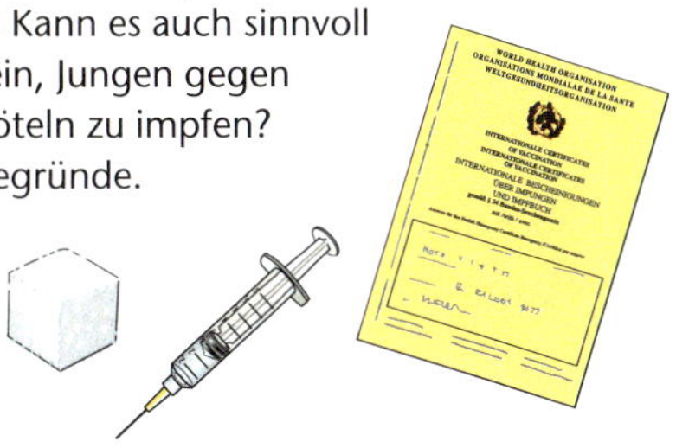

11 a) Was ist eine allergische Reaktion?
b) Beschreibe ihren Ablauf.

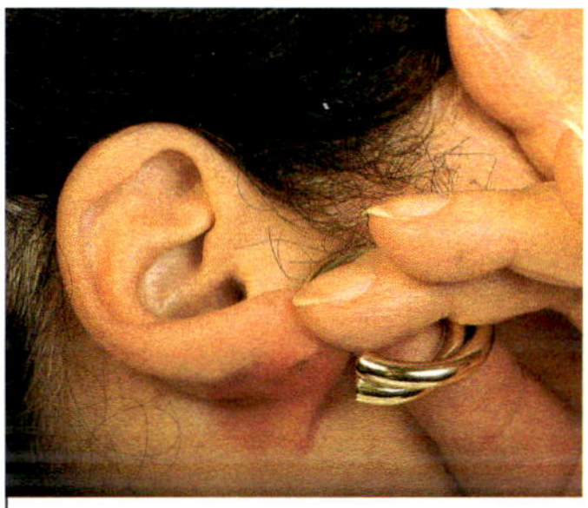

11 Nickelallergie

12 a) Wähle zwei Tropenkrankheiten aus und beschreibe sie genau.
b) Wie könnte jeweils vorgebeugt werden?

13 Vorbeugen ist besser als Heilen.
a) Welche Möglichkeiten kennst du, mit denen man Krankheiten vorbeugen kann?
b) Wie würdest du Herz-Kreislauf-Erkrankungen vorbeugen?

14 Informiere dich im Internet über die Heilungschancen bei einer HIV-Infektion und berichte.

Erwachsen werden
– die Zeit voller Fragezeichen

Schmetterlinge im Bauch? Verliebtsein ist wunderbar! Manchmal kann es aber auch ganz schön aufregend sein.

Tarek sitzt da wie auf Kohlen: er wartet auf einen Anruf von Kim. Sie wollte mit ihm ins Kino gehen. Eigentlich hat er aber versprochen, seinen großen Bruder am Bahnhof abzuholen, der hat erzählt, dass er am letzten Wochenende das erste Mal mit seiner Freundin geschlafen hat. Tarek will unbedingt von ihm wissen, wo er Kondome gekauft hat oder wie die beiden sonst verhütet haben.

So wie Tarek geht es jetzt sicher vielen in deinem Alter. Die Zeit des Erwachsenwerdens steckt voller Fragezeichen. Auf den nächsten Seiten erfährst du einiges über eine der spannendsten Phasen deines Lebens – wie sich dein Körper und deine Gefühle verändern und was du über das andere Geschlecht wissen solltest …

So sind wir doch nicht!
Mike, Tina, Benjamin und Tarek schauen im Deutschunterricht Zeitschriften mit Werbeanzeigen an. Zuhause sollen sie einen Aufsatz schreiben, in welcher Werbung sie sich wiederfinden. „So ein Blödsinn", lacht Tina, „Von euch dreien hat doch keiner solche Muskeln". „Du hast ja allen Grund uns anzumachen", spottet Benjamin zurück, „Wo ist denn deine Werbebräune? Außerdem finde ich es bescheuert, dass Männer für Frauen in der Werbung immer irgendwelche Kartons schleppen müssen und die Mädels hocken gelangweilt herum und trinken Cappuccino. Was soll dieser ganze Werbeblödsinn, kein Mensch ist doch so wie diese Typen dargestellt werden!"

Müssen Männer immer stark und Frauen stets schön sein?
Sicherlich hast du auch schon mal gesehen, dass in der Werbung ein besonderes Rollenbild für Frauen und Männer aufgezeichnet wird. Aber bestimmt hast du in deiner Umwelt auch schon erkannt, dass dieses Rollenbild so gut wie nie zutrifft.

Du allein bestimmst, wer du bist
Wie möchtest du sein? Was ist dir wichtig? Diese Dinge darfst du allein entscheiden. Nur Menschen, die nicht richtig nachdenken und unsicher sind, machen immer nur das, was ihnen die Mode und andere Menschen vorschreiben. Du bist wichtig! Du bestimmst, wie du deine Stärken und Schwächen einsetzt. Nur so kannst du zu dir selbst finden und glücklich werden.

Jeder Mensch hat eine eigene Persönlichkeit. Menschen können selber entscheiden, was sie machen und wie sie wirken wollen.

Aufgabe

1 Schaut euch Werbungen an: Welches Männer- und Frauenbild wird in der Werbung deutlich?
Diskutiert darüber in der Klasse.

Willst du mit mir gehen?
Hanna weiß nicht, wie sie es anfangen soll. Seit zwei Wochen gefällt ihr ein Junge, den sie immer an der Bushaltestelle sieht. Weil sie unsicher ist, wie sie ihn kennen lernen kann, schickt sie eine E-Mail an ihre beste Freundin:

Hallo Jenny,
ist dir auch dieser Junge an der Bushalte „Neutorstr." aufgefallen? Ich finde ihn total süß und habe rausbekommen, dass er Ben heißt und auf die Dollinger-Realschule geht. Jedes Mal, wenn wir uns sehen, schauen wir uns nur an – ich trau mich einfach nicht, ihn anzusprechen. Das Blöde ist, dass es ihm genauso zu gehen scheint wie mir!!! Was soll ich nur machen? Hast du nicht einen Tipp? Wie war das bei dir und Tim? Ihr habt euch doch auf der Schülerdisco kennen gelernt – hast du ihn angesprochen oder er dich? Wenn ja, was hast du gesagt? Ich bin völlig durcheinander, mir fällt wirklich nichts ein! Mail schnell zurück mit einer grandiosen Idee!
Deine Hanna :-)

Sieht sie nicht super aus?
Ben ist verunsichert. Ab und an sieht er an seiner Bushaltestelle ein Mädchen, das ihm unheimlich gut gefällt. Er hat schon ein paar Mal gehört, wie ihre Freundinnen sie rufen. Hanna heißt sie. Der Name lässt ein Kribbeln in seinem Körper entstehen. Sie ist immer total cool angezogen und hat ganz braune Augen, die ihm so sehr gefallen.
Wie soll er sie nur ansprechen?

Das erste Mal verliebt
Geschafft! Als Hanna letzten Samstag auf der Schulparty war, hat Ben Getränke verkauft. Vor lauter Aufregung hat er ihren Bananensaft mit Cola gemixt und so sind sie ins Gespräch gekommen. Später haben sie zusammen getanzt. Dabei hat Ben seine Wange ganz eng an Hannas gedrückt, das war richtig schön!
Hanna hat kaum noch die Musik gehört, sie war einfach in Bens Armen versunken.
Um zehn hat Ben Hanna nach Hause gebracht. Vor ihrer Haustür wollte keiner die Hand des anderen loslassen. Dann hat sich Hanna ganz schnell vorgebeugt und Ben einen Kuss auf die Wange gehaucht, bevor sie in ihren Hausflur gelaufen ist.
Beide konnten in dieser Nacht lange nicht einschlafen, weil sie aneinander denken mussten.

Eine neue Liebe
In der Pubertät verändern sich auch deine Gefühle. Hast du bisher nur deine Eltern oder Geschwister lieb gehabt, so kommt jetzt eine andere Art der Zuneigung hinzu. Die Liebe zu einem dir anfangs fremden Menschen. Du beginnst für ein Mädchen oder einen Jungen zu schwärmen, der andere Körper interessiert dich und du möchtest wiedergeliebt werden. Diese Gefühle sind oft sehr verwirrend. Anfangs bist du unsicher und weißt nicht, wie du diesen Jungen oder dieses Mädchen kennen lernen sollst. Wichtig ist, dass du ehrlich bist und mit dem anderen Menschen zu reden versuchst. Wenn dich ein Mädchen oder ein Junge anspricht, dann lache sie oder ihn nicht aus. Denk daran, was du empfinden würdest, wenn du ausgelacht wirst!

Aufgaben

1 Du findest ein Mädchen oder einen Jungen interessant.
Welche Möglichkeiten gibt es, sie oder ihn anzusprechen?

2 Schreibe einen Briefwechsel zwischen einem jungen Paar, das unterschiedlichen Kulturen angehört.

Wir oder sie?
Heute will Hanna Ben abholen, um mit ihm ins Kino zu gehen. Als sie Ben trifft, fragt er ganz komisch: „Hast du nicht Lust auf was anderes?“ Hanna ist enttäuscht. „Was soll das jetzt?!“, fragt sie. Sie weiß nicht, dass Ben Ärger mit seinen Freunden hat, weil er nicht mit ihnen ins Kino geht, um den neuen Science-Fiction-Film anzuschauen. Aber Ben hat nur Geld für einen Kinobesuch und außerdem macht sich seine Clique sowieso schon lustig über das Getue mit Hanna. Sollte er mal mit Hanna reden?

Sprich über deine Probleme!
Ben fällt ein Stein vom Herzen. Er hat ihr gesagt, dass er hin- und hergerissen ist. Hanna hat das verstanden und akzeptiert, dass er mit seinen Freunden ins Kino gegangen ist. Dafür machen sie und Ben am Freitag einen Stadtbummel, auf den Ben erst keine Lust gehabt hatte.

Miteinander reden schafft Probleme aus der Welt. Wenn du nur tust, was dein Partner verlangt, wirst du bald unzufrieden und die Beziehung wird langweilig. Beide Menschen in einer Partnerschaft haben eigene Wünsche und Vorstellungen. Du musst darüber mit deinem Partner oder deiner Partnerin reden und deine Ansichten erklären. Meistens findet ihr dann einen Mittelweg, den beide gehen können.

▶ In einer Partnerschaft ist es wichtig, über alles miteinander zu reden. Du darfst dich nicht verstellen, nur um deinem Partner zu gefallen.

Das ist mir zu viel
Ben und Hanna kuscheln auf Hannas Sofa Das ist unheimlich schön! Trotzdem ist Ben nervös. Er hat Angst, dass Hannas Mutter hereinkommen könnte. Deshalb hört er auch nicht so genau zu, als Hanna mit ihm redet. Sie möchte, dass Ben mehr für sie da ist. „Das war ja in Ordnung, dass du mit Mike und Tarek neulich ohne mich ins Kino gegangen bist. Aber musst du auch noch die gesamten Osterferien mit denen auf die Fußballfreizeit fahren? Liebst du mich nicht mehr?“ Ben fühlt sich genervt. Immer sagt Hanna zu ihm, dass er mehr Zeit für sie haben soll. Ihm wird die ganze Beziehung langsam zu eng. Als Hanna auch noch sagt, dass er sich entscheiden soll, ist es passiert. Er hat ihr gesagt, dass ihm auch seine Freunde viel bedeuten, dass er mit ihnen lachen und Witze machen kann. Darauf hat Hanna Schluss gemacht und sie haben sich beide beschimpft.

Ben ist wütend nach Hause gefahren. Doch am nächsten Tag hat er sich wieder etwas beruhigt und ruft Hanna an. Auch ihr tut es Leid. Beide merken jedoch, dass ihre Liebe nicht mehr so richtig da ist, dass beide etwas anderes wollen. Ben fragt Hanna: „Können wir trotzdem Freunde bleiben und uns noch manchmal sehen?“

▶ Eine Trennung tut weh. Trotzdem ist es schön, wenn man hinterher noch miteinander reden kann.

Aufgaben

1 Schreibt ein Rollenspiel, in dem sich zwei Partner wegen eines Interessenkonflikts auseinandersetzen. Wie kann diese Auseinandersetzung fair ablaufen?

2 Warum gehört zu vielen Beziehungen eine Trennung dazu?

3 Nimm die drei Comics auf dieser Seite zum Anlass, eine Trennungsgeschichte zu schreiben.

1 „Selbstbefriedigung soll schädlich sein? Das ist doch Blödsinn!"

2 „Es ist doch angenehm und ganz normal, den eigenen Körper zu entdecken."

Selbstbefriedigung – kein Thema?
Für die Generationen vor dir, besonders für deine Großeltern, war das Thema Selbstbefriedigung noch ein absolutes Tabu. Gerade als Mädchen sprach man nicht darüber und es wurde erwartet, dass man sich auch nicht selbst befriedigte. Über die Sprüche von damals: „Hände gehören über die Bettdecke" oder „Bei der Selbstbefriedigung läuft dein Gehirn aus." wirst du heute sicher nur lachen. Vielen Jungen und Mädchen haben diese Verbote aber Angst und ein schlechtes Gewissen gemacht.

Sich selbst zu befriedigen, wird auch **onanieren** oder **masturbieren** genannt. Menschen streicheln sich dabei an verschiedenen Körperstellen, die für sie selbst eine angenehme Erregung auslösen. Meist sind es die Geschlechtsorgane, die berührt werden. Aber auch andere Regionen des Körpers, die so genannten **erogenen Zonen**, können, wenn sie berührt werden, einem Mann oder einer Frau helfen, einen Orgasmus zu bekommen.
Als erogene Zonen werden beispielsweise die Brustwarzen, die Ohrläppchen oder auch die Innenseiten der Oberschenkel beschrieben. An diesen Körperstellen verlaufen sehr viele Nerven an der Hautoberfläche. Deshalb empfinden viele Menschen Berührungen dort als sehr angenehm.

Onanieren ist nicht schädlich
Die Schüler der 8. Klasse müssen schmunzeln, sie haben in alten Aufklärungsbüchern geblättert und gelesen, dass Onanieren schädlich und ungesund sei.
Durch Informationsmaterial wissen sie, dass diese Aussagen falsch sind. Sie haben bestätigt gefunden, was beide eigentlich schon längst wussten: Wenn sich Menschen selber befriedigen, können sie dabei ihren eigenen Körper entdecken. Sie finden heraus, welche Berührungen ihnen gefallen und welche sie nicht mögen. Deshalb können sie später ihrem Partner oder ihrer Partnerin sagen, welche Berührungen für sie selbst angenehm sind.

Es ist wichtig, dass beide Partner rücksichtsvoll miteinander umgehen.

Sich selbst zu befriedigen, ist ein normales Erlebnis. Es hilft Frauen und Männern zu entdecken, welche Berührungen ihnen gefallen.

Aufgabe

1 Kennst du noch andere alte Vorurteile in der Sexualität, die früher von Menschen geglaubt wurden?

3 Schüler lesen Informationsmaterial.

Willst du mit mir schlafen?
Anne und Mike sind schon ein halbes Jahr zusammen. Sie verbringen viel Freizeit gemeinsam. Sie mögen es, miteinander zu reden, ins Kino zu gehen oder einfach nur zusammen durch einen Park zu laufen. Anne liebt es auch, mit Mike zu kuscheln. Sie küssen sich dann beide sehr intensiv und streicheln dabei den Körper des anderen. Doch in letzter Zeit wollen beide einfach mehr. Sie möchten zusammen schlafen. Deswegen gehen sie beide morgen zusammen zu Annes Frauenärztin, um mit ihr zu besprechen, wie sie beide eine Schwangerschaft verhüten können. Anne ist froh, dass Mike mitkommen will. Er hat zu ihr gesagt, dass Verhütung doch auch Männersache ist; er findet es altmodisch, dass sich immer nur die Frau darum kümmern muss.

Anne und Mike wissen beide, dass sie noch viel zu jung sind, um für ein Baby Verantwortung übernehmen zu können.

Wenn ein Mann und eine Frau zusammen Geschlechtsverkehr haben, spricht man von **Heterosexualität**. Hierbei ist es wichtig, dass beide Partner den Wunsch haben, miteinander zu schlafen.

Über Verhütung müssen beide Partner miteinander sprechen, denn schließlich tragen sie gemeinsam die Verantwortung.

Hilfe, bin ich nicht normal?
Viele Jungen reden in ihrer Clique über Mädchen. Wie toll es ist, sie zu küssen. Niko hat erzählt, dass er seine Freundin sogar schon an der Brust gestreichelt und dabei eine Erektion bekommen hat.
Jan hat bei diesen Erzählungen gemerkt, dass er Mädchen gar nicht ansprechend findet. Wenn er aber an seinen Klassenkameraden Tim denkt, bekommt Jan Herzklopfen – und Angst. Er kennt die ganzen Schwulenwitze, die in der Clique erzählt werden. Er hat auch schon gehört, dass Schwule kranke Typen sind. Jan weiß nicht mehr, was er machen soll. Mit wem könnte er bloß reden?

Haben zwei Männer miteinander sexuellen Verkehr, spricht man von **Homosexualität**. Derselbe Begriff wird auch für die gleichgeschlechtliche Beziehung unter Frauen verwendet.

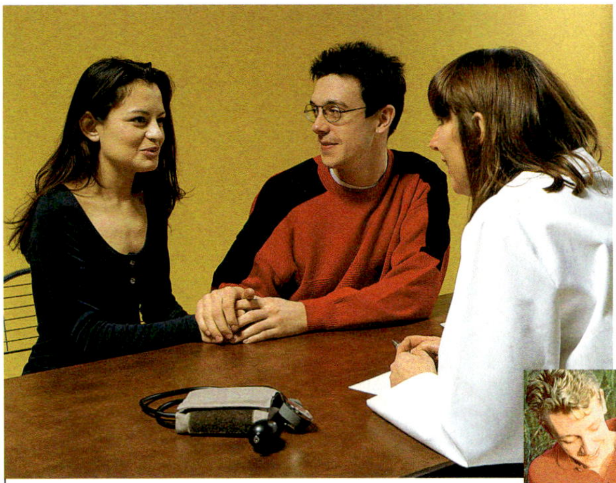

1 Junges Paar bei einer Frauenärztin

Jans Angst, krank zu sein, ist unbegründet. Homosexualität ist eine normale Form der sexuellen Orientierung. Viele Schwierigkeiten, die Homosexuelle mit sich selbst, miteinander und ihrer Umgebung haben, liegen darin, dass ihre Umwelt sie als „nicht normal" ansieht. Das kannst du anders machen, indem du ihr Fühlen und Verhalten nicht verurteilst, sondern so siehst, wie es ist: eine der vielen Möglichkeiten, liebevoll miteinander umzugehen.

Man weiß übrigens heute, dass jeder Mensch eine Mischung von hetero- und homosexuellen Neigungen in sich trägt.

Aufgaben

1 Beide Partner tragen gemeinsam die Verantwortung, richtig zu verhüten. Erkläre diesen Satz.

2 „Meistens sind es die Mädchen, die Angst vor dem Geschlechtsverkehr haben." Stimmt diese Aussage? Schreibe hierzu deine Meinung auf.

3 a) Wo kann Jan Informationen über Homosexualität finden?
b) Entwerft ein Plakat zum Thema Homosexualität.
Achtet darauf, dass ihr sensibel und sachlich mit dem Thema umgeht.

4 Sollen Lesben und Schwule ihre Neigungen in der Öffentlichkeit verstecken? Diskutiert darüber in der Klasse.

2 Verliebt

3 Verliebt

4 Verliebt

1 Hormone im Blut

Winzige Mengen, große Wirkung

Ob Stimmbruch oder Wachstum der Brüste, Bartwuchs oder erste Menstruation – alle diese Veränderungen, die in der Pubertät auftreten, werden durch winzige Mengen von chemischen Stoffen ausgelöst. Sie heißen **Hormone** und werden in den **Hormondrüsen** gebildet. Überall im menschlichen Körper beeinflussen sie biologische Vorgänge. Sie steuern unser Verhalten und unsere Gefühle. Hormone lösen aber nicht nur die Pubertät aus, sondern bestimmen auch viele weitere Funktionen des Körpers.

In der **Zirbeldrüse** wird **Melatonin** produziert, ein Hormon, das die „innere Uhr“ des Menschen, also Wachen und Schlafen, steuert.

Schilddrüsenhormone, u.a. das **Thyroxin**, sind unentbehrlich für das Wachstum und die Gehirnentwicklung sowie für den Stoffwechsel. Die **Bauchspeicheldrüse** produziert Hormone, die den Blutzuckerspiegel regulieren.

Die **Nebennieren** sind Drüsen, die auf den Nieren sitzen und Hormone abgeben, die als **„Stresshormone“** bezeichnet werden. In Sekundenschnelle versetzen sie den Körper in Alarmbereitschaft und mobilisieren Energiereserven. Weitere Hormone der Nebenniere regulieren den Wasserhaushalt im Körper.

Die **Thymusdrüse** steuert mit ihren Hormonen die Immunzellen in den Lymphknoten.

Hoden und **Eierstöcke** produzieren Sexualhormone, welche die geschlechtliche Entwicklung bestimmen.

Hormone werden in Hormondrüsen gebildet und steuern viele wichtige Funktionen des Körpers.

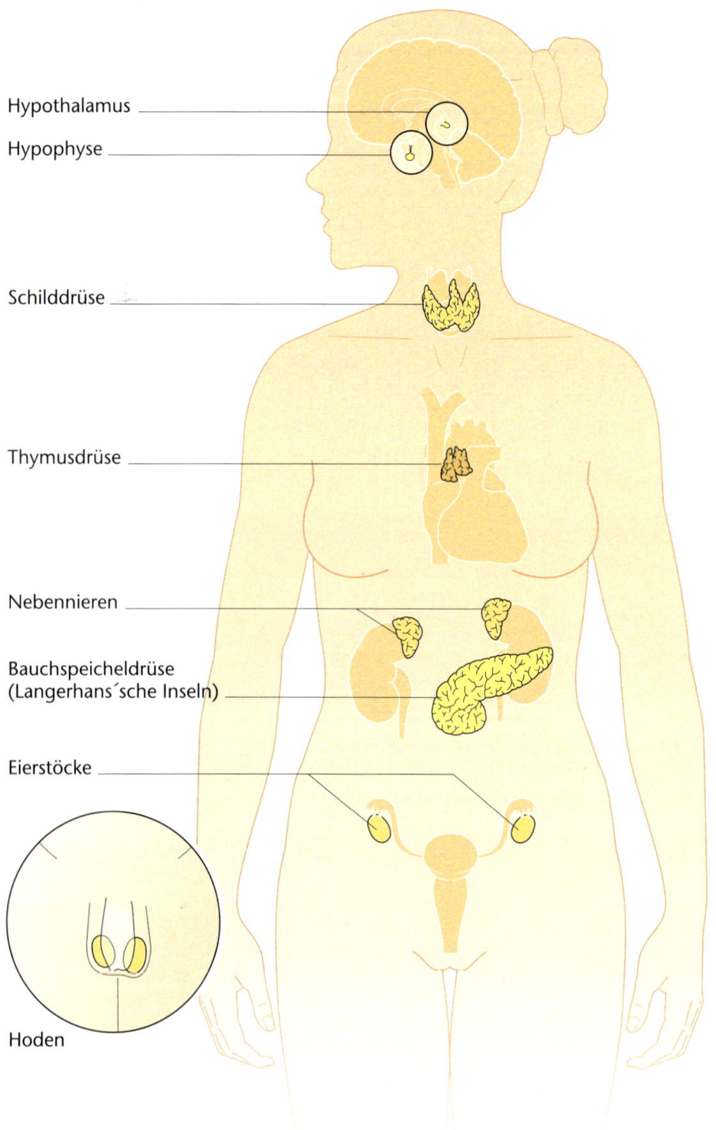

2 Hormondrüsen des Menschen

Flüssige Rohrpost

Wenn die Hormondrüsen Hormone ausschütten, verteilen sich die Moleküle dieses Hormons über das Blut im ganzen Körper. Damit sie die gewünschte Wirkung entfalten können, muss immer eine bestimmte Menge davon im Blut vorhanden sein. Die Hormone, die sich im Blutstrom befinden, müssen nun zu den **Zielzellen** gelangen. Diese verfügen über ein „Erkennungszeichen“, den **Rezeptor**.

Für die unterschiedlichen Hormone gibt es verschiedene Typen von Rezeptoren. Hormon und Rezeptor passen jeweils zusammen wie Schlüssel und Schloss. Man nennt dieses Erkennungssystem auch **„Schlüssel-Schloss-Prinzip“**. Hat das Hormon mit seinem Schlüssel das Rezeptorschloss aufgeschlossen, löst es in der Zelle die gewünschten Stoffwechselvorgänge aus.

Hormone sind Botenstoffe, die über die Blutbahn im Körper verteilt werden. Sie greifen in den Stoffwechsel der Zellen ein.

Das richtige Maß

Alle Hormone wirken schon in geringsten Mengen. In den etwa sieben Litern Blut eines Erwachsenen befinden sich nur Bruchteile eines Milligramms davon. Eine zu hohe Konzentration im Blut ist genauso schädlich wie eine zu geringe und verursacht Krankheiten. So führt z. B. eine

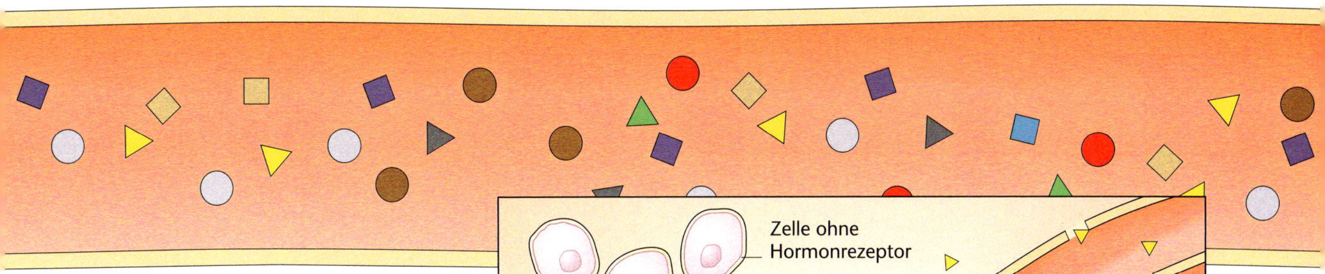

zu hohe Konzentration des Wachstumshormons Somatotropin bei Kindern zu Riesenwuchs, eine zu geringe dagegen zu Zwergenwuchs.

Das Gehirn ist der Boss

Das Gehirn sorgt mit einer erbsengroßen Drüse dafür, dass die Hormondrüsen im Körper zur richtigen Zeit die richtige Menge an Hormonen ausschütten. Die Hirnanhangsdrüse oder **Hypophyse** gibt dazu winzige Mengen von stimulierenden Hormonen ins Blut ab. Jedes von diesen **Steuerungshormonen** ist auf eine bestimmte Drüse im Körper spezialisiert und regt sie zur Hormonproduktion an.

Messen und Regeln

Rezeptoren messen ständig die Konzentration der verschiedenen Hormone im Blut. Übersteigt ein Hormon eine bestimmte Konzentration, werden weniger Hormone ausgeschüttet. Fällt die Hormonkonzentration zu stark ab, werden mehr Hormone geschüttet. Das Regelzentrum für die Hormonausschüttung sitzt im **Hypothalamus**. Dieses Reglersystem arbeitet wie ein **Regelkreis**.

Die Regulierung der Hormonausschüttung ist ein Regelkreis.

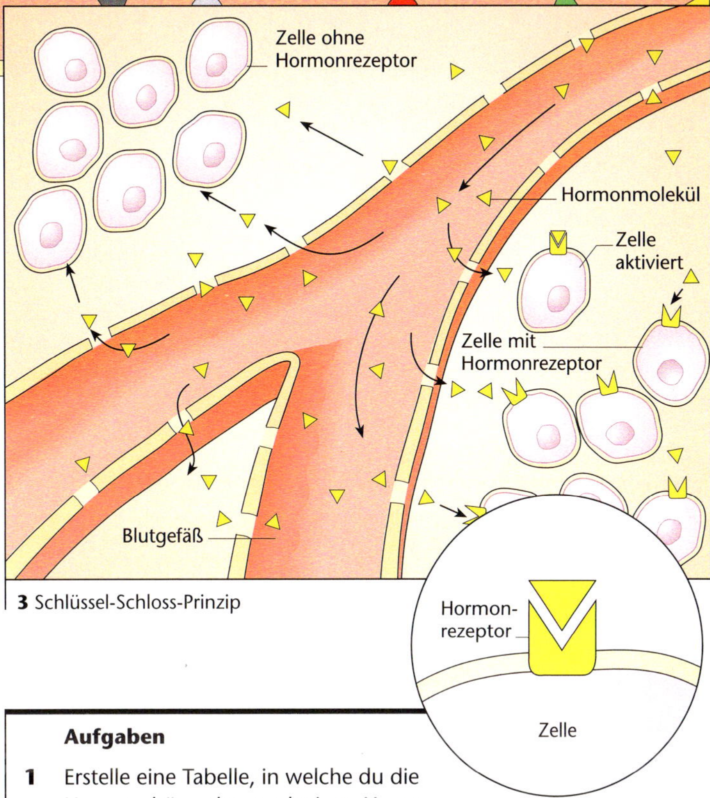

3 Schlüssel-Schloss-Prinzip

Aufgaben

1 Erstelle eine Tabelle, in welche du die Hormondrüse, das produzierte Hormon und die jeweiligen Aufgaben im Körper einträgst.

2 Vergleiche den technischen Regelkreis mit dem hormonellen. Schreibe die Begriffe auf Kärtchen und lege sie zu Paaren zusammen.

4 Das Gehirn ist der Boss!

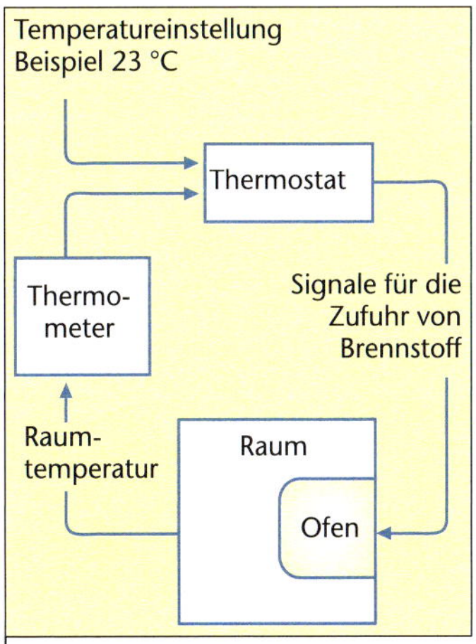

5 Regelkreis Heizung

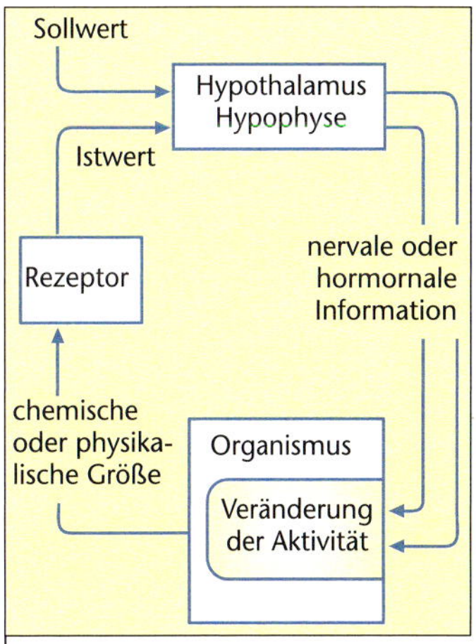

6 Regelkreis Hormonausschüttung

1 Anne und Lina

Jede Frau empfindet anders

Anne fühlt sich heute nicht gut. Sie hat starke Bauchschmerzen und ist müde. Jeden Monat, wenn sie ihre Tage hat, legt sie sich mit einer Wärmflasche ins Bett und hofft, dass die Schmerzen schnell vergehen. „Warum geht's mir nicht wie Lina?“, denkt sie. Lina, eine ihrer Freundinnen, hat während der Menstruation gar keine Schmerzen. Im Gegenteil, Lina fühlt sich am besten, wenn sie während ihrer Tage zum Basketball geht. „Sport lenkt mich ab und hält mich fit“, ist ihre Devise.

So wie Lina und Anne mit ihrer Menstruation umgehen, macht es jede Frau: Sie findet heraus, was ihr während ihrer Tage am besten hilft, und handelt danach.

Wichtig zu wissen

Ab der ersten Regelblutung ist ein Mädchen geschlechtsreif und kann Kinder bekommen.

Was geschieht während der Menstruation im Körper einer Frau?

Ab dem ersten Eisprung haben alle Mädchen und Frauen ihren eigenen Menstruationszyklus, der zwischen 24 und 35 Tagen lang sein kann. Dieser Zyklus wird durch ein zusammenhängendes Hormonsystem im Gehirn und in den Eierstöcken geregelt.

Das Gehirn regelt auch den Eisprung

Im menschlichen Gehirn liegen viele wichtige Steuerzentren, so auch der Hypothalamus und die Hypophyse, die Hirnanhangsdrüse (▷ B 2).
Diese Zentren sorgen durch eigene Botenstoffe dafür, dass verschiedenste Hormondrüsen im Körper stimuliert werden, ihre eigenen Hormone zum richtigen Zeitpunkt auszuschütten.

Bei einer Frau gibt der Hypothalamus beispielsweise einen bestimmten Botenstoff ab. Dieser bewirkt, dass die Hypophyse das **Follikel stimulierendes Hormon FSH** und das **luteinisierende Hormon LH** ausschüttet. FSH und LH gelangen über die Blutgefäße zu den Eizellen im Eierstock. Im Eierstock und in der reifen Eizelle veranlassen sie, dass genau zur richtigen Zeit die beiden Sexualhormone **Östrogen** und **Progesteron** in die Blutbahn abgegeben werden.

Die Eierstöcke und darin die Eizellen sind der Produktionsort der weiblichen Sexualhormone Östrogen und Progesteron. Deren Ausschüttung wird durch die Zwischenhirnhormone FSH und LH geregelt.

Was heißt hier eigentlich Periode?

Der Zyklus einer Frau beginnt am ersten Tag mit der **Menstruationsblutung.** Diese Blutung, die viele Frauen einfach als „die Tage“ bezeichnen, dauert drei bis sechs Tage. Bereits während dieser Zeit schüttet die Hypophyse viel FSH aus, das im Eierstock das Heranreifen von ein bis zwei Eizellen bewirkt.

Gleichzeitig wird im Eierstock viel Östrogen produziert, das für den erneuten Aufbau der Schleimhaut in der Gebärmutter verantwortlich ist. Der komplette Aufbau dauert ungefähr 12 Tage.

Bakterienschutz durch Schleimpfropf

Die ersten 11 Zyklustage verschließt ein Schleimpfropf den Muttermund und sorgt dafür, dass keine Bakterien und Fremdkörper in die Gebärmutter und die Eileiter gelangen. Dadurch werden Gebärmutter und Eileiter vor einer Entzündung geschützt.

Freie Bahn für Spermien

Um den 12. Zyklustag bewirkt Östrogen, dass dieser feste Schleimpfropf dünnflüssig wird. Nun können die Spermien hindurch zum Eileiter gelangen, um eine Eizelle zu befruchten.
Um die Gebärmutterschleimhaut auf eine mögliche Schwangerschaft vorzubereiten, sorgt die Ausschüttung von Progesteron vom 15. bis zum letzten Zyklustag dafür,

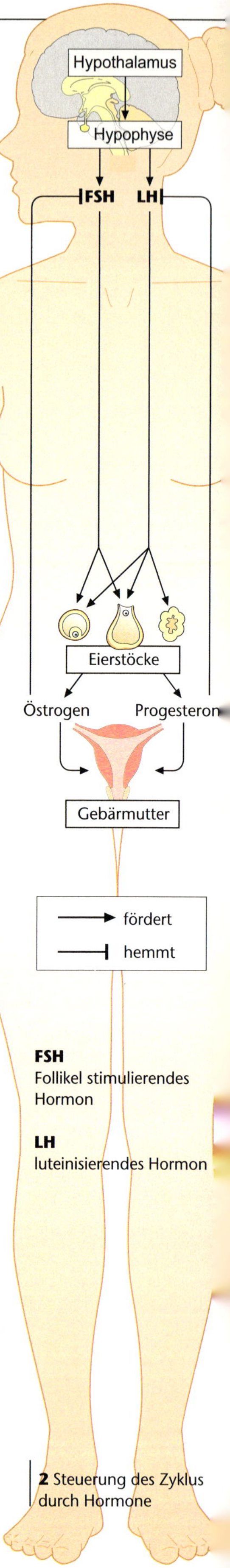

2 Steuerung des Zyklus durch Hormone

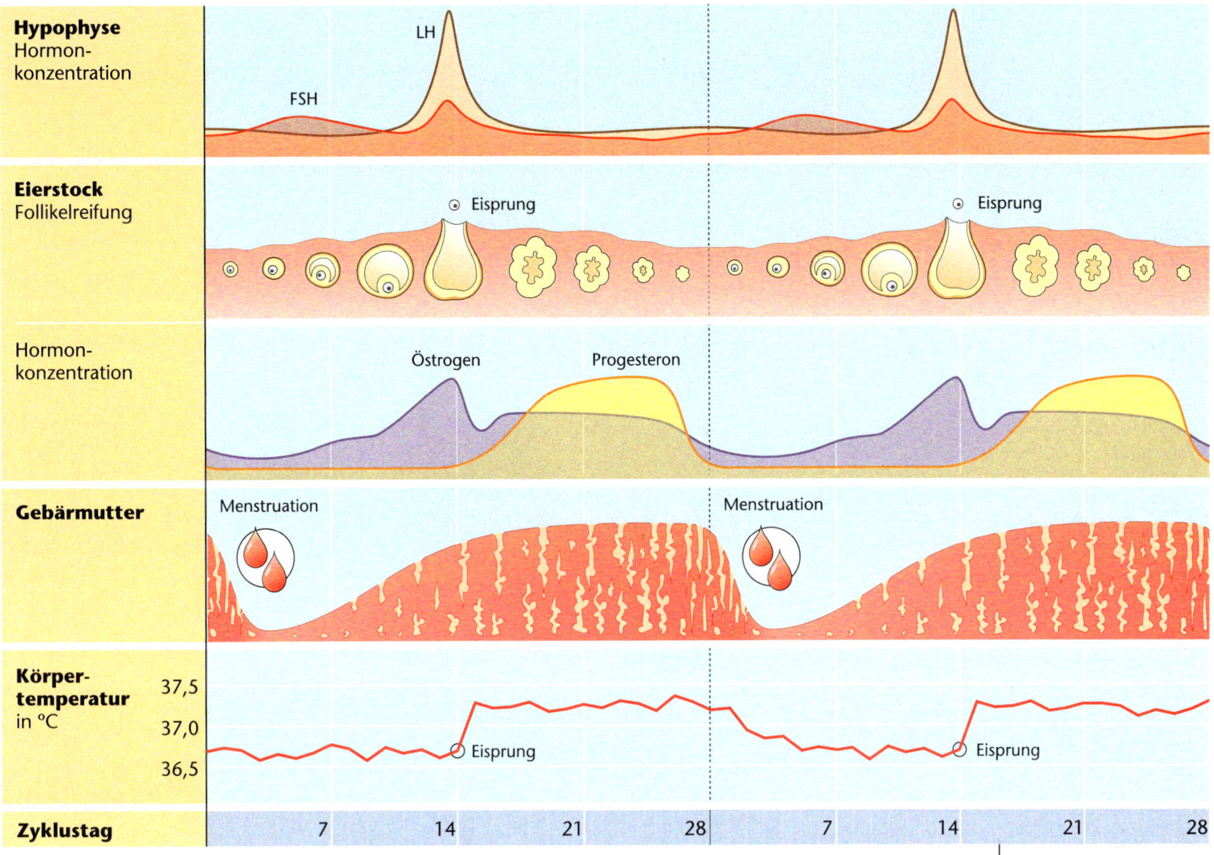

3 Menstruationszyklus

dass sich in der Schleimhaut viele Drüsen bilden, die Nährstoffe bereithalten.

Der Eisprung

Zwischen dem 12. und dem 14. Zyklustag bildet die Hypophyse die größte Menge an LH und FSH. Beide Hormone erreichen über das Blut die Eileiter und bewirken dort den Eisprung. Nun kann eine Befruchtung erfolgen. Kommt es zu keiner Schwangerschaft, bewirkt das Hypophysenhormon LH, dass im Eierstock die Bildung von Östrogen und Progesteron unterdrückt wird.

Spermien leben maximal 72 Stunden. Eine Befruchtung ist deshalb nur zwischen dem 12. und 17. Zyklustag möglich.

Die Menstruationsblutung

Die Unterdrückung von Östrogen und Progesteron hat zur Folge, dass die obere Schleimhautschicht in der Gebärmutter abstirbt und von der Gebärmutterwand abgestoßen wird. Hierbei reißen viele Kapillaren, die zuvor für eine gute Durchblutung der Schleimhaut gesorgt haben. Die Regelblutung, die für jede Frau den Beginn eines neuen Zyklus bedeutet, wird durch diesen Kapillarenabriss eingeleitet.
Auch die Körpertemperatur passt sich diesem Rhythmus an: Direkt nach dem Eisprung steigt die Körpertemperatur um ca. 0,5 °C an (▷ B 3).

Die Menopause

Alle diese Vorgänge im weiblichen Körper kehren periodisch jeden Monat wieder. Sie werden nur durch eine Schwangerschaft unterbrochen.

Mit ca. 45–50 Jahren hören die Hormondrüsen auf, ihre Sexualhormone zu bilden, dann erfolgt kein Eisprung mehr. Wochen bis Monate später unterbleibt auch die Regelblutung, Biologen sprechen von der **Menopause**.

4 Frau in der Menopause

Aufgaben

1 „Hormone sind Botenstoffe". Was bedeutet diese Aussage?

2 Werte Abbildung 3 zum Menstruationszyklus aus. Beschreibe den Zyklus mit deinen eigenen Worten.

Tipps für die girls …

Die Haut hat einen pH-Wert von 5,5. Im Intimbereich ist der pH-Wert viel niedriger, nämlich 4,4. Normale Duschgels zerstören dieses saure Milieu. Deshalb: die Scheide nur mit klarem, warmem Wasser waschen.

Beim Waschen muss man darauf achten, immer von vorne nach hinten zu reinigen, sonst gelangen Keime aus dem After in die Scheide.

Synthetische Slips lassen nicht genug Luft an die Geschlechtsorgane. Besser ist Unterwäsche aus Baumwolle, die kann auch sehr chic sein! Slipeinlagen und zu enge Hosen können zu einem Feuchtigkeitsstau im Intimbereich führen. Das kann Pilzinfektionen hervorrufen.

Tipps für die boys …

Die Hygiene-Tipps für Mädchen unterscheiden sich nicht sehr von denen für die Jungen.

Den Intimbereich mit klarem, warmem Wasser waschen.

Beim Penis die Vorhaut zurückziehen, damit das Smegma sorgfältig entfernt wird.

Nach dem Waschen gut abtrocknen, die Eichel vorsichtig trocken tupfen. Das feuchtwarme Klima unter der Vorhaut ist ein guter Nährboden für Bakterien. Auch für Jungen gilt: nicht jeder verträgt synthetische Unterwäsche.

Hygiene – gerade im Intimbereich
Händewaschen, Duschen, Zähneputzen – das sind Vorgänge, bei denen du gar nicht mehr nachdenken musst. Aber weißt du auch, wie man den Intimbereich richtig pflegt und reinigt?

Es gibt ein paar grundlegende Regeln, die du wissen solltest, um Infektionen zu vermeiden und die Sicherheit zu haben, „rundherum“ frisch und sauber zu sein.

Smegma – schon gehört?
Auf der Vorhautinnenseite und an den Schamlippen befinden sich viele Drüsen, die ständig Talg absondern. Diese weißliche Absonderung hat den Sinn, die Intimregion geschmeidig zu halten. Sammelt sich dieses Smegma (griech. schmieren) aber unter der Vorhaut des Mannes oder bei der Frau im Bereich der kleinen Schamlippen, so begünstigt es Entzündungen. Außerdem riecht Smegma, das sich zersetzt, sehr unangenehm.

▶ Intimhygiene ist für Jungen und Mädchen gleichermaßen wichtig.

Beschneidung
Die Beschneidung von Männern hat eine lange Tradition und ist bei den Juden und Moslems religiöse Pflicht. Aber auch in den USA wurden zeitweilig fast alle neugeborenen Jungen beschnitten. Dabei spielen eher hygienische Gründe eine Rolle. Bei der Beschneidung wird die Vorhaut teilweise oder völlig entfernt. Diese Operation wird unter Lokalbetäubung oder Vollnarkose durchgeführt. Einen Einfluss auf die Sexualität hat man bislang nicht nachweisen können. Bewiesen ist allerdings, dass die Hygiene bei beschnittenen Männern einfacher und leichter ist.

Geschlechtskrankheiten

Was sind Geschlechtskrankheiten?
Geschlechtskrankheiten werden auch „sexuell übertragbare Krankheiten“ genannt, weil sie beim Sex weitergegeben werden, auch durch Petting, Oral- oder Analverkehr. Ob die Krankheit durch Bakterien, Viren oder Pilze verursacht wird, stellen Ärzte mit einem Abstrich schnell fest.
Warnsignale für eine Ansteckung können Brennen beim Wasserlassen, auffälliger Ausfluss aus Scheide oder Glied sowie Juckreiz, Rötung, Pusteln oder Bläschen an den Geschlechtsorganen sein. Wenn die Lymphdrüsen in der Leiste anschwellen oder Schmerzen im Unterleib auftreten, sollte sofort ein Arzt aufgesucht werden. Abwarten ist die falsche Strategie. Geschlechtskrankheiten können, wenn sie nicht auskuriert werden, Spätschäden wie Unfruchtbarkeit oder Krebs bewirken.

Geschlechtskrankheiten werden durch sexuelle Kontakte verbreitet. Sie können wirksam mit Medikamenten bekämpft werden.

Aber ich doch nicht!
Geschlechtskrankheiten kann jeder bekommen, egal ob Mann oder Frau. Weil die Krankheiten sexuell übertragen werden, muss sich auch der jeweilige Geschlechtspartner oder die Partnerin einer Behandlung unterziehen, sonst wandert die Krankheit wie beim Ping-Pong-Spiel hin und her.

1 Kondome verhüten auch Krankheiten.

Jährlich erkranken mehrere Millionen Deutsche an den verschiedenen Geschlechtskrankheiten. Für Ärzte ist die Behandlung Routine.

Safer Sex
Einen absolut sichereren Schutz vor Geschlechtskrankheiten gibt es nicht, höchstens bei völligem Verzicht auf Sex. Wer einen Partner oder eine Partnerin sucht und geschlechtliche Kontakte hat, muss sich entsprechend schützen. Kondome verhindern, dass die Schleimhäute der Genitalien mit den Krankheitserregern in Kontakt kommen. Aber auch die Schleimhäute im Mund sollten nicht mit Scheidenflüssigkeit, Sperma oder Blut in Berührung kommen.
Bis zum Ausheilen einer Geschlechtskrankheit und Abschluss der Behandlung ist Sex völlig tabu!

Kondome sind nicht nur ein zuverlässiges Verhütungsmittel, sie können auch vor der Übertragung von Geschlechtskrankheiten schützen.

Krankheit	Erreger	Symptome	Behandlung	Was du noch wissen solltest
Herpes genitalis	Virus	kleine juckende Bläschen an den Genitalien	virushemmende Medikamente, meist Salben	Herpesbläschen gibt es auch an den Lippen. Wer einmal Virusträger ist, bleibt es sein Leben lang.
Hepatitis B	Virus	Beschwerden wie bei einer Grippe	Schutzimpfung	Die Viren kommen in allen Körperflüssigkeiten vor, auch im Speichel.
AIDS	Virus	Schwächung des Immunsystems	noch keine Heilung möglich	HI-Viren sind in Blut, Samen- und Scheidenflüssigkeit.
Chlamydien	Bakterien	Brennen beim Wasserlassen, schleimig-eitriger Ausfluss	Antibiotika	sehr verbreitete Geschlechtskrankheit, im Jahr über 1 Million Erkrankungen in Deutschland
Gonorrhöe (Tripper)	Bakterien	grünlich-gelber Ausfluss, Brennen beim Wasserlassen	Antibiotika	Eine Spätfolge kann Unfruchtbarkeit sein.
Syphilis	Bakterien	Knoten im Genitalbereich	Antibiotika	Die Krankheit verläuft in drei Stadien.
Candidosen	Pilze	gerötete, juckende Scheide oder Eichel	Medikamente speziell gegen Pilze	Hefepilze, die immer im Körper vorkommen, bei Einnahme der Anti-Baby-Pille aber überhand nehmen

2 Geschlechtskrankheiten

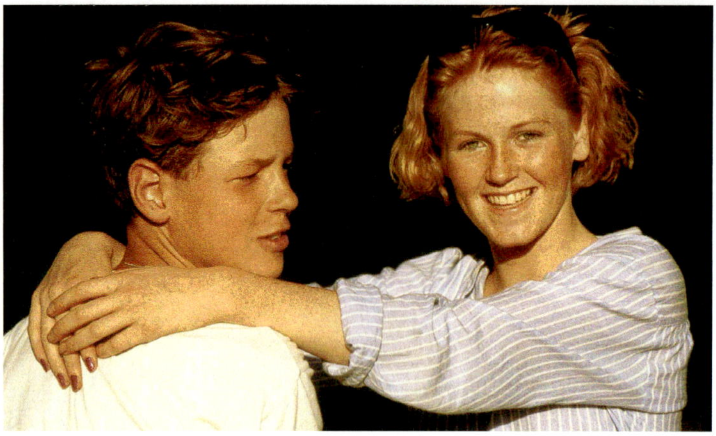

Schwangerschaftsverhütung – auch Infektionsschutz?

Einige aus deiner Klasse machen sich jetzt vielleicht schon Gedanken, ob sie mit ihrem Freund oder ihrer Freundin schlafen wollen.

Sex kann sehr schön sein. Aber sicher weißt du auch, dass du noch viel zu jung bist, um die Verantwortung für ein Baby zu übernehmen. Die Pflege und Erziehung eines kleinen Kindes braucht sehr viel Zeit, Kraft und Geduld.

Verantwortung geht beide an!

Um Verantwortung zu zeigen, musst du, wenn du mit deinem Freund oder deiner Freundin Sex haben willst, auf jeden Fall verhüten!

Wie verhüte ich richtig?

Die **Antibabypille** ist ein verschreibungspflichtiges Medikament. Die Pille, wie sie meistens nur genannt wird, besteht entweder nur aus einem Östrogenanteil oder aus kombinierten Östrogen-Gestagenanteilen. Frauen, die mit der Pille verhüten, müssen sie nach Vorschrift regelmäßig zu einer bestimmten Uhrzeit einnehmen. Durch den Östrogenanteil wird die Ausschüttung von FSH und LH unterdrückt. Da FSH für die Eizellreifung unverzichtbar ist, unterbleibt diese und damit letztendlich auch der Eisprung. Deshalb kann es auch zu keiner Schwangerschaft mehr kommen. Sollte dennoch einmal eine Eireifung und damit auch der Eisprung erfolgen, ist eine Schwangerschaft auch deshalb ausgeschlossen, weil die Schleimhaut der Gebärmutter nicht vorbereitet worden ist. Aber auch die Einnahme der Pille bietet keine Garantie für die Schwangerschaftsverhütung. Daran musst du denken, wenn du dich beispielsweise einmal nach der Einnahme übergeben musst!

> Richtig angewendet, bietet die Antibabypille einen hohen Schwangerschaftsschutz. Sie kann aber nicht vor Infektionen schützen.

Nebenwirkungen

Wenn sich Mädchen und Frauen für die Pille entscheiden, müssen sie bedenken, dass diese wie alle Medikamente auch Nebenwirkungen hat. Es können Kopfschmerzen auftreten und bei übergewichtigen Frauen oder Raucherinnen auch Blutgerinnsel, die zu Venenverstopfungen führen. Diese Venenverstopfung, Mediziner nennen sie **Thrombose**, kann lebensbedrohliche Folgen haben.

Auch Jungen können verhüten

Jungen und Männer müssen Verantwortung zeigen, indem auch sie an die Verhütung denken. Für sie gibt es das **Kondom**, das du in verschiedenen Größen kaufen kannst. Selbstüberschätzung ist hier gefährlich. Beachte, dass das Kondom immer eng über den steifen Penis gezogen werden muss und nur einmal benutzt werden darf. Seifen und Gleitcremes, wie sie beispielsweise gebraucht werden, um das Eindringen des Penis in eine enge Vagina zu erleichtern, zerstören den Latex und machen das Kondom undicht. Dasselbe passiert, wenn man spermienabtötende Schaumzäpfchen oder Gels zusammen mit einem Kondom verwendet. Achte auch auf das Verfallsdatum eines Kondoms! Kondome schützen bei richtiger Anwendung nicht nur vor einer Schwangerschaft; sie verhindern auch eine Ansteckung mit sexuell übertragbaren Krankheiten wie AIDS oder Tripper.

> Richtig angewendet ist das Kondom ein sicheres Verhütungsmittel, das vor einer Schwangerschaft und vor sexuell übertragbaren Krankheiten schützen kann.

Aufgaben

1 Informiere dich, wo Jungen und Mädchen Kondome kaufen können.

2 Welche Produkte darfst du auf gar keinen Fall zusammen mit einem Kondom benutzen? Erkläre warum.

3 Informiere dich über die Sicherheit und die Anwendung von Pille und Kondom anhand der Beipackzettel. Fasse die Informationen mit eigenen Worten zusammen.

Methoden zur Empfängnisverhütung

Der amerikanische Biologe RAYMOND PEARL (1879–1940) formulierte 1936 den nach ihm benannten **Pearl-Index (PI)**. Dieser gibt an, wie viele von 100 Frauen bei Verwendung derselben Verhütungsmethode schwanger geworden sind. Je niedriger der PI eines Verhütungsmittels ist, desto sicherer ist die Verhütungsmethode.

Wollen junge Paare verhüten, ist die Wahl des richtigen Mittels nicht immer einfach. Am besten ist es, wenn sich die Paare rechtzeitig mit einem Arzt oder einer Ärztin besprechen.

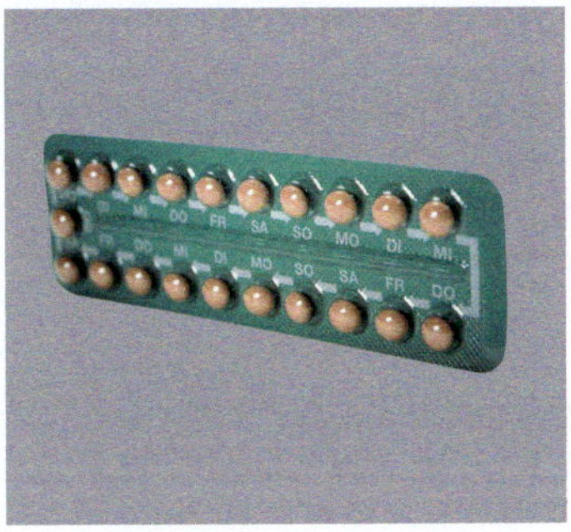

Die **Minipille** hat nur einen geringen Gestagenanteil und keinen Östrogenanteil. Sie bewirkt, dass der Schleimpfropf, der jeden Monat gebildet wird und vor dem Muttermund haftet, nicht wie üblich abgebaut wird.
Dieser bildet ein mechanisches Hindernis und versperrt den Spermien den Weg zu Gebärmutter und Eileiter. Der Eisprung findet dennoch statt. Deshalb ist die Minipille ein relativ unsicheres Verhütungsmittel. **(PI 3)**

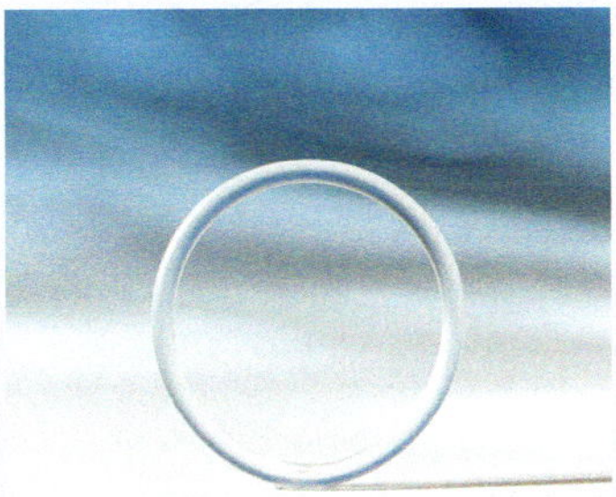

Relativ neu ist der **Nuva Ring**, ein mit Östrogen und Gestagen bestückter Plastikring von ca. 2,6 cm Durchmesser, der in die Scheide eingeführt wird, wo er 21 Tage verbleibt. Er muss an keiner bestimmten Stelle platziert werden. Durch Körperwärme und Feuchtigkeit wird eine kontinuierliche Hormonabgabe ausgelöst. Drei Tage nach dem Entfernen des Ringes setzt die Monatsblutung ein, dann muss ein neuer Ring eingesetzt werden. Wird er zu früh entnommen, erlischt der Verhütungsschutz und die Anwenderin muss zusätzlich verhüten. **(PI 0,65)**

Bei der **Temperaturmessmethode nach Knauss-Ogino** muss die Frau ihre Temperatur jeden Morgen zur selben Uhrzeit im After messen. Während die Körpertemperatur einer gesunden Frau tagtäglich gleich hoch ist, steigt die Temperatur am Tag des Eisprungs um ca. 0,5 °C an. An diesem und den nachfolgenden vier Tagen kann eine Schwangerschaft entstehen. Diese Methode ist sehr ungenau, da schon eine kleine Erkältung die Körpertemperatur durcheinander bringen kann. **(PI 38)**

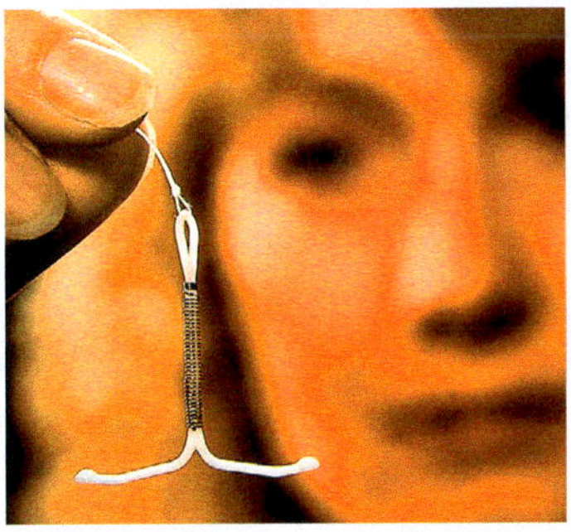

Die **Spirale**, ein ca. 3 cm langes T-förmiges Instrument, wird von Frauenärzten durch die Scheide in die Gebärmutter eingeführt. Die Spirale besteht aus Kunststoff, der mit Kupferdraht umwickelt sein kann. Dadurch wird die Gebärmutterschleimhaut gereizt, sodass sich befruchtete Eizellen nicht einnisten können.
Die Spirale kann zusätzlich Östrogene enthalten. Diese haben dieselbe Wirkung wie eine Antibabypille. **(PI 0,4)**

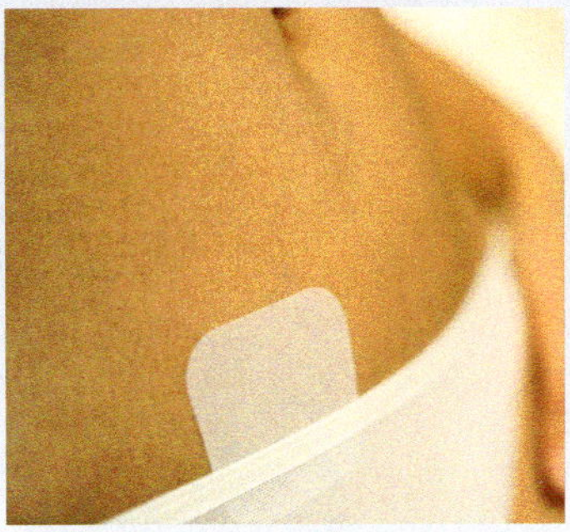

Ebenfalls neu auf dem Markt ist das „**Hormonpflaster**“. Es besteht aus zwei Schichten: die äußere schützt vor Schmutz und Zerstörung, in der inneren befinden sich die Hormone, die an den Körper abgegeben werden. Die Wirkstoffe gelangen über die Haut direkt in die Blutbahn. Da nicht der Weg über den Magen-Darm-Trakt genommen wird, ist das Hormonpflaster gut verträglich und schützt auch bei Durchfall und Erbrechen. Die Haftfähigkeit des Pflasters ist sehr gut, Duschen, Baden und Saunieren lösen es nicht ab. Es muss allerdings auf saubere und trockene Haut aufgeklebt werden, die nicht eingecremt ist. **(PI 0,9)**

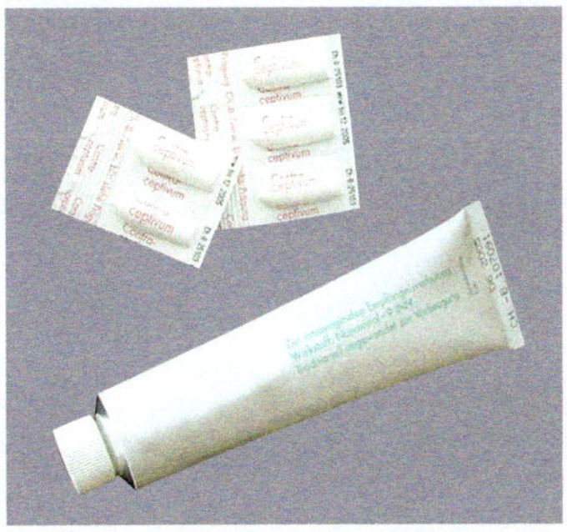

Viele junge Paare verwenden auch **Schaumzäpfchen oder Schaumgels**. Diese chemischen Präparate werden 10 Minuten vor dem Geschlechtsverkehr in die Scheide eingeführt. In dieser Zeit, am besten während der gesamten Dauer des Geschlechtsverkehrs, muss die Frau auf dem Rücken liegen bleiben, damit das flüssig gewordene Zäpfchen oder Gel nicht auslaufen kann. Diese Verhütungsmittel enthalten einen Spermien abtötenden Zusatz. **(PI 21)**

1 Beratungsgespräch

Unerfüllter Kinderwunsch

Johanna schaut in alle Kinderwagen und bleibt vor jedem Fachgeschäft für Babyartikel stehen. Sie ist 29 Jahre alt und seit einigen Jahren verheiratet.
Obwohl sich beide Partner sehnlichst ein Kind wünschen, hat es bislang mit der Erfüllung dieses Traumes noch nicht geklappt. Johanna hat vor zwei Jahren die Pille abgesetzt. Seither schlafen sie und ihr Mann bewusst in der Zeit ihres Eisprungs miteinander – bislang ohne Erfolg.

Die ersten Untersuchungen – liegt´s an ihm, liegt´s an ihr?

Dem jungen Paar hat der Hausarzt geraten, sich aus diesem Anlass untersuchen zu lassen. In einem ausführlichen Gespräch erklärt er den beiden, dass die Ursachen für den unerfüllten Kinderwunsch sowohl beim Mann als auch bei der Frau liegen können.

Sterilität beim Mann

Zuerst lässt sich der Mann beim Urologen untersuchen. Dieser stellt beim ersten Abtasten keine Auffälligkeiten fest. Im Verlauf der weiteren Untersuchungen überprüft der Spezialist die Beschaffenheit der Spermien.
Der Arzt zählt die drei häufigsten Ursachen für eine eventuelle Sterilität auf:
1. Die Samenzellenbildung ist gestört. Das können Funktionsstörungen des Hodens in Folge von Infektionen wie Mumps oder Hormonstörungen sein. Dies erkennt man unter dem Mikroskop an zu wenigen oder defekten Spermien.
2. Der Spermientransport ist gestört. Verantwortlich dafür sind verklebte Samenleiter. Die sind entweder erblich bedingt oder durch Verletzungen entstanden.
3. Auch eine ungesunde Lebensweise, Stress, Nikotin oder falsche Ernährung können zur Sterilität führen.
Da der Urologe keine Auffälligkeiten entdeckt, geht das Paar gemeinsam zur Gynäkologin.

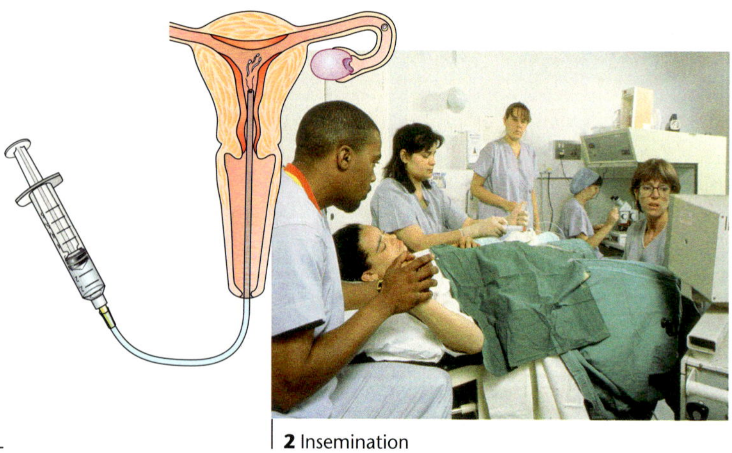

2 Insemination

Sterilität bei der Frau

Durch Abtasten und Ultraschall überprüft die Frauenärztin, ob eine Fehlbildung von Eierstöcken, Eileiter oder Gebärmutter vorliegt. Dann macht sie ein Hormonbild. Dadurch erkennt sie hormonelle Störungen, welche die häufigste Ursache für Unfruchtbarkeit bei der Frau sind.

Im Abschlussgespräch eröffnet sie der jungen Frau, dass bei ihr eine solche Hormonstörung vorliegt. Da das junge Paar unbedingt ein Kind möchte, rät die Gynäkologin, eine Klinik, die auf **Reproduktionsmedizin** spezialisiert ist, aufzusuchen.

Beide informieren sich, was Reproduktionsmedizin überhaupt ist. Ein Facharzt erklärt ihnen, dass die Reproduktionsmedizin ein Zweig der Humanmedizin ist, dessen Schwerpunkt die Behandlung von Unfruchtbarkeit bzw. ungewollter Kinderlosigkeit bei Mann und Frau ist.

Beim „Kinderwunsch-Team"

Das Personal der Klinik ist auf die Behandlung der Sterilität spezialisiert. Hier arbeiten Ärzte und Ärztinnen, Laboranten und Assistentinnen Hand in Hand.
Johanna und ihr Mann werden zuerst über die wichtigsten Verfahren der modernen Reproduktionsmedizin informiert:

Insemination nennt man das apparative Einbringen von Sperma in die weiblichen Geschlechtsorgane.
Zum Zeitpunkt des Eisprungs werden der Frau mithilfe einer Spritze und einer Ka-

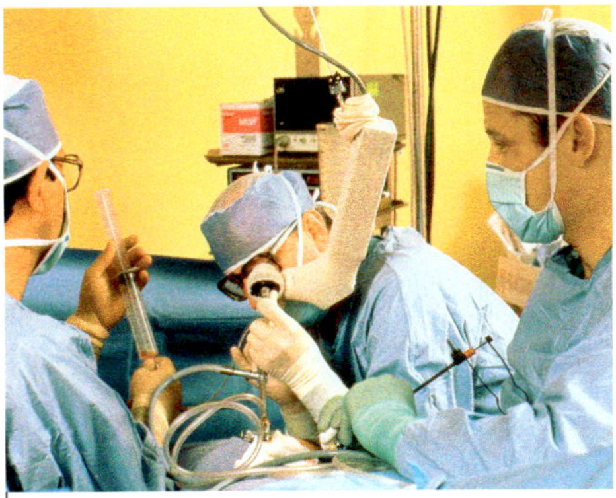

3 Frau bei Eientnahme

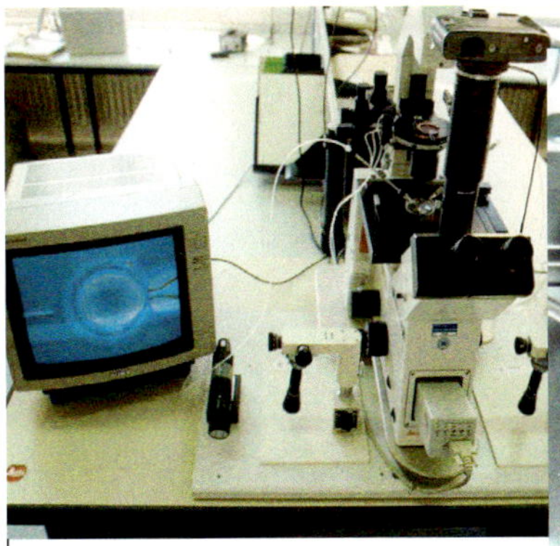

4 ICSI-Arbeitsplatz

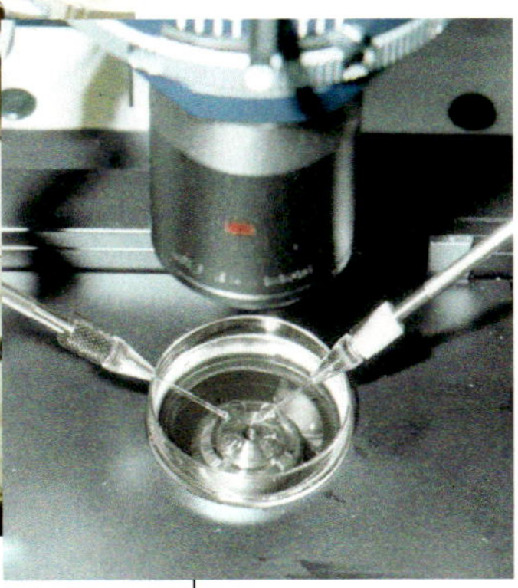

5 ISCI Nahaufnahme

nüle besonders aufbereitete, „gewaschene“ Spermien direkt in die Gebärmutter eingebracht.

Bei der Insemination findet der eigentliche Befruchtungsvorgang im Körper der Frau statt.

Den zweiten großen Bereich der Reproduktionsmedizin bilden Methoden, die außerhalb des weiblichen Körpers stattfinden. Man spricht von extrakorporaler Befruchtung.
Diese Verfahren werden unter dem Begriff **„In-vitro-Fertilisation“** (IVF) zusammengefasst. Es handelt sich dabei um Befruchtungen im Reagenzglas.

In sieben Schritten zum Wunschkind
Das IVF-Verfahren verläuft in sieben Arbeitsschritten:
1. Durch Hormongaben werden die Eibläschen stimuliert. Damit erhöht sich die Chance, mehrere Eizellen zu gewinnen.
2. Per Ultraschall werden die heranwachsenden Eizellen kontrolliert. Zusätzlich wird der Hormonspiegel im Blut gemessen. Auf diese Weise wird der günstigste Zeitpunkt zur Gewinnung reifer, befruchtungsfähiger Eizellen bestimmt.
3. Durch eine Hormonspritze wird der Eisprung ausgelöst.
4. Die Eibläschen mit den Eizellen werden mithilfe der Ultraschalltechnik punktiert. Das geschieht unter Narkose.
5. Die Samen des Mannes werden durch mehrere „Waschvorgänge“ von Sekreten befreit und dann durch eine spezielle Aufarbeitung konzentriert.
6. Im Labor werden die aufbereiteten Spermien in einer Kulturflüssigkeit zu den Eizellen gegeben. Nun verbleiben Ei- und Samenzellen für 24 Stunden in einem Wärmeschrank bei 37 °C. Danach wird geprüft, ob es zu einer Befruchtung gekommen ist.
7. Wenn das der Fall ist, wird der in der Kulturflüssigkeit schwimmende Embryo mit einem dünnen Katheder in die Gebärmutter übertragen.

Eine Spezialform der IVF ist **ICSI** (Intracytoplasmatische-Spermium-Injektion).
Diese Technik wird angewandt, wenn die Beweglichkeit der Spermien stark eingeschränkt ist. Mit einer Injektion wird eine einzelne Samenzelle in das Zentrum der Eizelle transportiert. Dabei wird das Ei von einer winzigen Saugpipette festgehalten. Alle übrigen Schritte der Eizellgewinnung, der Kultur und des Transfers bleiben gleich.

IVF und ICSI sind erfolgreiche Behandlungsmöglichkeiten der Sterilität.

Wie hoch sind die Chancen? Gibt es Risiken?
Johanna und ihr Mann wollen, bevor sie sich entscheiden, wissen, wie hoch die Erfolgsrate einer IVF-Behandlung ist.
In Deutschland werden jährlich 70 000 IVF/ICSI Verfahren durchgeführt, davon sind 15 000 bis 20 000 erfolgreich. Oder anders gesagt: Jeder vierte bis fünfte Embryonentransfer führt zu einer Schwangerschaft. Mit der Zahl der Versuche pro Patientin steigt die Schwangerschaftsrate an. Nach vier Embryonentransfers ist mehr als jede zweite Frau schwanger.
Die Schwangerschaft verläuft anschließend völlig normal. Zu den Risiken der IVF und ICSI Behandlung zählen Mehrlingsschwangerschaften und eine leicht erhöhte Fehlgeburtenrate.

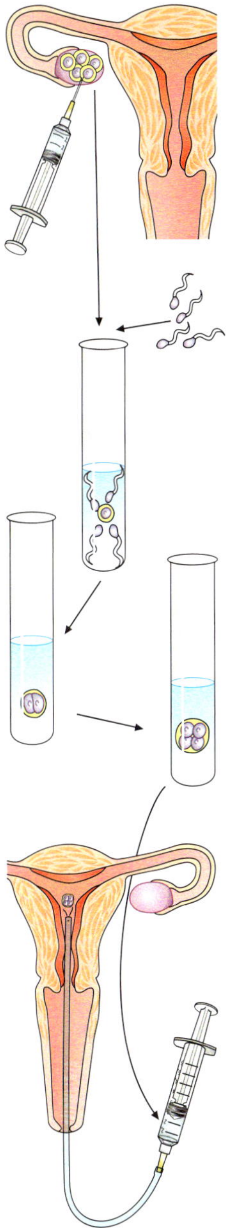

6 Ablauf der IVF

Verschiedene Arten von Sexualität

Von den bekannten amerikanischen Sexualforschern WILLIAM H. MASTERS und VIRGINIA E. JOHNSON stammt der Ausspruch: „In der menschlichen Sexualität gibt es nichts, was es nicht gibt. Wer will da schon sagen, was normal ist?"

Einige Arten von Sexualität sind verboten, andere sicher für viele befremdlich, hier ist es wichtig, dass beide Partner diese Art der Intimität mögen.

Erneuter Fall von brutaler Kindesmisshandlung

Seit Montag muss sich ein 35-jähriger vor der Strafkammer verantworten. Ihm wird vorgeworfen, seine neunjährige Tochter und deren gleichaltrige Freundin seit zwei Jahren sexuell missbraucht zu haben. Die Kinder machte er sich u.a. durch Androhung von Schlägen gefügig. Seine Ehefrau wusste davon, benachrichtigte aber nicht

Wenn Erwachsene, vor allem Männer, Kinder zum Sex missbrauchen, nennt man diese Veranlagung **Pädophilie**. Die Täter können aus dem engsten Familienkreis stammen.
Pädophilie ist verboten und wird mit Gefängnis bestraft.
Kinder müssen vor solchen Menschen geschützt werden, indem ihre Persönlichkeit gestärkt wird. Sie brauchen auch einen Ansprechpartner, dem sie vertrauen können und der sie beschützt!

Wenn sich Partner gegenseitig mit dem Mund oder der Zunge an den Geschlechtsorganen küssen, spricht man von **Mund- oder Oralverkehr**. Wichtig ist, dass beide Partner diese Art der Sexualität als angenehm empfinden.

Bevor junge Paare das erste Mal miteinander schlafen, haben sie sich schon viele Male zuvor nur an den Geschlechtsorganen berührt und gestreichelt. Obwohl diese Art der körperlichen Zärtlichkeit wahrscheinlich schon sehr alt ist, haben Sexualforscher erst 1954 den Begriff **Petting** für diese Art der Intimität geprägt.

Wenn homosexuelle Männer beim Sex mit ihrem Penis in den After, den Ausgang des Mastdarmes, ihres Partners eindringen, spricht man von **Analverkehr**.
Auch heterosexuelle Paare mögen manchmal diese Art des Geschlechtsverkehrs. Dabei dringt der Mann mit seinem Penis in den After der Frau ein.

Menschen, die möchten, dass man ihnen beim Sex Schmerzen zufügt, sind Anhänger des **Masochismus**. Hierfür benützen die Partner Peitschen, Nadeln oder Schlagstöcke. Ohne Schmerzen kommen Masochisten nicht zum Orgasmus.
Aber es müssen beide Partner entscheiden, ob sie diese Art der Sexualität mögen.

Als **Pornos** oder **Pornografie** werden Bilder oder Filme bezeichnet, bei denen menschliche Geschlechtsorgane in ihrer sexuellen Aktivität bewusst betont werden. Die Konsumenten sollen dadurch sexuell erregt werden.

Menschen, die ihren Partnern Schmerzen zufügen, um selbst den sexuellen Höhepunkt erreichen zu können, werden **Sadisten** genannt.
Der Name **Sadismus** geht auf den französischen Adligen MARQUIS DE SADE zurück (1740–1814), der seinen Sexualpartnerinnen starke Schmerzen zufügte, bis hin zur Folter. Sadismus und Masochismus gehören oft zusammen.

Als **Exhibitionisten** werden Menschen bezeichnet, die sich öffentlich nackt zeigen. Dies kann im Schwimmbad im Park oder auf der Straße geschehen. Häufig sind Männer die Täter. Sie erregen sich dabei, wenn die unfreiwilligen Beobachter beim Anblick des Penis erschrecken.
Auch diese Art der sexuellen Zurschaustellung ist strafbar.

Voyeure oder **Spanner** sind Leute, die anderen heimlich beim Sex zusehen und dadurch selbst sexuell erregt werden.

Brennpunkt

Sexueller Missbrauch von Jugendlichen

Schweigen – ein Alarmsignal?

Seit zwei Wochen sitzt Steffi schweigend beim Frühstück. Auf Fragen ihrer Eltern und Geschwister gibt sie allgemeine oder gar keine Antworten. Was ist mit Steffi los?

Schon seit längerem lauert ihr ein fremder Mann immer wieder an der Bushaltestelle auf und macht ihr Komplimente über ihren Busen und ihre langen Beine. In den letzten Wochen ist dieser Mann immer aufdringlicher geworden, er hat sogar versucht sie zu berühren und versprochen, von ihr Bilder zu machen für ein Modemagazin.

Wie bekommen Betroffene Hilfe?

Steffi weiß nicht, was sie machen soll: Natürlich wären ihre Freundinnen Naomi und Lena neidisch, wenn ihr Bild in einem Modemagazin wäre. Aber kann sie diesem fremden Mann trauen? Verunsichert fragt sie Anne um Rat. Anne hat auch gleich eine Idee: Sie rät Steffi mit Frau Klee, der Vertrauenslehrerin, zu sprechen. In den nächsten Tagen stellt Frau Klee den Kontakt für Steffi zwischen Schule, Eltern und Polizei her.

Steffi ist froh. Ihre Eltern haben nicht sauer reagiert. Ihr Vater hat mit dem fremden Mann gesprochen und ihm verboten, Steffi anzusprechen. Auch weiß dieser Mann jetzt, dass er angezeigt wird, wenn er sich nicht an dieses Verbot hält.

Steffi hat noch einmal Glück gehabt; nicht immer läuft so eine Sache glimpflich ab! Wäre Steffi mit diesem Mann in seine Wohnung gegangen, hätte durchaus eine Vergewaltigung am Ende ihrer Geschichte stehen können.

1 Selbstverteidigung

Jedes Jahr werden in Deutschland rund 800 Menschen, vor allem Mädchen und Frauen, vergewaltigt. Dies ist nur die offizielle Zahl, Experten schätzen, dass diese Zahl in Wahrheit zehnmal größer ist.

Polizei und Hilfsorganisationen weisen erneut darauf hin, alle Verdachtsfälle umgehend anzuzeigen. Nur so könne den Tätern das Hand- ... ge-

Auch Jungen sind gefährdet

Niko geht in seiner Freizeit oft schwimmen. In letzter Zeit beschleicht ihn jedoch ein ungutes Gefühl, wenn er ans Hallenbad denkt. Jedes Mal, wenn er nach dem Training duschen will, wartet im Duschraum schon ein älterer Mann auf ihn. Zuerst hat der Typ immer nur auffällig auf Nikos Penis geschaut. Doch nun hat er Niko angesprochen und ihm Komplimente über seine sportliche Figur gemacht. Niko hat den Mann angebrüllt und ihm mit der Polizei gedroht. Jetzt hat Niko Angst und weiß nicht, was passiert, wenn dieser Mann wieder im Schwimmbad auf ihn wartet.

Viele Betroffene trauen sich nie oder erst nach langer Zeit sexuelle Belästigungen oder eine Vergewaltigung bei der Polizei zu melden. Der Grund hierfür ist oft die Scham, die Menschen empfinden, wenn sie vergewaltigt worden sind. Oft wissen sie nicht, dass es heute viele Beratungsstellen gibt, die das Ereignis anonym behandeln und ihnen helfen können.

Aufgaben

1 a) Was hättest du Steffi geraten?
b) Wie würdest du dich an ihrer Stelle entscheiden?

2 Welche Personen würdest du um Rat und Hilfe bitten, wenn du an Steffis Stelle wärst?

3 Wie könnte sich Niko wehren? Überlegt euch mehrere Möglichkeiten und diskutiert sie in der Klasse.

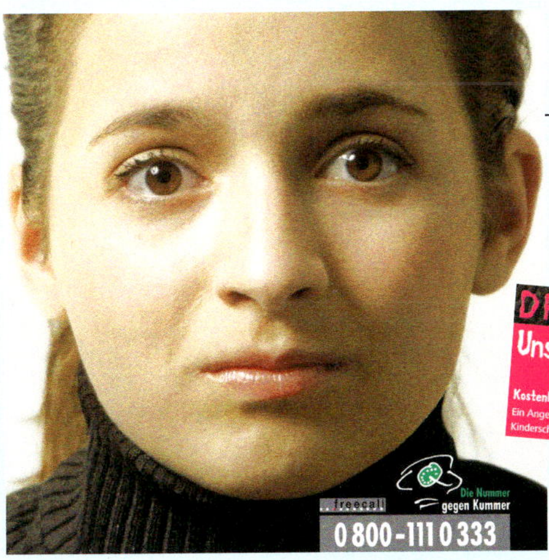

2 Nummer gegen Kummer: 0800-111 0 333

Erwachsen werden – die Zeit voller Fragezeichen

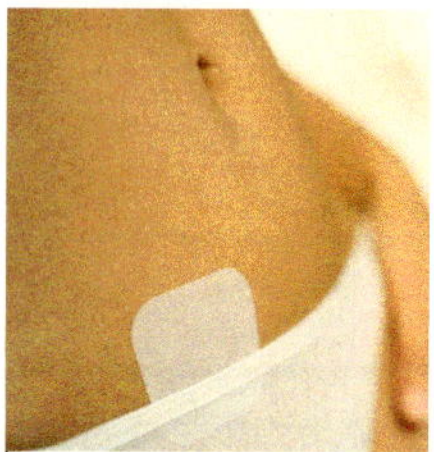

1 Hormonpflaster

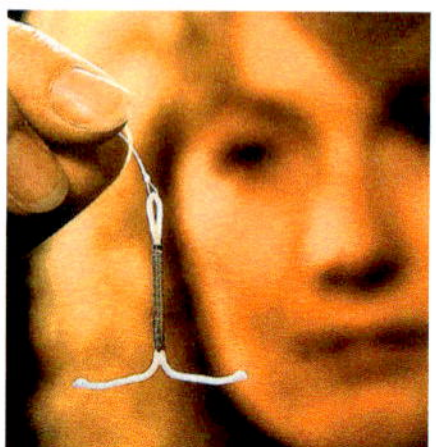

2 Spirale

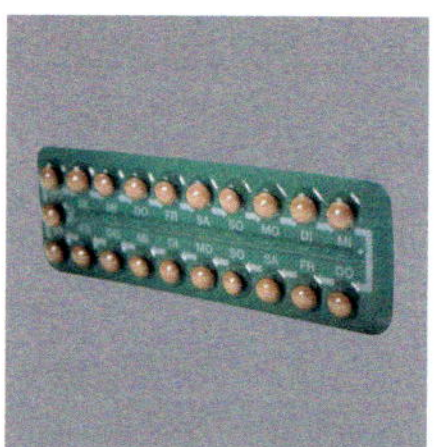

3 Minipille

4 Nuva Ring

Rollenverhalten
Frauen und Männer sind auch im Berufsleben gleichberechtigt. Beide entscheiden aufgrund ihrer Vorlieben und Eigenschaften, wo ihr berufliches Arbeitsfeld liegen soll.

Liebe
Wenn man einen anderen Menschen liebt, bedeutet das ein Gefühl inniger und tiefer Verbundenheit. Beispiele sind die Liebe zwischen Eltern und Kindern und die Liebe zwischen einem Paar.

Veränderte Gefühlswelt
Die Pubertät bringt nicht nur körperliche Veränderungen mit sich. Auch das Gefühlsleben verändert sich. Hierzu gehört auch, dass man fremde Menschen attraktiv und interessant findet.

Interessenkonflikte
Eine Liebesbeziehung bedeutet nicht, dass die beiden Partner blind für ihre Umwelt sind und nur noch sich selbst wahrnehmen. Beide Partner sind Menschen, die einen Freundeskreis brauchen und sich selbst nicht aufgeben dürfen. Es ist wichtig, dass jeder der Partner den Freundeskreis des anderen akzeptieren lernt.

Trennung
Eine Trennung ist für die meisten Menschen sehr schmerzlich. Es ist wichtig und schön, wenn man den anderen in einer Trennung und nach einer Trennung respektvoll und fair behandelt.

Verantwortung
Beim Geschlechtsverkehr müssen gerade Jugendliche an Verhütungsmittel denken. Sie sind noch zu jung, um die Verantwortung für ein eigenes Kind tragen zu können.

Kondome
Bei der Verwendung von Kondomen muss auf das Qualitätssiegel des TÜV, das Verfallsdatum und die richtige Größe geachtet werden. Ein zu groß ausgewähltes Kondom vermindert die Sicherheit, da Spermien zwischen dem Kondom und dem Penis austreten können.

Kondome können bei richtiger Anwendung nicht nur eine Schwangerschaft verhüten; sie können auch vor sexuell übertragbaren Krankheiten wie zum Beispiel AIDS schützen.

Antibabypille
Die Pille ist ein sehr sicheres Verhütungsmittel. Sie muss wie alle Verhütungsmittel richtig angewendet werden. Im Gegensatz zum Kondom bietet sie keinen Infektionsschutz.

Sichere Verhütung
Der Pearl-Index beschreibt die Sicherheit einer Verhütungsmethode. Je kleiner der Index ist, desto sicherer ist eine Methode.

Homosexualität
Wenn zwei gleichgeschlechtliche Partner miteinander sexuellen Verkehr haben, spricht man von Homosexualität.

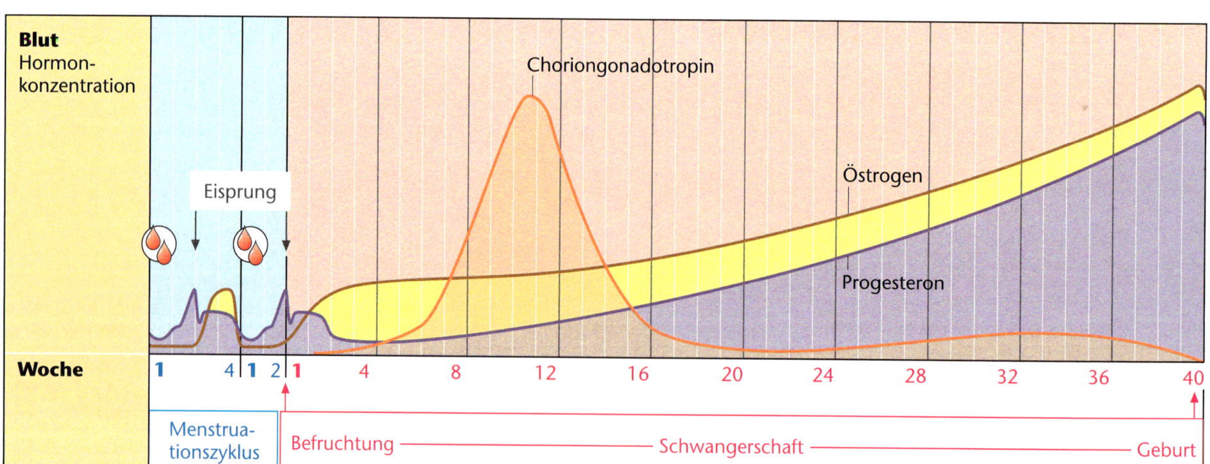

5 Zu Aufgabe 4

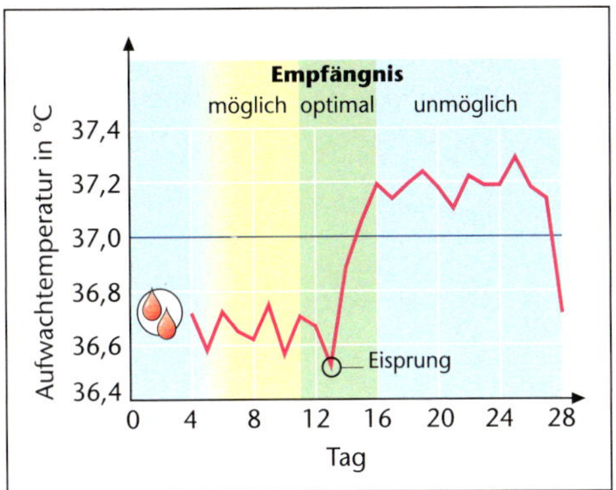

6 Temperaturmessmethode

Botenstoffe
Hormone sind Botenstoffe. Sie werden in Drüsen gebildet. Die Steuerung dieser Hormondrüsen unterliegt der Stimulation durch Zentren im Gehirn.

Zentrale Hormonsteuerung
Die Geschlechtshormone Östrogen und Progesteron, die im Eierstock bzw. in der Eihülle der reifen Eizelle gebildet werden, unterliegen der Stimulation durch FSH und LH. FSH und LH sind Hormone der Hypophyse.

Menstruationszyklus
Der weibliche Zyklus beginnt am Tag 1 mit der Menstruationsblutung dauert meist zwischen 24 und 35 Tage lang.

Sexueller Missbrauch
Jugendliche beiden Geschlechts können das Opfer von sexuellem Missbrauch und sexueller Gewalt sein. Wichtig ist, dass sich die Opfer melden, damit weitere Gewalthandlungen vermieden und verhindert werden können.

Aufgaben

7 Kondome sind wichtig!

8 Verliebt

1 Beschreibe die Abhängigkeit von Östrogen und Progesteron zu FSH und LH.

2 Was musst du beim Kauf von Kondomen beachten?

3 Nur du selbst entscheidest, wie du auf andere Menschen wirkst. Erkläre diese Aussage.

4 Vergleiche die Hormonkonzentrationen im Menstruationszyklus der Frau mit denen, die während der Schwangerschaft produziert werden (▷B 5).

5 Ordne die in der linken Randspalte abgebildeten Verhütungsmethoden nach ihrer Sicherheit.

6 Jeder Mensch hat eigene Bedürfnisse. Betrachte Abbildung 8 und begründe diese Aussage.

7 Viele Menschen haben Homosexuellen gegenüber Vorurteile. Diskutiere darüber.

8 Auf welchem Wirkungsprinzip beruht die schwangerschaftsverhütende Wirkung der Pille?

9 Aus welchem Grund kann der Menstruationszyklus zu Beginn der Pubertät noch sehr unregelmäßig sein?

10 Bewundert zu werden ist schön. In welchen Situationen musst du aber aufpassen? Definiere für dich selbst, ab wann dir Komplimente lästig oder sogar gefährlich erscheinen.

11 Wie jedes Medikament hat auch die Pille ihre teilweise gefährlichen Nebenwirkungen. Nenne diese.

Die Zelle – Baustein des Lebendigen

Alle Aktivitäten von Pflanze, Tier und Mensch lassen sich auf Vorgänge in Zellen zurückführen. Muskelzellen bewegen die Augen, während du diesen Text liest. Nervenzellen übermitteln die Bilder, die wir aufnehmen, zum Gehirn, wo die Informationen schließlich als Sinneswahrnehmungen bewusst gemacht werden.

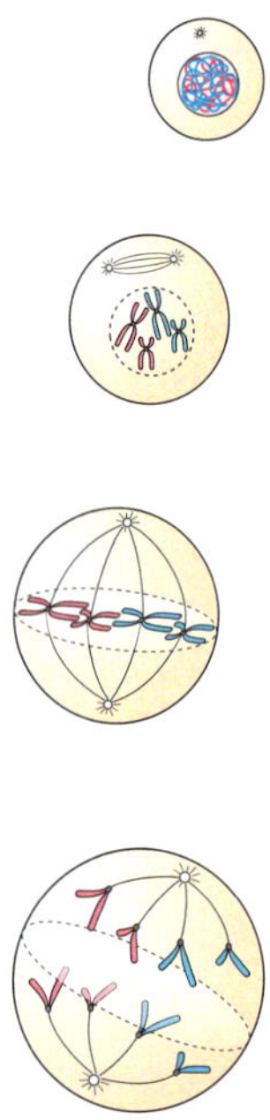

In diesem Kapitel begeben wir uns in die kleine Welt der Zellen. Dabei wird das Mikroskop ein wichtiges Hilfsmittel sein. Doch selbst damit wirst du nicht sämtliche Vorgänge entschlüsseln können. Hier helfen nur Modellvorstellungen weiter, wie du sie bereits im NWA-Unterricht kennen gelernt hast.

Es gibt Lebewesen, die wie die Einzeller nur aus einer Zelle bestehen. Andere bestehen aus vielen Zellen, die unterschiedliche Aufgaben übernehmen. Wie arbeiten diese Zellen zusammen? Wie wachsen sie? Das sind nur einige der vielen Fragen in der Zellbiologie, auf die wir heute von den Wissenschaftlern sehr konkrete Antworten erhalten.

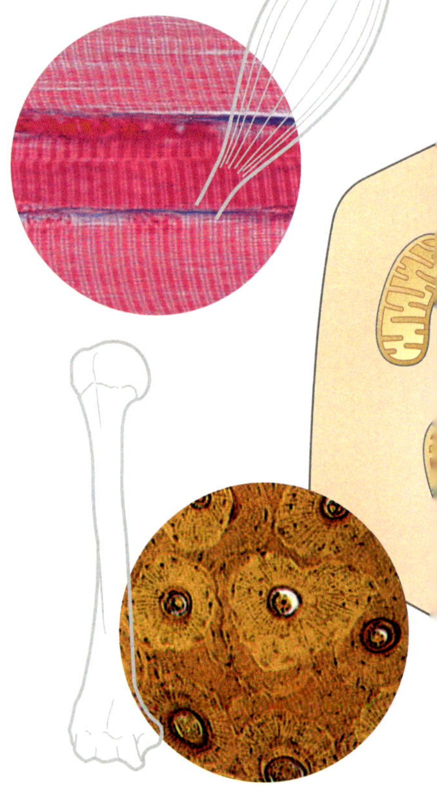

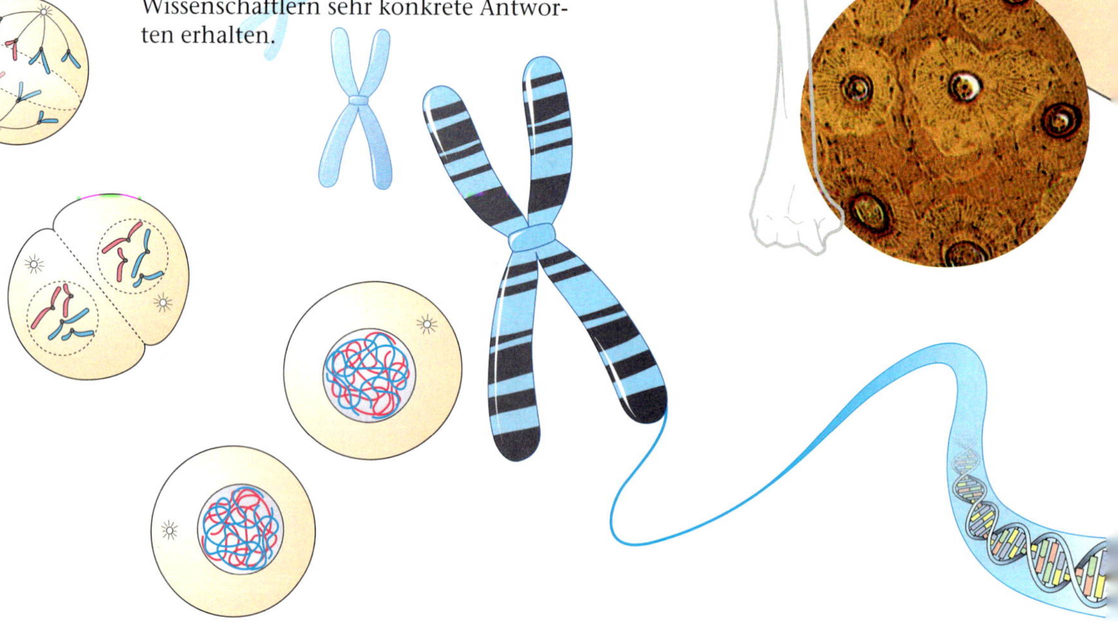

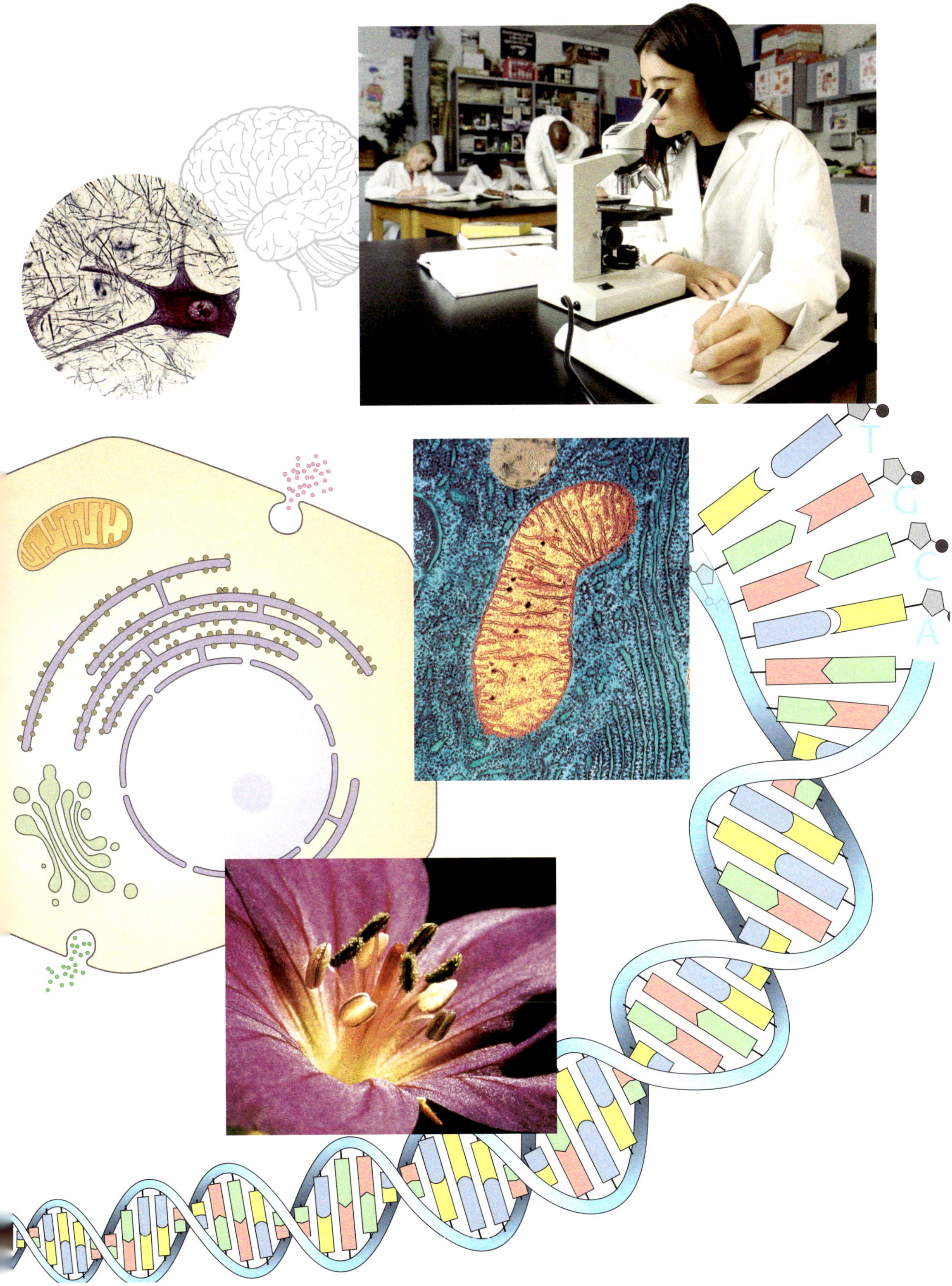
T
G
C
A

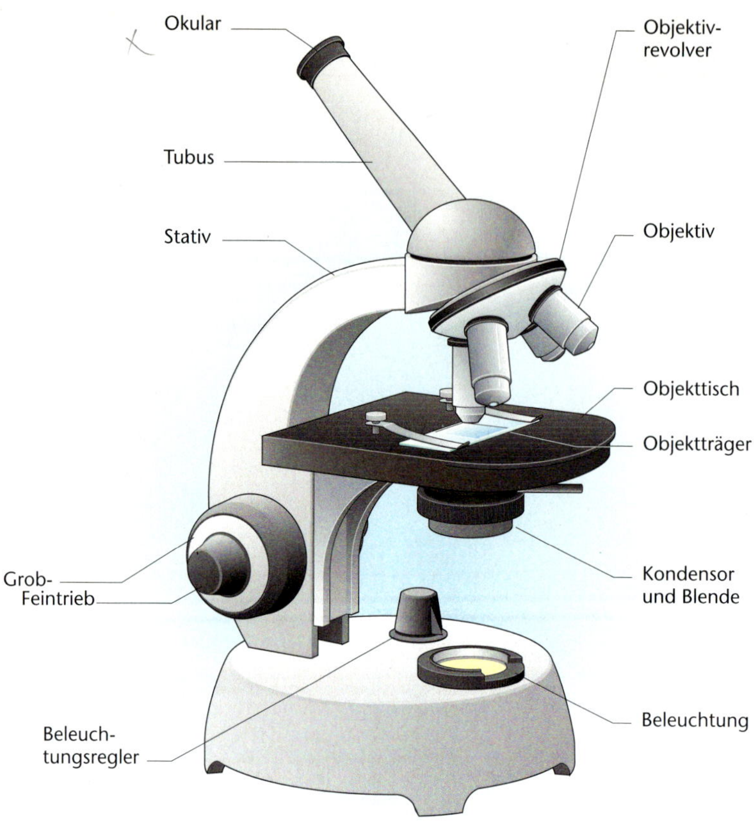

Mikroskopieren

Mikroskope sind teure optische Instrumente. Du musst deshalb sehr vorsichtig mit ihnen umgehen.
Beachte immer folgende Regeln:
1. Stelle das Bild zunächst bei kleinster Vergrößerung scharf.
2. Nun erst verwendest du das Objektiv mit der nächsten Vergrößerungsstufe. Kleine Unschärfen werden mit dem Feintrieb ausgeglichen.
3. Achte darauf, dass das Objektiv nicht das Deckgläschen deines Präparates berührt. Die empfindliche Linse könnte beschädigt werden.
4. Mit der Irisblende am Kondensor kannst du den Lichteinfall so regulieren, dass du ein kontrastreiches Bild erhältst.
5. Versuche immer, beide Augen offen zu halten. Das ständige Zukneifen eines Auges führt zur Ermüdung und damit zu schlechterem Sehen mit dem anderen Auge.
6. Vor dem Wegräumen des Mikroskops wieder die kleinste Vergrößerung einstellen und den Objektträger mit dem Untersuchungsgegenstand herausnehmen.

Werkstatt

Mit Farbe siehst du mehr

Wenn du die Zellen eines frischen Zwiebelpräparates unter dem Mikroskop betrachtest, kannst du zunächst nur recht wenige Bestandteile direkt sehen. Willst du mehr Details erkennen, musst du das Präparat anfärben.

Material

Mikroskop, Objektträger, Deckgläschen, Iod-Kaliumiodidlösung, Pipette, Wasser, Filterpapier, Präpariernadel, Zwiebel, Zeichenpapier, Bleistift, Radiergummi

Versuchsanleitung

Stelle zunächst, wie du es schon gelernt hast, das Präparat einer Zwiebelhaut her. Gib nun mit einer Pipette etwas Iod-Kaliumiodidlösung hinzu. Die Iodtinktur färbt das Präparat ein.
Betrachte das fertige Präparat unter dem Mikroskop und fertige eine genaue Zeichnung von mindestens fünf Zwiebelhautzellen an.

Grenzen beim Sehen

Das menschliche Auge stößt sehr schnell an seine Grenzen, wenn es darum geht, kleinste Dinge zu erkennen. Das liegt daran, dass unser Auge nur ein Auflösungsvermögen von 1/10 Millimeter hat. Will man mehr Details erkennen, muss man optische Instrumente wie die Lupe oder das Mikroskop einsetzen.
Die **Lupe** ist eine Sammellinse, die man vor das Auge hält. Es entsteht dabei ein vergrößertes virtuelles Bild (▷ B 2).
Mit einer Lupe kann man eine bis zu 20fache Vergrößerung erreichen.

Größer und größer

Will man Objekte noch mehr vergrößern, dann verwendet man ein Mikroskop. Moderne Lichtmikroskope, die in der Wissenschaft verwendet werden, erreichen maximal eine 1 500fache Vergrößerung. Das bedeutet, dass z. B. ein Bakterium, das in der Realität nur etwa ein hundertstel Millimeter groß ist, unter dem Mikroskop so groß abgebildet wird, als wäre es 15 mm lang. Unsere Schulmikroskope erreichen eine ca. 400fache Vergrößerung. Das ist aber vollkommen ausreichend, um die wesentlichen Strukturen von z. B. Pflanzen- oder Tierzellen zu erkennen.

Viele Linsen ergeben ein scharfes Bild

Diese Vergrößerung wird durch zwei Linsensysteme erreicht. Sowohl das Objektiv als auch das Okular bestehen bei guten Mikroskopen aus einem Linsensystem mit mehreren Linsen. In unseren Zeichnungen werden sie aber der Einfachheit halber jeweils nur als eine Linse dargestellt.

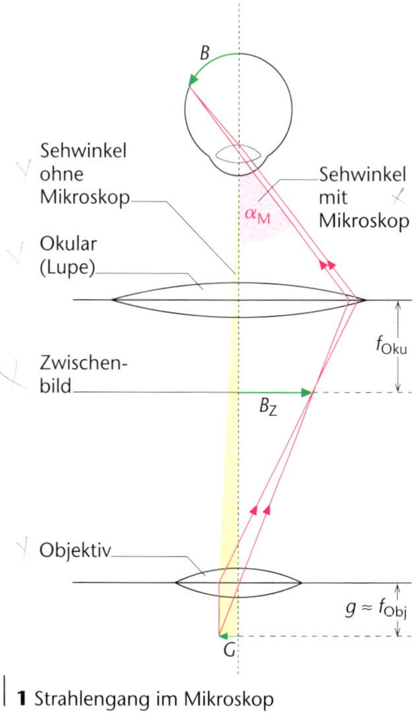

1 Strahlengang im Mikroskop

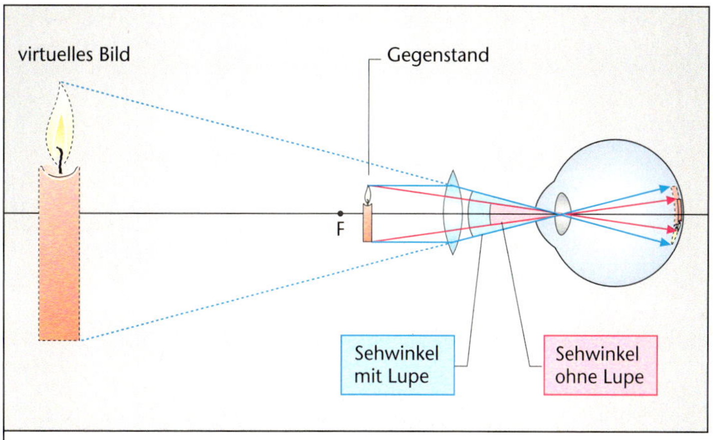

2 Vergrößerung mithilfe einer Lupe

Wie funktioniert das mit der Vergrößerung?

Das durchsichtige Objekt liegt auf dem Objekttisch und wird von unten beleuchtet. Das Objektiv erzeugt im oberen Teil des Tubus ein vergrößertes Zwischenbild. Dieses Zwischenbild wird mit einer Lupe, dem Okular noch einmal vergrößert. Hat also das Objektiv z. B. eine 40fache Vergrößerung und das Okular eine 10fache Vergrößerung, so ist die Gesamtvergrößerung 40 x 10 = 400fach.
Ein Maß für die Qualität eines Mikroskops ist aber nicht die Vergrößerung, sondern das Auflösungsvermögen der Linsen.
Das Auflösungsvermögen wird durch die so genannte **numerische Apertur** bestimmt. Das Auflösungsvermögen gibt an, wie zwei benachbarte Punkte getrennt wahrgenommen werden können. Die numerische Apertur ist eine Angabe über die vom Objektiv aufgenommene Lichtmenge, also über die Lichtstärke des Objektives. Damit ist ein Objektiv mit einer großen numerischen Apertur besser als mit einer kleinen.
Die Grenzen des Auflösungsvermögens sind bei einer numerischen Apertur von 0,95 erreicht. Vergrößerung und **numerische Apertur** sind auf dem Objektiv eingraviert (▷ B 3).
Viele preisgünstige Mikroskope haben zwar eine starke Vergrößerung aber nur eine kleine numerische Apertur. Mit solchen Mikroskopen kann man Feinheiten nicht mehr erkennen.

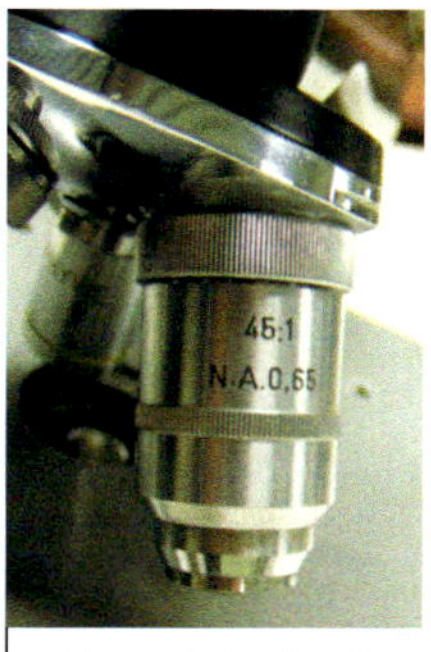

3 Numerische Apertur

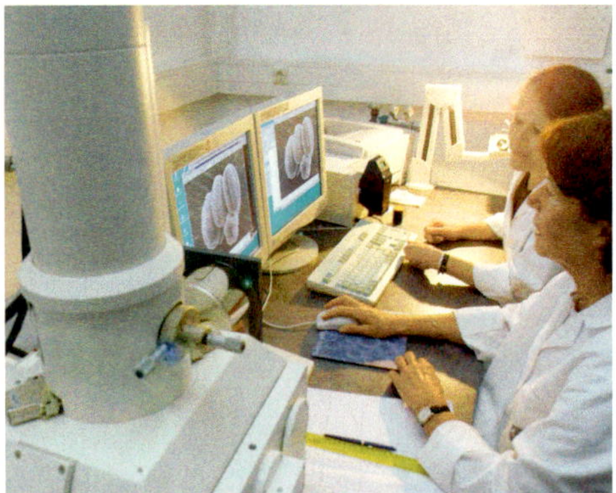

1 Elektronenmikroskop

Jetzt wird es richtig klein
Auch mit den besten Lichtmikroskopen kann man nur Objekte sehen, die größer als 0,3 µm (= 3/10 000 mm) sind.
Will man in kleinere Dimensionen vorstoßen, so kann nur das **Elektronenmikroskop** helfen, mit dem man über 500 000fache Vergrößerungen erreicht. Dazu ist es allerdings notwendig, dass man Ultradünnschnitte herstellen kann, durch die die Elektronenstrahlen auch hindurchtreten können. Solche speziellen Dünnschnitte haben nur noch etwa eine Dicke von 40 nm.

1 µm (Mikrometer) = 1/1 000 Millimeter
1 nm (Nanometer) = 1/1 000 000 Millimeter

Elektronenmikroskope, bei denen die Objekte von den Elektronenstrahlen durchstrahlt werden, nennt man **Transmissionselektronenmikroskop (TEM)** (▷ B 4).
Für die Entwicklung der Elektronenmikroskope im Jahre 1932 erhielt der deutsche Physiker ERNST RUSKA (1906–1988) im Jahre 1986 den Nobelpreis. Er hatte das erste Elektronenmikroskop zusammen mit MAX KNOLL (1897–1969) entwickelt.

3-D-Bilder
Es gibt aber auch Elektronenmikroskope, die die Oberflächenstruktur von Objekten abtasten. Diese so genannten **Rasterelektronenmikroskope (REM)** zeichnen das dreidimensionale Bild einer Oberfläche auf (▷ B 5). Der Elektronenstrahl durchdringt das Objekt nicht, sondern tastet ganz exakt die Oberfläche ab und liefert das Bild an einen Monitor.
Auch hier ist eine ausgeklügelte Präparationstechnik nötig. Die Präparate werden mit einer hauchdünnen Goldschicht bedampft, damit sie elektrisch leitfähig werden.
Das REM wird heute in Technik und Wissenschaft in vielfacher Weise verwendet. In der Materialforschung hilft es, Materialfehler zu erkennen. In der Medizin kann es die Wissenschaftler unterstützen, kleinste Krankheitserreger zu identifizieren. Aber auch in der Kriminalistik kann es helfen, Spuren zu erkennen und so einen Täter zu überführen.

▶ Mithilfe der Elektronenmikroskope können Biologen, kleinste Strukturen in den Zellen erkennen und ihre Struktur zu entschlüsseln.

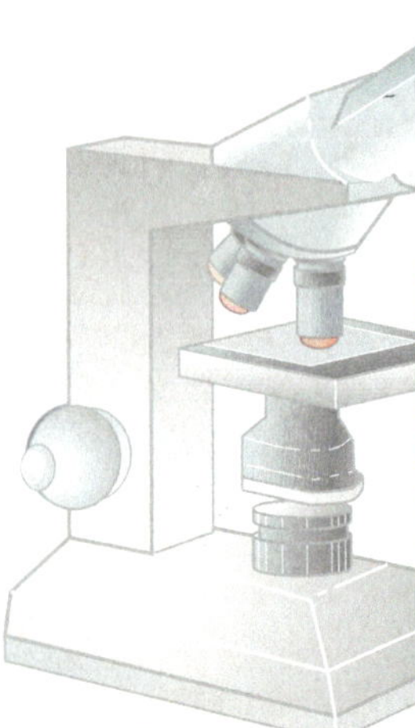

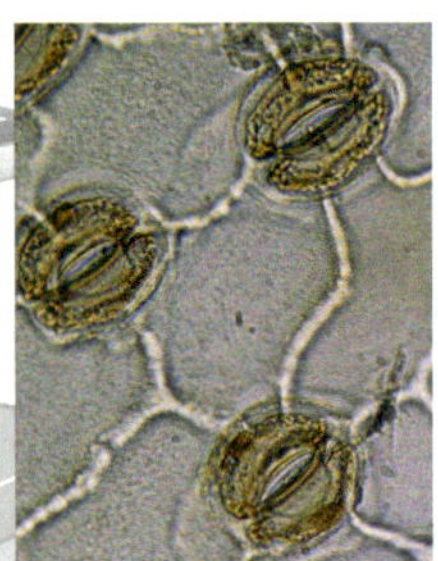

2 Spaltöffnung (Lichtmikroskop)

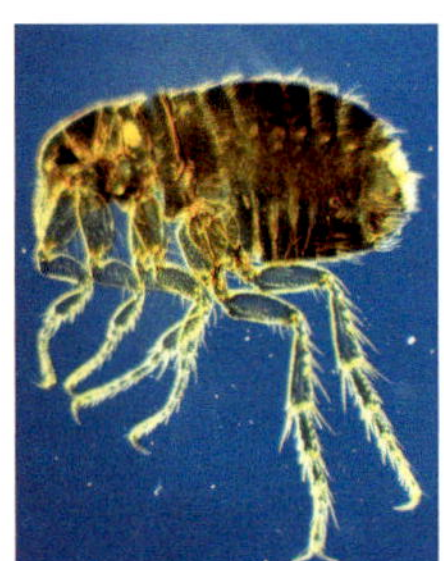

3 Menschenfloh (Lichtmikroskop)

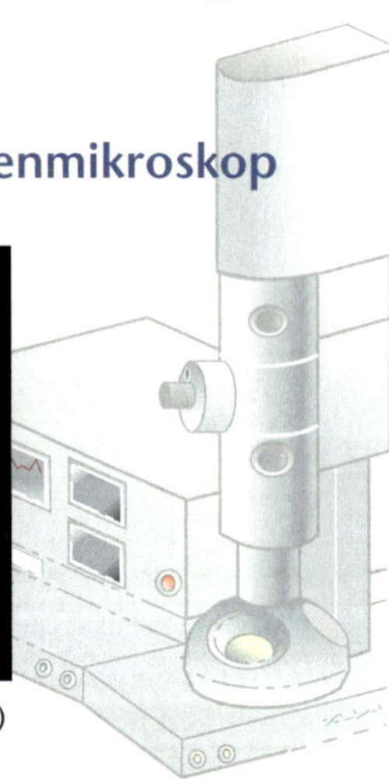

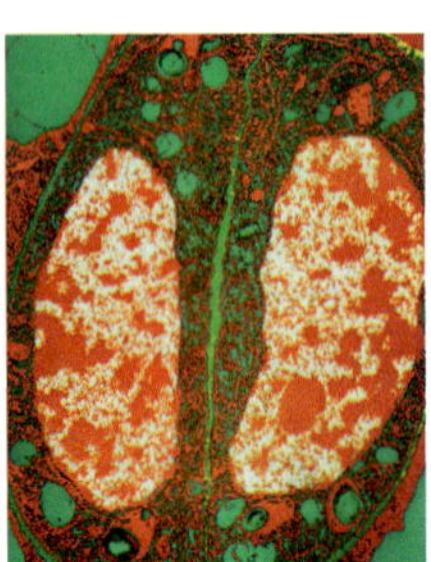

4 Spaltöffnung (TEM)

5 Menschenfloh (REM)

Aufgabe

1 Stelle zu einem thematischen Schwerpunkt eine kommentierte Sammlung elektronenmikroskopischer Bilder zusammen. Solche Bilder findest du z. B. im Internet.
Beispiele können sein: Körperbau der Insekten oder der menschliche Körper.

Die Pflanzenzelle

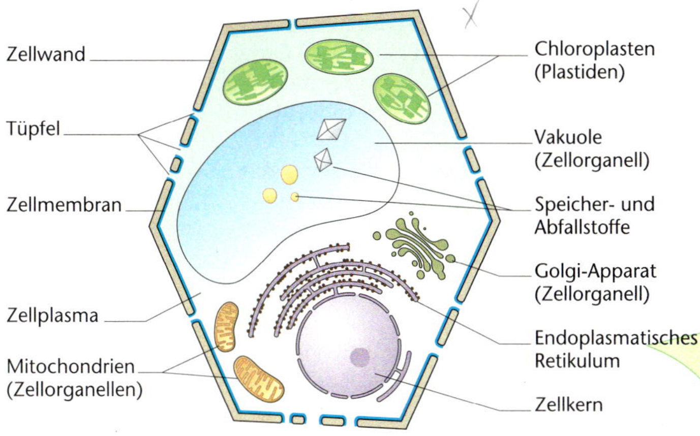

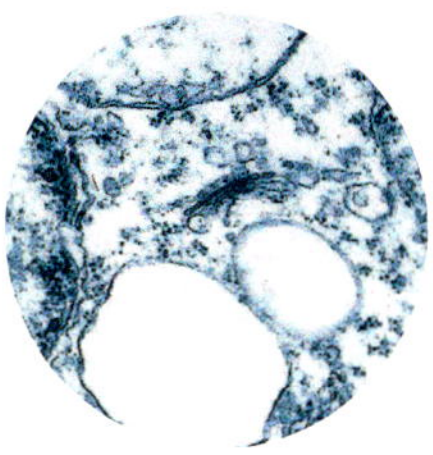
Zellplasma

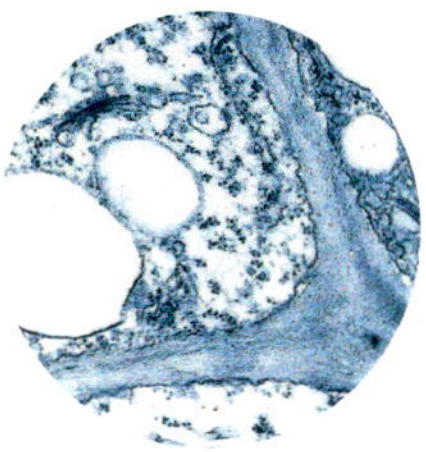
Zellmembran

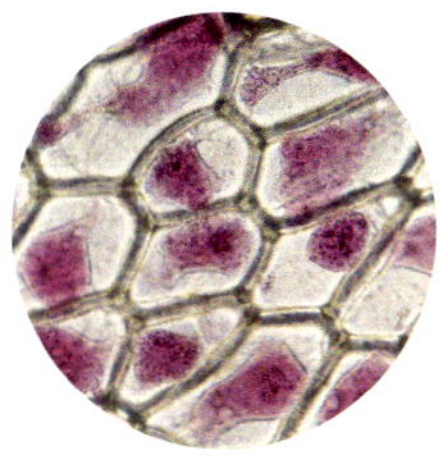
Vakuole

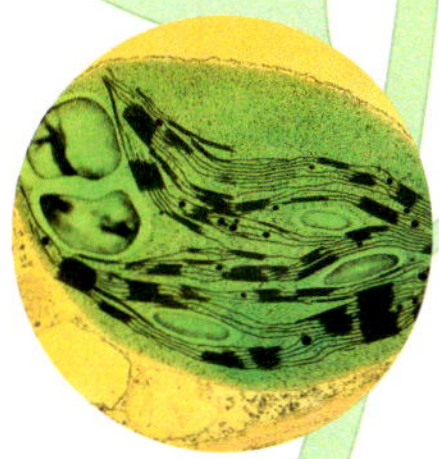
Chloroplast

Die Zelle – ein Grundbaustein
Alle Lebewesen bestehen aus Zellen, von den kleinsten Einzellern über die Pflanzen und Tiere bis hin zum Menschen, der aus vielen Milliarden Zellen besteht.

Grundsätzlich kann man Pflanzen- und Tierzellen unterscheiden.
Die Pflanzenzelle zeigt im lichtmikroskopischen Bild einen charakteristischen Aufbau, den du bereits kennst.

Die Zellbestandteile, die so genannten **Zellorganellen**, haben verschiedene Aufgaben und sind vergleichbar mit den Organen von höheren Lebewesen.

Jedes Element ist wichtig
Die Zellwand umschließt die Pflanzenzelle und gibt ihr Halt und Festigkeit. Sie besteht hauptsächlich aus **Cellulose**. Zwischen benachbarten Zellen gibt es feine Kanäle, die man **Tüpfel** nennt und durch die die Zellen Stoffe und Informationen austauschen können.
Das Innere der Zellen ist vom **Zellplasma**, das man auch Cytoplasma nennt, ausgefüllt. Das Zellplasma, in das alle anderen Organellen eingebettet sind, ist der eigentliche Träger der Lebensfunktionen der Zelle. Hier laufen die wesentlichen Stoffwechselfunktionen ab.
Das Zellplasma ist von einer sehr dünnen **Zellmembran** umschlossen, die sehr eng an der Zellwand anliegt. Durch diese Membran hindurch können Stoffe aktiv unter Energieaufwand transportiert werden.

Das größte und auffälligste Zellorganell ist die **Vakuole**. Vakuolen können so groß werden, dass sie fast den gesamten Zellraum ausfüllen und die übrigen Organellen ganz an den Rand drängen. In den Vakuolen werden, je nach Zelltyp, Abfall-, Nähr- oder z. B. auch Farbstoffe gespeichert. Viele der Vakuoleninhaltsstoffe dienen in der Medizin als Arzneimittel oder können auch tödlich giftig sein.
Im Zellplasma finden sich auch noch so genannte **Plastiden**. Diese Plastiden kommen nur in Pflanzenzellen vor. Die Plastiden stellen Stoffe her und speichern diese. Wichtige Plastiden sind die Blattgrünkörner, die **Chloroplasten**. Sie enthalten das Blattgrün Chlorophyll und stellen im Vorgang der Fotosynthese Traubenzucker her, der dann in der Pflanze in andere Stoffe umgewandelt wird.

Eine Pflanzenzelle besteht aus Zellwand, Zellmembran, Zellplasma, Zellkern, Vakuole und Plastiden.

1 Flachs

2 Produkte aus Flachs

Die Brennnessel brennt

Die Haarzellen der Brennnessel sind eine spezielle Konstruktion, die an eine Injektionsnadel erinnert (▷ B 3).
Die Spitze des **Brennhaares** ist so gebaut, dass sie bei Berührung sofort abbricht und sich wie eine Spritze in die Haut bohrt und ihr giftiges Sekret injiziert. Die Brennhaare dienen den Pflanzen als Schutz.

Baumwolle für den Menschen

Ebenfalls zu den Pflanzenhaaren zählt die Baumwolle (▷ B 4). Unter Baumwolle versteht man die weißen **Samenhaare** der Baumwollpflanze. Sind die Samen der Pflanze reif, springen sie auf und die durchschnittlich ca. 4 cm langen Haare quellen hervor. Die aufgesprungenen Kapseln werden geerntet und zu der uns bekannten Baumwolle verarbeitet.
Die Baumwolle hat große wirtschaftliche Bedeutung für den Menschen. Schon ca. 3000 v. Chr. wurde Baumwolle in China verwendet. Seit dem Mittelalter wird die Baumwolle auch in Europa systematisch verarbeitet.

Die Pflanze braucht Festigkeit

Damit sich der Pflanzenkörper aufrecht halten kann, sind Zellen mit besonderer Festigkeit notwendig. Bei kleinen Pflanzen genügt der Innendruck der einzelnen Zellen, um die Festigkeit zu erreichen.
Bei ausgewachsenen, größeren Pflanzen sind dies hauptsächlich tote Zellen mit stark verdickten Zellwänden. Wird der Pflanzenteil auf Druck beansprucht, so findet man so genannte **Steinzellen**, wie z. B. bei Nuss-Schalen. Wird die Pflanze hauptsächlich auf Zug beansprucht, so finden sich lang gestreckte **Faserzellen**, wie z. B. beim Hanf oder Lein (Flachs).
Die Faserzellen sind besonders lang, sie können z. B. beim Hanf bis zu 10 cm lang werden. Im Durchschnitt sind sie 15 – 40 mm lang.

Flachs im Dienste der Menschen

Flachs hat in der Geschichte der Menschheit eine besondere Rolle gespielt. Als Flachs bezeichnet man die Fasern der Flachs- oder Leinpflanze. Flachsfasern sind sehr fest und gleichzeitig sehr geschmeidig. Die gesamte Faser ist etwa 60 cm lang und besteht aus den einzelnen Faserzellen. Flachs wird zur Herstellung von Textilien, Verbandstoffen, Seilen und Garnen verwendet (▷ B 2).

▶ Zellen erfüllen bestimmte Aufgaben und müssen dafür speziell gebaut sein.

Zellen mit besonderen Aufgaben

Im Pflanzenkörper müssen verschiedene Zellen ganz verschiedene Aufgaben übernehmen können.
Derartig spezialisierte Zellen haben einen Aufbau, der vom Grundbauplan abweicht (▷ B 5). Nur durch die Spezialisierung der Zellen ist eine Arbeitsteilung im Organismus möglich.

3 Brennnesseln haben Brennhaare.

4 Die Baumwolle hat Samenhaare.

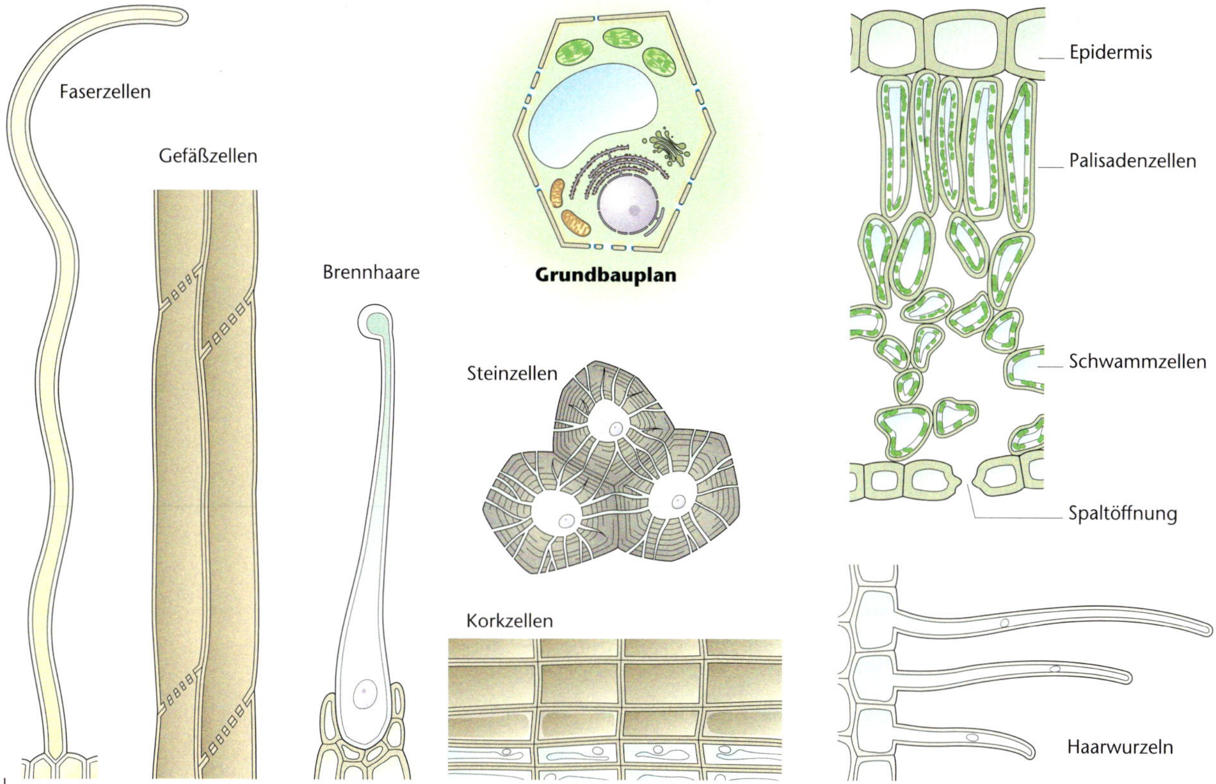

5 Der Grundbauplan einer Zelle kann vielfältig abgewandelt werden.

Wachs schützt
In einem Laubblatt findet man verschiedene Zelltypen, die ganz unterschiedliche Funktionen haben. Die Außenhaut des Blattes z. B. nennt man **Epidermis**. Die Epidermiszellen sollen das Blatt vor Wasserverlust und mechanischen Beschädigungen schützen. Dazu bilden die Epidermiszellen eine dicke Wachsschicht aus, die man **Kutikula** nennt.

Wasserleitungen
Eine wichtige Funktion in der Pflanze erfüllen die so genannten **Gefäßzellen**. Sie sind für den Wassertransport in der Pflanze zuständig und müssen deshalb speziell gebaut sein. Die Querwände der Zellen, die eng aneinanderligen, wurden entweder völlig beseitigt, oder zumindest durchbrochen, sodass lange Leitungsbahnen entstehen, durch die das Wasser hindurchfließen kann.
Die Wasserleitungsbahnen können sehr lang werden, bei Lianen bis zu mehreren Metern. Die Gefäße müssen durch Verdickungen verstärkt werden, da sie sonst nicht stabil genug wären und zusammenfallen würden.

An der Struktur, also dem Aufbau einer Zelle kann man ihre Funktion erkennen. Zellen, die z. B. viel Blattgrünkörner enthalten, sind vermehrt für die Fotosynthese zuständig. Zellen, die für die Festigkeit zuständig sind, besitzen eine stabilere Zellwand.

Kork ist nützlich
Pflanzen brauchen vielfältigen Schutz vor Wasserverlust und vor Verletzungen. Dazu dienen u. a. auch die Korkzellen, die für Wasser undurchlässig sind. Außerdem schützt die Korkschicht die Pflanze auch vor eindringenden Krankheitserregern. Korkschichten können ganz dünn sein wie bei der Kartoffel oder der Birke oder sie sind dick und rissig Schichten wie bei der Korkeiche (▷ B 6). Die Korkeichen werden von den Menschen geschält und der Kork wird zu verschiedenen Produkten, z. B. Flaschenkorken oder Bodenfliesen verarbeitet.

6 Korkeiche

Aufgabe

1 Mikroskopiere das Haar einer Brennnessel und fertige eine Zeichnung dazu an.

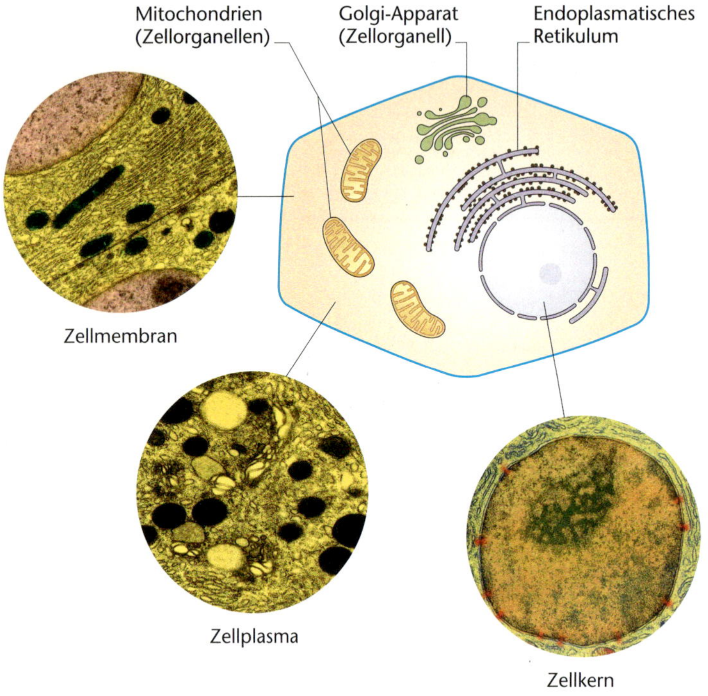

1 Grundbauplan einer Tierzelle

Eine dünne, durchlässige Hülle

Pflanzen- und Tierzellen unterscheiden sich in einigen wesentlichen Bestandteilen: Tierzellen besitzen vor allem keine Zellwand und keine Chloroplasten. Auch Vakuolen gibt es nur ganz selten bei Tierzellen.
Die Zellen von Tieren und Menschen sind von einer dünnen Membran umschlossen. Diese **Biomembran** ermöglicht und kontrolliert den Stoffaustausch mit der Umgebung und mit den benachbarten Zellen.

Vielfältige Gewebe

Zellen mit gleichen Aufgaben sind in einem Organismus zu **Geweben** zusammengeschlossen. Mehrere Gewebe, die zusammenarbeiten, bilden **Organe** oder Organsysteme wie z. B. die Nieren, die Leber oder der Magen.
Folgende Gewebe werden bei Tieren unterschieden: Deckgewebe, Bindegewebe, Stützgewebe, Muskelgewebe, Nervengewebe und Fettgewebe.

Abschluss und Verbindung

Alle äußeren und inneren Oberflächen des tierischen und menschlichen Körpers sind von Deckgewebe, die man **Epithel** nennt, umschlossen. Epithelgewebe bedecken beispielsweise die Haut und auch das Innere des Magens und des Darms.

Die Haut dient dem Schutz des Körpers vor mechanischen Verletzungen und verhindert einen zu großen Wasserverlust. Die Deckgewebe ermöglichen auch den Austausch von Stoffen mit der Umwelt.

Drüsenzellen können ihre Stoffwechselprodukte nach außen abgeben. Talgdrüsen beispielsweise geben Talg nach außen ab, um die Haut einzufetten.
Andererseits kann der Körper auch Stoffe aus der Umwelt über das Deckgewebe in den Körper aufnehmen. Beim Einreiben mit medizinischen Salben z. B. werden Heilstoffe über die Haut in den Körper aufgenommen.

Verbinden und stützen

Die verschiedenen Gewebe des Körpers sind durch das so genannte **Bindegewebe** miteinander verbunden. Die Zellen des Bindegewebes liegen mehr oder weniger weitmaschig nebeneinander und bilden große Zellzwischenräume. Diese dienen u. a. dem Transport von Stoffen. Bindegewebszellen können sich noch teilen und bilden verschiedene Zelltypen. So werden z. B. Milz, Knochenmark und Lymphknoten aus Bindegewebszellen aufgebaut.

Der Halt von innen

Eine besondere Form des Bindegewebes ist das **Knorpel- und Knochengewebe**, das den Wirbeltierkörper stützt und festigt. Knochen sind in der Regel sehr zug-, druck- und biegefest. Diese Stabilität erhalten die Knochen durch die Einlagerung von Calciumsalzen in die Zellzwischenräume. Das Knochengewebe ist von Blutgefäßen durchzogen, damit der Knochen mit den notwendigen Stoffen versorgt werden kann. Die Knochenzellen selbst sind netzartig miteinander verbunden. So sind die Knochen leicht und dennoch sehr stabil.

Muskeln für die Bewegung

Das **Muskelgewebe** besteht aus Zellen, die sich zusammenziehen können. Bei Wirbeltieren gibt es im Wesentlichen drei Arten von Muskeln: **Skelettmuskulatur**, auch quer gestreifte Muskulatur genannt, **glatte Muskulatur** und **Herzmuskulatur**.
Die Skelettmuskulatur ist über Sehnen mit den Knochen verbunden und ermöglicht es den Lebewesen, sich bewusst zu bewegen.
Die so genannte glatte Muskulatur befindet sich z. B. im Inneren des Verdauungs-

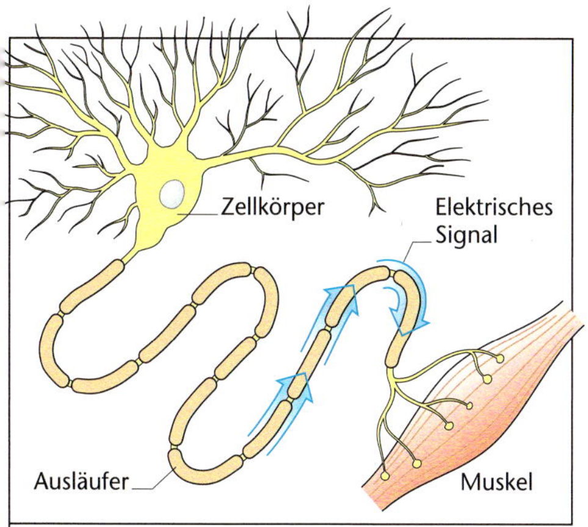

2 Nervenzellen geben Informationen weiter.

systems, in der Blase und dem Magen. Sie arbeitet sehr viel langsamer als die Skelettmuskulatur. Die glatte Muskulatur kann meist nicht willkürlich gesteuert werden. Die Herzmuskulatur ist zwar auch eine quer gestreifte Muskulatur, aber die einzelnen Zellen sind anders aufgebaut. Die Herzmuskelzellen sind verzweigte Zellen und stehen untereinander in Verbindung.

Signale werden weitergeleitet

Das **Nervengewebe** ist dafür verantwortlich, aufgenommene Reize weiterzuleiten und zu verarbeiten. Es sendet Informationen von einem Teil des Körpers zu einem anderen Teil. Die Nervenzellen, auch Neuronen genannt, sind darauf spezialisiert, elektrische Impulse weiterzuleiten. Nervenzellen besitzen Ausläufer, die beim Menschen bis zu einem Meter lang werden können.

Auch Tierzellen sind spezialisiert für ganz bestimmte Aufgaben im Körper. Die spezialisierten Zellen sind zu Geweben zusammengeschlossen, die wiederum Organe bilden.

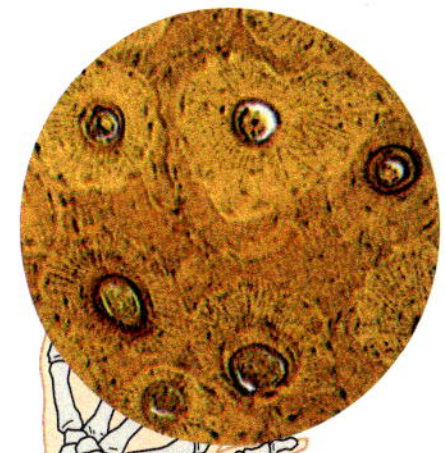

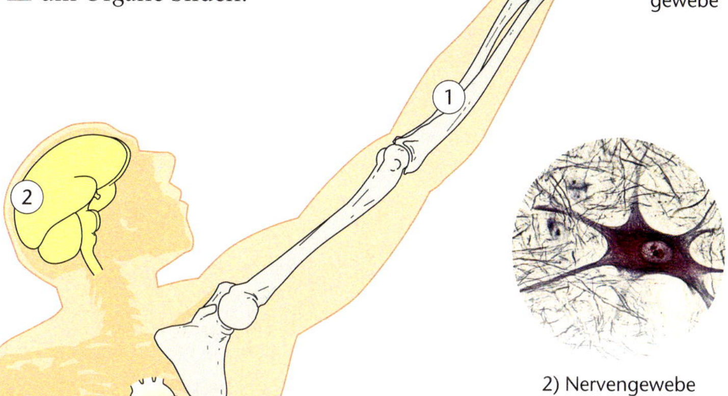

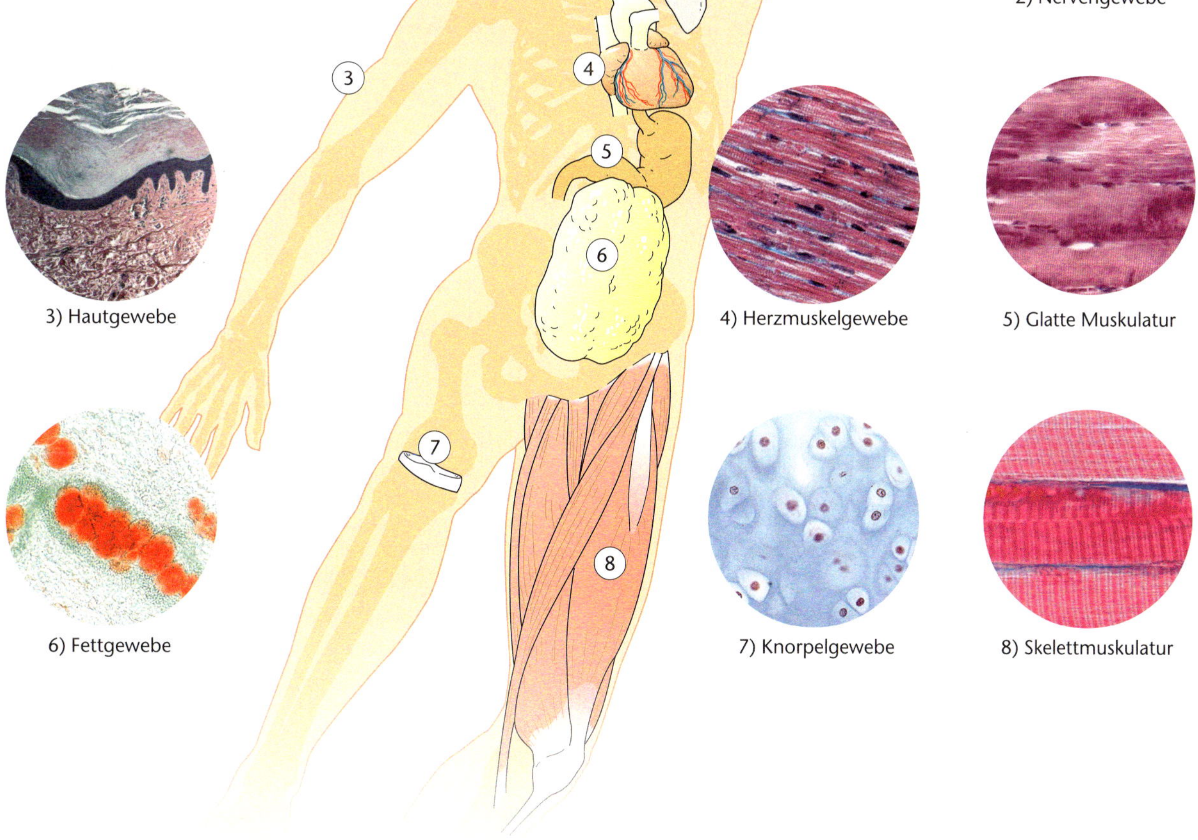

Die praktische Facharbeit

Eine Idee steht am Anfang
Du hast im Unterricht mit dem Mikroskop gearbeitet und fandest die Arbeit mit diesem Gerät faszinierend. Jetzt möchtest du eine Hausarbeit schreiben und dabei etwas mikroskopisch untersuchen. Im Gespräch mit deiner Biologielehrerin legt ihr fest, dass die Arbeit ungefähr 20 Seiten umfassen soll. Gemeinsam könnt ihr auch den zeitlichen Rahmen festlegen.

Wie gehst du vor?
Bevor du mit der Arbeit beginnst, solltest du dir über das Thema und die Vorgehensweise klar werden. Deine Biologielehrerin oder dein Biologielehrer beraten dich sicher gerne. Vielleicht musst du das Thema eingrenzen, wenn dir nicht so viel Zeit zur Verfügung steht.

Literaturarbeit oder ...
Bei einer reinen Literaturarbeit musst du zuerst schriftliche Informationen sammeln und aufbereiten. Die bekommst du aus Lexika, Wörterbüchern, Fachbüchern, Zeitschriften oder aus dem Internet. Sei kritisch und vorsichtig, wenn die Quellen aus dem Internet stammen.

Forschungsarbeit?
Deine Facharbeit soll aber praktisch sein. Du willst mit dem Mikroskop arbeiten. Formuliere zuerst deine Fragen, plane Versuche dazu und stelle Vermutungen über Ergebnisse an. Führe anschließend die Versuche durch. Nur so kannst du deine Vermutungen überprüfen. Alle Ergebnisse musst du genau protokollieren und auswerten. Lasse dich von deinem Biologielehrer oder deiner Biologielehrerin unterstützen.

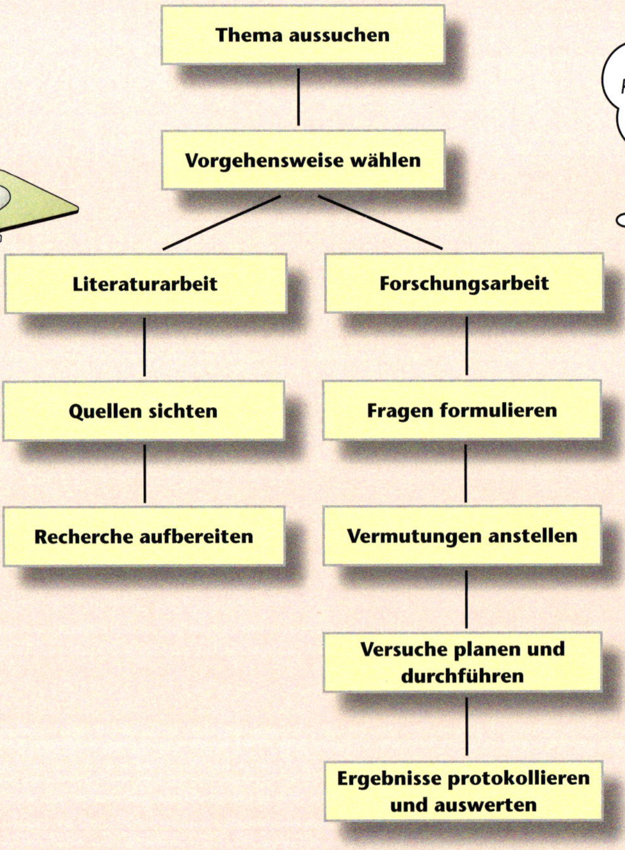

Du kannst aber auch ganz andere Themen für deine praktische Facharbeiten wählen:

Messreihen
Wie groß sind wir?
Erstelle Messreihen zur Größe der Familienmitglieder morgens nach dem Aufstehen und am Abend. Findest du hier Gesetzmäßigkeiten?

Diskutiere die Ergebnisse mit deinen Klassenkameraden. Vielleicht wollen sie auch eine Messreihe in ihrer Familie durchführen?

Anzucht von Pflanzen
Vie rasch vermehren sich Wasser-insen?
Iier musst du dir Material besorgen nd dich informieren, welche nsprüche die Pflanzen stellen.

Aufzucht von Tieren
Kennst du die „Mitbewohner" deines Hauses?
Untersuche Asseln, Spinnen und Schaben. Du kannst auch Mehlkäfer züchten und untersuchen.

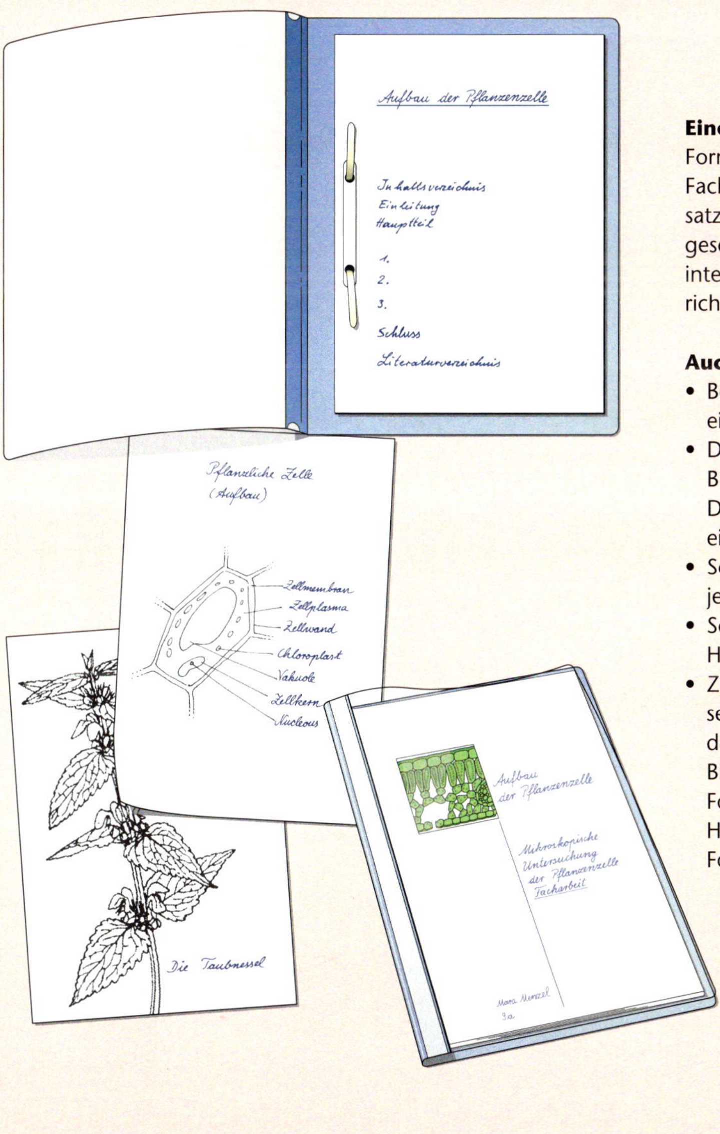

Eine Gliederung muss sein
Formuliere nun eine Gliederung für deine Facharbeit. Denke dabei, wie bei einem Aufsatz, an Einleitung, Hauptteil und Schluss. Dein geschriebener Text muss verständlich und interessant formuliert sein. Wende Fachbegriffe richtig an.

Auch das Äußere ist wichtig
- Besorge eine ansprechende Mappe oder einen Ordner.
- Deine Facharbeit soll schon auf den ersten Blick interessant wirken, gestalte deshalb das Deckblatt besonders sorgfältig. Suche z. B. ein aussagekräftiges Foto zum Thema.
- Schreibe das Inhalts- und Literaturverzeichnis je auf ein getrenntes Blatt.
- Schreibe mit dem PC oder mit leserlicher Handschrift.
- Zeichnungen oder auch Fotos können wesentlich zum Verständnis beitragen. Denke deshalb rechtzeitig daran, anschauliches Bildmaterial zu erstellen. Wenn du einen Fotoapparat oder eine digitale Kamera zur Hand hast, kannst du die Fortschritte deiner Forschungsarbeit dokumentieren.

Zellorganellen

Organsysteme sind Verbände verschiedener Organe. Sie erfüllen bestimmte Aufgaben.	Organe sind Verbände verschiedener Gewebe.	Gewebe setzen sich aus verschiedenen Zellen zusammen.	Zellen sind die kleinsten Einheiten des Lebendigen.	Organellen sind Bestandteile von Zellen. Sie erfüllen in der Zelle jeweils bestimmte Aufgaben.

1 Vom Organsystem bis zu den Organellen

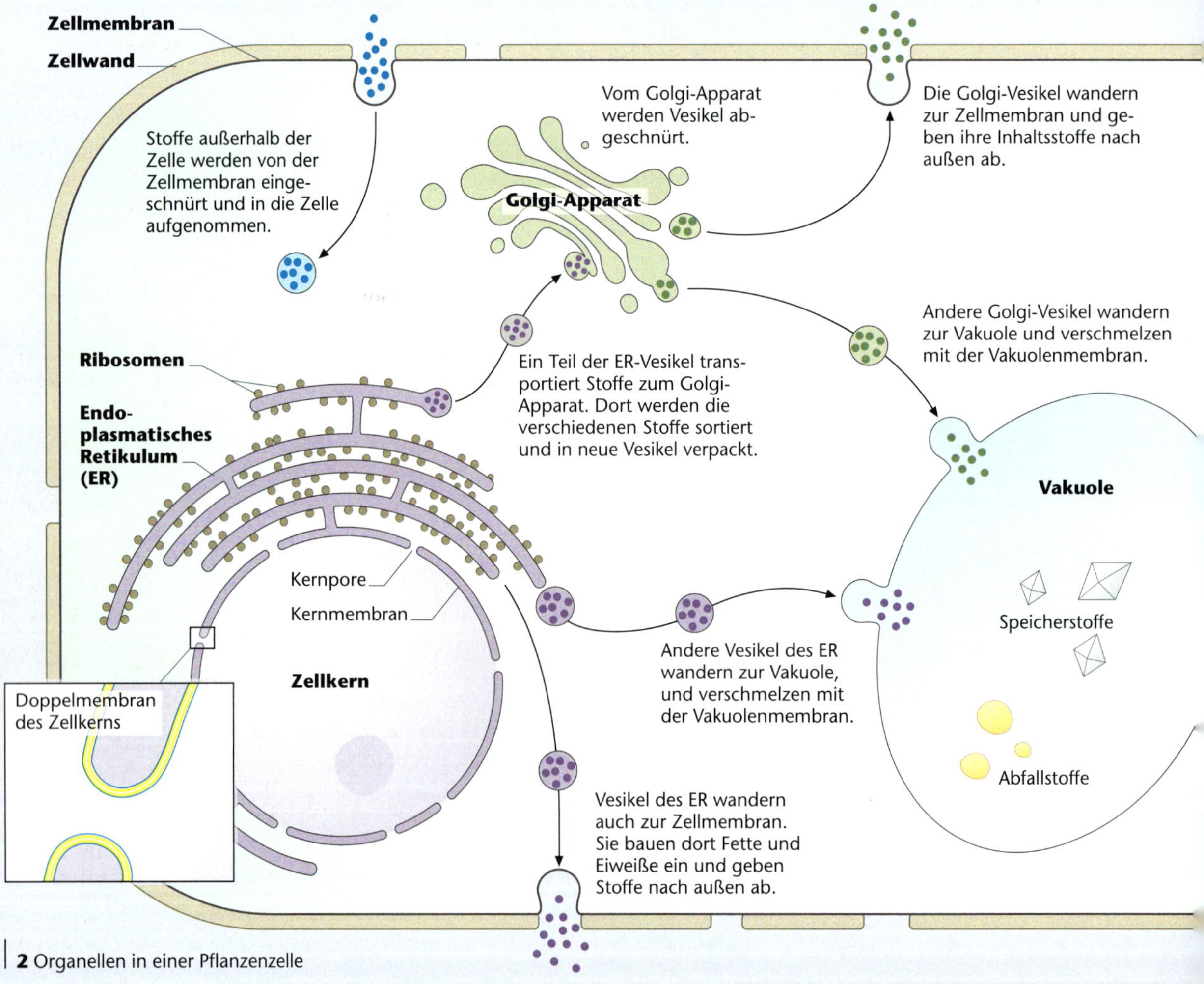

2 Organellen in einer Pflanzenzelle

Der Zellkern

Größe ca. 2–3 µm.
Der Zellkern ist die Steuerzentrale der Zelle. Hier liegen die Chromosomen und damit die Erbinformation des Organismus. Eine doppelte Kernmembran mit zahlreichen Poren umschließt den Zellkern.

Mitochondrien

Größe ca. 0,5–1,0 µm.
Im Zellplasma lassen sich runde oder ovale Körper erkennen. Sie besitzen eine Doppelmembran. Die Innere ist vielfach gefaltet und vergrößert so die Oberfläche. Mitochondrien sind die Kraftwerke der Zelle. Sie liefern durch den Abbau von organischen Stoffen die Energie, die jede Zelle zum Leben braucht. Die Zahl der Mitochondrien in einer Zelle hängt vom Stoffwechsel der Zelle ab. Zellen mit hohem Stoffwechsel, wie z. B. die Leberzellen, können über 1 000 Mitochondrien enthalten.

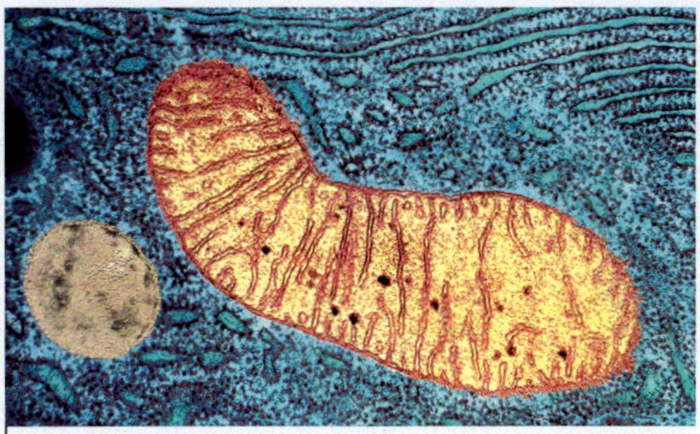

3 Mitochondrium

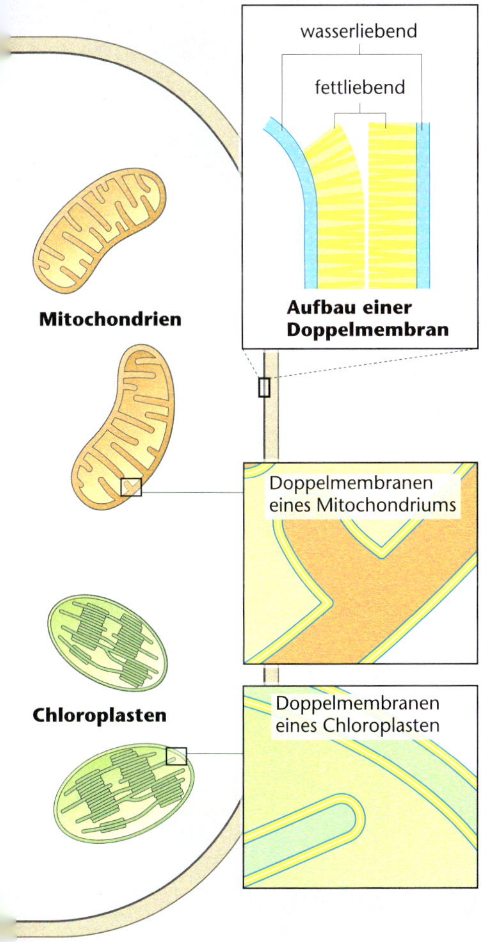

Endoplasmatisches Reticulum (ER)

Reticulum = Netzchen
Im elektronenmikroskopischen Bild der Zelle kann man feine Kanäle und Kammern erkennen, die die gesamte Zelle durchziehen. Wichtigste Aufgabe des ER ist der Transport von Stoffen innerhalb der Zelle. Wenn die Membranen des ER mit Ribosomen besetzt sind, spricht man vom so genannten rauen ER.

Golgi-Apparat

Der Golgi-Apparat wurde nach dem ital. Forscher CAMILLO GOLGI (1844–1926) benannt. Er ist ein Zellorganell, das sich aus vielen Membranstapeln, die man Dictyosomen nennt, zusammensetzt. Im Golgi-Apparat werden Stoffe gebildet, verändert und teilweise gelagert. Man findet sie vor allem in Drüsenzellen, da hier viele Sekrete gebildet werden müssen.

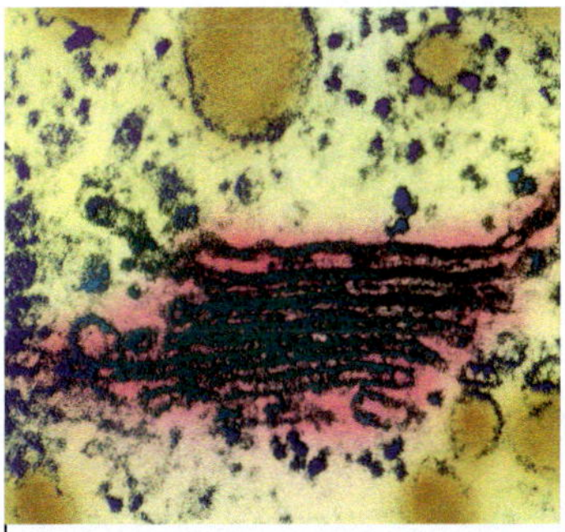

4 Golgi-Apparat

Chloroplasten

Größe ca. 2–5 µm.
Pflanzenzellen enthalten verschiedene Farbstoffträger. Die auffälligsten sind die Blattgrünkörner, die Chloroplasten. Sie besitzen, ähnlich wie Mitochondrien, eine Doppelmembran. Die innere Membran ist gestapelt wie die Münzen bei Geldrollen. Chloroplasten tragen das Blattgrün, auch Chlorophyll genannt. Hier findet die Fotosynthese statt. D. h. aus Wasser und Kohlenstoffdioxid wird unter Einwirkung von Lichtenergie Traubenzucker und Sauerstoff gebildet.

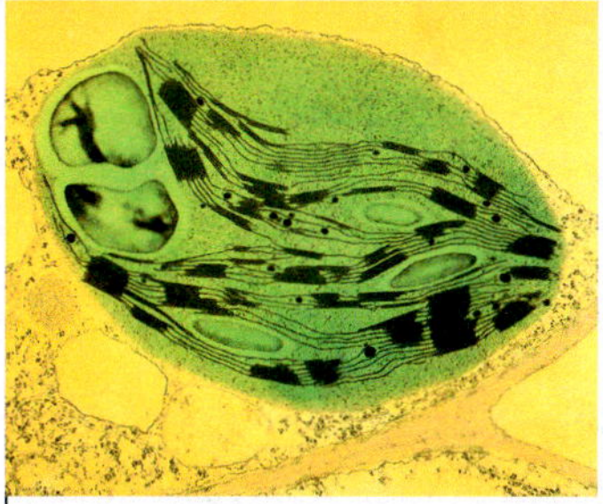

5 Chloroplast

Ribosomen

Größe ca. 15–30 nm.
Sie besitzen keine Membranen. Ribosomen sind zweiteilige, kleine rundliche Gebilde, die entweder aneinander gereiht im Zellplasma liegen oder am ER sitzen. An den Ribosomen findet die Herstellung von Eiweißen statt. Hierzu erhalten sie die notwendigen Informationen aus dem Zellkern.

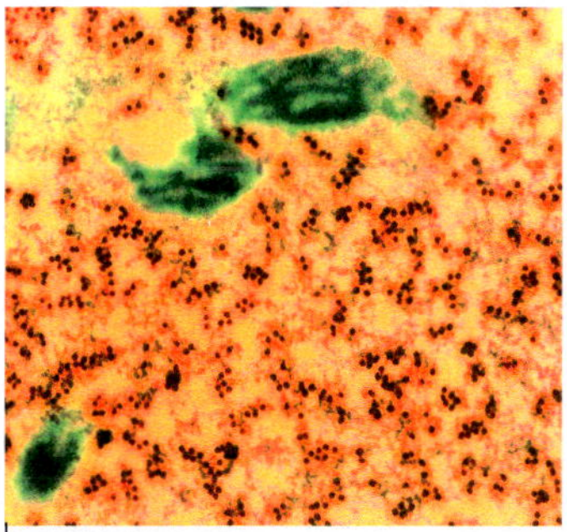

6 Ribosomen

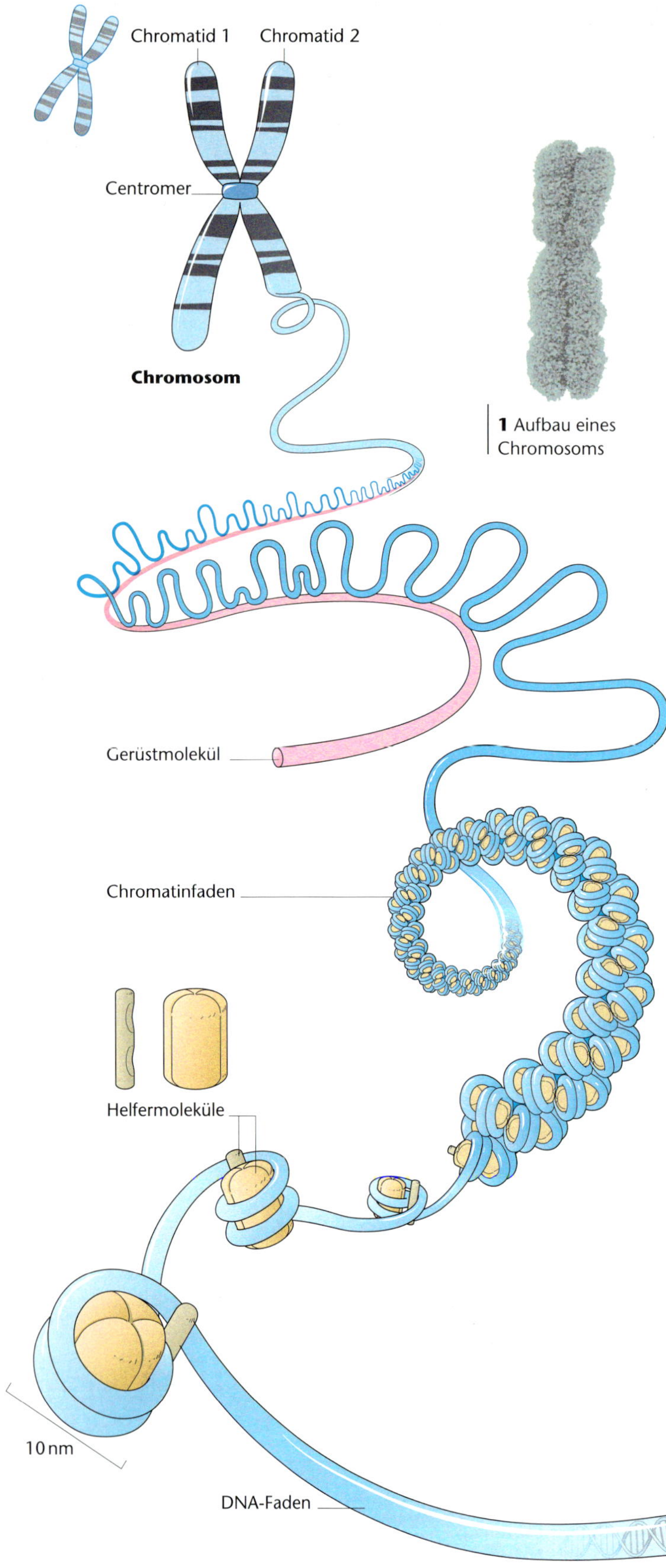

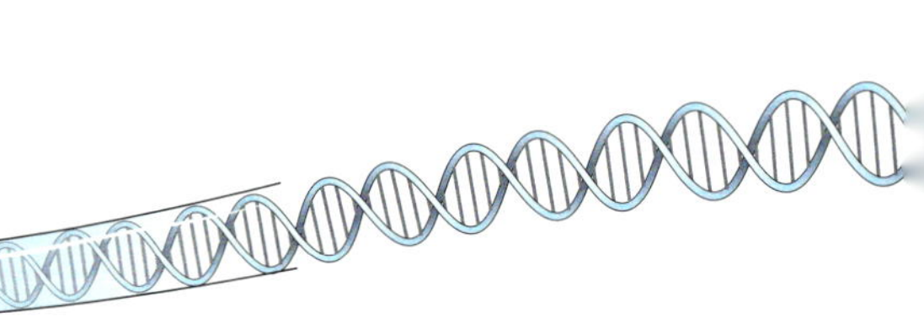

1 Aufbau eines Chromosoms

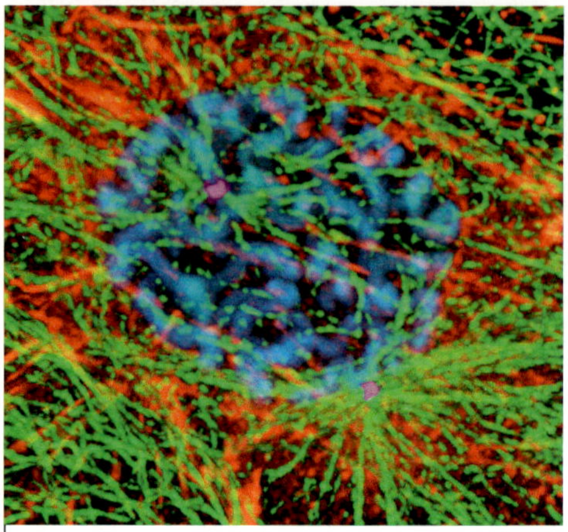

2 Zellkern mit Chromosomen

Die Steuerzentrale

Dem Zellkern kommt in der Zelle die Rolle einer Steuerzentrale zu. Er steuert nahezu alle Lebensvorgänge in der Zelle. Seine Größe liegt bei durchschnittlich ca. 5 µm und er ist daher meist unter dem Lichtmikroskop zu erkennen.
Der Zellkern ist von einer Doppelmembran, die man **Kernhülle** nennt, umgeben. Diese Kernhülle enthält Poren, sodass das Kerninnere mit dem umgebenden Zellplasma in Verbindung steht und Stoffe ausgetauscht werden können. Im Inneren des Zellkerns findet man Strukturen, die aussehen wie Fäden. Das sind die **Chromosomen**, die das Erbgut des Lebewesens enthalten.

Chromosomen – Träger des Erbguts

Bereits vor weit über 100 Jahren entdeckte der Schweizer Botaniker Carl Wilhelm von Nägeli (1817–1891) färbbare Strukturen im Zellkern. Wegen der Anfärbbarkeit erhielten diese Gebilde den Namen Chromosomen. Aber erst 1911 konnte der Amerikaner Thomas Hunt Morgan (1866–1945) nachweisen, dass diese Chromosomen die Träger der Erbinformationen sind.
Jedes Lebewesen besitzt in seinen Zellkernen eine charakteristische Anzahl von Chromosomen. Beim Menschen sind das in den Körperzellen 46, von denen immer

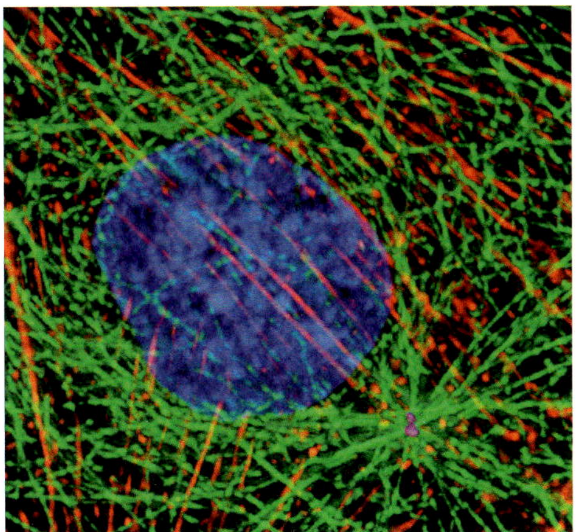

3 Zellkern mit Chromatingerüst

zwei paarweise zusammengehören. Man nennt diese **homologe Chromosomen**. Je ein Chromosom dieses Paares stammt vom Vater und eines von der Mutter.

Chromosomenaufbau
Die Chromosomen besitzen einen typischen Aufbau. Erst kurz vor und während einer Zellteilung zeigen die Chromosomen ihre typische Form (▷ B 1).
Die zuvor nur als fädige Strukturen erkennbaren Chromosomen verkürzen und spiralisieren sich. Nun erkennt man, dass ein Chromosom kurz vor der Teilung aus zwei Teilen besteht, die man **Chromatiden** nennt. Diese beiden Chromatiden werden am so genannten **Centromer** zusammengehalten. Diese Art Chromosom nennt man deshalb auch **Zwei-Chromatid-Chromosom**.

DNA – die Schrift des Lebens
Untersucht man den Aufbau der Chromosomen genauer, so erkennt man, dass das Chromosom aus DNA (Desoxyribonukleinsäure) aufgebaut ist.

Der Zellkern ist die Steuerzentrale der Zelle. Im Zellkern liegen die Chromosomen, die das Erbgut der Lebewesen enthalten.

Aufgabe

1 a) Erkläre den Aufbau eines Chromosoms und verwende dabei die Begriffe, Centromer, Chromatiden, DNA.
b) Schreibe diese Begriffe auf Karteikarten und die Erklärungen jeweils auf die Rückseiten.
Ergänze damit deine Lernkartei.

Brennpunkt

Riesenchromosomen

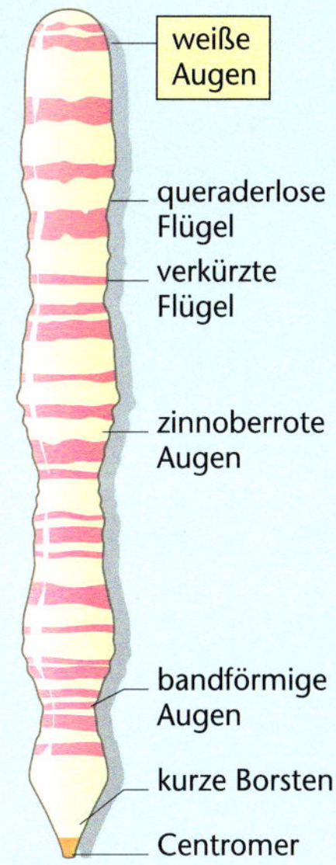

Position der Erbmerkmale auf Chromosom 1

Normale Chromosomen
Betrachten wir den Zellkern einer Zelle des Zwiebelhäutchens oder der Mundschleimhaut unter dem Mikroskop, so suchen wir in seinem Inneren vergeblich nach Chromosomen. Die DNA liegt in Form von Chromatinfäden im Kern und verdichtet sich erst vor einer Zellteilung zu Chromosomen.

Besondere Chromosomen
Aber es gibt Ausnahmen: In den Speichelzellen der Larven mancher Fliegenarten, z. B. der Fruchtfliege Drosophila, finden sich Riesenchromosomen, die bereits unter dem Lichtmikroskop manches von ihrem Feinbau erkennen lassen. Sie sind 15 – 25 µm dick und 100 – 250 µm lang. Deutlich sind Querbandenmuster zu erkennen, die parallel nebeneinander liegen. Die Chromatiden sind an diesen Stellen zu unterschiedlich starken Knötchen verdickt. Inzwischen weiß man, dass hier auf bestimmten Abschnitten der Chromosomen die Baupläne für die Merkmale eines Lebewesens gespeichert sind.

Fruchtfliege mit weißen Augen

Bei der Fruchtfliege sind das unter anderem die Form der Flügel und die Farbe des Körpers und der Augen. Solche Erbmerkmale werden auch als **Gene** bezeichnet und auf Genkarten festgehalten.

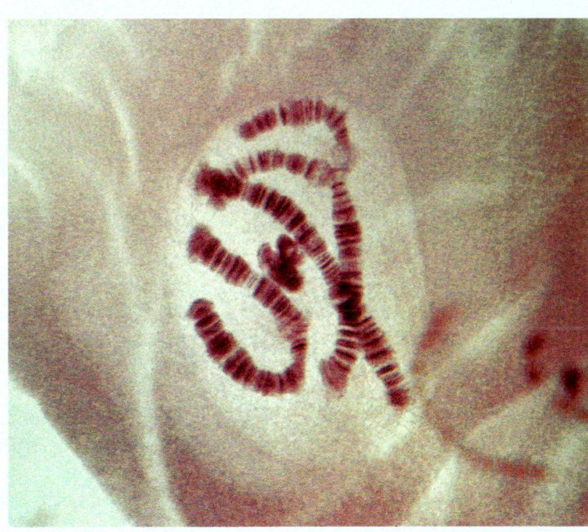

1 Riesenchromosom

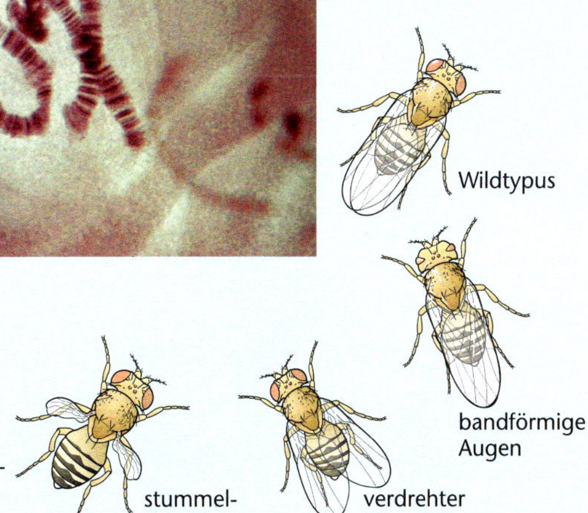

2 Mutanten von Drosophila

Die Mitose

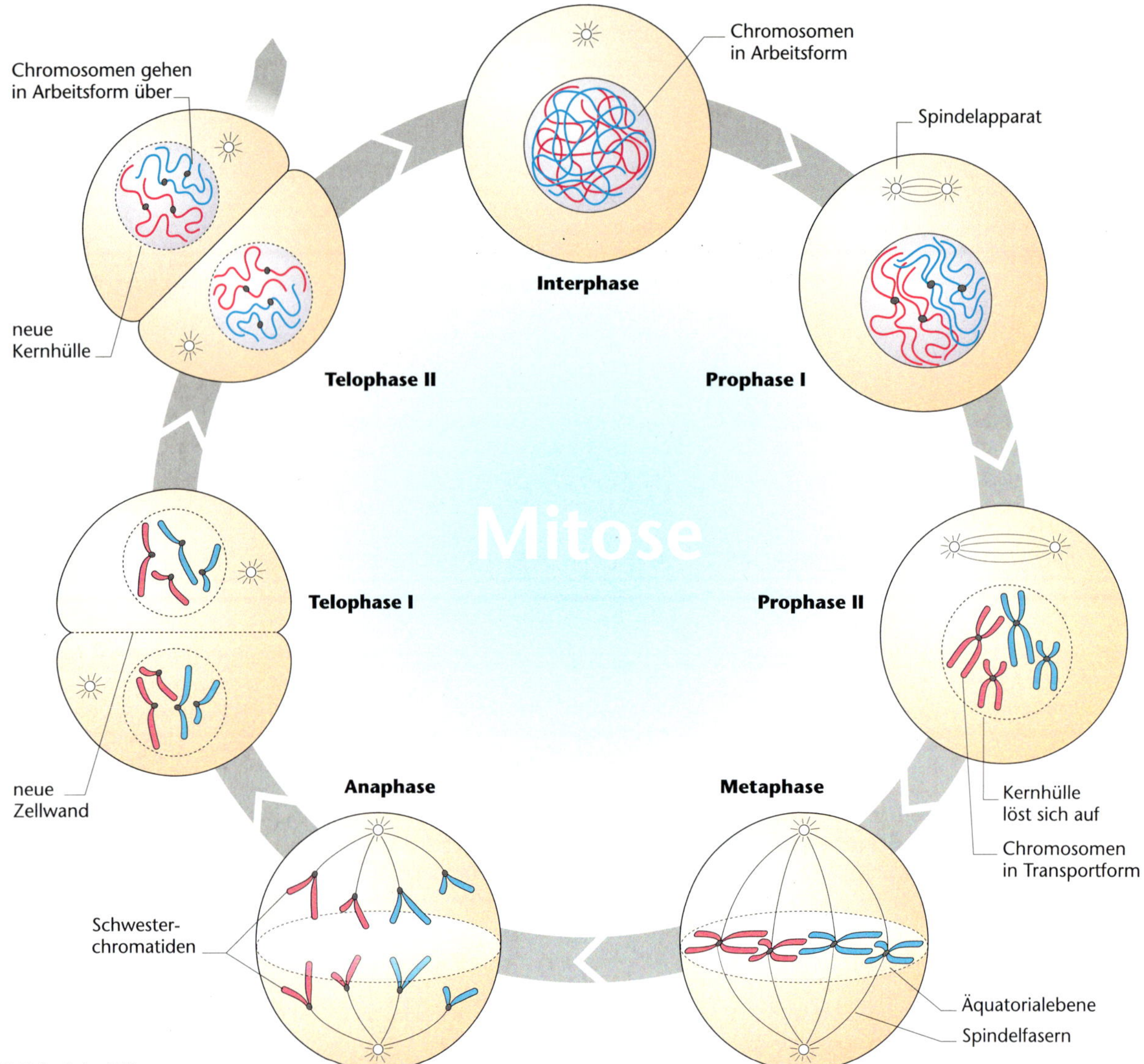

1 Ablauf der Mitose

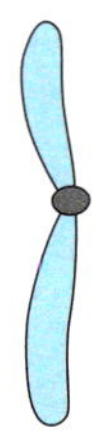

Ein-Chromatid-Chromosom

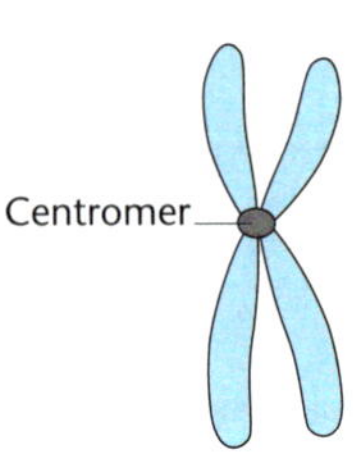

Zwei-Chromatid-Chromosom (zwei Schwesterchromatiden)

Wenn Zellen sich teilen

Solange ein Organismus lebt, finden in seinem Körper Zellteilungen statt. Bäume beispielsweise wachsen bis zu ihrem Tod. Für alle Wachstumsvorgänge ist es nötig, dass Zellen sich teilen. Menschen und Tiere wachsen zwar nur bis zu einer bestimmten Größe heran, aber auch in einem ausgewachsenen Lebewesen laufen noch ständig Zellteilungen ab. Mund-, Magen- und Darmschleimhaut werden ständig erneuert. Aber auch die Oberhautzellen des Menschen werden immer wieder neu gebildet. All das bedeutet, dass Zellen sich teilen müssen. Zellteilungen sind also ein grundlegender Vorgang in jedem Lebewesen.

Teilung möglichst ohne Fehler

Bei solchen Zellteilungsvorgängen ist es wichtig, dass möglichst keine Fehler geschehen. Eine Magenschleimhautzelle soll möglichst wieder eine Magenschleimhautzelle hervorbringen und eine Hautzelle soll auch nach erfolgter Teilung wieder eine Hautzelle sein. Bei einer Zellteilung müssen also genaue Kopien der Ausgangszelle hergestellt werden. Damit am Ende eine exakte Kopie steht, muss das Erbgut der beiden entstandenen Tochterzellen identisch sein.

Aus „eins" mach „zwei"

Im Zellkern der menschlichen Körperzellen sind die Erbanlagen in 46 Chromosomen festgelegt.
Wie kann gewährleistet werden, dass die beiden Zellkerne der Tochterzellen nach der Teilung ebenfalls wieder 46 Chromosomen enthalten?
Die Lösung ist ganz einfach: Bevor eine

Zelle sich teilt, müssen sich die Chromosomen im Zellkern verdoppelt haben. Nur so können die beiden Tochterzellen jeweils wieder die gleiche Anzahl an Chromosomen haben, wie die Mutterzelle.

Teilung schrittweise

Damit dies so geschehen kann, läuft ein komplizierter Vorgang ab, den die Biologen **Mitose** nennen. In verschiedenen Phasen teilen sich Zellkern und Zelle, sodass am Ende zwei identische Tochterzellen vorliegen (▷ B 1).

Verschiedene Chromosomen?

Die Zeit zwischen zwei Zellteilungen wird **Interphase** genannt. In dieser Zeit laufen die normalen Stoffwechselvorgänge in der Zelle ab. Das Erbgut im Zellkern steuert alle diese Vorgänge in der Zelle. Das Erbgut ist in den Chromosomen festgelegt. Das Chromosom liegt hier als so genanntes **Ein-Chromatid-Chromosom** vor. Es wird auch als **Arbeitsform** des Chromosoms bezeichnet.
Kurz vor einer Zellteilung verdoppeln sich diese Chromosomen und liegen dann in der typischen Form der **Zwei-Chromatid-Chromosomen** vor. Dies nennt man auch die **Transportform** der Chromosomen.

Die Teilung beginnt

Nach der Verdopplung des Erbgutes kann nun die eigentliche Zellteilung beginnen.
In der **Prophase** löst sich die Kernmembran auf und es bilden sich so genannte **Spindelfasern** aus, die später die beiden Chromatiden eines Chromosoms auseinander ziehen. In der **Metaphase** liegen die homologen Chromosomen in einer Ebene in der Zelle, man spricht von der so genannten **Äquatorialebene**. Die Spindelfasern setzen am Centromer des Chromosoms an. Nun folgt die **Anaphase**, in der die Chromatiden getrennt werden. Es entstehen also wieder Ein-Chromatid-Chromosomen. Den Abschluss bildet die **Telophase**, in der eine neue Kernmembran gebildet wird. Es bildet sich eine neue Zellwand und die Tochterzellen trennen sich. Entstanden sind zwei identische Tochterzellen, die nun ihre Aufgaben im Körper erfüllen.

▶ Die Kernteilung mit anschließender Zellteilung wird Mitose genannt. Dabei entstehen zwei identische Tochterzellen.

Werkstatt

Versuche zur Mitose

1 Ein Modell der Mitose

Material

Vier unterschiedlich gefärbte Wollfäden, Schere, Papier, Klebstoff

Versuchsanleitung

Schneide von farbiger Wolle zwei „Chromosomenpaare" ab, die sich vor der Zellteilung bereits verdoppelt haben.
Insgesamt benötigst du also acht kleine Wollfäden, die du nun zu einem Prophasekern zusammenlegst.
Schneide weitere Fäden aus und klebe sie den einzelnen Teilungsphasen entsprechend auf ein Blatt Papier.

2 Zellteilungsstadien unter dem Mikroskop

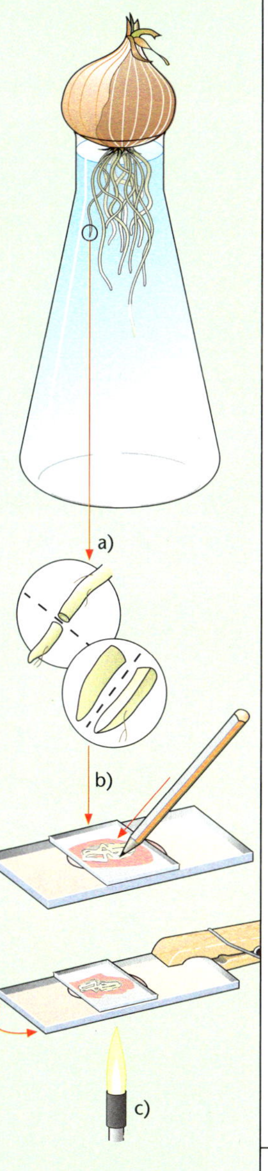

Material

Küchenzwiebel, Erlenmeyerkolben, Reagenzglas, Reagenzglashalter, Alkohol (92 % leicht entzündlich), Eisessig (ätzend), Karminessigsäure (ätzend), Zeichenpapier, Bleistift

Achtung:
Die Fixierung der Wurzelspitzen darf nur von einem Lehrer oder einer Lehrerin durchgeführt werden!

Versuchsanleitung

Setze die Zwiebel auf den wassergefüllten Erlenmeyerkolben und stelle sie dunkel, bis sich nach 2 – 4 Tagen kleine Wurzeln gebildet haben. Am frühen Morgen werden 1 – 2 mm der Wurzelspitze abgeschnitten und mindestens für 30 min zur Fixierung in ein Gemisch aus Alkohol und Eisessig (2 : 1) gelegt.

Halbiere die Wurzelspitzen der Länge nach und bringe sie auf einen Objektträger mit einem Tropfen Karminessigsäure.

Lege anschließend ein Deckglas auf und drücke vorsichtig mit einem weichen Bleistift darauf, bis die Wurzelspitzen zerquetscht sind.
Ziehe nun den Objektträger mit dem Reagenzglashalter durch die Gasflamme und erhitze ihn dabei vorsichtig.
Die einzelnen Teilungsstadien sind jetzt im Präparat verstreut zu erkennen und sollen nun in der richtigen Reihenfolge skizziert werden.

Statt der Zwiebel kannst du auch keimende Bohnen verwenden.

Entschlüsselung der Erbinformation
Katzen gehören zu den beliebtesten Haustieren. Es gibt viele verschiedene Rassen, die sich durch Körperform, Fell und Farbe unterscheiden.
Die Fellfarbe wird vor allem durch die Gene in den Chromosomen einer Katze beeinflusst. Elterntiere geben die Erbinformationen der Zellen an ihre Jungen weiter. Die Gene können aber das Katzenfell selbst nicht färben. Dafür sind Farbstoffe, so genannte Melanine, in den Pigmentzellen der Tiere verantwortlich. Die Melanine werden mithilfe zahlreicher Enzyme aufgebaut. Aber wie genau wird nun der Aufbau eines ganz bestimmten Farbstoffes gesteuert? Der Schlüssel für dieses Geheimnis liegt in den Chromosomen und dort vor allem in der DNA. Diese Verbindung muss folgende Eigenschaften besitzen:

1. Sie muss genaue Informationen enthalten, nach denen in Organellen des Cytoplasmas eine ganz bestimmte Reaktion erfolgen kann.
2. Es muss eine weitere Verbindung geben, die diese Anweisungen übernimmt und zu den Organellen übermittelt.
3. Die DNA muss sich selbstständig verdoppeln können, damit nach einer Zellteilung in jeder Tochterzelle die gleichen chemischen Vorgänge ablaufen können.

Die DNA besitzt den „Bauplan" für den gesamten Organismus.

Zeitpunkt

Der Nobelpreis für die Entschlüsselung der DNA

1 Rosalind Franklin

Für die Entschlüsselung der DNA erhielten die beiden englischen Wissenschaftler James Watson (geb.1928) und Francis Crick (1916–2004) zusammen mit Maurice Wilkins (1916–2004) im Jahr 1962 den Nobelpreis.
Bei ihrer Entdeckung stützten sie sich unter anderem auf Untersuchungen der Wissenschaftlerin Rosalind Franklin (1920–1958), die mithilfe von Röntgenstrahlen Molekülstrukturen erforschte. Leider starb Rosalind Franklin bereits im Alter von 38 Jahren an Krebs und konnte die Verleihung des Nobelpreises nicht mehr miterleben.

2 Watson und Crick

Aufgabe

1 Gestalte mithilfe einer Präsentationssoftware wie z. B. Powerpoint eine Präsentation über die Entschlüsselung der DNA. Berücksichtige dabei auch die Biographien von Watson, Crick und Franklin.

Die Doppelhelix

Um verstehen zu können, wie die Information über die Haarfarbe vom Zellkern in die Pigmentzellen der Katze gelangt und dort zur Herstellung von Melanin führt, muss man zunächst die Struktur der DNA kennen.
Die DNA besteht aus einem spiralig gewundenen Doppelfaden, der wie eine gedrehte Strickleiter aussieht. Diese „**Doppelhelix**“ ist aus einzelnen Nucleotiden zusammengesetzt. Jedes **Nucleotid** besteht aus drei Bausteinen:

- einem Zucker (Desoxyribose)
- einem Phosphat
- einer von vier organischen Basen: Adenin (A), Guanin (G), Cytosin (C) oder Thymin (T).

Jeweils zwei Basen bilden eine Stufe der Strickleiter. Außen sitzen im Wechsel Zucker und Phosphat. Das Entscheidende ist jedoch der Bau der Strickleiterstufe: Hier sind jeweils zwei Basen miteinander verknüpft und zwar immer nach dem gleichen Muster: Adenin ist mit Thymin und Cytosin stets mit Guanin verbunden. Diese Basenpaare werden auch als **komplementäre Basen** bezeichnet.
Lautet also die Basenreihenfolge auf der linken Seite bei vier aufeinander folgenden „Strickleiterstufen“ Guanin – Cytosin – Adenin – Thymin, so ergibt sich folgender Aufbau komplementärer Basen:

Guanin – Cytosin
Cytosin – Guanin
Adenin – Thymin
Thymin – Adenin

Für die Reihenfolge der Basenpaare gibt es auf einem solchen Kettenmolekül mit zahllosen Gliedern unendlich viele Möglichkeiten. Hierin liegt die „Sprache“ der Erbinformation verborgen. Wie bei jeder Sprache, so gibt es auch bei der Erbinformation verschiedene Wörter. Jedes Wort besteht hier aus drei auf einer DNA-Seite aufeinanderfolgenden Basen, einem so genannten **Basentriplett**. Lautet also auf einer Seite der DNA die Basenreihenfolge G – A – G – G – C – T, so bilden GAG und GCT jeweils ein Wort.

▶ Die DNA bildet eine Doppelhelix aus Nucleotiden. Dabei ist die Erbinformation durch die Abfolge der vier verschiedenen Basen verschlüsselt.

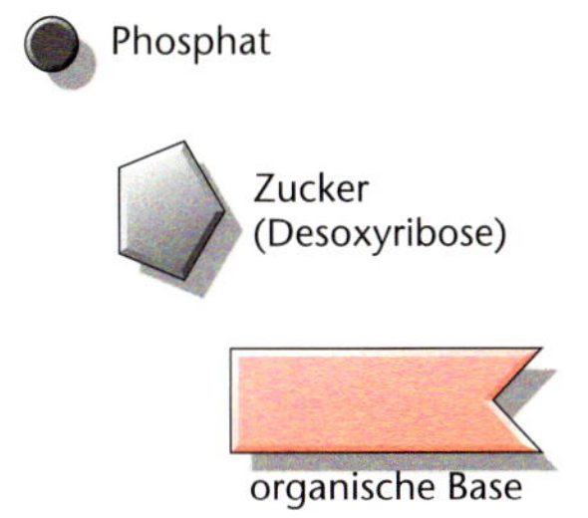

Bestandteile eines Nucleotids

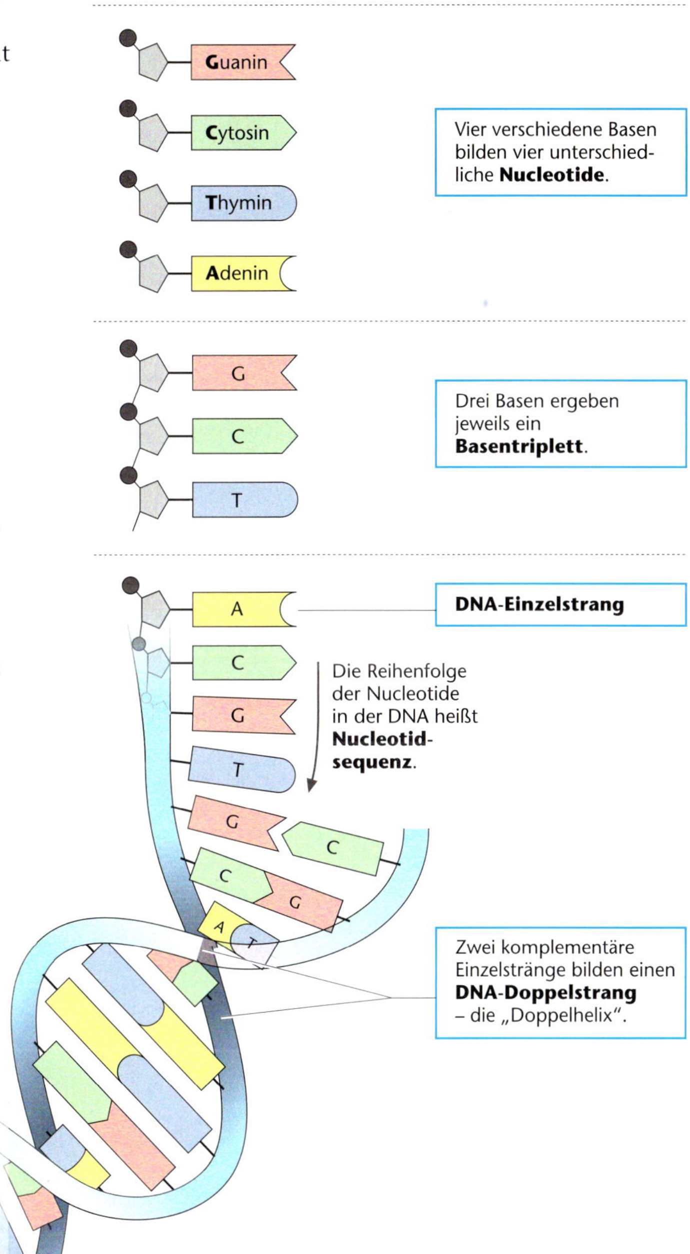

Aufgabe

1 Auf einer Seite der DNA-Kette lautet die Basenreihenfolge G – A – G – G – C – T. Wie lautet die Reihenfolge auf dem komplementären Strang?

Selbstverdoppelung

Bei der Zellteilung geben Zellen ihr Erbgut an die beiden entstehenden Tochterzellen weiter. Wenn die DNA Träger des Erbgutes ist, muss sie sich zwangsläufig vorher verdoppeln. Dieser Vorgang läuft in folgenden Schritten ab:

1. In der Interphase sorgen Enzyme dafür, dass die DNA entspiralisiert wird. Das ist notwendig, weil sonst bei der Auftrennung der Spirale Verknäuelungen und Risse auftreten könnten.

2. Gleichzeitig trennen andere Enzyme die DNA an der Bindung der beiden komplementären Basen wie einen Reißverschluss auf.

3. An die nun freiliegenden organischen Basen heften wiederum Enzyme passende Einzelnucleotide an, die sich bereits im Zellplasma befinden. So wird also ein Nucleotid mit der Base Adenin an eine Base Thymin auf dem DNA-Einzelstrang angeheftet. Auf diese Weise werden die Einzelstränge nach und nach zu DNA-Doppelsträngen ergänzt.

In einem menschlichen Chromosom befinden sich in der ausgestreckten DNA-Doppelhelix eines Chromatids etwa 150×10^6 Basenpaare. Würden die Enzyme an einem Ende der Doppelhelix mit der DNA-Verdoppelung beginnen und sich bis zum anderen Ende durcharbeiten, so benötigten sie hierfür mehrere Wochen oder Monate. Und das, obwohl sie bereits mit großer Geschwindigkeit arbeiten. Bei Säugetieren schaffen sie etwa 50 Nucleotide pro Sekunde. Da die Enzyme jedoch an mehreren Startpunkten gleichzeitig mit der Verdoppelung der DNA beginnen, geht alles sehr viel schneller. Die gesamte menschliche DNA wird auf diese Weise in wenigen Stunden verdoppelt.

Bei der DNA-Verdopplung trennen Enzyme den DNA-Strang auf. Andere Enzyme heften an die nun freien Basen passende Nucleotide, sodass zwei identische Doppelstränge entstehen.

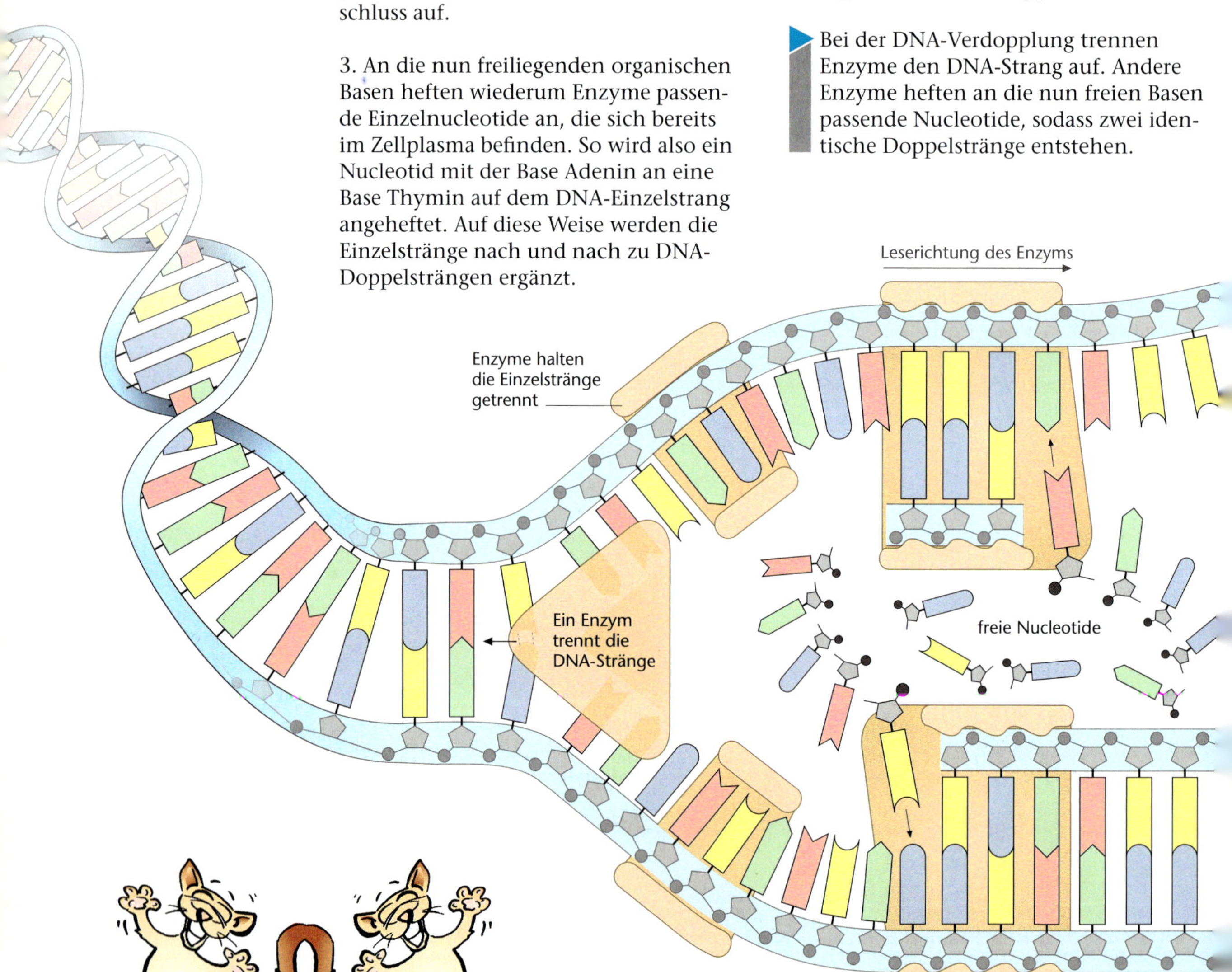

Die Zelle repariert DNA-Schäden

Bei der hohen Geschwindigkeit und den komplizierten Abläufen bei der DNA-Verdopplung bleiben Pannen nicht aus. Aber auch durch äußere Einflüsse, etwa UV-Bestrahlung, kann es zu Schäden im DNA-Doppelstrang kommen. Hierfür hält die Zelle einen „Reparaturtrupp" in Form von Enzymen bereit. Sie schneiden die fehlerhafte Stelle aus der DNA heraus, ergänzen die fehlenden Nucleotide und heften den Strang wieder zusammen. Auf diese Weise werden schwer wiegende Schäden im Erbgut weitestgehend vermieden. Glücklicherweise kommen solche Fehler nur selten vor. Bei der DNA-Verdopplung ist die Fehlerquote vergleichbar mit nur einem einzigen Tippfehler auf 500 000 Schreibmaschinenseiten.

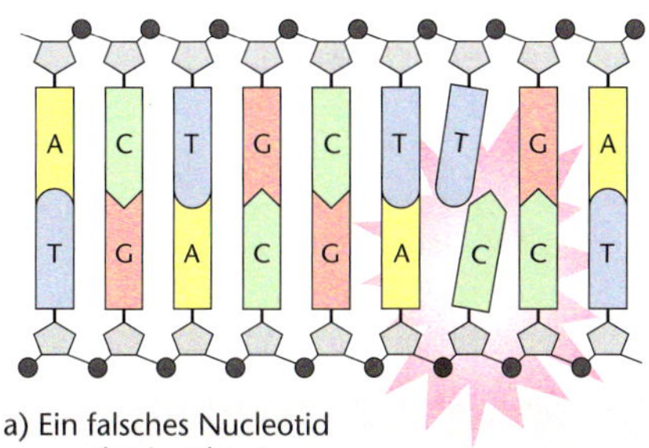

a) Ein falsches Nucleotid wurde eingebaut.

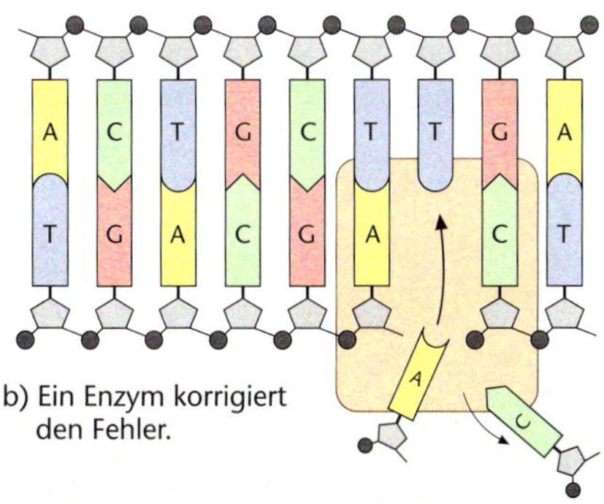

b) Ein Enzym korrigiert den Fehler.

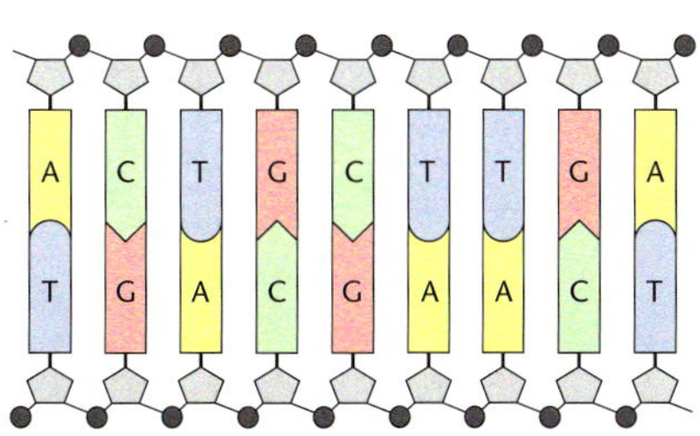

c) Reparierte DNA

1 Verdoppelung und Reparatur der DNA

Wir untersuchen die DNA

Material

Ansatz für die ganze Klasse: Banane, Tomate oder Kiwi, 2 Bechergläser, Glastrichter, Plastikröhrchen, Filterpapier, Handmixer oder Mörser, 100 ml Spülmittel, $\frac{1}{2}$ TL Kochsalz, 44 g Natriumcitrat, Wasser, Ethanol (gekühlt), Farbstoffe Toluidinblau oder Fuchsinschweflige Säure, dünner Glas- oder Holzstab (z. B. Schaschlikspieß)

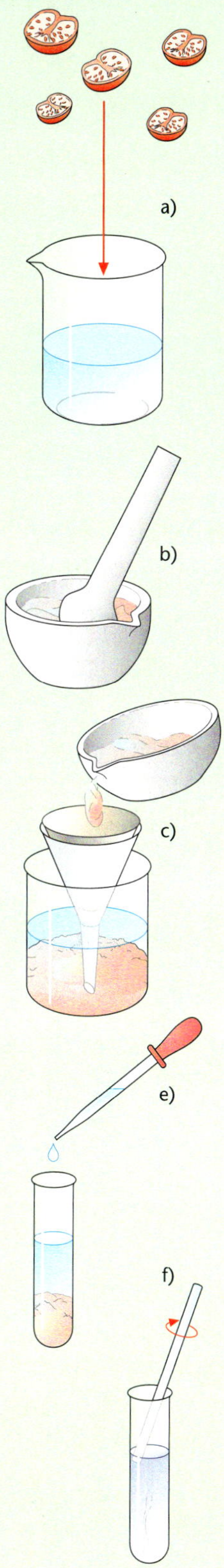

Versuchsanleitung

a) Vermische Spülmittel, Natriumcitrat und Salz gründlich und fülle mit Wasser auf 1 l auf. Schneide die Banane oder Tomate sehr klein und gib von dem Gemisch hinzu. Lasse das Becherglas 10 min stehen.
b) Zerreibe das Gemisch mit dem Mörser zu einer körnigen Masse. Falls ein Mixer benutzt wird, betätige ihn nur wenige Sekunden!
c) Lege ein Filterpapier in einen Glastrichter und gieße die Masse hinein. Fange die Flüssigkeit mit der darin gelösten DNA in einem Becherglas auf.
d) Gib 2 ml davon in ein 15 ml Plastikröhrchen.
e) Gib 2 ml Wasser dazu und überschichte vorsichtig mit kaltem Ethanol.

Die DNA fällt in Schlieren aus und kann mit einem Stab aufgewickelt und untersucht werden. Färbe sie dazu mit einigen Tropfen von einem der oben angegebenen Farbstoffe. Nach Zugabe von Wasser muss die DNA gefärbt bleiben. Welche Stoffeigenschaften kannst du feststellen?

Aufgabe

1 Besorgt euch bunt umwickelten Draht, bunte Glasperlen und Verbindungsstege aus ummanteltem, biegsamem Draht oder Plastik. Überlegt, wie ihr aus den Materialien ein Modell der DNA-Verdopplung erstellen könnt.

Modellvorstellungen in den Naturwissenschaften

Vor Beginn einer Reise in einen anderen Erdteil bietet der Globus eine schnelle Orientierung. Gebirge, Meere und Ländergrenzen sind gut zu erkennen. Dabei spielt es überhaupt keine Rolle, dass der Globus mit seiner Kugelform nicht dem wirklichen Erdkörper entspricht. Wie wir wissen, ist dieser an den Polen abgeflacht. Für den Reisenden ist das Kugelmodell der Erde als grobe Orientierung vollkommen ausreichend.

Modelle helfen, die Wirklichkeit zu verstehen. Sie bilden das Original in vereinfachter Form ab und berücksichtigen nur die Merkmale, die zum Verständnis wichtig sind. Je nach Erkenntnisstand können sich Modellvorstellungen verändern: Frühere Kulturen kannten von der Erde nur einen kleinen Teil. Im alten Mesopotamien reichte das Weltbild gerade mal bis Indien im Osten, Kreta im Westen und Ägypten im Südwesten. Ihr Modell der Erde findet sich auf einer alten Tontafel mit dem Euphrat als senkrecht verlaufendem Balken. Ein Querbalken stellt Babylon als Mittelpunkt der damaligen Welt dar. Überwölbt wurde die scheibenförmige Erde vom Sternenhimmel, am Horizont war sie begrenzt durch das Meer.

Das moderne Weltbild entsteht

Erst NIKOLAUS KOPERNIKUS (1473–1543) konnte beweisen, dass sich die Erde um die Sonne dreht. GALILEO GALILEI (1691–1736) und JOHANNES KEPLER (1571–1630) bestätigten durch Himmelsbeobachtungen, dass die Sonne von den Planeten umkreist wird, wobei KEPLER deren ellipsenförmige Bahnen beschrieb. Durch moderne Satellitentechnik wird dieses heliozentrische Weltbild als Modell immer präziser beschrieben.

Modelle in der Zellbiologie

Die Erforschung der Zelle weist einige Parallelitäten auf: Erst 1855, also 190 Jahre nach der Entdeckung der Zelle durch ROBERT HOOKE (1635–1703), beantwortet der Arzt RUDOLF VIRCHOW (1821–1902) die Frage nach der Herkunft der Zellen: Jede Zelle geht aus einer anderen hervor.

Bis dahin bestand nur eine unvollkommene Vorstellung der Zelle, von der neben der Zellwand nur wenige Strukturen bekannt

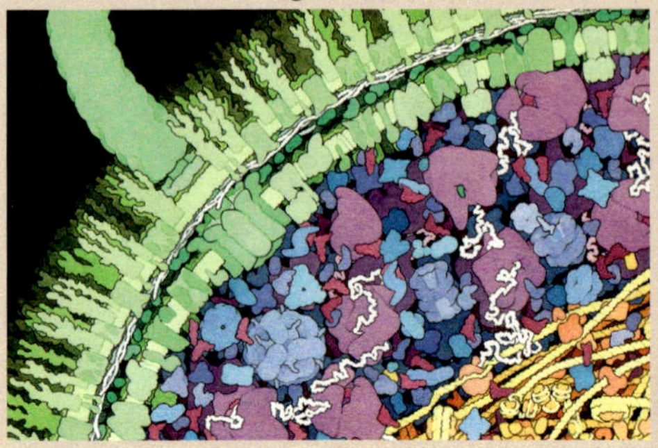

waren. Zwar hatten bereits mehrere Wissenschaftler zu Beginn des 19. Jahrhunderts die Zellteilung beschrieben. Die Kernteilungsstadien mit den Chromosomen waren jedoch noch unbekannt. Erst 1873 musste das bisherige Zellmodell gründlich überdacht werden. Mit der Entdeckung geeigneter Farbstoffe gelang die Färbung der Chromosomen und damit die Entdeckung der Teilungsstadien während der Mitose. Doch erst weitere zwei Jahre später beschreiben EDUARD STRASBURGER (1844–1912) und andere Forscher die Mitose als Vorgang, bei dem sich der Zellkern in zwei Tochterkerne teilt. Aber auch dieses Modell ist noch unvollkommen. Es erklärt nur unzureichend die Weitergabe der Erbinformation von einer Zelle auf die Tochterzellen.

1953 veranschaulichen WATSON und CRICK den Aufbau der DNA. Selbst das stärkste Elektronenmikroskop reicht nicht aus, die Doppelhelix der DNA sichtbar zu machen. Das Modell erklärt jedoch auf überzeugende Weise alle Vorgänge bei der Selbstverdoppelung der DNA und bei der Informationsweitergabe zu den Ribosomen. Allerdings hat das Modell auch seine Grenzen: So erklärt es zum Beispiel nicht den Aufbau des Chromosoms.

Modelle werden erst dann verändert oder verworfen, wenn sie zur Erklärung von Beobachtungen oder gemessener Daten nicht mehr ausreichen oder wenn neue Forschungsergebnisse das Modell wesentlich verfeinern.

Der Stoff aus dem das Leben ist
Alles Leben auf der Erde ist an Eiweiße (Proteine) gebunden.
Der Begriff „**Protein**" bedeutet so viel wie „das Wichtigste" oder „das Erste" und beschreibt damit die Bedeutung der Proteine für das Leben. Proteine erfüllen die verschiedensten Aufgaben im pflanzlichen oder tierischen Organismus. Proteine steuern z. B. als **Enzyme** die gesamten Stoffwechselvorgänge im Körper. Eiweiße sind zwar recht unterschiedlich aufgebaut, setzen sich aber dennoch aus nur wenigen Grundbausteinen, den so genannten **Aminosäuren**, zusammen. Es gibt 20 verschiedene Aminosäuren. Acht davon sind **essenziell**, d.h. unentbehrlich. Diese kann der Körper nicht selbst herstellen, der Mensch muss sie mit der Nahrung aufnehmen. Doch wie stellt nun der Körper Eiweiße her?

Eiweißbiosynthese
Der Begriff „**Synthese**" meint nichts anderes als zusammenführen, verknüpfen. Eiweiße werden also aus anderen Stoffen, nämlich den Aminosäuren, zusammengesetzt.
Wir wollen uns diesen Vorgang am Beispiel eines Enzyms, das bei zur Herstellung von Melaninen (Farbstoffe, z. B. im Katzenfell) beteiligt ist, verdeutlichen.
Die Herstellung von Eiweißen im Körper wird durch das Erbgut, die DNA, gesteuert. Dieser Vorgang geschieht in mehreren Schritten:
1. Die DNA im Zellkern wird „gelesen" und in ein Botenmolekül, die so genannte Boten-RNA (RNA = Ribonucleinsäure) umgeschrieben. Diesen Vorgang nennt man **Transkription**.

2. Die Boten-RNA wandert aus dem Zellkern heraus und bindet sich an ein **Ribosom**, also die Eiweißfabrik der Zelle. Immer drei Basen, ein Triplett, bestimmen eine Aminosäure.

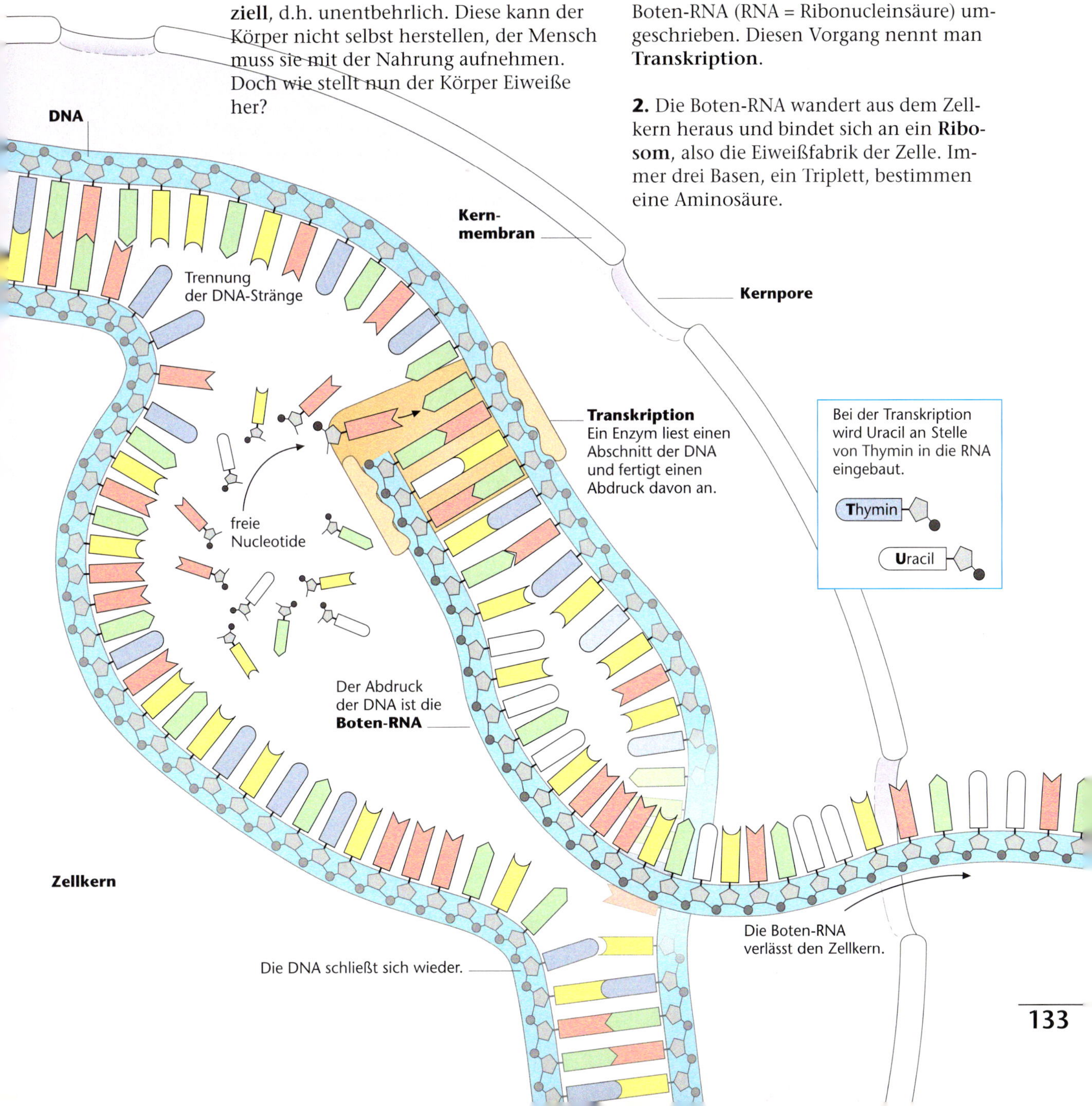

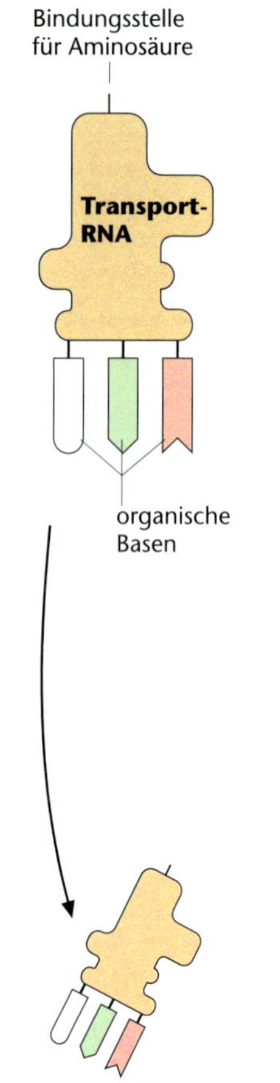

3. Im Zellplasma sind Aminosäuren und so genannte **Überträgermoleküle** vorhanden. Sie bestehen aus RNA-Bausteinen und werden als **Transport-RNA** bezeichnet. Jedes dieser Überträgermoleküle besteht u. a. aus drei organischen Basen und ist deshalb in der Lage, eine bestimme Aminosäure an sich zu binden.

4. Das Ribosom wandert an der Boten-RNA entlang und zwar immer so, dass ein Triplett ablesbar ist. Die im Zellplasma liegenden Überträgermoleküle mit der angehängten Aminosäure wandern zum Ribosom und lagern sich an der passenden Stelle der Boten-RNA an.

5. Die Aminosäuren werden am Ribosom zu einer langen Kette, dem Eiweiß, verknüpft. Ist das Ribosom am Ende des Boten-RNA-Stranges angekommen, so trennt es sich davon. Damit ist die Übersetzung der Information auf der DNA zum Eiweiß geschafft. Diesen Vorgang, der am Ribosom abläuft, nennt man **Translation**.

6. Das neu hergestellte Eiweiß ist in unserem Beispiel ein Enzym, das zur Herstellung von Melaninen (Farbstoff z. B. im Katzenfell) gebraucht wird.

Bei allen Lebewesen läuft die Herstellung von Eiweißen im Prinzip gleich ab: Durch die Transkription wird die Erbinformation im Zellkern abgelesen und durch die Translation wird aus Aminosäuren eine Eiweißkette geknüpft.

Diese sechs Schritte sind, vereinfacht dargestellt, notwendig, um von der Information auf der DNA zu einem Eiweiß zu gelangen.

Wie viele Möglichkeiten gibt es nun, Eiweiße zu bilden? Von einem Eiweiß sprechen wir ab einer Kette von ca. 100 Aminosäuren. Aber es gibt auch Eiweiße, die aus mehreren tausend Aminosäuregliedern bestehen.
Es gibt 20 verschiedene Aminosäuren als Bausteine für Proteine. Diese 20 Bausteine können in den verschiedensten Reihenfolgen aneinander geknüpft werden. Dabei

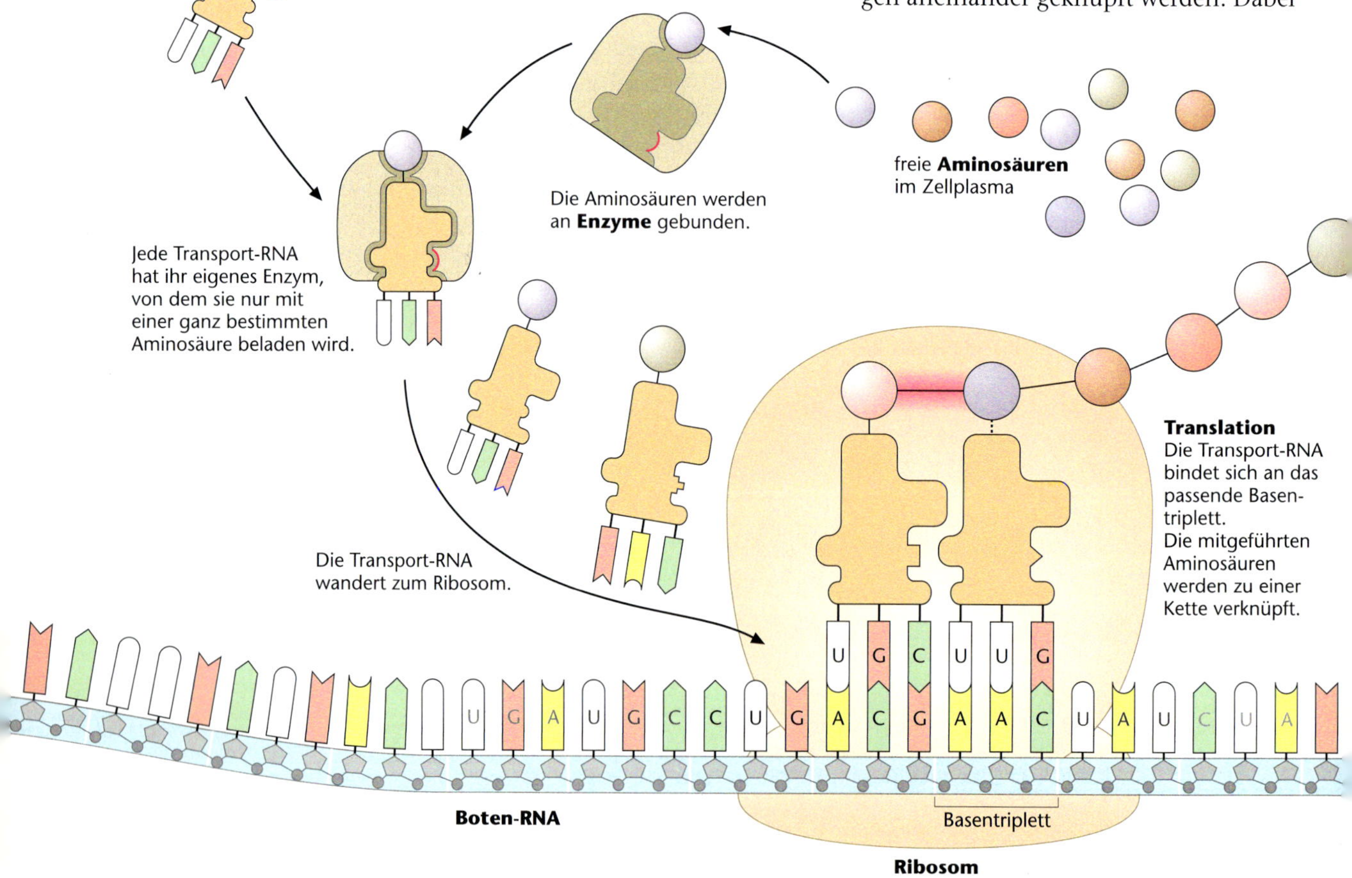

▶ 238ff.

nennt man die Reihenfolge der verschiedenen Aminosäuren **Aminosäuresequenz**. Sie ist verantwortlich für die Art des Eiweißes. Welche Kombinationsmöglichkeiten sind hier möglich?
Beispiel: Wie viele Möglichkeiten gibt es, wenn nur drei Aminosäuren miteinander verknüpft werden sollen? Dabei ist zu beachten, dass es, wie bei Telefonnummern, nicht gleichgültig ist, ob man 123 oder 321 wählt. Die Reihenfolge der Zahlen ist nur einem speziellen Teilnehmer unverwechselbar zugeordnet.

So ist das auch bei der Aminosäuresequenz. Die Aminosäuren eins, zwei und drei lassen sich so auf 27 verschiedene Weisen verknüpfen ($3^3 = 27$).
Wenn man nun 20 verschiedene Aminosäuren zu einer Kette von nur 100 Gliedern verknüpfen möchte, so ergibt das die unvorstellbar große Zahl von 20^{100} Möglichkeiten, Eiweiße zu bilden.

Bei einem Eiweiß aus mehreren tausend Gliedern ist die Zahl der Möglichkeiten fast schon unendlich groß.

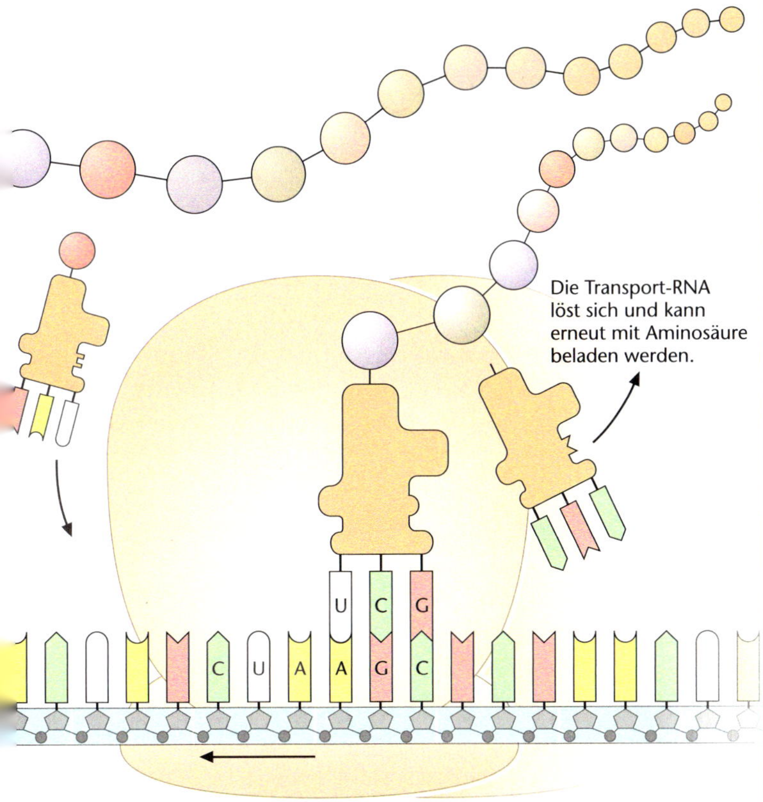

Die Transport-RNA löst sich und kann erneut mit Aminosäure beladen werden.

Das Ribosom wandert jeweils um ein Basentriplett weiter.

Brennpunkt

Ohne Proteine kein Leben

Enzyme sind Proteine, die aus Aminosäuren zusammengesetzt sind. Es sind genau 20 natürliche Aminosäuren bekannt, die als Bausteine in unterschiedlicher Reihenfolge lange Proteinketten bilden. Die Proteinmoleküle haben eine schraubige oder gefaltete Struktur, wodurch sich eine gewisse Stabilität ergibt. Von der Reihenfolge der Aminosäuren und der räumlichen Struktur hängt die Eigenschaft des jeweiligen Proteins ab. Ein Enzym, das in der Zelle Farbstoffe herstellt, wird also aus ganz bestimmten Aminosäuren in einer genau festgelegten Reihenfolge aufgebaut sein. Wird diese Reihenfolge verändert, besitzt das Protein nicht mehr die gewünschten Eigenschaften, kann also keinen Farbstoff mehr herstellen.

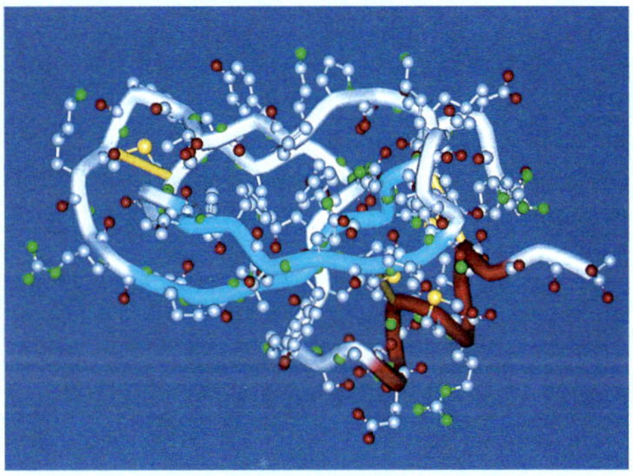

Es gibt Eiweiße, die nur aus knapp 100 Aminosäuren bestehen, wie z. B. das Insulin, während andere Eiweiße bis zu 100 000 Aminosäuren enthalten.
Die meisten Aminosäuren kann unser Körper selbst herstellen, sofern genügend Stickstoffverbindungen mit der Nahrung aufgenommen werden. Folgende acht Aminosäuren sind dagegen **essenziell**, d. h., sie müssen in unserer Nahrung bereits fertig enthalten sein: Isoleucin, Leucin, Lysin, Methionin, Phenylalanin, Threonin, Tryptophan und Valin, bei Kleinkindern zusätzlich Histidin.

Aufgabe

1 Kann ein Vegetarier den Bedarf an essenziellen Aminosäuren decken? Begründe, indem du pflanzlicher Nahrung mithilfe des Internet oder Fachliteratur (Hauswirtschaft) die essenziellen Aminosäuren zuordnest.

Die Zelle – Baustein des Lebendigen

Alle Lebewesen sind aus Zellen aufgebaut
Pflanzen- und Tierzellen unterscheiden sich in einigen wesentlichen Merkmalen:

Pflanzenzelle	Tierzelle
Zellplasma	Zellplasma
Zellkern	Zellkern
Zellmembran	Zellmembran
Zellwand	
Vakuole	
Plastiden	

Kleinste Strukturen werden sichtbar
Mithilfe von Mikroskopen kann man in die für das bloße Auge unsichtbare Welt der Zelle vordringen. Lichtmikroskope ermöglichen maximal eine 1500fache Vergrößerung. Elektronenmikroskope wurden bereits 1932 entwickelt und erreichen eine 500 000fache Vergrößerung.

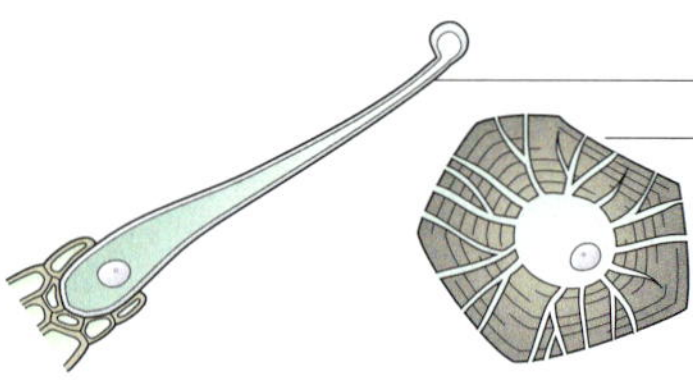

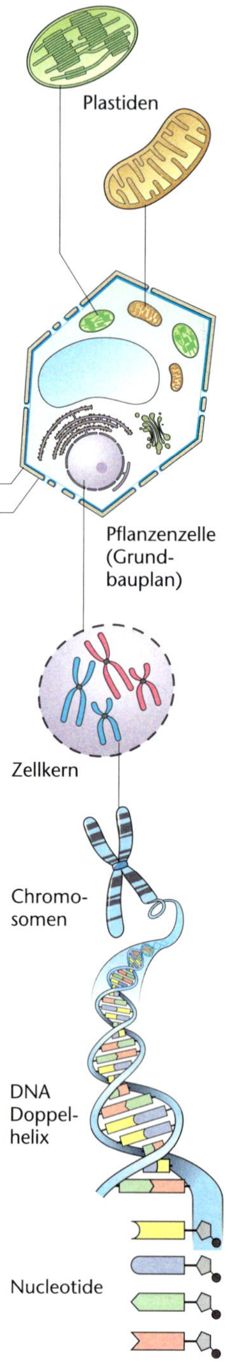

Mehrzeller besitzen spezialisierte Zellen
Bei den Einzellern muss eine Zelle alle Lebensfunktionen erfüllen. Sie ist fähig zur Fortbewegung, zur Fortpflanzung, zur Nahrungsaufnahme und verfügt über einen eigenen Stoffwechsel. Bei mehrzelligen Lebewesen werden diese Aufgaben von zahlreichen spezialisierten Zellen übernommen.

1 Mehrzeller

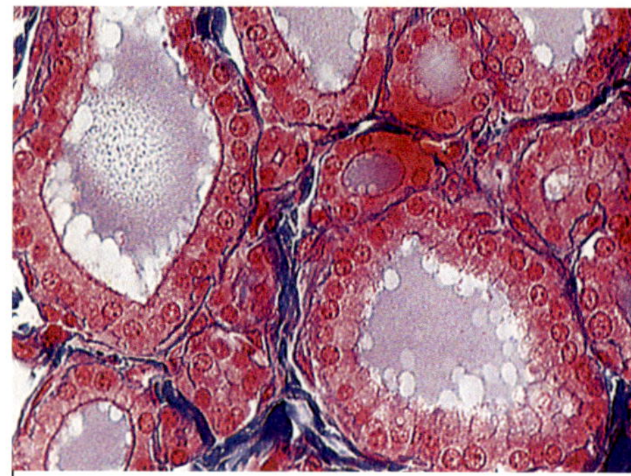

2 Gewebe der Schilddrüse

Zellen schließen sich zu Geweben und Organen zusammen
Gleichartige Zellen schließen sich bei Pflanzen und Tieren zu Geweben zusammen. Sie übernehmen gemeinsam bestimmte Aufgaben. Ein Organ besteht immer aus mehreren Gewebearten.

Feinbau der Zelle
Der Feinbau der Zelle zeigt viele kleinste Bestandteile der Zelle, die man Zellorganellen nennt. Dazu gehören: Zellkern, Endoplasmatisches Reticulum, Mitochondrien, Golgi-Apparat, Chloroplasten und Ribosomen.

Die Mitose
Als Mitose bezeichnet man die Zell- und Kernteilung einer Zelle. Ergebnis einer Mitose sind zwei identische Tochterzellen.

Aufbau der DNA
Der Zellkern enthält die Erbinformation in Form der DNA (Desoxyribonukleinsäure). Sie ist aus Nucleotiden aufgebaut. Ein Nucleotid besteht aus:
– einem Zucker (Desoxyribose)
– einem Phosphat
– einer von vier organischen Basen: Adenin, Thymin, Guanin und Cytosin.
Wobei innerhalb der Doppelhelix immer nur die Basen Adenin und Thymin sowie Guanin und Cytosin gepaart werden können. Dabei ist die Erbinformation durch die Abfolge der vier verschiedenen Basen verschlüsselt.

Selbstverdoppelung
Nach der Teilung müssen beide Tochterzellen die gleiche DNA enthalten wie die Mutterzelle. Vor der endgültigen Teilung verdoppelt sich deshalb die DNA, indem der Doppelstrang durch ein Enzym aufgetrennt wird.

Modellvorstellungen
Die Wissenschaftler arbeiten sehr häufig mit Modellen und Modellvorstellungen, da diese helfen, die Wirklichkeit vereinfacht darzustellen und sie so verständlicher zu machen.

Die DNA steuert die Eiweißsynthese
An Ribosomen werden Aminosäuren zu Protein-Ketten verknüpft. Die m-RNA stellt eine Kopie der DNA her und wandert aus dem Kern zu einem Ribosom. Eine t-RNA mit passendem Basentriplett heftet sich dort kurzzeitig an die m-RNA und gibt eine Aminosäure für den Einbau in die Aminosäurekette frei.

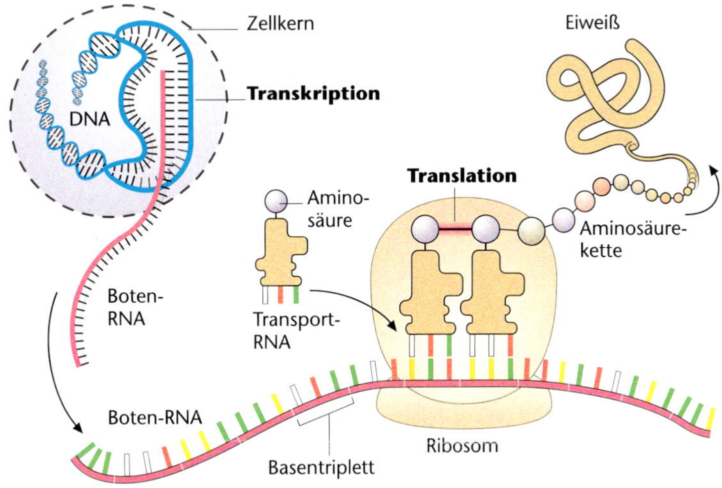

Aufgaben

1 Erkläre, warum manche preisgünstige Mikroskope enttäuschende Ergebnisse liefern.

2 Nenne die Hauptbauteile eines Lichtmikroskops und deren Funktionen.

3 Welche Zellstrukturen kannst du mit dem Lichtmikroskop, welche nur mit dem Elektronenmikroskop erkennen? Stelle die Ergebnisse in einer Tabelle gegenüber.

4 Begründe, weshalb die Spezialisierung von Tier- und Pflanzenzellen sinnvoll ist.

5 Vergleiche die Zelle mit einer Fabrikanlage und nenne die Aufgaben der einzelnen Zellstrukturen.

6 Beschreibe die Funktionen der Plastiden in Pflanzenzellen.

7 a) Begründe, warum nach der Mitose in beiden Tochterzellen das gleiche Erbgut vorhanden ist.
b) Die DNA besitzt die Fähigkeit zur Selbstverdoppelung. Beschreibe diesen Vorgang in seinen einzelnen Phasen.

8 Die organischen Basen der DNA binden paarweise aneinander. Begründe, die Bedeutung dieser paarweisen Bindung.

9 Erkläre, wie ein DNA-Abschnitt im Zellkern „abgeschrieben" wird.
Nenne den Fachbegriff.

10 Erkläre den Begriff „Organelle", nenne einige Beispiele und beschreibe deren Aufgaben in der Zelle.

11 Ist ein Chromalid das richtige, vollständige Chromosom? Erkläre den scheinbaren Widerspruch.

12 Einzellige Lebewesen sind in ihrer Körpergröße begrenzt. Gib hierfür eine Begründung.

13 Die Erbinformationen sind in der DNA verschlüsselt und liefern die Informationen für den Aufbau von Proteinen an den Ribosomen.
Beschreibe den Informationsfluss von der DNA im Zellkern bis zu den Ribosomen.

14 Basentripletts sind die Codewörter für den Transport einer bestimmten Aminosäure. Begründe, warum Kombinationen aus 2 oder 4 Basen wenig sinnvoll wären.

15 Welche Zellorganellen sind in den Zellen der Bauchspeicheldrüse wohl besonders häufig?

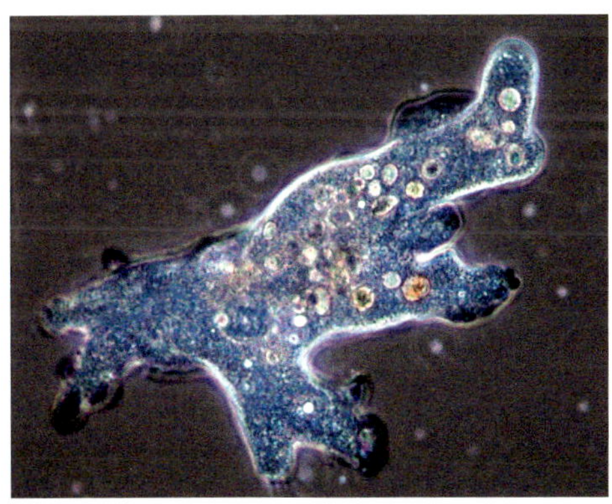

16 Amöben schließen ihre Nahrung mit Fortsätzen ein, die an allen Körperstellen entstehen können.
Erkläre diesen Vorgang mithilfe deiner Kenntnisse über den Vesikeltransport in der Zelle.

17 Erkläre den Begriff „Enzym" und erläutere mindestens drei Beispiele von Enzymwirkungen im menschlichen Körper.

Erbanlagen werden an die Nachkommen weitergegeben

Bei Pflanzen, Tieren und Menschen ähneln die Nachkommen in Aussehen und Eigenschaften oft stark ihren Eltern.

In manchen Familien ist die Ähnlichkeit zwischen den verschiedenen Generationen so groß, dass man glauben könnte, jeweils nur eine verjüngte Kopie zu sehen. Wie kommt es zu diesen Übereinstimmungen und warum unterscheiden sich die Nachkommen von Pflanzen, Tieren und Menschen dennoch von ihren Eltern?

Die „moderne" Vererbungslehre oder Genetik hatte ihre Geburtsstunde im Jahre 1851 in einem Klostergarten. Der Augustinermönch GREGOR MENDEL (1822–1884) beschäftigte sich erstmals experimentell mit der Vererbung von Merkmalen bei Erbsen. Die Ergebnisse seiner Arbeiten fanden damals keine Beachtung.

In den folgenden 150 Jahren wurde dank intensiver Forschung das Geheimnis der Erbinformation immer weiter entschlüsselt.
Heute sind Wissenschaftler bereits in der Lage, aktiv in die Vorgänge der Vererbung einzugreifen.
Wichtig ist es, mit diesem Wissen heute und in Zukunft verantwortungsvoll umzugehen.

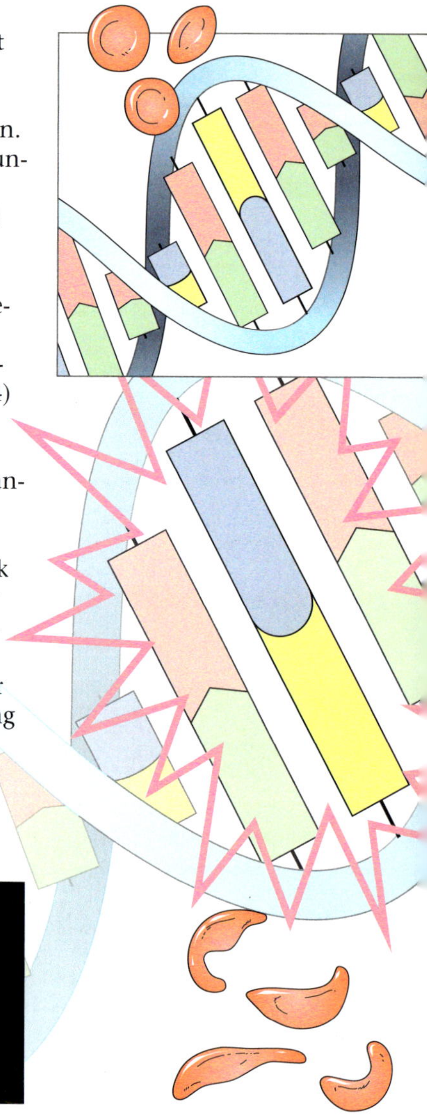

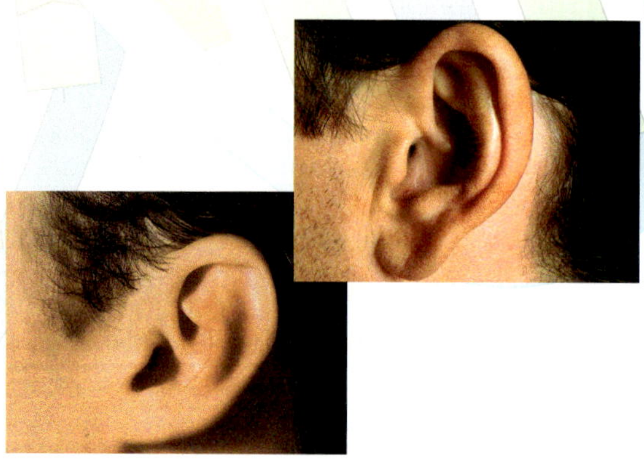

ROCKWELL
Geboren: 12.09.1997
Gesamtzuchtwert: 124 (95%)
Milchwert: 119 (93%)
Fleischwert: 112 (94%)
Fitness: 104 (85%)
Zellzahl: 105 (91%)
Melkbarkeit: 115 (94%)
Abkalbung pat.: 92 (99%)
Fruchtbarkeit pat.: (98%)
Milchleistung
100-Tg. 80 1987 4,21 3,27 149
1.L 70 5461 4,32 3,50 419
2.L 60 6045 4,39 3,55 480
ZW: +155 +0,23 +21 +0,07 +11
Rowen DE 09.11971390
Luxana AT 235.948.333
MMV: Salomon

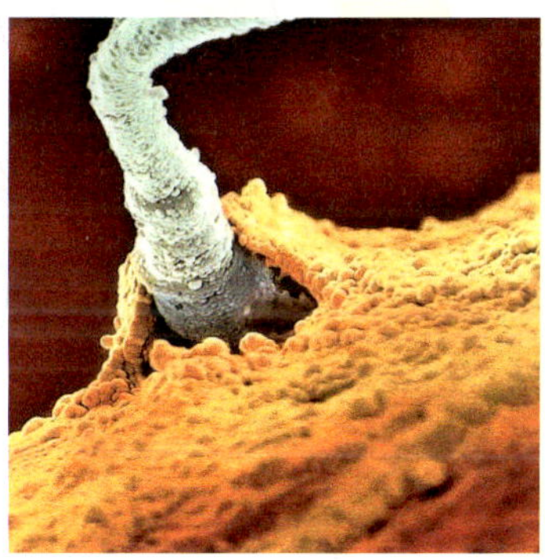

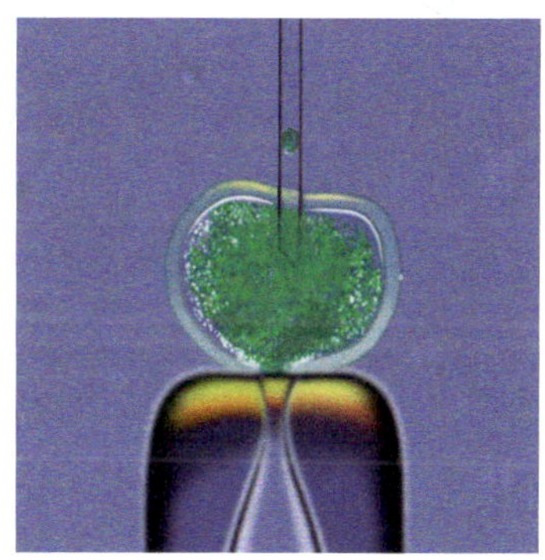

1 „Wie aus dem Gesicht geschnitten“

„Wie aus dem Gesicht geschnitten“
Beim Blick ins Familienalbum sind dir sicher schon einmal Ähnlichkeiten zwischen dir und deinen Verwandten aufgefallen. Dabei sind nicht nur Übereinstimmungen z. B. in Nasen- und Lippenform, Statur oder Haaren zwischen Eltern und Kindern zu sehen, sondern auch zwischen den Großeltern und ihren Enkeln. Neben äußeren Ähnlichkeiten gibt es in manchen Familien auch besondere Begabungen, die in verschiedenen Generationen immer wieder auftreten.

Eltern geben Merkmale an ihre Nachkommen weiter
„Du bist deiner Mutter wie aus dem Gesicht geschnitten“, oder „du hast die lockigen Haare deines Vaters“. Solche oder ähnliche Äußerungen kennst du bestimmt. Gemeint ist, dass Eltern Merkmale an ihre Kinder weitergeben, also vererben.
Eltern geben bei der Fortpflanzung mit Eizelle und Spermium Erbanlagen als „Bauplan“ für bestimmte Merkmale an ihre Nachkommen weiter. Die Erbanlagen werden **Gene** genannt. Alle Gene, die du von deinem Vater und deiner Mutter geerbt hast, bilden dein **Genom**.

Alle ererbten Gene von Vater und Mutter bilden das Genom der Kinder.

Methoden zur Erbforschung beim Menschen
Menschen unterscheiden sich in unzähligen Merkmalen. Manche lassen sich leicht beschreiben. Bei anderen, etwa bei Begabungen ist es schwierig, sie exakt zu erfassen. Da sich Versuche zur Vererbung beim Menschen aus ethischen Gründen verbieten, werden in der Humangenetik verschiedene Verfahren genutzt:

Die **Familienforschung** untersucht mithilfe von Stammbäumen, wie ein bestimmtes Merkmal über Generationen weitervererbt wird.
Statistische Verfahren geben Auskunft über die Häufigkeit, Verteilung und Veränderung eines Merkmals in der Bevölkerung.
Die **Zwillingsforschung** untersucht den Zusammenhang zwischen Genen und Umwelteinflüssen. Bei eineiigen Zwillingen, die getrennt aufgewachsen sind, kann dies besonders gut erforscht werden.
Mikroskopische und biochemische Untersuchungen geben Hinweise auf Veränderungen des Genoms oder einzelner Gene.
Um möglichst genaue Aussagen machen zu können, werden meistens mehrere Verfahren eingesetzt, die sich in ihren Aussagen ergänzen.

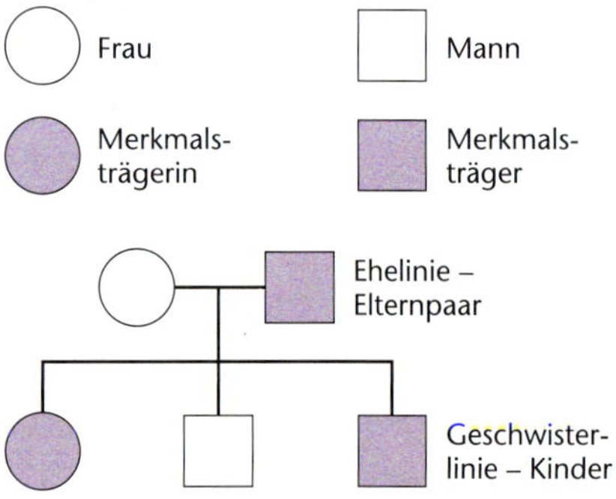

2 So werden in der Genetik Stammbäume aufgeschrieben.

Aufgaben

1 Erkläre die Redewendung: „Der Apfel fällt nicht weit vom Stamm“.

2 Sucht Beispiele von berühmten Familien, bei denen besondere Begabungen in mehreren Generationen auftraten. Verfasst in Gruppenarbeit Lebensläufe der jeweiligen Familienmitglieder und stellt sie vor.

Alles nur geerbt?

Sind wir Marionetten unserer Gene?
Wenn du auf einen Personalausweis schaust, findest du neben Name und Adresse Angaben zur Körpergröße und Augenfarbe. Diese Körpermerkmale verändern sich im Laufe des Lebens kaum. Deine Ohrmuschelform und dein Fingerabdruck zählen auch zu diesen unveränderbaren Merkmalen. Man nennt sie deshalb **umweltstabil**.
Im Unterschied dazu können wir unser Aussehen beeinflussen, wenn wir z. B. durch Training Muskulatur aufbauen. Dabei bestimmen immer die geerbten Veranlagungen, wie viel und wie schnell sich die Muskelmasse bei jedem einzelnen verändern lässt. Heute gehen Wissenschaftler davon aus, dass durch die Lebensumstände auch Begabungen und Intelligenz unterschiedlich ausgeprägt werden. Solche Merkmale, bei denen die Umwelt entscheidet welcher Ausschnitt der genetischen Veranlagung erscheint, heißen **umweltlabil**.
Sind wir also hauptsächlich genetisch vorprogrammiert? Antworten auf diese Fragen kann man nur bei Menschen finden, die identisches Erbgut besitzen, aber nicht in gleicher Umwelt aufgewachsen sind. Optimale „Untersuchungsobjekte" sind dabei eineiige Zwillinge.

Genetische Merkmale, die sich im Laufe des Lebens kaum verändern, heißen umweltstabil. Werden sie durch Umwelteinflüsse verändert, nennt man sie umweltlabil.

Erkenntnisse aus der Zwillingsforschung
Zwillingsforscher konzentrieren sich in ihren Untersuchungen vor allem auf eineiige Zwillinge, die kurz nach der Geburt getrennt wurden. Sie untersuchen Lebensgewohnheiten, Persönlichkeitsmerkmale und Interessen, sowie das Auftreten bestimmter Krankheiten. Dabei zeigen sich erstaunliche Übereinstimmungen (▷ B 4). Allerdings gibt es in Intelligenztests, die logisches Denken, Zahlenverständnis und Gedächtnisleistung erfassen, bei gemeinsam aufgewachsenen Zwillingen geringere Unterschiede als bei getrennt aufgewachsenen. Denn diese ererbten Anlagen geben nur einen Rahmen vor. Durch Erziehung und Lernangebote werden die Merkmale verschieden ausgeprägt. Da es sich statistisch gesehen um eine relativ kleine Anzahl (ca. 100) untersuchter eineiiger Zwillingspaare handelt, sind die Wissenschaftler vorsichtig in ihrem abschließenden Urteil über den prozentualen Anteil der Bestimmung durch Gene.

1 Eineiige Zwillinge

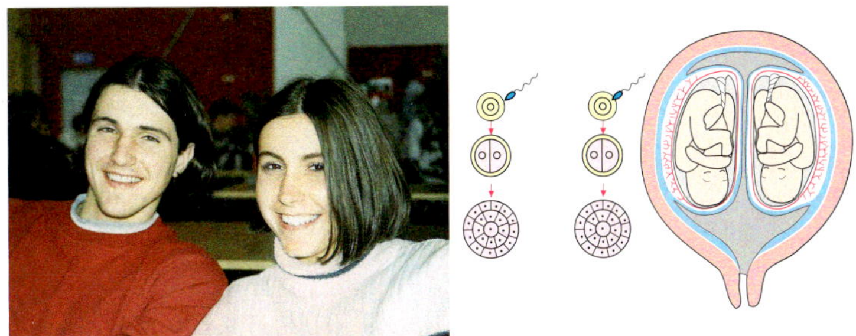
2 Zweieiige Zwillinge

Untersuchte Zwillingsgruppe	**Durchschnittlicher Unterschied**		
	Körpergröße (cm)	Körpergewicht (kg)	IQ (Punkte)
Zweieiige Zwillinge	4,4	4,4	8,5
Eineiige Zwillinge (getrennt aufgewachsen)	1,8	4,5	6,0
Eineiige Zwillinge (gemeinsam aufgewachsen)	1,7	1,8	3,1

3 Unterschiede bei Zwillingen

Zweieiige Zwillinge ähneln sich nicht mehr als andere Geschwister. Obwohl diese Zwillingspaare meistens in gleicher Umwelt heranwachsen, zeigen sie die größten Abweichungen in den Untersuchungen. Die Forschungsergebnisse belegen: Das Verhalten eines Menschen und seine individuellen Besonderheiten werden ganz erheblich von den Genen festgelegt. Wir könnten uns also fast wie Marionetten unserer Gene vorkommen. Doch jeder Mensch hat selber die Chance und die Pflicht, seine angeborenen Fähigkeiten und Eigenheiten im Leben verantwortungsvoll zu nutzen!

	zweieiig	eineiig
Zuckerkrankh.	37 %	84 %
Asthma	38 %	63 %
Tumor	24 %	59 %
Keuchhusten	94 %	96 %

4 Häufigkeit bestimmter Krankheiten bei Zwillingen

Aufgaben

1 Belege mithilfe der Grafiken über die Entstehung von Zwillingen, dass eineiige Zwillinge dasselbe Erbgut besitzen.

2 Wertet in Partnerarbeit die Statistiken (▷ B 3 und ▷ B 4) der Zwillingsforschung aus. Tragt die Ergebnisse vor.

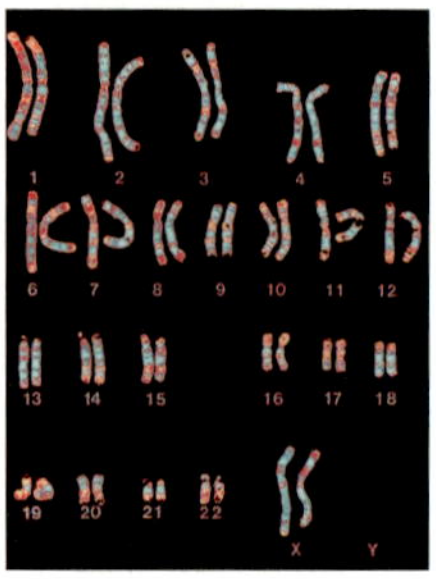

Keimzellen unterscheiden sich von Körperzellen

Jede Zelle des menschlichen Körpers enthält im Zellkern 46 Chromosomen. Müsste dann nicht die bei der Befruchtung entstehende Zelle, die Zygote, 92 Chromosomen haben?

Mikroskopische Untersuchungen zeigen, dass Eizelle und Spermium aber jeweils nur 23 Chromosomen besitzen. Die Keimzellen unterscheiden sich also in der Chromosomenzahl von allen anderen Körperzellen. Bei der Bildung von Eizelle und Spermium muss der doppelte, also **diploide Chromosomensatz** (2n) auf den einfachen, **haploiden** Satz (n) reduziert werden. Dies geschieht bei der **Meiose**. Die Meiose wird in zwei große Abschnitte eingeteilt, die man als **erste** und **zweite Reifeteilung** bezeichnet.

Trennung der homologen Chromosomen

Die erste Reifeteilung beginnt mit der **Prophase I** und dauert oft viele Tage bis Wochen. Das Chromatin wird hierbei in eine Transportform gebracht und als Chromosomen sichtbar. Ist dieser Prozess beendet, besteht jedes Chromosom aus zwei **Chromatiden**. Immer zwei Chromosomen, die in Größe und Gestalt gleich sind, lagern sich zu Paaren zusammen; sie heißen **homologe Chromosomen**. Unter dem Mikroskop erkennt man die Paare als vier parallel angeordnete Chromatiden.

Am Ende der Prophase I bilden sich die Spindelfasern. Die Kernmembran löst sich auf.

Die **Metaphase I** ähnelt den Vorgängen bei der Mitose:
Die Chromosomenpaare ordnen sich beiderseits der Äquatorialebene an. Spindelfasern heften sich an die Centromere.

In der **Anaphase I** ziehen die Spindelfasern die Chromosomen zu den Zellpolen. Dabei trennen sich die homologen Chromosomen und wandern in entgegengesetzte Richtungen. Die Verteilung von väterlichen und mütterlichen Chromosomen ist hierbei rein zufällig. Im Unterschied zur Mitose werden in der Anaphase I ganze Chromosomen verteilt. Erreichen sie die Zellpole, hat die **Telophase I** begonnen.
An jedem Pol sammelt sich so ein gemischter haploider Chromosomensatz, wobei jedes Chromosom immer noch aus zwei Chromatiden besteht. Die Zelle teilt sich bald, allerdings findet jetzt keine Interphase statt.

Trennung der Chromatiden

Sehr schnell schließt sich in jeder der zwei entstandenen Tochterzellen die zweite Reifeteilung an. Sie entspricht im Ablauf genau einer Mitose.
Jetzt erst werden die Chromatiden eines jeden Chromosoms getrennt. Am Ende der zwei Teilungsabschnitte sind vier hap-

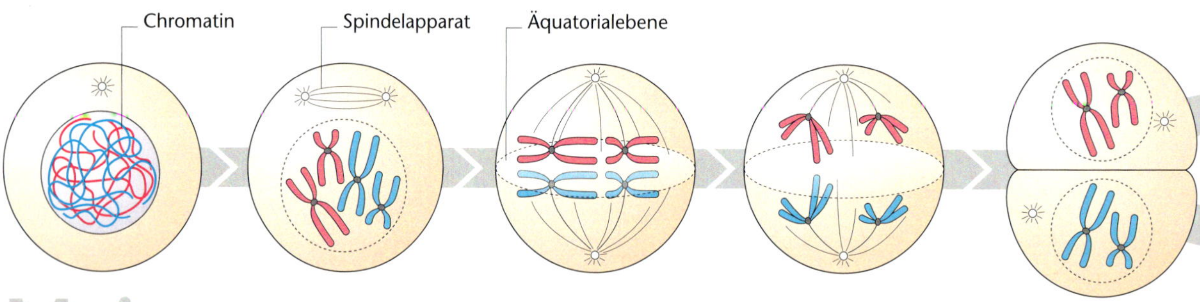

Meiose

		1. Reifeteilung (Reduktionsteilung)		
	Prophase I	**Metaphase I**	**Anaphase I**	**Telophase I**
Zelle mit doppeltem (diploiden) Chromosomensatz.	Das Chromatin nimmt die Transportform an. Die Kernmembran löst sich auf.	Die homologen Chromosomenpaare richten sich an der Äquatorialebene aus.	Die homologen Chromosomenpaare werden getrennt.	Der Kernmembranen werden gebildet und die Zelle teilt sich.

loide Tochterzellen mit einfachem Chromosomensatz entstanden.

In der anschließenden **Interphase** wird das genetische Material durch DNA-Verdopplung wieder ergänzt. Aus den haploiden Zellen entwickeln sich die Keimzellen.

Während der Meiose wird in der ersten Reifeteilung der doppelte Chromosomensatz auf die Hälfte reduziert.
Die entstandenen haploiden Zellen teilen sich in der zweiten Reifeteilung wie bei einer Mitose.

Mögliche Veränderungen durch ein Crossing-over

Bisher hast du gehört, dass jedes Chromosom ausschließlich DNA von Mutter oder Vater enthält. Das muss nicht sein. Im Verlauf der Prophase I der Meiose paaren sich die homologen Zwei-Chromatid-Chromosomen. Dabei kann es zu einem Genaustausch kommen. Man spricht von **Crossing-over**. Dieser Stückaustauch lässt sich in der Metaphase I als Überkreuzung (**Chiasma**) erkennen, wenn sich die homologen Chromosomen wieder trennen. Durch dieses Crossing-over entstehen Chromosomen mit gemischtem mütterlichen und väterlichen Erbgut (▷B 1). Dieses Ereignis beobachtet man beim Menschen etwa zwei bis dreimal pro Chromosomenpaar.

Aufgaben

1 Erkläre, warum es sinnvoll ist, dass in Keimzellen der doppelte Chromosomensatz auf den einfachen reduziert ist.

2 Stelle Gemeinsamkeiten und Unterschiede von Meiose und Mitose tabellarisch gegenüber.

3 Bei einem Chromosomensatz mit n = 3 gibt es insgesamt $2^3 = 8$ Möglichkeiten der Verteilung von mütterlichen und väterlichen Chromosomen bei der 1. Reifeteilung. Berechne die Möglichkeiten für den menschlichen Chromosomensatz.

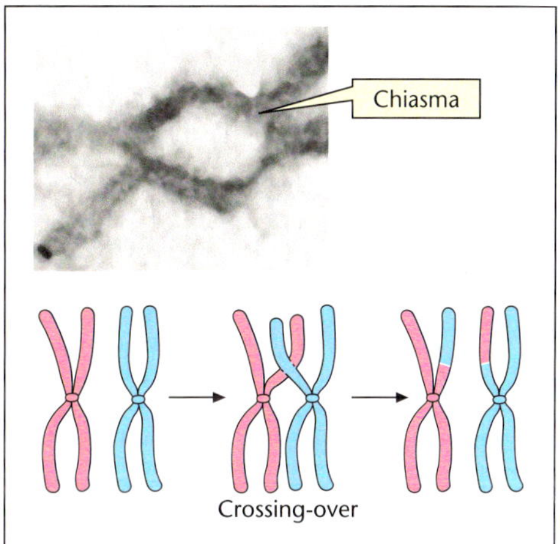

1 Chiasma (oben) als Folge von Crossing-over (unten)

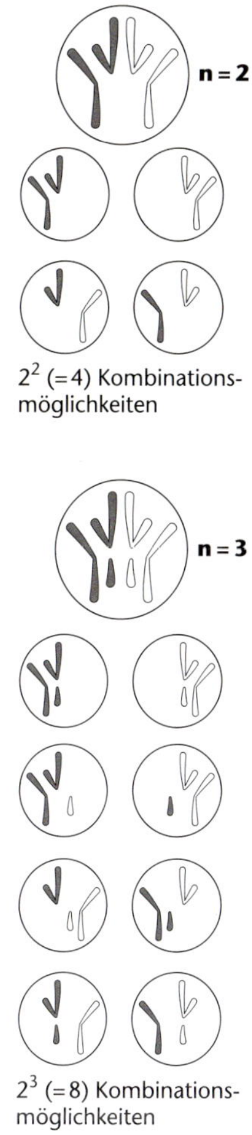

2 Zu Aufgabe 3

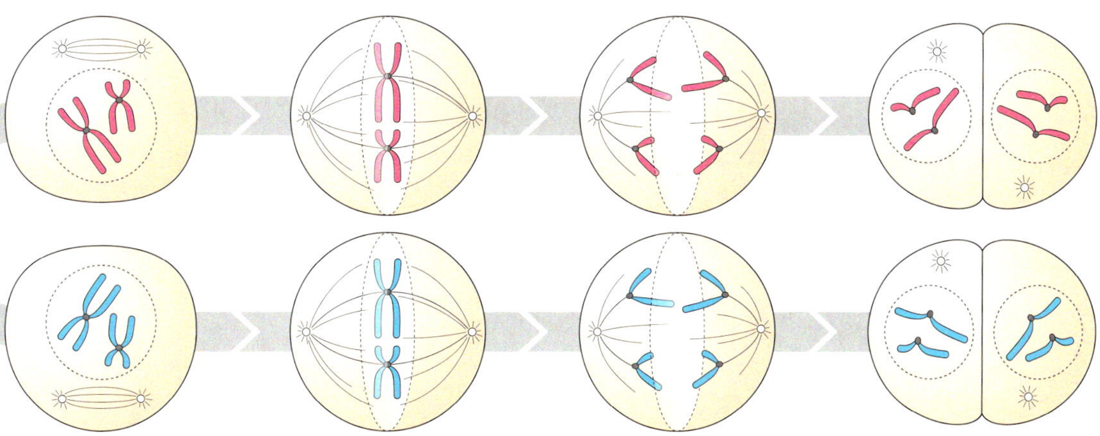

2. Reifeteilung

Prophase II	Metaphase II	Anaphase II	Telophase II
Zwei Tochterzellen mit haploidem Chromosomensatz sind entstanden. Die Kernmembranen lösen sich auf.	Die Chromosomen werden an der Äquatorialebene ausgerichtet.	Die Schwesterchromatiden werden getrennt.	Es entstehen insgesamt vier Tochterzellen. Jede besitzt einen haploiden Chromosomensatz. Jedes Cromosom besteht nur noch aus einem Chromatid.

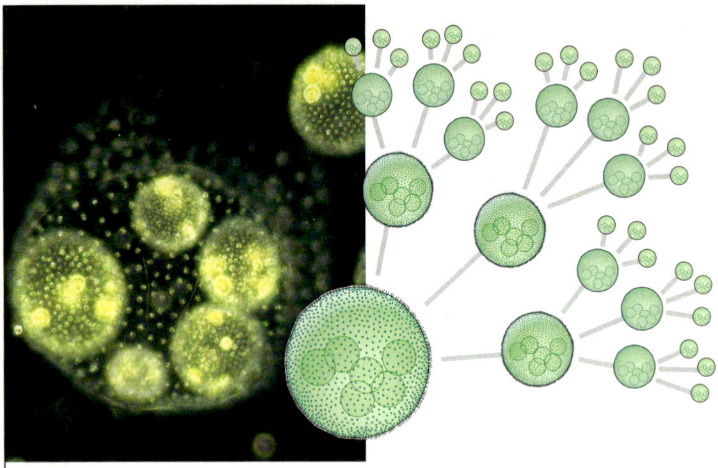

1 Ungeschlechtliche Vermehrung bei Volvox

Durch Fortpflanzung zu gleichartigen Nachkommen?

Ein Kennzeichen aller Lebewesen ist es, Nachkommen zu erzeugen. So bringen Elefanten nur Elefanten zur Welt und Buchen erzeugen immer nur wieder Buchen. Gleiches bringt also stets Gleiches hervor? Genau genommen gilt diese Aussage aber nur für Organismen, die sich ungeschlechtlich fortpflanzen.

Bei einer ungeschlechtlichen Fortpflanzung gibt es immer nur ein Elternteil. Dieser gibt Kopien all seiner Gene an seine Nachkommen weiter.

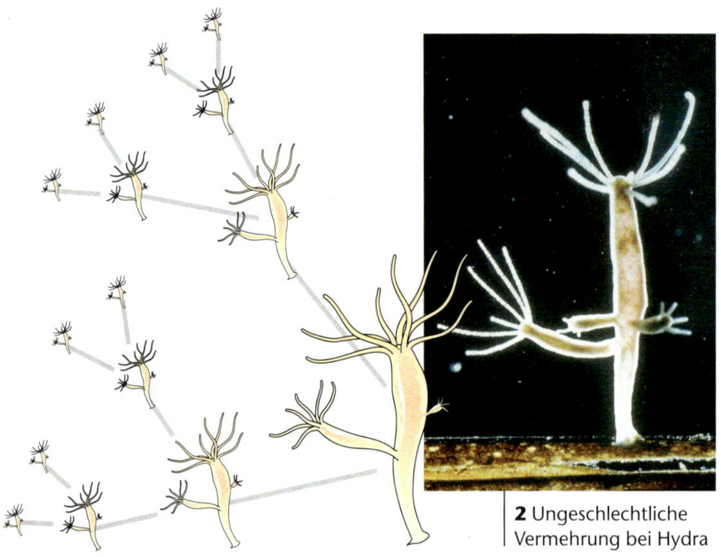

2 Ungeschlechtliche Vermehrung bei Hydra

Verschiedene Formen ungeschlechtlicher Fortpflanzung

Ein Einzeller vermehrt sich durch mitotische Teilungen, wobei seine DNA kopiert und auf zwei Tochterzellen verteilt wird. Die Genome der Tochterzellen sind also identisch mit dem elterlichen Genom.

Die meisten Zimmerpflanzen, aber auch Obstbäume und Ziersträucher können aus Pflanzenabschnitten, den **Stecklingen**, vermehrt werden.

Das Brutblatt bringt an den Blatträndern zahlreiche Pflänzchen hervor, die sich von der Elternpflanze ablösen und zu neuen Pflanzen heranwachsen.

Erdbeeren bilden veränderte Sprossachsen, die auf der Erdoberfläche wachsen und oft mit Wurzeln verwechselt werden. An diesen **Ausläufern** entstehen wieder neue Erdbeerpflanzen (▷ B 3).

Der Süßwasserpolyp Hydra pflanzt sich durch **Knospung** fort (▷ B 2). Durch Mitosen entstehen auch hier aus dem elterlichen Organismus die Knospen, die sich zum eigenständigen Lebewesen entwickeln. Das Erbgut ist in allen Fällen identisch mit dem des Elternorganismus.

Ein Lebewesen, das sich ungeschlechtlich fortpflanzt, erzeugt **Klone**, das heißt Gruppen genetisch identischer Individuen.

3 Ungeschlechtliche Vermehrung bei der Erdbeere

Bei der ungeschlechtlichen Fortpflanzung entstehen Klone, also Gruppen genetisch identischer Lebewesen.

Geschlechtliche Fortpflanzung
Bei einer geschlechtlichen oder sexuellen Fortpflanzung gibt es immer einen männlichen und einen weiblichen Elternteil. Sie bilden spezielle Fortpflanzungszellen, die miteinander verschmelzen müssen, um ein neues Lebewesen zu erzeugen. Jeder Nachkomme erhält also Gene von beiden. Die nachfolgende Generation unterscheidet sich deshalb sowohl untereinander als auch von ihren Eltern.

Wozu sind Eltern gut?
Lebewesen, die sich ungeschlechtlich fortpflanzen, scheinen auf den ersten Blick allen solchen überlegen zu sein, die sich geschlechtlich fortpflanzen. Sie haben eine große Anzahl von Nachkommen und es entfällt die biologisch gesehen aufwändige Partnersuche. Allerdings treten bei der Vielzahl der mitotischen Teilungen häufig Fehler auf.
Lebewesen, die durch Befruchtung entstehen, erhalten jeweils einen einfachen Chromosomensatz beider Eltern, sind also diploid. Kommen in einem der beiden Chromosomensätze Fehler vor, kann der intakte Satz diese ausgleichen.

Die Zufallsprodukte sind einzigartig
Nur der Zufall entscheidet, wie viele und welche mütterlichen und väterlichen Chromosomen in einem haploiden Chromosomensatz vorkommen. Deshalb sind alle Geschlechtszellen einmalig. Aus der befruchteten Eizelle entstehen immer genetisch einzigartige Lebewesen der jeweiligen Art.
Durch diese Neukombination des Erbgutes hat die geschlechtliche Fortpflanzung entscheidende Vorteile: Mögliche Schäden in einzelnen Chromosomen können sich in ihrer Wirkung aufheben.
Artgleiche Lebewesen mit neu kombinierten Genen sind manchmal an veränderte Umweltbedingungen besser angepasst. Dadurch konnten sich im Laufe der Entwicklung der Lebewesen auf der Erde immer wieder neue Arten durchsetzen.

Bei der geschlechtlichen Fortpflanzung entstehen Nachkommen mit neukombinierten Genen ihrer Eltern.

Aufgabe

1 Stelle Vor- und Nachteile der ungeschlechtlichen und geschlechtlichen Fortpflanzung tabellarisch gegenüber.

4 Geschlechtliche Fortpflanzung bei Kaninchen

5 Geschlechtliche Fortpflanzung bei der Kirsche

6 Geschlechtliche Fortpflanzung bei Elefanten

Wie die Gartenerbse berühmt wurde

1 GREGOR MENDEL

Der Bauernsohn wird Augustinermönch
JOHANN MENDEL (1822–1884) wächst in einem kleinen Bauerndorf in Böhmen auf. Die Region gehörte damals zu Österreich, heute zur Tschechischen Republik. Die ländliche Bevölkerung, die von Ackerbau und Obsternten lebt, ist arm. Den Schulbesuch ihrer Kinder können sich viele Bauern nicht leisten, denn er kostet Geld. So ist es für JOHANN MENDEL ein großes Glück, dass er das Gymnasium in Olmütz besuchen darf.
Als er nach der Schulzeit 1843 in das Augustinerkloster Brünn eintritt, bekommt er den neuen Namen Gregor. Drei Jahre studiert er dort Theologie und erhält dann eine Stelle als Aushilfslehrer. Leider fällt er beim Lehrerexamen durch. Das Kloster schickt ihn daraufhin an die Universität nach Wien, wo er von 1851 bis 1853 studiert. Zwei Professoren, ein Physiker und ein Botaniker, beeindrucken ihn besonders. Von ihnen lernt er Naturphänomene experimentell und mit mathematischen Methoden zu analysieren. Sie wecken bei MENDEL das Interesse für die Vielfalt in der Pflanzenwelt.
Nach seinem Studium lebt er wieder im Kloster und beginnt dort 1857 im Klostergarten mit seinen Experimenten.

2 Kreuzungsversuche von MENDEL

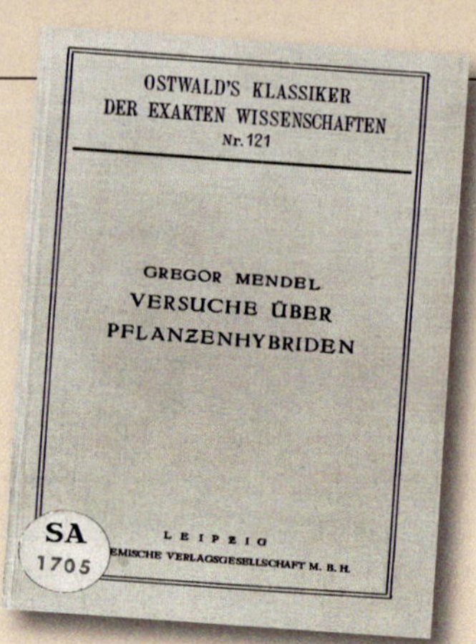

OSTWALD'S KLASSIKER DER EXAKTEN WISSENSCHAFTEN
Nr. 121

GREGOR MENDEL
VERSUCHE ÜBER PFLANZENHYBRIDEN

LEIPZIG
...EMISCHE VERLAGSGESELLSCHAFT M. B. H.

SA 1705

3 Titelblatt von MENDELS Veröffentlichung

Warum ausgerechnet Erbsen?
Im Kloster hat es schon eine lange Tradition der Pflanzenzüchtung gegeben, auch die von Erbsen. So liegt es nahe, dass MENDEL mit Erbsen experimentiert, zumal es diese Hülsenfrüchte in vielen Sorten gibt und sie relativ schnell in großen Mengen zur Verfügung stehen.
MENDEL konzentriert sich zunächst auf die Blütenfarbe und wählt als Eltern, der **Parentalgeneration**, eine Sorte mit roten und eine mit weißen Blüten. Die Blütenfarbe ist hier das vererbte Merkmal. Er achtet darauf, dass seine Versuchspflanzen vor seinen Experimenten alle immer das gleiche Merkmal für die entsprechende Blütenfarbe zeigen, also **reinerbig** sind.
Bei der Erbse kann MENDEL die Befruchtung leicht kontrollieren. Normalerweise bestäuben sich Erbsen selbst, ein Vorgang, der zur Selbstbefruchtung führt. Da er aber eine Selbstbestäubung verhindern will, entfernt er die Staubblätter und bestäubt die Narbe mit den Pollen der anderen Sorte. Die aus einer solchen Kreuzung entstehenden Erbsen sind **mischerbig**. Man nennt sie **Hybride**. Sie stellen die Tochtergeneration oder **1. Filialgeneration F_1** dar und sehen alle gleich aus, nämlich rot (▷B2). Nun bringt die Neugierde Mendel dazu, hier nicht aufzuhören, sondern eine weitere entscheidende Kreuzung durchzuführen.

MENDEL lässt nun die Selbstbefruchtung der Hybriden zu und untersucht die daraus hervorgehende **2. Filialgeneration F_2**. Er zählt 3-mal so viel rot blühende wie weiß blühende Pflanzen.
Tausende solcher Kreuzungen führt er durch. Die Ergebnisse, auch die Anzahl der Veränderungen notiert er genau, stellt also eine Statistik auf. Das ist neu zur damaligen Zeit.

Das Modell-Kreuzungsschema erklärt Erbgänge

Rot blühende Erbsen haben als Selbstbestäuber immer Nachkommen mit roten Blüten, wenn sie bezüglich des Merkmals Blütenfarbe **reinerbig** oder **homozygot** sind. Kreuzt man sie mit reinerbig weiß blühenden Erbsen, haben die Nachkommen alle rote Blüten. Das Gen für die rote Blütenfarbe hat die Anlage für Weiß überdeckt, man sagt, es ist **dominant**. Das unterlegene oder überdeckte Merkmal ist **rezessiv**.
Im Kreuzungsschema erhalten dominante Gene große Buchstaben. Zum Beispiel: **A**. Rezessive Gene erhalten den entsprechenden kleinen Buchstaben. Zum Beispiel: **a** (▷B3).

Diese beiden Buchstaben bezeichnen in den diploiden Körperzellen die Erbanlagen, den **Genotyp**. Die beiden Elternpflanzen, die **Parentalgeneration P**, bilden haploide Keimzellen, die jeweils nur ein Gen für das Merkmal enthalten: A oder a.

Die nächste Generation, ist die 1. Filialgeneration oder **F_1-Generation**. Sie zeigt im äußeren Erscheinungsbild, dem **Phänotyp**, nur rote Blüten. In ihren Körperzellen kommen die Gene beider Eltern mischerbig, also **heterozygot** vor: **Aa**.
Alle Erbsen der 1. Filialgeneration sind Hybride. Dieses Ergebnis ist in der 1. mendelschen Regel zusammengefasst, die auch für Kreuzungen bei anderen Pflanzen- und Tierarten gilt. Sie heißt **Uniformitätsregel**:

▶ Kreuzt man zwei reinerbige Individuen einer Art, die sich in einem Merkmal unterscheiden, so sind die Nachkommen der F_1-Generation untereinander gleich – uniform.

Aufgaben

1 Stelle das Kreuzungsschema auf für den dominant-rezessiven Erbgang zweier reinerbiger Mäuse, die sich in dem Merkmal Fellfarbe unterscheiden. Braun (B) ist dominant über weiß (b).
Wie sieht die F_1-Generation aus?

2 Lege für alle fett gedruckten Begriffe eine Lern-Kartei an. Präge dir die neuen Fachbegriffe mithilfe der Kartei ein.

1 Rot blühende Erbsen

2 Weiß blühende Erbsen

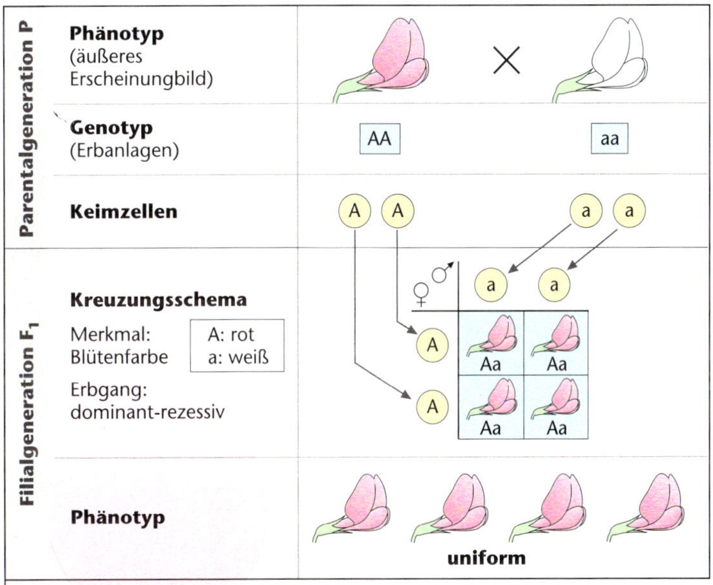

3 Kreuzungsschema zur 1. mendelschen Regel (Uniformitätsregel)

4 Phänotyp der F_1-Generation

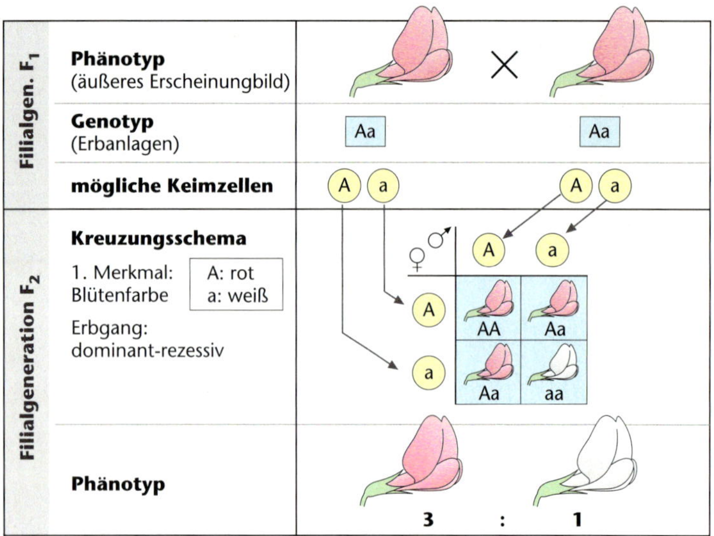

1 Kreuzungsschema zur 2. mendelschen Regel (Spaltungsregel)

Kreuzungen mit Hybriden der 1. Tochtergeneration

Die bisher vorgestellten Erbgänge betrafen nur reinerbige, also homozygote Sorten. Welche Ergebnisse erhält man, wenn man Hybride miteinander kreuzt?

MENDEL überließ die Hybriden der F_1-Generation, die alle ein dominantes und ein rezessives Merkmal der Eltern besaßen, der Selbstbestäubung. In der folgenden F_2-Generation trat das rezessive Merkmal weiße Blütenfarbe aus der P-Generation wieder auf. Er zählte alle Pflanzen immer wieder aus und erhielt für rote und weiße Blüten ein Verhältnis von 3:1. Statistisch fand er auch bei Hybridkreuzungen mit gelben und grünen, sowie glatten und runzligen Erbsen das gleiche Zahlenverhältnis. So stand für ihn fest, dass es sich nicht um einen Zufall, sondern um eine Regel bei der Aufspaltung handelt. Diese Regel wurde **Spaltungsregel** genannt.

Kreuzt man Mischlinge der F_1-Generation untereinander, so treten bei den Nachkommen die Merkmale der P-Generation in einem bestimmten Zahlenverhältnis auf.

Die **Rückkreuzung** ist eine Testkreuzung. Drei Viertel der Erbsenblüten sind dem Erscheinungsbild, also dem Phänotyp, nach rot blühend. Nur ein Viertel davon müsste das dominante Merkmal reinerbig besitzen.
Wie kann man das herausfinden aus der Vielzahl der gleich aussehenden Pflanzen?

MENDEL kreuzte nach theoretischen Überlegungen solche rot blühenden Erbsen der F_2-Generation mit einem reinerbig rezessiven weißen Exemplar der P-Generation und erhielt bei allen mischerbig rot blühenden Pflanzen Nachkommen im Zahlenverhältnis 1:1. Wenn er reinerbig rot blühende Erbsen in dieser Weise kreuzte, waren die Nachkommen alle wieder gleich rot blühend.
Die Aufspaltung 1:1 bei der Rückkreuzung eines mischerbigen mit einem rezessiv-reinerbigen Lebewesen kann also als Test dienen, ob es sich bei phänotypisch gleichen Nachkommen der F_2-Generation um Hybride oder Reinerbige handelt.

Aufgabe

1 Erstelle ein Kreuzungsschema bis zur F_2-Generation für den dominant-rezessiven Erbgang zweier reinerbiger Kaninchen, die sich in dem Merkmal Fellbeschaffenheit unterscheiden: angorahaarig (H), kurzhaarig (h).

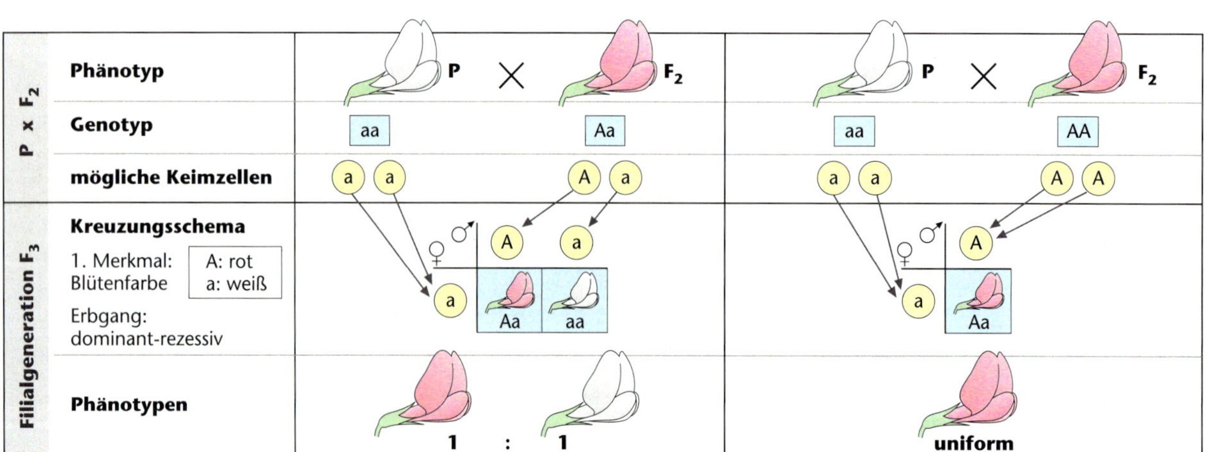

2 Kreuzungsschema zur Rückkreuzung

Eltern mit zwei verschiedenen Merkmalen
Unterscheiden sich die Eltern in der P-Generation in zwei unterschiedlichen Merkmalen, z. B. rund/kantig und gelb/grün so nennt man den Erbgang **dihybrid** (▷B 1).

Mendel kreuzte Erbsensorten, die sich in Samenfarbe und Samenform unterschieden. In der F_1-Generation erhielt er entsprechend der Uniformitätsregel phänotypisch gleiche Nachkommen; diese waren doppelt mischerbig und dihybrid. Daraus erkannte Mendel, dass gelb über grün und rund über runzlig dominierte.

Da jeweils vier verschiedene Keimzellsorten gebildet werden, gibt es in der F_2 16 Kombinationsmöglichkeiten. Die vier verschiedenen Phänotypen treten hier im Zahlenverhältnis 9 : 3 : 3 : 1 auf (▷B 1). Mendel entdeckte neben den Ausgangsformen der Eltern aus der F_1 und den Großeltern aus der P-Generation auch neue, vorher noch nie vorgekommene Sorten: Neu kombiniert kamen die Erbanlagen für das Merkmal grün oder gelb der Erbsenfarbe sowie die Anlagen für das Merkmal rund oder runzlig vor.

Heute wissen wir, dass diese Gene unabhängig voneinander einzeln auf je einem Chromosom liegen. Sie werden bei der Keimzellenbildung neu kombiniert und können so Erbsen mit neuen Merkmalskombinationen hervorbringen.
Mendel hielt seine Angaben nach dem Auszählen in Statistiken fest und formulierte die **Unabhängigkeitsregel**:

Kreuzt man zwei Lebewesen einer Art, die sich in mehr als einem Merkmal reinerbig unterscheiden, so können die Merkmalspaare in neuen Kombinationen auftreten. Die Gene werden also unabhängig voneinander verteilt.

Die Ergebnisse sind in der Tier- und Pflanzenzüchtung von großer Bedeutung.

Aufgabe

1 Ein Züchter hat schwarze, einfarbige Rinder und eine rotbraune, gefleckte Rasse. Formuliere einen Vorschlag, wie er schwarz gefleckte Tiere züchten könnte. Die Gene für schwarze Fellfarbe und Einfarbigkeit sind jeweils dominant.

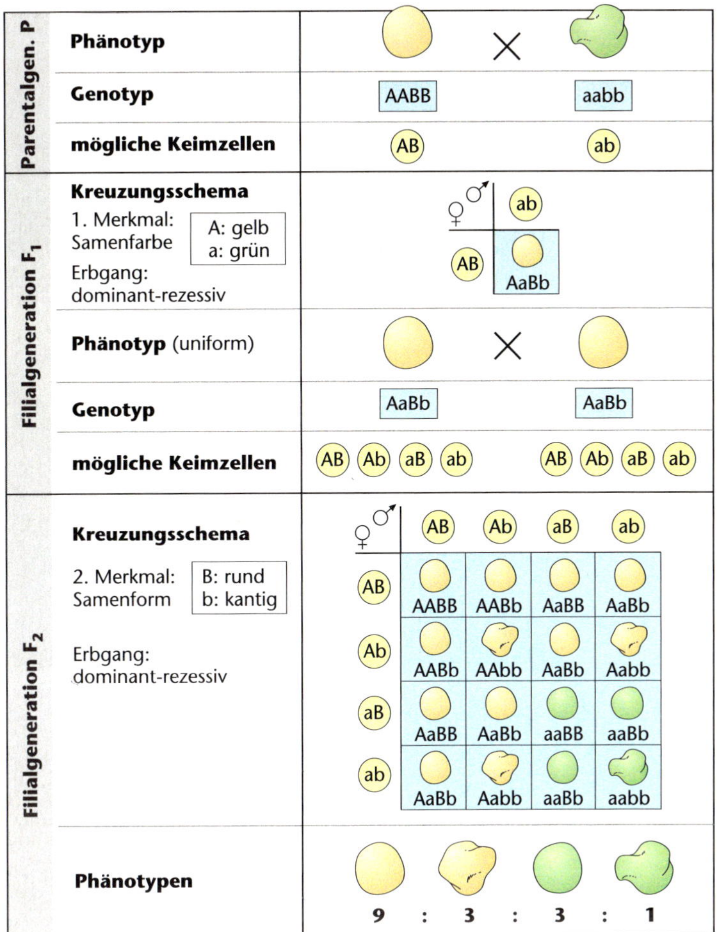

1 Kreuzungsschema zur 3. mendelschen Regel (Unabhängigkeitsregel), vereinfacht

Versuch

1 Führt in Gruppen folgenden Modellversuch zur 3. mendelschen Regel durch: Je zwei Schüler erhalten je zwei verschiedene Münzen. Ihr legt fest, welche Seiten der Münzen den dominanten (A, B) und welche den rezessiven (a, b) Merkmalen entsprechen sollen. Ordnet diesen vier mögliche Phänotypen zu, z. B. Erbsenfarbe gelb/grün und Erbsenform rund/runzlig. Notiert sie in Tabellenform.
Beide Schüler lassen gleichzeitig ihre Münzen aus geringer Höhe auf den Tisch fallen. Die Protokollführer übertragen die zugehörigen Phänotypen in die passende Spalte der Strichliste.
Es werden 48 Würfe durchgeführt. Addiert alle Striche pro Spalte und ermittelt ein Zahlenverhältnis. Vergleicht mit den Ergebnissen der anderen Gruppen. Bildet jeweils Mittelwerte. Erklärt eventuelle Abweichungen von 9:3:3:1.

2 Zu Versuch 1

1 Wunderblume

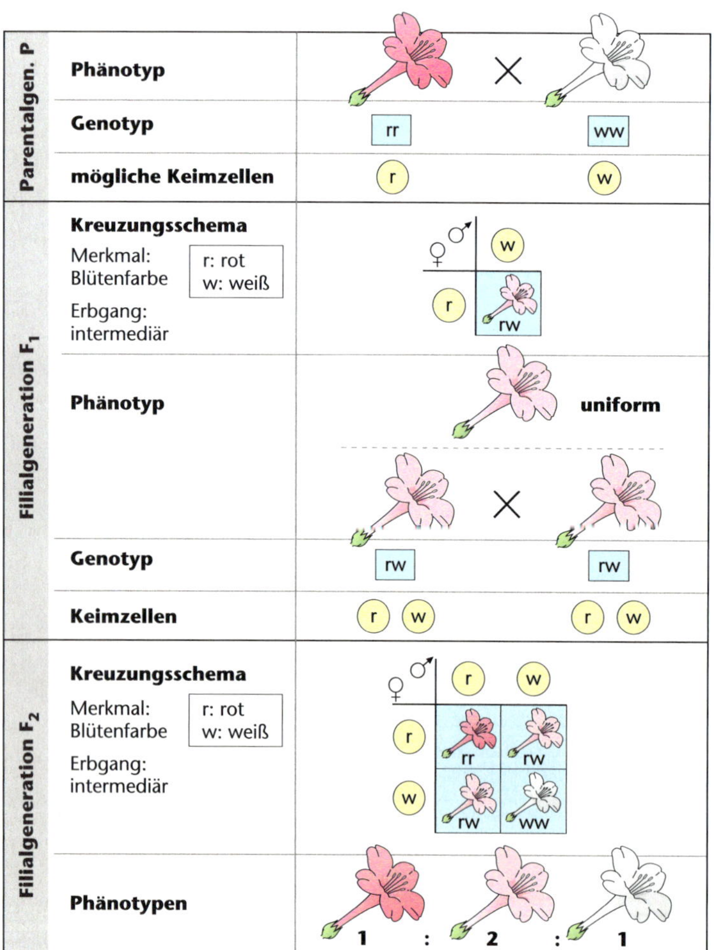

2 Kreuzungsschema eines intermediären Erbganges, vereinfacht

Der intermediäre Erbgang – eine Ausnahme

Als im Jahre 1900 der Tübinger Botaniker CARL CORRENS (1864–1933) Kreuzungsversuche mit roten und weißen Wunderblumen durchführte, erwartete er Ergebnisse wie bei den Experimenten von GREGOR MENDEL: Ist das Gen für die Blütenfarbe dominant, dann gleicht ein Nachkomme der F_1 immer dem Elter, der dieses Gen trägt.

Kreuzte CORRENS reinerbige Sorten, die rot oder weiß blühend waren, erhielt er in der F_1-Generation ausschließlich rosa blühende Hybriden. Dieser Phänotyp liegt also zwischen den beiden elterlichen Merkmalen.
Die Farbe Rosa entsteht, weil die Blüten schwächer pigmentiert sind. Das dominante Gen für rote Blütenfarbe überdeckt das rezessive Merkmal also nur unvollständig.

Was ist eigentlich unvollständige Dominanz?

Kreuzte er die F_1-Hybriden untereinander, so traten in der F_2-Generation die Phänotypen rot, rosa und weiß im Verhältnis 1:2:1 auf. In diesem Fall konnte er die mischerbigen rosa Nachkommen eindeutig am Phänotyp erkennen und von den reinerbigen roten und weißen unterscheiden. Hierbei sind also Genotyp und Phänotyp identisch, da keines der Gene ein anderes vollständig überdeckt.

Immer wenn die F_1-Nachkommen **unvollständige Dominanz** bestimmter Merkmale zeigen, spricht man von **intermediären Erbgängen**.

Bei intermediären Erbgängen zeigen die Nachkommen der F_1-Generation im Phänotyp Merkmale, die zwischen den beiden elterlichen liegen.

Aufgaben

1 Vergleiche dominante und intermediäre Erbgänge miteinander.
Stelle Gemeinsamkeiten und Unterschiede in einer Tabelle zusammen.

2 Erkläre, warum ein Züchter von Wunderblumen auf eine Rückkreuzung verzichten kann.

3 Verfasse eine Kurzbiographie über CARL CORRENS und stelle diese der Klasse vor.

Plasmagene in Eizellen

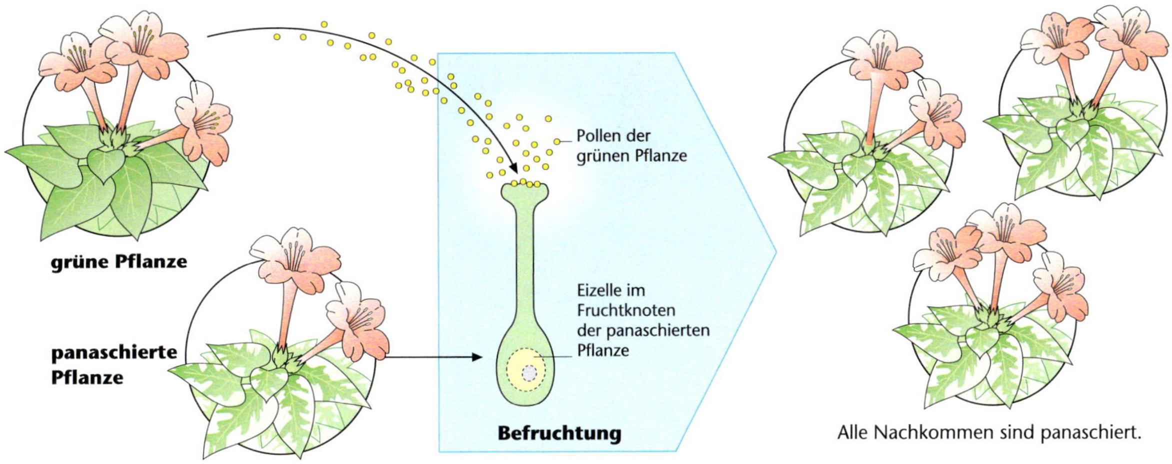

1 Vererbung von panaschierten Blättern

Mendel nicht für alle Fälle

Bei seinen Versuchen mit Wunderblumen, erhielt Correns zuweilen auch F_1-Nachkommen mit Phänotypen, die sich mit den bekannten mendelschen Regeln nicht erklären ließen. Er vermutete schon damals, dass in den Keimzellen auch Erbfaktoren außerhalb von Chromosomen des Zellkerns existieren. Sie könnten für diese Erscheinungsbilder verantwortlich sein.
Seine Überlegungen und Forschungen konzentrierten sich vor allem auf die Eizelle. Sie ist die wesentlich größere und plasmareichere der beiden Geschlechtszellen. Im Eiplasma kommen neben Mitochondrien auch Plastiden mit eigener DNA vor. Nach einer Befruchtung stammen in der Zygote 99% des Plasmas von der Eizelle, dagegen nur 1% vom Spermium. Das hat zur Folge, dass nur die mütterlichen Plastidengene die Blattfärbung hervorrufen (▷B 1).

Maultier oder Maulesel?

Heute weiß man, dass Correns Vermutungen richtig waren. Maultier und Maulesel sind lebende Beispiele. Kreuzt man eine Eselstute mit einem Pferdehengst, entsteht ein Maulesel (▷B 3). Er ähnelt der Eselmutter viel mehr als dem Pferdevater. Die Nachkommen einer Kreuzung aus Pferdestute und Eselhengst sind die Maultiere. Sie sehen pferdeähnlicher aus.
Obwohl Maulesel und Maultier den gleichen Chromosomen- und Genbestand haben, unterscheiden sie sich in der Mitochondrien-DNA. Diese stammt immer vom mütterlichen Tier.
Maulesel und Maultier sind **Mischlinge**, die der Mensch züchtet. Er nutzt die besonderen Eigenschaften beider Tiere, denn sie sind ausdauernd, zäh und können schwere Lasten tragen. In manchen Regionen der Erde sind sie das einzige Transportmittel.
Maulesel und Maultiere können sich jeweils untereinander aber nicht fortpflanzen, sie sind **steril**. Der Grund dafür ist, dass bei der Meiose keine normalen Keimzellen mehr gebildet werden.

Gene kommen auch außerhalb des Zellkerns im Plasma vor. Sie werden über Mitochondrien und Plastiden der Eizelle vererbt.

Aufgabe

1 Die Narben in den Blüten einer Nessel mit grünen Blättern werden bestäubt von einer rot-grün panaschierten Sorte. Wie sehen die Nachkommen aus? Erkläre.

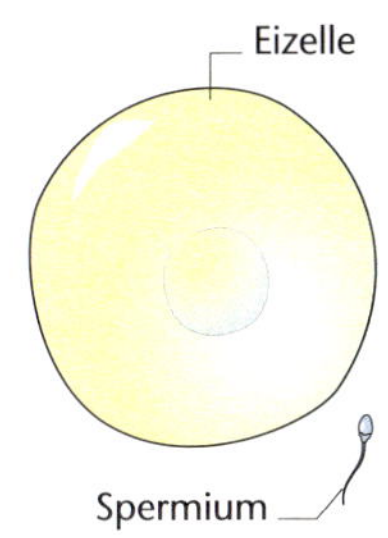

2 99% des Plasmas stammt von der Eizelle.

3 Maulesel (links) Maultier (rechts)

Mit Fliegen zum Nobelpreis

Wie so oft in der Geschichte der Naturwissenschaften wurden wichtige Entdeckungen von denjenigen gemacht, die durch Zufall das richtige Versuchsobjekt wählten.

THOMAS HUNT MORGAN (1866–1945) arbeitete 1911 an der Columbia Universität New York mit einer kleinen Fliege, die weltweit verbreitet ist. Drosophila melanogaster, auch Fruchtfliege genannt, ist ein harmloses Insekt, das durch seine roten Augen auffällt. Die Larven ernähren sich von Hefepilzen, die auf Früchten wachsen. Drosophila ist als Versuchstier besonders geeignet, da es leicht heranzuziehen ist und sich sehr schnell vermehrt. Ein Weibchen legt bis zu 500 Eier. Außerdem besitzt Drosophila nur vier Chromosomenpaare, die im Lichtmikroskop gut zu unterscheiden sind. Weibchen haben zwei X-Chromosomen, Männchen ein X- und ein Y-Chromosom.

MORGAN war der erste Forscher, der durch Kreuzungen gezielt nach Varianten des kleinen Insekts suchte. Sein Labor wurde bald nur noch das „Fliegenzimmer“ genannt.

Kreuzungsergebnisse, die verblüfften

Drosophila hat außer den roten Augen normalerweise einen grauen Körper und lange Flügel. Diese Wildform kreuzte MORGAN mit einer Zuchtform, die sich in zwei Merkmalen von der Wildform unterschied: Sie hatte einen schwarzen Körper und Stummelflügel. Alle Nachkommen der F_1-Generation sahen so aus wie die Wildform. Von den Anlagen für Körperfarbe und Flügelform sind die der Wildform dominant. Die Rückkreuzung dieser Bastarde mit der schwarzen Zuchtform brachte aber interessanterweise nur zwei Phänotypen hervor: grau/langflüglig und schwarz/stummelflüglig. Wie war das möglich?

Nach der Unabhängigkeitsregel von MENDEL hätten vier verschiedene Phänotypen entstehen müssen. Voraussetzung dafür wäre allerdings, dass die Anlagepaare frei kombinierbar sind. Auch bei weiteren Rückkreuzungen dieser Art erhielt MORGAN stets nur zwei Formen, die im Verhältnis 1:1 auftraten und den beiden Formen der P-Generation glichen. Das Ergebnis kann nur so erklärt werden, dass die Anlagen für Körperfarbe und Flügelform gekoppelt auf je einem homologen Chromosom vorkommen. Sie gelangen bei der Meiose in die gleiche Keimzelle und werden gemeinsam vererbt. Alle Gene, die gekoppelt im gleichen Chromosom vorkommen, bilden eine **Kopplungsgruppe**. MENDEL kannte solche Kopplungsgruppen noch nicht. Er beschrieb bei seinen Kreuzungsversuchen zufällig solche Merkmalspaare, die auf verschiedenen Chromosomen liegen.

1 THOMAS HUNT MORGAN

> Gene für verschiedene Merkmale können gekoppelt auf dem gleichen Chromosom liegen. Sie bilden eine Kopplungsgruppe.

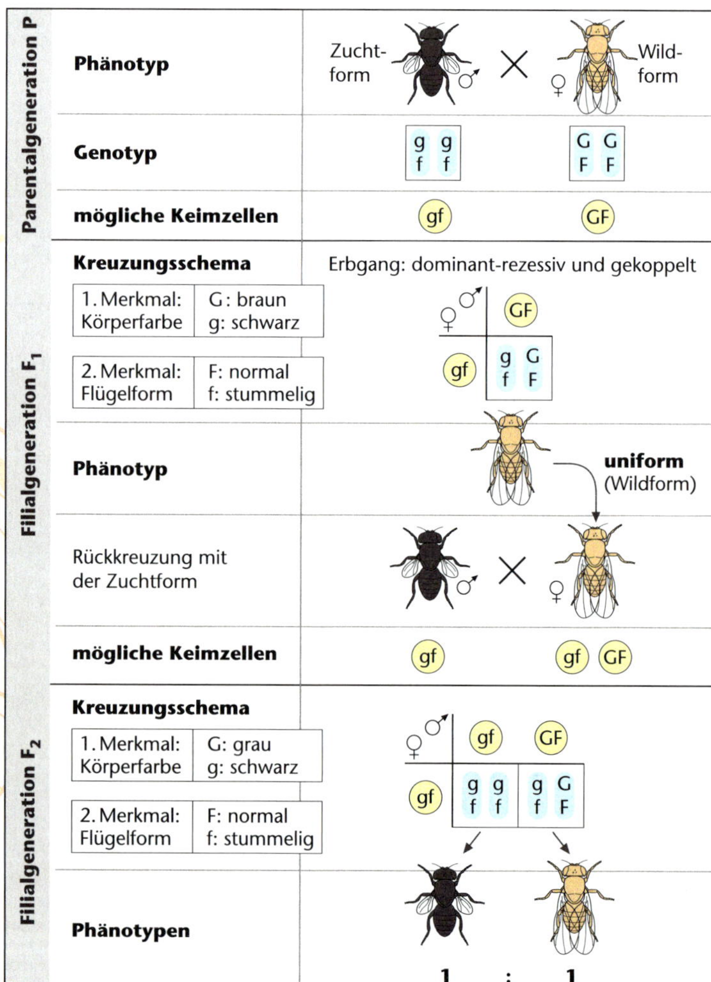

2 Kopplung der Gene bei Drosophila, Kreuzungsschema vereinfacht

Bleiben gekoppelte Gene für immer zusammen?
Rückkreuzungen von grauen, langflügligen Weibchen der Hybridgeneration mit schwarzen, kurzflügligen Männchen der P-Generation ergaben nicht immer zwei, sondern manchmal doch wieder vier Varianten von Nachkommen. Neben den erwarteten Phänotypen grau/langflüglig und schwarz/kurzflüglig beobachtete MORGAN in geringer Anzahl auch grau/kurzflüglige und schwarz/langflüglige Tiere. Offensichtlich werden die als gekoppelt bekannten Erbanlagen nicht in jedem Fall gemeinsam vererbt.
MORGAN vermutete, dass in den Eizellen durch Crossing-over zwischen den homologen Chromosomen die gekoppelten Anlagen getrennt wurden. Es musste ein Austausch der einander entsprechenden Gene stattgefunden haben. Dieser Kopplungsbruch (**Crossing-over**) erfolgte bei allen gleichartigen Kreuzungen in einer bestimmten Anzahl. Von 100 Nachkommen der F2-Generation zeigten 83 die gekoppelten, 17 die ausgetauschten Merkmale. Das bedeutet für die beiden Genpaare einen Kopplungswert von 83 % und einen Austauschwert von 17 %.

Auf dem Weg zur Genkarte
MORGAN und sein Team werteten die Chromosomenbrüche und den Faktorenaustausch gezielt aus. Er konnte damit die Lage der einzelnen Gene im Chromosom genauer bestimmen. MORGAN ging davon aus, dass die verschiedenen Gene im Chromosom hintereinander aufgereiht sind wie die Perlen einer Kette. Im homologen Chromosom mussten dann die Gene parallel an entsprechenden Stellen vorkommen. Seine Versuche zeigten, dass Crossing-over an unterschiedlichen Stellen im Chromosom auftreten können. Liegen zwei Gene nah beieinander, werden sie relativ selten getrennt. Ist ihr Abstand größer, ist auch die Wahrscheinlichkeit einer Trennung größer. Der **Austauschwert** gibt demnach die relative Entfernung zwischen zwei Genen an.
MORGAN führte tausende von Kreuzungen durch und bestimmte jeweils den Austauschwert verschiedener Genpaare. Er verglich die Ergebnisse miteinander und konnte jeder untersuchten Erbanlage ihren Genort in einer Genkarte zuweisen.

▶ Durch Crossing-over können Erbanlagen neu kombiniert werden.

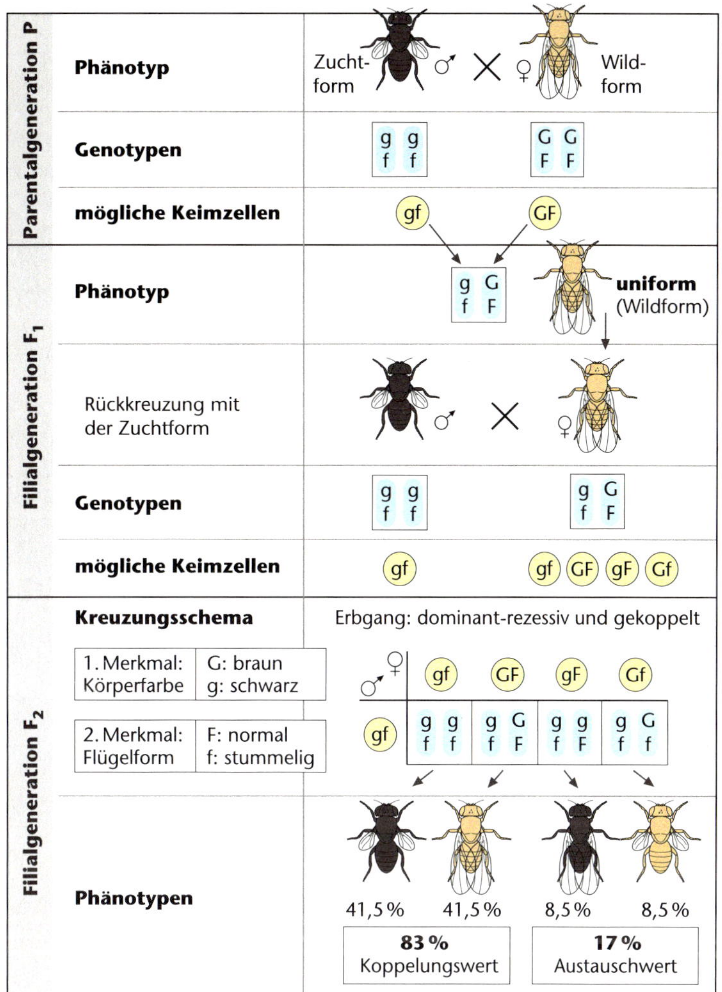

3 Neukombination von Erbanlagen durch Crossing-over, Schema vereinfacht

Aufgaben

1 Welche Phänotypen wären bei den Kreuzungsversuchen von MORGAN nach der 3. mendelschen Regel zu erwarten gewesen? Stelle das entsprechende Kreuzungsschema auf.

2 Begründe, warum MORGANS Forschungsergebnisse über Genkopplungen bestätigen, dass die Erbanlagen in den Chromosomen liegen.

3 Erkläre, wie man Genorte auf den Chromosomen ermitteln kann.

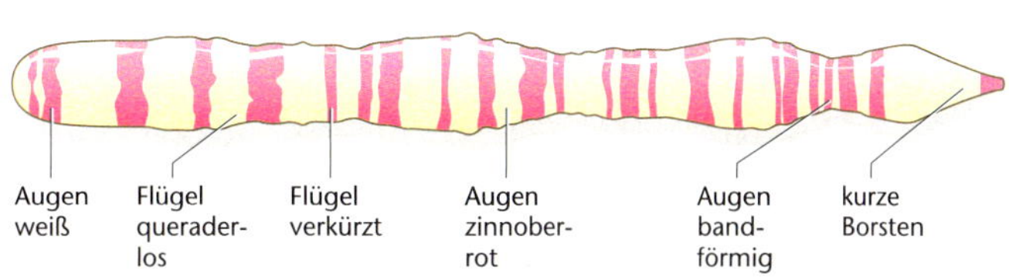

4 Position der Erbmerkmale auf Chromosom 1

▶184

1 Mutagene

Erbanlagen können verändert sein
Wirbeltiere haben manchmal weiße Nachkommen. Diesen **Albinos** fehlen Pigmente, deshalb sehen Haut, Fell, Federn oder Schuppen weiß aus. Sie haben rote Augen, da die Blutgefäße des Augenhintergrundes durchschimmern (▷B3). Auch Menschen können als Albinos geboren werden. Da die Abweichung an die Nachkommen weitergegeben werden, müssen in diesem Fall die Gene der Keimzellen betroffen sein. Veränderungen des Erbguts sowohl in Keimzellen als auch in Körperzellen nennen Biologen **Mutationen**.
Mutationen sind wie ein „Schuss ins Blaue". Der Zufall bestimmt, wo sie auftreten werden und welche Veränderungen sie verursachen. Die meisten Mutationen geschehen allerdings in den Körperzellen und verschwinden mit dem Tod des Lebewesens wieder.

Wie werden Mutationen ausgelöst?
Mutationen können gehäuft auftreten, wenn bestimmte chemische Stoffe oder energiereiche Strahlen wie z. B. Röntgen-, radioaktive oder ultraviolette Strahlen auf Zellen einwirken. Alles, was das Erbgut einer Zelle verändert, nennt man **mutagen**.
Man unterscheidet verschiedene Mutationstypen, je nachdem, ob nur ein Gen betroffen ist, die Struktur eines einzelnen Chromosoms oder die Anzahl der Chromosomen im Chromosomensatz.
Lebewesen, die Mutationen tragen, heißen **Mutanten**. Pflanzliche Mutanten sind u. a. die Trauerweide und Trauerbuche, Blutahorn und Blutbuche, Korkenzieher-Hasel (▷B4) und Korkenzieher-Weide.

▶ Mutationen sind plötzlich auftretende Veränderungen im Erbgut. Lebewesen mit Mutationen heißen Mutanten.

3 Hausmaus (li), Albinomaus (re)

4 Hasel (li), Korkenzieherhasel (re)

5 Petersilie glatt (li) und kraus (re)

2 Hainschnirkelschnecke Grundfärbung (li), gebändert (re)

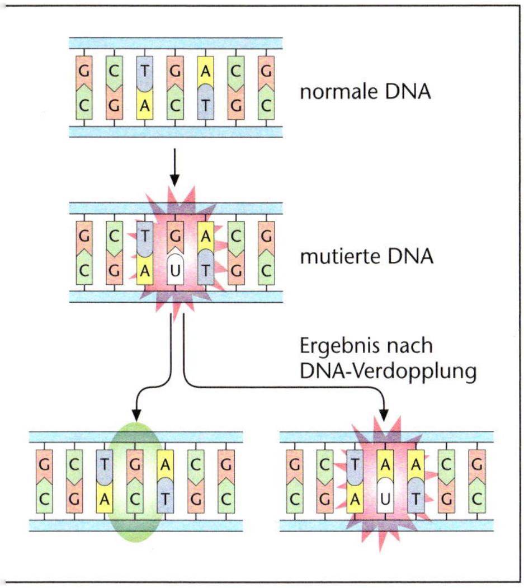

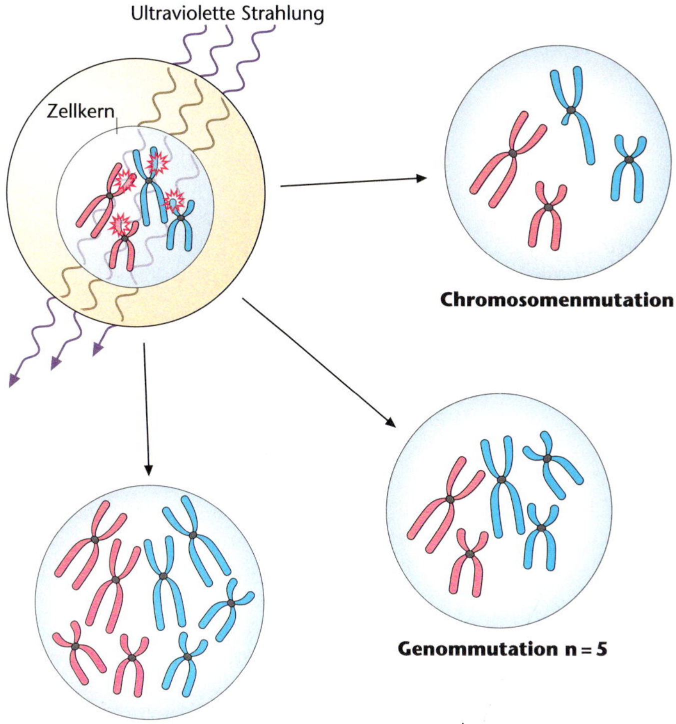

6 Formen von Mutationen

Formen von Mutationen

Ist von einer Mutation nur ein Gen betroffen, liegt eine **Genmutation** vor. Am häufigsten wird dabei eine Base gegen eine andere ausgetauscht oder durch chemische Veränderungen in eine andere umgewandelt. Normalerweise haben Mutationen negative Auswirkungen. Da aber bei diploiden Organismen mutierte Gene meist rezessiv sind, ist eine Mutation phänotypisch nur zu sehen, wenn beide homologen Chromosomen betroffen sind.

Bei **Chromosomenmutationen** verändern sich ganze Teile von Chromosomen. So kann es durch Crossing-over zu einem Abbruch von Chromosomenteilen kommen. Solche Bruchstücke können falsch wieder anwachsen oder sich an das benachbarte homologe Chromosom anheften. Alle Veränderungen haben schwer wiegende Folgen, da auf den Bruchstücken hunderte von Genen liegen können. Ein Bruchstückverlust führt immer zum Zelltod.

Eine **Genommutation** bedeutet die zahlenmäßige Veränderung des gesamten Chromosomenbestandes. Sie ist oft die Folge eines Fehlers bei der Meiose. Werden homologe Chromosomen nicht getrennt, entstehen Keimzellen, in denen ein Chromosom überzählig vorkommt oder ganz fehlt. Unterbleibt z. B. die Reduktionsteilung, entwickeln sich Eizellen oder Spermien, die immer noch den doppelten Chromosomensatz haben. Nach der Befruchtung bildet sich dann eine Zygote mit dem drei- oder sogar vierfachen Satz.

Beim Menschen kommen Genommutationen am häufigsten bei den Geschlechtschromosomen vor, aber auch die Körperchromosomen können betroffen sein. Nur bei wenigen Formen von Genommutationen entwickeln sich lebensfähige Embryonen.

Mutationen können einzelne Gene, das Chromosom oder den ganzen Chromosomensatz betreffen.

Aufgaben

1 Nenne weitere Beispiele für Mutanten im Tier- und Pflanzenreich.

2 Stelle eine Liste von Mutagenen zusammen, die auch für den Menschen schädlich sind. Wie kann der Mensch sich davor schützen?

3 Alle Neugeborenen werden in Deutschland u.a. auf die Mutation Phenylketonurie untersucht.
Informiere dich im Internet über die Art der Erkrankung, die Ursache und Behandlungsmöglichkeiten.
Fertige dazu eine Präsentation an.

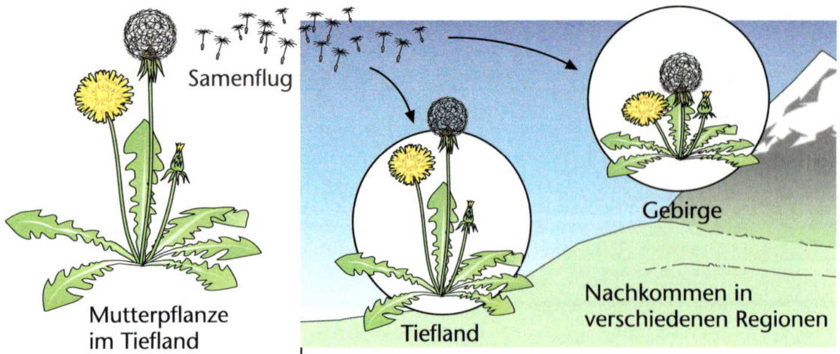

1 Modifikationen beim Löwenzahn

2 Modifikation beim Landkärtchen

Es müssen nicht immer Mutationen sein

Du findest Löwenzahnpflanzen an ganz unterschiedlichen Standorten: in der Pflasterfuge eines Parkplatzes, am Wegrand, auf dem feuchten Boden einer Wiese oder sogar auf einer Bruchsteinmauer. Wenn die Samen einer einzigen Pflanze mit dem Wind dorthin geflogen sind, müssten dann die Nachkommen nicht alle gleich aussehen? Tatsächlich sehen sie aber verschieden aus: sie haben stark gelappte, fiederförmige oder gezähnte Blätter in einer kleinen oder üppigen Blattrosette. Ihre Pfahlwurzeln sind unterschiedlich lang. Wachsen Stecklinge dieser Pflanzen gemeinsam in einem Beet heran, tauchen diese Unterschiede nicht mehr auf. Offensichtlich sind die unterschiedlichen Phänotypen nicht durch Vererbung entstanden, sondern durch Bedingungen der verschiedenen Standorte.
Umwelteinflüsse wie Licht, Feuchtigkeit, Temperatur, pH-Wert und Mineralstoffgehalt des Bodens können das Erscheinungsbild verändern. Solche Anpassungen heißen **Modifikationen**.

3 Modifikation bei der Chinesischen Primel

Die Chinesische Primel blüht (▷ B 3) in einem kühlen Gewächshaus leuchtend rot. In einem gut beheizten Raum bekommen genetisch gleiche Pflanzen farblose Blüten. Hortensien reagieren auf den pH-Wert des Bodens: sie blühen blau auf sauren Böden, und rosa auf alkalischen.

Modifikationen auch bei Tieren

Auch die Entwicklung von Tieren wird durch verschiedene Umweltbedingungen beeinflusst. So sehen verschiedene Generationen eines Tagfalters, des Landkärtchens, unterschiedlich aus. Die Frühjahrsfalter unterscheiden sich in Farbe und Flügelfleckung deutlich von den Sommerfaltern (▷ B 2). Hier entscheidet die Tageslänge bei der Puppenruhe über die phänotypische Ausprägung.

Veränderungen des Phänotyps, die durch Umwelteinflüsse ausgelöst werden, heißen Modifikationen.

Variationsbreite eines Merkmals

Kartoffelpflanzen bringen an einer Pflanze Knollen hervor, die in der Größe stark variieren, obwohl die Knollen, wie auch die daraus entstehenden Pflanzen genetisch identische Klone sind. Die kleinsten und die größten Knollen grenzen dabei den möglichen Variationsbereich ein. Das ist die Variationsbreite des entsprechenden Merkmals. Da aus der kleinsten oder aus der größten Knolle unter gleichen Bedingungen Kartoffelpflanzen heranwachsen, die immer wieder die gleiche Variationsbreite zeigen, können Modifikationen nicht vererbbar sein. Sie haben daher auch keine Bedeutung für die Züchtung.
Es wird offensichtlich nur ein Rahmen vererbt, innerhalb dessen das Merkmal durch Umwelteinflüsse ausgeprägt werden kann.

Aufgabe

1 Informiere dich bei Kaninchenzüchtern über Besonderheiten beim Russenkaninchen und halte dazu ein Kurzreferat.

Versuch

1 Ein Baum ist im Prinzip von seinem Genotyp bestimmt. Dennoch zeigt er unterschiedliche Blätter, deren Phänotyp je nach Exposition gegenüber Sonne und Wind beeinflusst ist.
Besorge dir einen Rotbuchenzweig mit ca. 100 Blättern, sowie ein Lineal und kariertes Papier. Ordne die Blätter nach ihrer Länge in fünf Gruppen. Zähle die Anzahl der Blätter in den einzelnen Gruppen und stelle das Ergebnis graphisch dar.
Formuliere ein Versuchsergebnis.

Modifikationen auf dem Prüfstand

1 Modellversuch für Variationsbreite

Nachkommen aus sexueller Fortpflanzung zeigen ihre eigene Individualität. Jedes Lebewesen unterscheidet sich etwas in seinem Erscheinungsbild von seinen Eltern und Geschwistern.
Alle Gene können sich nur so weit auswirken, wie es die Umwelt zulässt, umgekehrt kann aber auch die jeweilige Umwelt nur so viel Einfluss nehmen, wie es die Variationsbreite der Gene erlaubt.

Material
Zufallsapparat aus der Biologiesammlung

Versuchsanleitung
a) Führt den Versuch in Gruppenarbeit durch. Stellt den Zufallsapparat so auf, dass sich der mit mit Kugeln gefüllte Trichter oben befindet und die gleich breiten Fächer unten sind. Öffnet den Trichter und beobachtet genau, was passiert. Beschreibt anschließend den Vorgang und stellt das Ergebnis grafisch dar.

b) Wiederholt den Versuch mehrmals nachdem ihr den Apparat umgedreht habt und die Kügelchen im Trichter wieder vom Schieber gehalten werden. Fasst die Ergebnisse zusammen und berichtet darüber.

c) Übertragt das Modell auf Bedingungen in der Natur. Nennt Schwächen des Modells.

2 Sind Modifikationen erblich?

Lassen sich aus großen Bohnensamen Pflanzen züchten, die ausschließlich große Bohnensamen ausbilden?
Da sich Bohnen durch Selbstbestäubung vermehren, bleiben sie in ihrem Erbgut unverändert.

Material
Ca. 10-mal 30 Bohnensamen aus einer Pflanze, Lineal, evtl. Schieblehre, 2 Stecknadeln, Styroporstreifen, 9 kleine Petrischalen, Kärtchen

Versuchsanleitung
a) Führt den Versuch in Gruppenarbeit durch. Messt ca. 30 Bohnensamen aus, indem ihr sie einzeln zwischen zwei Stecknadeln legt und anschließend die Millimeter auf dem Lineal ablest.
Ordnet die Samen der Größe nach in kleinen Petrischalen, die ihr mit Kärtchen verseht, auf denen die Millimeterzahl steht. Zählt aus, wie viele von jeder Größe vorkommen und notiert die Zahl mit auf die Kärtchen.
Übertragt die Ergebnisse in ein Säulendiagramm (x-Achse: mm-Angaben; y-Achse: Anzahl) und verbindet die Säulenenden zu einer Variationskurve.

b) Jede Gruppe nennt ihre Zahlen dem Versuchsleiter, der das Gesamtergebnis in einer Variationskurve für alle Bohnensamen an der Tafel oder auf einer Folie darstellt. Vergleicht eure Gruppendiagramme mit dem Gesamtdiagrammm der Klasse und mit der Normalverteilungskurve (▷ B 1).

c) Stelle Vermutungen an, welche Pflanzen nach der Aussaat aus dem kleinsten und welche aus dem größten Bohnensamen entstehen würden.
Wähle drei verschieden lange Bohnensamen aus und lasse sie unter gleichen Umweltbedingungen heranwachsen. Miss nach der Ernte die Samen in den Hülsen erneut aus. Vergleicht die Ergebnisse untereinander.

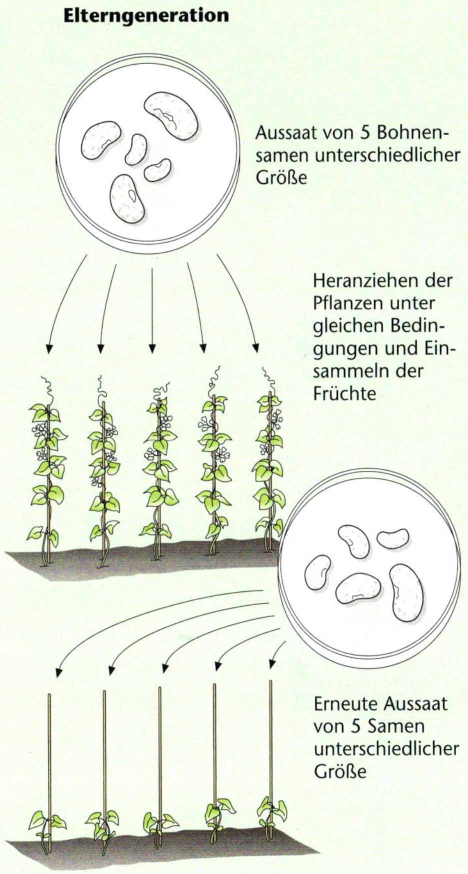

2 Zu Versuch 2

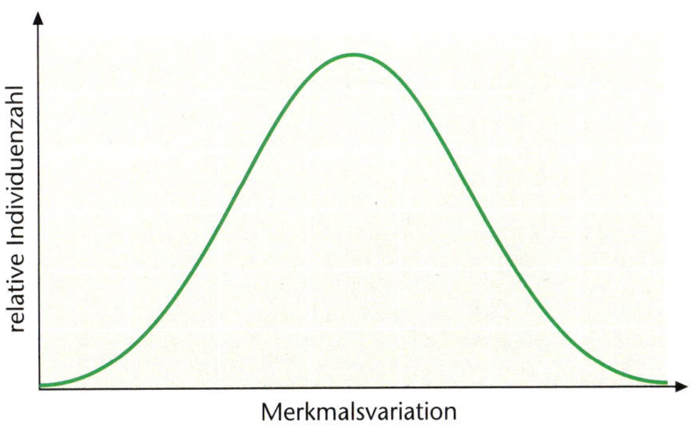

1 Normalverteilung nach GAUß

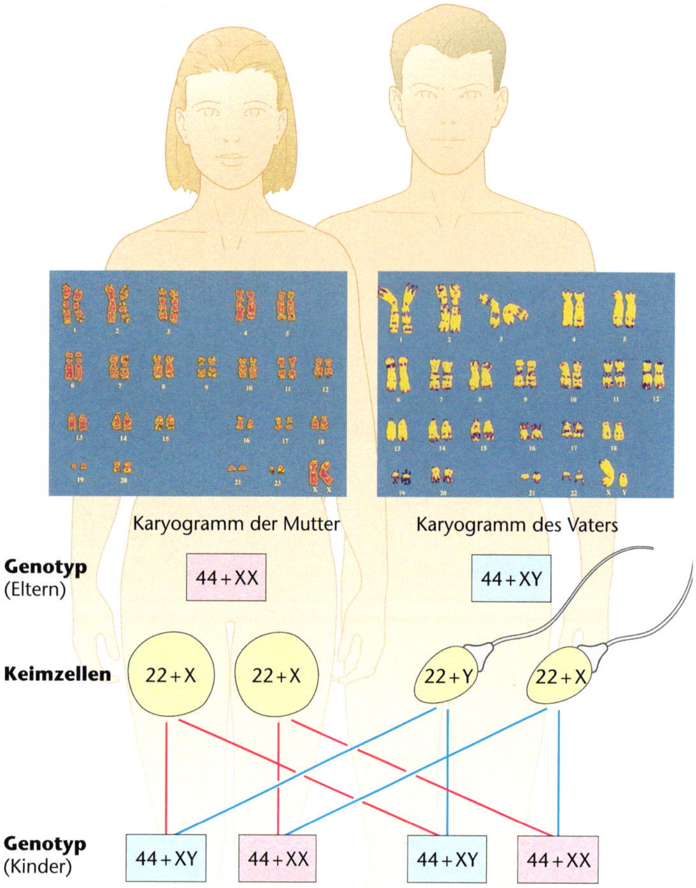

1 Vererbung des Geschlechtes

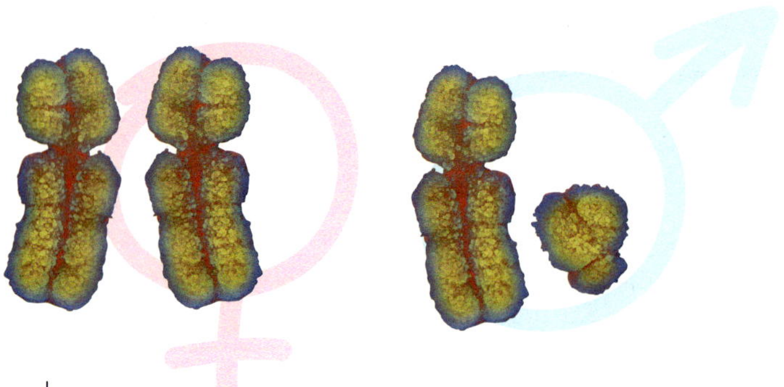

2 Geschlechtschromosomen

Zwei besondere Chromosomen bestimmen das Geschlecht

Frauen und Männer unterscheiden sich offensichtlich in vielen körperlichen und seelischen Merkmalen, obwohl beide Geschlechter 46 Chromosomen in den Kernen ihrer Körperzellen haben. Wie kommt es dann zu diesen Unterschieden?
Erst seit dem Jahr 1956 kennt man eine Methode, mit der menschliche Chromosomen identifiziert und gezählt werden können. Dazu reicht ein Tropfen Blut, aus dem in einem genetischen Labor ein Chromosomenpräparat gewonnen wird. Aus einem Mikrofoto schneidet man die homologen Chromosomen heraus und ordnet sie zu 23 Paaren. Vergleicht man solche **Karyogramme**, fällt auf, dass bei Männern zwei Chromosomen davon nicht homolog vorkommen. Das Größere wird als **X-Chromosom**, das Kleinere als **Y-Chromosom** bezeichnet. Das 23. Paar gilt also als Geschlechtschromosomenpaar. Jedes Karyogramm kann in einer Kurzformel, dem **Karyotyp**, beschrieben werden: Frauen haben somit den Karyotyp 44, XX, Männer den Karyotyp 44, XY. Mann und Frau bilden also auch unterschiedliche Keimzellen. Eizellen enthalten immer nur ein X-Chromosom, während die Spermienzellen des Mannes verschieden sein können – entweder besitzen sie das X-Chromosom oder das Y-Chromosom. Bei der Befruchtung wird das Geschlecht des Kindes deshalb allein durch die Spermienzelle bestimmt.

▶ Das Geschlecht eines Menschen wird bei der Befruchtung durch die Kombination der Geschlechtschromosomen X und Y festgelegt: XX für weiblich, XY für männlich.

Aufgaben

1 In früheren Zeiten wurden in vielen Herrscherhäusern Frauen verstoßen, die zwar Mädchen, aber keine männlichen Thronerben zur Welt brachten. Begründe, warum es damals eine Fehlentscheidung war.

2 Im statistischen Mittelwert werden über Jahre Mädchen und Jungen etwa im Verhältnis 1:1 geboren. Begründe.

3 Was müssen Wissenschaftler beachten, wenn sie aus Kernen von Blutzellen ein Karyogramm erstellen wollen?

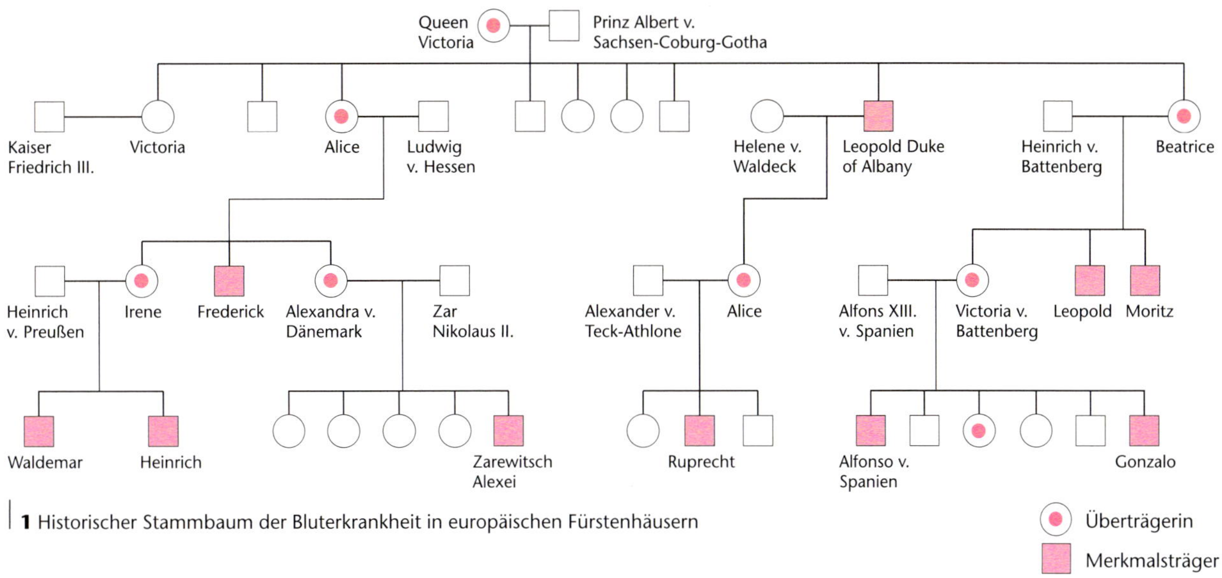

1 Historischer Stammbaum der Bluterkrankheit in europäischen Fürstenhäusern

Nicht alle Männer sehen Rot
Menschen mit Rot-Grün-Sehschwäche sehen bestimmte Rot- und Grüntöne als Graustufen. Wenn diese Fehlsichtigkeit stark ausgeprägt ist, spricht man von **Rot-Grün-Blindheit**.
Die entsprechenden farbempfindlichen Zellen in der Netzhaut fehlen. In Europa sind 8 % der Männer, aber nur 0,5 % der Frauen betroffen. Woran liegt das?

Für das Fehlen farbempfindlicher Zellen in der Netzhaut ist ein defektes Gen auf dem X-Chromosom verantwortlich. Es wird rezessiv vererbt. Bei männlichen Nachkommen tritt diese Fehlsichtigkeit nur deshalb auf, weil auf dem genarmen Y-Chromosom keine Anlage für Farbsehen vorhanden ist.
Da die meisten Frauen auf dem zweiten X-Chromosom das entsprechende dominante Gen für normale Farbsichtigkeit besitzen, sind sie phänotypisch gesund. Nur selten tragen beide X-Chromosomen das defekte Gen und die betroffenen Frauen können rot und grün nicht unterscheiden. Statistiken ist zu entnehmen, dass alle rezessiven Gene auf dem X-Chromosom beim männlichen Geschlecht ausgeprägt werden. Daraus folgt, dass viel mehr Männer als Frauen geschlechtsgebundene Erbkrankheiten zeigen. Für Frauen ist die Wahrscheinlichkeit gering, zwei rezessive Gene auf beiden X-Chromosomen vom Vater und der Mutter erhalten zu haben.

Wenn Blut nicht gerinnt
Blut gerinnt normalerweise in 4–7 Minuten. Dauert es länger als 15 Minuten, liegt die **Bluterkrankheit** vor, denn es fehlt ein Faktor für die Blutgerinnung. Diese Krankheit kommt fast nur bei Männern vor. Auf dem Y-Chromosom existiert kein Gen für die Blutgerinnung, dieses gibt es nur auf dem X-Chromosom und ist dort mit dem Gen für Rot-Grün-Schwäche gekoppelt. Jeder männliche Nachkomme erbt die Bluterkrankheit von seiner Mutter, die **Überträgerin** genannt wird, wenn sie phänotypisch gesund ist.

Stammbäume für die Ahnenforschung
Kenntnis über die genetischen Ursachen der Krankheit erhielt man durch Ahnentafeln von Adeligen, die über Generationen hinweg ihre familiäre Herkunft in Sippentafeln festhielten. Oft wurden nahe Verwandte geheiratet. Das sicherte zwar Reichtum und Macht, begünstigte aber auch das Auftreten von Erbkrankheiten.

Rezessive Gene auf dem X-Chromosom wirken sich bei Männern oft negativ aus, weil auf dem Y-Chromosom kaum Erbanlagen liegen, die ausgleichend wirken könnten.

Aufgaben

1 Werte den Stammbaum für die Bluterkrankheit aus.

2 Ein bluterkranker Mann hat mit einer Überträgerin zwei gesunde Töchter und einen gesunden Sohn.
Erstelle ein Erbschema, bei dem in der nächsten Generation zwei bluterkranke Enkel auftreten.

Blut ist nicht gleich Blut

Eltern vererben neben vielen anderen Merkmalen ihren Kindern auch die Anlagen für die **Blutgruppe**: A, B, AB oder 0. KARL LANDSTEINER (1868–1943) entdeckte 1901 das heute noch verwendete **AB0-System**. Dabei stehen die Buchstaben A und B für zwei verschiedene Oberflächenstrukturen der roten Blutzellen. Menschen mit Blutgruppe AB haben rote Blutzellen mit beiden Strukturen, die mit 0 keine der beiden. Mit A, B, AB und 0 bezeichnet man auch den jeweiligen Phänotypen der Anlage.

Die Gene für die Blutgruppenmerkmale liegen auf dem Chromosom Nr. 9 und werden **dominant-rezessiv** vererbt: Anlagen für A und B sind dominant über 0. Bei der Blutgruppe AB werden beide Merkmale gleichberechtigt, man sagt **kodominant**, ausgebildet. Es gelten also die mendelschen Regeln.
Inzwischen kennt man über hundert weitere Blutgruppensysteme, nach denen menschliches Blut unterschieden werden kann. Nur das Blut eineiiger Zwillinge ist in allen Eigenschaften identisch.

Mögliche und unmögliche Väter

Weil Blutgruppenmerkmale zeitlebens erhalten bleiben und keinen Umwelteinflüssen unterliegen, also umweltstabil sind, eignen sie sich auch für Vaterschaftsgutachten.
Sind die Blutgruppen von Mutter und Kind bekannt, ist es möglich, die Vaterschaft eines Mannes auszuschließen.
Eine Mutter mit der Blutgruppe A bringt ein Kind zur Welt mit der Blutgruppe 0. Ein Mann mit der Blutgruppe AB scheidet als Vater aus. Seinem Kind hätte er eine der beiden Anlagen A oder B vererben müssen. Die Mutter muss mischerbig A0 im Erbbild sein.
Als mögliche Väter kommen solche mit den Blutgruppen A, B und 0 in Betracht.

Rhesus-Faktor-Vererbung

Rhesus-Affen besitzen auf der Membran der roten Blutzellen ein Protein, das auch beim Menschen vorkommt: den so genannten **Rhesus-Faktor**.
Die 85 % Mitteleuropäer, die ihn besitzen, nennt man **rhesuspositiv (Rh^+)**, die restlichen 15 % **rhesusnegativ (rh^-)**. Ihnen

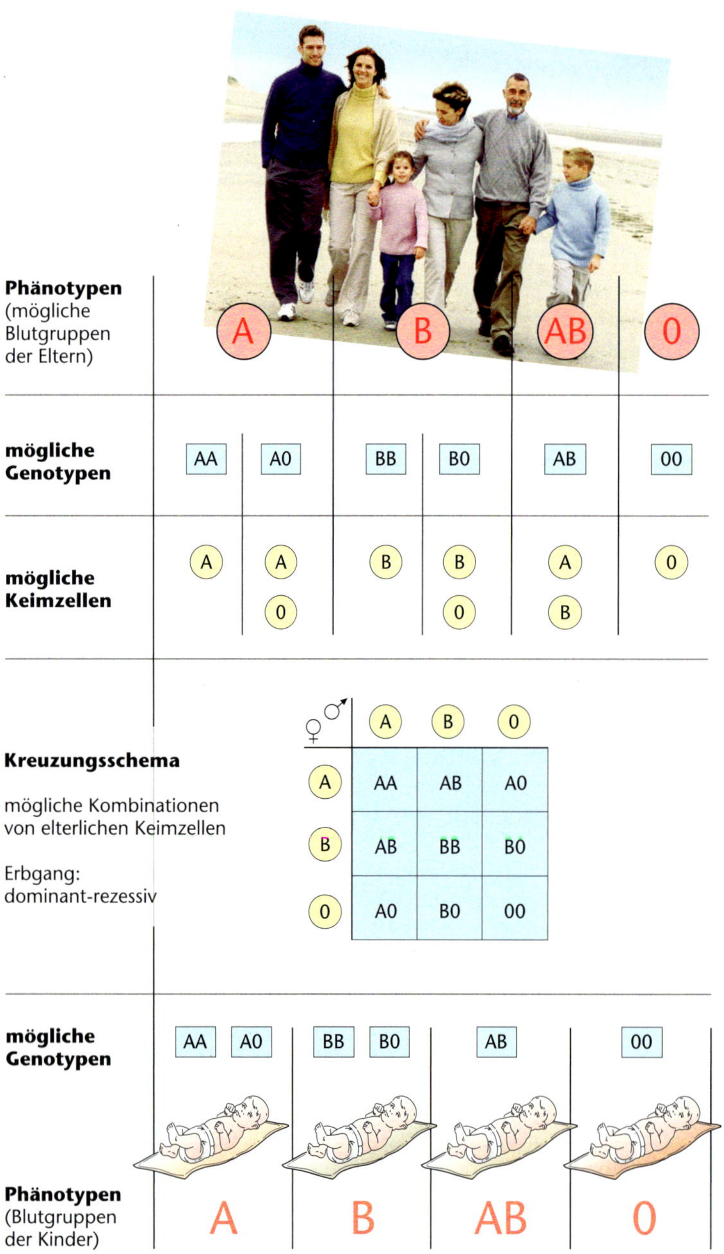

1 Vererbung der Blutgruppe

Blutgruppe	mögl. Genotypen und ihre Häufigkeit in Mitteleuropa	
A	AA	13 %
	A0	11 %
B	BB	1 %
	B0	14 %
AB	AB	6 %
0	00	37 %

2 Häufigkeit der Blutgruppen in Mitteleuropa

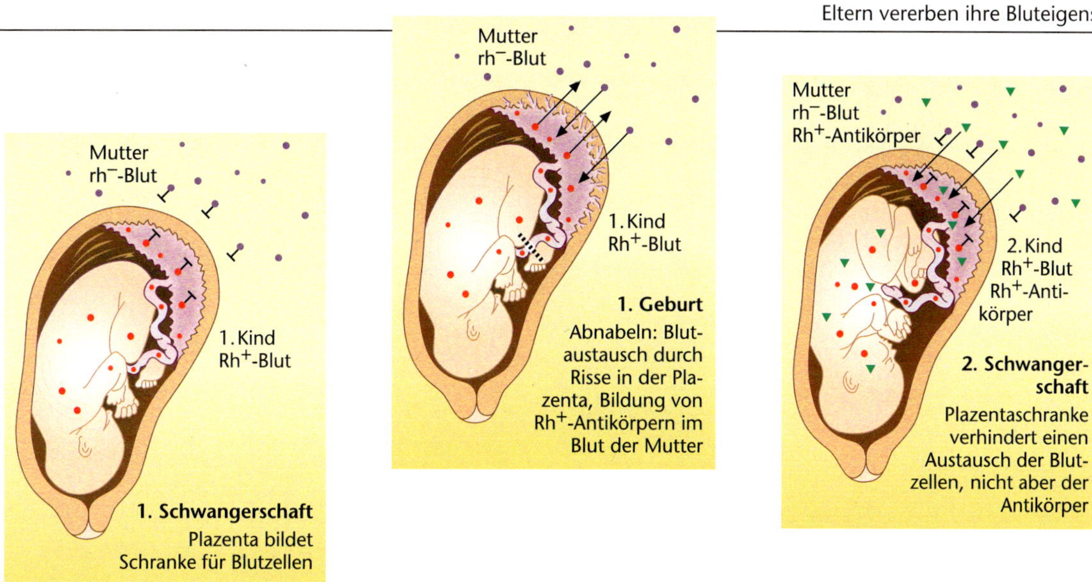

3 Entstehung der Rhesusunverträglichkeit

fehlt dieses Protein und damit auch das Gen für das unabhängige Blutgruppenmerkmal. Der Erbgang verläuft dominant-rezessiv. Dabei ist die Anlage Rh^+ dominant gegenüber rh^-. Da wieder zwei Gene existieren, kann der Genotyp eines rhesuspositiven Menschen reinerbig Rh^+Rh^+ oder mischerbig Rh^+rh^- sein.

Rhesusfaktor im Immunsystem

Im Blut eines rhesusnegativen Menschen gibt es normalerweise keine Antikörper gegen den Rhesus-Faktor. Allerdings entwickeln sie sich nach einer ersten Berührung mit rhesuspositivem Blut.
Zu einer solchen **Antigen-Antikörper-Reaktion** kann es auch durch eine Schwangerschaft kommen, wenn eine rhesus-negative Mutter ein rhesuspositives Kind austrägt. Während des Geburtsvorganges kann es durch kleine Risse in den Gefäßen der Plazenta zum Kontakt mit rhesuspositivem Blut kommen. Dadurch wird das Immunssystem der Mutter angeregt, Antikörper zu bilden. Bei einer erneuten Schwangerschaft dringen diese durch die Blutgefäße der Plazenta in den Kreislauf des Kindes und zerstören dort rote Blutzellen, sodass der Fetus oder das Neugeborene sterben kann (▷ B 3).
Mediziner kennen heute Möglichkeiten, die Antikörperentwicklung in der werdenden Mutter zu unterdrücken.

▶ Bluteigenschaften werden wie viele andere körperlichen Merkmale nach den mendelschen Regeln vererbt und bleiben ein Leben lang erhalten.

Eltern	**Phänotyp**	Mutter: **rh⁻**	×	Vater: **RH⁺**	
	Genotyp	rh⁻ rh⁻		RH⁺ RH⁺ oder	RH⁺ rh⁻
	mögliche Keimzellen	rh⁻		RH⁺	rh⁻
Kinder	**Kreuzungsschema**	♀ ♂		RH⁺	rh⁻
	Erbgang: dominant-rezessiv	rh⁻		RH⁺ rh⁻	rh⁻ rh⁻
	Phänotypen			**RH⁺**	**rh⁻**

4 Vererbung des Rhesusfaktors

Aufgaben

1 Der Vater hat die Blutgruppe 0, die Mutter AB. Erstelle ein Erbschema, aus dem hervorgeht, welche Blutgruppen ihre Kinder haben könnten.

2 Können rhesuspositive Eltern ein rhesusnegatives Kind bekommen? Erstelle dazu ein Erbschema.

3 Eine rhesusnegative Mutter ist zum zweiten Mal schwanger. Erkläre, inwiefern die möglichen Komplikationen für den Fetus verhindert werden können.

4 Dominant vererbte Krankheiten des Menschen sind viel seltener als rezessive. Suche Beispiele in Nachschlagewerken und im Internet und berichte.

5 Erarbeite eine kleine Präsentation zum Thema Sichelzellen-Anämie als Beispiel für eine rezessive Erbkrankheit.

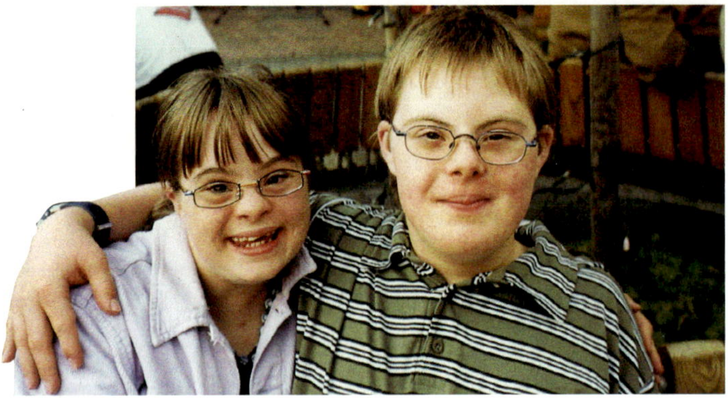

1 Kinder mit Down-Syndrom

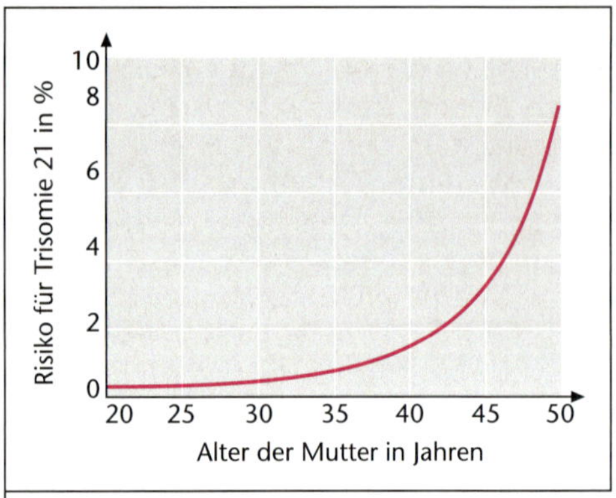

2 Altersabhängigkeit der Trisomie 21

Ein Chromosom zu viel
Der englische Kinderarzt LANGDON DOWN (1828–1896) beschrieb schon im 19. Jahrhundert die Anzeichen einer Krankheit, die statistisch bei einem von etwa 700 Neugeborenen auftritt. Die Kinder sind von kleinem Körperwuchs, haben einen kurzen Hals und kurzfingrige Hände. Auffällig ist das breitflächige Gesicht und die Augen mit einer schmalen Lidfalte. Die Summe all dieser Krankheitsanzeichen fasst man als **Down-Syndrom** zusammen. Die genetische Ursache ist die Verdreifachung – die Trisomie – des Chromosoms 21. Sie tritt als Fehler in der Meiose spontan auf. Werden bei der 1. oder 2. Reifeteilung die Chromosomen nicht gleichmäßig verteilt, können Keimzellen entstehen, die das Chromosom 21 zweimal enthalten. Bei der Befruchtung entsteht dann die Trisomie. Diesen Meiosefehler bringt man mit dem Alter der Mütter in Verbindung. Ob auch das Alter des Vaters eine Rolle spielt, ist noch nicht endgültig geklärt. Kinder mit Down-Syndrom bleiben in ihrer geistigen Entwicklung zurück, sind aber meist sehr freundlich, liebenswert und oft auch sehr musikalisch. Die geistige und körperliche Entwicklung der Kinder hängt sehr stark davon ab, wie früh mit einer Förderung begonnen wird.

Auch Geschlechtschromosomen können falsch verteilt werden
Falsch verteilte Chromosomen in der Meiose können nicht nur die Körperzellchromosomen betreffen, sondern auch die Geschlechtschromosomen. Daraus können Eizellen mit zwei X-Chromosomen oder Samenzellen mit XY-Chromosomen entstehen. Nach der Befruchtung entstehen Embryonen mit der Trisomie 47, XXY. Jungen und Männer mit diesem Karyotyp leiden am **Klinefelter-Syndrom**.
Das Klinefelter-Syndrom ist kaum bekannt, da die Betroffenen äußerlich völlig gesund erscheinen. Hauptsymptome sind unterentwickelte Hoden und Unfruchtbarkeit sowie ein überdurchschnittliches Längenwachstum. Die zu geringe Testosteronproduktion der Hoden kann den Beginn der Pubertät verzögern oder ganz verhindern.
Oft erfahren Eltern und Betroffene erst durch diese Entwicklungsstörungen von der Krankheit. Manchmal wird der Mann aber auch erst durch den nicht erfüllten Kinderwunsch mit der Krankheit konfrontiert. Rechtzeitige Testosterongaben können die Symptome weit gehend aufheben, sodass die Jungen und Männer ein völlig normales Leben führen können.

Verteilungsfehler bei der Meiose führen zu einer Veränderung der Chromosomenzahl.

Untersuchungsmethoden vor der Geburt
Bei einer über 30-jährigen Schwangeren raten Ärzte oftmals zu einer Fruchtwasseruntersuchung (▷ B 3). Bestimmte Krankheiten können dadurch frühzeitig entdeckt werden. Da im Fruchtwasser auch immer Zellen des Embryos schwimmen, können aus deren Zellkernen die Chromosomen isoliert und ein fotografisches Bild, das Karyogramm, erstellt werden. Veränderungen in der Struktur oder Anzahl der Chromosomen werden sichtbar.

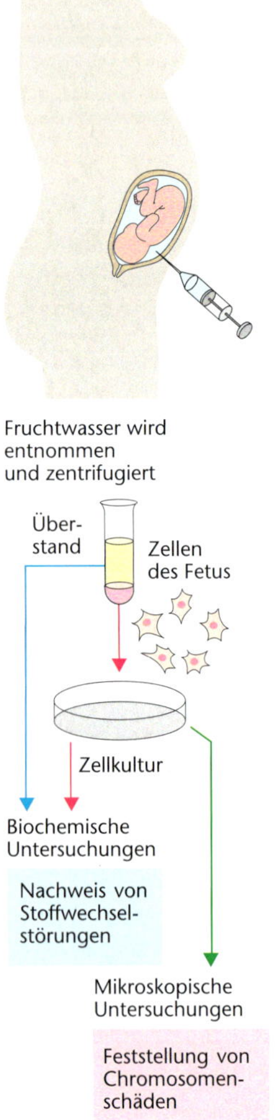

3 Fruchtwasseruntersuchung

Aufgaben

1 Zeige mit Skizzen, welche Folgen bei einer Fehlverteilung des Chromosomenpaares 21 in der 1. Reifeteilung zu erwarten sind.

2 Informiere dich über die Zeitschrift „Ohrenkuss" und halte darüber ein Referat.

Vorsorgeuntersuchungen zeigen genetisch bedingte Krankheiten
Paare, die sich ein Kind wünschen, möchten vor allen Dingen, dass es gesund auf die Welt kommt. Durch vorgeburtliche Untersuchungen können heute schon relativ sicher über 50 Stoffwechselerkrankungen und Schäden an Chromosomen und am Chromosomensatz festgestellt werden. Falls ein gravierender Defekt diagnostiziert wird, darf nach § 218 eine Schwangerschaft noch bis zur 12. Woche abgebrochen werden.
Es liegt in der Verantwortung der zukünftigen Eltern sich an eine genetische Beratungsstelle zu wenden, besonders wenn in den jeweiligen Familien der Partner Erbkrankheiten bekannt geworden sind.

Aufgaben

1 Erkundigt euch beim Gesundheitsamt nach der Adresse der nächstgelegenen genetischen Beratungsstelle und plant einen gemeinsamen Besuch dorthin.

2 Diskutiert gemeinsam über die Themen genetische Beratung und Schwangerschaftsabbruch. Haltet die Ergebnisse auf einem Plakat fest.

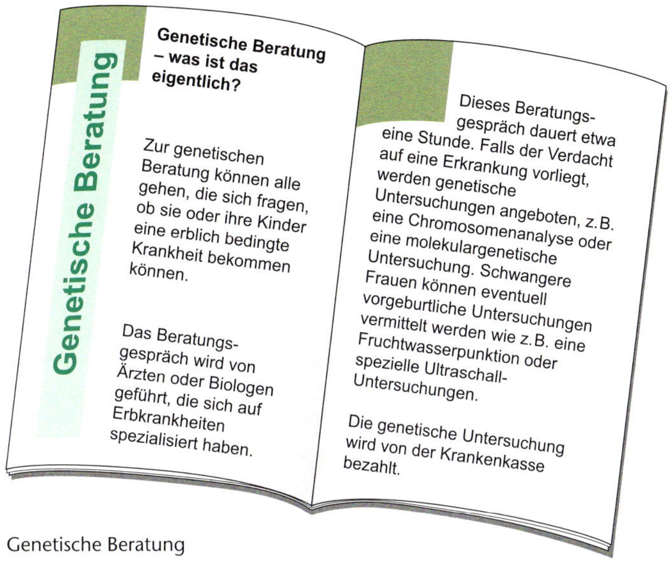

1 Genetische Beratung

Brennpunkt

Dem Täter auf der Spur

Für DNA-Analysen werden nur wenige Zellen benötigt. Blutspritzer, Speichelreste an einer Zigarettenkippe, Spermaspuren oder ein ausgefallenes Haar reichen aus.
Das Verfahren beruht darauf, kleinste DNA-Mengen biochemisch zu vervielfältigen, damit sie mit speziellen Farbstoffen sichtbar gemacht werden können.
Für das Verfahren sind nur weniger als ein Milliardstel Gramm DNA notwendig.

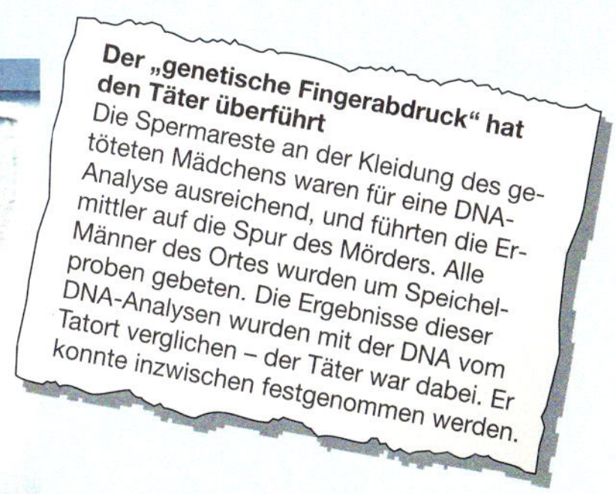
Der „genetische Fingerabdruck" hat den Täter überführt
Die Spermareste an der Kleidung des getöteten Mädchens waren für eine DNA-Analyse ausreichend, und führten die Ermittler auf die Spur des Mörders. Alle Männer des Ortes wurden um Speichelproben gebeten. Die Ergebnisse dieser DNA-Analysen wurden mit der DNA vom Tatort verglichen – der Täter war dabei. Er konnte inzwischen festgenommen werden.

1 Genetischer Fingerabdruck

Genetische Fingerabdrücke werden von solchen DNA-Abschnitten gewonnen, die sich ständig wiederholen, aber für die Herstellung von Proteinen nicht benötigt werden. Es handelt sich also nicht um echte Gene. Der Anteil nichtcodierender DNA beträgt beim Menschen fast 95 %. Auf diesen Abschnitten treten ungefähr alle 100 Basenpaare Unterschiede von Mensch zu Mensch auf. Für eine Analyse werden 150 solcher Basenpaare benötigt. Das Ergebnis des Fingerprintings ist ein typisches Bandenmuster der DNA-Abschnitte. Stimmen zwei DNA-Proben in diesen Mustern überein, stammen sie mit an Sicherheit grenzender Wahrscheinlichkeit von ein und derselben Person.

Verschiedene Methoden der Pflanzen- und Tierzüchtung

Durch Züchtungsmethoden sind unsere Haustiere und Nutzpflanzen aus wild lebenden Vorfahren entstanden. Kaninchen-, Hühner-, Hunde- und Taubenrassen sind anschauliche Beispiele dafür. Manche als Nahrungsmittel angebauten Gemüsepflanzen wie z. B. Möhren oder die verschiedenen Kohlsorten ähneln ihrer Ausgangsform kaum noch.
Wenn bei Nachkommen zufällig Individuen mit einer günstigen Mutation auftreten, wollen Menschen diese Eigenschaft erhalten. Deshalb lesen Züchter diese Pflanzen oder Tiere aus und benutzen sie zur Weiterzucht. Im 19. Jahrhundert war nur diese Auslesezüchtung möglich.

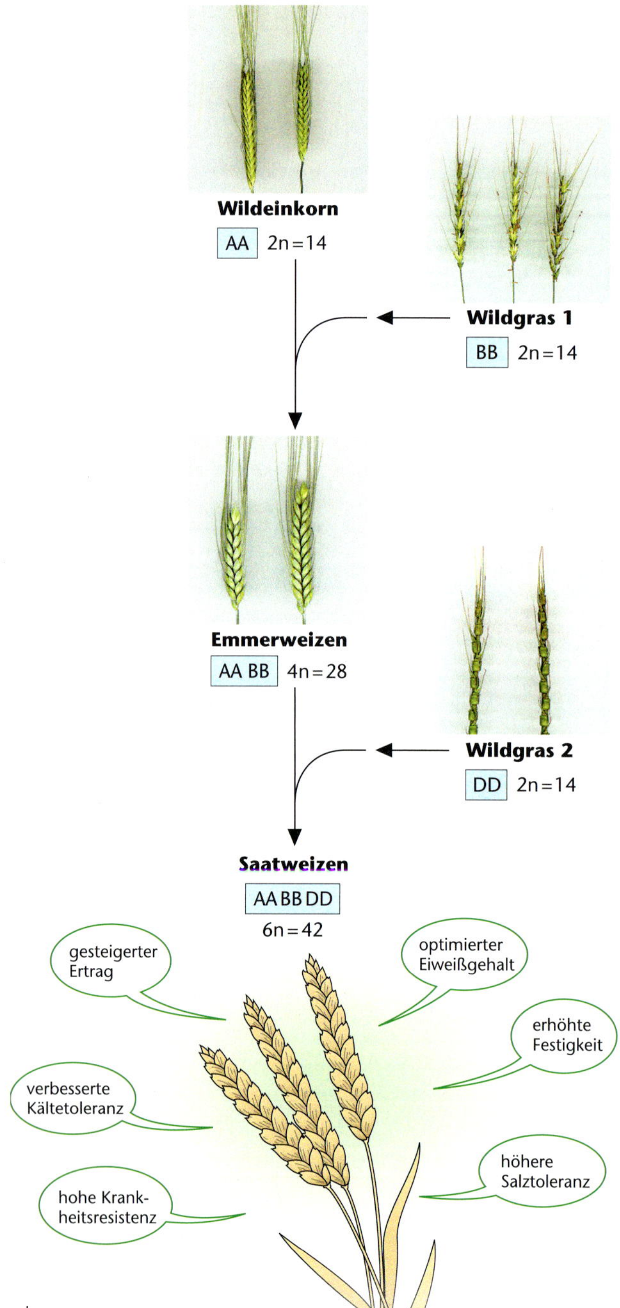

1 Entstehung von Saatweizen

Erst seitdem durch die mendelschen Regeln bekannt wurde, dass die Kreuzungen von Individuen einer Art mit verschiedenen Merkmalen Neukombinationen ergeben, werden gezielt neue Hybride mit erwünschten Eigenschaften erzeugt. Durch diese Kreuzungszüchtungen erhält man z. B. Rinder mit großem Milchertrag und gutem Fleischanteil oder Schafe mit wertvoller Wolle und erwünschter Fleischqualität. Bei Zuckerrüben können Ernteerträge und Zuckergehalt gesteigert werden.

Da jedoch auch unerwünschte Eigenschaften in diese Verbindungen mit eingehen, müssen auf jede Kreuzung mehrere Generationen der Auslese folgen. Damit will man den Anteil solcher negativen Merkmale verringern.
Durch Rückkreuzungen können immer wieder positive Eigenschaften ursprünglicherer Arten den hochgezüchteten Sorten zurückgegeben werden.

Pflanzen mit mehreren Chromosomensätzen

Eine Vervielfachung des Chromosomensatzes bewirkt bei Pflanzen größeren Wuchs und bessere Erträge. So sind beim Kulturweizen, der vom Wildeinkorn abstammt, die Chromosomensätze von zwei weiteren Wildgrasarten hinzugekommen. Die ältesten Weizensorten besitzen nur kleine Chromosomensätze von $2n = 14$, während die heutigen Brotweizenarten bis zu $6n = 42$ aufweisen. In den vergangenen Jahrhunderten haben die Weizenzüchter ohne davon zu wissen, polyploide Formen ausgelesen, die immer ertragreicher und größer wurden.
Diese Mutation lässt sich auch künstlich durch das Herbstzeitlosengift Colchizin erreichen: Colchizin verhindert, dass sich bei der Mitose Spindelfasern bilden, sodass die Chromosomen nicht verteilt werden können.

Es gibt Hybride, die den hohen Ertrag des Weizens mit der Krankheitsresistenz des Roggens vereinen: der Roggenweizen. Unter Kulturpflanzen ist Polyploidie sehr häufig, denn diese Formen sind nicht nur ertragreicher, sondern auch widerstandsfähiger. So sind Hafer, Baumwolle, Kartoffel und Tabak polyploide Arten.

Hybride haben Vorteile

Besondere Eigenschaften von Pflanzen und Tieren, die immer wieder in Erscheinung treten sollen, müssen reinerbig dominant vorliegen. Leider treten auch unerwünschte Merkmale reinerbig auf. Für den Züchter kommt es also darauf an, einen solchen Kreuzungspartner zu finden, dessen positive Merkmale die eventuell rezessiven negativen des anderen Partners überdecken. Die daraus hervorgehenden Hybriden haben deutliche Vorteile. Man spricht von **Heterosis-Effekt**. Ertragsleistungen, Überlebenschancen und Fortpflanzungserfolge können dadurch verbessert werden. Pflanzenzüchter haben so Farbenvielfalt, Größe und Menge von Blüten bei Zierpflanzen gesteigert.

Vorteile nur in einer Generation

Bereits seit mehr als 60 Jahren wird Hybridmais in den Vereinigten Staaten und Europa erfolgreich immer wieder neu nur durch Hybridsamen ausgesät. Ebenfalls steht auf Samentütchen von Kürbis, Tomate und Kohl: „F_1-Hybriden“. Die Entwicklung einer weiteren Generation durch Samen dieser Hybriden bringt nach der Spaltungsregel wieder Homozygote mit ungünstigen Eigenschaften der großelterlichen Inzuchtlinien hervor. Daher müssten sie auf vegetative Art und Weise, also durch Stecklinge oder Ausläufer vermehrt werden. Aber fast immer wird neues Hybrid-Saatgut verwendet.

Weiterzucht mit gewünschten Mutanten

Wenn bei Pflanzen- und Tierrassen gewünschte Veränderungen durch Mutation entstanden sind, können sie zur Weiterzucht genutzt werden. Bekannte Beispiele für solche Mutationen sind der Trauerwuchs bei Bäumen, Korkenzieheräste bei Sträuchern, kernlose Früchte, Dackelbeine bei Hunden und Schafen, Angorafell bei Kaninchen und Katzen.

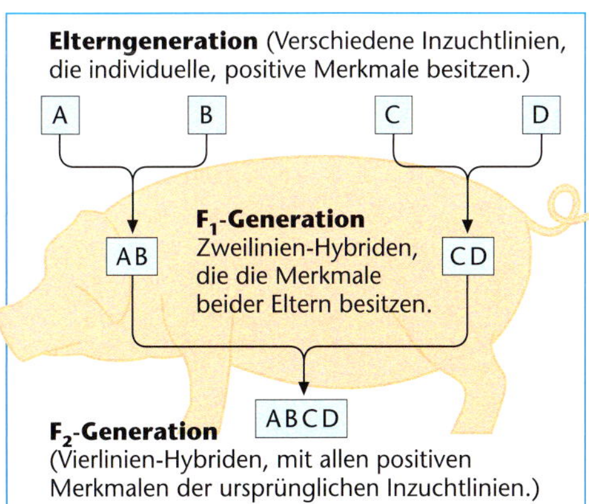

2 Hybridzüchtung

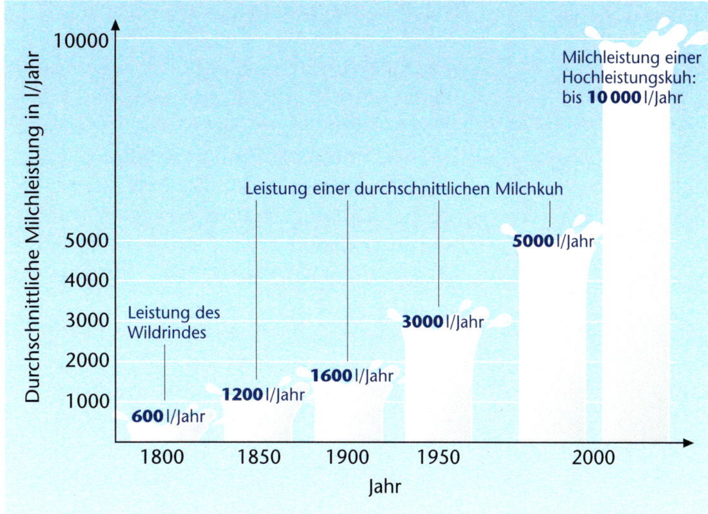

3 Entwicklung der Milchleistung

Getreidevielfalt mithilfe radioaktiver Strahlen

Durch künstliche Mutationen lassen sich neue Pflanzensorten züchten. Um solche Erbgutveränderungen experimentell auszulösen, verwendet man vor allem Samen und setzt sie Röntgen- und Neutronenstrahlen, Kälte- oder Wärmeschocks oder mutationsauslösenden chemischen Stoffen aus. Nur die wenigsten neu entstandenen Mutanten eignen sich für die Weiterzüchtung, die meisten zeigen Defekte.

Vor allem durch Auslese und Kreuzung züchtet der Mensch aus Wildformen Kulturpflanzen und Nutztiere.

4 Weiterzucht von Mutanten

Aufgaben

1 Stelle ein Erbschema für die F_2-Generation von Hybridschweinen auf und erkläre das Abschwächen der Leistungsgene A, B, C, D.

2 Kulturpflanzen, die längere Zeit sich selbst überlassen bleiben, „verwildern“. Erkläre dies mithilfe der Hybridisierung und Rückkreuzung.

Bullensamen aus dem Katalog
In der Agrarwirtschaft ist man heute darauf angewiesen, in möglichst kurzer Zeit Pflanzen und Tiere mit hoher Ertragsleistung zu züchten. Dabei ist die Rinderzucht besonders zeitaufwändig, da genetisch wertvolle Rinder erst nach zwei Jahren als Zuchttiere verwendet werden können. Nach einer Tragzeit von etwa 285 Tagen bringt eine Kuh dann ein Kalb zur Welt. Es dauert viele Jahre bis auf herkömmliche Weise Zuchtziele wie gute Fleischqualität und hohe Milchleistung bei vielen Tieren erreicht wird. Biotechnische Verfahren helfen, diese Zuchtziele schneller zu erreichen. In speziellen Besamungsstationen hält man „Superbullen" mit besonderen Eigenschaften als Samenspender. Landwirte können dann per Katalog Samen mit den gewünschten Eigenschaften auswählen und ihre Kühe damit künstlich befruchten lassen. Solch ein Superbulle kann also tausende von Kälbern zeugen.

Auch das Erbgut von Hochleistungskühen lässt sich mit biotechnischen Verfahren vielfach weitergeben. Durch eine Hormonbehandlung reifen bei der Kuh vorzeitig viele Eizellen. Sie wird dann mit dem Sperma eines Zuchtbullen künstlich besamt. Nach der Befruchtung werden die Embryonen in einem sehr frühen Stadium aus der Gebärmutter ausgespült und dann jeweils „normalen" Ammenkühen eingepflanzt. Statt eines Kalbes können so durch **Embryotransfer** (▷ B 1) gleichzeitig viele Kälber zur Welt kommen.

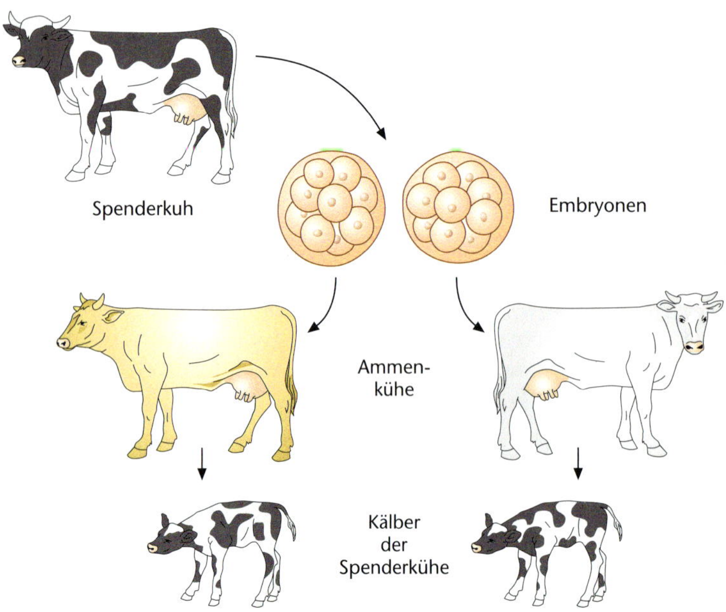

1 Embryonentransfer bei Kühen

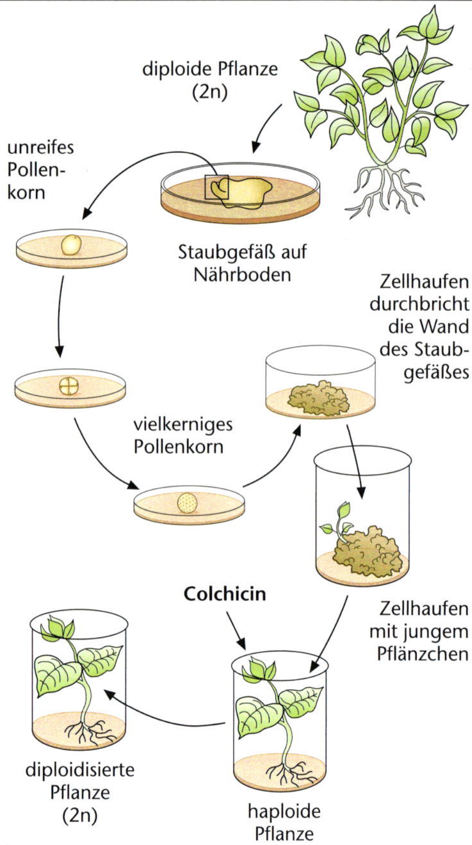

2 Entwicklung haploider Kartoffelpflanzen, Schema

▶ Durch künstliche Besamung und Embryotransfer wird das Erbgut von Hochleistungsrindern vielfach weitergegeben.

Haploide Pflanzen aus Pollen
Bei diploiden Pflanzen wird die Auslesezüchtung dadurch erschwert, dass Mutanten mit vorteilhaften rezessiven Genen diese nur zeigen, wenn sie homozygot vorliegen. Mit einer besonderen Methode lassen sich bei manchen Pflanzen aus Pollenkörnern haploide Pflanzen erzeugen. Dazu bringt man Staubbeutel diploider Pflanzen mit unreifen Pollenkörnern auf einen Nährboden. Innerhalb weniger Tage teilen sich die Pollen mehrfach. Es entwickeln sich kleine Zellhaufen, die nach 6–8 Wochen die Staubbeutelwand durchbrechen. Daraus können sich nun kleine haploide Pflänzchen entwickeln. Behandelt man sie mit Colchizin, bilden sich in der Mitose keine Spindelfasern. Dadurch werden die Chromosomen verdoppelt und die gewünschten Anlagen liegen reinerbig vor. Rezessive Gene treten in Erscheinung und die Auslese wird erleichtert. Stoppt man die Colchizin-Zufuhr, finden wieder normale Mitosen statt.

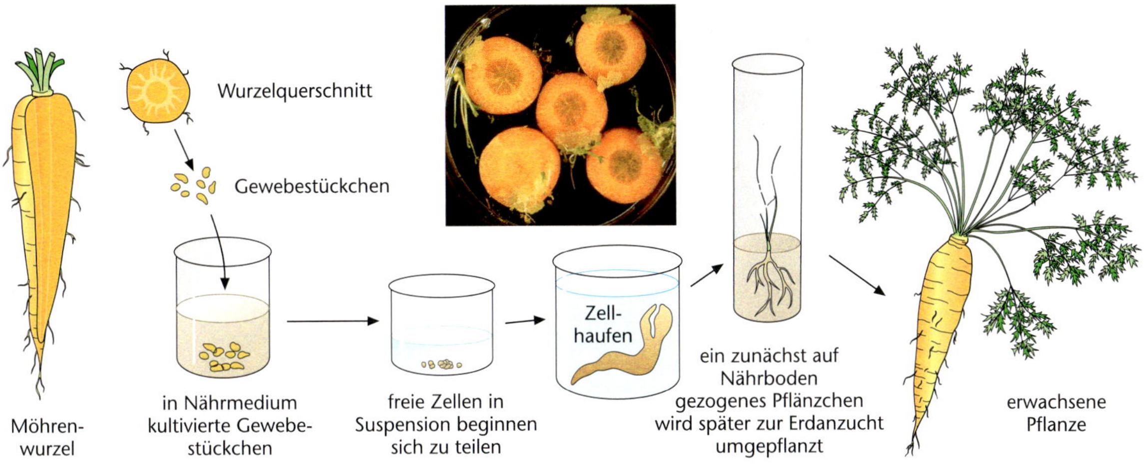

3 Möhrenpflanzen werden geklont

Die Züchtung einer neuen Sorte wird so beschleunigt. Haploide Pflanzen konnten auf diese Weise bei Tomaten, Raps, Sojabohne, Tabak und Reis gewonnen werden.

Klonen im Reagenzglas

Im Jahre 1950 gelang es Wissenschaftlern im Labor, aus dem Gewebestückchen einer Möhre wieder eine vollständige Pflanze zu regenerieren. Heute wird die an sich alte Methode einer vegetativen Vermehrung von Pflanzen in Gärtnereien in ganz neuen Dimensionen angewendet: Gewebestückchen bilden auf speziellen Nährböden zunächst ein undifferenziertes Gewebehäufchen. Wird während der Wachstumsphase die Zusammensetzung des Nährbodens geändert, sprießen aus den Gewebehäufchen Sprosse und Wurzeln (▷ B 3). Um Klone zu gewinnen, wird es mehrfach geteilt. Die „Reagenzglaspflänzchen" werden dann in Erde umgesetzt und entwickeln sich zur vollständigen Pflanze. So werden heute die Qualitäten von „Superobstbäumen" und Orchideen reproduziert und in tausendfachen Kopien gehandelt.

Durch biotechnische Methoden lässt sich das Erbgut von Pflanzen und Tieren mit besonderen Eigenschaften beliebig oft vervielfachen.

Aufgabe

1 Begründe, warum vegetative Vermehrungsmethoden in der Pflanzenzucht eine immer größere Bedeutung gewinnen.

Brennpunkt

Tomate + Kartoffel = Tomoffel?

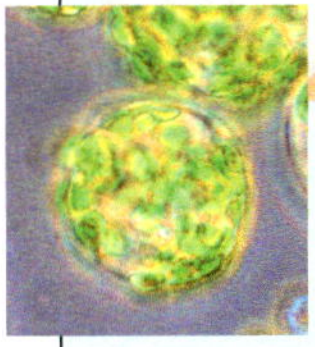

Wäre das nicht klasse, eine Pflanze bei der man oben Tomaten und unten Kartoffeln ernten könnte? Mit herkömmlichen Züchtungsmethoden gelingt dies allerdings nicht, denn die zwei Arten lassen sich nicht miteinander kreuzen.
Trotzdem ist es Forschern gelungen, eine „Tomoffel" herzustellen. Mithilfe spezieller Enzyme entfernten sie die Zellwände der Pflanzenzellen beider Arten. Zurück bleiben so genannte **Protoplasten**, „nackte" Zellen, die nur noch von der Zellmembran umgeben sind. Durch die Einwirkung von Chemikalien oder Stromstößen erreicht man, dass einige der Kartoffelprotoplasten mit Tomatenprotoplasten zu Hybriden verschmelzen. Man spricht von **Protoplasten-Fusion**. Über undifferenzierte Gewebehäufchen entwickeln sich im Reagenzglas daraus anschließend kleine Pflänzchen.
Leider besitzen die so hergestellten Tomoffeln keinen praktischen Nutzen, denn die Knollen und Früchte sind viel zu klein. Die Herstellung von Protoplasten dient deshalb hauptsächlich dazu, Pflanzen im Reagenzglas zu klonen.

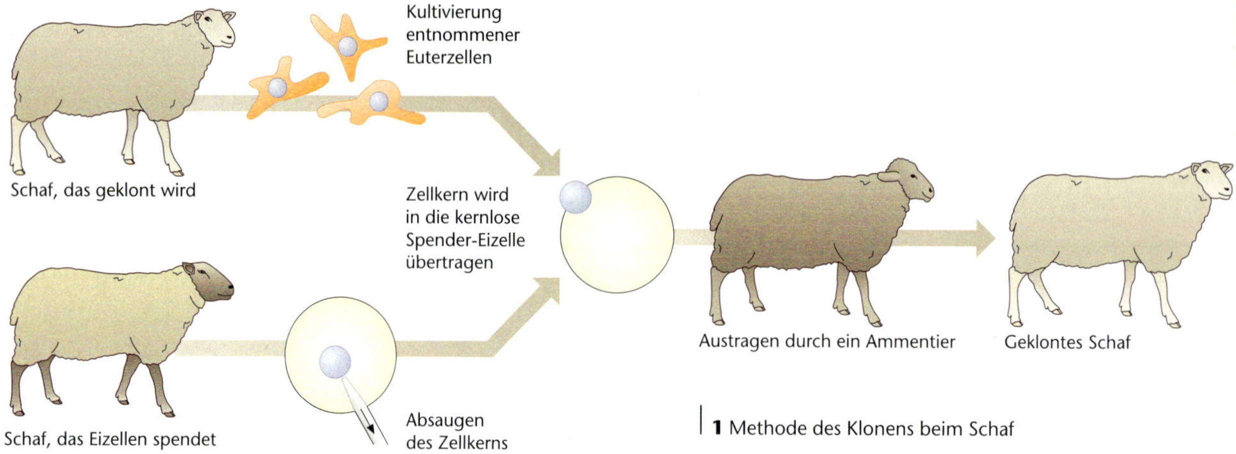

1 Methode des Klonens beim Schaf

Wie entstand Dolly?
Im Jahre 1997 wurde der Öffentlichkeit das Schaf Dolly vorgestellt. Wochenlang beherrschte die Geschichte von Dolly die Presse, denn es war das erste Klonschaf der Welt. Dolly sah nicht außergewöhnlich aus, aber es war die identische Kopie eines anderen Schafes. Diesem Schaf waren Euterzellen entnommen und deren Zellkerne entfernt worden. Ein weiteres Schaf lieferte eine unbefruchtete Eizelle, die ebenfalls entkernt wurde. Den Zellkern der Euterzelle übertrug man in die kernlose Eizelle und pflanzte diese in die Gebärmutter eines dritten Schafes ein. Das gelang erst nach zahlreichen Fehlversuchen. Ein Ammenschaf brachte dann Dolly zur Welt. 2002 starb Dolly – ungewöhnlich früh. Wissenschaftler vermuten, dass durch Klonen Alterungsprozesse beschleunigt werden.

Identische Mehrlinge für die Tierzucht
Klone werden in der Tierzucht auch dadurch erzeugt, dass man z. B. einer Hochleistungskuh einige Tage nach der Befruchtung den Embryo im Vielzellstadium aus der Gebärmutter spült und teilt. Die genetisch identischen Embryonenhälften setzt der Züchter in die Gebärmutter von Ammenkühen ein. Sie bringen dann die Klonkälber zur Welt.

Sind Lebewesen eines Klons identisch?
Amerikanische Forscher haben in einer Studie an Schweinen nachgewiesen, dass Genkopien keine wirklich identischen Organismen sind. Zwei Gruppen von Klonferkeln zeigten die gleichen Variationsbreiten im Verhalten wie zwei Vergleichsgruppen herkömmlicher Schweine: z. B. bei der Vorliebe für bestimmtes Futter oder im Temperament. Selbst in der Wachstumsgeschwindigkeit der Klone konnten die Wissenschaftler Unterschiede feststellen.

Klone sind Gruppen genetisch identischer Lebewesen, die trotzdem individuelle Unterschiede zeigen. Sie werden in der Tierzucht zur Vervielfachung von Tieren mit besonderen Eigenschaften erzeugt.

Aufgaben

1 Finde Gründe für die Unterschiede bei geklonten Lebewesen.

2 Äußere Vermutungen, warum nur eine unbefruchtete, kernlose Eizelle das Genmaterial der Körperzelle aufnehmen kann.

3 Erkläre den Begriff Ammentier.

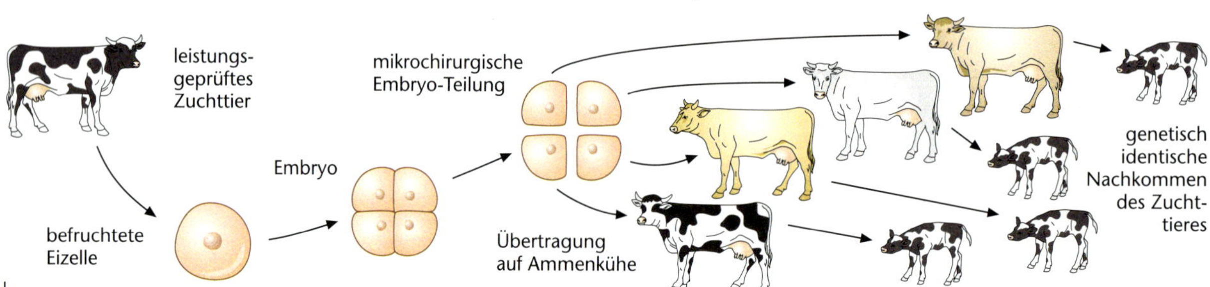

2 Erzeugung von Klonen als identische Mehrlinge

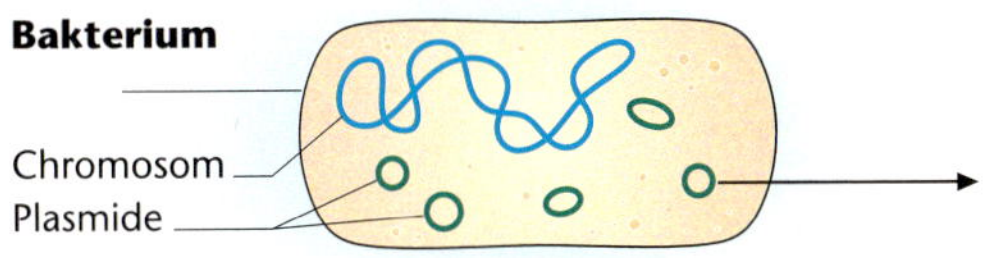

Mikroorganismen nutzen

Schon seit vielen hundert Jahren verwenden die Menschen z. B. Milchsäurebakterien zur Herstellung von Sauermilchprodukten, Quark und verschiedenen Käsesorten. Aber auch für Salami und Sauerkraut nutzen wir sie immer noch. Sie verändern die Lebensmittel nicht nur geschmacklich, sondern bewirken auch eine längere Haltbarkeit.
Heute setzt man bei biotechnischen Verfahren Mikroorganismen ein, um industriell die unterschiedlichsten Produkte herzustellen.
Die Biotechnik half weltweit vor allem mit der Antibiotika-Produktion aus Pilzen, dem Penicillin, Infektionsepidemien in Schach zu halten.

Bakterien helfen Diabetikern

Der Blutzuckerspiegel jedes Menschen wird durch ein Hormon, das **Insulin**, reguliert.
Bei Diabetikern stellt die Bauchspeicheldrüse kein Insulin mehr her.
Früher musste Insulin aus riesigen Mengen Bauchspeicheldrüsen von Rindern oder Schweinen gewonnen werden. Da es sich nicht um menschliches Insulin handelte, traten bei manchen Diabetikern Komplikationen auf.

Als Wissenschaftler das Gen für menschliche Insulinproduktion entschlüsselt hatten, hielten sie es für möglich, das Hormon durch andere Organismen herstellen zu lassen. Für Genetiker ist nämlich das Erbgut aller Lebewesen nahezu beliebig austauschbar. Da der genetische Code aus den gleichen Bauteilen besteht, müsste auch ein eingebautes menschliches Insulin-Gen z. B. Bakterien dazu veranlassen, das artfremde Hormon zu produzieren.

Wie kommt das fremde Gen in ein Bakterium?

Bei manchen Bakterien liegt die DNA in Ringform frei im Plasma vor. Man nennt diese ringförmige DNA **Plasmid**. Sie setzt man als Träger für Fremdgene ein. Um in die Zielzelle zu gelangen und dort eingebaut zu werden, brauchen Spender-Gene zusätzliche überhängende DNA-Sequenzen.

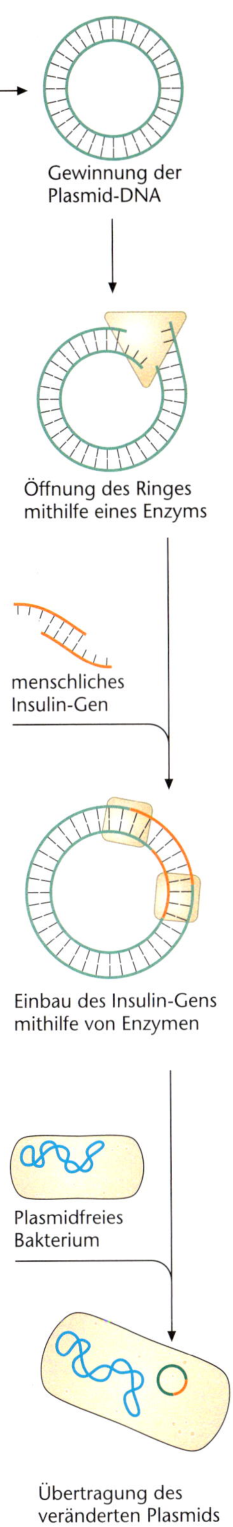

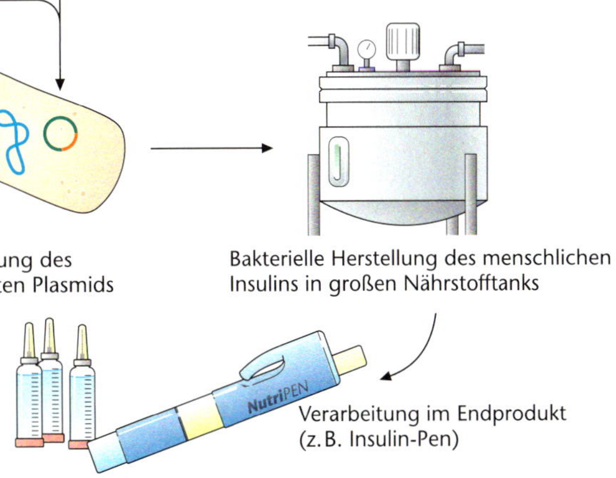

1 Gewinnung von menschlichem Insulin mithilfe von Bakterien

Gentechniker „schneiden" das Plasmid mithilfe von Enzymen auf. An der Schnittstelle verbindet ein „Klebe-Enzym" das fremde Gen mit dem Plasmid. So entsteht durch Gen-Transfer ein Bakterium mit neu kombinierter DNA, das den gewünschten Stoff herstellt. Bei jeder Teilung, die alle 20 min stattfindet, entstehen neue identische Kopien des übertragenen Gens.

In immer größeren Nährstoff-Tanks der Industrie vermehren sich die gentechnisch veränderten Bakterien. Am Ende des technischen Verfahrens werden sie getötet und das Insulin wird aus der Zellmasse gewonnen. Bevor es Diabetikern zur Verfügung steht, wird es noch gereinigt und weiter aufbereitet.

Bestimmte Erbanlagen einer Art können mit gentechnischen Verfahren auf eine andere Art übertragen werden und dort wirken.

Aufgaben

1 Erkläre am Beispiel der künstlichen Insulin-Herstellung das Prinzip der Gentechnik.

2 Begründe, warum Bakterien für die Gentechniker ideale Forschungsobjekte sind.

3 Informiere dich über Pro-Vitamin-A-Reis (goldener Reis) und trage dazu ein Kurzreferat vor.

4 Gentechnisch veränderte Organismen enthalten neuartige Proteine. Können sie eventuell Allergien auslösen? Führt gemeinsam eine Expertenbefragung dazu durch.

1 Reifung von Tomaten mithilfe von Ethen

Bei manchen Früchten trügt der Schein
In den USA ist es wirtschaftlich von großem Interesse, die Reifung von Früchten zu kontrollieren. Tomaten z. B. müssen noch grün geerntet werden, um die langen Transportwege zu überstehen. Erst vor Ort lässt man sie mit Ethen-Gas schnell künstlich reifen (▷ B 1). Da Früchte aber selber Ethen produzieren, musste die Erbanlage für die Ethensynthese „ausgeschaltet" werden. Die Früchte reifen so nicht mehr, werden aber, sobald man sie mit Ethen begast, schnell rot. Der Geschmack ist fade. Außerdem besteht die Möglichkeit Gene auszuschalten, die für das Weichwerden der Frucht zuständig sind. In der Natur bewirken sie, dass die Samen freigesetzt werden können. Die Vorteile der Gentomate scheinen auf der Hand zu liegen: Sie kann am Strauch reifen und sieht auch nach langer Lagerung noch appetitlich frisch aus. Innerlich altern jedoch auch diese Tomaten, was zu einem Aromaverlust führt. Da der Verbraucher aber die frische Tomate von der länger gelagerten nicht mehr unterscheiden konnte, wurde die Gen-Tomate nicht mehr gekauft. Sie verschwand vom Markt.

Schutz gegen die „chemische Keule"
Chemische Beikrautvernichter, die Herbizide, vernichten nicht nur unerwünschte Pflanzen, sondern auch die Nutzpflanzen. Durch Einbau geeigneter Gene sollen die Nutzpflanzen gegen die „chemische Keule" unempfindlich gemacht werden. Herbizide zeigen bei resistenten Pflanzen dann keine Wirkung mehr. Bei Kartoffeln, Mais, Baumwolle und Soja gibt es bereits herbizidresistente Sorten.

Auf die gleiche Weise stellt man auch Pflanzensorten her, die außerdem noch Resistenzgene gegen Insektenbefall, Pilz- oder Viruskrankheiten oder auch gegen ungünstige klimatische Bedingungen besitzen.

Gen-Taxi
Bodenbakterien (Agrobacterium tumefaciens) sind für die Transferaufgabe von Genen besonders geeignet. In der Natur infizieren sie Pflanzen, die daraufhin Tumore an den Wurzeln bilden, die Wurzelhalsgallen. Die Tumorbildung bedeutet, dass die Zellen umprogrammiert wurden. Gene auf dem Plasmid des Bakteriums sind dafür verantwortlich. Anstelle des Tumorgens wird ein fremdes Gen eingesetzt, das die Bakterien durch eine Infektion auf die Pflanze übertragen.

Bei vielen Pflanzen kann man einzelne Zellen dazu veranlassen, durch fortlaufende Mitosen Zellhäufchen zu bilden. Daraus entwickelt sich eine vollständige Pflanze. Die genetische Veränderung lässt sich an solchen Einzelzellen leichter vornehmen. Teilt man dann die ersten Gewebestückchen, erhält man zahlreiche Pflanzenklone, die alle das veränderte Gen in sich tragen.

2 „Matsch"tomaten

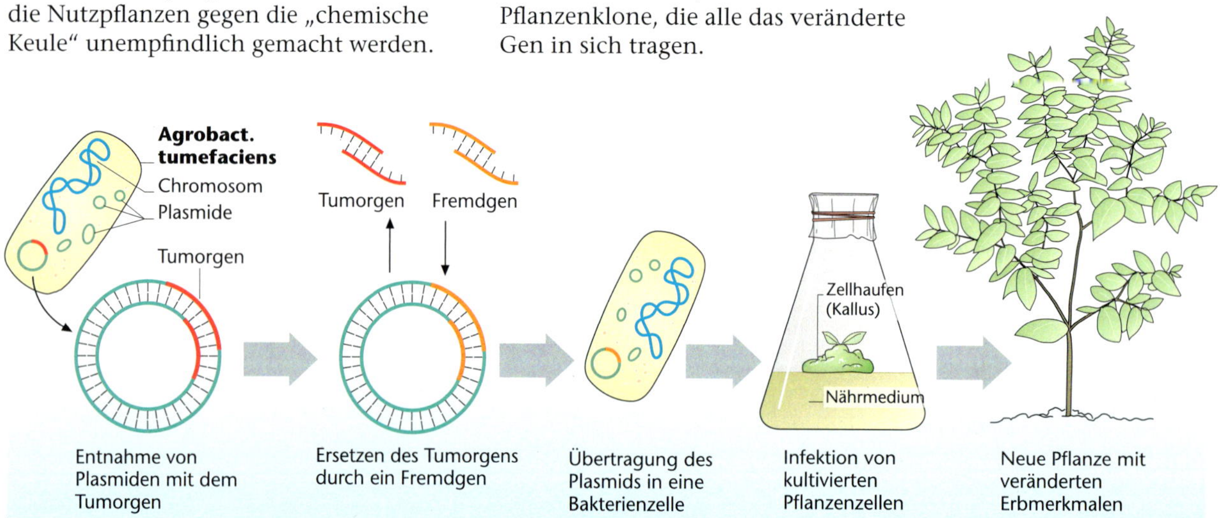

3 Gentransfer mithilfe eines Gen-Taxis

Gentechnik für die Tierzucht
Für die Landwirtschaft hält die Industrie zahlreiche gentechnisch entstandene Produkte bereit. Vor allem die Massentierhaltung erfordert den Einsatz immer neuer oder veränderter Impfstoffe oder auch gentechnisch gewonnener Wachstumshormone, um größere Erträge zu erzielen.

Auch Tiere nach Plan?
Gentechniker können nicht nur das Erbgut von Pflanzen manipulieren, sondern auch fremde Gene in die DNA von Tieren einbauen. Dies geschieht entweder mit Bakterien-Plasmiden, die als Gen-Taxi dienen oder die entsprechende DNA wird direkt in die Zelle injiziert. Solche Organismen heißen **transgen**.

Transgene Tiere als Nährstofflieferanten
Transgene Tierarten sind auch für die menschliche Ernährung vorgesehen.
So wird den in großen Mengen gezüchteten Speisefischen wie Regenbogenforellen und Lachsen erfolgreich ein kloniertes Gen für Wachstum injiziert. Dadurch erreichen die Tiere in einem Jahr die Größe, die sie sonst erst in 2–3 Jahren erreichen würden.

Transgene Tiere als Arzneimittel-Fabriken
Von außerordentlicher Bedeutung ist die Produktion von menschlichen Wirkstoffen in transgenen Nutztieren. Zur Behandlung der Bluterkrankheit, Hepatitis oder anderer schwerer Krankheiten können so preisgünstige Medikamente gewonnen werden.
Dazu schleust man menschliche Gene in das Genom z. B. von Schafen ein. Mit einer Mikrosonde wird in die frisch befruchtete Eizelle eines Schafes eine Kombination von Genen eingespritzt. Sie sollen bewirken, dass in der Schafsmilch ein Enzym produziert wird, das für Lungenkranke die Atemnot beheben soll. Es stellt die Elastizität der Lungenbläschen wieder her.
Bisher gewinnt man das Enzym aus großen Mengen von menschlichem Spenderblut. Diese herkömmliche Methode kann demnächst den Bedarf nicht mehr decken. Die wirtschaftliche Bedeutung der Stoffe, die von transgenen Tieren erzeugt werden, nimmt ständig zu.
Dieses Anwendungsgebiet der Gentechnik wird **Gen-Pharming** genannt, weil die Pharma-Industrie durch transgene Tiere bestimmte menschliche Enzyme als Medikamente gewinnt. Dadurch kann tausenden kranken Menschen und Tieren geholfen werden.

Mithilfe der Gentechnik sollen transgene Organismen bessere Qualität und höhere Leistung bringen.
Beim Gen-Pharming produzieren transgene Tiere Stoffe, die der menschlichen Gesundheit dienen.

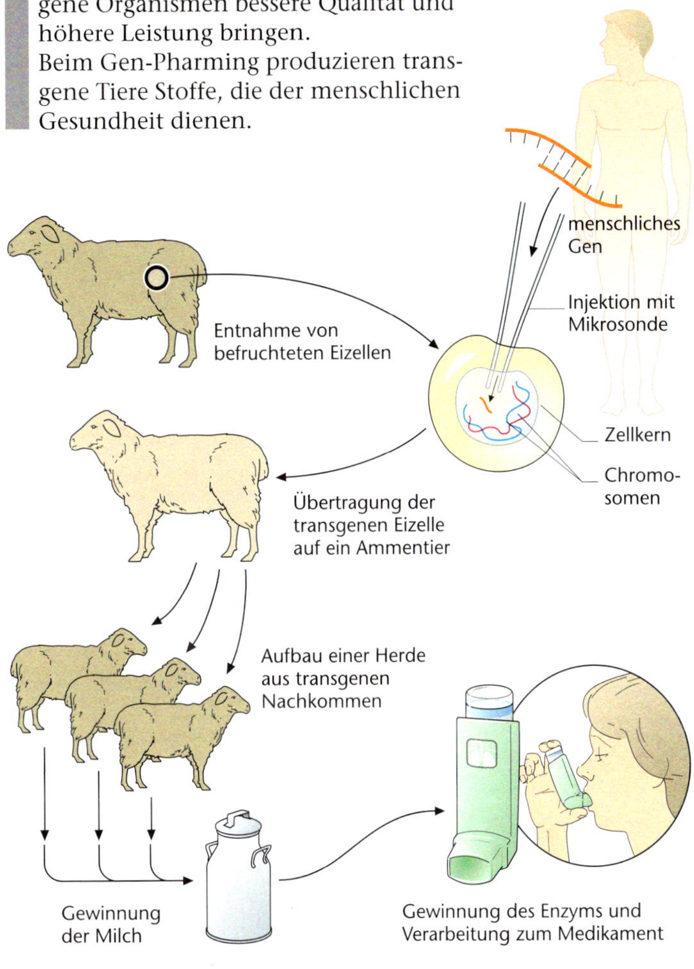

4 Herstellung von Medikamenten mithilfe transgener Tiere

Aufgaben

1 Informiere dich im Internet über die Novel-Food-Verordnung und berichte.

2 Beschreibe das Verfahren zur Herstellung pharmazeutisch wichtiger Proteine aus Milch von transgenen Schafen.

3 Führe Argumente der Kritiker gegen die Produktion transgener Tiere an.

4 Begründe, warum Pflanzen mit Herbizid-Resistenz-Genen eine Gefahr darstellen können?

1 Problem Übergewicht

Ein Löffel für Mama
Die Anfänge der Fettsucht beginnen meist schon in der Kindheit. Wenn Babys schreien, wird das als Hunger gedeutet, obwohl sie vielleicht nur Langeweile haben. Später kommen Erziehungsfehler hinzu. Kinder dürfen z. B. den Tisch erst verlassen, wenn ihr Teller leer ist. Ständige Überfütterung kann dann später zur Fettsucht führen. In Westeuropa ist jedes achte Kind zu dick, jedes zehnte Kind gilt als fettsüchtig.
Viele Krankheiten sind die Folge. Heute ist bekannt, dass die Ursachen nicht nur in falscher Ernährung und Bewegungsmangel zu suchen sind, sondern auch defekte Gene eine Rolle spielen. Sie bringen die überaus komplizierte Regulierung und Steuerung des natürlichen Hungergefühls durcheinander.

(K)Ein Herz für Couch Potatoes?

Auf eigenwillige Art möchte ein amerikanischer Biotechnologie-Konzern und ein Chips-Hersteller den weit verbreiteten Gewichtsproblemen bei Chips-Dauerkonsumenten begegnen. Sie entwickelten eine transgene Kartoffel, die erheblich mehr Stärke bildet und damit deutlich weniger Wasser enthält als vergleichbare Sorten.

Normalerweise verdampft beim Frittieren das Wasser aus den Kartoffeln und wird durch Fett ersetzt. Der geringe Wassergehalt der Knollen verhindert dies jedoch – die Chips aus transgenen Kartoffeln enthalten also weniger Fett.

Ein Nebeneffekt ist, dass die Chips durch ihren

Von Mäusen für Menschen
Die Antwort auf die Frage: „Gen-Defekt oder falsche Lebensweise?", lieferten fettsüchtige Labormäuse. Wissenschaftler verbanden den Blutkreislauf dieser ob-Mäuse (von obese = fettsüchtig) mit dem gesunder Mäuse. Sofort sanken Gewicht und Cholesterinspiegel. Die Tiere fraßen weniger und verbrannten mehr Fett. Ein Stoff im Blut gesunder Mäuse musste die Ursache dafür sein. Die Isolierung und Identifizierung des verantwortlichen Hormons waren schwierig, da die Stoffmenge im Blut zu gering war. Das Hormon bekam den Namen Leptin.

1994 entdeckte man das intakte und mutierte Gen für die Leptinproduktion. Verabreichte man den ob-Mäusen gentechnisch hergestelltes Leptin, verloren sie sofort an Gewicht.

Das Hormon wird normalerweise in den Fettzellen des Körpers gebildet. Es reguliert über das Gehirn die Nahrungsaufnahme. Sind die Fettdepots ausreichend gefüllt, schaltet es das Hungergefühl ab. Sinken die Fettvorräte des Körpers, wird auf Hungergefühl und Nahrungsaufnahme „umgeschaltet". Fehlt Leptin, ist die „Essbremse" ausgeschaltet. Das mutierte Gen war die Ursache dafür.

Da auch beim Menschen die Nahrungsaufnahme über Leptin geregelt wird, lag der Schluss nahe, es bei fettsüchtigen Menschen anzuwenden. In klinischen Tests wurde Leptin am Menschen erprobt. Leider reagieren nicht alle Fettsüchtigen darauf. Sie leiden wahrscheinlich unter einem anderen genetischen Defekt.
Ein einziges Universalmittel gegen diese Krankheit wird es also nicht geben. Und selbst das wirksamste Medikament ist kein Freibrief für zu viele Kalorien und zu viel Fett. Die Änderung der Ess- und Lebensgewohnheiten sind immer noch die beste Therapie.

Fettsucht und Übergewicht können auch durch defekte Gene begünstigt werden, sind aber oft die Folge falscher Ess- und Lebensgewohnheiten.

Aufgabe

1 Sind fettarme Chips eine richtige Hilfe für übergewichtige Menschen? Äußere dich kritisch dazu.

Gentherapie beim Menschen

1 Kind unter Isolierzelt

Den menschlichen Genen auf der Spur

Seit dem Jahre 1988 arbeiten Molekularbiologen weltweit erfolgreich an der Kartierung aller Gene auf den Chromosomen des Menschen. Ein wesentlicher Teil des „Human-Genom-Projects" war die Bestimmung der etwa 3 Milliarden Basenpaare der DNA des haploiden Chromosomensatzes. Dadurch lassen sich unter den 80 000 Genen vor allem solche identifizieren, die Erbkrankheiten auslösen. Das ermöglichte den Forschern mit diesen Genen gezielt zu arbeiten. Mithilfe der Gentechnik soll es künftig möglich sein, ein defektes Gen durch ein intaktes zu ersetzen. Diese **Gentherapie** eignet sich besonders für die Behandlung von Fehlern eines einzelnen Enzyms.

Therapie der Gene in Körperzellen

Mukoviszidose ist in Mitteleuropa die häufigste rezessiv vererbte, tödlich verlaufende Stoffwechselkrankheit. Das Gen für diese Störung liegt auf dem Chromosom Nr. 7. Die Drüsenzellen von Bronchien und Bauchspeicheldrüse bilden zähflüssigen Schleim, der einen günstigen Nährboden für Krankheitserreger darstellt. Ohne Behandlung sterben Kinder vor Ablauf des 5. Lebensjahres an Infektionen, vor allem an Lungenentzündung. Ermutigende Erfolge brachten gentherapeutische Maßnahmen. Dabei übertragen Viren das eingebaute intakte Gen, „verpackt" in einem Nasenspray, ins Lungengewebe.

Hilfe für Lindas gestörtes Immunsystem

Die kleine Linda musste ihr vierjähriges Leben, abgeschirmt von der Außenwelt, unter einem Isolierzelt verbringen. An jeder eigentlich harmlosen Infektion hätte sie sterben können. Ihr Immunsystem arbeitete nicht, weil ihr Organismus ein spezielles Enzym, das ADA (Adenosin-Desaminase), nicht herstellte.

Das defekte Gen für den ADA-Mangel liegt auch in den T-Lymphozyten, die für die körpereigene Abwehr von zentraler Bedeutung sind. Da alle herkömmlichen Behandlungsmethoden bei ihr nicht wirkten, führte man im September 1990 bei ihr die erste Genübertragung am Menschen durch. Dazu hatte man aus ihrem Blut die funktionslosen T-Lymphozyten isoliert. Viren mit dem intakten ADA-Gen dienten als Gen-Taxis und übertrugen es durch Infektion in das Genom der T-Lymphozyten. Die genetisch veränderten T-Lymphozyten wurden vermehrt und Linda durch Transfusion zurückübertragen. Die Therapie war weitgehend erfolgreich und Linda führt heute ein fast normales Leben. Alle zwei Monate braucht sie eine neue Transfusion mit genmanipulierten Lymphozyten, da die Abwehrzellen nur eine begrenzte Lebensdauer haben.

Linda könnte geheilt werden, wenn das normale ADA-Gen statt in die T-Lymphozyten in ihre Knochenmarkszellen eingebaut würde. Diese Zellen vermehren sich und bringen alle Zellen des Immunsystems hervor. Reimplantiert, würde das Knochenmark dann nur noch gesunde T-Lymphozyten produzieren. Die klinische Erprobung steckt aber leider noch in den Anfängen.

Durch Gentherapie versuchen Wissenschaftler defekte Gene zu ersetzen und so Krankheiten zu heilen.

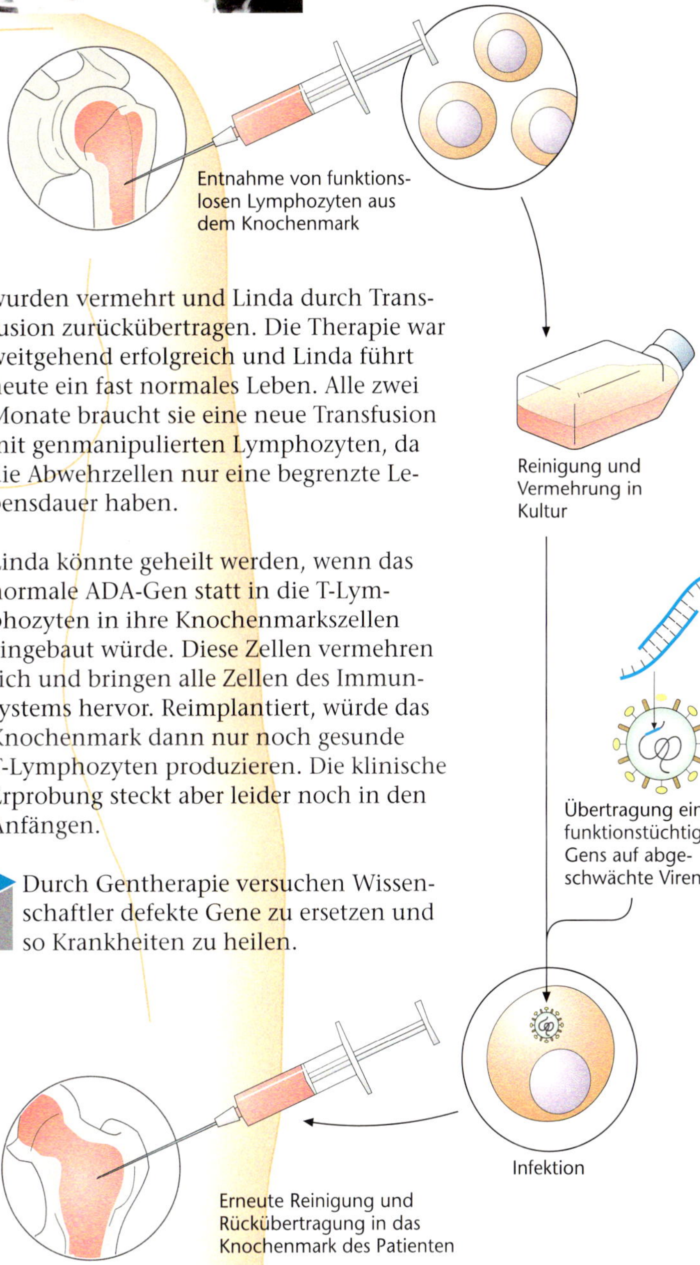

2 Somatische Gentherapie

Aufgaben

1 Informiere dich im Internet über den aktuellen Stand des Human-Genom-Projects und berichte darüber.

2 Erkläre, warum bei funktionslosen T-Lymphozyten das Immunsystem nicht arbeitet.

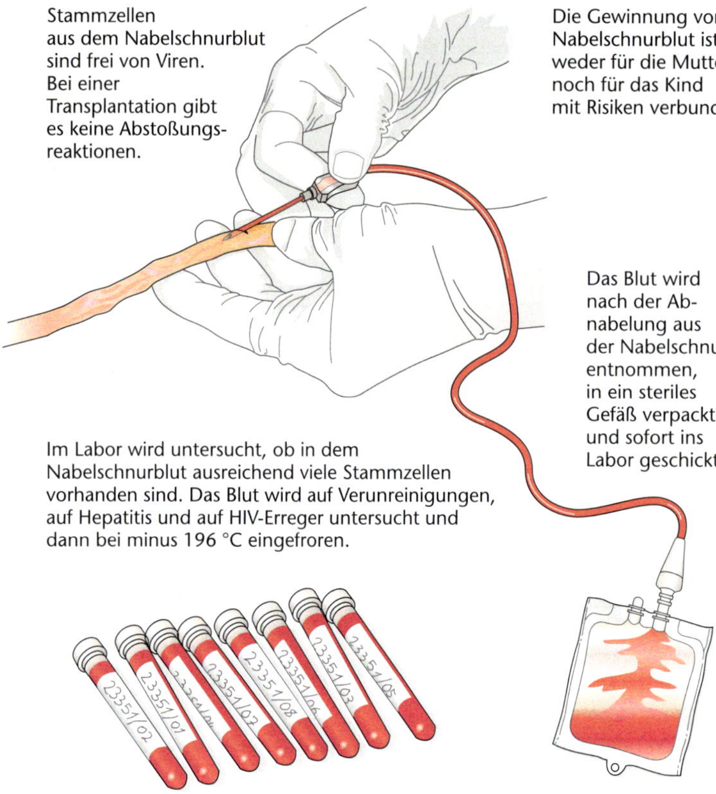

1 Gewinnung von Stammzellen

Unspezialisierte Körperzellen

In einigen Organen deines Körpers wie Knochenmark, Haut und Darm sterben laufend Zellen ab, die zu ersetzen sind. Diese entstehen aus unspezialisierten Zellen, den **Stammzellen**. Sie haben ihre Teilungsfähigkeit dauerhaft beibehalten. In der medizinischen Forschung werden solche Stammzellen transplantiert, damit sich geschädigte Organe oder Gewebe regenerieren können. Verwendet man eigene Stammzellen des Erkrankten, bekämpft das Immunsystem das neu entstehende Gewebe nicht.

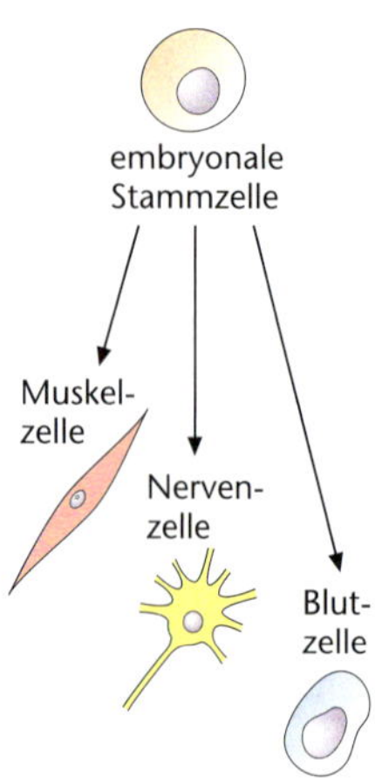

Stammzellen auch im Nabelschnurblut

Bei Untersuchungen von Nabelschnurblut entdeckten Wissenschaftler nicht nur Stammzellen für das gesamte blutbildende System, sondern auch für Knorpel-, Muskel-, Herzmuskel- und andere Gewebe. Blut aus der Nabelschnur kann nach der Geburt ohne Risiko für Mutter und Kind gewonnen werden. Viele Menschen lassen bereits die enthaltenen Stammzellen für ihre Kinder als Krankheitsvorsorge in Blutbanken aufbewahren.

Embryonale Stammzellen

Eineiige Zwillinge zeigen, dass sich aus den ersten embryonalen Zellen auf natürliche Weise komplette, genetisch identische Lebewesen als Klon entwickeln können. **Embryonale Stammzellen** sind für die medizinische Forschung deshalb von besonderem Wert, weil sich aus ihnen jedes Organ und jedes Gewebe des Körpers bilden lässt. Mediziner sehen darin die Möglichkeit, gezielt „Ersatzteile" für den Menschen zu produzieren. Man spricht von therapeutischem Klonen. Dazu werden hauptsächlich embryonale Stammzellen von überzähligen Embryonen aus In-Vitro-Fertilisationen verwendet.

Verjüngte Menschen oder Klon-Babys?

Könnten die ausdifferenzierten Zellen eines Erwachsenen dazu veranlasst werden, sich wie eigene embryonale Stammzellen zu verhalten?
Könnte das, was beim Schaf Dolly gelang, auch beim Menschen möglich sein?
Der Zellkern einer Körperzelle wird dazu in eine kernlose Eizelle eingesetzt. Das Eizellplasma wirkt auf die DNA der Körperzelle so ein, dass sich die Gene tatsächlich wie in embryonalen Stammzellen verhalten. Nach einigen Zellteilungen könnten eine oder mehrere Kopien des Gen-Spenders in Leihmüttern zu Klon-Babys heranwachsen.

Diese Technik, neue Lebewesen als Klon zu erzeugen, ist bisher nicht erfolgreich und muss für den Menschen grundsätzlich abgelehnt werden. Gewinnt man aber aus den embryonalen Stammzellen durch Klonen alle erforderlichen Gewebe, die ein Patient zur Heilung oder gar zur „Verjüngung" benötigt, könnte zukünftig auf Spenderorgane verzichtet werden.
Rückt der Traum von der ewigen Jugend näher?

Embryonale Stammzellen sind unspezialisierte Zellen, aus denen sich unterschiedliche Gewebe, Organe oder vollständige Lebewesen entwickeln können.

Aufgaben

1 Erkläre, warum es günstig wäre, aus patienteneigenen Zellen Organe zu züchten und zu implantieren.

2 Dürfen Embryonen und ihre Zellen für Forschungszwecke in Deutschland benutzt werden? Informiere dich im Internet darüber und berichte.

Gentechnik – Pro und Contra

Viele Fragen der Gentechnik sind heute noch offen. Wissenschaftler, Juristen, Theologen, Ethiker und Politiker versuchen Antworten auf diese Fragen zu finden. Da bei der Manipulation des Erbmaterials Nutzen und Gefahren sehr eng beieinander liegen, ist es wichtig, verantwortungsvoll mit dem Thema umzugehen.

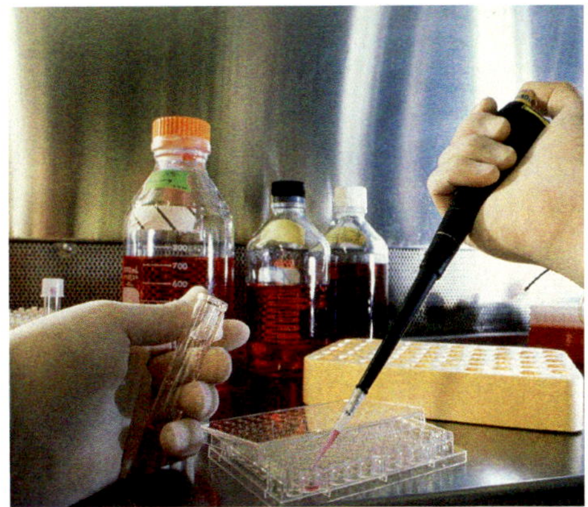

1 Genlabor

Aufgaben

1 a) Ordnet und ergänzt die Argumente so, dass sich entsprechende Pro- und Contra-Aussagen gegenüberstehen.
b) Sucht passende Beispiele für alle Argumente.

2 Führt eine Podiumsdiskussion zu diesem Thema durch. Ladet dazu auch Experten aus verschiedenen Bereichen (Ärzte Theologen usw.) ein.

Pro	Contra
Das Aussterben bedrohter Tier- und Pflanzenarten, könnte durch Klonen verhindert werden.	Das Aussterben bedrohter Tier- und Pflanzenarten, könnte durch gentechnisch veränderte Lebewesen beschleunigt werden.
⋮	⋮

Transgene Lebewesen könnten Arzneimittel kostengünstig und in großen Mengen liefern.

Die Auswirkungen von genmanipulierten Nahrungsmitteln auf die menschliche Gesundheit sind nicht absehbar.

Gentechnisch veränderte Bakterien oder Viren könnten aus den Labors in die Umwelt entweichen.

Tieren werden krankmachende Gene eingepflanzt, um die Wirkung von Medikamenten zu testen.

Der Mensch spielt Schöpfer und verletzt damit die Menschenwürde.

Schädlingsresistente Nutzpflanzen vermindern den Einsatz von Pestiziden.

Das Aussterben bedrohter Tier- und Pflanzenarten, könnte durch Klonen verhindert werden.

Gentechnisch manipulierte Pflanzen können helfen, den Hunger in der Welt zu bekämpfen.

Das Aussterben bedrohter Tier- und Pflanzenarten, könnte durch gentechnisch veränderte Lebewesen beschleunigt werden.

Die Stammzellenforschung kann helfen, die Zahl der Tierversuche zu verringern.

Schlusspunkt

Erbanlagen werden an die Nachkommen weitergegeben

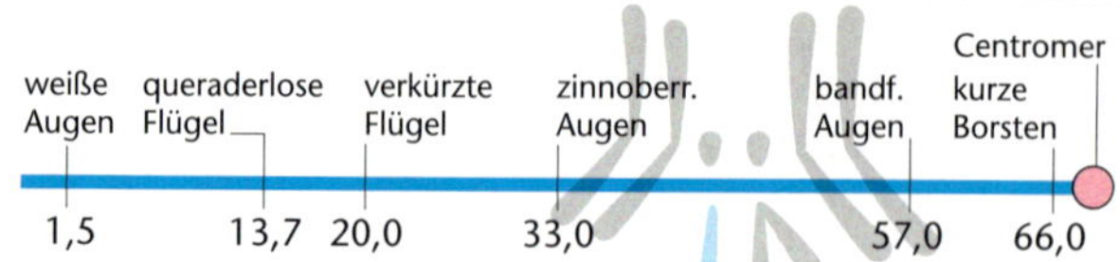

Merkmale werden vererbt

Den Merkmalen eines Lebewesens liegen Erbanlagen oder Gene zugrunde, die in den Zellkernen fast aller Zellen vorkommen. Alle Gene zusammen bilden das Genom. Bei Lebewesen, die sich geschlechtlich fortpflanzen, stammen die Chromosomen von Mutter und Vater. Nur eineiige Zwillinge haben ein identisches Genom.
Moderne Zellforschungen ergaben, dass Plasmagene in Mitochondrien und bei Pflanzen auch in Plastiden außerhalb des Zellkerns vorkommen.

Genetisch identische Nachkommen

Bei der ungeschlechtlichen Fortpflanzung gibt ein Elter durch mitotische Teilungen Kopien all seiner Gene an die Nachkommen weiter. Es entsteht ein Klon, d. h. eine Gruppe genetisch identischer Lebewesen.

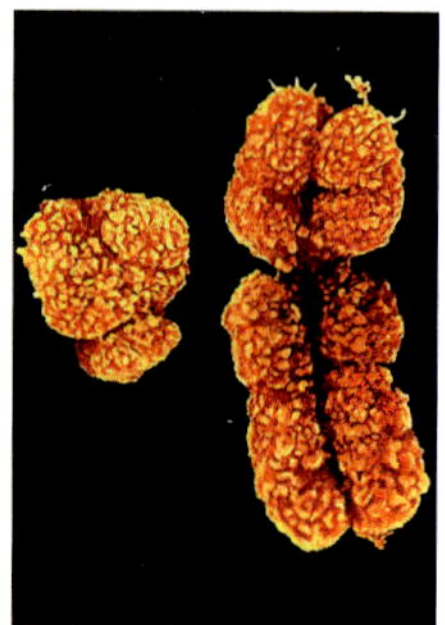

1 Geschlechtschromosomen

Aus zwei mach eins

Damit bei der Befruchtung der diploide Chromosomensatz erhalten bleibt, muss bei der Bildung der Keimzellen die Anzahl der Chromosomen auf die Hälfte reduziert werden. Während der Meiose entstehen nach zwei Teilungsschritten haploide Eizellen und Spermien. Auch die geschlechtsbestimmenden Chromosomen XX (weiblich) und XY (männlich) werden dabei getrennt.

Mendel entdeckt die Erbregeln

Nach Kreuzungsversuchen mit Gartenerbsen fasste er seine Ergebnisse in Statistiken zusammen und leitete daraus die später nach ihm benannten mendelschen Regeln ab: Uniformitätsregel, Spaltungsregel und Unabhängigkeitsregel.
Durch Rückkreuzungen stellt man Reinerbigkeit fest. Erbgänge können mithilfe eines Kreuzungsschemas dargestellt werden.

2 Kreuzungsschema

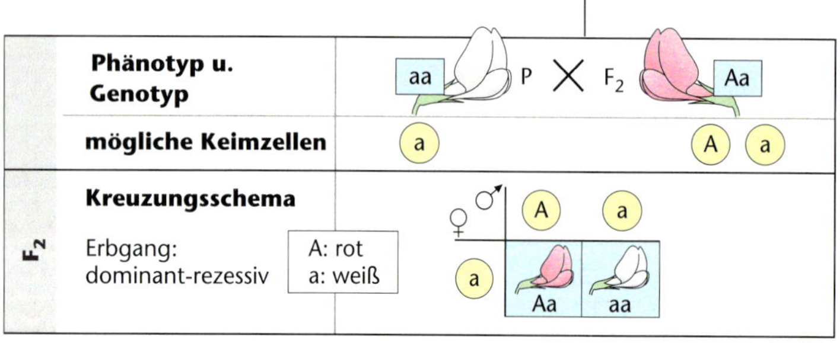

Auf dem Weg zur Genkarte

Der Genetiker Morgan wies bei Kreuzungsversuchen mit Fruchtfliegen gekoppelte Gene auf einem Chromosom nach. Durch Kopplungsbrüche können diese Gene wieder getrennt werden. Die Häufigkeit der Trennung zweier Gene ist ein Maß für ihren Abstand zueinander. So können Genorte in einer Genkarte festgelegt werden.

Mutationen und Modifikationen

Mutationen sind plötzlich auftretende Veränderungen im Erbgut. Sie können einzelne Gene, das Chromosom oder den ganzen Chromosomensatz betreffen. Modifikationen sind nicht vererbbare Veränderungen des Phänotyps.

Pflanzen- und Tierzucht

Durch Auslese und Kreuzung werden aus Wildformen Kulturpflanzen und Nutztiere gezüchtet.
Durch biotechnische Methoden lässt sich Erbgut mit besonderen Eigenschaften beliebig oft vervielfachen.

Bakterien für die Gentechnik

Mithilfe der Gentechnik werden z. B. Bakterien veranlasst, artfremde Substanzen zu bilden.
Bestimmte Erbanlagen einer Art können durch Mikroorganismen als Gen-Taxis sogar auf eine andere Art übertragen werden.

Gentherapie als Lösung?

Beim Menschen versuchen Wissenschaftler auch defekte Gene zu ersetzen, um so Krankheiten zu heilen.

Stammzellen sind Alleskönner

Embryonale Stammzellen sind nicht spezialisierte Zellen, die sich noch beliebig oft teilen können. Aus ihnen lassen sich vollständige Lebewesen oder verschiedenartige Gewebe und Organe als „Ersatzteile" bilden.
Um eine identische Kopie z. B. eines Schafes zu erzeugen, übertrugen Forscher den Kern einer Schaf-Körperzelle in eine entkernte Eizelle. Dort verhielten sich die Gene wie in embryonalen Zellen. In einem Ammentier entwickelte sich das Klon-Schaf.

Aufgaben

1 Sind wir Marionetten unserer Gene? Lege dar, welche Antworten Forscher auf diese Frage gefunden haben und mit welchen Methoden.

2 Außer der Halbierung des Chromosomensatzes ist die Vermischung des elterlichen Erbmaterials eine wesentliche Funktion der Meiose. Erkläre.

3 Eine rhesuspositive Mutter mit der Blutgruppe 0 fordert Unterhalt von dem angeblichen Vater ihres rhesusnegativen Kindes der Blutgruppe 0. Ermittle die möglichen Blutgruppen und den Rhesusfaktor für den Mann, der als Vater infrage kommt.

4 Begründe, warum eine Bakterienkolonie ein Klon ist.

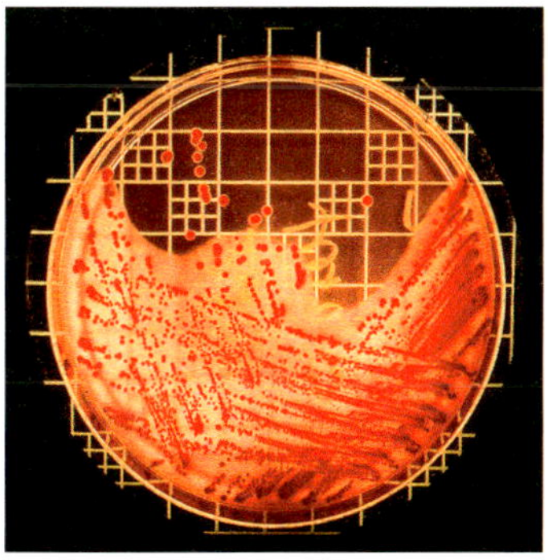

5 Du kaufst im Zoohandel ein schwarzes, rauhaariges Meerschweinchenpaar. Bei den Nachkommen treten auch einzelne weiße, glatthaarige Tiere auf:
a) Wie müssen die Genotypen der Eltern ausgesehen haben?
b) Erstelle das zugehörige Kreuzungsschema.
c) Welche weiteren Phänotypen wären bei den Nachkommen zu erwarten?
d) In welchem Zahlenverhältnis träten diese auf?
e) Wie müsste eine Kreuzung aussehen, die klarstellen könnte, welche der vielen schwarzen, rauhaarigen Meerschweinchen reinerbig sind?

6 Stammbäume, die nur wenige Personen umfassen (s. u.), können oft unterschiedlich gedeutet werden. Wähle mögliche Genotypen, die zeigen, dass der Stammbaum sowohl für ein rezessiv als auch ein dominant vererbtes Merkmal gelten kann.

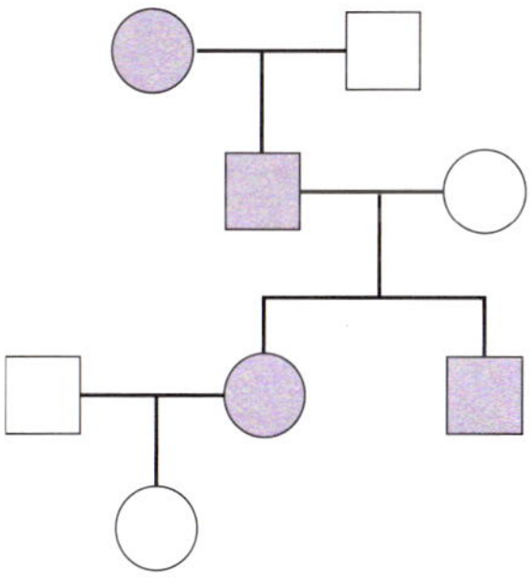

7 Vergleiche die Auslesezüchtung mit der Kombinationszüchtung.
Erkläre Gemeinsamkeiten und Unterschiede in der Methode.

8 Begründe, warum sich rezessive Gene auf dem X-Chromosom beim männlichen Geschlecht ausprägen.

9 Beim Turner-Syndrom zeigt das Karyogramm nur ein X- Chromosom. Erkläre, wie dieser Fehler sowohl bei der Meiose als auch bei Mitosen im Embryonalstadium entstehen kann.
Bezeichne die Mutationsart.

10 Die Nachfrage der Verbraucher nach Zier- und Nutzpflanzen mit immer gleich bleibend guter Qualität steigt ständig. Erkläre, mit welcher Methode die Biotechnik diese Wünsche erfüllt.

11 Eine gängige Methode der Tierzucht, identische Mehrlinge zu erzeugen, ist der Embryotransfer. Beschreibe mit eigenen Worten dieses biotechnische Verfahren.

12 Nenne Gründe, warum das Klon-Schaf Dolly von Gentechnikern gefeiert wurde.
Führe Argumente von Kritikern an, die eine mögliche Anwendung der Technik beim Menschen befürchten.

13 Erkläre anhand der Grafik unten das Verfahren der Gentechnik, bei dem Gene von einem Lebewesen auf ein anderes übertragen werden.

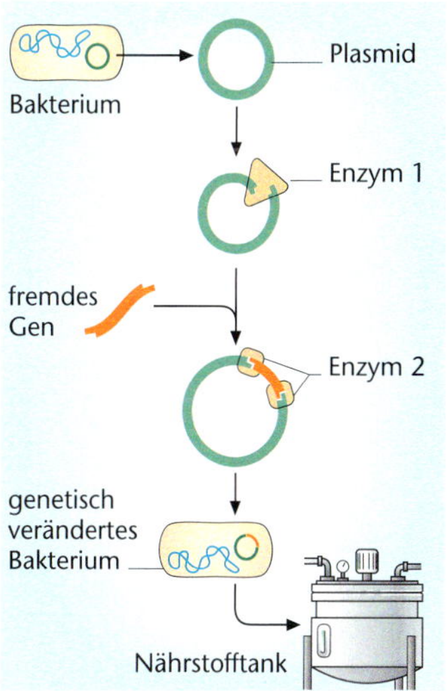

Die unendliche Geschichte der Evolution

Unglaublich aber wahr: Vor etwa 3,5 Milliarden Jahren entstanden die ersten einfachen Organismen. Aus ihnen entwickelte sich die unüberschaubare Vielfalt von Tier- und Pflanzenarten, die wir heute auf unserem Planeten vorfinden.

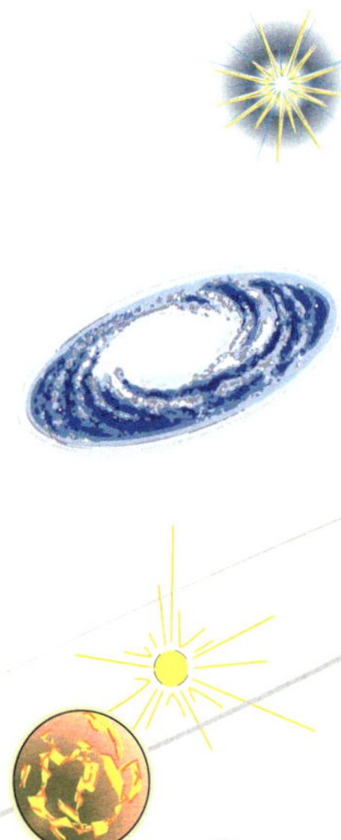

Seit der Entstehung der Erde vor über 4 Milliarden Jahre, hat sich ihr Gesicht ständig verändert.

Auch die Lebensformen wandeln sich beständig. Millionen und Abermillionen verschiedener Pflanzen- und Tierarten sind im Laufe der Geschichte des Lebens aufgetaucht und wieder verschwunden.
Der Begriff „Evolution" kommt aus dem Lateinischen und bedeutet so viel wie Entwicklung.

Doch wie ist das Leben auf der Erde entstanden? Wie hat es sich immer weiterentwickelt? Weshalb starben manche Tier- und Pflanzenarten aus? Wo und wann erschienen die ersten Menschen auf diesem Planeten?

Die Geschichte des Lebens birgt noch viele Geheimnisse, die es zu entdecken gilt. Die Evolution ist nicht abgeschlossen. Wie wird die Entwicklung des Lebens weitergehen? Wird der Mensch die Evolution beherrschen lernen?

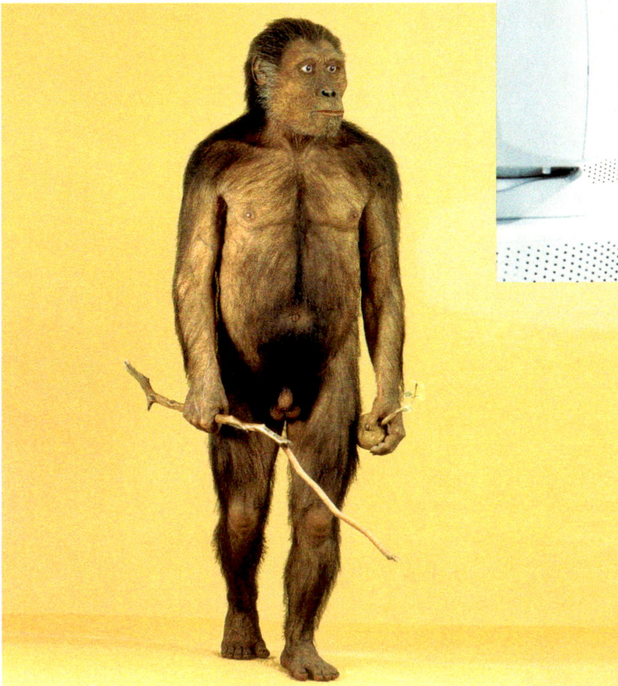

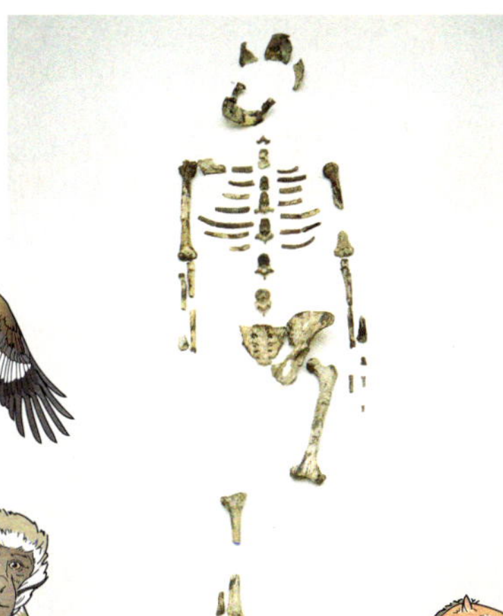

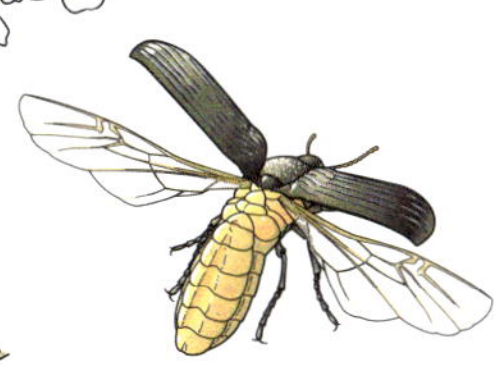

1 Gesteinsschichten

2 Paläontologe mit Equus przewalskii

3 Fossiles Urpferd

Knochenarbeit

Professor Johnson ist Paläontologe. Die **Paläontologie** ist die Wissenschaft, die sich mit den Überresten ausgestorbener Lebewesen beschäftigt.
Wieder einmal macht sich Professor Johnson mit einem Team von Wissenschaftlern auf, um nach Spuren vergangener Lebensformen zu suchen. Nach tagelanger harter Ausgrabungsarbeit bei glühender Hitze und in unwegsamem Gelände stoßen zwei Mitarbeiter auf etwas, das aussieht wie ein Knochen. Die Spezialisten beginnen sofort damit, das Fundstück vorsichtig freizulegen und entdecken dabei noch mehr Knochen. Auch ein Schädel kommt zum Vorschein.

4 Fossilien von Ammoniten

Ein Pferd wird entdeckt

Professor Johnson betrachtet die Fundstücke genau und vermutet dann, dass es sich hierbei um die Überreste eines ausgestorbenen Vorfahren unseres heutigen Pferdes handeln könnte. Alle Teile werden sorgfältig geborgen, verpackt und ins Labor gebracht. Genaue Untersuchungen ergeben, dass es sich tatsächlich um die Überreste eines ausgestorbenen Pferdes handelt. Solche Überreste werden **Fossilien** genannt.

Leitfossilien geben die Zeit an

In manchen Gesteinsschichten findet man nur bestimmte Fossilien. Solche Überreste ausgestorbener Lebewesen, die für eine spezielle Gesteinsschicht charakteristisch sind, nennen Paläontologen **Leitfossilien**. Kennt man also das Alter der Gesteinsschicht und der zugehörigen Leitfossilien, so kann man das Alter anderer, in dieser Schicht vorhandene Funde bestimmen. Diese so genannte **relative Altersbestimmung** ist in etwa für die letzten 600 Millionen Jahre möglich.
Die bekanntesten Leitfossilien sind die Ammoniten (▷ B 4). Ammoniten sind die ausgestorbenen Verwandten unserer heutigen Tintenfische. Sie lebten von vor ca. 370 Millionen Jahren bis vor 65 Millionen Jahren in den Meeren der Erde. Die Größe der Tiere betrug von wenigen Zentimetern bis zu 2 m Gehäusedurchmesser.

▶ Mithilfe von Leitfossilien können Paläontologen das Alter vieler anderer Überreste ausgestorbener Lebewesen bestimmen. Bedeutende Leitfossilien sind z. B. Ammoniten.

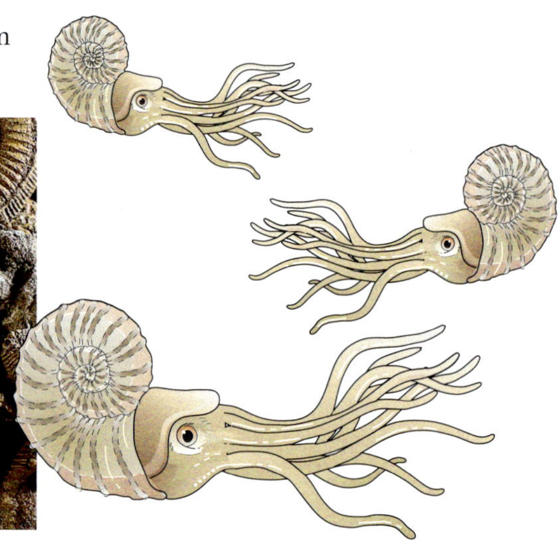

Zeugnisse der Vergangenheit
Die Paläontologie beschäftigt sich auch mit der Entstehung von Fossilien. Normalerweise werden alle toten Organismen mit der Zeit vollständig abgebaut. D. h., es bleiben nur Wasser und Kohlenstoffdioxid übrig. Aber unter besonderen Bedingungen können tote Lebewesen in verschiedenen Formen erhalten bleiben.

Versteinerungen
Wird ein toter Organismus relativ schnell mit Sedimenten (das sind mineralische Ablagerungen) überdeckt, so können die Weichteile verfaulen und es bleibt ein Hohlraum zurück. Dieser Hohlraum wird von anderen Gesteinsmaterialien ausgefüllt. Durch den großen Druck der oberen Schichten wird das Material zu Stein umgewandelt und es entsteht ein Abdruck des Körperinneren. Diese Art Fossilien nennen Paläontologen **Steinkern** (▷ B 6).

Ein weiterer Prozess der Versteinerung findet statt, wenn das organische Material Molekül für Molekül durch Kalk oder Kieselsäure ersetzt wird. Dadurch bleibt der Organismus bis ins kleinste Detail erhalten. Sehr schöne Beispiele hierfür sind Baumstämme, bei denen selbst die Jahresringe zu erkennen sind.

Abdrücke
Ein toter Körper sinkt im Wasser auf den Grund und wird in weichem Schlamm eingebettet. Der Körper wird zersetzt, aber der Abdruck im Schlamm bleibt erhalten. Der Schlamm erhärtet und der Abdruck wird so konserviert (▷ B 7).

Aufgaben

1 Informiere dich über den Beruf des Paläontologen und berichte darüber.

2 Versuche, mithilfe von Büchern oder durch das Internet Informationen über andere Leitfossilien zu finden und stelle eine Tabelle der Erdzeitalter und der dazugehörigen Leitfossilien zusammen.

3 Informiere dich darüber, wie „Ötzi" gefunden wurde und was man heute bereits über dessen Leben weiß. Stelle deine Ergebnisse mithilfe einer Computerpräsentation oder anhand von Plakaten dar.

5 Ötztalmumie

6 Steinkern eines Ceratit

7 Abdruck eines Haselnussblatts

8 Inkohlung eines Schachtelhalms

Inkohlung
Abgestorbene Pflanzen werden unter hohem Druck, hoher Temperatur und Sauerstoffabschluss zu **Braun- und Steinkohle**. Dies geschieht durch die Anreicherung von Kohlenstoff im Pflanzengewebe. Oft bleiben dabei Pflanzenteile erhalten. So findet man beim Abbau von Steinkohle oft Reste von Baumfarnen oder Schachtelhalmgewächsen (▷ B 8).

Mumifizierung
Wird ein totes Lebewesen in Eis eingeschlossen und damit tiefgefroren, so bleiben auch die Weichteile erhalten. Das Gleiche gilt für abgestorbene Organismen, denen in heißen Gegenden schnell alles Wasser entzogen wird. Auch im sauren Moorwasser bleiben Leichen fast vollständig über lange Zeiträume erhalten. Bekannte Beispiele sind die **Mumien** von Mammuts im Eis Sibiriens, der berühmte „Ötzi" (▷ B 5) aus den Alpen oder Moorleichen.

Durch Versteinerungen, Abdrücke, Inkohlung und Mumifizierung bleiben die Körper abgestorbener Lebewesen über lange Zeiträume hinweg gut konserviert erhalten.

Wie Fossilien entstehen

Fossilien bleiben oft besser erhalten und ihr Abdruck deutlicher sichtbar, je feinkörniger das Material ist, in dem das Fundstück eingebettet liegt. Feiner Sand, Kies oder Schlamm in ehemaligen Buchten sind oft reiche Fundgruben für Fossilien.

Auch ist wichtig, dass tote Lebewesen so schnell wie möglich unter Sauerstoffabschluss kommen. Nur auf diese Weise kann verhindert werden, dass Bakterien und Pilze mit der Zersetzung beginnen.

Unter den feucht-warmen Bedingungen, wie wir sie zurzeit in den Tropen vorfinden, gibt es so gut wie keine Fossilien, wohl aber in Dauerfrostböden, die eine Art Tiefkühltruhe für abgestorbene Tiere und Pflanzen sind.

Von den ehemaligen Lebewesen fossilieren in der Regel nur die harten Bestandteile wie Knochen, Chitinpanzer und Kalkschalen.

▶ Bei der Entstehung von Fossilien spielen das umgebende Material, die herrschende Temperatur und die Sauerstoffzufuhr eine Rolle.

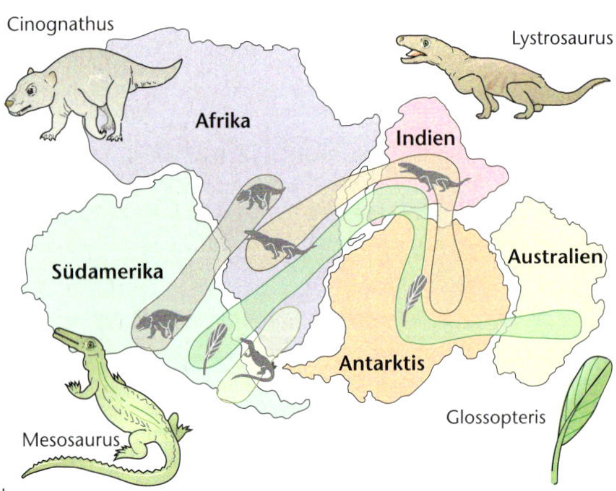

1 Hier wurden Fossilien gefunden

Werkstatt

So sind Fossilien entstanden – ein Modellversuch

Material

Leere Milchpackung, Handcreme, Schere, Löffel, Becher, großes Gurkenglas, Wasser, Gips, Sand, Kies, Hammer, „Fossilien" wie Hühnerknochen, Schneckengehäuse, Blatt oder kleiner Ast

Versuchsanleitung

Schneide den oberen Rand einer leeren Milchpackung ab. Wähle ein „Fossil" aus und bestreiche es mit Handcreme.

Mische in einem Gurkenglas einen halben Becher kaltes Wasser mit Gips im Verhältnis 1:1.
Gib einen halben Becher Kies dazu. Rühre die Mischung gut um und gieße sie in die Milchpackung.

Lege dein „Fossil" auf die Mischung.
Verrühre nun einen halben Becher Wasser mit Gips (siehe oben) und gib einen halben Becher Sand dazu. Gieße die zweite Mischung über die erste.
Lasse alles gut austrocknen, das dauert sicher einige Tage.

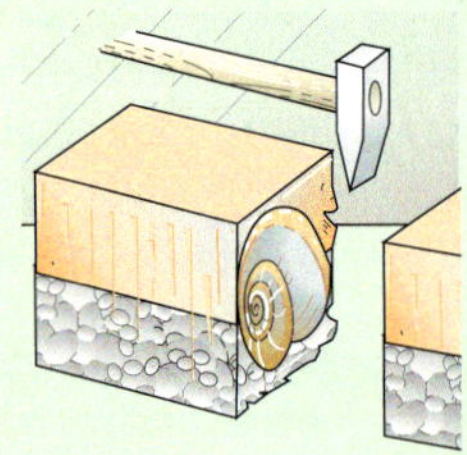

Schneide die Milchpackung auf und nimm den ganzen Block heraus. Klopfe mit dem Hammer darauf. Wenn das „Gestein" zerspringt, kannst du die einzelnen Lagen und die darin liegenden Fossilien bzw. ihre Abdrücke erkennen.

Aufgaben

1 Organisiert eine Ausstellung mit euren selbst hergestellten Fossilien.

2 Plant eine Exkursion in einen Steinbruch, in dem Fossilien „geklopft" werden können.

Wie bestimmt man das Alter von Fossilien?

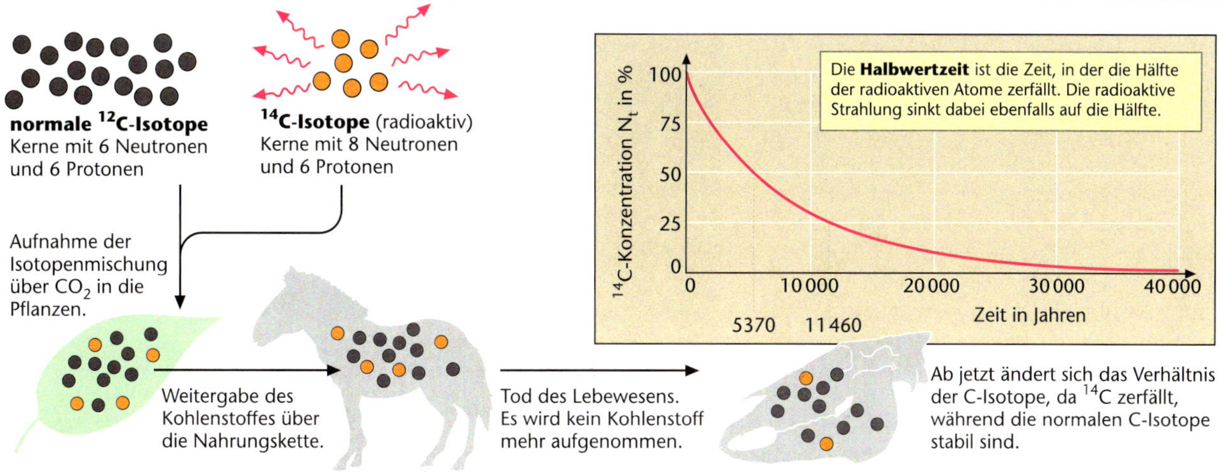

1 Radiocarbonmethode

Der Pferdeknochen wird datiert

Vorsichtig legt Professor Johnson im Labor den Pferdeknochen in eine Schale. Der Paläontologe bestimmt nun zuerst das Alter des Fundstücks. Dabei helfen ihm die Kenntnisse aus verschiedenen Wissenschaften weiter.

Erste Schätzungen

Die erste – noch recht ungenaue Methode – das Alter des Fossils zu bestimmen, ist die **relative Altersbestimmung**. Hierbei wird nicht das Alter des Knochens selbst bestimmt, sondern das Alter der Schicht, in der er gefunden wurde. Geologen haben eine Faustregel: je dicker eine Schicht ist, desto mehr Zeit war zu ihrer Ablagerung nötig. Je weiter unten eine Schicht liegt, desto älter ist sie meist.

▶ Gesteinsschichten geben durch ihr Alter Hinweise auf das Alter der in ihnen gefundenen Fossilien.

Exakte Messungen folgen

Wesentlich genauer ist die **absolute Altersbestimmung**. Hier machen sich Wissenschaftler physikalisch-chemische Gesetzmäßigkeiten zu Nutze.
Professor Johnson muss zuerst eine Probe der Knochensubstanz so aufbereiten, dass sie nur noch reinen Kohlenstoff enthält. Dieser wird anschließend zu Kohlenstoffdioxid (CO_2) verbrannt, welches direkt in ein Geiger-Müller-Zählrohr eingefüllt wird.

Die Radiocarbonmethode, auch ^{14}C-Methode genannt

Bevor das Ergebnis bekannt wird, erklärt Professor Johnson die chemisch-physikalischen Zusammenhänge:
„Im CO_2 der Luft befindet sich, neben den normalen ^{12}C – Atomen, ein sehr geringer Anteil eines instabilen Kohlen stoff-Isotops, ^{14}C. Dieses Kohlenstoff-Isotop zerfällt und sendet dabei radioaktive Strahlen aus, die vom Geiger-Müller-Zählrohr gemessen werden. Bei der Fotosynthese nehmen die Pflanzen beide Arten von Kohlenstoff auf und geben sie über die Nahrungskette auch an Tiere und Menschen weiter. Der ^{14}C- Gehalt im Organismus entspricht dem der Atmosphäre. Stirbt nun ein Organismus, so wird kein Kohlenstoff in Form von Kohlenstoffdioxid mehr aufgenommen".

Die Isotopen-Uhr im Fossil

„Nach dem Tod nimmt der Anteil der ^{14}C-Isotope im Organismus gemäß der Halbwertszeit von ^{14}C ab. Die„radioaktive Uhr" im Leichnam beginnt zu ticken, das heißt, wir können das Alter des Fossils bestimmen, da sich der Anteil des radioaktiven Kohlenstoffs im Verhältnis zum normalen kontinuierlich verringert. Nach etwa 5 000 Jahren ist nur noch die Hälfte der ^{14}C-Isotope vorhanden, nach 10 000 Jahren nur noch ein Viertel. Andere radioaktive Substanzen wie Uran, die in Fossilien vorkommen, haben längere Halbwertzeiten. Aus dem Gehalt des Knochens an ^{14}C-Isotopen kann man nun das mehrere Tausend Jahre alte Fundstück bestimmen."

▶ Mithilfe der Zerfallszeiten radioaktiver Isotope lässt sich das Alter von Fossilien recht genau bestimmen. Dabei unterscheidet man relative und absolute Altersbestimmung.

Aufgabe

1 Informiere dich über andere physikalische Altersbestimmungen und berichte darüber.

Radioaktivität
Aussenden von energiereicher Strahlung durch ein Element bei Zerfall

Isotope
Atome eines Elements, die sich in der Masse unterscheiden

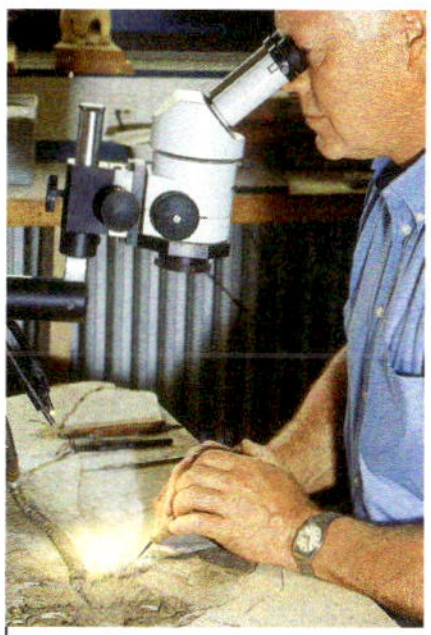
2 Paläontologe präpariert ein Fossil.

Jetzt ist alles klar
Professor Johnson hatte mit seinem Team die Knochenfunde eindeutig als Pferdeknochen identifiziert. Es handelte sich um ein Pferd aus der Pliohippus-Reihe, das vor ca. 8 Millionen Jahren gelebt hat. Der Stammbaum der Pferde ist fast bis in jede Einzelheit geklärt. Die Entwicklung der Pferde verläuft über viele Entwicklungsstufen und viele Seitenlinien hinweg. Hier können aber nur die wichtigsten Vertreter dieser Entwicklung vorgestellt werden.

„Das Pferd der Morgenröte"
Die Entwicklung der Pferde begann vor ca. 55 Millionen Jahren im **Eozän**. Die Zeit ist nach der griechischen Göttin der Morgenröte Eos benannt. Nachdem die Saurier vor 65 Millionen Jahren am Ende der Kreidezeit ausgestorben waren, konnten sich die Säugetiere erst richtig entwickeln. Diese Zeit war also die Morgenröte für die Säugetiere.
Unendliche Urwälder bedeckten vor 55 Millionen Jahren weite Teile von Amerika und Europa. In diesen Wäldern lebte das Urpferdchen **Hyracotherium**. Ursprünglich hatte es den Namen Eohippus (Pferd der Morgenröte) bekommen. Hyracotherium sah nicht aus wie ein Pferd. Es war nur etwa fuchsgroß und besaß einen runden Rücken. Es hatte an den Vorderbeinen vier und an den Hinterbeinen drei Zehen, die jeweils mit einem Hornschuh versehen waren.

Das Gebiss war zum Kauen weicher Pflanzennahrung bestens geeignet.
Hyracotherium lebte in Amerika und Europa. Die Gruppe, die in Europa lebte, starb aus und die weitere Entwicklung fand nahezu ausschließlich in Amerika statt. Etwa 20 Millionen Jahre lang lebten Vertreter von Hyracotherium erfolgreich in den Wäldern der Erde.

Das Urpferdchen entwickelt sich
Vor etwa 35–40 Millionen Jahren, im **Oligozän**, tauchte **Mesohippus** (mittleres Pferd) auf. Es war mit einer Schulterhöhe von etwa 50–55 cm deutlich größer als sein Vorfahre. Auffällig sind die Veränderungen an den Zehen und dem Gebiss. Mesohippus besitzt nun nur drei Zehen, wobei der mittlere Zeh deutlicher hervortritt. Die Zähne weisen bereits Schmelzfalten auf, was zum Zerkauen der härteren Grasnahrung der Steppen besser geeignet ist.

Auch in der Steppe kann man leben
Im **Miozän**, der Epoche, die von vor etwa 25 Millionen Jahren bis vor etwa 5 Millionen Jahren dauerte, wurde das Klima kälter aber auch trockener. Die großen Wälder wurden durch steppenartige Landschaften verdrängt. Für das Leben in der Steppe waren andere Anpassungen nötig, als für das Leben in den Wäldern.

In diesen Steppen lebte **Merychippus** vor etwa 20 Millionen Jahren. Das Pferd war bereits etwa 90 cm groß. Der Schädel zeigt schon deutliche Formen des heutigen Pferdes. Das Tier war noch dreizehig, aber der Mittelzeh war bereits zu einem Huf ausgebildet. Die Zähne hatten bereits hohe Furchen mit einer dicken Zahnschmelzschicht. Damit waren die Zähne bestens geeignet zum Zerkauen der harten Grasnahrung der Steppen. Mit diesen Eigenschaften war das Tier bereits sehr gut an das Leben in der Steppe angepasst.

Vor ca. 10–15 Millionen Jahren erschien **Pliohippus**. Es hatte am Ende seiner Entwicklung nur noch eine Zehe und besaß das typische Pferdegebiss. Die Anpassun-

Eurasien

vor ca. 10 000 Jahren

vor ca. 4 Millionen Jahren

vor ca. 10 – 15 Millionen Jahren

vor ca. 25 Millionen Jahren

vor ca. 35 – 40 Millionen Jahren

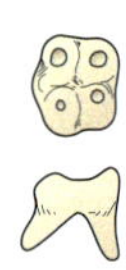
Backenzahn

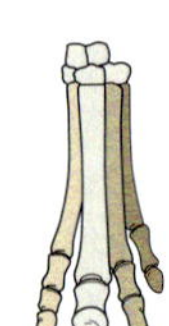
Vorderfuß vierzehig

Hyracotherium

vor ca. 55 Millionen Jahren

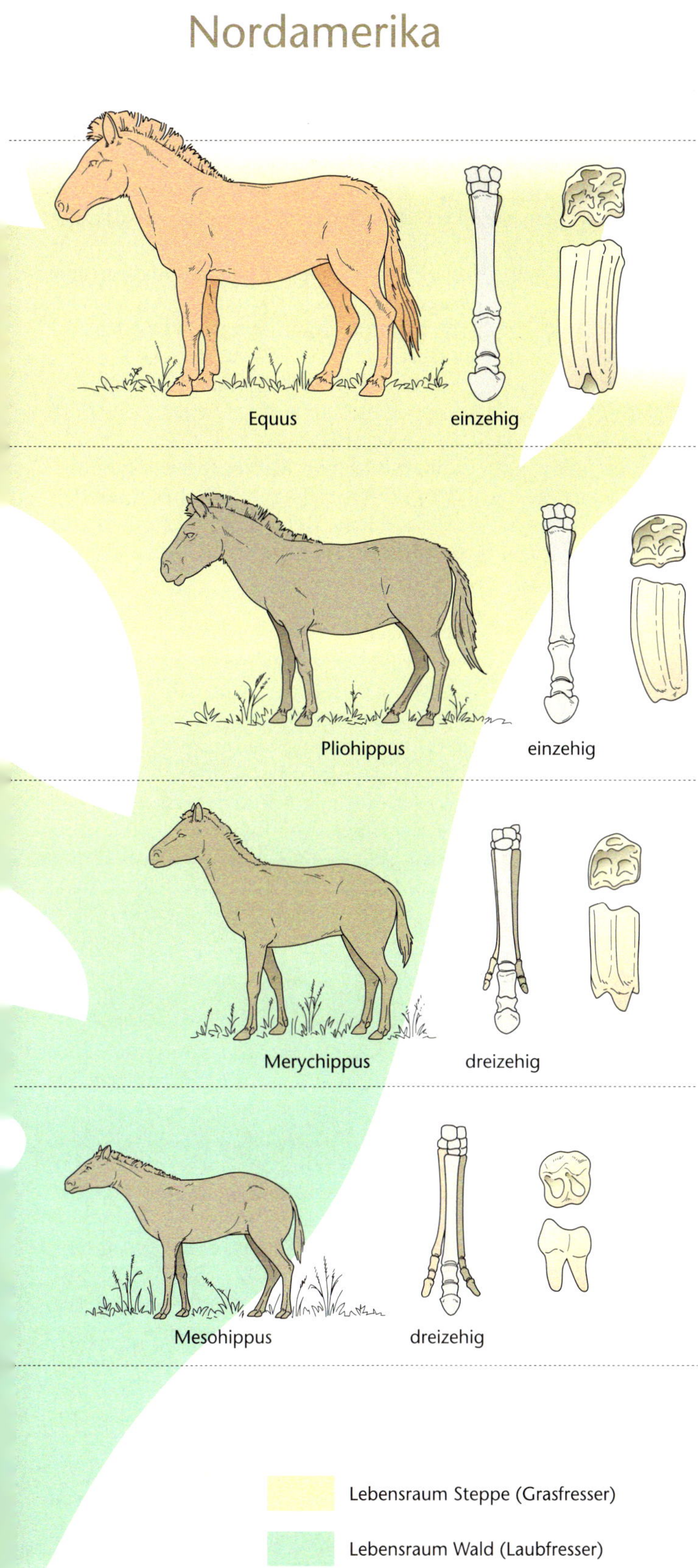

gen an das Leben in der offenen Graslandschaft sind offensichtlich: Das Tier war bereits über 1 m groß und hatte Beine, die sich zur schnellen Fortbewegung auf hartem Steppenuntergrund eigneten. Das Gebiss bestand aus Zähnen mit Schmelzfalten, die bestens geeignet waren, die harte Grasnahrung zu kauen.
Pliohippus kann als direkter Vorfahre unserer heutigen Pferde betrachtet werden.

Vor etwa vier Millionen Jahren erschien **Equus**, was nichts anderes heißt als Einzeher. Er war mit ca. 1,30 m Körpergröße etwa so groß wie ein heutiges Pony.

Amerika ohne Pferde
Zu Beginn des **Pleistozäns**, also vor ca. 2 Millionen Jahren waren Nordamerika und Asien noch über eine Landbrücke verbunden. Einige Equusarten wanderten über diese Landbrücke nach Asien aus. Sie besiedelten bald den gesamten Kontinent und gelangten auch nach Europa und Afrika. Vor etwa einer Million Jahren starben in Nord- und Südamerika alle Pferdearten aus. Der Grund hierfür ist nicht genau bekannt, könnte aber in einer Klimaveränderung liegen. Erst mit den spanischen Eroberern im 16. Jahrhundert gelangten wieder Pferde nach Amerika. Von den vielen verschiedenen Pferdearten in Eurasien und Afrika starben am Ende der letzten Eiszeit, also vor ca. 12 000 Jahren die meisten aus. Übrig blieb der mögliche Stammvater unseres heutigen Pferdes, das **Przewalski-Pferd**, benannt nach seinem Entdecker, dem russischen Forscher PRZEWALSKI (1839–1888). Diese These ist aber nicht exakt belegt.
Neben dem Przewalskipferd könnte auch der **Tarpan**, ein Wildpferd Osteuropas als Urahn der heutigen Hauspferde angesehen werden.

Die Entwicklung der Pferde begann vor ca. 55 Millionen Jahren und fand ihren vorläufigen Abschluss mit dem Przewalskipferd, dem möglichen Stammvater der heutigen Pferde.

Aufgaben

1 Informiere dich über die Herkunft und die Lebensweise des Przewalskipferdes und halte ein Referat darüber.

2 Stellt die Evolution der Pferde mithilfe von Plakaten dar.

Wie ist alles entstanden, was uns umgibt?
Diese Frage hat sich der Mensch schon immer gestellt. Die Antwort hat er manchmal in der Religion, manchmal in seiner Fantasie gesucht. Aber eine schlüssige Erklärung für die Entstehung des Lebens lieferte erst die Wissenschaft mit Forschungsergebnissen im Bereich der Astronomie (Sternenkunde), Physik, Chemie, Biologie, Chemie und Geologie.

Der Geburtstag des Universums
Man nimmt an, dass unser Universum durch eine gigantische „Explosion" entstanden ist. Vor etwa 15 Milliarden Jahren kam es zu einer plötzlichen Energiekonzentration. In Bruchteilen von Sekunden wurde Energie zu Materie. Diese hatte eine unvorstellbare Dichte: unser ganzes Universum hätte auf einem Teelöffel Platz gehabt. Die Temperatur dieses Materieklumpens betrug viele Milliarden °C. Durch diese Explosion – die Astronomen nennen sie „**Urknall**" oder „Big Bang" – wurde die Materie zerstreut und das Universum dehnte sich aus. Die **physikalische Evolution** hatte begonnen.

1 Die Entstehung unserer Galaxie

Die ersten Augenblicke unserer Erde
Unser Planet Erde entstand vor mehr als 4 Milliarden Jahren. Am Beginn seiner langen Entstehungsgeschichte war er ein Ball aus glühender Materie, der noch 500 Millionen Jahre brauchte, bis er abgekühlt war. In dieser Entstehungszeit wurde die Erde ständig von Meteoriten bombardiert, die Substanzen von anderen Planeten zur Erde transportierten. Als der Meteoritenhagel abnahm, begann die Temperatur auf der Erde zu sinken, die glühende Masse kühlte ab und es bildete sich die Erdkruste, während Wasserdampf in den Himmel aufstieg und als sintflutartiger Regen auf die Erde zurückfiel.
Vulkane stießen Kohlenstoffdioxid aus, das sich wie ein nebliger Schutzmatel um die Erde legte und zusammen mit Wasserdampf und Stickstoff die **Uratmosphäre** bildete.

Labor Erde
Unser Planet kühlte weiter ab und im lauwarmen Wasser der Seen, Tümpel und Ozeane sammelten sich die verschiedensten Elemente und Verbindungen an. Aber damit sich diese Bestandteile untereinander verbinden konnten, war Energie notwendig, eine Art Funken an der Zündschnur des Lebens. Energie gab es genug: Blitze von gewaltigen Gewittern, kosmische Strahlung aus dem Weltraum, die UV-Strahlen der immer stärker scheinenden Sonne und geothermische Wärme aus zahlreichen Vulkanen. Dank der Wirkung der verschiedenen Energiequellen begann das „Labor Erde" mit voller Kraft zu arbeiten, Atome miteinander zu kombinieren, um daraus komplizierte organische Verbindungen entstehen zu lassen. Schließlich bildeten sich die Substanzen, die für die Weiterentwicklung des Lebens von entscheidender Bedeutung waren. Die **chemische Evolution** hatte begonnen.

Die Wissenschaftler gehen davon aus, dass die Erde im Verlauf sehr langer Zeiträume aus anorganischen Stoffen entstanden ist.

Aufgaben

1 Der Urknall wird auch als „physikalische Evolution" bezeichnet. Begründe.

2 Informiere dich auch in deinem Geographiebuch über die Entstehung der Erde und berichte darüber.

Wasserstoff

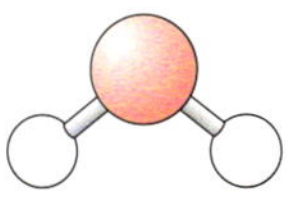

Wasser

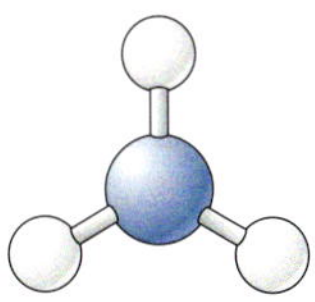

Ammoniak

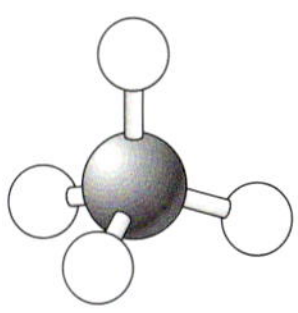

Methan

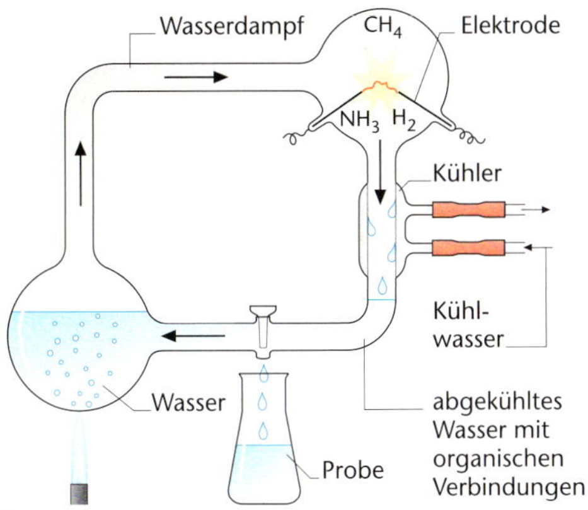

1 Experiment von Miller

Eine ungewöhnliche Kraftbrühe

Im Jahr 1953 machte der amerikanische Forscher Stanley Miller (*1930) eine große Entdeckung, die bis heute als Grundlage für das Verständnis der Entstehung von Leben auf der Erde angesehen wird. Der Biochemiker Miller ahmte im Labor die Bedingungen der Uratmosphäre nach, indem er in einem geschlossenen Glasgefäß die Gase Methan (CH_4), Ammoniak (NH_3), Wasserstoff (H_2) und Wasserdampf (H_2O) mischte.

Als das Leben entstand, herrschten auf der Erde gewaltige Unwetter mit starken elektrischen Entladungen. Miller simulierte diese Blitze mit zwei Wolframelektroden, die „blitzartig" eine Temperatur von 600 °C erzeugten. Acht Tage durchlief das Gemisch die Versuchsapparatur (▷ B 1). Nach dem Abkühlen der Mischung machte Miller seine sensationelle Entdeckung: Die übelriechende und giftige „Kraftbrühe", auch „**Ursuppe**" genannt, die im Reaktionsgefäß entstanden war, enthielt mehrere organische Verbindungen, wie Amino-, Carbon- und Fettsäuren, aber auch Zuckermoleküle. Das sind die Grundbausteine, aus denen sich das heutige Leben auf der Erde entwickelt hat.

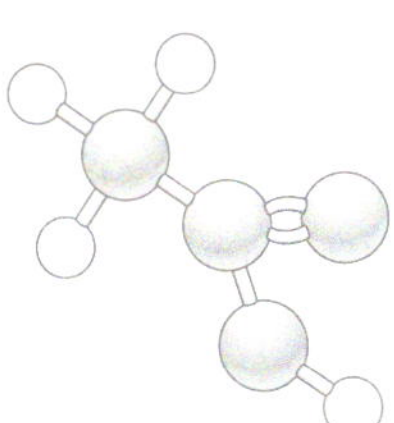

Stanley Miller wies 1953 in Experimenten nach, dass durch Funken in einem Gasgemisch die ersten Grundbausteine des Lebens entstanden.

Black Smokers in der Tiefsee

Doch wie ging es nach der Simulation der „Ursuppe" weiter?

Viele Forscher halten heute die Tiefsee für die wahre „Brutstätte" des Lebens. In der Nähe von Bruchzonen auseinander driftender ozeanischer Platten, dort, wo glutflüssiges Magma direkt unter dem Meeresboden fließt, tritt ständig kochend heißes Wasser aus.

Diese „heißen Quellen" der atlantischen Tiefsee z. B. vor Island oder Kanada bezeichnet man als „**Black Smokers**" (▷ B 2) (Schwarze Raucher). Sie spucken Schwefelwasserstoff und stoßen schwarze Wolken aus schwerlöslichen Metallsulfiden aus. In dieser höllischen Umgebung glaubte man, kein Leben zu finden, bis man bei Temperaturen von 350 °C und einem bis zu 300fachen atmosphärischen Druck kleine kugelige Strukturen fand, die **Mikrosphären** genannt werden. Sie vermehren sich durch eine Art von Knospung und sitzen wie ein „organischer Film" auf der Oberfläche des Tiefseebodens. So könnten die Vorläufer der ersten Lebewesen entstanden sein. Damit waren die Voraussetzungen für die **biologische Evolution** geschaffen.

In den „Black Smokers" fand man Mikrosphären. Das sind kugelförmige Gebilde, die die Vorläufer der ersten Lebewesen sein könnten.

2 „Black Smokers"

Aufgaben

1 Informiere dich im Internet über die Einzelheiten des Miller-Versuchs und berichte.

2 Diskutiert über folgende Aussage: „Im Miller-Versuch steht die Gasmischung für die Uratmosphäre, der Funke für den Blitz und das brodelnde Wasser für das Meer. Was stellt der Wissenschaftler dar, der den Versuch durchführt?"

3 Gib in eine Suchmaschine die Begriffe „Black Smokers" oder „Mikrosphären" ein. Halte dazu ein Kurzreferat.

Im Wasser fing alles an

Das Leben auf der Erde hatte seinen Ursprung vor etwa 3,5 Milliarden Jahren in den Gewässern dieser Zeit, die meist als Ursuppe bezeichnet werden. Zu den ersten Lebensformen gehörten einfache Einzeller wie z. B. Bakterien. Der nächste Schritt in der Entwicklung des Lebens war wohl die Nutzung des Sonnenlichts. Mithilfe des Chlorophylls wurde es möglich, aus anorganischen Stoffen organische Verbindungen herzustellen. Dabei wurde Sauerstoff frei. Im Laufe des **Präkambriums**, das von der Entstehung der Erde bis vor etwa 570 Millionen Jahre dauerte, entwickelten sich nun auch Lebewesen, die den von grünen Pflanzen produzierten Sauerstoff für ihre Lebensvorgänge benötigten.

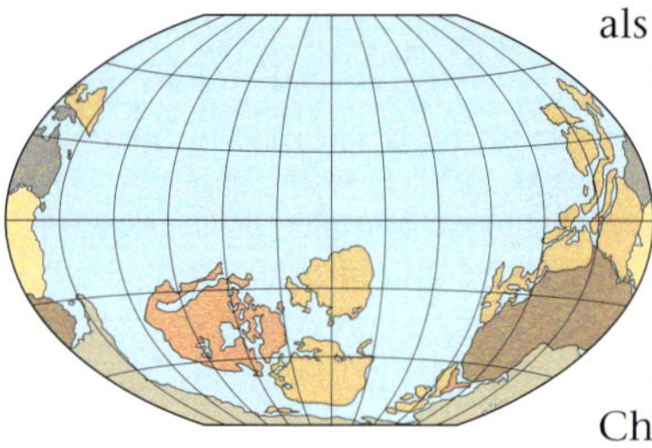

1 Die Erde im Kambrium

Im Kambrium „explodiert“ das Leben

In der folgenden Epoche, dem **Kambrium**, das ca. 70 Millionen Jahre dauerte, entwickelte sich eine große Vielzahl an Lebewesen. Die verschiedensten Pflanzen- und Tierarten bevölkerten die Meere. Das Land war noch immer unbesiedelt. Durch die ständige Kontinentalverschiebung wurden Gebirge aufgefaltet und Ozeane geschaffen. Klimatische Veränderungen sorgten dafür, dass sich die Meeresspiegel hoben und senkten. Aber die Entwicklung des Lebens in den Meeren ging unaufhörlich weiter.

Land in Sicht

Wann und wie haben die ersten Lebewesen das Festland erobert?
Im **Silur**, das von 435–410 Millionen Jahren dauerte, begann die Besiedlung des Landes. Durch die Abtragung der Gebirge wurden viele Sedimente in die Meere gespült. Dadurch bildeten sich riesige Sumpflandschaften. Hier war die geeignete Basis für die Besiedlung des Festlandes. Die ersten Landpflanzen waren noch sehr klein und einfach gebaut. Sie besaßen noch keine Blätter. Als Verdunstungsschutz besaß der Sproß eine dicke Wachsschicht. Tiere, wie Milben, Spinnen und Insekten folgten den Pflanzen bei der Besiedlung des Landes.

Die ersten primitiven Lebensformen entwickelten sich vor etwa 3,5 Milliarden Jahren im Wasser. Die ersten Pflanzen, die das Land besiedelten lebten vor ca. 400 Millionen Jahren, im Silur.

Im darauf folgenden **Devon**, das von 410–360 Millionen Jahren dauerte, wurden alle Kontinente besiedelt. Eine der bekanntesten Pflanzen dieser Zeit ist

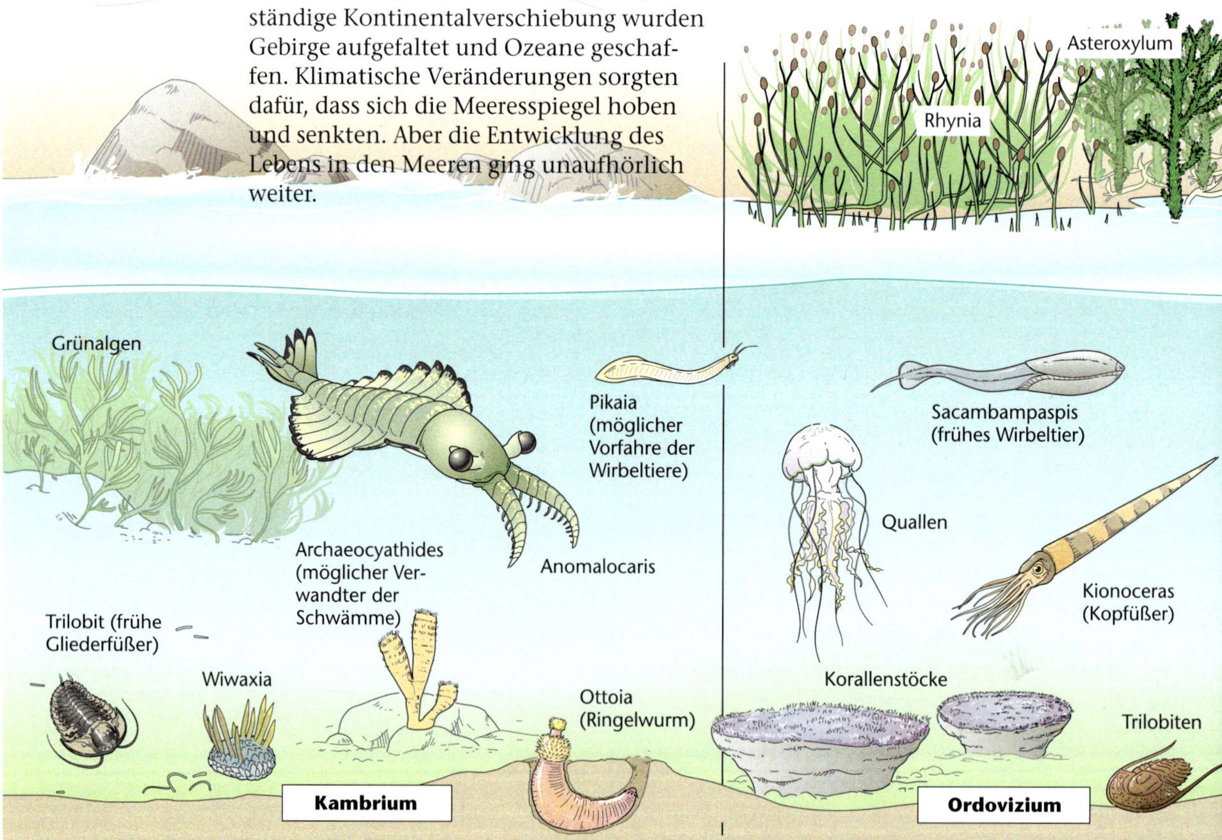

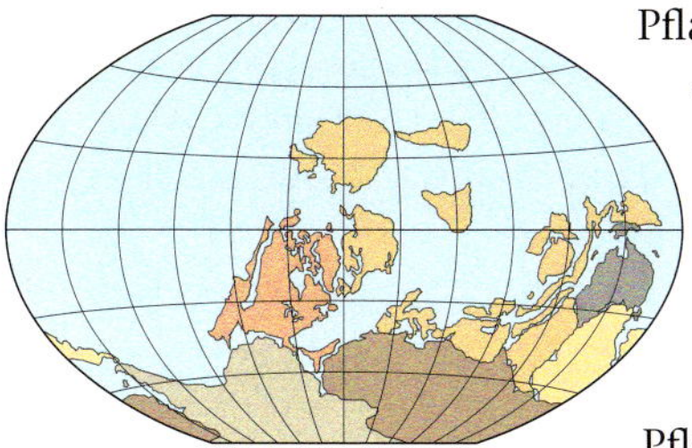

2 Erde im Devon

Rhynia. Die Pflanze erhielt ihren Namen nach der Ortschaft Rhynie in Schottland. Sie hatte zwar noch keine Blätter aber bereits wurzelähnliche Ausläufer, die die Pflanzen im Boden verankerten. Allmählich entwickelten sich auch größere Pflanzen. Am Ende des Devon gab es auf der Erde bereits Bäume von über 30 m Höhe. Ausgedehnte Sumpflandschaften mit einer vielfältigen Pflanzen- und Tierwelt prägten das Bild der Erde dieser Zeit.

Landgang der Tiere

Bei den ersten Wirbeltieren, die das Land eroberten, mussten sich Organe entwickeln, die es möglich machten, Sauerstoff aus der Luft aufzunehmen. Die heute noch in Afrika und Südamerika vorkommenden Lungenfische zeigen diese Entwicklung. Sie leben im Wasser und atmen mit Kiemen. Trocknet das Gewässer aus, so können die Tiere lange Zeit mithilfe von einfachen Lungen atmen und so die Trockenzeit ohne Probleme überleben.
Der Übergang von der schwimmenden zur laufenden Bewegung geschah über verschiedene Zwischenstufen.

Ichthyostega – das erste Tier zwischen zwei Welten

1931 wurden bei einer Grönlandexpedition fossile Wirbeltiere gefunden, die den Namen **Ichthyostega** bekamen. Ichthyostega ist das erste bekannte vierbeinige Landtier. Es lebte vor ca. 350 Millionen Jahren. Der Körper war stromlinienförmig und besaß kräftige Gliedmaßen. Als ursprüngliches Fischmerkmal hatte das Tier noch eine Schwanzflosse mit Seitenlinienorgan. So kann man also annehmen, dass Ichthyostega noch mehr Zeit im Wasser als an Land verbrachte.

Ichthyostega ist das erste Wirbeltier, das zu einer amphibischen Lebensweise fähig war.

Die ersten echten Landtiere waren wohl die Reptilien, die nicht mehr auf eine amphibische Lebensweise angewiesen waren. In den folgenden Jahrmillionen entwickelte sich eine unübersehbare Fülle von Tieren und Pflanzen, die bald alle Lebensräume besiedelten.

Die Eroberung des Landes durch die Tiere war nur durch die Entwicklung neuer Organe zur Aufnahme des Sauerstoffs aus der Luft möglich.

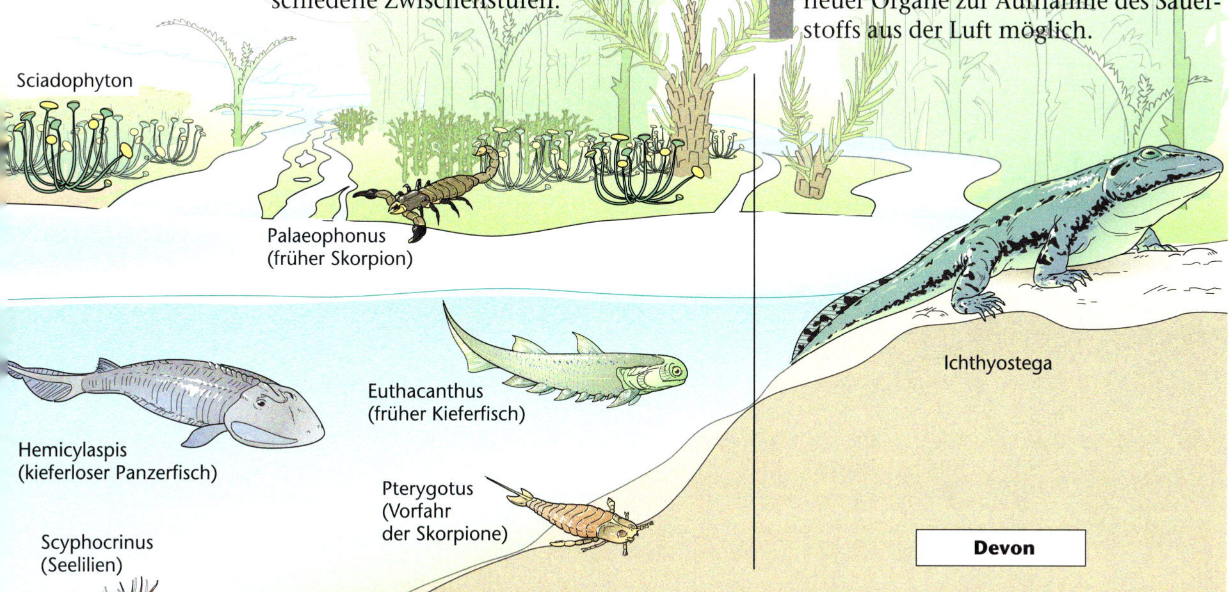

Aufgaben

1 Stelle in einer Tabelle die Lebewesen des Kambriums zusammen.

2 Suche in Büchern oder im Internet nach Informationen über die ersten Bäume, die die Erde besiedelten und berichte.

3 Versuche herauszufinden, wann und von welchen Tieren der Lebensraum Luft erobert wurde.

4 Wie sah Deutschland in der Kreidezeit aus? Informiere dich und stelle eine kleine Präsentation zusammen.

Mythen und Legenden

Die Frage nach dem Anfang
Seit jeher haben sich die Menschen über den Ursprung des Lebens Gedanken gemacht. Je nach Kulturkreis haben sie sich dabei von Dingen, die ihnen aus ihrem täglichen Leben vertraut waren, inspirieren lassen. So gibt es in fast jeder Kultur eine eigene Schöpfungsgeschichte.

Die Urmutter der Sumerer
Die Sumerer waren Bewohner Südmesopotamiens und haben die Keilschrift erfunden.
Ihre Geschichte reicht bis ins 6. Jahrtausend v. Chr. zurück.
Der sumerische Schöpfungsmythos ist vielleicht einer der ältesten, der uns überliefert ist. Urmutter Nammu formte über dem Urozean den Menschen aus einem Klumpen Lehm und dem Blut eines Gottes.

Eine Schildkröte trägt die Erde
Im 5 000 Jahre alten Schöpfungsmythos der Maya – einem mittelamerikanischen Indianerstamm mit hoch entwickelter Kultur – spielt eine Schildkröte eine große Rolle. Sie treibt auf einem großen Ozean und trägt die Erde auf ihrem Panzer.
Die Götter erschufen dann zuerst die Tiere und anschließend den Menschen aus gemahlenen Maiskörnern.

Entstanden aus Nichts und Nacht
Die polynesischen Maori besiedelten vor tausend Jahrern Neuseeland. Von ihnen ist Folgendes überliefert: „Am Anfang war das Nichts und aus diesem Nichts entsprang die Nacht. Der mächtige Gott des Waldes trennte Mutter und Vater, die sich eng umschlungen hielten, und es bildeten sich Erde und Himmel. Der trauernden Mutter schenkte er einen Mantel aus lebendigem Grün, dem Vater legte er die helle Sonne auf den Rücken.“

Ein Speer aus Edelstein
Die Schöpfungsgeschichte im japanischen Shintoismus berichtet von einem Götterpaar, Himmelsvater und Erdmutter, das auf einer Regenbogenbrücke stehend, mit einem Speer aus Edelstein im finsteren Chaos rührte. Durch das Rühren verdickte sich die Brühe zu Brei. Tropfen, die vom Speer herabfielen, gerannen zu fruchtbaren japanischen Inseln.

Die Schöpfung im alten Testament
In der Bibel vollendete Gott die Schöpfung in sechs Tagen.
„Am Anfang schuf Gott Himmel und Erde, die Erde aber war wüst und leer. Finsternis lag über der Urflut und Gottes Geist schwebte über dem Wasser …“
Dann sprach Gott: „Das Land lasse junges Grün wachsen, alle Arten von Pflanzen, die Samen tragen …“
Dann sprach Gott: „Das Wasser wimmele von lebendigen Wesen und Vögel sollen über dem Land am Himmelsgewölbe dahinfliegen …“
Dann sprach Gott: „Lass uns den Menschen machen als unser Abbild …“
Es wurde Abend und es wurde Morgen: der sechste Tag.“

Aufgaben

1 Lies den Originaltext der Schöpfungsgeschichte im Alten Testament, Buch Genesis Kapitel 1 und 2.
In welcher Reihenfolge werden die Lebewesen erschaffen?

2 Forscht nach anderen Schöpfungsgeschichten. Wie erklärt der Islam die Entstehung der Erde?

3 Indianer und Inuit – wie sehen sie den Ursprung des Lebens?
Erstellt zwei Plakate und vergleicht.

ARISTOTELES
„Alle Schalentiere entstehen von selbst im Schlamm: in dem unrathaltigen die Austern, in dem sandigen die Muschel …“

CARL VON LINNÉ
„Es gibt so viele Arten, wie der eine Gott am Anfang als Formen hervorgebracht hat.“

Frühe wissenschaftliche Theorien
Erste wissenschaftlich orientierte Theorien zur Entstehung und Entwicklung des Lebens wurden bereits im antiken Griechenland diskutiert. Der bedeutendste Naturforscher dieser Zeit war ARISTOTELES (384–322 v. Chr.). Er kann als der eigentliche Vater der abendländischen Biologie angesehen werden. Er führte systematische Untersuchungen an Tieren und Pflanzen durch und führte ein einfaches System der Tiere ein. Er ist der Begründer der **Urzeugungstheorie**, die besagt, dass Lebewesen aus Schmutz und Schlamm entstehen können. So würden sich z. B. Würmer direkt aus Schlamm entwickeln. Diese Theorie wurde durch das gesamte Mittelalter hindurch bis in die Neuzeit als Tatsache angenommen. Erst LOUIS PASTEUR (1822–1895) konnte 1864 diese Annahme endgültig widerlegen. Er fand heraus, dass Mikroorganismen stets von außen auf organische Substanzen gelangen und nicht von selbst in diesen gebildet wurden. Lange Zeit beeinflusste die biblische Schöpfungsgeschichte das naturwissenschaftliche Weltbild. Erst als die Forscher Reisen in ferne Länder unternehmen konnten und dort neue Entdeckungen machten, entwickelten sich moderne Vorstellungen von der Natur.

Der Erfinder der binären Nomenklatur
CARL VON LINNÉ (1707–1778) wuchs als Sohn eines Geistlichen in Südschweden auf. Er studierte Medizin und wurde 1741 Professor in Uppsala. Dort forschte und lehrte er bis zu seinem Lebensende. 1735 veröffentlichte er sein Hauptwerk, das „Systema naturae“. Darin beschreibt er die gesamte bis dahin bekannte Pflanzenwelt. Der „Buchhalter Gottes“, wie er von Zeitgenossen gerne genannt wurde, dehnte sein System auch auf die Tiere aus und gliedert erstmals 1766 den Menschen als Homo sapiens in sein Natursystem ein. Diese von LINNÉ entwickelte **binäre Nomenklatur**, in der ein Lebewesen mit Gattungs- und Artnamen benannt wird, verwenden Biologen bis heute weltweit. (Binäre Nomenklatur: binär = lat. aus zwei Einheiten bestehend und Nomenklatur heißt so viel wie Namensverzeichnis.) LINNÉ vertrat noch die **Theorie von der Konstanz der Arten.** Diese besagt, dass die Lebewesen einmal geschaffen wurden und sich seither nicht mehr verändert hätten.

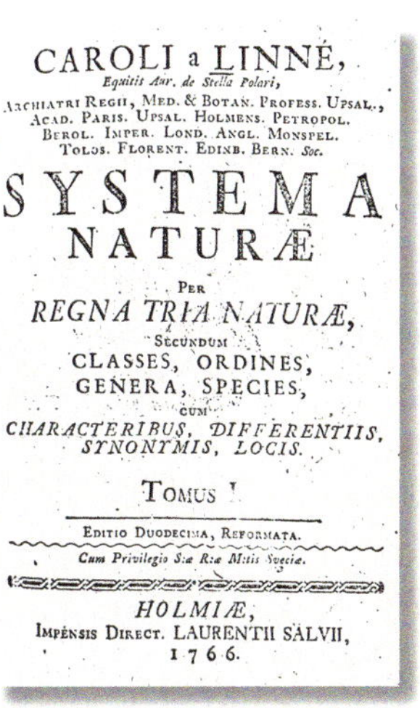

CAROLI a LINNÉ,
Equitis Aur. de Stella Polari,
ARCHIATRI REGII, MED. & BOTAN. PROFESS. UPSAL.,
ACAD. PARIS. UPSAL. HOLMENS. PETROPOL.
BEROL. IMPER. LOND. ANGL. MONSPEL.
TOLOS. FLORENT. EDINB. BERN. *Soc.*

SYSTEMA
NATURÆ
PER
REGNA TRIA NATURÆ,
SECUNDUM
CLASSES, ORDINES,
GENERA, SPECIES,
CUM
CHARACTERIBUS, DIFFERENTIIS,
SYNONYMIS, LOCIS.

TOMUS I.

EDITIO DUODECIMA, REFORMATA.
Cum Privilegio S:æ R:æ M:tis Sveciæ.

HOLMIÆ,
IMPENSIS DIRECT. LAURENTII SALVII,
1766.

1 Das Werk von LINNÉ

GEORGES DE CUVIER
„... hat die Erde periodisch Katastrophen durchgemacht, die alles Leben auslöschten und wieder erschufen ..."

BAPTISTE DE LAMARCK
„Bei einem Tier stärkt der häufige Gebrauch eines Organs dasselbe, Nichtgebrauch macht es schwächer ..."

Katastrophen bringen die Erde weiter

GEORGES BARON DE CUVIER (1769–1832)
Er studierte an der Hohen Karlsschule in Stuttgart. 1795 wurde er vergleichender Anatom an der École centrale in Paris. CUVIER vertrat ebenfalls noch die Theorie von der Konstanz der Arten. Aufgrund seines Interesses an Fossilien erkannte er, dass es bereits früher Lebewesen gab, die jedoch seit langem ausgestorben waren. Er erklärte das damit, dass es immer wieder Naturkatastrophen gegeben habe, bei denen weit gehend alle Lebewesen ausgerottet worden waren. Danach seien sie wieder neu entstanden. Er begründete die **Paläontologie** als die Wissenschaft von den ausgestorbenen Lebewesen.
Seine **Katastrophentheorie** wurde später von der Geologie widerlegt.

2 Meteoriteneinschlag als Ursache einer Naturkatastrophe

Die Umwelt verändert das Erbgut

JEAN BAPTISTE DE LAMARCK (1744–1829)
wurde zwar für das Priesteramt erzogen, studierte dann aber Medizin. Er interessierte sich vor allem für die Botanik.
Er stellte als Erster die **Evolutionstheorie** auf, die besagt, dass sich die heutigen Lebewesen aus früher existierenden Formen heraus entwickelt haben müssen. Er nahm an, dass Organe sich durch Gebrauch bzw. Nichtgebrauch verändern würden. Solche Veränderungen aufgrund von Gebrauch nennt man Modifikationen. LAMARCK glaubte, diese erworbenen Veränderungen würden dann auf die Nachkommen vererbt. Er erklärte den langen Hals der Giraffen z. B. damit, dass sich die Tiere immer sehr stark strecken mussten, um an das Laub der Bäume zu gelangen. Dabei habe sich im Laufe vieler Generationen der Hals immer etwas mehr gestreckt. Die Rückbildung der Augen von verschiedenen Höhlenbewohnern erklärte LAMARCK damit, dass die Augen durch Nichtgebrauch verkümmerten. LAMARCK nahm also an, dass Modifikationen an die Nachkommen vererbt werden könnten. Erst die moderne Genetik konnte zeigen, dass Modifikationen nicht vererbt werden.

CUVIER vertrat die Katastrophentheorie: Durch Naturkastrophen wurden alle Lebewesen weit gehend ausgerottet, danach entstanden sie wieder neu.
LAMARCK sprach sich als erster für eine Abstammungslehre, eine Evolution aus.

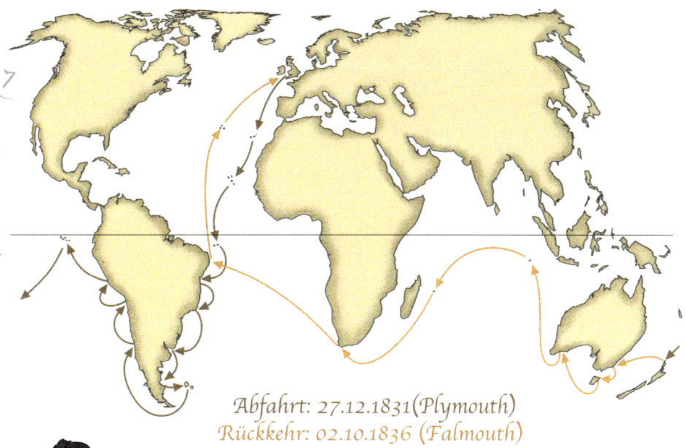

Evolution durch Mutation und Selektion

CHARLES ROBERT DARWIN (1809–1882) konnte auf seiner Forschungsreise rund um die Welt mit dem Vermessungsschiff „Beagle" eine Fülle von biologisch höchst interessantem Material sammeln. Er kam zu dem Ergebnis, dass die Theorie von der Unveränderbarkeit der Lebewesen falsch sein müsse. Er war überzeugt, dass sich die heute lebenden Organismen aus früheren Formen heraus entwickelt haben.

Er arbeitete mit Taubenzüchtern zusammen und erkannte, dass Züchter durch gezielte Auslese von spontan auftretenden Veränderungen bei ihren Tauben zu neuen Formen kommen. Diese Erkenntnis übertrug er auf die Vorgänge in der Natur und sagte, dass Organismen sich durch Mutation und Selektion weiter entwickelten.

Mutationen sind spontane Veränderungen im Erbgut, die zufällig und ungerichtet auftreten. Als **Selektion** bezeichnet man die natürliche Auslese, bei der nur die am besten angepassten Lebewesen den Kampf ums Dasein überleben.

1859 veröffentlichte er das Werk „Die Entstehung der Arten durch natürliche Zuchtwahl." Das Buch wurde weltweit beachtet und es entbrannten heftige Kämpfe der Befürworter und der Gegner seiner Theorie.

1871 kam sein Buch „Die Abstammung des Menschen" auf den Markt und löste ebenfalls heftige Reaktionen aus. DARWIN wurde von vielen Seiten bekämpft. Teilweise dauert dieser Streit bis heute an. Dennoch gilt heute die Theorie DARWINS als der wahrscheinlichste Erklärungsversuch der Evolution.

Mit der Beagle um die Welt

Am 27. Dezember 1831 verließ DARWIN auf dem Forschungsschiff Beagle den Hafen von Plymouth. DARWIN litt in dieser ersten Zeit unter schwerer Seekrankheit. Nach zwei Monaten wurde Rio de Janeiro erreicht. Von nun an sammelte DARWIN unermüdlich geologisches und biologisches Material, das er exakt katalogisierte, präparierte und beschrieb.

Im September 1835 läuft die Beagle die Galapagos-Inseln an. Die hier gemachten Beobachtungen hinterließen einen starken Eindruck auf DARWIN und wurden u. a. Grundlage für seine Theorie. Die Heimreise nach England erfolgte über Tahiti, Neuseeland, Australien und viele weitere Stationen.

Am 2. Oktober 1836 kommt die Beagle wieder in England an. Nun macht DARWIN sich daran, seine gesammelten Stücke zu ordnen und wissenschaftlich zu untersuchen.

Von den verschiedenen Evolutionstheorien setzte sich letztlich die Theorie von DARWIN durch, die besagt, dass Mutation und Selektion die wesentlichen Evolutionsfaktoren seien.

Aufgaben

1 Stelle eine kurze Biografie von DARWIN in Form einer Präsentation zusammen.

2 Schreibe ein Streitgespräch auf, das CUVIER mit LAMARCK zum Thema Evolution geführt haben könnte.

1 Alle Hunderassen sind durch Züchtung entstanden.

Was treibt den Motor der Evolution an?

Mutation, Selektion und Isolation sind die treibenden Evolutionsfaktoren. Wahrscheinlich sind die meisten Mutationen für die Lebewesen schädlich oder sogar tödlich. Nur in wenigen Fällen sind auftretende Mutationen für den Organismus ohne Folgen oder sogar vorteilhaft.

Die natürliche Selektion

Mutationen alleine bewirken aber noch keine Weiterentwicklung. Erst das Zusammenspiel mit der **natürlichen Selektion** ermöglicht letztlich eine Anpassung an veränderte Umweltbedingungen. Für die natürliche Selektion gelten folgende Tatsachen:

1. Jedes Lebewesen erzeugt wesentlich mehr Nachkommen, als für die reine Erhaltung der Art notwendig wären.
2. Unter den Nachkommen finden heftige Kämpfe um Nahrung, Lebensraum und Geschlechtspartner statt.
3. Manche der Nachkommen sind für diesen Kampf aufgrund von Mutationen besser ausgerüstet. Sie überleben und können ihr Erbgut weitergeben.

Es überleben also nur diejenigen, die am besten an den Lebensraum angepasst sind und damit ihr Erbgut an die Nachkommen weitergeben können. Solche Weiterentwicklungen dauern sehr lange.

Die künstliche Selektion

Die Züchtung von Pflanzen und Tieren ist eine **künstliche Selektion** durch den Menschen. Zufällig auftretende Veränderungen bei einem Lebewesen werden vom Menschen ausgelesen und weitergezüchtet. Unsere heutigen Hunderassen sind hierfür ein anschauliches Beispiel (▷ B 1). Züchter suchen aus einem Wurf die Tiere heraus, die bestimmte veränderte Merkmale aufweisen. Und nur diese Tiere dürfen sich weiter fortpflanzen. Auf diese Weise sind im Laufe der Zeit die vielen verschiedenen Hunderassen entstanden.

Wie entsteht eine neue Art?

Als **Art** bezeichnen Biologen Lebewesen, die unter natürlichen Bedingungen fortpflanzungsfähige Nachkommen zeugen können.
Neue Arten entstehen meist nur, wenn zu Mutation und Selektion noch ein weiterer Faktor hinzutritt: die **Isolation**. Der wichtigste Faktor bei der Entstehung neuer Arten ist die Trennung des so genannten **Genpools**. So nennt man den Vorrat aller Erbeigenschaften in einer Population. Es können also nur neue Arten entstehen, wenn die Fortpflanzung mit den ursprünglichen Ausgangsformen verhindert wird. Dies kann durch verschiedene Faktoren geschehen.

2 Nachtigall und Sprosser

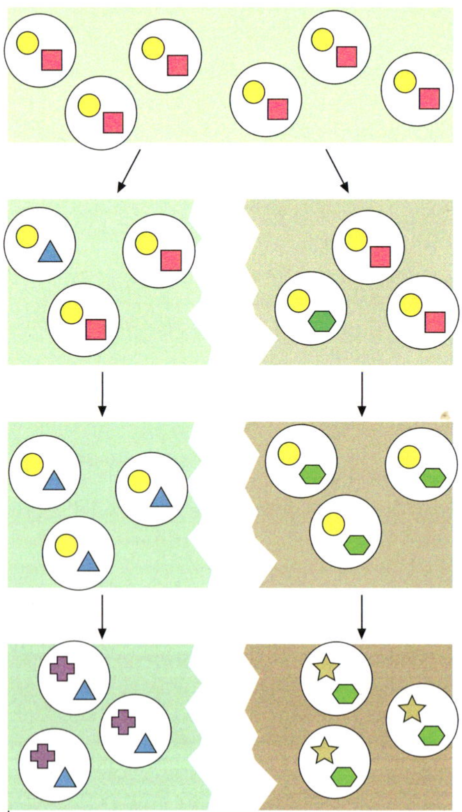

3 Entstehung von Arten

Isolationsfaktoren
Solche Isolationsfaktoren können Meere, Gebirge oder andere große räumliche Entfernungen sein. Klimaveränderungen können dazu führen, dass Teile einer Population in ein anderes Gebiet abwandern und sich dort anders weiterentwickeln.
Als Beispiel hierfür können Nachtigall und Sprosser angesehen werden (▷ B 2). Beide sind aus einer Art hervorgegangen. Teile dieser Ausgangsform wurden während der letzten Eiszeit getrennt. In Osteuropa entwickelte sich der Sprosser und in Westeuropa die Nachtigall. Beide sehen sich äußerst ähnlich, haben sich aber dennoch so weit auseinander entwickelt, dass sie sich nicht mehr untereinander paaren können. Diese geographische Isolation nennt man auch **Separation**.
Eine neue Art kann sich aber auch in relativ kurzen Zeiträumen entwickeln, wenn z. B. verschiedene ökologische Nischen in einem begrenzten Gebiet besetzt werden.

Neue Arten durch ökologische Isolation
Ein bekanntes Beispiel für eine solche ökologische Isolation sind die **Darwinfinken** der Galapagos Inseln westlich von Südamerika.
Wahrscheinlich kamen durch Umwelteinflüsse wie Stürme oder andere Faktoren einige Finken auf die Galapagos Inseln. Da sie dort keine natürlichen Feinde hatten, konnten sich die Boden bewohnenden Körnerfresser schnell stark vermehren. Dadurch wurden Lebensraum und Nahrungsangebot mit der Zeit knapp. Durch Mutationen entstanden im Laufe langer Zeiträume andere Schnabelformen, sodass neue Nahrungsquellen erschlossen werden konnten. So entwickelten sich im Laufe der Zeit 14 verschiedene Finkenarten, die unterschiedliche ökologische Nischen besetzen (▷ B 4).

▶ Mutation, Selektion und Isolation haben auf der Erde zu einer immer weiteren Entwicklung von neuen Arten geführt. Die Evolution ist nicht abgeschlossen, sodass auch in Zukunft weitere Arten entstehen können.

*„Alle diese Spezies sind dem Archipel eigentümlich (...)
Die merkwürdigste Tatsache ist die vollkommene Abstufung des Schnabels bei den verschiedenen Arten.
Wenn man diese Abstufung (...) in einer kleinen, nahe untereinander verwandten Gruppe von Vögeln sieht, so kann man sich wirklich vorstellen, daß (...) die eine Spezies hergenommen und zu verschiedenen Zwecken modifiziert worden sei."*

Charles Darwin 1845:
„Reise eines Naturforschers"

4 Darwinfinken

Aufgaben

1 Welche Folgen kann es haben, wenn der Mensch in die natürliche Selektion eingreift?

2 Informiere dich über die Züchtung unserer Kohlsorten und stelle eine Präsentation dazu zusammen.

3 Überlege, welche Folgen Albinismus in der Natur normalerweise für das betroffene Lebewesen haben kann.
Halte deine Überlegungen schriftlich fest.

4 Informiere dich, z. B. im Internet, welche anderen Tierarten durch Isolationsfaktoren in neue Arten aufgespalten wurden.

So schrieb Darwin – ein Originaltext

On the origin of spezies by means of natural selection
Chapter III Struggle for existence

Again, it may be asked, how is it that varieties, which I have called incipient species, become ultimately converted into good and distinct species which in most cases obviously differ from each other far more than do the varieties of the same species? […]

The offspring, also, will thus have a better chance of surviving, for, of the many individuals of any species which are periodically born, but a small number can survive. I have called this principle, by which each slight variation, if useful, is preserved, by the term Natural Selection, in order to mark its relation to man's power of selection. But the expression often used by Mr. Herbert Spencer of the Survival of the Fittest is more accurate, and is sometimes equally convenient. […]

But Natural Selection, as we shall hereafter see, is a power incessantly ready for action, and is as immeasurably superior to man's feeble efforts, as the works of Nature are to those of Art.

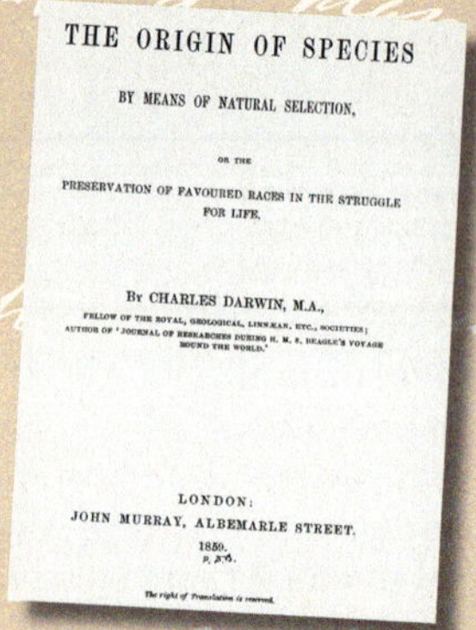
THE ORIGIN OF SPECIES
BY MEANS OF NATURAL SELECTION,
OR THE
PRESERVATION OF FAVOURED RACES IN THE STRUGGLE FOR LIFE.
BY CHARLES DARWIN, M.A.,
LONDON:
JOHN MURRAY, ALBEMARLE STREET.
1859.

1 Originalausgabe von DARWINS Werk

Vokabeln zum Text	
Englisch	**Deutsch**
accurate	genau
convenient	bequem
feeble	schwach
incessantly	unaufhörlich, unablässig
incipient species	beginnende Arten
immeasurable	unermesslich, grenzenlos
offspring	Nachkommen
to convert	verwandeln
to preserve	bewahren, konservieren
varieties	Varietäten, Auswahl

Aufgaben

1 Übersetze den englischen Originaltext schriftlich mithilfe der angegebenen Vokabeln und unter Verwendung eines Wörterbuchs.

2 Informiere dich über den Begriff des „Sozialdarwinismus" und halte ein Referat darüber.

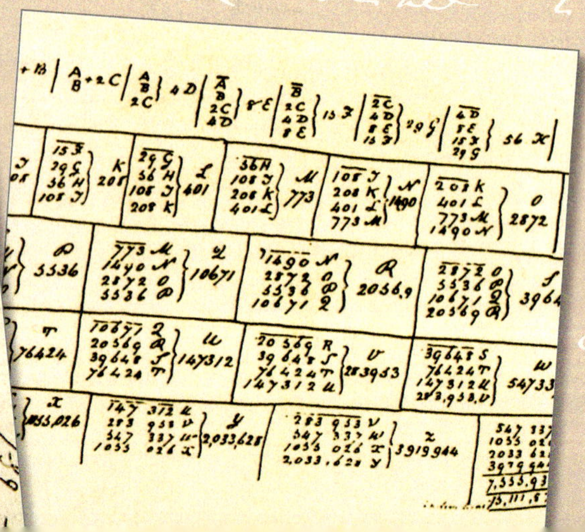

Mutation und Selektion – spielend verstehen

Material
Bunte Tapete (1 x 1 m), Locher oder Motivstanzer (muss große Plättchen lochen), 10 Blatt farbiges Papier

1 Vorbereitung

Ihr braucht dazu ein Stück möglichst bunter Tapete (1 x 1 m).
Stanzt nun mit einem Locher aus buntem Papier je 10 Spielmarken aus. Die ausgestanzten Plättchen sollten nicht zu klein sein und alle die Farben zeigen, die ihr auch in der Tapete wiederfindet.
Ein Spielführer verteilt die 10 x 10 Plättchen gleichmäßig auf der Tapete. Das soll die Ausgangssituation von 100 Individuen darstellen, die sich farblich unterscheiden.

2 So spielt ihr

Die Tapete wird mit den 100 Plättchen auf einem Tisch ausgebreitet.
Fünf Schülerinnen und Schüler stellen die „Räuber" dar. Sie dürfen die Verteilung der Plättchen vorher nicht gesehen haben. Nun sollen sie schnellstmöglich ein „Individuum", sprich ein Plättchen, aufnehmen, das ihnen im „Biotop" auffällt.
Dabei dürfen sie die Individuen nur mit den Augen suchen, nicht aber über die Tapete tasten!
Jede Schülerin und jeder Schüler darf nacheinander 15 Plättchen aufnehmen.
Diese kommen, nach Farbe getrennt, in zehn verschiedene Schälchen.

3 So geht es weiter

Nun sind 75 Plättchen entfernt. Die 25 übrig gebliebenen Plättchen werden von der Tapete abgenommen, geordnet und gezählt. Alle 25 Individuen, die überlebt haben, können sich wieder fortpflanzen. Ergänzt jede Spielmarke um drei neue in derselben Farbe. Eventuell müsst ihr noch einmal nachstanzen.

Nun ist die Population der „Beutetiere" wieder auf 100 Exemplare angewachsen. Der Spielführer verteilt die Plättchen wieder auf der Tapete und der Vorgang der Selektion wird noch ein- bis zweimal wiederholt.

Je nach dem Muster der Tapete werdet ihr das Ergebnis deutlich sehen.

1 Versuchsaufbau

2 Modell-Biotop zu Spielbeginn

3 Modell-Biotop nach dem Durchgang der „Räuber"

Aufgaben

1 Stellt vor Beginn des Spieles Vermutungen über den Ausgang an.

2 Führt dann ein Protokoll über den Spielverlauf, in das ihr alle Ergebnisse und Zahlen eintragt.

3 Haben sich eure Vermutungen bestätigt? Diskutiert das Ergebnis in der Gruppe.
Leitet eine allgemeine Gesetzmäßigkeit aus euren Ergebnissen ab und formuliert diese schriftlich.

Indizien
Wissenschaftler haben in vielen Jahren mit akribischer Genauigkeit Indizien zusammengetragen, die die Evolution belegen können.

Verschieden und doch gleich
Ein wichtiger Beleg für die Evolution sind die **homologen Organe**. Der Flügel einer Fledermaus, die Grabhand eines Maulwurfs und der Vorderlauf eines Pferdes scheinen auf den ersten Blick keine Gemeinsamkeiten zu besitzen. Sie sehen völlig verschieden aus und haben auch sehr unterschiedliche Funktionen. Eine genaue anatomische Untersuchung lässt aber erkennen, dass die Vertreter der genannten Beispiele einen gemeinsamen **Grundbauplan** aufweisen. Alle besitzen die typischen Bestandteile der Vorderextremität von Wirbeltieren: Oberarm, Elle, Speiche, Handwurzel, Mittelhand und Finger (▷ B 1). Homologe Organe weisen also auf die Abstammung von gemeinsamen Vorfahren hin.

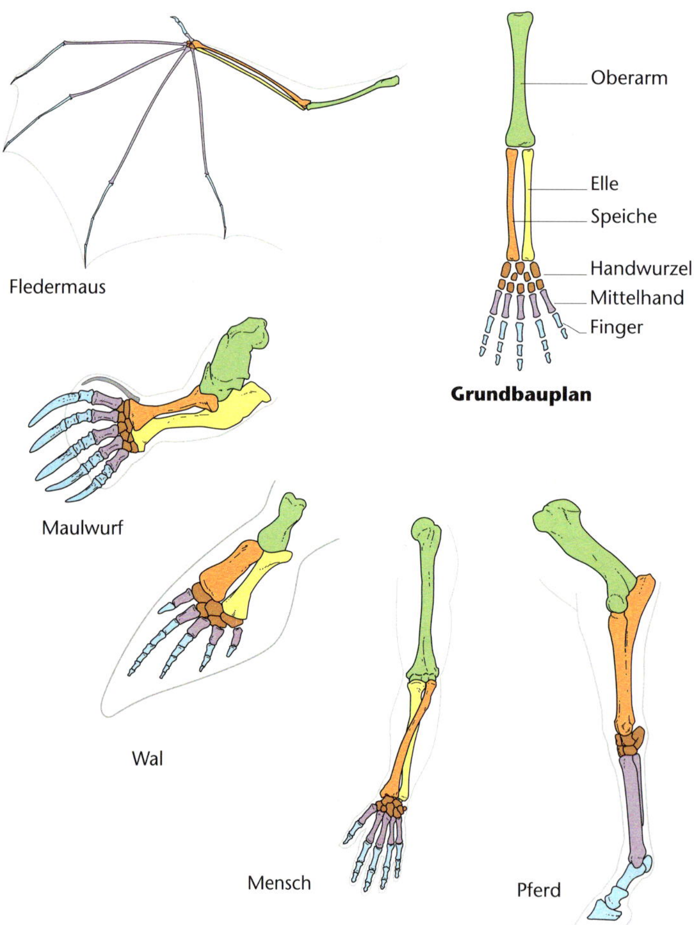

1 Homologe Organe

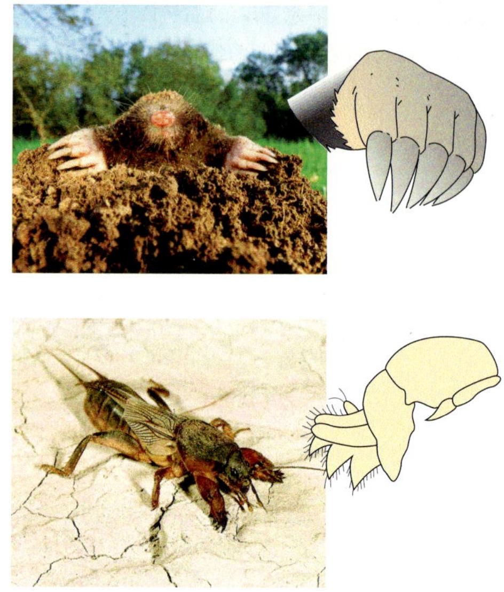

2 Analoge Organe beim Maulwurf und der Maulwurfsgrille

Gleich und doch verschieden
Anders liegen die Verhältnisse beim Flügel der Fledermaus und dem Flügel von Insekten. Beide Flügelarten erfüllen dieselbe Funktion. Eine anatomische Untersuchung macht jedoch sofort klar, dass der Grundbauplan völlig verschieden ist. Organe, die keinen gemeinsamen Ursprung haben, aber die gleiche Funktion erfüllen, nennen Biologen **analoge Organe**. Es sind Anpassungen an den gleichen Lebensraum. Solche Anpassungen von Lebewesen an den gleichen Lebensraum heißen **Konvergenz**.
Ein weiteres typisches Beispiel für analoge Organe sind die verschiedenen Grabhände von Maulwurf und Maulwurfsgrille (▷ B 2). Das eine Tier gehört zu den Säugetieren und das andere ist ein Insekt. Durch Mutation und Selektion sind Grabhände entstanden, die beiden Tieren ein Leben unter der Erde ermöglichen.
Analogien geben keine Hinweise auf die stammesgeschichtliche Entwicklung, zeigen aber, dass verschiedene Lebensformen in gleichen Lebensräumen, ähnliche Organe ausbilden.

Aufgaben

1. Informiere dich über Homologien bei Pflanzen und schreibe ein Referat darüber.
2. Was lässt sich aus dem Vergleich der Flossen von Hai und Delfin ableiten? Fertige dazu ein Plakat.

Übergangsformen – von beiden etwas

Ein ganz wichtiger Beleg für die Evolution sind **Übergangsformen** oder **Brückentiere**. Lange wurde den Anhängern der Evolutionstheorie vorgehalten, dass man noch nie Übergangsformen zwischen zwei Lebensformen gefunden habe. Als 1877 das erste fast vollständige, versteinerte Skelett eines Tieres gefunden wurde, das sowohl Kriechtier- als auch Vogelmerkmale aufwies, war die erste Übergangsform entdeckt. Das Tier bekam den Namen **Archaeopteryx**, was so viel heißt wie alte Feder. Die wichtigsten Merkmale sind die Federn vom Vogel und das Gebiss vom Reptil. Archaeopteryx lebte von ca. 140 Millionen Jahren und war etwa so groß wie eine Taube. Er stammte wahrscheinlich von zweibeinig laufenden Reptilien ab. Wie gut sein Flugvermögen entwickelt war, ist nicht klar, aber ein sehr guter Flieger konnte er wohl nicht gewesen sein. Seine Knochen waren noch nicht hohl und auch die Flugmuskulatur war noch nicht sehr stark ausgeprägt, da er noch ein sehr kleines Brustbein besaß. Es ist eher wahrscheinlich, dass das Tier eher ein Gleitflieger war, sich also von Bäumen, auf die er mit seinen Krallen geklettert war, hinabgleiten ließ. Vielleicht konnte er aber auch schon vom Boden aus kleinere Flüge starten.

▶ Übergangsformen zeigen Merkmale der stammesgeschichtlich älteren mit der neueren Form.

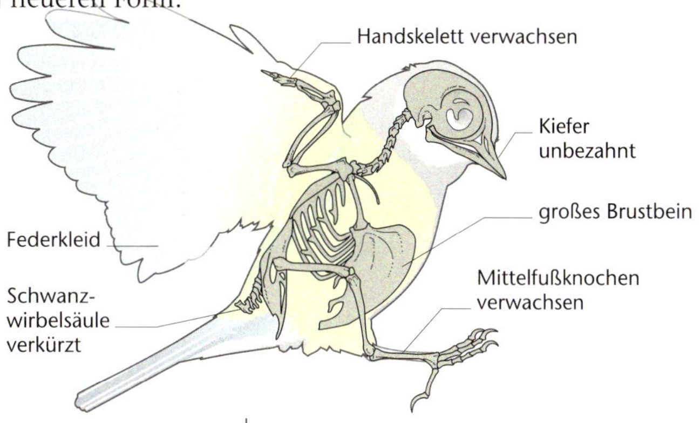

1 Skelett eines Vogels

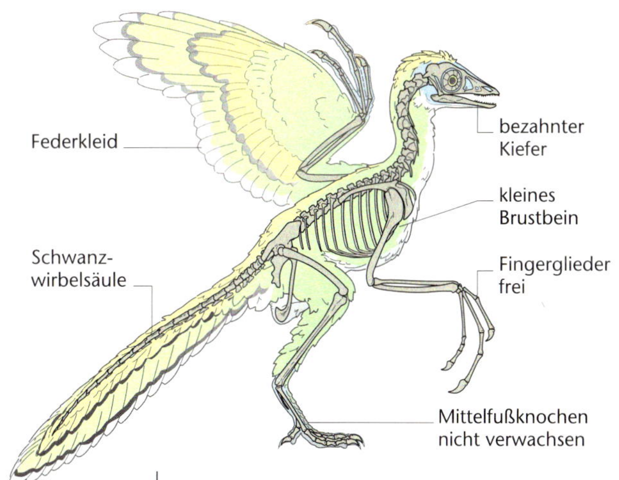

2 Archaeopteryx

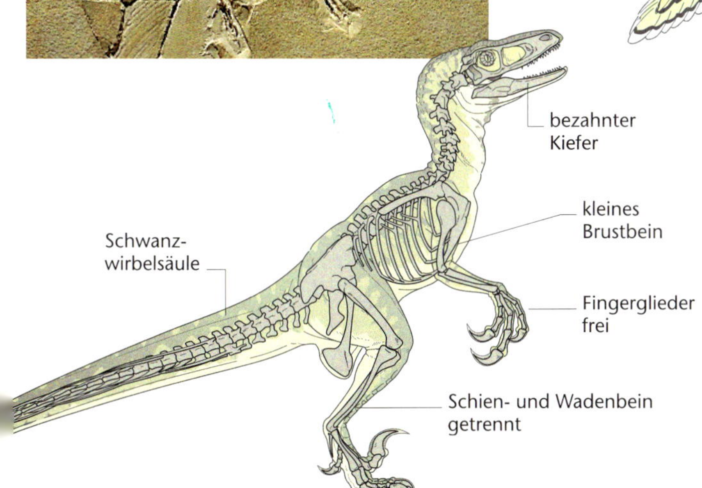

3 Zweibeiniges, laufendes Reptil (Velociraptor)

Aufgaben

1 Stelle Vermutungen darüber an, ob Archaeopteryx wechselwarm oder gleichwarm gewesen ist. Begründe.

2 Suche in der Literatur oder im Internet nach Angaben zu weiteren Brückentieren und ordne diese systematisch ein.

3 Fertige eine Präsentation zur Fundgeschichte des Archaeopteryx an.

1 Quastenflosser

2 Skelett und Fossil eines Quastenflossers

Ein Fisch, der „gehen" kann

Das berühmteste lebende Fossil ist wohl der **Quastenflosser** Latimeria. Als er 1938 entdeckt wurde, galt er bereits seit über 60 Millionen Jahren als ausgestorben. Als im Hafen des Städtchens East-London an der Ostküste Südafrikas ein Fischkutter entladen wurde, sah Miss COURTENAY-LATIMER, die wissenschaftliche Mitarbeiterin des Museums den Fisch. Da sie den Fisch nicht kannte, ließ sie das Tier, das über 1,50 m lang und fast 60 kg schwer war ins Museum bringen. Die großen Schuppen des Fisches waren blau und das Tier besaß einen starken Unterkiefer. Sie konnte den Fund aber nicht einordnen und verständigte Professor SMITH, einen bedeutenden Gelehrten. Dieser kam, untersuchte das Tier und die Sensation war perfekt. Es war ein Quastenflosser.

Bemerkenswert sind vor allem seine vier paarigen knochenverstärkten Flossen. Sie zeigen bereits das Skelett einer Amphibienextremität. So können der Quastenflosser und seine Verwandten wahrscheinlich als früheste Form des Übergangs zum Landleben angesehen werden.
Erst 15 Jahre später wurde ein weiteres Exemplar bei den Komoren gefangen. Bis heute sind über 200 Quastenflosser gefangen worden.

Der große Widerspruch

Fossilien sind Überreste ausgestorbener Lebewesen. Der Begriff **„lebende Fossilien"** scheint daher ein Widerspruch zu sein. Doch es gibt heute Lebewesen, die in mehr oder weniger direkter Linie Nachkommen von urweltlichen Lebewesen sind.
Bei lebenden Fossilien finden die Forscher Merkmale, die deutliche Zusammenhänge mit den ausgestorbenen Vorfahren herstellen. Es gibt noch einige solcher lebender Fossilien: Quastenflosser, Lungenfische, Schlammspringer, Riesensalamander, Schnabeltier, Brückenechsen, Nautilus sowie einige Schnecken und Muscheln im Tierreich. Bei den Pflanzen finden wir den Ginkgo, die Metasequoia und Schuppenbäume.

Lebende Fossilien geben Hinweise auf die Abstammung der Lebewesen. Bei lebenden Fossilien finden sich viele Merkmale von früheren Entwicklungsstufen.

Eine Ente mit Fell, die Milch gibt?

Das Tier hat einen Schnabel wie eine Ente, besitzt ein Fell wie ein Biber, legt Eier wie ein Reptil und säugt seine Jungen wie ein Säugetier. Wo soll dieses Tier zugeordnet werden? Seit das **Schnabeltier** in Australien entdeckt wurde, gab es immer wieder Unstimmigkeiten über seine zoologische Zuordnung. Zwar gibt es keine fossilen Vorfahren vom Schnabeltier, aber es besitzt so viele urtümliche Merkmale, dass wir es ruhig als lebendes Fossil einordnen können.
Es stellt mit seinen Merkmalen wohl eine Übergangsform vom Reptil zum Säugetier dar. Reptilienmerkmale sind die weichschaligen dotterreichen Eier. Säugetiermerkmale sind das Fell und die Milchdrüsen.

3 Schnabeltier

4 Von oben nach unten: Lungenfisch, Schlammspringer, Brückenechse

Nautilus – ein Kopffüßer

Nautilus ist ebenfalls ein bedeutendes lebendes Fossil. Er ist ein Nachkomme der Ammoniten, die am Ende der Kreidezeit ausgestorben sind. Wie Nautilus diese Katastrophe überlebte, wissen wir nicht, aber er lebt in kleinen Teilen der tropischen Meere in 400–600 m Tiefe. Nur selten kommt er näher an die Oberfläche. Sein Gehäuse ist wie das der Ammoniten gekammert (▷ B 5). Das Tier selbst lebt nur in der vordersten Kammer; die hinteren Kammern sind mit Luft gefüllt und dienen dazu, im Wasser schweben zu können. Die relativ großen Augen besitzen noch keine Linsen. Die heute lebende Form ernährt sich von Krebsen und Krabben.

5 Nautilus

Ginkgo – eine Pflanze als lebendes Fossil

Den **Ginkgo** (▷ B 7) gibt es seit ca. 270 Millionen Jahren. Zunächst war er über die gesamte Erde verbreitet. Aber in Europa und Amerika starb er schon vor einigen Millionen Jahren aus. Der 30–40 m hohe Baum konnte sich nur in kleinen Gebieten von China behaupten. Von China aus war er nach Japan gelangt und dort vor allem in Klostergärten angepflanzt worden. Um 1730 wurde der Baum in den botanischen Gärten Europas angepflanzt. Dass er bei uns so beliebt ist, kommt wohl daher, dass er äußerst widerstandsfähig gegenüber schädlichen Umwelteinflüssen ist. Selbst nach dem Atombombenabwurf über Hiroschima war der Ginkgo das erste Lebewesen, das im nächsten Jahr wieder austrieb.

Der Baum besitzt zweilappige Fächerblätter. Nach dem Aussehen des Blattes und der Blattverfärbung im Herbst könnte man den Ginkgo zu den Laubbäumen zählen. Er ist aber weder ein Laub- noch ein Nadelbaum, sondern stellt eine eigene Pflanzengruppe dar, die Ginkgoaceae.
Die Pflanze genoss in China großes Ansehen und wird seit langem als Heilpflanze gegen Durchblutungsstörungen verwendet.

6 Spitzahorn

Aufgaben

1 Finde heraus, was GOETHE zum Ginkgobaum schrieb. Berichte darüber.

2 Erkläre mit eigenen Worten die Bedeutung der lebenden Fossilien.

3 Vergleiche das Ginkgoblatt mit dem Ahornblatt. Worin liegt der Unterschied?

7 Ginkgo

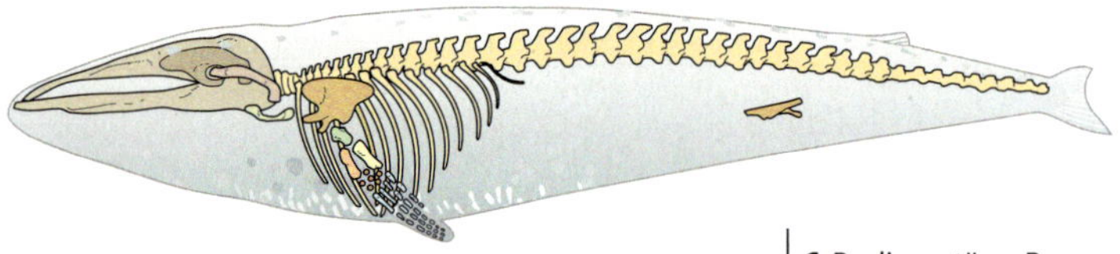

1 Rudimentärer Beckenknochen beim Wal

Reste – ohne Bedeutung?

Einen weiteren Beleg für die Evolutionstheorie stellen so genannte **rudimentäre Organe** dar. Das sind Organe oder Organreste, die keine Funktion mehr haben, oder zumindest ihre ursprüngliche Funktion nicht mehr erfüllen. Der Strauß z. B. besitzt zwar noch Flügel, aber zum Fliegen kann er sie nicht mehr verwenden, da sie zu klein sind für den schweren Körper des Vogels.
Bei einigen Bartenwalen gibt es noch rudimentäre Reste eines Beckenknochens (▷ B 1) und von Extremitäten.

Auch der Mensch besitzt Rudimente

Aber auch beim Menschen finden sich noch einige rudimentäre Organe. Reste einer Nickhaut, ausgeprägter Eckzahn, Weisheitszähne, Steißbein, Wurmfortsatz, Körperbehaarung, Muskeln zur Ohrbewegung, segmentierte Bauchmuskulatur. Solche rudimentären Organe weisen darauf hin, dass heutige Lebewesen noch Reste früherer Entwicklungsstadien besitzen können (▷ B 4).

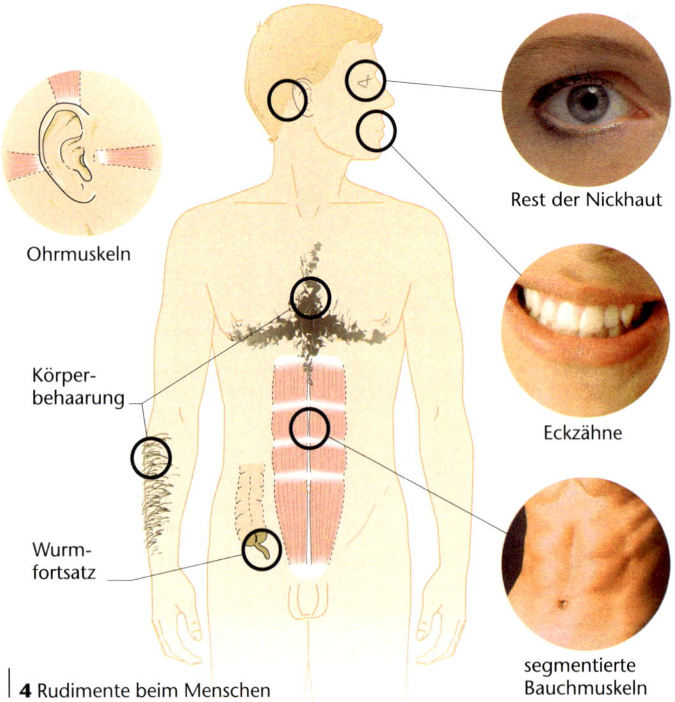

4 Rudimente beim Menschen

Evolution im Rückwärtsgang

Ein ganz besonderer Beleg für die stammesgeschichtliche Entwicklung sind so genannte **Atavismen** oder Rückschläge. Bei Mensch, Tier und Pflanze kommt es gelegentlich vor, dass körperliche Merkmale früherer Entwicklungsstufen in Erscheinung treten. Gelegentlich werden Pferde mit einem zusätzlichen kleinen Huf geboren (▷ B 2). Ein Hinweis auf die Entwicklung des Pferdes vom Mehrzeher zum Einzeher.

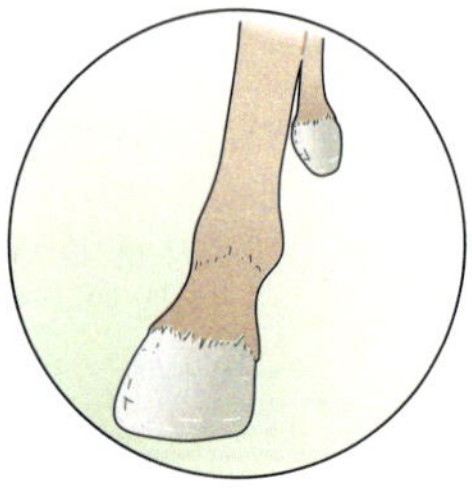

2 Pferd mit zusätzlichem kleinen Huf

3 Komplett behaartes Kind

Atavismen gibt es auch beim Menschen

In Malaysia wurde 1983 ein Kind mit einem verlängerten Steißbein geboren. Dies lässt den Schluss zu, dass frühe Vorfahren des Menschen einen Schwanz besessen haben könnten. Es kann auch vorkommen, dass bei Menschen entlang der Milchleisten zusätzliche Brustwarzen ausgebildet werden. Oder es kommen Kinder zur Welt, die völlig behaart sind (▷ B 3), sodass man daraus ableiten kann, dass der Mensch früher einmal ein Fell besessen haben muss.

▶ Durch rudimentäre Organe und Atavismen wird deutlich, dass Lebewesen sich aus einfacheren Vorformen entwickelt haben können.

Aufgaben

1 Welche Funktionen könnten die rudimentären Organe des Menschen einmal gehabt haben?

2 Informiere dich über rudimentäre Organe bei der Pythonschlange und berichte darüber.

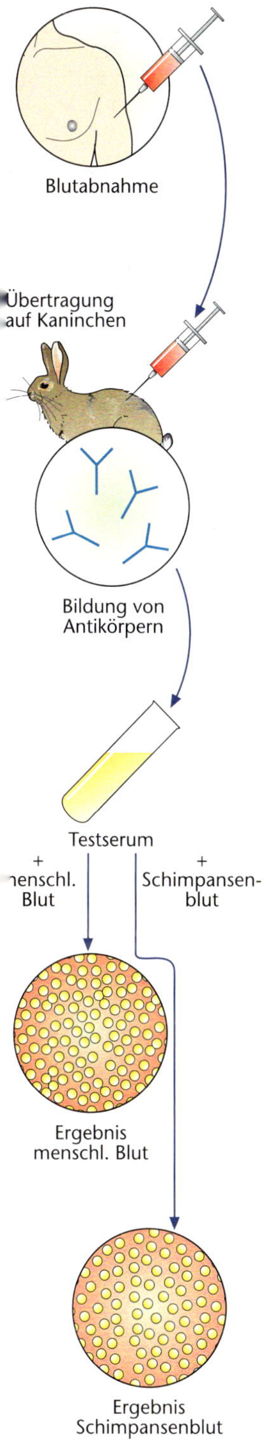

2 Präzipitin-Test

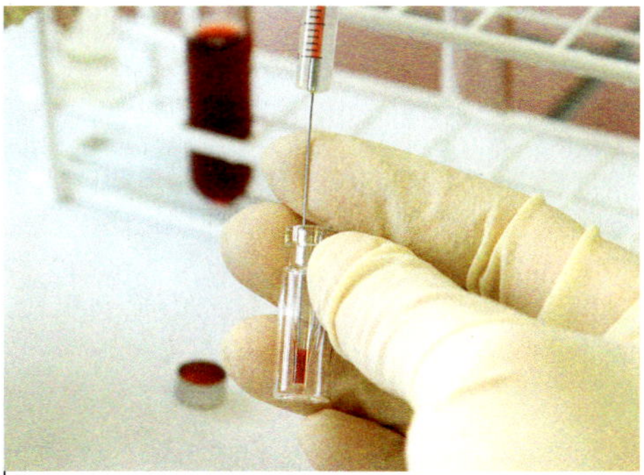
1 Test im Labor

Eiweißverwandtschaften
Auch mit der Serumreaktion kann man stammesgeschichtliche Verwandtschaftsbeziehungen belegen. Alle Lebewesen besitzen artspezifische Eiweiße. Fremde Eiweiße werden von den Antikörpern des Immunsystems verklumpt. Durch den so genannten **Serum-Präzipitin-Test** kann man den Grad der Ähnlichkeit von Eiweißen und damit den Grad der Verwandtschaft von Lebewesen ermitteln. Je ähnlicher sich Eiweiße sind, desto näher sind die Lebewesen, von denen die Eiweiße stammen, miteinander verwandt. Der Test verläuft folgendermaßen:

1. Einem Menschen werden aus dem Blut Eiweißstoffe entnommen und einem Kaninchen gespritzt.
2. Das Kaninchen bildet Antikörper gegen das fremde Eiweiß.
3. Entnimmt man nach der Antikörperbildung dem Kaninchen Blut, so kann man daraus ein Testserum gewinnen.
4. Bringt man menschliches Blut mit diesem Testserum in Verbindung, so wird das Eiweiß des menschlichen Blutes zu 100 % ausgefällt.

Wird Schimpansenblut zum Testserum hinzugegeben, so werden etwa 85 % des Schimpanseneiweißes ausgefällt.
Das bedeutet, dass 85 % des menschlichen Eiweißes mit dem des Schimpansen übereinstimmen. Dies lässt den Schluss zu, dass Mensch und Schimpanse relativ nahe verwandt sind und wahrscheinlich gleiche Vorfahren hatten.
Mit dem Serum-Präzipitin-Test kann man also die Verwandtschaftsbeziehungen von Lebewesen klären.

Je mehr sich die Eiweiße verschiedener Lebewesen ähneln, desto näher sind die Lebewesen miteinander verwandt.

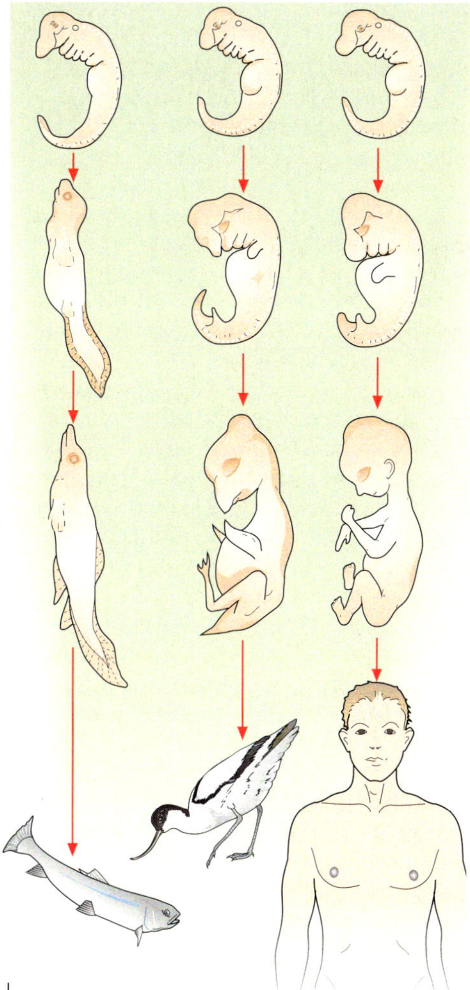
3 Ähnlichkeit von Wirbeltierembryonen

Am Anfang sind sie sich sehr ähnlich
Der deutsche Zoologe ERNST HEINRICH HAECKEL (1834–1919) entdeckte bei Untersuchungen an verschiedenen Wirbeltierembryonen, dass diese sich in ihren frühen Entwicklungsstadien sehr ähnlich sind. Er formulierte zwischen 1866 und 1869 die **Biogenetische Grundregel**, die besagt, dass die Embryonalentwicklung der Wirbeltiere eine verkürzte Wiederholung der Stammesentwicklung sei. Das heißt, dass die Wirbeltiere im Laufe ihrer Embryonalentwicklung Merkmale früher Vorfahren aufweisen (▷B3). So zeigt z. B. der menschliche Embryo in einem frühen Entwicklungsstadium Kiemenanlagen.

Die Ähnlichkeit der Wirbeltierembryonen in ihrer frühen Entwicklung weist darauf hin, dass die Lebensformen gemeinsame Verwandte hatten.

Die Geschichte des Universums und der Erde erscheint uns unendlich lang. Solche gewaltigen Zeiträume sind für uns Menschen und unser vergleichsweise kurzes Leben nur schwer vorstellbar.

Mit einem Trick kann man jedoch wenigstens die Dauer der einzelnen Erdzeitalter in ein fassbares Verhältnis zueinander setzen. Die 4 500 000 000 (4,5 Milliarden) Jahre Erdentstehungsgeschichte können z. B. mit den mit den 12 Monaten eines Jahres verglichen werden.

Diesen Zeitmaßstab kann man dann auch zurück bis zum Urknall führen. Wie man sieht, hätte es dann vom Urknall an bereits etwa „zwei Jahre" gedauert, bis überhaupt die Erde entstanden wäre.

Erstes Jahr

1. Januar 0.00 Uhr:
Der Urknall. Das unendlich dichte Universum beginnt sich explosionsartig auszudehnen. Während die energiereiche Strahlung nachlässt entstehen die Atombausteine. Die **physikalische Evolution** hat begonnen.

8. Januar:
Das Universum ist weiter abgekühlt. Aus den Atombausteinen bilden sich Wasserstoff- und Heliumatome. Die Materie sammelt sich in riesigen Gaswolken, die allmählich zu rotieren beginnen und Scheibenform annehmen.

16. Januar:
In den Gasscheiben bilden sich Sterne und erbrüten in ihrem Inneren die schweren Elemente bis zum Eisen.

22. März:
Ausgebrannte Sterne vergehen in gewaltigen Explosionen. Dabei entstehen alle Elemente, die schwerer sind als Eisen. Es bilden sich riesige Wolken aus Sternenstaub.

Zweites Jahr

1. Januar:
Einige Staubwolken ziehen sich zusammen und bilden nun auch Sonnensysteme mit Planeten.

Ab jetzt werden immer neue Sonnen und Planetensysteme entstehen und wieder vergehen, bis kein Wasserstoff mehr verfügbar ist.

23. Dezember:
In einem Seitenarm der Milchstraße zieht sich eine der großen Staubwolken zusammen.

30. Dezember:
Im Zentrum der Wolke beginnt die Sonne zu leuchten. Der übrige Staub beginnt um die Sonne zu rotieren.

Drittes Jahr

1. Januar:
Der Staub hat sich zu Planeten verdichtet. Aus dem heißen Gestein der Erde entweichen Methan, Stickstoff, Wasserdampf und Amoniak und bilden die Uratmosphäre.

Bevor die Erde abgekühlt ist, entsteht bei einem Zusammenprall mit einem großen Asteroiden der Mond.

26. Februar:
Die Erde besitzt eine feste Gesteinskruste. In der Uratmosphäre toben heftige Gewitter. Wasser beginnt sich in den tieferen Gebieten zu sammeln.

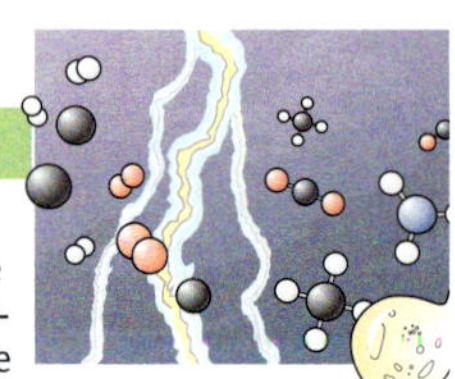

14. März:
Wärme und Blitze lassen die im Wasser gelösten Stoffe miteinander reagieren.
Einige Verbindungen verhalten sich wie Katalysatoren. Organische Verbindungen und Mikrosphären entstehen.
Die **chemische Evolution** hat begonnen.

22. März:
Jetzt und in den folgenden sieben Monaten entsteht eine Vielzahl unterschiedlicher einzelliger Lebensformen.
Einige beginnen Sauerstoff freizusetzen, der in der Atmosphäre allmählich eine Ozonschicht bildet, die die harte Sonnenstrahlung filtert.

Die **biologische Evolution** hat begonnen.

18. November:
Im **Kambrium** entsteht eine ungeheure Vielfalt an mehrzelligen Lebensformen.
Darunter sind auch Grünalgen, Schwämme, Weichtiere und Trilobiten.

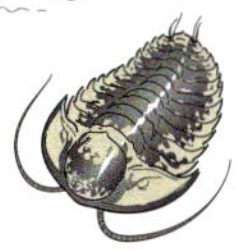

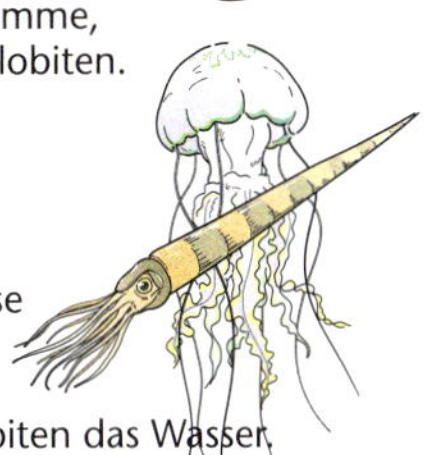

20. November:
Im **Ordovizium** bevölkern kieferlose Fische, Quallen, Tintenfische und immer mehr Trilobiten das Wasser. Schließlich beginnen moosartige Pflanzen die Ufer zu besiedeln.

25. November:
Im **Silur** tummeln sich nun auch Fische mit Kiefer und echten Flossen im Wasser. Die Pflanzen erobern überall das Festland. Ihnen folgen die Gliedertiere ans Land.

28. November:
Das **Devon** beginnt. Mit den Amphibien betreten vierbeinige Wirbeltiere erstmals das Festland.

2. Dezember:
Während des **Karbons** ist das Land von riesigen sumpfigen Urwäldern bedeckt. Es ist heiß und feucht. Erste Reptilien entwickeln sich.

8. Dezember:
Das **Perm** beginnt. Die Reptilien beherrschen mit den Vorfahren der Saurier das Land.
Kleine Flugechsen erobern die Luft und einige Reptilien kehren wieder zurück ins Wasser.
Am Ende des Perm sterben jedoch 90 % aller Arten aus.

11. Dezember:
Während der **Trias** wird es allmählich heißer und trockener. Die Säugetiere treten schon jetzt auf, doch die Dinosaurier sind erfolgreicher und erobern alle Teile der Erde.

14. Dezember:
Im **Jura** beherrschen immer noch die Saurier die Erde. Erste Vögel beginnen sich in die Luft zu erheben.

19. Dezember:
Die **Kreide** beginnt und es wird kühler. Frühe Blütenpflanzen erscheinen. Das Ende der Kreidezeit ist auch das Ende der Saurier. Nun beginnen die Säugetiere sich stärker auszubreiten.

25. Dezember:
Die Blütenpflanzen und Säugetiere entwickeln eine große Formenvielfalt. Die Vorfahren der Pferde treten auf, ebenso die ersten Wale und Fledermäuse. Schließlich erscheint mit dem Proconsul der Vorgänger der Menschenaffen.

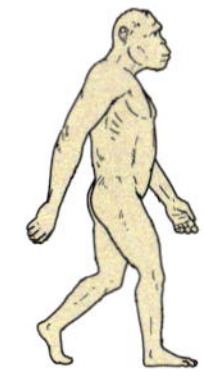

31. Dezember, 17.00 Uhr:
Mit dem Australopithecus erscheint der erste aufrecht gehende Hominide.

21.45 Uhr:
Homo erectus beginnt neben Werkzeugen auch das Feuer zu nutzen. Die **kulturelle Evolution** hat begonnen.

23.48 Uhr:
Der Neandertaler erscheint. Er fertigt bereits Kunstgegenstände und vollzieht Bestattungsriten.

23.55 Uhr:
Der Homo sapiens tritt auf.

23.56 Uhr:
Der Neandertaler stirbt aus.

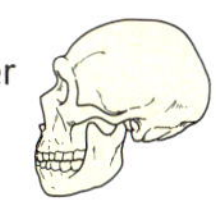

23.59 Uhr:
Homo sapiens gründet Siedlungen und beginnt Ackerbau und Viehzucht zu betreiben.

32 Sekunden vor Mitternacht:
Die Bronzezeit beginnt.

27 Sekunden vor Mitternacht:
Die Pyramiden werden erbaut.

3 Sekunden vor Mitternacht:
Die Akropolis wird fertiggestellt.

1 Sekunde vor Mitternacht:
Die Dampfmaschine leitet das Industriezeitalter ein.

Ein Wimpernschlag vor Mitternacht:
Der erste Mensch betritt den Mond.

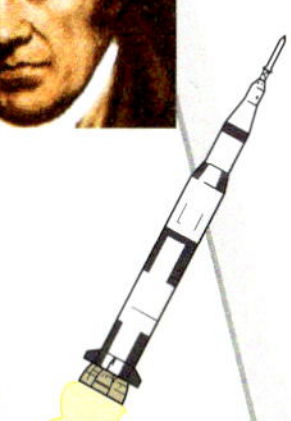

24.00 Uhr: Die Gegenwart

Strategie

Umgang mit verschiedenen Quellen

Im täglichen Leben wird das Lesen und der Umgang mit Informationen geradezu als selbstverständlich vorausgesetzt: Texte aus Zeitungen oder Büchern, Grafiken oder Diagramme aus der Fachliteratur erfordern Lesen und Verstehen.
Immer wieder werden dir auch unterschiedliche Aussagen begegnen, die du bewerten sollst und zu denen du Stellung beziehen musst. Bei einem Referat zum Thema „Evolution des Pferdes" stößt du auf zwei verschiedene Texte:

Werte zuerst beide Texte aus, indem du folgende Punkte bedenkst:

1. Verschaffe dir einen Überblick über beide Texte (Überschrift, Gliederung in Textabschnitte).

2. Lies die Texte genau durch und markiere die Hauptaussagen.

3. Schreibe diese Kernaussagen aus beiden Texten heraus und vergleiche sie.

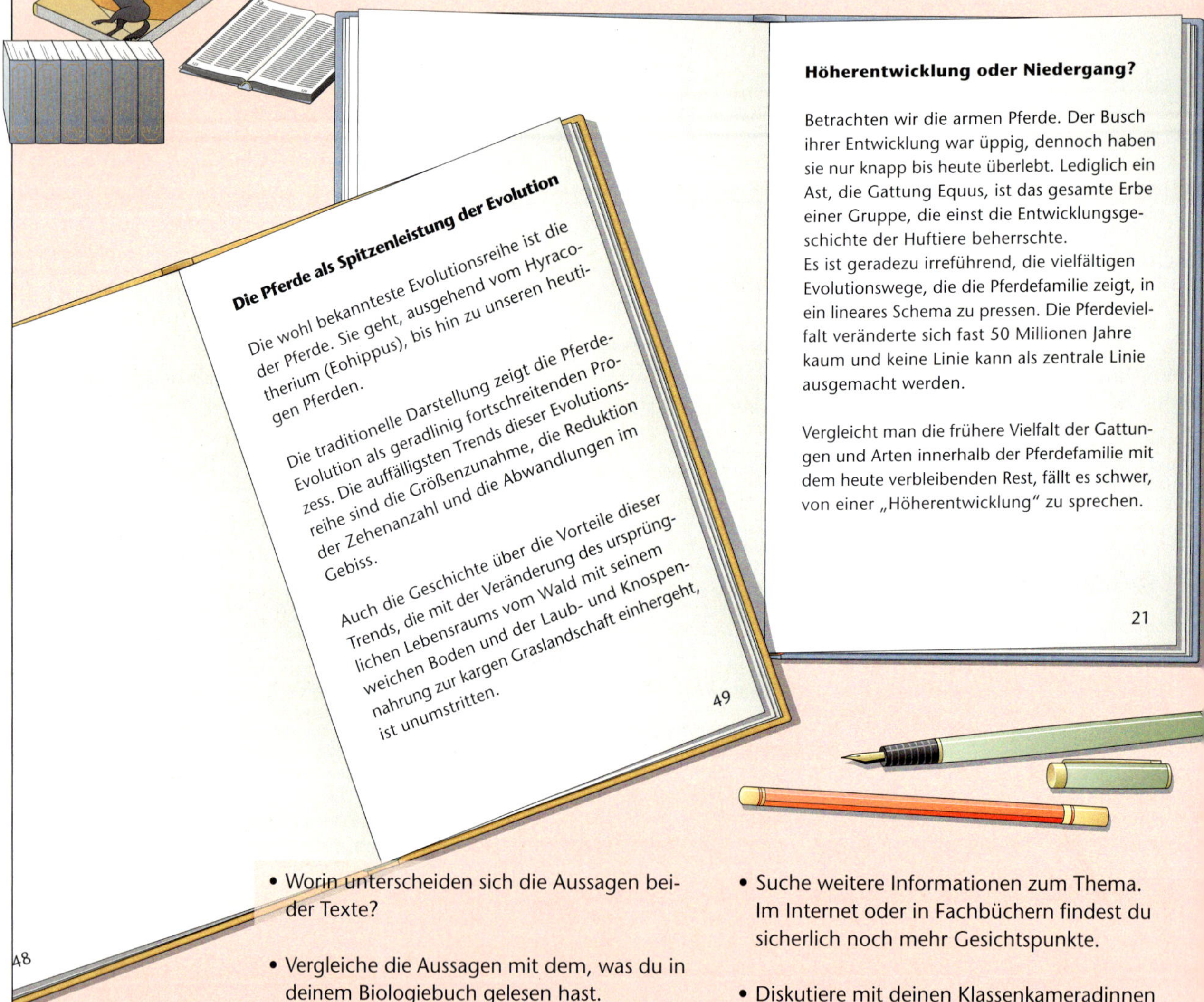

Die Pferde als Spitzenleistung der Evolution

Die wohl bekannteste Evolutionsreihe ist die der Pferde. Sie geht, ausgehend vom Hyracotherium (Eohippus), bis hin zu unseren heutigen Pferden.

Die traditionelle Darstellung zeigt die Pferde-Evolution als geradlinig fortschreitenden Prozess. Die auffälligsten Trends dieser Evolutionsreihe sind die Größenzunahme, die Reduktion der Zehenanzahl und die Abwandlungen im Gebiss.

Auch die Geschichte über die Vorteile dieser Trends, die mit der Veränderung des ursprünglichen Lebensraums vom Wald mit seinem weichen Boden und der Laub- und Knospennahrung zur kargen Graslandschaft einhergeht, ist unumstritten.

49

Höherentwicklung oder Niedergang?

Betrachten wir die armen Pferde. Der Busch ihrer Entwicklung war üppig, dennoch haben sie nur knapp bis heute überlebt. Lediglich ein Ast, die Gattung Equus, ist das gesamte Erbe einer Gruppe, die einst die Entwicklungsgeschichte der Huftiere beherrschte.
Es ist geradezu irreführend, die vielfältigen Evolutionswege, die die Pferdefamilie zeigt, in ein lineares Schema zu pressen. Die Pferdevielfalt veränderte sich fast 50 Millionen Jahre kaum und keine Linie kann als zentrale Linie ausgemacht werden.

Vergleicht man die frühere Vielfalt der Gattungen und Arten innerhalb der Pferdefamilie mit dem heute verbleibenden Rest, fällt es schwer, von einer „Höherentwicklung" zu sprechen.

21

48

- Worin unterscheiden sich die Aussagen beider Texte?

- Vergleiche die Aussagen mit dem, was du in deinem Biologiebuch gelesen hast.

- Bringe die neuen Informationen mit deinem bereits vorhandenen Wissen in Verbindung.

- Suche weitere Informationen zum Thema. Im Internet oder in Fachbüchern findest du sicherlich noch mehr Gesichtspunkte.

- Diskutiere mit deinen Klassenkameradinnen und -kameraden über die verschiedenen Sichtweisen, tausche Informationen aus. Vielleicht interpretiert jemand den Text anders als du?

- Wie bewertet ihr die beiden Texte?

Höherentwicklung oder Niedergang? – Die Evolution der Pferde (2)

Folgender Stammbaum der Pferde (C) wurde auf der Basis der Forschungsergebnisse von MACFADDEN vom Museum of Natural History in Florida, dem derzeit führenden Fachmann der Stammesgeschichte von Pferden, entwickelt.

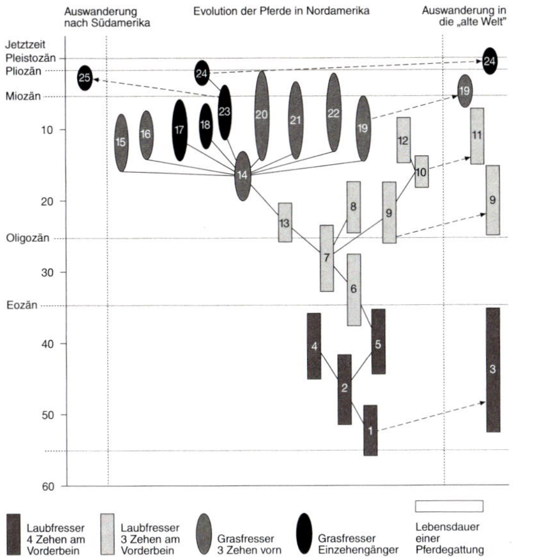

1. Hyracotherium
2. Orohippus
3. Palaeothere-Gruppe
4. Haplohippus
5. Epihippus
6. Mesohippus
7. Miohippus
8. Archaeohippus
9. Anchiterium
10. Hypohippus
11. Sinohippus
12. Megahippus
13. Parahippus
14. Merychippus

Protohippus-Gruppe
15. Protohippus
16. Callipus

Hipparion-Gruppe
19. Hipparion
20. Nannippus
21. Neohipparion
22. Cormohipparion

Equus-Gruppe
17. Astrohippus
18. Pliohippus
23. Dinohippus
24. Equus
25. Hippidon-Gruppe

Auch Grafiken und Tabellen können unterschiedliche Aussagen darstellen. Versuche, die beiden folgenden Grafiken zu interpretieren.

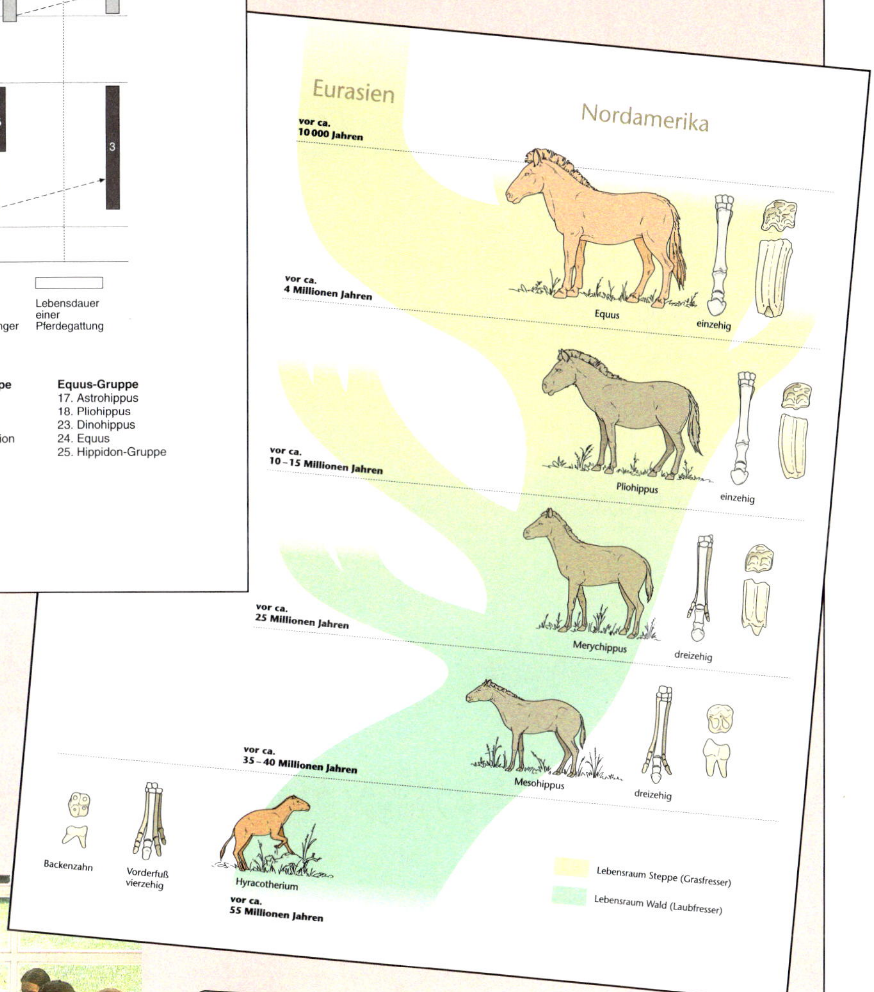

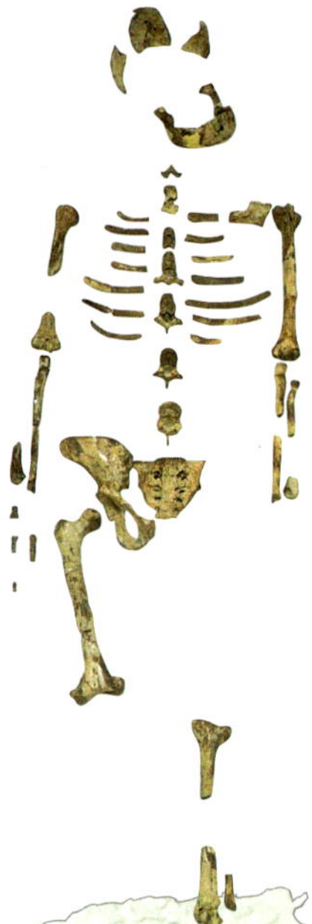

1 Gefundene Skelettteile von Lucy

Lucy – die Urmutter aus Afrika

Am 30. November 1974 ereignete sich eine Sensation: DONALD JOHANSON (*1943) und seine Mitarbeiter entdeckten in der Afar-Wüste in Äthiopien ein zu 40% erhaltenes Skelett eines **Hominiden**, also zu den menschenähnlichen Lebewesen gehörenden Lebensform. Die Freude war so groß, dass die Gruppe die halbe Nacht feierte und dabei immer den Song „Lucy in the Sky with Diamonds" von den Beatles spielte. In dieser Nacht wurde das Skelett, das wahrscheinlich von einer Frau stammt, „Lucy" getauft. Sie erhielt den wissenschaftlichen Namen **Australopithecus afarensis**. Ihr Alter wird auf ca. 3,2 Millionen Jahre geschätzt.

Nun versuchten Wissenschaftler, diesen Vorfahren des Menschen zu rekonstruieren (▷ B 3).

Lucy war etwa 1,10 m groß und konnte aufrecht gehen. Ihr Gesicht war affenähnlich mit einer niedrigen Stirn. Sie hatte kein Kinn, knochige Wülste über den Augen und eine flache Nase. Ihr Gehirnvolumen war mit 375 bis 550 cm^3 bereits größer als das des heutigen Schimpansen.

Diese Merkmale treffen weit gehend auf die gesamte Gruppe der Vormenschen zu. Vielleicht stellt die Gattung der Australopithecinen den Übergang vom Affen zum Menschen dar. Australopithecus kommt aus dem Griechischen und heißt so viel wie Südaffe. Die Australopithecinen lebten vor etwa 4,4 bis 1,8 Millionen Jahren in Afrika.

Ständig werden neue Funde gemacht, sodass Stammbäume des Menschen immer nur als vorläufig angesehen werden können. Alle Jahreszahlenangaben können immer nur als Richtwerte gelten, denn eine eindeutige Festlegung ist noch nicht möglich.

Auf zwei Beinen durch die Welt

Die Fähigkeit, auf zwei Beinen zu gehen, war wohl ein wesentlicher Schritt in der Evolution des Menschen. Die zweibeinige Fortbewegung brachte in der Steppe große Vorteile hinsichtlich der Sicherheit und des Jagderfolges.

Die Umstellung von der affenähnlichen Fortbewegung hin zum aufrechten Gang hat sicherlich mehrere Millionen Jahre gedauert, denn es waren tief greifende Umbildungen von Muskeln und Knochen notwendig.

In Tansania bei Laetoli fanden Wissenschaftler 1978 Fußspuren (▷ B 4), die ca. 3,6 Millionen Jahre alt sein dürften und eindeutig von aufrecht gehenden Vormenschen stammen.

> Der aufrechte Gang war ein wesentlicher Evolutionsfaktor auf dem Weg zum Menschen.
> Die frühesten Menschenfunde stammen aus Süd- und Ostafrika.

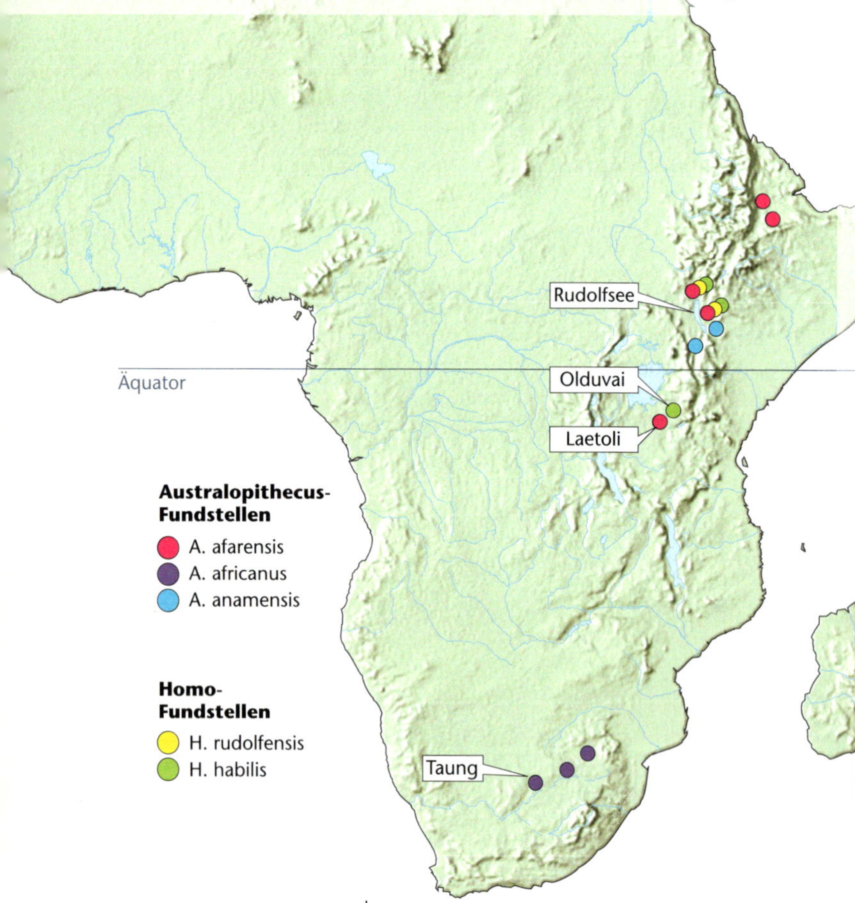

2 Fundstellen von Australopithecus

3 Australopithecus afarensis

4 Fußspuren von Laetoli

Ein weiteres Puzzleteil

Bereits 1924 fand Professor RAYMOND DART (1893–1988) den etwa 2,3 Millionen alten Schädel eines 4 bis 6 Jahre alten Jungen. Da der Fund in der Nähe der Stadt Taung in Südafrika gefunden wurde, erhielt er den Beinamen „Das Kind von Taung". Es ist größer als Lucy und hat bereits ein größeres Gehirn. Es wird zur Gruppe des **Australopithecus africanus** gerechnet. Diese lebte vor etwa 2 bis 3 Millionen Jahren in Südafrika.
Das Kind von Taung ist, nach Spuren an den Knochen zu schließen, gewaltsam ums Leben gekommen. Man kann vermuten, dass es von einem wilden Tier wie z. B. einem Leoparden getötet wurde.

Homo rudolfensis – der Mensch vom Rudolfsee

1972 wurde am Rudolfsee in Kenia der Schädel eines Hominiden gefunden.
Er lebte vor etwa 2,5 bis 1,9 Millionen Jahren im südöstlichen Afrika und unterschied sich in einigen Merkmalen von den Australopithecinen: Er war etwa 1,55 m groß und hatte ein Hirnvolumen von ca. 600 bis 800 cm^3. Er benutzte bereits einfachste Steinwerkzeuge.

1991 entdeckte der deutsche Forscher FRIEDEMANN SCHRENK (*1956) am Malawisee in Südafrika den Unterkiefer eines **Homo rudolfensis**. Einige Forscher meinen heute, dass der Homo rudolfensis das eigentliche Bindeglied zum heutigen Menschen sei. Der Mensch vom Rudolfsee scheint der erste Vertreter der Gattung Homo zu sein. Andere Wissenschaftler sind jedoch der Ansicht, dass Homo rudolfensis und Homo habilis den Australopithecinen noch näher standen als den Menschen.

Homo habilis – der geschickte Mensch

Auf die Gattung der Australopithecinen folgte die Gattung der Homo, was Mensch heißt.
Homo habilis und Homo rudolfensis sind die frühesten Arten dieser Gattung. 1960 entdeckten MARY (1913–1996) und LOUIS LEAKEY (1903–1972) in der Olduvai-Schlucht in Tansania Teile des Skeletts eines etwa 1,8 Millionen Jahre alten Hominiden, der höher entwickelt schien als die Australopithecinen. Da sie auch einfache Werkzeuge aus Stein fanden, erhielt der Fund den Namen Homo habilis, der geschickte Mensch.
Homo habilis lebte von ca. 2,5 bis 1,5 Millionen Jahren in Ostafrika. Sein Gehirnvolumen betrug zwischen 500 bis 800 cm^3.

Homo rudolfensis und Homo habilis sind wahrscheinlich die frühesten Menschen.

Aufgabe

1 Stelle in einer Tabelle die wesentlichen Unterschiede zwischen Australopithecus afarensis und Homo sapiens zusammen.

8 Steinwerkzeuge von Homo habilis

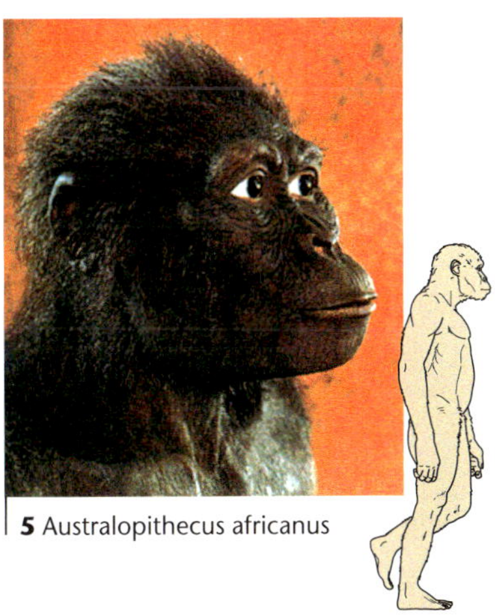
5 Australopithecus africanus

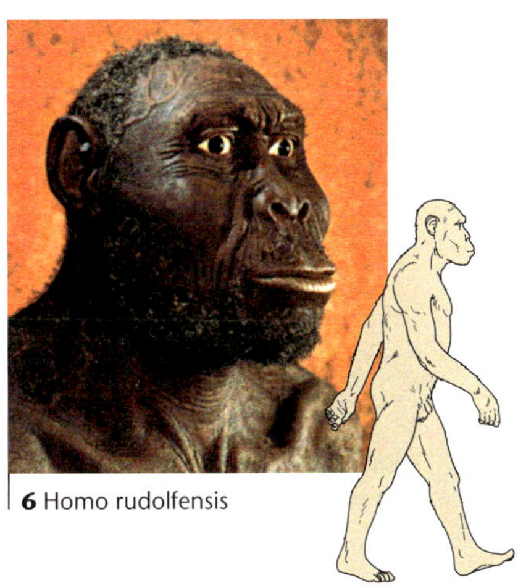
6 Homo rudolfensis

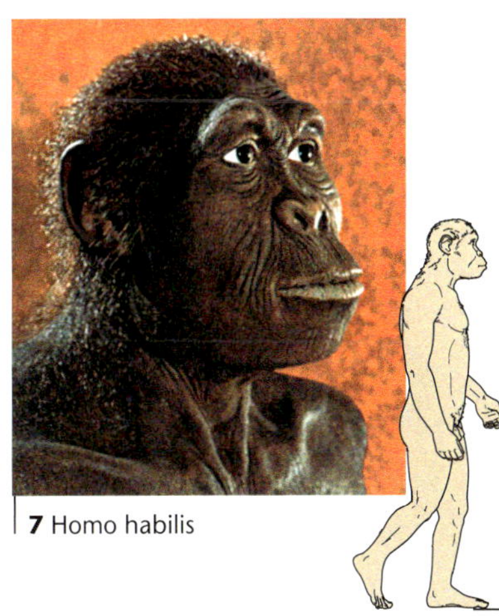
7 Homo habilis

Homo erectus – der erste richtige Mensch?

Homo erectus stellt die nächste und vielleicht bedeutendste Stufe in der Entwicklung zum heutigen Menschen dar. Am besten erhalten ist das Skelett eines wahrscheinlich 11-jährigen Jungen, der in den 80er Jahren in Nordkenia ausgegraben wurde. Der Fund ist etwa 1,6 Millionen Jahre alt und er ist das vollständigste Exemplar von Homo erectus, das bis heute bekannt ist. Sein Gehirnvolumen lag bei 880 cm^3 und kann damit für einen Erwachsenen auf ca. 950 cm^3 geschätzt werden. Der Junge wog wohl 48 kg und war bereits 1,60 m groß, was auf eine Erwachsenengröße von etwa 1,80 m schließen lässt. Also wesentlich größer als die bisherigen Hominiden. Homo erectus war wahrscheinlich der erste Hominide, der das Feuer beherrschte und Werkzeuge zum Zerlegen der Beute herstellte. Das relativ kleine Gehirn weist darauf hin, dass Homo erectus noch kein Mensch in unserem heutigen Sinne gewesen sein dürfte. Sprechen konnte er wohl ebenfalls noch nicht.

Homo erectus – der erste Auswanderer?

Eine Theorie besagt, dass der Homo erectus bereits von 1,8–1,4 Millionen Jahren als Erster aus Afrika ausgewandert ist. Funde in Georgien, China und Java belegen, dass Homo erectus in diese Gebiete vorgedrungen war.

Der Javamensch, der 1891 erstmals von dem Holländer DUBOIS (1858–1912) entdeckt wurde, zeigt, dass Homo erectus bereits bis Java gekommen war. Der Fund ist etwa 1,3 bis 1,4 Millionen Jahre alt.

Etwa 40 km von Beijing (Peking) entfernt, fand man Skelettteile, die etwa 500 000 bis 300 000 Jahre alt sein dürften und beweisen, dass Homo erectus auch diese Region bereits besiedelte. Der Pekingmensch gehört nämlich ebenfalls zur Homo erectus-Gruppe.

Wer war der erste Europäer?

In Europa gibt es keine sicheren Belege für eine Besiedlung, die älter als 780 000 Jahre ist. Diese älteste Fundstelle ist Gran Dolina in Spanien, die erst 1994 entdeckt wurde. Bis dahin galt der **Homo heidelbergensis** mit einem Alter von ca. 500 000 (700 000) Jahren zu den ältesten Zeugnissen menschlicher Besiedlung in Europa. 1907 wurde von Arbeitern einer Kiesgrube ein Unterkiefer gefunden (▷ B 11). Sie übergaben ihn dem Anthropologen SCHOETENSACK (1850–1912), der ihn als Kiefer eines Hominiden erkannte. Auch homo heidelbergensis wird der Gruppe der Homo erectus zugerechnet.

11 Kiefer Homo heidelbergensis

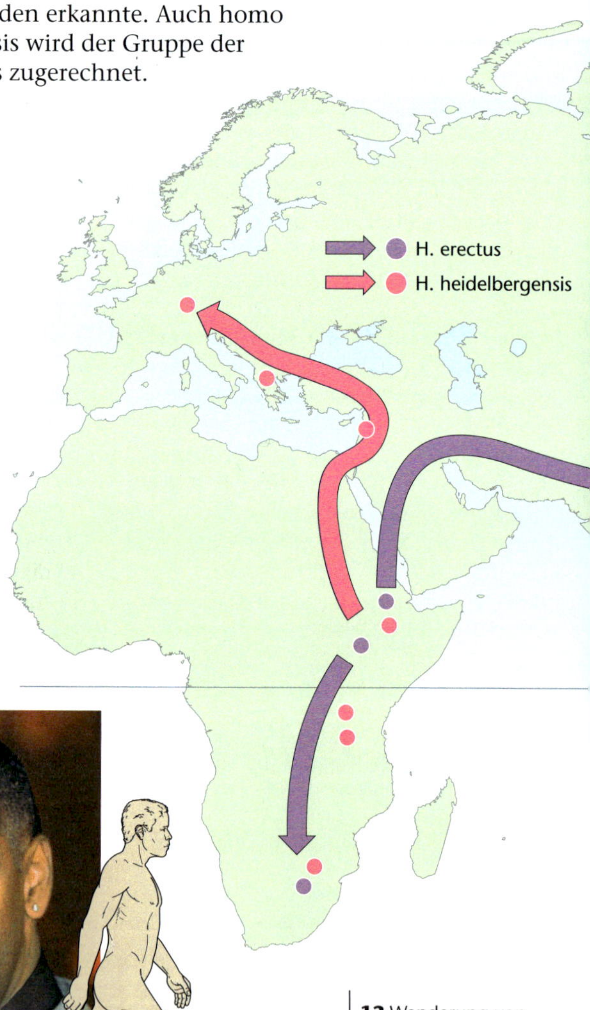

12 Wanderung von Homo erectus und Homo sapiens

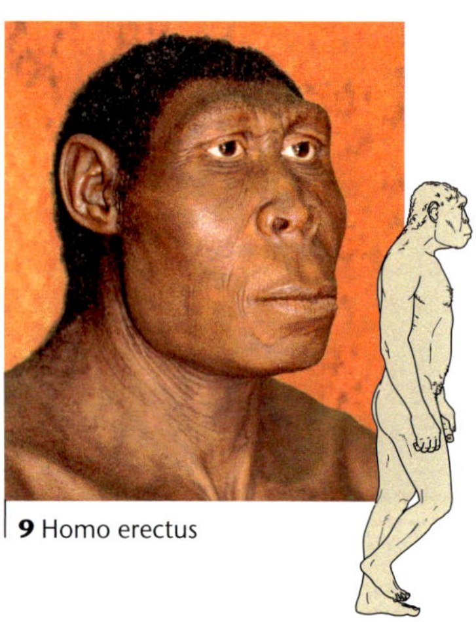

9 Homo erectus

10 Homo sapiens

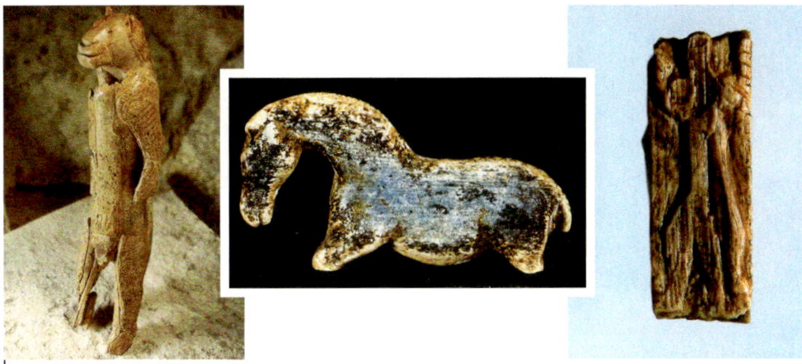

13 Kulturgegenstände von Cro-Magnon-Menschen

14 Lebensbild der Cro-Magnon-Menschen

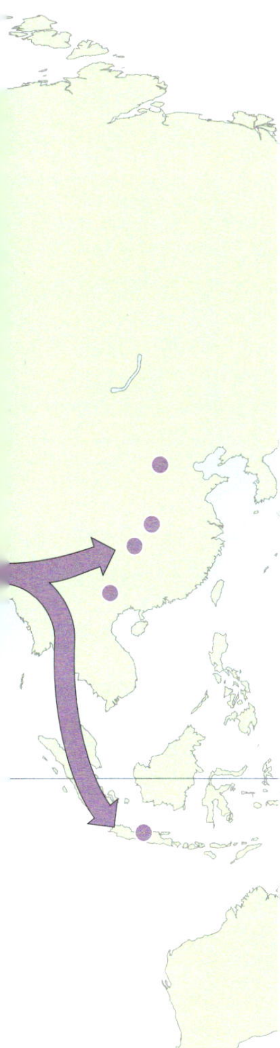

Auch Homo sapiens ist Afrikaner
Die ältesten Funde des modernen **Homo sapiens** (Homo sapiens = der wissende Mensch) stammen aus Afrika vor 120 000 Jahren. Einige Forscher datieren einen so genannten archaischen, also aus früherer Zeit stammenden, Homo sapiens auf ein Alter von 400 000 bis 200 000 Jahren. Der eigentlich moderne Mensch ist aber nur etwa 120 000 Jahre alt.

Auch Homo sapiens wanderte aus
Der älteste bekannte Beleg eines Homo sapiens außerhalb Afrikas wird um 1930 in der Quafzeh-Höhle in der Nähe des heutigen Nazareth gefunden. Das Alter des Fundes kann auf 100 000 Jahre festgelegt werden. Die ersten Homo sapiens lebten in einem Zeitraum von etwa 50 000 Jahren gleichzeitig mit dem **Neandertaler** in dieser Region. Der Neandertaler verschwand dann aus bis heute nicht erkennbaren Gründen.
Die ersten modernen Menschen zeigten alle Merkmale des heutigen Menschen. Das Gehirnvolumen beträgt ca. 1350 cm^3, die Stirn ist steil, die Überaugenwülste sind verschwunden, das Kinn ist vorstehend und das Skelett ist grazil. Er stellte bereits verfeinerte Werkzeuge und Schmuck her, schuf erste Kunstwerke in Höhlen und beerdigte seine Toten. Auch der Homo sapiens verbreitete sich über die Erde. Vor ca. 40 000 Jahren besiedelte der Homo sapiens Europa und drang auch in die übrige Welt vor.

▶ Auch der Homo sapiens hat vor etwa 120 000 Jahren von Afrika aus die übrige Welt besiedelt.

Die Künstler von Cro-Magnon
1868 fanden Arbeiter beim Bau einer Eisenbahnlinie bei Les Eyzies im Vezèretal in Südfrankreich die Skelette von drei Männern, einer Frau und einem Kind. Nach dem Fundort, dem Felsdach Cro-Magnon, nannte man diese Vorfahren Cro-Magnon-Menschen. Sie lebten als Sammler und Jäger und benutzten Felsvorsprünge und Höhlen als Wohnungen. Aber sie bauten auch bereits einfache Unterkünfte. Die Tier- und Pflanzenwelt war vielfältig und bot reichlich Nahrung. Mit Speeren und anderen einfachen Waffen gingen die Menschen auf die Jagd. Faszinierend sind die Kunstwerke, die sie in Höhlen und unter Felsvorsprüngen hinterließen. Sie malten die Tiere ihrer Zeit: Wisent, Auerochse, Hirsch und Steinbock. Aber auch die wilden Höhlenlöwen, Höhlenbären und Wollnashörner wurden abgebildet. Ähnliche Höhlenzeichnungen, die im Kaukasus gefunden wurden, lassen den Schluss zu, dass die Cro-Magnon-Menschen auch diese Gebiete bereits besiedelten.
Sie sind also unsere eigentlichen Vorfahren. Mit ihrer technischen und sozialen Überlegenheit verdrängten sie wahrscheinlich den zeitgleich mit ihnen in Europa und Palästina lebenden Neandertaler.

▶ Der eigentliche Vorfahre von uns heutigen Menschen ist der Cro-Magnon-Mensch, der vor etwa 40 000 Jahren in Europa erschien.

Aufgaben

1 Suche Informationen zum Cro-Magnon-Menschen und stelle das Lebensbild einer Sippe zusammen. Verwende dafür auch (▷ B 14).

2 Stelle eine Sammlung der Kunstwerke des Cro-Magnon-Menschen zusammen. Verwende dafür Kopien und Bilder aus dem Internet.

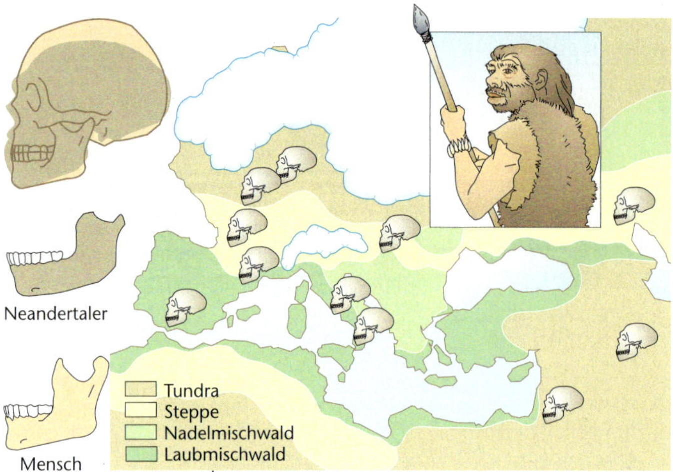

1 Würmeiszeit und Fundstellen von Neandertaler

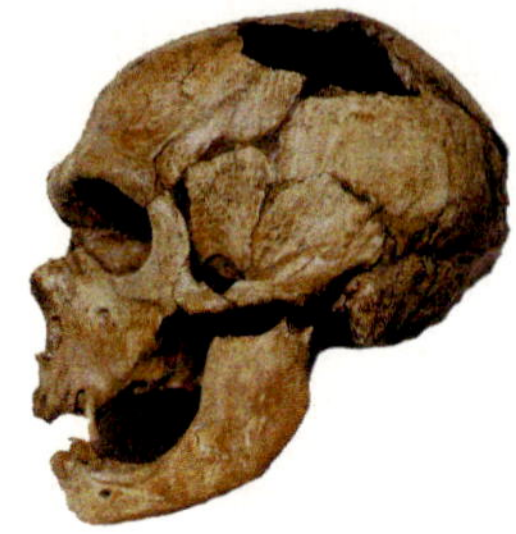

2 Schädel eines Neandertalers

Eiszeit

Es ist kalt in Europa. Die Würmeiszeit, die vor etwa 70 000 Jahren begann und bis vor 10 000 Jahren dauerte, ließ die Durchschnittstemperatur im Jahresmittel in Europa nur auf etwa 10° bis 12° C ansteigen (heute 17° bis 18° C). Eine Eisdecke bedeckte den gesamten Norden Europas und reichte fast bis ins heutige Ruhrgebiet; die Alpengletscher schoben sich bis weit ins Alpenvorland hinein (▷ B 1).
In dieser Zeit lebte der **Neandertaler**. Wegen der zahlreichen Funde wissen wir heute relativ genau über ihn Bescheid. Er lebte vor ca. 130 000 Jahren bis vor 30 000 Jahren in Europa, Vorderasien, Naher Osten (Israel) und bis nach Usbekistan.

3 Darstellung des Neandertalers um 1930

Der Verwandte aus dem Neandertal

1865 wurde im Neandertal bei Düsseldorf in der Feldhofer Höhle das erste Skelett eines Neandertalers gefunden. Der Fund erhielt später den Namen **Homo neanderthalensis**. Der Naturforscher und Lehrer JOHANN CARL FUHLROTT (1803–1877) war der Meinung, dass es sich bei dem Fund um einen sehr frühen Vorfahren des heutigen Menschen handeln müsse. Wie wir aber heute aus Untersuchungen der DNA wissen, war der Neandertaler nicht unser Vorfahre.

4 Fundstücke von Neandertaler

Er wurde lange unterschätzt

Der typische Neandertaler hatte große Augen und eine große breite Nase. Mit 1,60 m Körpergröße war er eher klein. Er wog durchschnittlich etwa 70 kg und war damit recht stämmig, mit starkem Knochenbau und kräftiger Muskulatur. Im Vergleich zum heutigen Menschen waren seine Arme länger und die Beine kürzer. Das Hirnvolumen war mit 1500 cm^3 größer als beim Homo sapiens. Die starken Überaugenwülste, die fliehende Stirn und das fliehende Kinn waren typische Schädelmerkmale des Neandertalers.
In Israel wurde das Skelett eines Neandertalers mit einem vollständig erhaltenen Zungenbein gefunden, das sich kaum von unserem heutigen unterscheidet. Daraus kann man schließen, dass der Neandertaler eine Vielzahl von Lauten hervorbringen konnte, was vielleicht bereits eine Art Sprache war.

Bei Neandertalers war das Leben hart

Viele der gefundenen Neandertalerskelette weisen Spuren von Verletzungen auf. Der bekannteste Fund dieser Art stammt aus der Shanidar-Höhle im Nordirak. Der Verstorbene hatte einen verletzten Schädel, sodass er wahrscheinlich auf einem Auge blind war. Arme und Beine waren mehrfach gebrochen und wieder verheilt. Ein Arm war völlig verkrüppelt. Dieser etwa 40-jährige Mann hatte wohl nur mit der Hilfe seiner Sippe überleben können. Dass ein so stark behinderter Mann noch längere Zeit leben konnte, zeigt, dass die Neandertaler wohl schon ein großes Zusammengehörigkeitsgefühl innerhalb der Sippe hatten. Andererseits war das Leben sicherlich auch geprägt von ständigen Kämpfen der Sippen untereinander. Die Jagd auf Tiere dürfte so gefährlich gewesen sein, dass dabei mancher Mann ums Leben kam oder schwer verletzt wurde. Sehr alt wurden die Neandertaler nicht. Die Forscher nehmen heute an, dass sie in der Regel nicht älter als 40 Jahre wurden.

5 Lebensbild vom Neandertaler, Rekonstruktion

6 Grab eines Neandertalers, Rekonstruktion

Technologie und Kultur
Die Werkzeuge des Neandertalers waren einfach aber wirkungsvoll. Geräte aus Stein hatten verschiedene Formen und dienten wohl verschiedenen Zwecken. Faustkeile, Schaber und Messer wurden für die verschiedensten Tätigkeiten gebraucht.
Es wurden Knochengeräte gefunden, die eine verfeinerte Technik zeigen. Auch Speere aus Holz für die Jagd konnte er herstellen.

Der späte Neandertaler hat auch Schmuckstücke angefertigt. Das zeigt, dass er ein ästhetisches Empfinden gehabt haben muss. Der Neandertaler war Nomade, der in Höhlen und unter Felsvorsprüngen lebte. Aber es gab bereits einfache Unterkünfte, die er selbst baute. In der Ukraine wurde eine Art Haus gefunden, das wahrscheinlich vom Neandertaler errichtet worden war. Dass er bereits Zelte besaß, dürfte als sicher gelten.

Der gläubige Neandertaler?
Ob der Neandertaler einen Glauben hatte und welcher Art dieser gewesen sein könnte, wissen wir nicht. Aber es gibt Indizien für eine Art Jenseitsglauben. Der Neandertaler bestattete seine Toten und legte Grabbeigaben in die Gräber.

In manchen Höhlen fand man Höhlenbärenschädel in besonderer Anordnung aufgereiht. Das lässt den Schluss zu, dass der Neandertaler so etwas wie Jagdriten vollzogen hat. Tiere wurden geopfert, um eine erfolgreiche Jagd zu haben.

Der Neandertaler lebte vor ca. 130 000 Jahren bis vor ca. 30 000 Jahren in Europa und dem Nahen Osten.
Er war ein kluger und geschickter Jäger, besaß ein ausgeprägtes Sozialverhalten und hatte wahrscheinlich eine Art Religion.

Das Ende des Neandertalers
Weshalb der Neandertaler vor ca. 30 000 Jahren von der Bildfläche verschwand, ist bis heute nicht restlos geklärt. Vor etwa 40 000 Jahren zog der moderne Homo sapiens in Europa ein. Wahrscheinlich eroberte er von Afrika ausgehend die gesamte Welt. Neandertaler und Cro-Magnon-Mensch lebten in Europa wahrscheinlich noch 10 000 Jahre nebeneinander. In dem Maße aber, wie der Cro-Magnon-Mensch sich ausbreitete, wurde der Neandertaler vermutlich verdrängt und starb schließlich aus.
Die genauen Ursachen des Aussterbens des Neandertalers sind allerdings noch nicht geklärt.

Als der Cro-Magnon-Mensch auftauchte, wurde der Neandertaler verdrängt und starb aus.

Aufgaben

1 Versuche, einen Tag im Leben einer Neandertalersippe zu beschreiben.

2 Fertigt gemeinsam ein Plakat mit den wesentlichen Aussagen zum Neandertaler.

Theoretische Verwandtschaft
In Fachbüchern, Zeitschriften und im Internet findet man immer wieder Stammbäume des Menschen veröffentlicht, die eindeutige Verwandtschaftsbeziehungen zwischen den einzelnen Vorfahren des Menschen zeigen.

Solche Veröffentlichungen spiegeln jedoch lediglich die Theorien wieder, die verschiedene Forschergruppen anhand der archäologischen Funde aufgestellt haben, um die Entwicklung des Menschen zu erklären. Die Richtigkeit ihrer Theorien können die Forscher bisher aber nicht beweisen, denn es ist bis heute nicht möglich, eindeutige Verbindungen zwischen den einzelnen Vorfahren herzustellen.
So können die Funde bisher lediglich nach ihrem Alter und ihrer Entwicklungshöhe geordnet werden.
Die Entwicklungshöhe lässt sich aus Übereinstimmungen ableiten, die ein bestimmter Skelettfund mit dem Körperbau des Homo sapiens hat. Auch die Herstellung und der Gebrauch von Werkzeugen sowie die Nutzung des Feuers lassen auf die Entwicklungshöhe schließen.

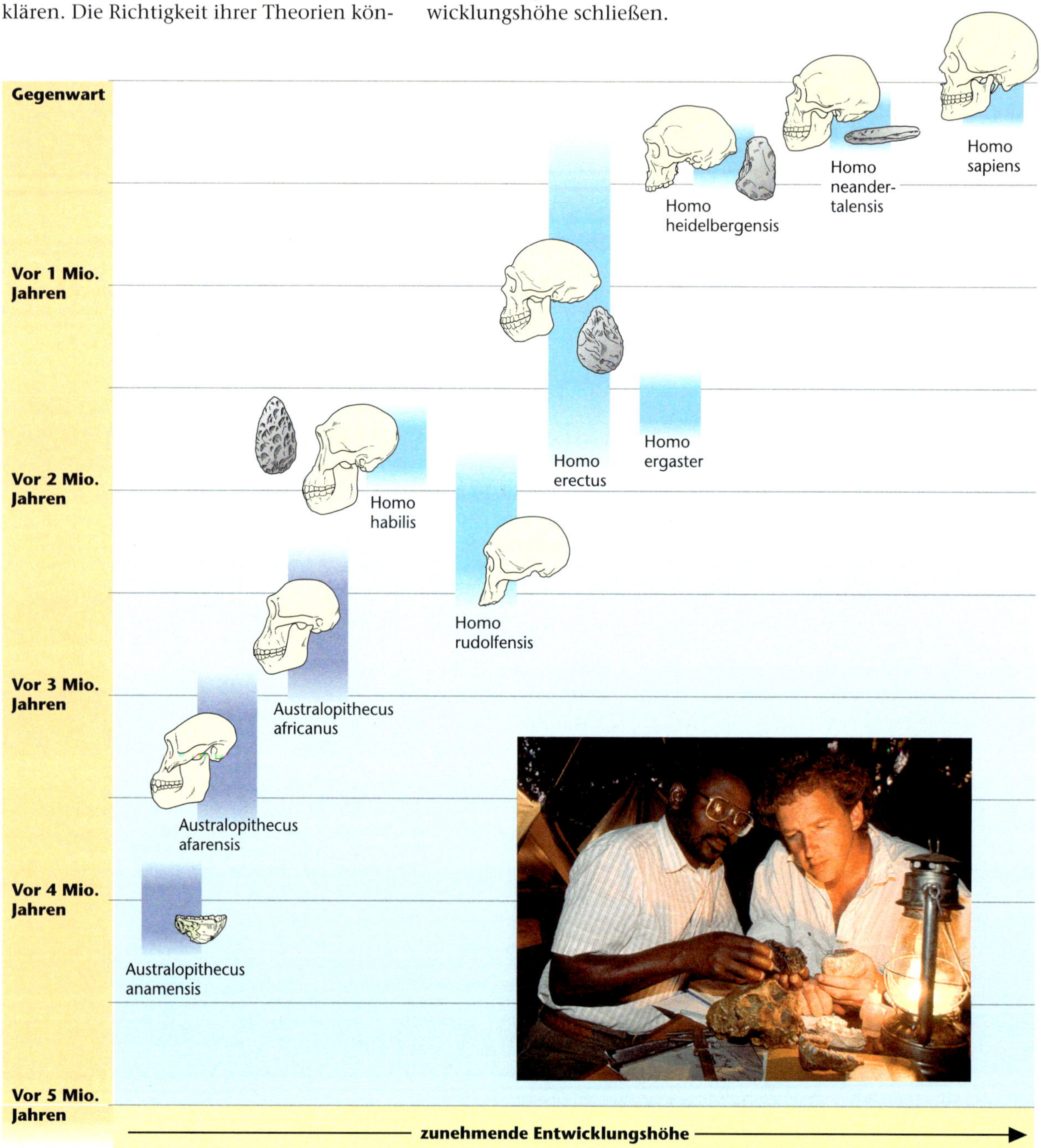

Die Kunst der Rekonstruktion

1 Am Fundort müssen die Knochen zunächst vorsichtig freigelegt werden. Nichts darf zerbrechen oder verkratzt werden. Nach dieser mühsamen Arbeit werden die Fossilien zu ersten Untersuchungen in ein nahes Labor gebracht.

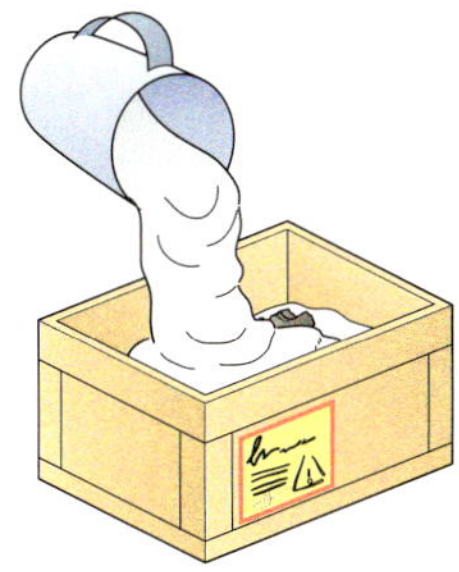

2 Dann wird alles fertig gemacht für den Transport in das Museum: zerbrechliche Teile gipsen Paläontologen vorsichtshalber ein, jedes einzelne Paket wird nummeriert und beschriftet.

3 Im Museum angekommen, wird die schützende Verpackung entfernt. Mit Spezialwerkzeugen, wie sie auch Chirurgen benutzen, werden die Fossilien präzise aus dem umgebenden Gestein herauspräpariert.

4 Um letzte Gesteins- oder Gipsreste zu entfernen, legt man die Fossilien manchmal auch kurz in ein Säurebad. Dabei darf die Oberfläche des Fossils nicht verletzt werden.

5 Anschließend werden die Knochen mit Hightech-Kameras aus verschiedenen Blickwinkeln fotografiert. Bis zu 200 000 Aufnahmen werden gemacht, die dann von einem Computer in ein 3-D-Bild umgesetzt werden.

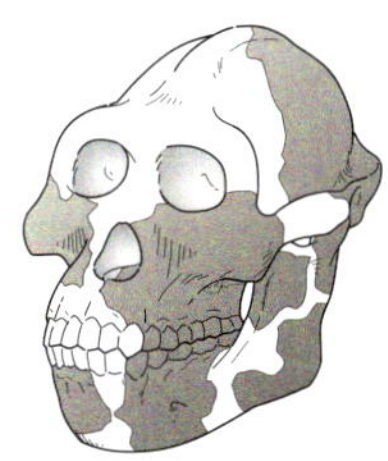

6 Mithilfe der Notizen vom Fundort werden die Teile zusammengesetzt. Da man nur selten ein komplettes, unbeschädigtes Skelett findet, muss man den Fund mit ähnlichen Skeletten vergleichen, um voranzukommen. Fehlende Teile werden dann aus Gips oder Kunststoff ergänzt.

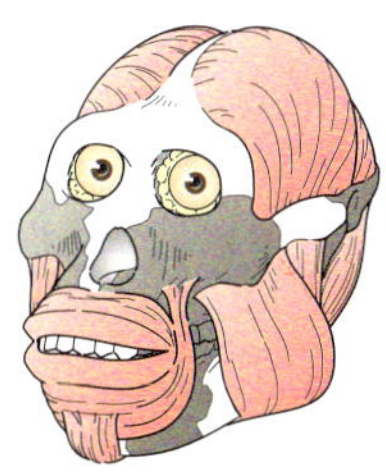

7 Um die Muskulatur zu rekonstruieren, sucht der Präparator nach Muskelansatzpunkten am Skelett. Mit einem komplizierten Berechnungssystem bestimmt er deren Größe. Dann modelliert er das Gewebe aus Ton oder Kunststoff nach.

8 Mit Plastilin gibt der Präparator dem Modell Haut und Gesicht.
Funde von Hautresten oder Haaren sind selten. So ist man bei der Rekonstruktion von Hautfarbe und Dichte der Behaarung z. T. auf Vermutungen angewiesen.

Einfach ist es nicht, ein Skelett aus fossilen Knochen zu rekonstruieren. Das erfordert wissenschaftliche Daten, Präzision und künstlerisches Geschick. Deshalb arbeiten bei der Rekonstruktion von Fossilien Wissenschaftler wie Paläontologen, Gerichtsmediziner und Präparatoren zusammen. Aber auch Modellierer und Maskenbildner werden hinzugezogen.
Ihre Arbeit besteht darin, die gefundenen Knochenstücke zu einem Ganzen zusammenzusetzen und das Lebewesen so zu rekonstruieren, dass wir es uns als lebendig vorstellen können.

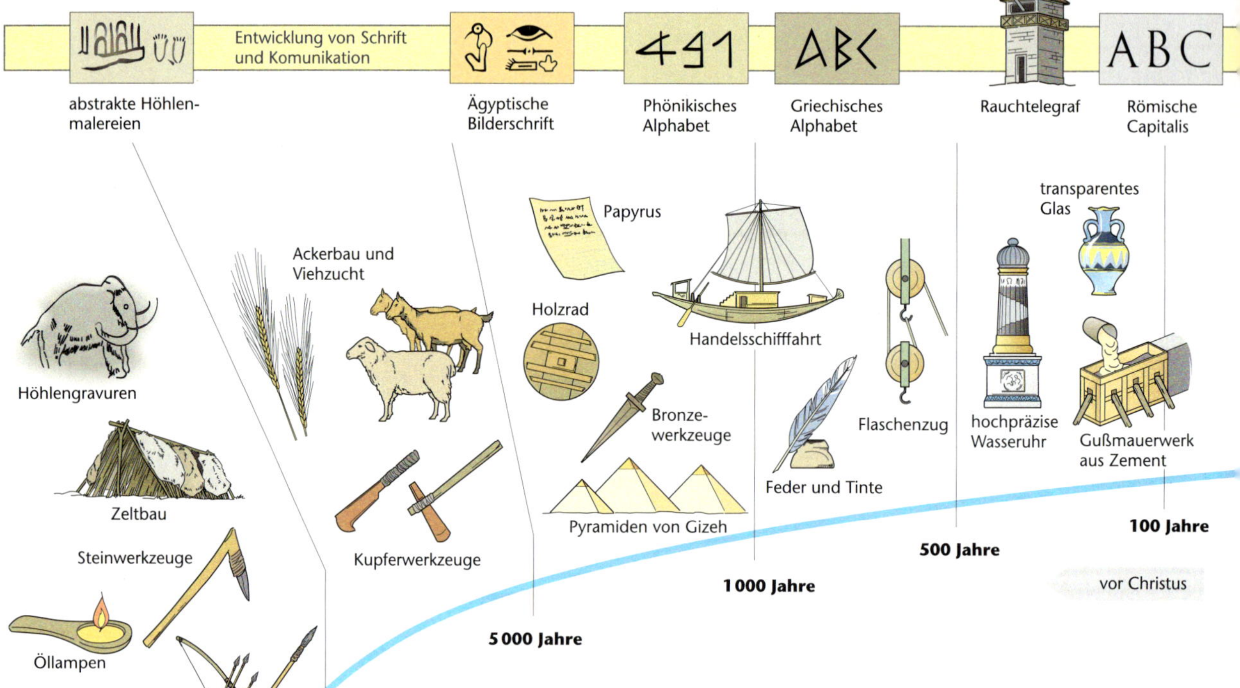

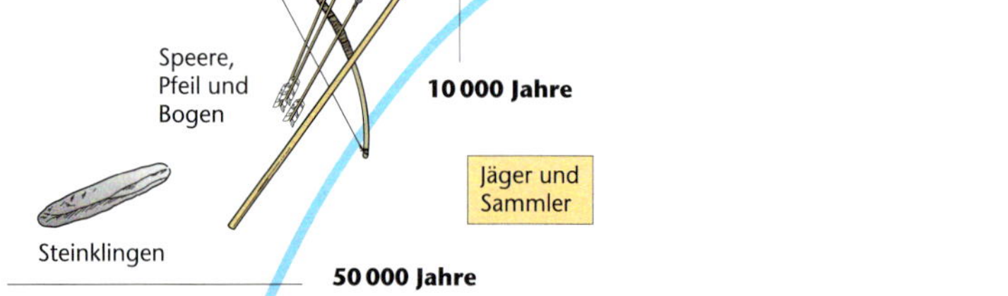

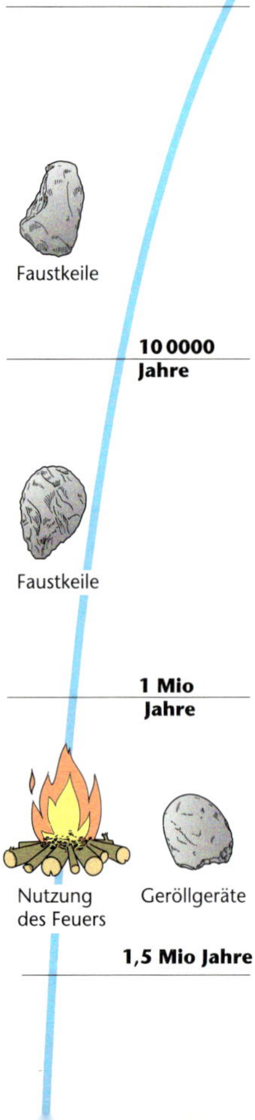

Und wo bleibt die Kultur?
Zur Kultur rechnen wir allgemein folgende Bereiche: Kunst, Wissenschaft, Technik, Moral und Religion.
Die kulturellen Leistungen des Menschen beruhen vor allen Dingen auf den Fähigkeiten seines Gehirns und der damit verbundenen sprachlichen Kommunikationsfähigkeit.

Ohne Feuer läuft fast nichts
In der Frühgeschichte der Menschheit, also beim Homo erectus war es vor allem die Beherrschung des Feuers und die Entwicklung der Werkzeuge, die ein besseres Überleben in einer feindlichen Umwelt garantierten.
Funde belegen, dass es bereits vor ca. 1,4 Mio. Jahren Lagerfeuer gab. Vor etwa 400 000 Jahren beherrschte der Mensch wahrscheinlich die Kunst des Feuermachens.

Religion entsteht
Mit dem Totenkult entwickelte sich bereits beim Neandertaler eine Art religiöse Vorstellung vom Leben und vom Tod.

Die ersten Künstler
Der Cro-Magnon-Mensch war zwar noch immer Jäger und Sammler, aber er begann bereits vor ca. 30 000 Jahren, Höhlen mit Jagdbildern zu versehen und Statuen zu schaffen.
Er begann Kleidungsstücke anzufertigen und schmückte sich und die Kleidung.

Waffen zum Überleben
Speere, Pfeil und Bogen als Jagd- und Kampfwaffen waren für das Leben in der damaligen Welt unerlässlich. Ab ca. 5 000 v. Chr. begann der Mensch Metall zu gewinnen und zu verarbeiten. Bessere Werkzeuge und Waffen waren die Folge.

Der Jäger und Sammler wird sesshaft
Durch die langsame Entwicklung von Ackerbau und Viehzucht vor ca. 12 000 Jahren begann ein grundlegender Wandel in der Lebensweise. Viele Menschen gaben das Nomadendasein auf und wurden sesshaft. Ab ca. 5 000 v. Chr. begannen die Menschen Städte zu bauen und eine konsequente Arbeitsteilung einzuführen.
Eine Folge davon war, dass die Bevölkerungszahl schnell anstieg und die Umwelt teilweise stark belastet wurde.

Gesundheit
Die Entwicklung der Impfung durch Edward Jenner (1749–1823) und Emil v. Behring (1854–1917) bewahrte viele Menschen vor gefährlichen Krankheiten.

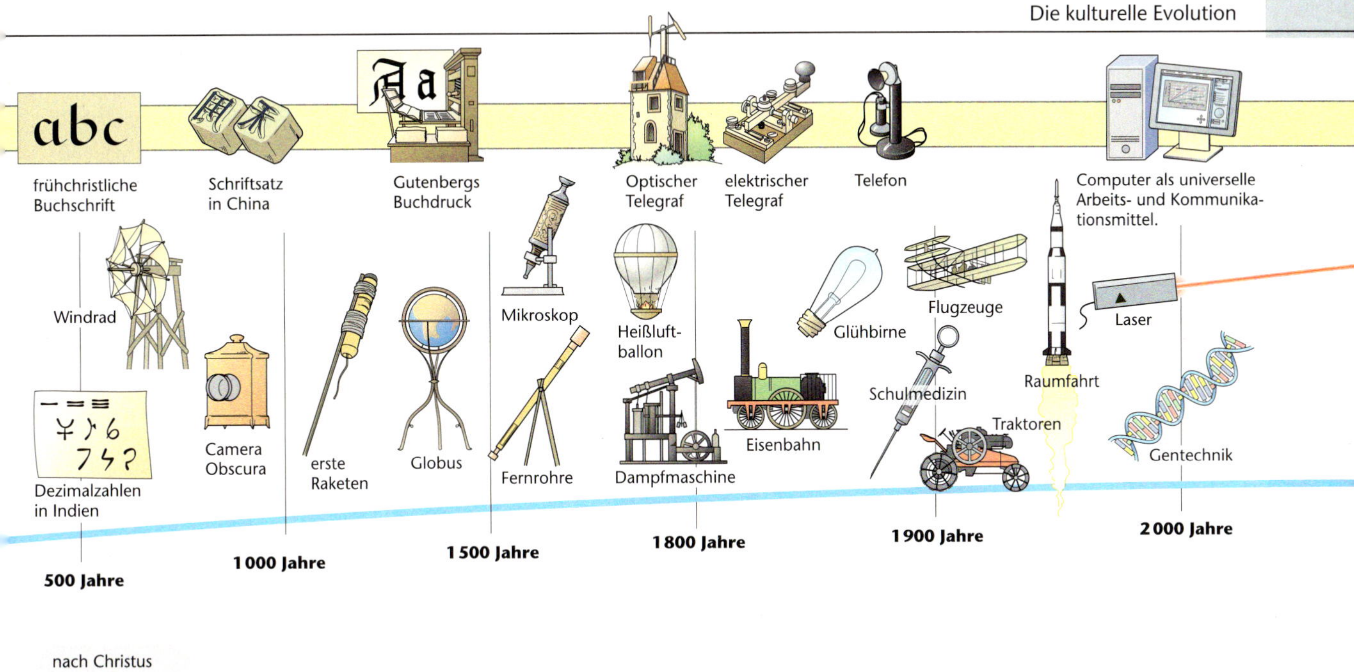

Als ALEXANDER FLEMING (1881–1944) das Penicillin entdeckte, konnten viele bisher tödliche Krankheiten geheilt werden.

Die Welt wird größer und kleiner

Als 1492 Amerika entdeckt wurde, konnten neue Besiedlungsräume erschlossen werden.
Der Suezkanal (1869) eröffnete neue Verkehrswege.
Als die Gebrüder WRIGHT 1903 das erste Motorflugzeug bauten, wurde die Welt schlagartig kleiner. Größere Entfernungen waren plötzlich kein Problem mehr.

Wir verlassen die Erde

1957 schießen die Russen den Sputnik-Satellit ins All und eröffnen damit die Eroberung des Weltalls. 1969 landete der erste Mensch auf dem Mond und zeigte damit, dass eine Besiedlung anderer Planeten einmal möglich sein könnte.

Moderne Technik macht das Leben leichter

Die Dampfmaschine von JAMES WATT (1736–1819) erleichterte den Menschen die schwere Arbeit in Fabriken und Bergwerken. 1866 ersetzt ALFRED NOBEL (1833–1896) das Schwarzpulver durch Dynamit und ermöglichte so ein einfacheres Sprengen von Fels. Damit wurde der Umgang mit Sprengstoff sehr viel ungefährlicher.
1879 wurde die Glühbirne entwickelt und brachte Licht in alle Städte und Wohnungen.

Mit Schreiben und Lesen zur Kultur

Als etwa ab 3000 v. Chr. die Schrift entwickelt wurde, war der Schritt zur modernen Kultur vollzogen. Die Geschichte der Menschen kann ab dieser Zeit aus schriftlichen Zeugnissen erschlossen werden. Man war nicht mehr auf die überlieferten Erzählungen angewiesen.
Die Erfindung des Buchdrucks mit beweglichen Lettern durch GUTENBERG (um 1400–1468) im Jahre 1445 machte es möglich, dass das Wissen in Buchform weit verbreitet werden konnte.

Totale Kommunikation

1989 wird das World Wide Web vorgestellt und ermöglicht damit eine unbegrenzte Kommunikation rund um die Welt.

Immer jung und gesund?

Die Gentechnologie zeigt immer neue Möglichkeiten, Leben gezielt zu schaffen und zu verändern. Ob die Menschen die Gentechnologie zum Nutzen oder Schaden für uns alle einsetzen werden, kann erst die Zukunft zeigen.

Aufgaben

1 Stelle in einer Tabelle die wichtigsten biologischen Entdeckungen und Erfindungen der letzten zehn Jahre zusammen.

2 Stelle in einer Präsentation (Computer oder Plakate) weitere Meilensteine der kulturellen Evolution zusammen.

Alle heute auf der Erde lebenden Menschen gehören zur gleichen Art: Homo sapiens. Trotzdem gleicht kein Mensch genau dem anderen. Es gibt aber Ähnlichkeiten, die offensichtlich abhängig von der geografischen Region sind, in der die Menschen leben oder aus der sie stammen.

Was haben wir gemeinsam?

Wir wissen durch Forschungsergebnisse der Evolution und der Genetik, dass alle heute lebenden Menschen einen gemeinsamen Ursprung haben und in wesentlichen Merkmalen übereinstimmen. Alle Menschen sind untereinander fruchtbar und bringen nach gleicher Schwangerschaftsdauer fruchtbare Nachkommen zur Welt. Skelett, Muskulatur und Gehirn sind gleich aufgebaut. Alle Menschen verfügen über die gleiche Anzahl an Chromosomen, außerdem stimmen Blut- und Serum-Eigenschaften überein.

Was unterscheidet uns?

Im Laufe der Evolutionsgeschichte hat es jedoch verschiedene Anpassungen an die jeweiligen Lebensumgebungen gegeben. Ein typisches Merkmal, in dem wir Menschen uns unterscheiden, ist die Hautfarbe. Sie steht mit der UV-Strahlung in Zusammenhang. Die Bewohner Afrikas sind durch ihre dunkle Haut viel wirkungsvoller vor der Sonne geschützt als die Bewohner Europas. Hätten Europäer eine dunkle Haut, könnte die schwache UV-Strahlung in den nördlichen Regionen nicht tief genug in die Haut eindringen, um dort die Vitamin D-Produktion anzuregen.
Auch in anderen Körpermerkmalen können sich Menschen, die in verschiedenen geografischen Regionen der Erde leben, unterscheiden. So findet man in Skandinavien zurzeit noch mehr blonde und blauäugige Menschen, während in Südeuropa dunkle Augen und schwarzes Haar vorherrschen.
Vermutlich wird es aber zukünftig immer weniger Menschen geben, die eindeutig einem geografischen Gebiet zugeordnet werden können. Die Globalisierung der Wirtschaft, Migration und auch der Massentourismus führen die Menschen heute viel stärker zusammen als noch vor einigen Jahrzehnten. Das führt auch zu einer Durchmischung der Gene.

Fremdenfeindlichkeit

Unterschiede in den geistigen Fähigkeiten bei Menschen unterschiedlicher Herkunft zu vermuten, ist biologisch unhaltbar. Trotzdem wurde immer wieder behauptet, es gäbe Menschen von höherem und geringerem Wert. Beispiele dafür waren das Sklaventum in den Südstaaten der USA, die Judenverfolgung im Dritten Reich und die Apartheid in Südafrika. Unterschiede, die auch heute noch aufgrund der Zivilisationsentwicklung auftreten, haben keine biologischen, sondern gesellschaftliche Ursachen.

Aufgaben

1 Versuche zu erklären, warum sich die Ausprägung der Hautfarbe nicht mehr streng nach den Breitengraden richtet.

2 Diskutiert über den Ausspruch „Im Grunde genommen sind wir alle Afrikaner."

„Der Mensch ist einer der erfolgreichsten Teilnehmer am Spiel des Lebens und er bestimmt in zunehmen dem Maße selbst, wie lange er daran teilnimmt."

Ein Gespräch über die Zukunft
Im letzten Jahrzehnt des 19. Jahrhunderts trafen sich in New York die klügsten Köpfe der Nation zu einem Gespräch über die Zukunft des 20. Jahrhunderts. Vom Fortschritt der Technik erwarteten sie sich ein wahres Paradies und die Lösung vieler Probleme. Manche Voraussagen trafen ein: der Siegeszug der Elektrizität und die weltweite Mobilität. Andere Prognosen entpuppten sich als naive Wunschvorstellungen: dass die Menschen über 100 Jahre alt, alle Krankheiten geheilt und die Umweltverschmutzung verschwinden würden.

Die Uhr tickt schneller
Heute – zu Beginn des 21. Jahrhunderts – wissen wir, dass die Zukunft des Lebens nicht so leicht vorauszusagen ist. Eins ist aber klar: die Entwicklung wird immer schneller voranschreiten. Für den Schritt des Lebens vom Meer auf das Land brauchte die Evolution etwa eine Milliarde Jahre, der Siegeszug der Sprache dauerte weniger als eine Million Jahre, die Entschlüsselung des menschlichen Genoms keine 20 Jahre und das Internet entwickelte sich explosionsartig in nur 10 Jahren. Die Zeiträume der Evolution sind lang, technischer Fortschritt entwickelt sich stürmisch.

Der Zukunftsforscher und Science-Fiction-Autor Isaac Asimov antwortete auf die Frage, wie viele Menschen die Erde ernähren könne, mit der Gegenfrage: „Bei welchem Stand der Würde?"

Die Gentechnik beherrscht die Evolution
Zukunftsforscher gehen mit Sicherheit davon aus, dass wir in einigen Jahrzehnten viel stärker am Erbgut des Menschen manipulieren werden. Dann wird die genetische Technik so weit fortgeschritten sein, dass der normale Evolutionsprozess praktisch bedeutungslos geworden ist. Das bedeutet für die Art „Homo sapiens", dass die Technik mehr und mehr Herrschaft über die biologische Welt gewinnen wird. Die Menschen der Zukunft werden voraussichtlich langlebiger und widerstandsfähiger sein. All das ist aber eine Folge technischer Eingriffe und hat nichts mit Evolution zu tun.

Ein Interview mit der Futuristin (Zukunftsforscherin) Annie Macbeth (*1946)

Wie wird man Futuristin?
Annie: Dieses Fach wird bereits an vielen Universitäten als Studiengang angeboten.

Was sagen Sie für das 21. Jahrhundert voraus?
Annie: Futuristen bezeichnen das 21. Jahrhundert als das Jahrhundert der Heilung, des Weiblichen und der Pazifik-Region. Das bedeutet, dass wir in den nächsten Jahrzehnten die Ausrottung vieler heute noch tödlicher Krankheiten erwarten. Dann wird es ein Umdenken im Gebrauch des Gehirns geben: wir werden vom linearen Denken viel mehr zum vernetzten Denken übergehen, also mehr die rechte, „weibliche" Gehirnhälfte nutzen.
Außerdem wird die asiatische Region in den nächsten Jahrzehnten an Bedeutung gewinnen, die europäische Kultur wird an Einfluss verlieren.

Gibt es Schlüsselbegriffe, die für uns in Zukunft wichtig sein werden?
Annie: Ja – Verantwortung und Würde.

„Das Gedächtnis der Erde ist lang und geduldig und darf nicht unterschätzt werden. Kleine Sünden werden sofort bestraft, größere erst später."

Aufgaben

1 Wie stellst du dir deine Zukunft vor? Schreibe einen Text, der mit den Worten beginnt: „Im Jahr 2050 …"

2 Was ist mit den Schlüsselbegriffen „Verantwortung und Würde" gemeint?

Schlusspunkt

Die unendliche Geschichte der Evolution

1 Fossil

Fossilien geben Auskunft
Fossilien sind Überreste ausgestorbener Lebewesen. Leitfossilien sind charakteristisch für eine bestimmte Epoche der Erdgeschichte. Fossilien entstehen auf verschiedene Weise: Versteinerungen, Abdrücke, Inkohlung, Mumifizierung.

Das Alter von Fossilien
Geologen ermitteln das Alter von Fossilien nach der relativen und der absoluten Altersbestimmung.
Die Radiocarbon-Methode (^{14}C-Methode) beruht auf der Messung des Zerfalls der in Fossilien enthaltenen Isotope des Kohlenstoffs.

Die Entwicklung des Pferdes
Die Entwicklungsgeschichte der Pferde begann vor etwa 55 Millionen Jahren. Das ca. fuchsgroße Eohippus (Hyracotherium) entwickelte sich im Laufe von Millionen von Jahren über viele Zwischenstufen zu unserem heutigen Pferd, dem Equus.

2 Urpferd

3 Heutiges Pferd (Equus)

Die Entstehung des Universums
Die Theorie des „Urknalls" ist eine Erklärung für die Entstehung und Entwicklung des Universums.
Sie besagt, dass unser Universum vor ca. 15 Milliarden Jahren entstand und sich seitdem immer weiter ausdehnt.

4 Dr. Miller

Die Ursuppe des Dr. Miller
In einem Simulationsexperiment stellte Dr. Miller eine „Modell-Ursuppe" her. In dieser befanden sich einfache Grundbausteine wie Aminosäuren, Carbon- und Fettsäuren sowie Zuckermoleküle.

Die Entwicklung des Lebens auf der Erde
Die Erde ist ca. 4 bis 6 Milliarden Jahre alt. Die ersten primitiven Lebensformen entwickelten sich vor ca. 3,5 Milliarden Jahren. Vor etwa 400 Millionen Jahren besiedelten die ersten Pflanzen die Kontinente. Vor etwa 300 Millionen Jahren lebte Ichthyostega, das erste vierbeinige Tier, das amphibisch lebend, das Land eroberte.

Bedeutende Evolutionsforscher
- Carl von Linné (1707–1778)
- Georges Baron de Cuvier (1769–1832)
- Jean Baptiste de Lamarck (1744–1829)
- Charles Robert Darwin (1809–1882)

Evolutionstheorie von Darwin
Die Evolutionstheorie von Darwin besagt, dass Mutation und Selektion die treibenden Faktoren der Evolution seien. Neben Mutation und Selektion ist auch die Isolation ein wesentlicher Faktor für die Entstehung neuer Arten. Als Art bezeichnen Biologen Lebewesen, die unter natürlichen Bedingungen fortpflanzungsfähige Nachkommen zeugen können.

Indizien für die Richtigkeit der Evolutionstheorie sind:
- Homologe Organe
- Übergangsformen
- Lebende Fossilien
- Rudimentäre Organe
- Atavismen
- Eiweißverwandtschaften
- Ähnlichkeit der Wirbeltierembryonen

Der Ursprung des Menschen in Afrika
Den Übergang vom Tier zum Menschen dürften, nach bisherigen Erkenntnissen, die Australopithecinen darstellen. Die berühmteste Vertreterin ist Lucy, die vor ca. 3,2 Millionen Jahren lebte. Die frühesten Menschen sind wohl Homo rudolfensis und Homo habilis.
Zur Evolution der Hominiden werden immer wieder neue Funde gemacht, sodass oftmals die Aussagen über verwandtschaftliche Beziehungen korrigiert werden müssen.

Cro-Magnon-Mensch und Neandertaler
Der eigentliche Vorfahre des heutigen Menschen ist der Cro-Magnon-Mensch, der vor ca. 40 000 Jahren in Europa erschien. Der Neandertaler wurde wahrscheinlich vom Cro-Magnon-Menschen verdrängt und starb vor ca. 30 000 Jahren aus. Die genaue Ursache des Aussterbens des Neandertalers ist noch nicht geklärt.

5 Homo sapiens

Der Stammbaum des Menschen

Der Stammbaum des Menschen ist noch immer nur ein vorläufiger, denn ständig werden neue Funde gemacht.

Die kulturelle Evolution

Die kulturelle Evolution ist das Ergebnis menschlichen Geistes und vor allem der Fähigkeit zur Kommunikation.
Die kulturelle Revolution begann wohl mit der Beherrschung des Feuers durch den Menschen.

Der vielfältige Mensch

Alle Menschen gehören zur gleichen Art: Homo sapiens. Sie stimmen in wesentlichen Merkmalen überein, jedoch gibt es geografisch bedingte Anpassungen.
Die Zukunft des Menschen wird weniger von der Evolution als durch technische Eingriffe in das menschliche Erbgut bestimmt.

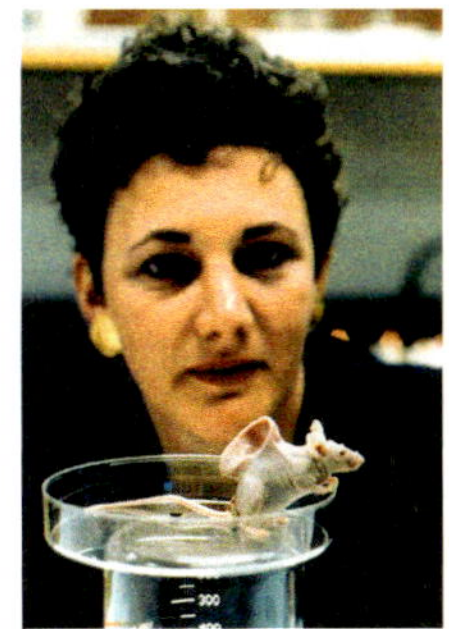
6 Leistungen der Gewebetechnik

Aufgaben

1 Weshalb sind Ammoniten so wichtige Leitfossilien?

2 Nenne Gründe, weshalb die relative Altersbestimmung recht ungenau ist.

3 Bei der Radiocarbon-Methode greifen physikalische und chemische Verfahren ineinander. Begründe.

4 Vergleiche in einer Tabelle die Anpassungen von Eohippus und Equus an den Lebensraum.

5 Welche grundsätzlichen Anpassungen brauchten Tiere, die das Land besiedelten?

6 Stelle in einer Tabelle physikalische, chemische und biologische Evolution einander gegenüber.

7 Vergleiche die Uratmosphäre mit unserer heutigen.

8 Wieso kann man Züchtung als künstliche Evolution bezeichnen?

9 Weshalb geben homologe Organe Aufschluss über die Evolution?

10 Fertige eine Tabelle, in der du die wesentlichen Anpassungen der Darwinfinken an den Lebensraum zusammenstellst.

11 Rabenkrähe und Nebelkrähe sind während der letzten Eiszeit räumlich voneinander getrennt worden. Sie entwickelten sich verschieden. Heute gibt es Gebiete, in denen beide Vögel vorkommen und sich auch paaren können. Kann man hier von einer Artbildung sprechen? Begründe.

12 Ein Wissenschaftler schreibt ein neues Werk über die Wirbeltiere. Würde er Archaeopteryx bei den Vögeln oder bei den Reptilien einordnen? Begründe.

13 Stelle das Lebensbild eines Schnabeltieres zusammen. Informiere dich hierfür in Büchern oder im Internet.

14 Weshalb kann man behaupten, dass der Neandertaler nicht unser direkter Vorfahre ist?

15 Vergleiche den Stammbaum des Menschen in diesem Buch mit Stammbäumen aus anderen Quellen. Wie unterscheiden diese sich? Überlege, weshalb man heute vorsichtiger ist, mit dem Erstellen von Stammbäumen.

16 Wird in Zukunft die Gentechnik den Evolutionsprozess bedeutungslos machen? Begründe deine Meinung.

17 Es wird behauptet, dass es in 100 Jahren keine blonden, blauäugigen Finnen mehr geben wird. Nimm zu dieser Aussage Stellung.

7 Finnischer Junge

8 Neandertaler

Ökologisch denken
– nachhaltig handeln

Kein Lebewesen existiert für sich allein. Jedes Tier und jede Pflanze ist auf die Wirkung der Umwelt angewiesen und selbst ein Teil von ihr.
Das komplizierte Netz von Beziehungen zwischen den Lebewesen und ihrer Umwelt darf der Mensch nicht zerstören. Er muss es nachhaltig schützen.

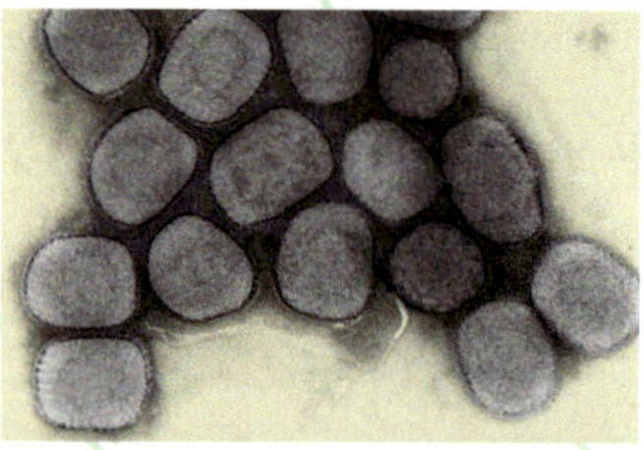

In Australien experimentierte man in den 30er-Jahren mit einem Virus, das die dortige Kaninchenplage beenden sollte. Die durch das Virus ausgelöste Krankheit Myxomatose vernichtete über 90% des Kaninchenbestandes.
Durch eine Unachtsamkeit gelangte 1953 das Virus nach England. Als die Zahl der Kaninchen dort auch zurückging, begann das Gras, das die Tiere geknabbert hatten, verstärkt zu wachsen. Die Sonne konnte nun nicht mehr zum Boden durchdringen, die Bodentemperatur sank. Das hatte Auswirkungen auf die dort lebenden Ameisen, viele starben. Doch ohne Ameisen als Nahrung konnte ein sehr schöner Schmetterling, der Gemeine Bläuling, nicht leben. Er starb Ende der siebziger Jahre auf der Insel aus.

Wechselwirkungen zwischen Tieren und Pflanzen und ihre Abhängigkeit von der Umwelt kann man an vielen Stellen in der Natur beobachten, auch direkt vor unserer Haustür: im heimischen Wald.

Versuch

1 Fülle ein Marmeladenglas zu drei Vierteln mit abgestandenem Wasser. Gib einige Wasserpestzweige und eine Wasserschnecke hinein. Verschließe das Glas und stelle es an einen hellen Ort. Beobachte den Versuch über mehrere Wochen und protokolliere.

Der Wald ändert sein Gesicht
Wenn wir durch die Wutachschlucht wandern, ein bekanntes Naturschutzgebiet im Süd-Schwarzwald, können wir den Einfluss des Klimas und des unterschiedlichen geologischen Untergrunds auf die Pflanzengesellschaften sehen.
Die Standorte der Pflanzen reichen von extrem nass bis zu extrem trocken.

Die Pflanzenwelt der Flussaue
Die von Hochwasser überschwemmte Flussaue bietet mit ihrem nährstoffreichen Boden einer üppigen Kraut- und Staudenflora Lebensraum.
Dieses Hochwasser kann neue Kiesinseln aufschütten, auf denen sich zuerst das Barbarakraut ansiedelt.
Auf älteren, gefestigten Kiesbänken kommt die in großen Mengen auftretende Pestwurz vor. Die Verfestigung der Kiesbänke erfolgt durch Weidengebüsche, die sich aus Grauweide und Bruchweide zusammensetzen.
Auf den höher gelegenen Auen gedeiht die Grauerle, ein typischer Baum der Wutachschlucht. Die Grauerlenwälder werden bei Hochwasser überschwemmt, wie man an Stämmen und Ästen hängendem Reisig erkennen kann. An besonders hoch gelegenen Teilen der Aue begleiten Bergahorn und Buche die Grauerle – sozusagen als Übergang zu den Wäldern der Hänge.

Die Pflanzenwelt der Hänge
Die Hänge sind die Standorte buchen- und ahornreicher Laubmischwälder. Die verbreitetste Waldgesellschaft der nach Süden ausgerichteten Wutachhänge ist der Ahorn-Linden-Wald. Er liebt warme, nicht zu trockene, steile Hänge. Sommerlinde, Bergahorn und Spitzahorn herrschen in der Baumregion vor.
Unter dem lichten Schirm der Bäume breitet sich eine reiche Strauchschicht aus wolligem Schneeball, Liguster, Berberitze und Weißdorn als undurchdringliches Dickicht aus.

Tannen-Buchen-Wald

Grau-Weide

Ahorn-Linden-Wald

Bruchweide

Pestwurz

Barbarakraut

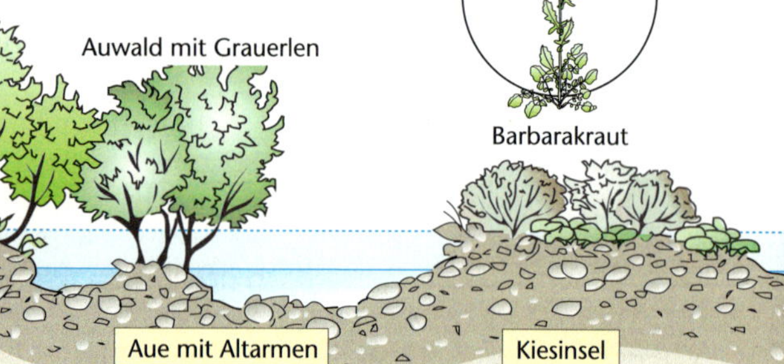

An den schattigen, feuchten Nordhängen der Muschelkalkschlucht wächst der artenreiche Ahorn-Eschen-Schluchtwald. Märzenbecher und Bärlauch überziehen im Frühjahr den Waldboden.
Auf den flachgründigen Felsköpfen der Wutachschlucht wachsen vereinzelt Kiefern.

Auf der Hochfläche
Verlassen wir die Schlucht und kommen auf die weite Hochfläche der Baar, so haben wir ein völlig anderes Vegetationsbild vor uns: ausgedehnte Tannen-Buchen-Wälder bestimmen das Landschaftsbild. Neben Tanne und Fichte findet sich hier auch die so genannte Schwarzwaldhöhenkiefer.

Die Wutachschlucht – ein Paradies für Pflanzen
Bereits 1939 wurde die Wutachschlucht zum Naturschutzgebiet erklärt. Hier wachsen von den 2800 in Süddeutschland bekannten Farn- und Blütenpflanzen allein 1200 Arten. Berühmt ist die Wutachschlucht durch ihre reiche Orchideenflora. Wer hier unsere schönste Orchidee, den Frauenschuh, finden will, sucht an den lichten Stellen unter Kiefern und Fichten. Aber auch Waldhyazinthe, Türkenbund und Seidelbast sind typische Pflanzen der Wutachschlucht.

Es gibt noch andere Waldgesellschaften
Es gibt in Mitteleuropa noch viele weitere Waldgesellschaften. Der Moos-Kiefernwald trockener Böden und der Erlen-Bruchwald ständig nasser Böden sind nur zwei weitere Beispiele.

Boden, Wasserversorgung, Licht und Klima entscheiden über die Zusammensetzung der Waldgesellschaften.

Ahorn-Eschen-Wald

Wutachaue

Frauenschuh

Seidelbast

Märzenbecher

1 Bodenprofil

Boden und Licht bestimmen den Waldtyp

Die Bodeneigenschaften bestimmen ganz wesentlich, welche Pflanzenarten in einem Wald vorkommen können. So kann die Wald-Kiefer mit ihrer langen Pfahlwurzel auf mineralstoffarmen, trockenen Sandböden gut wachsen. Die Rotbuche wird man hier jedoch vergeblich suchen. Sie meidet trockene, aber auch extrem nasse Standorte. Auf dem Kalkstein der Mittelgebirge ist sie dagegen die häufigste Baumart.

Mithilfe eines **Bodenprofils** (▷ B 1) können wir den Waldboden genauer beurteilen. Dazu wird eine Grabung bis in etwa 1 m Tiefe angelegt und eine Wand sorgfältig mit dem Spaten geglättet. Jetzt sind einzelne Bodenschichten, die **Bodenhorizonte**, erkennbar. Sie wurden über mehrere Jahrtausende abgelagert. Fachleute können daran erkennen, wie diese Schichten entstanden sind. Das Bodenprofil lässt meistens drei Haupthorizonte erkennen, die mit den Buchstaben A bis C bezeichnet werden. Ein **dunkler Humushorizont (A-Horizont)** bildet den Oberboden, in dem sich abgestorbene und zersetzte Pflanzenteile befinden. Darunter liegt ein hellerer **Verwitterungshorizont** (B), der aus dem **Untergrund** (C) entstanden ist.

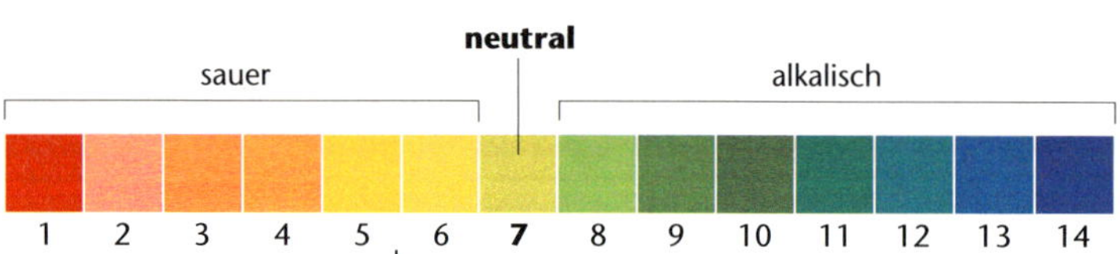

2 pH-Werte

Böden sind in Horizonte gegliedert. Ihre Eigenschaften richten sich nach dem Ausgangsmaterial.

Boden ist nicht gleich Boden

Böden bestehen aus Mineralkörnchen, deren Größe dem Boden besondere Eigenschaften verleihen. **Sand** ist wegen seiner großen Körnchen sehr wasserdurchlässig und enthält wenig Mineralstoffe. **Ton** dagegen ist kaum durchlüftet, speichert aber viel Wasser. **Lehm** ist ein Gemisch aus mehreren Bodenarten.
Neben diesen Eigenschaften ist für Pflanzen der Gehalt des Bodens an Mineralstoffen und sein Säuregehalt wichtig. Der Säuregehalt wird durch den **pH-Wert** beschrieben (▷ B 2). Ein Boden mit einem pH-Wert unter 6,5 gilt als schwach sauer. Liegt der pH-Wert unter 4,5, ist der Boden stark sauer. Es gibt nur noch wenige Pflanzen, die hier leben können. Kalkreiche Böden haben in der Regel einen pH-Wert über 7.

Licht oder Schatten?

Auch die Lichtverhältnisse im Wald sind für Pflanzen von unterschiedlicher Bedeutung. Viele Pflanzen des Waldbodens sind ausgesprochene Schattenpflanzen, während Arten wie die Brombeere direktes Sonnenlicht bevorzugen und deshalb nur am Waldrand oder auf Lichtungen wachsen.

Versuche

1 Miss bei sonnigem Wetter mit einem Luxmeter die unterschiedlichen Lichtverhältnisse in einem Wald. Beginne am Waldrand und miss dann in Abständen von 1 m auf einer etwa 20 m langen Linie in den Wald hinein. Übertrage die Werte in eine Tabelle und formuliere das Ergebnis.

2 Überprüfe, ob der Boden kalkhaltig ist. Gib dazu einen Teelöffel voll von der Bodenprobe in eine Petrischale. Tropfe mit einer Pipette etwas 10 %-ige Salzsäure (ätzend) darauf. Falls Kalk darin enthalten ist, braust es je nach Kalkgehalt unterschiedlich stark auf. **Wichtig:** Schutzbrille und Handschuhe tragen.

Werkstatt

Licht und Boden

1 Bestimmung der Bodenart

Material
Verschiedene Bodenproben

Versuchsanleitung
Die Bodenart kannst du im Gelände mit der Fingerprobe bestimmen. Reibe die Bodenprobe zwischen Daumen und Zeigefinger und rolle sie zwischen den Händen zu einem „Würstchen".
Ermittle nun mithilfe der Tabelle die Bodenart.

	Sand	Schluff	Lehm	Ton
Rauigkeit	rau und körnig, Einzelkörner sicht- und fühlbar	mehlig	Einzelkörner sichtbar, viel Feinsubstanz	Gleitfläche glatt und glänzend
Schmierfähigkeit	nicht beschmutzend	haftet in Fingerrillen	beschmutzend	stark beschmutzend
Rollfähigkeit	zerrieselnd	nicht ausrollbar	etwa bleistiftdick ausrollbar, dann zerbröckelnd	zu Würsten ausrollbar
Plastizität	nicht formbar	nicht oder kaum formbar	formbar	gut formbar

2 Bestimmung der Bodenbestandteile

Material
Unterschiedliche Bodenproben, Messzylinder, Wasser, Plastikbeutel

Versuchsanleitung
Entnimm im Wald an unterschiedlichen Standorten Bodenproben unterhalb der Laubstreu und verpacke sie getrennt in Plastikbeuteln. Schreibe jeweils die Standorte auf und markiere die Beutel entsprechend.
Gib jeweils die gleiche Menge der Bodenproben in verschiedene Messzylinder und fülle mit Wasser auf. Schüttle gut durch und lasse die Gefäße bis zum nächsten Tag ruhen. Du kannst nun die Dicke der abgesetzten Sand-, Schluff- und Tonschichten messen und vergleichen.

1 Zu Versuch 2

3 Wärmeaufnahme des Bodens

Material
Blumentöpfe, unterschiedliche Bodenarten, Laborthermometer

Versuchsanleitung
Gib in vier Blumentöpfe lufttrockene Böden: Humus, Sand, Lehm und Ton. Stecke in jeden Topf ein Laborthermometer in 10 cm Tiefe und stelle die Töpfe in die Sonne. Miss in regelmäßigen Zeitabständen die Erwärmung der unterschiedlichen Böden. Übertrage die Werte in ein Diagramm und beschreibe das Ergebnis.
Den Versuch kannst du ebenso gut auch im Wald an verschiedenen Standorten durchführen.

2 Zu Versuch 3

4 Bestimmung des Säuregehalts

Material
Getrocknete Bodenproben unterschiedlicher Standorte, destilliertes Wasser, pH-Indikatorpapier

Versuchsanleitung
Verrühre 20 g einer getrockneten Bodenprobe mit 50 ml destilliertem Wasser. Prüfe das überstehende Wasser mit Indikatorpapier auf seinen pH-Wert. Schlage in einem Bestimmungsbuch nach, ob einige der auf dem Untersuchungsboden wachsenden Pflanzen als Zeigerarten für diesen Boden typisch sind. Verfahre ebenso mit den übrigen Bodenproben und formuliere dein Untersuchungsergebnis.

3 Zu Versuch 4

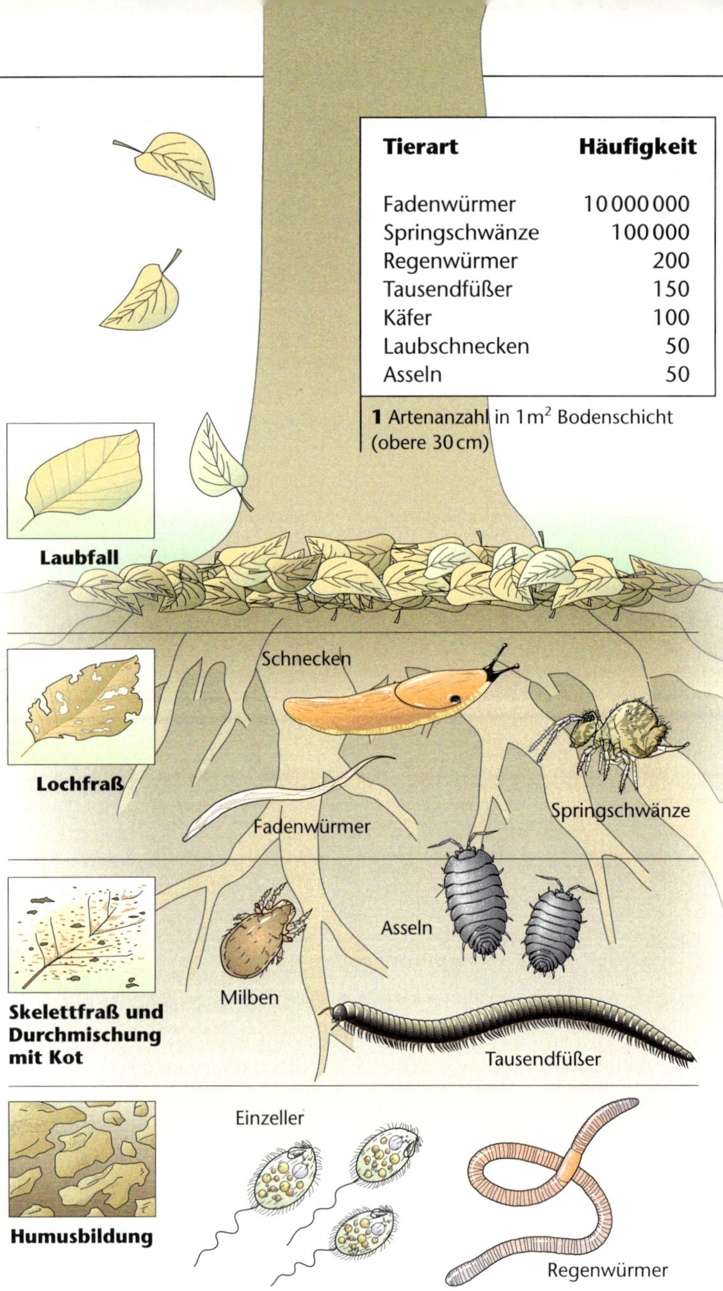

Tierart	Häufigkeit
Fadenwürmer	10 000 000
Springschwänze	100 000
Regenwürmer	200
Tausendfüßer	150
Käfer	100
Laubschnecken	50
Asseln	50

1 Artenanzahl in 1 m² Bodenschicht (obere 30 cm)

2 Zersetztes Buchenblatt

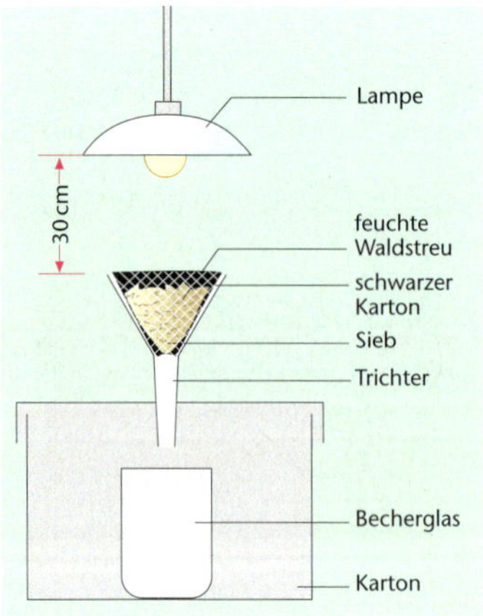

3 Berlese-Apparat

Kleinlebewesen als „Abfallvertilger"
Jedes Jahr fällt im Herbst viel Laub auf den Waldboden. Zahllose Kleinlebewesen machen sich sofort an die Arbeit und zerkleinern Blatt für Blatt. Durch ihre Verdauungstätigkeit beseitigen sie alle abgestorbenen Pflanzenteile.
Mit Lupe und Mikroskop kannst du die Tiere gut anschauen.

Asseln, Schnecken und Doppelfüßer gehören zu den größeren Streuzersetzern. Sie fressen Löcher in das feuchte Laub und sorgen damit für eine erste Zerkleinerung. Milben, Springschwänze, Fadenwürmer und Insektenlarven vollenden die Arbeit. Regenwürmer fressen ebenfalls totes Pflanzenmaterial, sorgen aber gleichzeitig auch für eine gute Durchmischung und mit ihren Gängen für eine Durchlüftung des Bodens. Mehrere andere Tierarten leben räuberisch. Sie machen Jagd auf die zahlreichen Kleintiere des Bodens. Zu ihnen gehören die Tausendfüßer, die am Kopf zwei für den Menschen ungefährliche Giftklauen tragen.

Pflanzenreste und der Kot der Bodentiere werden von Bakterien und Pilzen weiter zersetzt. Dabei geben diese Mikrolebewesen Kohlenstoffdioxid ab und setzen gleichzeitig Mineralstoffe frei.

Die grünen Pflanzen sind bei der Fotosynthese ständig auf diesen Nachschub angewiesen. Mit ihren Wurzeln nehmen sie die Mineralstoffe und mit den Blättern Kohlenstoffdioxid auf. Jahr für Jahr können sie nun neue Blätter, Blüten und Früchte bilden – ein ständiger Kreislauf.

Kleinlebewesen des Bodens führen Stoffe aus abgestorbenen Pflanzenteilen in den Naturkreislauf zurück.

Aufgaben

1 Vergleiche die Anzahl der Regenwürmer in einem Garten von 1000 m² mit der Einwohnerzahl deines Heimatortes.

2 Informiere dich über die Lebens- und Ernährungsweise der gefundenen Tierarten. Verwende dazu die Texte in diesem Buch, aber auch Lexika und Internet.
a) Welche Arten leben von totem Pflanzenmaterial?
b) Welche Arten leben räuberisch?

Wir untersuchen die Laubstreu

1 Untersuchungen mit dem Berlese-Apparat

Material

Berlese-Apparat, Schaufel, Plastikbeutel, Lupe, Binokular

Versuchsanleitung

a) Markiert auf dem Waldboden eine Fläche von der Größe eines DIN-A4-Blattes. Tragt die einzelnen Schichten ab, bis ihr auf festen Boden stoßt und verpackt sie getrennt in Plastikbeuteln. Gebt jeweils einen Teil davon in einen Berlese-Apparat. Da Bodentiere das Licht meiden, werden sie nach unten kriechen und in das Becherglas fallen. Betrachtet die Tiere nun mithilfe einer Lupe oder eines Binokulars. Fertigt in euren Heften eine Tabelle an und tragt die gefundenen Arten und ihre Anzahl in den einzelnen Schichten ein.

b) Während der Berlese-Apparat eingeschaltet ist, könnt ihr einen Teil der Bodenproben auf einem Blatt Papier ausbreiten und untersuchen. Vergleicht die gefundenen Tiere mit den Abbildungen und tragt sie in eine Tabelle ein. Für einige Tiere werdet ihr ein besonderes Bestimmungsbuch benötigen.

2 Asseln fressen Pflanzenreste

Material

2 Asseln, feuchte Laubblätter, Petrischale, Sand, Blumendraht, Pappkarton

Versuchsanleitung

Schneide aus einem abgefallenen Laubblatt ein Stück von 2,5 cm x 4 cm = 1000 mm^2 Größe heraus. Falls es trocken ist, lege es so lange in Wasser, bis es damit vollgesogen ist. Bedecke den Boden der Schale mit sauberem durchgesiebten Sand und lege das Laubstück darauf.

Fange nun zwei Asseln und setze sie in die Petrischale. Verschließe die Petrischale, setze aber wegen der Belüftung zwischen Boden und Deckel einen Steg aus dünnem Draht. Die Schale muss nun dunkel in einem Pappkarton aufgestellt werden.

Achtung: Das Laub darf nicht austrocknen. Deshalb halte den Sand stets etwas feucht. Protokolliere täglich, welcher Anteil Laub gefressen wurde.
Biete weiteren Asseln unterschiedliche Laubsorten in verschiedenen Schalen an.
Werden bestimmte Laubsorten bevorzugt?

Decke die Hälfte der Petrischale mit dunklem Karton ab.
Wo halten sich die Tiere bevorzugt auf?

Fasse deine Ergebnisse schriftlich zusammen.

Fadenwurm
- Körper rund, fadenförmig an den Enden spitz zulaufend
- Nahrung: Pflanzenteile und Kleinlebewesen

Regenwurm
- Ringelwürmer, weißlich gelb massenhaftes Auftreten
- auch im Kompost
- wichtiger Humusbildner

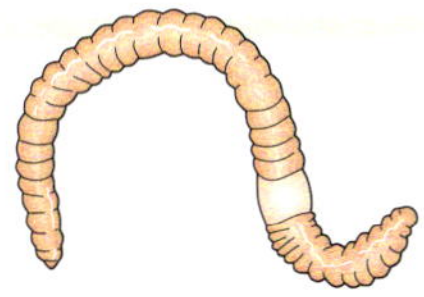

Laubschnecke
- gelb- bis rotbraun
- in feuchtem Laub u. Gebüsch
- Nahrung: Algen, Pilze, Pflanzenteile

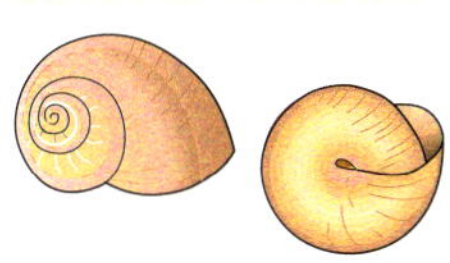

Milbe
- Spinnentiere
- Zwischenwirt von Bandwürmern
- Nahrung: Pflanzen

Steinläufer
- 15 Beinpaare
- räuberische Lebensweise
- Nahrung: Insekten, Asseln, Spinnen

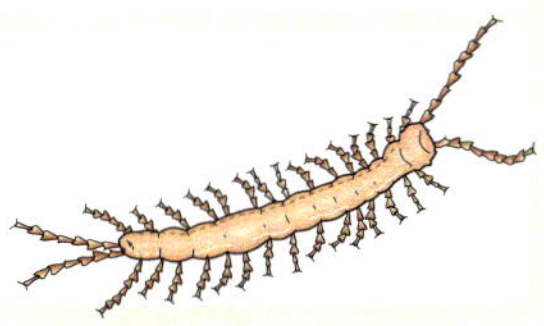

Saftkugler
- spiegelglatt
- rollt sich ein, Wehrsekret
- Nahrung: moderndes Laub, Humus

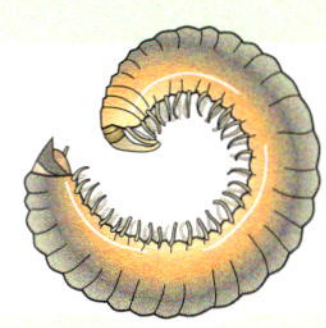

Doppelfüßer
- Körper rund, schwarz-braun
- 50 bis 110 Beinpaare
- bevorzugt feuchten Boden
- Nahrung: Laubstreu

Springschwanz
- Hinterende mit Sprunggabel
- meist augenlos
- massenhaft auftretend
- Nahrung: Laubstreu

Ohrwurm
- Gelblich bis dunkelbraun
- Zange am Hinterende
- Nahrung: Pflanzen und Aas

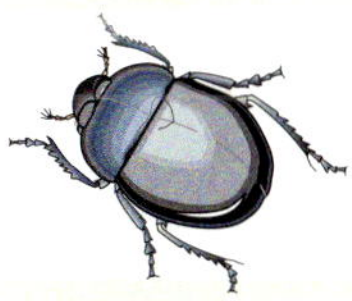

Mistkäfer
- blauschwarz metallisch
- transportiert Kot zur Eiablage in tiefere Erschichten
- Nahrung: Kot

Drahtwurm
- Larve des Schnellkäfers
- Rund, steif, glänzend gelb
- auch räuberische Arten
- Nahrung: Pflanzenwurzeln

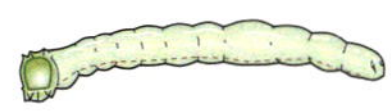

Larve der Wiesenschnake
- Atemöffnung am Hinterleib wie „Teufelsfratze“
- dicht unter der Erdoberfläche
- Nahrung: Mulm und Wurzeln

Der Aufbau eines Blattes

Heidelbeeren

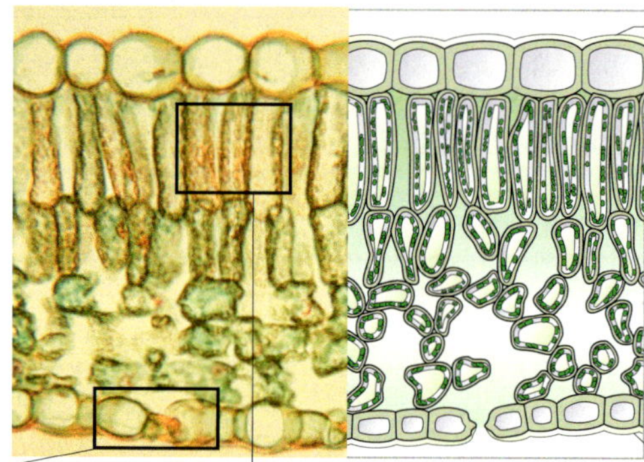

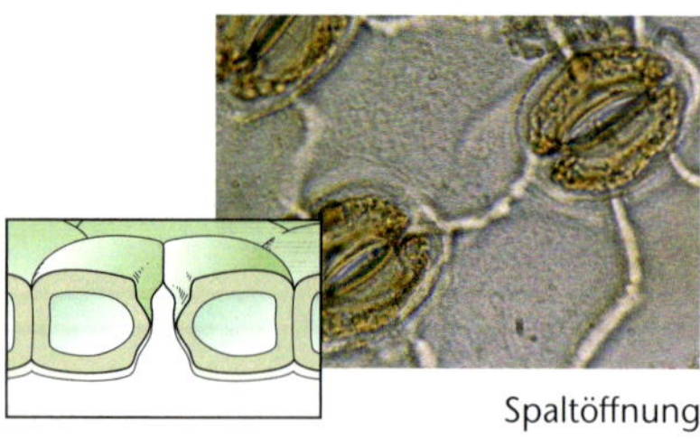

Spaltöffnung

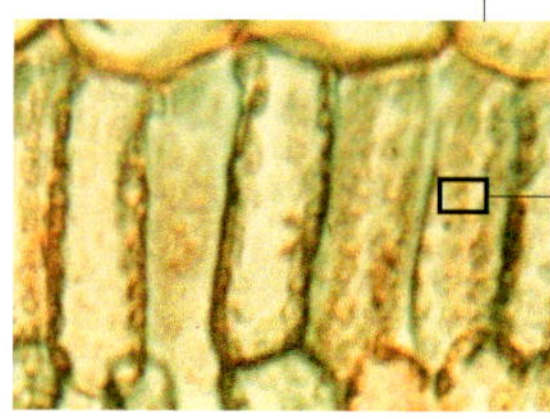

Palisadenzellen

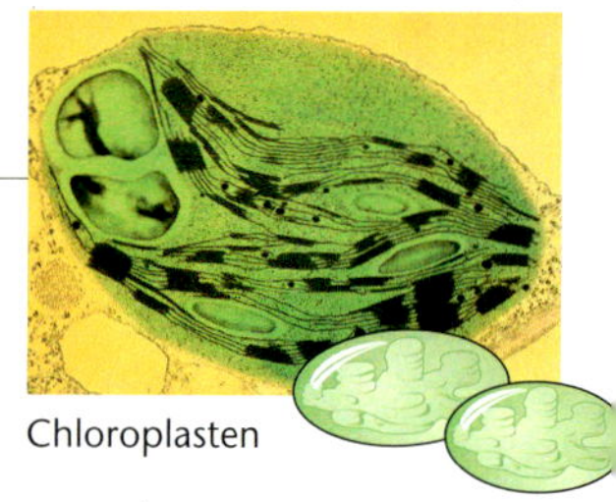

Chloroplasten

1 Aufbau eines Laubblattes

Auf einer Wanderung durch die Wutachschlucht macht ihr Rast und sammelt Heidelbeeren. Sie schmecken herrlich süß, weil sie viel Zucker enthalten. Da dieser nicht aus dem Boden stammen kann, muss er in der Heidelbeerpflanze hergestellt werden.

Wo sind die „Zuckerfabriken"?

Ein Blick durch das Mikroskop zeigt, wo sich die „Zuckerfabriken" genau befinden. Im Blattquerschnitt sind mehrere Schichten von Zellen zu erkennen (▷ B 1). Eine äußere Wachsschicht, die **Kutikula**, schützt das Blatt vor zu starker Wasserverdunstung. Darunter liegt auf beiden Seiten eine Oberhaut, die **Epidermis**. Von oben gesehen folgt dann das **Palisadengewebe**. Es besteht aus länglichen Zellen, die wie Pfähle eines Palisadenzaunes aussehen. Sie enthalten ebenso wie die Zellen des anschließenden **Schwammgewebes** Blattgrünkörner, die so genannten **Chloroplasten**. In diesen ist ein grüner Blattfarbstoff, das **Chlorophyll**, enthalten.

▶ Blätter sind aus mehreren Schichten aufgebaut. Die Palisadenschicht und die Schwammschicht enthalten Chloroplasten.

Chloroplasten sind „Zuckerfabriken"

In den Chloroplasten wird aus Wasser (H_2O) und Kohlenstoffdioxid (CO_2) Traubenzucker hergestellt. Hierfür wird Energie benötigt. Sie stammt aus dem Sonnenlicht und wird durch das Chlorophyll aufgenommen. Den gesamten Vorgang bezeichnet man als **Fotosynthese**.
Als ein Nebenprodukt entsteht bei der Fotosynthese Sauerstoff, der nach außen abgegeben wird.

▶ Bei der Fotosynthese wird aus Wasser und Kohlenstoffdioxid mithilfe des Sonnenlichtes Traubenzucker hergestellt. Dabei entsteht auch Sauerstoff.

Spaltöffnungen regeln den Gasaustausch

Bleibt noch die Frage, wie die Gase in das Blatt hinein und aus dem Blatt hinaus gelangen.
Auf der Blattunterseite befinden sich hierfür **Spaltöffnungen**. Sie bestehen aus zwei gebogenen **Schließzellen**, die zwischen sich einen kleinen Spalt frei lassen. Bei trockenem Wetter schließen sie sich stärker als bei feuchter Witterung.

Versuch

1 ▶ Mikroskopiere und zeichne:
a) Eine Zelle eines Blattes der Wasserpest mit Chloroplasten.
b) Die Epidermis der Blattunterseite eines dicken Blattes, z. B. des Alpenveilchens. Schneide das Blatt dazu rechteckig ein und ziehe die Epidermis mit einer Pinzette ab (▷ B 2).

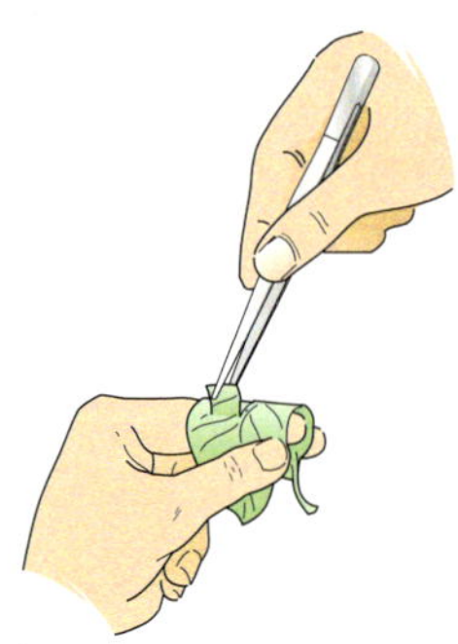

2 So lässt sich die Epidermis abheben.

▶ 242f.

Der Chloroplast als Zuckerfabrik – ein Modell

Was passiert bei der Fotosynthese?
Die Vorgänge der Fotosynthese kannst du dir stark vereinfacht wie in einer Zuckerfabrik vorstellen: Rohstoffe und Energie gelangen hinein, ein Endprodukt und Abfallstoffe verlassen die „Fabrik".

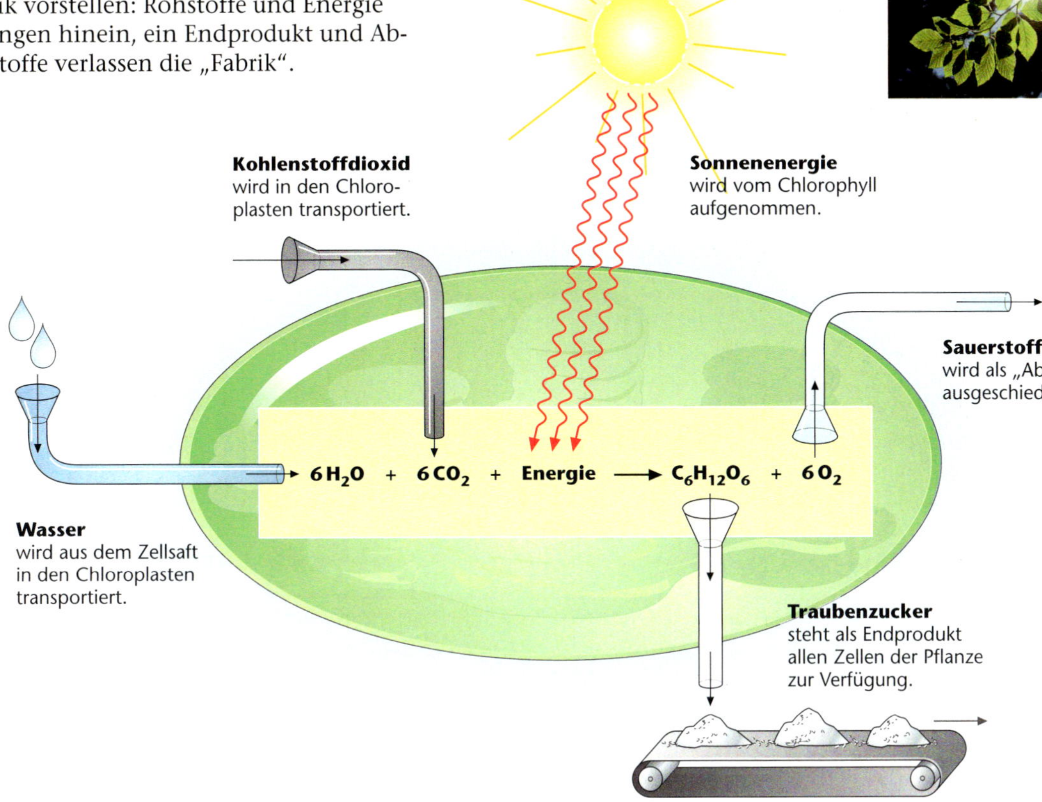

1 Der Chloroplast als „Zuckerfabrik" – ein Modell

Traubenzucker – ein vielseitiger Nährstoff
Der Traubenzucker wird in den Zellen der Pflanze zur Herstellung anderer Stoffe verwendet, in den Früchten gespeichert oder in Stärke umgewandelt. Die Stärke liefert in Kartoffeln, Zwiebeln und Früchten, wie zum Beispiel Eicheln, die notwendige Energie zum Keimen. Vor der Keimung wird die Stärke jedoch erst wieder in Traubenzucker umgewandelt.

Auch Pflanzen atmen
Pflanzen verwenden die Energie des Sonnenlichts für die Fotosynthese. In ihren Zellen benötigen die Pflanzen jedoch wie alle anderen Lebewesen auch Energie für andere Vorgänge. Diese gewinnen sie aus dem Traubenzucker, der mit Sauerstoff zu Kohlenstoffdioxid und Wasser abgebaut wird. Diesen Vorgang nennt man **Zellatmung**, da die Sauerstoffaufnahme im Unterschied zur Lungenatmung in den Zellen abläuft – genauer in den Mitochondrien.

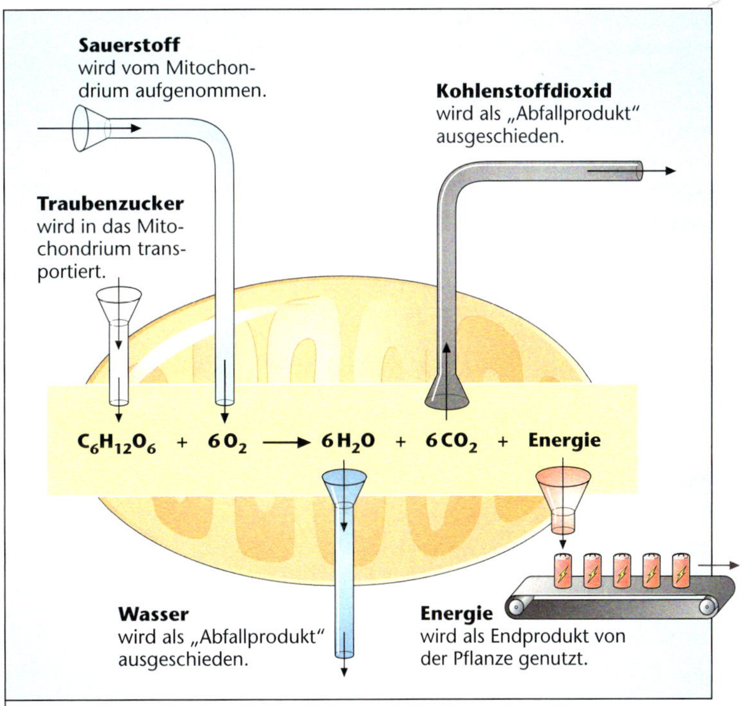

2 Zellatmung in den Mitochondrien – ein Modell

Werkstatt

Versuche zur Fotosynthese

1 Wie entwickeln sich Pflanzen ohne Licht?

Material

Kressesamen, Blumentopf mit Untersetzer, leere Konservendose, Gartenerde, Sand

Versuchsanleitung

Säe schnellkeimende Pflanzen (Getreide, Kresse) in einen Blumentopf. Fülle die Untersetzer mit Sand, stülpe über den Topf eine leere Konservendose und drücke diese so fest in den Sand, dass kein Licht an die Keimlinge gelangt. Beobachte und protokolliere täglich, bis sich mehrere Blätter entwickelt haben. Lasse zum Vergleich in einem zweiten Blumentopf Getreide oder Kresse ohne „Topfbedeckung" keimen.

2 Pflanzen geben ein Gas ab

Material

Sprosse der Wasserpest, drei Reagenzgläser, Reagenzglasständer, Pinzette, abgekochtes Leitungswasser, Leitungswasser, Mineralwasser

Versuchsanleitung

Fülle jedes Reagenzglas zu etwa $\frac{3}{4}$ seiner Höhe mit einer der drei angegebenen Flüssigkeiten. Gib danach mit einer Pinzette jeweils einen frisch abgeschnittenen Spross der Wasserpest (höchstens halbe Reagenzglaslänge) mit der Spitze nach unten in die Gläser. Zähle die jeweils aufsteigenden Gasbläschen, protokolliere und erkläre das Ergebnis.

3 Sauerstoffnachweis

Material

Glasflasche, Leitungswasser, Wasserpest, Indigokarmin, Natriumhydrogensulfit

Versuchsanleitung

Fülle eine Flasche aus farblosem Glas mit Leitungswasser (Temperatur ca. 20 °C). Färbe das Wasser mit etwas Indigokarmin gleichmäßig blau. Gib nun einen Zweig Wasserpest hinein und entfärbe das Wasser mit möglichst wenig Natriumhydrogensulfit (▷ B 1 a). Verschließe anschließend die Flasche luftdicht, ohne dass eine Luftblase unter dem Verschluss zurückbleibt (▷ B 1 b). Stelle die Flasche ans Licht, beobachte die Blattränder und notiere alle Vorgänge.
Übrigens: Indigokarmin färbt sich in Anwesenheit von Sauerstoff blau.

1 Zu Versuch 3

4 Nachweis der Blattfarbstoffe

Material

Grüne Blätter, Stößel, Schälchen, Quarzsand, Brennspiritus (brennbar), Stativ, Filterpapier

Versuchsanleitung

Zerreibe mit einem Stößel einige Blätter in einem Schälchen mit sauberem Quarzsand. Gieße etwas Brennspiritus darüber und rühre um. Es ergibt sich eine grüne Chlorophylllösung. Befestige einen Filterpapierstreifen an einem Stativ und lasse ihn einige Zeit frei in die Lösung hängen. Die in der Lösung enthaltenen Farbstoffe steigen mit dem Alkohol in unterschiedliche Höhen auf und lagern sich dort in Streifen ab (Chlorophyll a = blaugrün, Chlorophyll b = gelbgrün, Blattgelb = gelb).

b) Überprüfe auf die gleiche Weise, ob rote Blätter (Bluthasel, Blutbuche) auch Chlorophyll enthalten.
c) Du kannst Versuch 2 a) auch mit einem Stück Kreide durchführen, das du in die Chlorophylllösung stellst.

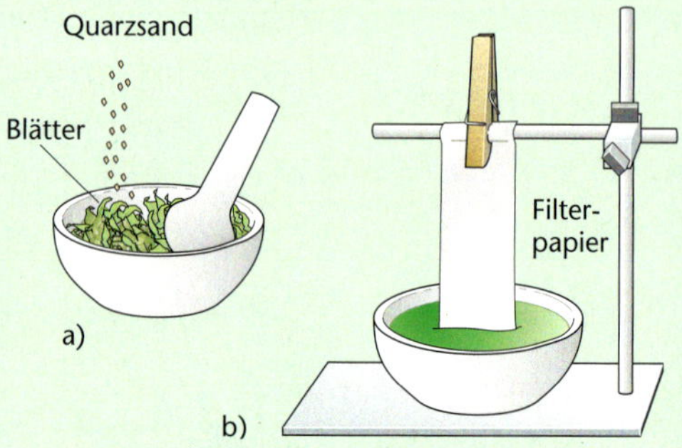

2 Zu Versuch 4

5 Entwickelt sich Stärke auch ohne Licht?

Material

Kapuzinerkresse, Korkscheiben, Stecknadeln, Wasser, Brennspiritus (brennbar), Iod-Kaliumiodidlösung

Versuchsanleitung

Befestige morgens an großen Blättern verschiedener Pflanzen, z. B. der Kapuzinerkresse, jeweils zwei Korkscheiben mithilfe zweier Stecknadeln. Die Korkscheiben müssen sich gegenüberstehen. Trenne die Blätter nach einigen Stunden Belichtung ab. Koche sie kurz in Wasser auf und entfärbe sie in Brennspiritus. Prüfe auf Stärke und erkläre das Ergebnis.

3 Kapuzinerkresse

1 Jahresringe

Der Aufbau eines Baumstammes

Wenn du dir im Wald die Schnittfläche eines frisch gefällten Baumes anschaust, kannst du einen schichtartigen Aufbau des Stammes erkennen.

Außen wird der Stamm von der **Borke** umhüllt. Sie besteht weit gehend aus abgestorbenen Zellen der darunterliegenden Bastschicht. In ihnen erfolgt der Saftstrom von den Blättern bis in alle Zellen des Baumes. Nährstoffe wie z. B. Zucker gelangen auf diese Weise an jeden Bestimmungsort. Borke und Bast bilden gemeinsam die Rindenschicht. Zwischen Rinde und Holz befindet sich eine dünne Schicht teilungsfähiger Zellen, das **Kambium**.

Den größten und auffälligsten Raum des Stammes nimmt die **Holzschicht** ein. Sie besteht aus verschiedenen Gefäßen, die das Wasser aus den Wurzeln bis in alle Pflanzenteile transportieren. Vom Aufbau her sind sie den Gefäßen der Leitbündel in den Blättern ähnlich. Ihre Wände sind jedoch stark verholzt und wie auch die Siebröhren mit Gerbstoffen gegen Schädlinge aller Art „imprägniert". Benachbarte Gefäße stehen durch Tüpfel – das sind winzige Öffnungen – untereinander in Verbindung.

Im Inneren des Stammes liegt ein **Markgewebe**. Es dient als Speicher für Nährstoffe und ist durch Markstrahlen mit dem Bast verbunden. Abwärts strömende Nährstoffe gelangen auf diesem Weg vom Bast sowohl in das Holz als auch in das Mark, wo sie gespeichert werden. Je nach Baumart sind im Holz neben den Gefäßen unterschiedlich viele Holzfasern vorhanden, die dem Holz seine Festigkeit verleihen. Bei **Harthölzern**, wie Eiche und Esche, ist die Festigkeit wesentlich höher als bei **Weichhölzern**, wie Weide und Pappel.

▶ Bäumstämme sind ist Borke, Bast, Kambium, Holzschicht und Mark gegliedert.

Wie entstehen Jahresringe?

Bäume und Sträucher werden zeitlebens von Jahr zu Jahr dicker. Sobald es im Frühjahr wärmer wird, beginnt das Kambium, sich zu teilen. Da jetzt bei den Laubbäumen die Blätter ausschlagen, beginnt eine Zeit hoher Stoffproduktion. Deshalb werden im **Frühholz** weiträumige und verhältnismäßig dünnwandige Gefäße angelegt. Die im Sommer gebildeten Gefäße des Spätholzes sind dagegen wesentlich enger und dadurch deutlich dunkler gefärbt. Wenn im nächsten Frühjahr auf die dunklen Gefäße des Spätholzes helle Frühholzgefäße folgen, entsteht der Eindruck von **Jahresringen** (▷ B 1 und 2). Diese sind in guten Wachstumsjahren wesentlich breiter als in schlechten Jahren. Man kann also durch die Untersuchung der Jahresringe auf Klima, Schädlingsbefall oder Waldbrände in zurückliegenden Jahren schließen.

Aufgabe

1 Stelle an einem frisch gefällten Baum durch Abzählen der Jahresringe dessen Alter fest.

2 Oft wird für kostbare Möbel Tropenholz verwendet, weil es keine Jahresringe aufweist. Kannst du das erklären?

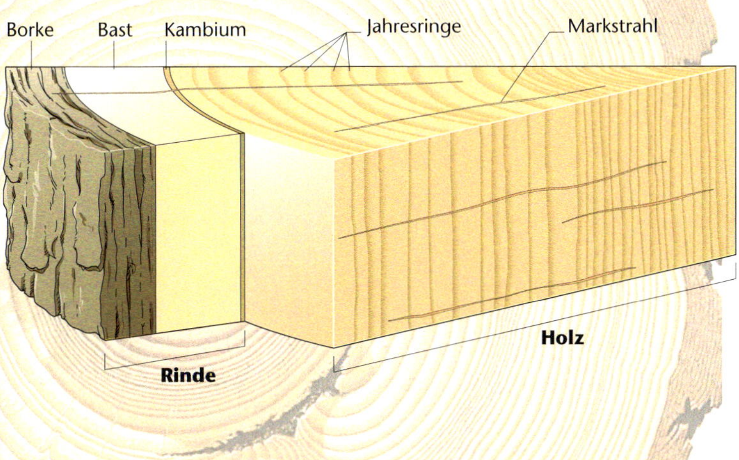

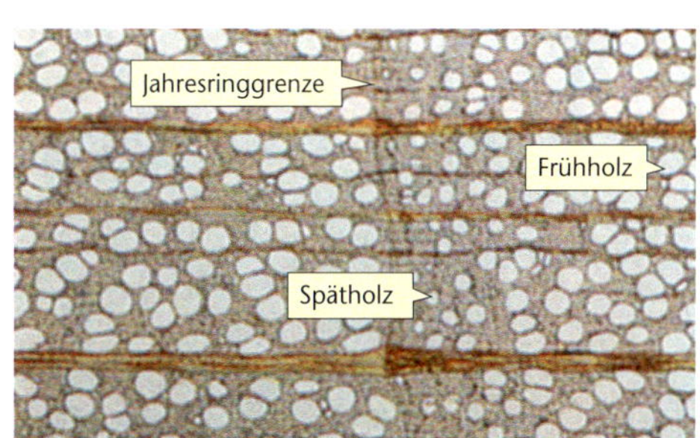

2 Aufbau eines Baumstammes und Jahresringe

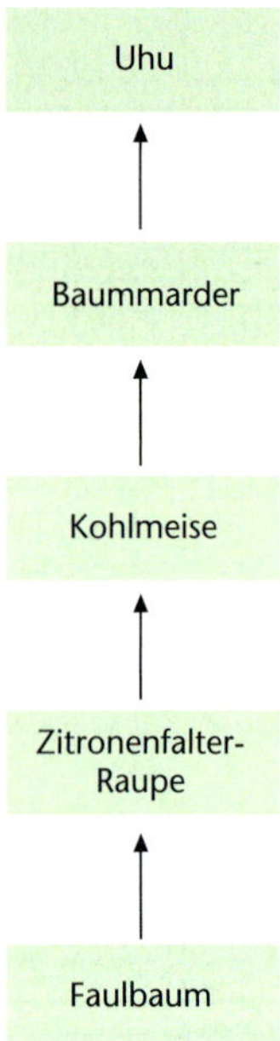

1 Nahrungskette

Nahrungsketten und Nahrungsnetze

Der Zitronenfalter ist im Frühjahr einer der ersten Schmetterlinge. Seine Raupen fressen an den Blättern des Faulbaums. Andere pflanzliche Nahrung nehmen sie nicht auf. Für die Kohlmeise ist der Schmetterling ein Leckerbissen, den sie im Flug fängt. Die Kohlmeise selbst steht jedoch auf dem Speisezettel mehrerer Fressfeinde. In Acht nehmen muss sie sich besonders vor dem Baummarder, der ihr vor allem während des Brütens und bei der Fütterung der Jungen gefährlich werden kann. Der Baummarder wiederum kennt nur einen Feind: Der seltene Uhu schafft es bei seiner nächtlichen Jagd, ab und zu einen Baummarder zu überwältigen. Am Tage oder in Gebieten, in denen kein Uhu vorkommt, hat der Marder dagegen kaum Feinde zu fürchten.
Faulbaum, Zitronenfalter, Kohlmeise, Baummarder und Uhu bilden eine **Nahrungskette**. Am Anfang steht eine Pflanze als **Erzeuger** (Produzent) von Nährstoffen. Hiervon ernährt sich die Schmetterlingsraupe. Sie ist ein **Erstverbraucher** (Konsument). Kohlmeise und Baummarder sind **Zweit- und Drittverbraucher**. Der Uhu ist in dieser Kette der **Endverbraucher**. Im Unterschied zur Raupe des Zitronenfalters nimmt die Kohlmeise jedoch auch andere Nahrung zu sich. Sie frisst andere Insekten, aber auch nährstoffhaltige Samen, die sie von Pflanzen aufnimmt.

Die Kohlmeise ist also noch in weitere Nahrungsketten eingebunden. Gemeinsam bilden diese verflochtenen Nahrungsketten ein **Nahrungsnetz**. Auch der Baummarder ist bei der Jagd nicht gerade wählerisch. Er erbeutet alle Tiere, die er überwältigen kann. Würde er nur Kohlmeisen jagen, gäbe es in seinem Revier nicht genügend Nahrung für ihn. Für den Bestand der Kohlmeise ist es von Vorteil, wenn die Fressfeinde auch Jagd auf andere Tiere machen.

Tiere und Pflanzen sind Glieder zahlreicher Nahrungsketten, die miteinander ein verzweigtes Nahrungsnetz bilden.

Bäume erfüllen viele Ansprüche

Die Tiere des Waldes nutzen den Lebensraum Wald in unterschiedlicher Weise. Achte nur einmal auf die verschiedenen Vogelarten, die auf den einzelnen Laubbäumen leben. Während der Pirol auf die Beutetiere wartet, ist der kleine Waldlaubsänger ständig auf der Suche nach Insekten und deren Larven. Diese beiden Arten stehen also nicht in Konkurrenz zueinander und können deshalb ohne Probleme nebeneinander leben. Die verschiedenen Ansprüche der Lebewesen an die Nahrung, den Wohnplatz und ihre Anforderungen an die gesamte Umwelt nennen Biologen ökologische Nische.

Jedes Tier besetzt in der Natur durch Körperbau, Verhalten sowie die Ansprüche an seinen Lebensraum eine eigene ökologische Nische.

Aufgabe

1 Wodurch unterscheidet sich die ökologische Nische des Kernbeißers von der des Wald-Laubsängers?

2 Betrachte das Schulaquarium und finde heraus, welche ökologische Nische die verschiedenen Fische besetzen.

3 Erstelle eine Tabelle, in der die Vögel und ihre Lebensräume (LR) aufgeführt werden. Kannst du erklären, warum die Vögel gerade in dieser Nische leben?

1 Ameisenbau

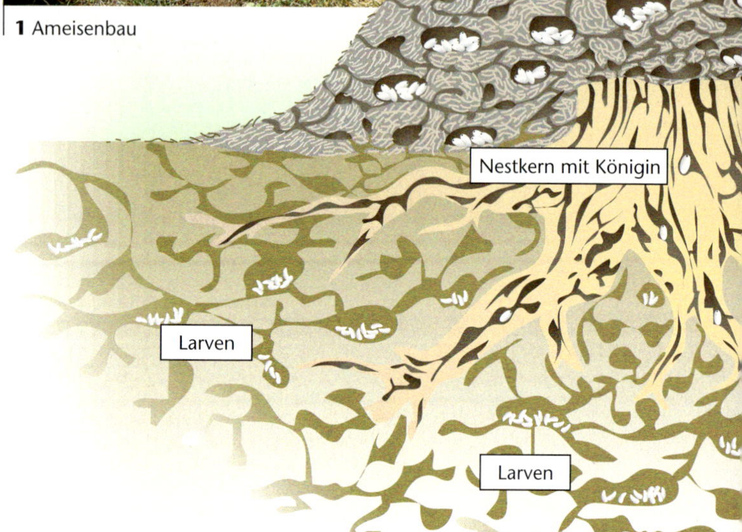

Bau mit „Klimaanlage"
Auf einer Waldlichtung im Kiefernwald liegt über einem vermoderten Baumstumpf der Bau der Roten Waldameise. Er dient einem ganzen Ameisenvolk als Unterkunft. Bis zu 750 000 Ameisen leben gemeinsam in einem Bau. Durch Öffnen und Schließen der Ausgänge sorgen einige **Arbeiterinnen** für eine gezielte Belüftung und regeln auf diese Weise die Temperatur im Nest. Durch den hügelartigen Aufbau ist die „Ameisenwohnung" ein guter Wärmespeicher und im Inneren ziemlich gleichmäßig auf etwa 25 °C temperiert. Im Inneren des Hügels befinden sich Kammern, in denen sich der Nachwuchs entwickelt. Falls erforderlich, transportieren andere Arbeiterinnen die Larven und Puppen sofort an einen besseren Platz.

Bei der Jagd nach Beutetieren benutzen die Roten Waldameisen ihre kräftigen Mundwerkzeuge. Insekten aller Art und deren Larven stehen auf dem Speiseplan der Tiere. Mehrere Tausend Raupen werden von einem Volk an manchen Tagen eingesammelt. Forstschädlinge werden in ihrer Vermehrung dadurch in Grenzen gehalten. Ein erbeutetes Tier gehört allen gemeinsam und deshalb arbeiten beim Transport der Beute oft viele Ameisen zusammen.

Ameisen verbreiten Pflanzen
Aber nicht nur Insekten, auch die eiweiß- und zuckerhaltigen Anhänge mancher Pflanzensamen werden gefressen. Rund 80 Kräuterarten des Eichenwaldes haben solche „Ameisensamen", die in die Bauten geschleppt werden. Sind die Anhängsel verspeist, werden die für Ameisen ungenießbaren Samen wieder nach draußen gebracht und im Wald verteilt. Ein Ameisenvolk kann so in einem Jahr etwa 30 000 Samen transportieren. Zahlreiche Arten der Krautschicht sind auf die Samenverbreitung durch Ameisen angewiesen.

Arbeitsteilung
Unter den Tieren herrscht Arbeitsteilung: Während einige der vielen Arbeiterinnen als **Sammlerinnen** arbeiten, achten andere als **Wächterinnen** auf eindringende Feinde. Wächterinnen haben einen etwas größeren Kopf und kräftigere Mundwerkzeuge.
Andere Arbeiterinnen schleppen Kiefernnadeln und kleine Zweigstücke, mit denen der Ameisenhügel aufgebaut und abgedeckt wird. Auf schmalen Ameisenstraßen tragen sie ihre Last heran. Die Wege zum Bau und zu Nahrungsquellen werden durch Duftstoffe markiert. Ist eine Ameise fündig geworden, legt sie auf dem Rückweg eine Duftbahn an. Im Bau angekommen, macht sie die übrigen Arbeiterinnen durch hastiges Hin- und Herlaufen auf diese Markierung aufmerksam.

Im Ameisenbau herrscht Arbeitsteilung bei Nahrungsbeschaffung, Transport von Baumaterial, Wachdienst und Brutpflege.

2 Ameisen verteidigen den Bau.

Grünspecht

Ameisenlöwe

Wald-Veilchensamen

Raupe

Blattläuse

Marienkäfer

Königin (Flügel abgestreift)

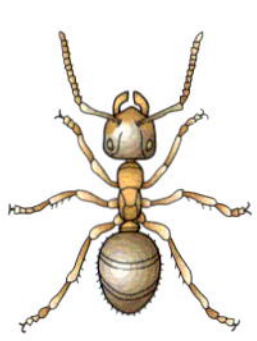
Arbeiterin

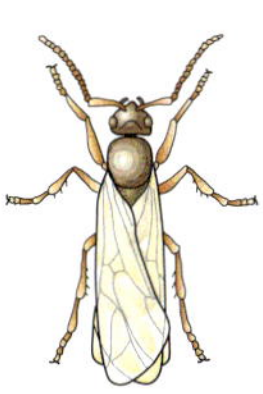
Männchen

3 Die Rote Waldameise

Die Fortpflanzung der Ameisen

Nur die **Königin** legt im Ameisenstaat die Eier. Sie legt im Frühjahr befruchtete und unbefruchtete Eier. Aus den unbefruchteten Eiern entwickeln sich geflügelte Männchen. Aus den befruchteten Eiern werden geflügelte Weibchen, die Königinnen. Gemeinsam starten sie mit den Männchen zum **Hochzeitsflug** und paaren sich. Die begatteten Königinnen fliegen danach zum Bau zurück und streifen ihre Flügel ab. Ihr Samenvorrat reicht für ihr gesamtes Königinnenleben von etwa 15–20 Jahren. Die Männchen haben ihre biologische Aufgabe bei der Fortpflanzung erfüllt und sterben. Die Eier werden in besonderen Brutkammern im untersten Stockwerk des Ameisenbaues untergebracht und ebenso sorgfältig von den Arbeiterinnen bewacht wie die Larven und Puppen. Es entstehen jetzt nur noch Arbeiterinnen, die zur Verjüngung des Volkes beitragen und es rasch anwachsen lassen. Einzelne Königinnen trennen sich im Laufe des Sommers gemeinsam mit einem Teil der Arbeiterinnen von ihrem Volk und gründen an anderer Stelle ein neues Volk.

Aufgabe

1 Erkläre die Beziehungen der Roten Waldameise zu den abgebildeten Mitgliedern der Lebensgemeinschaft „Wald“, indem du eine Ameise zeichnest, die übrigen Lebewesen drum herum schreibst und sie durch Pfeile mit der Ameise verbindest. Beschrifte die Pfeile wie folgt: … verbreitet die Samen des … .

Ameisen und Blattläuse leben in Symbiose

Auffällig ist das Verhalten der Ameisen gegenüber Blattläusen. Statt die Tiere zu fressen, beschützen Ameisen sie sogar gegen Feinde. Dazu zählen zum Beispiel Marienkäfer und deren Larven. Blattläuse saugen Pflanzensäfte, wobei sie überschüssige Stoffe als süßen und klebrigen Saft, den **Honigtau** ausscheiden. Die Ameisen „melken“ ihre Schützlinge geradezu, indem sie deren Hinterleib betasten und damit die Blattläuse zur Abgabe von Honigtau anregen. Eine derart wechselseitige Beziehung zu beiderseitigem Nutzen nennen die Biologen **Symbiose**.

Gefahren für die Waldameise

Die Rote Waldameise steht unter besonderem Schutz. Zerstörung der Bauten durch Spaziergänger oder bei Waldarbeiten ist eine der Hauptgefahren für die Ameisen. Spechte und andere Fressfeinde können den Bestand der Ameisen dagegen kaum gefährden. Werden Ameisen angegriffen, so spritzen sie aus ihren Hinterleibsdrüsen mit ätzender Ameisensäure oder wehren sich mit ihren Beißzangen.

Für die Lebensgemeinschaft des Waldes sind Ameisen von großer Bedeutung. Sie fressen Insekten, verbreiten Pflanzensamen und sind Nahrung für andere Tiere.

Versuche

1 Zieh mit dem Zeigefinger vorsichtig eine flache Spur quer durch eine Ameisenstraße und beobachte das Verhalten der Tiere. Erkläre!

2 Lege ein Papiertaschentuch für einige Minuten auf einen Ameisenhügel, schüttle die Tiere ab und rieche an dem Tuch! Wie erklärst du den eigenartigen Geruch?

1 Das versiegelte Aquarium

Das versiegelte Aquarium
Du hast schon ein versiegeltes Aquarium angelegt und deine Beobachtungen protokolliert. Wie ist es möglich, dass dieses kleine System aus Tier und Pflanze mehrere Wochen ohne Eingriffe von außen existieren kann?
Die Wasserpest bildet im Vorgang der Fotosynthese Sauerstoff und Nährstoffe. Die Schnecke benötigt den Sauerstoff für die Stoffwechselvorgänge in ihrem Körper. Dafür gibt sie bei der Atmung Kohlenstoffdioxid ab. Diesen benötigt die Pflanze wiederum für die Fotosynthese. Die Schnecke ernährt sich zudem von den Blättern der Wasserpest und nimmt dabei die gebildeten Nährstoffe auf.
Damit ist deutlich, wie Pflanze und Tier in einer wechselseitigen Abhängigkeit stehen.

Stoffkreisläufe
Kohlenstoff und Sauerstoff sind die wesentlichen Elemente, die das Leben auf der Erde ermöglichen. Die Elemente Kohlenstoff (C), Wasserstoff (H), Sauerstoff (O) und Stickstoff (N) sind die häufigsten und wichtigsten Bestandteile der Biosphäre. Ohne diese Elemente gäbe es kein Leben, wie wir es kennen, auf unserer Erde. Pflanzen bilden im Vorgang der Fotosynthese Nährstoffe. Dabei geben sie Sauerstoff an die Umgebung ab. Meere und übrige Gewässer sind wesentliche Sauerstoffquellen für das Leben auf der Erde, da ein großer Teil des auf der Erde benötigten Sauerstoffs von den Wasserpflanzen gebildet wird.
Bei der so genannten äußeren Atmung nehmen die Lebewesen Sauerstoff aus der Umgebung auf. Dieser wird bei der Zellatmung für die notwendigen Stoffwechselvorgänge verwendet. Dabei wird CO_2 an die Umgebung abgegeben.
Ein Mensch atmet z. B. pro Tag ca. 330 l CO_2 aus. Die Kohlenstoffkreisläufe an Land und im Wasser sind über den Austausch von CO_2 miteinander gekoppelt.

Alles hängt mit allem zusammen
In der Natur laufen viele Vorgänge in Kreislaufprozessen ab. Wasser, Sauerstoff, Kohlenstoffdioxid und auch Nährstoffe gehen nicht verloren, sondern befinden sich in einem ewigen Kreislauf – sofern keine Störungen von außen auftreten. Über die verschiedenen Kreisläufe sind die Lebewesen miteinander verbunden.

Sauerstoff- und Kohlenstoffkreislauf
Sauerstoff ist das häufigste chemische Element auf der Erde. Die uns umgebende Luft besteht zu 21 % aus Sauerstoff. Der Sauerstoff der Atmosphäre wird fast ausschließlich durch die grünen Pflanzen erzeugt. Aber auch im Wasser ist eine große Menge Sauerstoff in gelöster Form vorhanden. Je nach Druck und Temperatur kön-

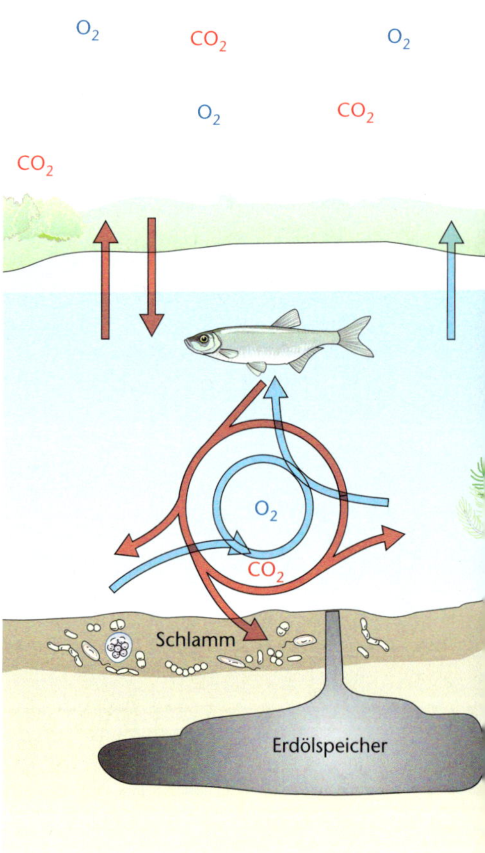

2 Kohlenstoff- und Sauerstoffkreislauf

nen im Wasser bis zu 8,5 g Sauerstoff je Liter gelöst sein. Nimmt der O_2 – Gehalt in einem Gewässer ab, so kann man auf eine übermäßige Verschmutzung schließen.
Der im Wasser gelöste Sauerstoff stammt sowohl von den Wasserpflanzen als auch aus der Atmosphäre. Der in der Luft vorhandene Sauerstoff wird von Menschen und Tieren eingeatmet und beim Vorgang der Zellatmung z. B. zum Abbau von energiereicher Nahrung verwendet. Dabei wird CO_2 gebildet und ausgeatmet.
Eine wesentliche Erscheinung des Sauerstoffkreislaufs ist also die Verknüpfung mit dem Kohlenstoffkreislauf.

Kreisläufe und Nahrungsbeziehungen
Das Element Kohlenstoff ist zum größten Teil in Gesteinen, Kohle, Erdöl, Torf und Erdgas gespeichert. Ein weiterer Teil des Kohlenstoffs befindet sich in der Luft und ein sehr großer Teil ist in den Wasservorkommen der Erde gelöst.
Der Kohlenstoffkreislauf beginnt mit der Fotosynthese der grünen Pflanzen. Ein Teil des aufgenommenen Kohlenstoffs wird wieder an die Atmosphäre oder ins Wasser abgegeben. Ein anderer Teil wird in der Pflanze selbst in Form von Kohlenhydraten, Fetten und Eiweißen gespeichert. Dieser in den Pflanzen gespeicherte Kohlenstoff wird von den Pflanzenfressern aufgenommen. In den Stoffwechselvorgängen des Körpers wird der Kohlenstoff in vielfältiger Weise umgebaut und z.B. auch in verschiedenen Geweben eingelagert. Ein Teil des Kohlenstoffs allerdings wird in Form von CO_2 wieder ausgeatmet. Der in den Pflanzenfressern eingelagerte Kohlenstoff wird von den Fleischfressern in der Nahrungskette aufgenommen. Stirbt ein Lebewesen, so werden die Kohlenstoffverbindungen des Körpers von den Destruenten abgebaut. Ein großer Teil gelangt dabei als CO_2 wieder in die Atmosphäre, wo es von den Pflanzen wiederum für die Fotosynthese verwendet werden kann.
Der in den fossilen Brennstoffen Erdöl, Erdgas und Kohle gespeicherte Kohlenstoff wird bei deren Verbrennung als CO_2 frei.

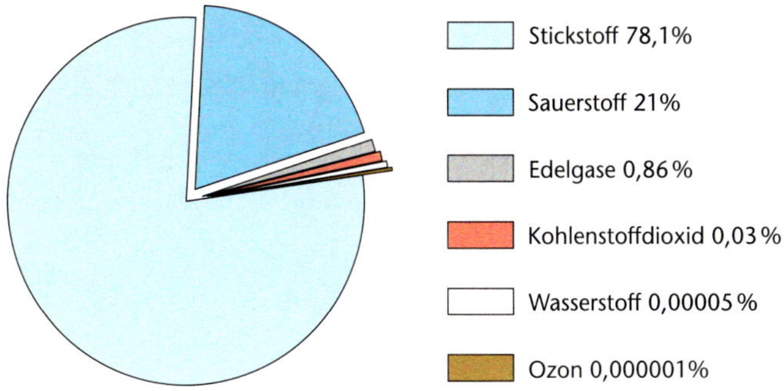

3 Zusammensetzung der Luft

▶ Sauerstoff und Kohlenstoff unterliegen einem immerwährenden Kreislauf. Die grüne Pflanze nimmt CO_2 auf und gibt O_2 an die Umgebung ab. Fast alle übrigen Lebewesen nehmen O_2 auf und geben CO_2 ab.

Aufgabe

1 a) Zeichne das versiegelte Aquarium und zeichne den Stoffkreislauf ein.
b) Weshalb kann dieses System nur wenige Wochen so überleben?

2 Informiere dich über das Projekt der Biosphäre 2 und stelle eine Dokumentation zu diesem Projekt zusammen.

3 Finde heraus, wie Kohlenstoff auf der Erde in reiner Form vorkommt. Fertige dazu eine eigene Seite in deinem Heft an.

▶80ff.

Energiefluss

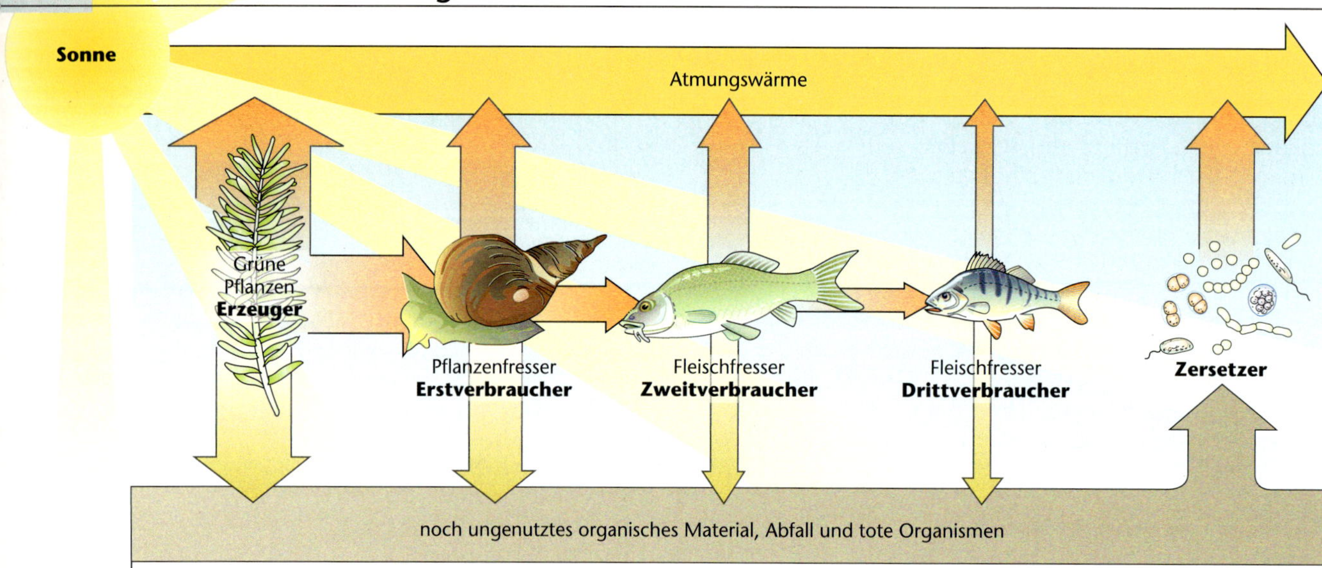

1 Energiefluss durch ein Ökosystem

Ohne Energie läuft nichts

Alle lebenden Systeme, also Menschen, Tiere und Pflanzen sind auf die Zufuhr von Energie angewiesen, um die lebenserhaltenden Funktionen aufrecht erhalten zu können. Der Motor des Lebens auf der Erde ist die Sonne. Aber nur Pflanzen und einige wenige Mikroorganismen können im Vorgang der Fotosynthese die von der Sonne eingestrahlte Lichtenergie in chemische Energie umwandeln und damit energiereiche Biomasse aufbauen.
In der aufgebauten Biomasse ist chemische Energie gespeichert, die mit der Nahrungskette weitergegeben wird.
Dabei sind riesige Verluste zu verzeichnen. Im besten Fall werden etwa 10 % der mit der Nahrung aufgenommenen Energie an das nächste Glied in der Nahrungskette weitergegeben. 90 % der Energie werden einerseits als Wärme abgegeben und andererseits in nicht direkt verwertbaren Abfallstoffen gespeichert. Abfallstoffe und z. B. tote Organismen werden von den Destruenten weiterverwertet.

„Einbahnstraße" Energie

Der Energiefluss ist also, anders als bei den Stoffen, nicht in einen Kreisprozess eingebunden. Der Weg der Energie stellt eine Einbahnstraße dar. Alles Leben auf der Erde ist letztlich von der Sonne als eigentlicher Energiequelle abhängig. Pflanzen, Menschen und Tiere nehmen ständig Energie auf und geben diese als Wärme wieder ab.
In der Abbildung 1 ist der Energiefluss durch ein Ökosystem grafisch dargestellt.

Der Treibhauseffekt

Die Sonne strahlt ständig Energie zur Erde hin ab. Was geschieht mit dieser Energie?

2 Was ist Energie?

In den Naturwissenschaften bezeichnet der Begriff Energie die Fähigkeit, Arbeit zu verrichten.

Arbeit = Kraft x Weg

Eine 100 g Tafel Schokolade hat die Gewichtskraft von 1 Newton (N). Hebst du die Schokolade um einen Meter (m) an, hast du die Arbeit 1 Joule (J) verrichtet.

Energie und Arbeit werden mit der Einheit Joule (J) gekennzeichnet.

1 J = 1 N x 1 m

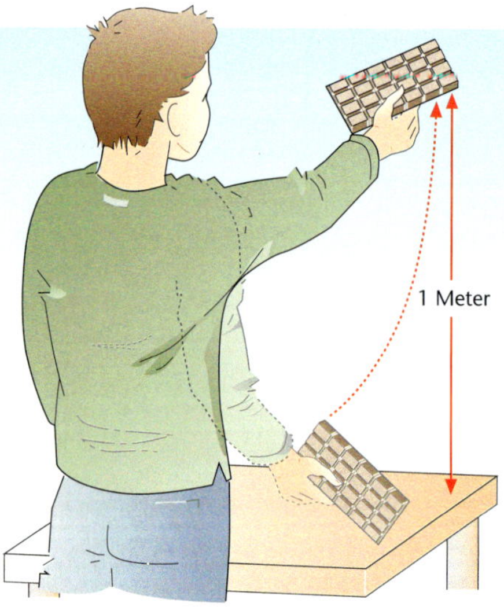

Ein Teil der eingestrahlten Sonnenenergie wird von der Erde reflektiert und wieder ins Weltall abgestrahlt. Wenn allerdings zu viel Energie zurückgeworfen würde, wäre es sehr viel kälter auf der Erde. Gase in der Erdatmosphäre verhindern einen zu großen Wärmeverlust, indem sie einen Teil dieser Energie wieder auf die Erde zurückwerfen. Dies nennt man den **natürlichen Treibhauseffekt**. Diese Gase sind vor allem Wasserdampf, Kohlenstoffdioxid und Methan. Dadurch ist es auf der Erde im Mittel etwa 15 °C warm. Ohne den natürlichen Treibhauseffekt hätten wir eine Temperatur von ca. –18 °C.

Der Mensch nutzt den Treibhauseffekt
Sonnenlicht, das durch die Glasscheibe eines Treibhauses fällt, erwärmt den Boden und damit den gesamten Raum.
Das kommt daher, dass die vom Boden abgestrahlte Wärme nicht durch das Glas entweichen kann. Auf diese Weise können Pflanzen früher austreiben, eine bessere Ernte wird möglich.

Der Treibhauseffekt kann auch schaden
Steigt die Konzentration der so genannten Treibhausgase, vor allem des CO_2, in der Atmosphäre an, so wird die Erde ständig zusätzlich erwärmt, da die von der Erde abgestrahlte Wärmeenergie nicht mehr ins All entweichen kann. Vor allem durch die Verbrennung fossiler Brennstoffe steigt der CO_2-Gehalt der Atmosphäre ständig an. Das führt zu Klimaveränderungen, die verheerende Folgen für die Menschheit haben können. Die Polkappen und die Gletscher schmelzen ab und erhöhen damit deutlich den Meeresspiegel. Viele Forscher führen die zu beobachtende Zunahme von Naturkatastrophen wie Unwetter, Überschwemmungen auf die Erwärmung der Erde zurück. Nur durch eine Abnahme der Treibhausgase kann diese Entwicklung eingedämmt werden. Vor allem der Ausstoß von CO_2 muss drastisch verringert werden. Das **Kyoto-Protokoll** ist ein internationales Abkommen der UN aus dem Jahre 1997 zum Klimaschutz. Es schreibt Ziele für die Verringerung des Ausstoßes von Treibhausgasen fest.

3 Der Treibhauseffekt

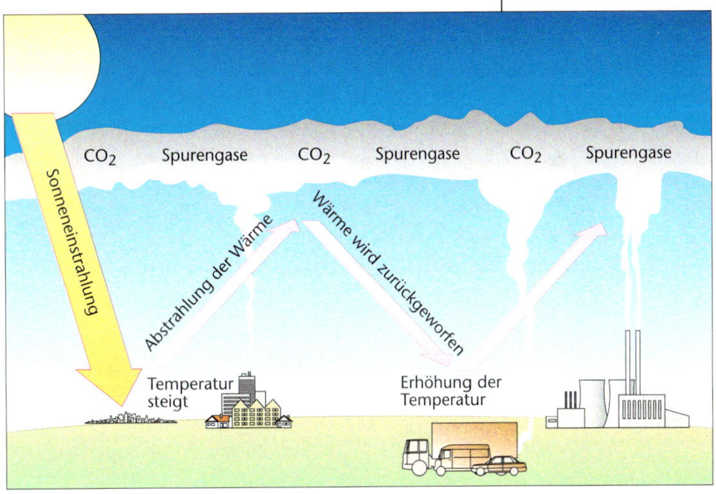

Brennpunkt

Global Warming

1 Das Kyoto-Protokoll

During the past century, the atmospheric temperature has risen 1.1 °F (0.6 °C), and sea level has risen several inches. Some projected, longer-term results of global warming include melting of polar ice, with a resulting rise in sea level and coastal flooding; disruption of drinking water supplies dependent on snow melts; profound changes in agriculture due to climate change; extinction of species as ecological niches disappear; more frequent tropical storms; and an increased incidence of tropical diseases.

A UN Conference on Climate Change, held in Kyoto, Japan, in 1997 resulted in an international agreement to fight global warming.

Vokabeln	
projected	angenommen
longer-term	längerfristige
disruption	Störung, Unterbrechung
supplies	Vorräte, Vorkommen
extinction	Auslöschung
due to	auf Grund von
ecological niches	ökologische Nische
diseases	Krankheiten
increased incidence	erhöhtes Auftreten

Aufgaben

1 Übersetze den englischen Text. Verwende dazu dein Wörterbuch und die oben angegebenen Vokabeln.

2 Stelle die wesentlichen Aussagen des Kyoto-Protokolls zusammen.

Mind-Mapping – die andere Art sich Notizen zu machen

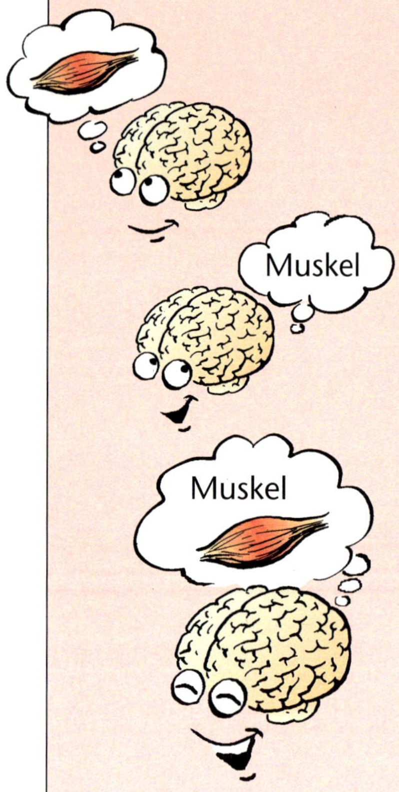

Wissenswertes über dein Gehirn
Dein Großhirn besteht aus zwei Hälften, einer linken und einer rechten. Gehirnforscher haben nachgewiesen, dass – je nach Tätigkeit – mehr die rechte oder die linke Hälfte aktiv ist.
Bei den meisten Menschen ist die linke eher für die Sprache zuständig, für Lesen und Schreiben. In der rechten Hirnhälfte werden eher Bilder und grafische Strukturen verarbeitet. Hier werden komplexe Zusammenhänge erfasst.

So wie du beim Training immer alle Muskeln – rechts und links in deinem Körper – trainierst, solltest du auch beide Hirnhälften nutzen. Das hilft dir beim Denken und Lernen.

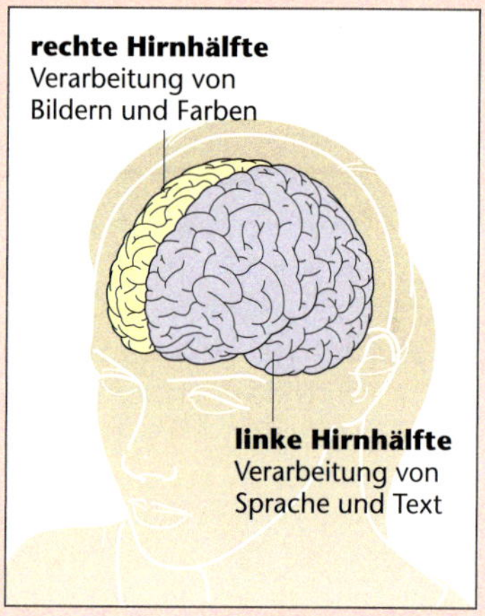

Was bedeutet das für deine Lerntechnik?
Wenn du dir Notizen machst – schön geordnet untereinander – arbeitet verstärkt deine linke Gehirnhälfte.
Wenn du etwas zeichnest, Bilder malst oder Farben benutzt, ist die rechte Seite deines Gehirns aktiver. Beide Hirnhälften sollten beim Lernen aktiv sein.

Die Mind-Mapping-Technik
Der Engländer TONY BUZAN (*1942) entwickelte 1971 eine Notiz- und Merktechnik und nannte sie Mind-Mapping. Dahinter verbirgt sich eine Arbeitsmethode, die dein Gehirn in Topform bringen kann.

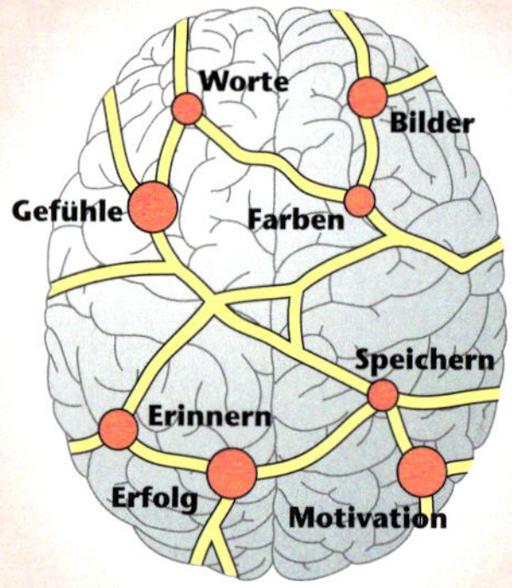

Das brauchst du für deine Mind-Map:
- Leere Blätter ohne Linien und Karos
- Verschiedene Stifte, wie Bleistift, Buntstifte und Textmarker in unterschiedlichen Farben.
- Dein Biologie-Buch und dein Heft mit den Notizen aus dem Unterricht.

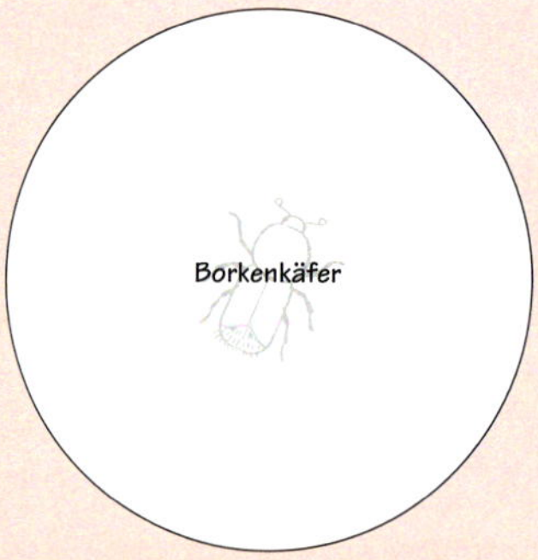

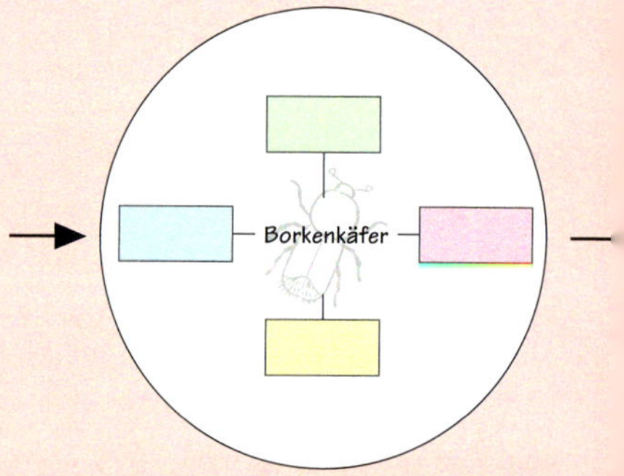

Und so wird´s gemacht:
1. Lege das Papier quer. Schreibe das Thema oder den zentralen Begriff, um den es geht – BUZAN nannte ihn „Keyword“, das heißt „Schlüsselwort“ – in die Mitte. Rahme den Begriff ein. Male, wenn genug Platz vorhanden ist, ein Bild dazu. Ein Bild, so lautet ein alter Spruch, sagt mehr als 1000 Worte und hilft dir später, dich besser zu erinnern.

2. Betrachte dann das Thema und dein gemaltes Bild und zeichne anschließend, ausgehend vom Schlüsselbegriff, Hauptäste ein, auf die du Oberbegriffe zum Thema schreibst. Dabei helfen dir die Überschriften oder fett gedruckte Begriffe in deinem Biologiebuch.

Mind-Maps – vielseitig einsetzbar
Mit Mind-Maps kannst du leichter lernen. Klebe deine „Gehirn-Karte" in deinem Heft gleich hinter das Thema, das du im Unterricht behandelt hast. Vor der Prüfung oder der Klassenarbeit schaue auf deine Mind-Map und rede – am besten laut – über das Thema. Gehe dabei auf jedes Schlüsselwort ein. Fällt dir nichts ein, schaue noch einmal im Heft oder Biologiebuch nach.

Wenn du ein Referat halten sollst, hilft dir eine Mind-Map, einen Überblick über das Thema zu gewinnen.

Mind-Maps können auch eingesetzt werden, wenn ihr eine Ausstellung plant, eine Exkursion vorbereitet oder eine Klassenfahrt durchführen wollt. Hier könnt ihr mit einer Mind-Map eure Ideen sammeln.

Aufgaben

1 Informiere dich im Internet über TONY BUZAN und erstelle eine Präsentation.

2 a) Suche im Internet nach Mind-Map-Programmen. Frage auch in deiner Schule nach, ob es dort eines gibt.
b) Versuche, damit eine Mind-Map zum Thema „Lebensraum Wald" zu erstellen.

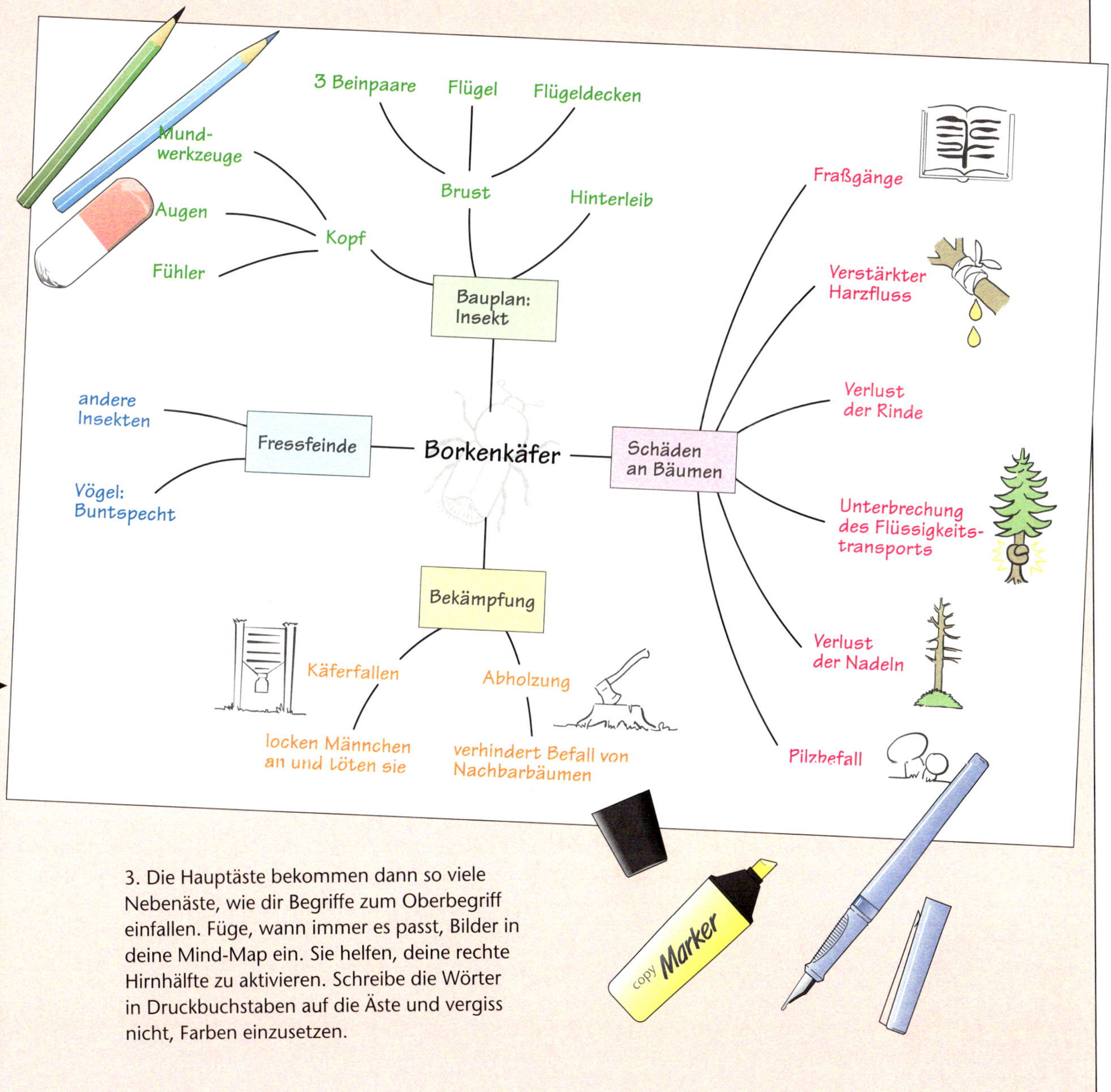

3. Die Hauptäste bekommen dann so viele Nebenäste, wie dir Begriffe zum Oberbegriff einfallen. Füge, wann immer es passt, Bilder in deine Mind-Map ein. Sie helfen, deine rechte Hirnhälfte zu aktivieren. Schreibe die Wörter in Druckbuchstaben auf die Äste und vergiss nicht, Farben einzusetzen.

Die Nutzung des Waldes

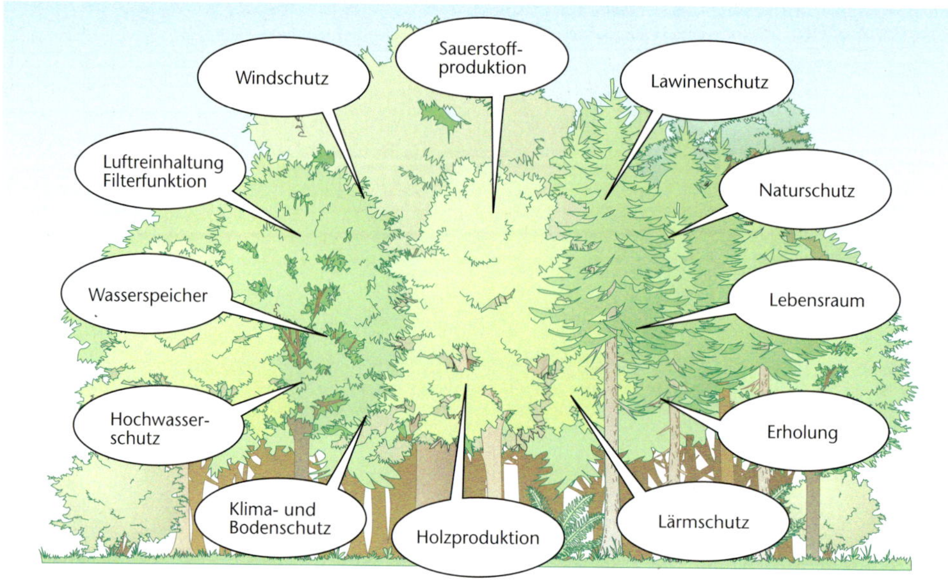

Wälder sind riesige Wasserspeicher
Regenwasser gelangt oft mit Düngemitteln oder Schadstoffen belastet ins Grundwasser. Der Waldboden ist frei von Schadstoffen. Im Gegenteil: Er reinigt das Wasser sogar. Zunächst wird es in den oberen Bodenschichten gespeichert oder gelangt erst allmählich ins Grundwasser. Dabei läuft es zwischen den feinen Bodenbestandteilen wie durch einen Filter. Waldgebiete sind riesige Trinkwasserspeicher, die auch in Trockenzeiten ausreichend Wasser abgeben. Bäume halten mit ihren Wurzeln den Boden fest und schützen ihn bei starken Regenfällen vor Abtragung, der so genannten **Bodenerosion**. Im Bergland dienen die Wälder als Schutz vor Lawinen.

▶ Wälder können Wasser reinigen und speichern sowie Schutz vor Erosion und Lawinen bieten.

Wälder beeinflussen das Klima
Im Sommer liegt bei heißem Wetter die Lufttemperatur im Wald mehrere Grad niedriger als in der freien Umgebung. Besonders in der Großstadt macht sich dann die kühle Luft aus dem Stadtwald oder dem Park wohltuend bemerkbar. Dazu wirkt der Wald noch wie ein Staubfilter. Die Luft in der Stadt ist etwa 100-mal stärker mit Staub belastet als in der freien Landschaft. Bis zu 70 t Staub können jährlich von einem Hektar Wald aufgenommen werden. Staub und Schadstoffe wie Schwefeldioxid werden von den Blättern unschädlich gemacht. Auch im Winter wirkt der Wald auf das Klima ein. Schon ein kleines Waldstück gleicht tiefe Temperaturen so stark aus, dass die Bildung von Kaltluftinseln in Feldkulturen verhindert wird.

▶ Wälder wirken ausgleichend auf das Klima und filtern Staub und Schadstoffe aus der Luft.

Menschen brauchen Erholungsgebiete
Erholungsorte im Binnenland liegen oft in der Nähe größerer Waldgebiete. Der Wald bietet einen Ausgleich für die Hektik und den Lärm unseres Alltages. Durch einen Waldstreifen von nur 100 m Breite wird Lärm bereits auf die Hälfte seiner Ausgangslautstärke gesenkt. Auch Sportlern bietet der Wald viele Möglichkeiten für Radtouren oder Joggen.

Lebensraum für bedrohte Tier- und Pflanzenarten
Manche Waldgebiete sind heute noch in einem fast ursprünglichen Zustand. Ihre Baumarten entsprechen den Bodenvoraussetzungen und haben sich über Jahrhunderte in ihrer Artenvielfalt entwickelt. Solche Wälder stehen heute unter Naturschutz und bieten seltenen Tier- und Pflanzenarten Zuflucht.

▶ Wälder dienen Menschen als Ruhe- und Erholungsraum. Sie sind Lebensraum für viele Pflanzen- und Tierarten.

Aufgabe

1 Stelle in Form einer Mind-Map dar, welche Aufgaben der Wald hat.

Nachhaltigkeit
Deutschland ist zu fast einem Drittel mit Wald bedeckt. Etwa die Hälfte ist in Privatbesitz, die andere gehört dem Staat, Städten und Gemeinden, Kirchen und Stiftungen. Forstämter haben die Aufgabe, den Wald zu betreuen. Dabei sind sie gesetzlich zur **Nachhaltigkeit** verpflichtet. Sie müssen dafür sorgen, dass für geschlagenes Holz neue Bäume gepflanzt werden.

Viele Betriebe sind vom Holz abhängig
Zur Forstwirtschaft gehören viele Wirtschaftszweige: Zulieferfirmen stellen Maschinen und Geräte her, andere haben sich auf Forstbekleidung spezialisiert. Dienstleistungsbetriebe übernehmen Waldarbeiten, EDV-Firmen entwickeln Software für die Vermarktung des Holzes und für die Betriebsverwaltung. Forstbaumschulen stellen ein reichhaltiges Angebot an Gehölzen für die Forstwirtschaft und die Landschaftsgestaltung bereit. Sägewerke und Holzhandel beliefern Möbel- und Papierindustrie. Die Forstwirtschaft bietet also viele Arbeitsplätze.

Die Forstwirtschaft bietet vielen Menschen Arbeit. Forstämter sind zur Nachhaltigkeit verpflichtet.

Aufgaben

1 Informiere dich beim Arbeitsamt über typische Berufe, Ausbildungsplätze und Zukunftsperspektiven in der Forstwirtschaft.

2 Aus welchen Ländern der Erde wird Holz importiert? Ermittle auch die Holzarten und deren Verwendung.

1 Bei der Nutzung des Waldes müssen wirtschaftliche Interessen und Naturschutzbelange gegeneinander abgewogen werden.

Der **„Buchdrucker"** hat seinen Namen erhalten, weil seine Gänge unter der Rinde aussehen, wie die Schriftreihen in Büchern.

1 Durch Borkenkäferbefall geschädigte Fichten

2 Larvengänge

3 Borkenkäferfalle

Wenn Borkenkäfer in Massen auftreten
Besonders nach heißen, trockenen Sommern und orkanartigen Winterstürmen fürchten die Forstwirte für ihren Wald eine besondere Gefahr: Fichten-Borkenkäfer, auch Buchdrucker genannt, werden in dem Bruchholz der Fichten ideale Brutbedingungen vorfinden. Vor allem unter der Rinde kranker und absterbender Bäume legen sie ihre Brutgänge an. Das Männchen höhlt eine kleine Kammer unter der Rinde aus, wo es sich mit den einfliegenden Weibchen paart. Von hier aus baut jedes Weibchen einen Muttergang und legt darin seine Eier ab. Nach dem Schlüpfen fressen die Larven vom Muttergang aus seitliche Gänge (▷ B 2) in die Rinde hinein. Dadurch wird das Gewebe langsam zerstört und der Baum stirbt nach einiger Zeit ab. Gibt es viel Bruchholz, kann es zu einer **Massenvermehrung** der Borkenkäfer kommen.

Das eigentliche Problem tritt aber erst ein Jahr später auf. Wenn kein frisches Bruchholz mehr zur Verfügung steht, werden die Käfer auf gesundes Holz ausweichen.

Gesunde Fichten reagieren auf Wunden mit verstärktem Harzfluss. Dadurch werden die Wunden geschlossen und wachsen langsam zu. Werden gesunde Fichten jedoch von Käfermassen befallen, haben sie keine Chance. Der Käferfraß unterbricht den Flüssigkeitstransport in der Rinde, und Pilze siedeln sich in den Fraßgängen an. Der Baum wird derart geschwächt, dass er schließlich abstirbt. Besonders groß sind die Schäden in Monokulturen.

Eine Falle für Männchen
Gegen die Massenvermehrung der Borkenkäfer kann selbst eine große Schar von Fressfeinden kaum etwas ausrichten. Seit einigen Jahren werden deshalb mit Erfolg Käferfallen (▷ B 3) im Wald aufgestellt. Sie enthalten einen Sexuallockstoff, mit dem die Weibchen üblicherweise die Männchen anlocken. Durch den Lockstoff unwiderstehlich angezogen, purzeln die Käfer in die Falle. Dort wartet jedoch kein Weibchen, sondern ein Giftstoff, der die Tiere tötet. Fehlen die männlichen Käfer, gibt es weniger Nachkommen und der Schaden an den Bäumen hält sich in Grenzen.

Borkenkäfer richten bei Massenvermehrung besonders in Monokulturen große Schäden an.

Fressfeinde des Borkenkäfers
Borkenkäfer und ihre Larven sind Nahrung für viele Tiere des Waldes. Hauptsächlich sind es andere Insekten, die Jagd auf die Käfer machen.
Kaum ein Tier jedoch frisst so große Mengen an Borkenkäfern wie der Große Buntspecht. Für den Wald hat der Vogel jedoch noch weitere Bedeutungen: Bei der Nahrungssuche zerkleinert er Holz, das dadurch von Kleinlebewesen schneller abgebaut wird. Außerdem verhilft er anderen Vögeln, wie Meisen und Dohlen, zu einer „Wohnung", denn die meisten seiner Bruthöhlen nutzt er nicht selbst.

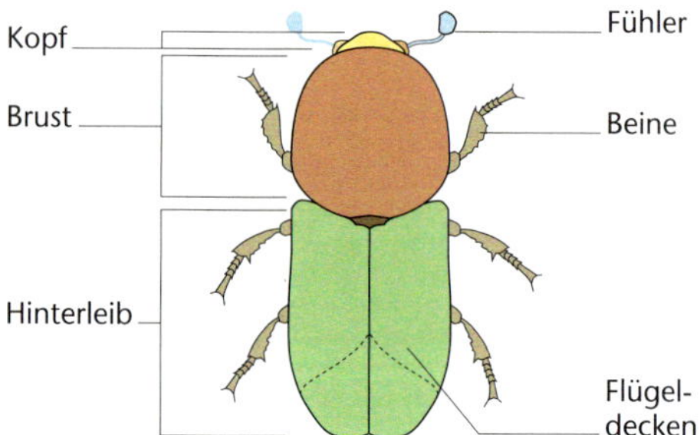

4 Borkenkäfer sind Insekten.

a) Kamelhalsfliege, Larven leben räuberisch in den Gängen der Borkenkäfer.

b) Holzschlupfwespe

c) Kurzflügler

d) Laufkäfer

e) Holzfliegenlarve

f) Ameisenbuntkäfer

5 Feinde des Borkenkäfers

Aufgaben

1 Beschreibe, welche Nahrung der Große Buntspecht während der einzelnen Monate des Jahres überwiegend aufnimmt. Werte dazu die Tabelle (▷ B 6) aus.

2 Begründe, warum der Große Buntspecht eine plötzliche Massenvermehrung des Borkenkäfers nicht verhindern kann.

3 Zeichne den Borkenkäfer in die Mitte eines DIN-A4-Blatts. Ordne seine Feinde in Form beschrifteter Kästchen um ihn herum (▷ B 5). Informiere dich wie die Feinde des Borkenkäfers leben und beschrifte deine Zeichnung.

4 Begründe, warum gerade in Monokulturen die Gefahr für Borkenkäferbefall sehr groß ist.

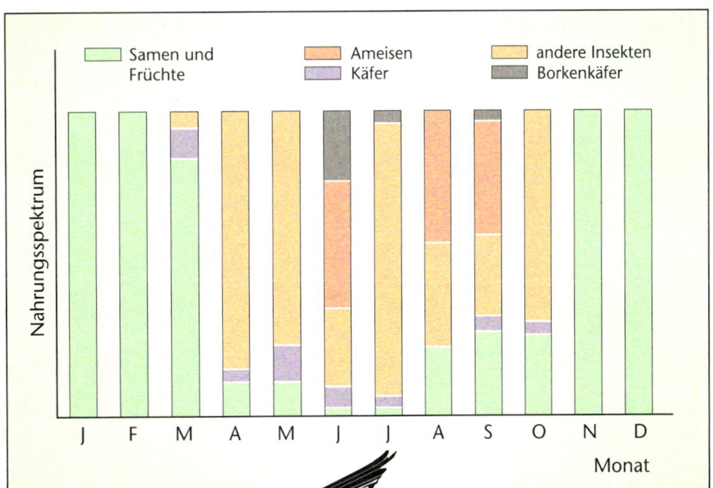

6 Nahrung des Großen Buntspechtes

Brennpunkt

Bannwälder dienen auch der Forschung

Urwälder sind verschwunden

Die heutigen Wälder unterscheiden sich stark von den großen natürlichen Waldgebieten vor Beginn der Rodungen im Mittelalter. Während der heutige Wald durch Bewirtschaftung ständig gepflegt wird, waren es damals Urwälder, die das Land bedeckten. In ihnen entwickelten sich Pflanzen- und Tiergemeinschaften ohne Eingriffe des Menschen. Um diese Waldentwicklung auch heute noch beobachten zu können, gibt es an geeigneten Standorten **Bannwälder**, auch **Naturwaldzellen** genannt. Dort wird auf jegliche Nutzung und Pflege verzichtet. Die Forstwissenschaftler hoffen, durch Beobachtung dieser „Urwälder von morgen" Hinweise für eine naturnahe Bewirtschaftung der übrigen Wälder zu bekommen. Gleichzeitig dienen die Flächen zum Schutz von Lebensräumen für Pflanzen und Tiere.

Es wurden Waldgebiete ausgewählt, in denen Baumarten vorkommen, die zu den jeweiligen Standorten passen. Oft schon nach wenigen Jahren konnten die Forstwissenschaftler interessante Beobachtungen machen. So lässt sich auf Sturmschadensflächen, z. B. im Bannwald „Moos" bei Gengenbach, die natürliche Wiederbesiedlung der Kahlflächen durch die verschiedenen Baumarten und deren Konkurrenzverhalten sehr gut verfolgen.

Hier einige der Fragen, mit denen sich die Forstwissenschaftler beschäftigen:

- In welchem Umfang verjüngen sich die Bestände durch Aussaat selbst?
- Welche Pflanzen stellen sich von selbst ein und bilden nach einigen Jahren mit den Bäumen eine stabile Pflanzengemeinschaft?
- Welche Tierarten kommen in solchen unberührten Wäldern vor?
- Wie reagieren vergleichbare Naturwaldzellen, die unterschiedlich stark durch Schadstoffe aus Industrie, Verkehr und Landwirtschaft belastet sind?

1 Bannwald

2 Wirtschaftswald

Aufgaben

1 Im Internet findest du Informationen über Naturwaldzellen unter folgenden Suchstichworten: „Naturwaldzelle" oder „Bannwald". Verknüpfe die Begriffe auch mit dem Wort „Forstamt". Suche dir aus den Informationen einen Schwerpunkt aus und halte dazu ein Referat.

2 a) Informiere dich über Naturwaldzellen in der Umgebung deines Wohnortes. Welche Fragestellungen untersuchen die Forstwissenschaftler und welche Ergebnisse wurden bisher erzielt?
b) Unternimm mit dem Fahrrad eine „Fotosafari" dorthin. Gestalte mit Text und Bildern eine Seite deiner Biologie-Mappe.

Die Geschichte der Waldnutzung

1 Kohlemeiler

Deutschland als Waldland
Vor rund 12 000 Jahren war Deutschland fast waldfrei. Die Nachwirkungen der letzten Eiszeit beeinflussten das Klima derartig, dass nur Moose, Flechten und Gräser wachsen konnten. Nach und nach bildete sich mit langsam steigenden Temperaturen ein lichter Wald aus Kiefern und Birken. Die Buche breitete sich erst stark aus, als vor 5 000 Jahren die Winter etwas milder wurden. Deutschland war jetzt nahezu vollständig mit Wald bedeckt.

Vor Beginn der Steinzeit entnahmen die Menschen als Jäger und Sammler dem Wald alles, was sie zum Leben brauchten. Um 2 500 v. Chr. begannen sie mit der Waldrodung, indem sie einzelne Waldflächen anzündeten. In die Asche säten sie Wildgetreide. Gab der Boden nichts mehr her, zogen sie einfach weiter.

Große Waldflächen verschwanden
In der Bronzezeit um 1800 v. Chr. wurden die Menschen sesshafter. Mit ihren Äxten fällten sie Bäume und bauten daraus feste Häuser mit Ställen. Auf diese Weise entstanden die ersten kleineren Dörfer. Um Werkzeuge und andere Gerätschaften herzustellen, wurde beim Schmieden sehr viel Holzkohle benötigt, die von den Köhlern geliefert wurde. Das führte zu großflächigen Waldrodungen. Auch die Landwirtschaft fügte dem Wald über Jahrhunderte große Schäden zu. Das Vieh – besonders die Schafe – fraß alle Jungbäume kahl. Für die Düngung der Äcker wurden im Wald rechteckige Stücke, so genannte Plaggen, aus dem humusreichen Boden gestochen, wodurch sich der Ackerboden mancherorts um mehr als einen Meter anhob. Als Streu für das Vieh wurde im Wald Laub gesammelt und in den Ställen ausgebracht. Hierdurch entstand im Waldboden so starker Nährstoffmangel, dass die Wälder stellenweise völlig verschwanden. Im heute so waldreichen Schwarzwald war die Waldfläche vor 200 Jahren auf weniger als die Hälfte ihrer heutigen Ausdehnung geschrumpft. Großen Anteil daran hatten die Weide- und Reutbergwirtschaft, eine im Schwarzwald weit verbreitete Form der Brandrodung.

Flächen werden aufgeforstet
Durch den gestiegenen Holzbedarf während der Industriellen Revolution kam es auf großen Flächen zu gezielten Aufforstungen, sodass die waldfreien Reut- und Weidberge immer mehr verschwanden. Dabei bevorzugte man schnellwachsende Baumarten wie die Fichte. In alten Ortsnamen und Flurbezeichnungen ist das Wort „-reute" jedoch noch häufig zu finden: Beispiel: Windenreute, Reutebach.

Aufgabe

1 Ein bekannter Feuerökologe der Universität Freiburg sagt: „Der Einsatz des kontrollierten Feuers gewinnt heute wieder mehr Bedeutung bei der Pflege des Waldes." Kannst du dir das erklären?

2 Simonswald um 1770

3 Simonswald um 2005

▶ 164f.

Stufe 0, gesunder Baum

Stufe 1, schwache Schäden
Bis zu einem Viertel der Nadeln färben sich gelb und fallen ab. Die Baumwipfel werden ausgelichtet.

Stufe 2, mittelstarke Schäden
Die Äste hängen wie Lametta kahl herunter und sterben ab, der Nadelverlust beträgt 25–60 %, der Wipfel färbt sich gelb, die Auslichtung nimmt zu.

Stufe 3, starke Schäden
Der Nadelverlust beträgt jetzt über 60 %, die Nadeln färben sich braun, der ganze Baum wird ausgelichtet, der Wipfel stirbt ab.

Von Stufe 4 spricht man, wenn der Baum **abgestorben** ist.

Wie geht es dem Wald?
Diese Frage beschäftigt die Öffentlichkeit seit Anfang der 80er-Jahre, als der Begriff des „Waldsterbens" geprägt wurde. Bereits Mitte der 80er-Jahre richteten Forstämter in Baden-Württemberg Versuchsflächen ein, um das Ausmaß und die Entwicklung sowie die Ursachen der Walderkrankungen zu untersuchen. Heute ist die Frage aktueller denn je, denn jeder zweite Baum ist schon geschädigt. Nahezu täglich erreichen uns Nachrichten über Hitze- und Trockenperioden, hohe Ozonwerte und Massenvermehrung von Borkenkäfern. Wie verkraftet der Wald all diese Stressfaktoren?
Zahlreiche Umweltfaktoren wirken auf das Ökosystem Wald ein und nehmen Einfluss auf den Waldzustand. Nadelbäume sind besonders empfindlich gegenüber Rauchgasen aus Schornsteinen der Häuser und Fabriken. Die Verfeuerung von Brennstoffen führt zu einer starken Belastung der Luft. Von den Verbrennungsgasen sind Schwefeldioxid und Stickstoffoxide besonders schädlich. Diese bilden, im Regenwasser gelöst, den so genannten „sauren Regen", den Hauptfeind des Waldes. Die Säure löst den natürlichen Wachsüberzug der Nadeln, wodurch die Verdunstung erhöht wird und der Baum austrocknet. Im Waldboden führt der saure Regen zur Übersäuerung. Rund 85 % der deutschen Waldböden sind übersäuert, im Schwarzwald ist der Säuregehalt des Bodens an manchen Stellen sogar bis zu 30fach höher als normal. Das schädigt das Wurzelwerk. Je mehr die Widerstandkraft der Bäume durch Schadstoffe geschwächt ist, umso anfälliger werden sie für Einwirkungen aus der Natur selbst. Klimaextreme wie Trockenheit, Hitze, Frost und Nässe sowie Stürme, wie z.B. „Lothar" im Jahr 2000 beschleunigen das Waldsterben.

▶ Die Baumschäden werden durch ein Zusammenwirken unterschiedlicher Faktoren verursacht.

Auch Laubbäume sind geschädigt
Vor allem Buchen reagieren auf Abgase aus dem Straßenverkehr empfindlich. Die ausgestoßenen Stickstoffoxide bilden unter dem Einfluss des Sonnenlichts Ozon. Dieses Gas reizt die menschlichen Schleimhäute und greift die Lunge an. Bei den Bäumen schädigt Ozon die Zellmembranen und behindert die Fotosynthese.

Dies führt zu Schäden an den Blättern. Weitaus schlimmer jedoch ist die Überdüngung der Wälder mit Stickstoffverbindungen aus der Luft. In manchen Gegenden Deutschlands gehen mehr als 100 kg Stickstoffverbindungen pro Hektar im Jahr mit dem Regen herunter. Darauf reagieren die Bäume mit starkem Wachstum. Die Pflanze verliert jedoch an Stabilität und wird anfällig gegen Frost, Sturm und Schädlinge. Für ein gesundes Wachstum müssten auch die übrigen Mineralstoffe in ausreichendem Maße zur Verfügung stehen. Das ist jedoch im Waldboden meist nicht der Fall.

Hilfe für den Wald

Experten meinen, der Ausstoß von Stickstoff aus dem Verkehr und der Landwirtschaft müsse deutlich verringert werden. Der Einbau von Katalysatoren in Kraftfahrzeugen hat die Abgasmenge pro Auto erheblich gesenkt. Da die Menge der Autos zunimmt, wurde die Abgasmenge aber insgesamt nicht weniger.

Forscher suchen weltweit nach Möglichkeiten, fossile Brennstoffe wie Kohle, Erdöl und Erdgas durch erneuerbare, **regenerative Energiequellen** zu ersetzen. Sonnenlicht, Erdwärme, Pflanzenöle und andere könnten das Problem der Luftverschmutzung deutlich mindern.

Die Schadstoffe der Luft verursachen Baumkrankheiten, die bis zum Absterben der Bäume führen können.

Aufgaben

1 a) Am Schauinsland im Südschwarzwald gibt es einen Lehrpfad zum Waldsterben. Informiert euch im Internet darüber und plant eine Exkursion dahin.
b) Führt, wenn möglich vor Ort eine Expertenbefragung durch.

2 Erkläre mithilfe der Abbildung unten die Zusammenhänge zwischen Luftschadstoffen, Witterung und Schädlingen sowie deren Auswirkungen auf den Wald.

3 Führt an eurer Schule das Projekt „Rettet den heimischen Wald!“ durch. Dokumentiert eure Ergebnisse in Form von Plakaten und Flyern sowie einer Ausstellung.

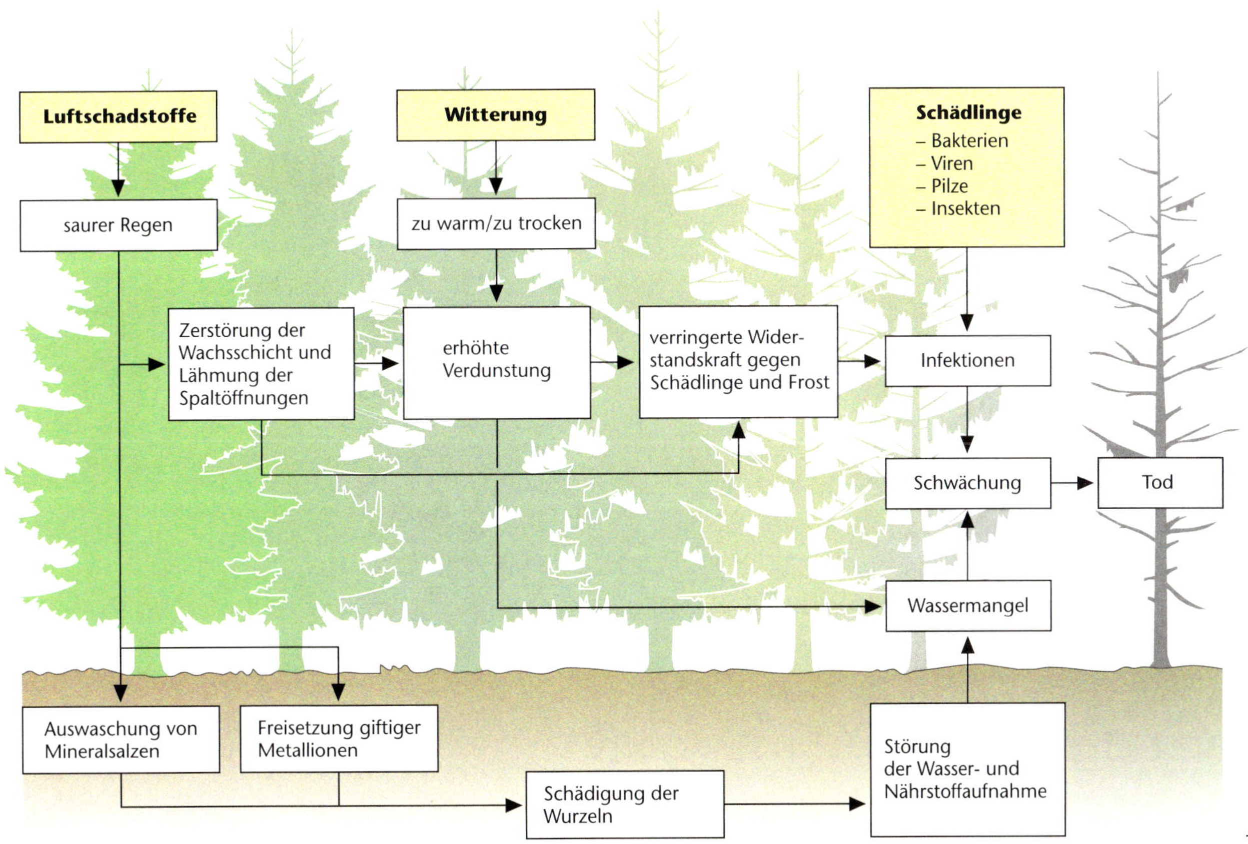

Wo gibt es heute noch Regenwald?

Den Regenwald gibt es eigentlich gar nicht. Die meisten Regenwälder unserer Erde sind tropische Regenwälder. Sie erstrecken sich in einem Gürtel 10° nördlich und 10° südlich des Äquators. Das größte tropische Regenwaldgebiet liegt am Amazonas. Regenwald bedeckt aber nicht nur weite Regionen der Äquatorialzone, sondern kommt auch außerhalb der Tropen vor. In Berg-Regionen mit hohem Niederschlag bilden sich Bergregen – oder Nebelwälder. Berg-Regenwälder finden wir z. B. in Ostafrika (Ruanda, Madagaskar), Nebelwälder an der Pazifikküste Kanadas, im Nordosten Australiens oder im Himalaja.

Ganz schön schwül – niemals kühl

Hoher Niederschlag und gleich bleibend hohe Temperaturen sind entscheidend für die Entstehung der Tropenwälder. Im feuchtwarmen Klima rund um den Äquator fällt mehr Niederschlag, als die Sonne verdunsten kann. Pro Jahr sind das mehr als 2000 mm, in einigen Regenwäldern werden sogar Werte von nahezu 12000 mm erreicht (Stuttgart zum Vergleich: 633 mm). Diese Niederschläge verteilen sich gleichmäßig über das ganze Jahr. Die Luftfeuchtigkeit beträgt über 90%. Auch die Temperatur ist das ganze Jahr fast gleich hoch (25 °C und 27 °C). Die Temperaturschwankungen innerhalb eines Tages sind größer als die monatlichen Schwankungen. Deshalb nennt man das Tropenklima auch „Tageszeitenklima“ im Unterschied zu unserem „Jahreszeitenklima“.

Tropischen Regenwald finden wir in Äquatornähe. Dort ist das Klima feucht und heiß.

Ein Tag im tropischen Regenwald

Der typische Tag im Regenwald beginnt gegen 6 Uhr fast ohne Dämmerung. Bis zum Mittag steigt die Temperatur schnell auf 30 °C an. Es wird zunehmend schwüler. Heftige Gewitter mit sintflutartigen Regenfällen entladen sich. Doch kurz darauf strahlt wieder die Sonne. Bereits um 18 Uhr bricht plötzlich die Dunkelheit herein. Auch nachts kühlt es kaum ab.

Die Stockwerke des Regenwaldes

Ein Merkmal des tropischen Regenwaldes ist sein Stockwerkbau. Die höchsten Baumriesen werden über 60 m hoch. Sie überragen die obere Baumschicht, die bis in eine Höhe von etwa 40 m reicht. Die untere Baumschicht lässt wenig Licht nach unten durch. Hier leben die meisten Pflanzen und Tiere. Es folgt bis etwa 20 m Höhe die mittlere Baumschicht mit schmalen Kronen, darunter die untere Baumschicht mit kleineren Bäumen und Sträuchern. Die Kraut- und Strauchschicht bildet den dichten Unterbau. Nur schattenliebende Pflanzen können hier gedeihen. Der Boden wird von einer dünnen Schicht aus herabfallenden Ästen und Blättern bedeckt. Eine Humusschicht wie in unseren Laubwäldern fehlt. Die Neubildung des Humus ist unter den feuchtwarmen klimatischen Bedingungen kaum möglich, da die abgestorbenen Pflanzenteile schnell von Ameisen, Pilzen und Bakterien zersetzt werden. Dennoch finden wir auf dem kargen Boden den artenreichsten Lebensraum unserer Erde.

Der Regenwald ist in Schichten aufgebaut. Eine Humusschicht fehlt.

1 Regenwälder in der Äquatorialzone

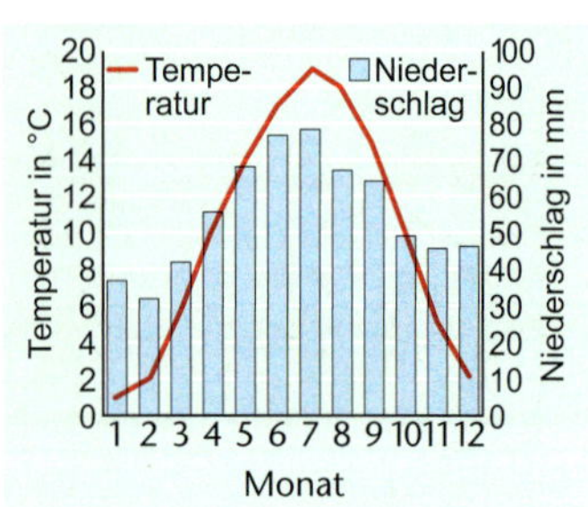

2 Klimadiagramm von Stuttgart

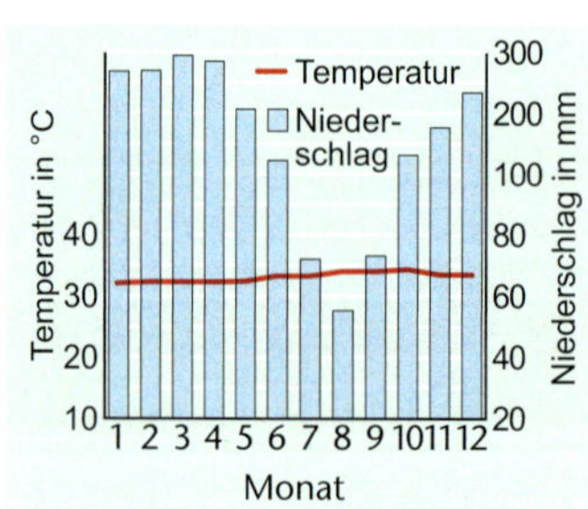

3 Klimadiagramm von Manaus

Aufgaben

1 Man kann sich den tropischen Regenwald wie ein Haus mit mehreren Stockwerken vorstellen. Ordne den einzelnen Schichten die entsprechenden Stockwerke zu.

2 Vergleiche die Klimadiagramme von Manaus und Stuttgart und werte sie aus.

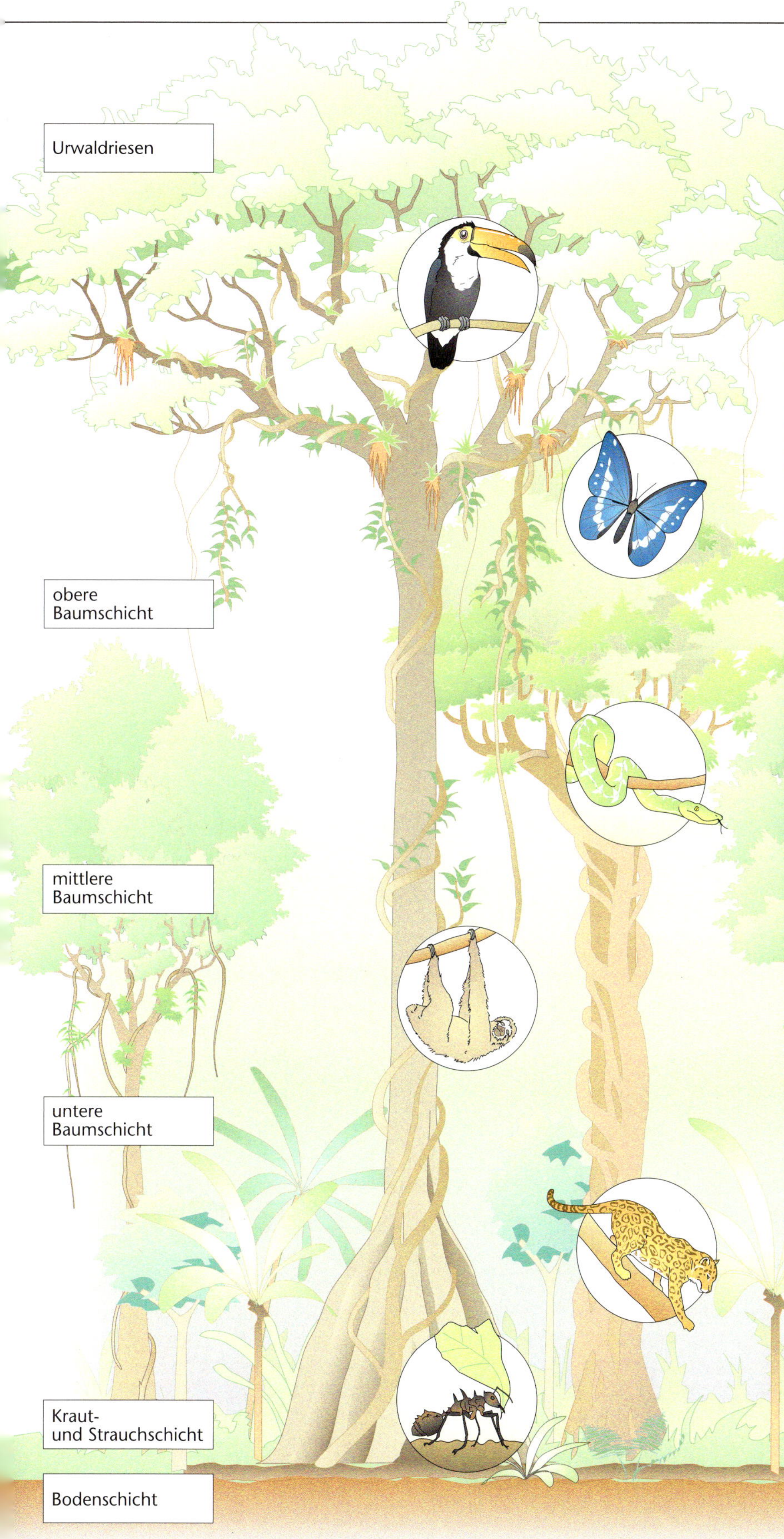

4 Gesunder Regenwald

5 Tropenholz wird gefällt

6 Gerodeter Regenwald

Nährstoffkreislauf im Regenwald
Wie kann auf diesen kargen Böden der größte Artenreichtum der Erde gedeihen? Die Pflanzen des tropischen Regenwaldes haben ein besonderes System entwickelt: Die Wurzeln der Urwaldbäume verlaufen flach unter der Bodenoberfläche. Sie bilden einen dichten Wurzelteppich, durch den sie die notwendigen Nährstoffe direkt aus abgestorbenen Pflanzen und Tieren entnehmen. Zusätzlich gehen die feinen Haarwurzeln eine Symbiose mit kleinen Pilzen ein, die mit ihren Fäden den Bäumen Mineralsalze und Wasser entziehen. Diese versorgen dafür die Pilze mit Zucker und Proteinen. Diese Wurzel-Pilz-Symbiose nennt man **Mykorrhiza**, wie wir sie auch aus heimischen Wäldern kennen.

Die Pflanzen des Regenwaldes haben ein besonderes System entwickelt, um an Nährstoffe zu gelangen.

Die Artenvielfalt des tropischen Regenwaldes
Tropische Regenwälder beherbergen eine unglaubliche Vielfalt an Pflanzen und Tieren. Der größte Teil ist weder entdeckt noch wissenschaftlich beschrieben. So schwanken die Angaben über die Artenzahl zwischen 3 und 50 Millionen. Auf einem Hektar Amazonas-Regenwald wurden z. B. über 500 Baumarten gefunden – in Mitteleuropa gibt es neben den am meisten verbreiteten Buchen und Eichen nur eine Hand voll weiterer Holzgewächse.

Auf Borneo haben Zoologen in den Kronen von Bäumen 2000 Käferarten entdeckt, in den Wäldern Zentraleuropas findet man nur etwa 500 Arten.
99 % der Biomasse des Regenwaldes sind Pflanzen, der Rest Tiere. Von diesen machen im Boden lebende winzige Organismen sowie Ameisen und Termiten fast 80 % aus. Nur 10 % entfallen auf größere Tiere wie Tiger, Jaguar, Faultier, Vögel und Spinnen.

Pflanzen und Tiere des Regenwaldes weisen eine große Artenvielfalt auf.

Ein Paradies wird zerstört
Holzeinschlag, Brandrodung, Abbau von Bodenschätzen, Gewinnung von Anbauflächen für Plantagen und Weideflächen sind Hauptursachen für die Zerstörung des Regenwaldes. Pro Minute vernichten die Menschen eine Fläche des Regenwaldes, die so groß ist wie 30 Fußballfelder! Wenn das so weitergeht, gibt es im Jahr 2050 keinen Regenwald mehr.

7 Nährstoffkreislauf im Regenwald

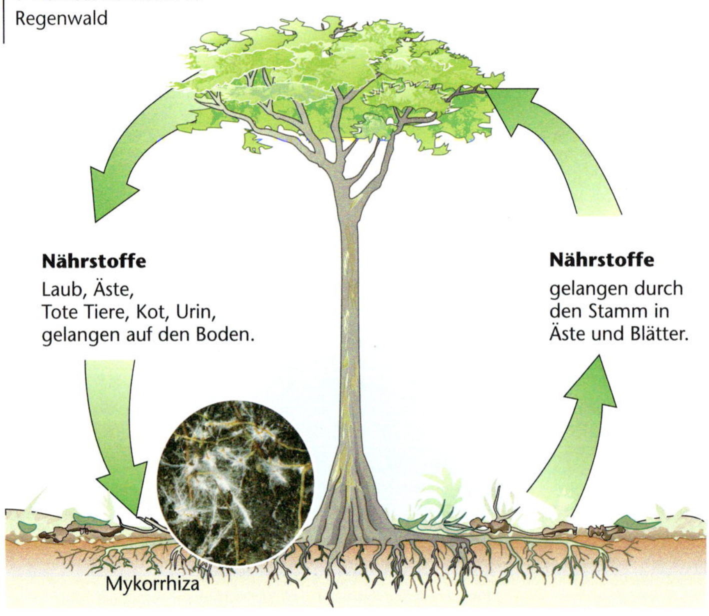

8 Säg nicht an dem Ast …

Aufgaben

1 Erkläre mit eigenen Worten die Karikatur (▷ B 2).

2 Erkundige dich bei Umweltschutz-Organisationen, welche Aktionen zum Schutz der Regenwälder laufen.
Halte ein Referat darüber.

3 Plane und führe eine Umfrage zum Thema „Rettet den Regenwald!“ durch.

Strategie

Ihre Meinung bitte …

Wir planen eine Umfrage

Umfragen sind bei Jugendlichen besonders beliebt. Im Unterricht überlegt ihr euch Fragen zu einem Thema, dann könnt ihr außerhalb der Schule auf Leute zugehen und erfahrt eine Menge Interessantes über die Einstellung der Befragten. Vielleicht fangt ihr „klein" an und interviewt zuerst eure Banknachbarn, eure Klassenkameraden oder Mitschüler aus der Schule.

A. Mögliche Themen von Umfragen

„Parkplätze statt Bäume" – was meinen Sie dazu?
Ihre Meinung ist gefragt: „Kennen Sie den Regenwald?"
„Unser Wald – Erholungsraum oder Schutzzone?"

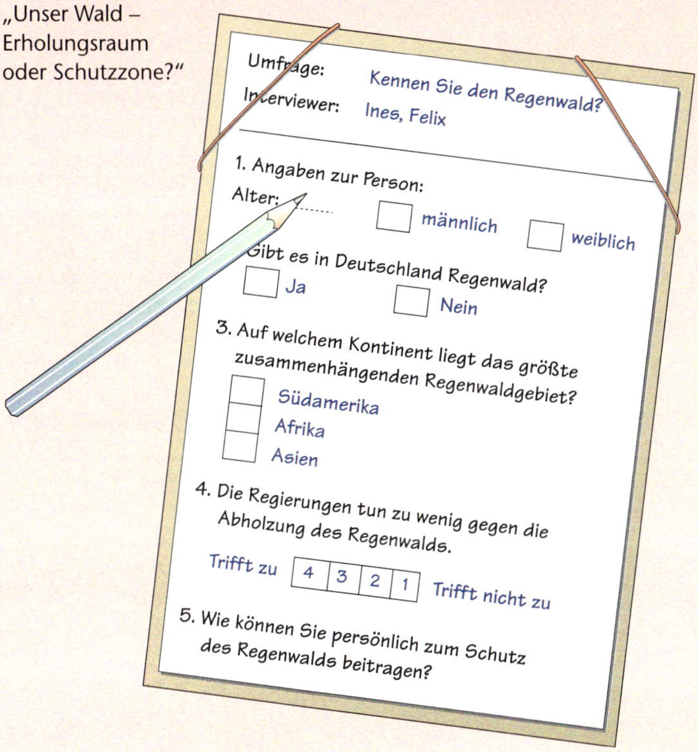

B. Regeln für das Entwerfen eures Fragebogens

Formuliert einfache, klare und verständliche Fragen.
Weniger ist mehr! Lieber einige Fragen, die euch besonders wichtig sind, genau formulieren, als „alles abzufragen" und am Ende wenig brauchbare Ergebnisse zu bekommen.
Euer Fragebogen sollte nicht mehr als 8 bis 10 Fragen enthalten, sonst wird die Umfrage schnell langweilig und die Auswertung dauert zu lange.

Es gibt unterschiedliche Frageformen:
- Alternativfragen: ja/nein oder richtig/falsch
- Auswahlfragen: Aus einer Anzahl von vorgegebenen Aussagen soll die ausgewählt werden, die am ehesten zutrifft.
- Schätzskalen
  trifft zu 4 3 2 1 trifft nicht zu
- Weiterführende Fragen: Diese lassen frei formulierte Antworten zu. Dieser Fragentyp kann euch wichtige Zusatzinformationen bringen.

Denkt auch an die äußere Form eures Fragebogens:
- Fragen übersichtlich anordnen
- genügend Platz für Antworten lassen
- Kästchen zum Ankreuzen einplanen

C. Jetzt kann es losgehen …

Wenn ihr fremde Menschen befragt, ist auch euer Verhalten wichtig.
Ihr müsst euch zuerst vorstellen und kurz sagen, worum es geht, z. B.: „Wir kommen aus der 9. Klasse der Schiller-Schule und wollen wissen, ob … ."
Dann müsst ihr das Einverständnis des Befragten einholen, denn ihr wollt ja aufschreiben, wie euer Gesprächspartner heißt, vielleicht auch, welchen Beruf er hat und wie alt er ist.
Am Schluss des Interviews solltet ihr euch höflich für die Mitarbeit bedanken.
Zu eurer Umfrage solltet ihr eine Schreibunterlage und Schreibzeug, noch besser einen Kassettenrekorder oder ein Diktiergerät, mitnehmen.

D. Jetzt geht's ans Auswerten

Bei der anschließenden Auswertung der Ergebnisse eurer Umfrage könnt ihr neben Texten vielleicht auch Schaubilder und Diagramme erstellen. Vorsicht, Ergebnisse aus Interviews entsprechen nicht immer der Wahrheit. Vergleicht die Antworten, die ihr bekommt, mit der Realität.

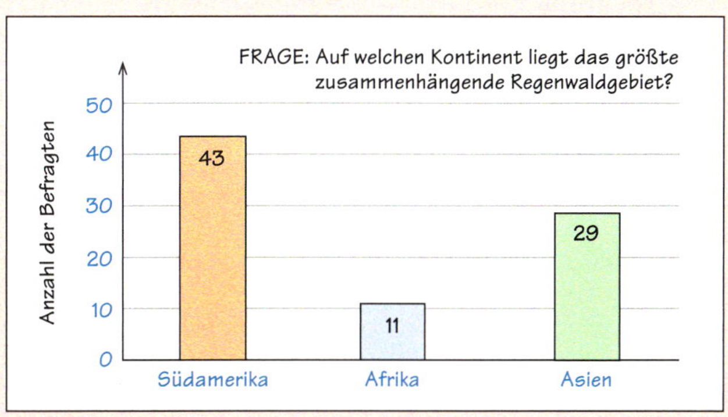

1 Der Erhalt einer intakten Umwelt ist für uns alle unverzichtbar.

Eine merkwürdige Nachricht

Im Jahr 1980 bekam die schwedische Marine einen Brief, dessen Inhalt sich zunächst niemand erklären konnte. Die Forstverwaltung der Insel Visingsö teilte der Marineleitung mit, das für den Schiffsbau bestellte Eichenholz könne nun abgeholt werden.
Die zuständigen Beamten suchten lange in ihren Auftragsbüchern, bis sie fündig wurden: 1829 hatte das schwedische Parlament beschlossen, auf der Insel Eichenwälder anzupflanzen, um in späteren Zeiten genügend Holz für den Schiffsbau zur Verfügung zu haben. Da Eichen aber 150 Jahre brauchen, um zu wachsen, hatten die damaligen Politiker den richtigen Weitblick. Sie wussten natürlich nicht, dass heute Schiffe nicht mehr aus Eichenholz, sondern aus Stahl gebaut werden. Die Eichenwälder brauchten also nicht abgeholzt zu werden, sondern stehen heute der Bevölkerung als wunderschönes Erholungsgebiet in Schweden zur Verfügung.

2 Zerstörte Umwelt

Nachhaltigkeit – was ist das?

Der Begriff stammt ursprünglich aus der Forstwirtschaft des 18. Jahrhunderts. Damals wurde gefordert, dass nie mehr Holz geschlagen werden durfte, als nachwachsen konnte. Damit sollte immer ein ausreichender Holzbestand für die nachfolgenden Generationen gesichert werden. Auch heute bedeutet Nachhaltigkeit (engl.: sustainability) eigentlich, dass wir den kommenden Generationen eine Erbschaft hinterlassen, die nicht schlechter sein sollte als die, welche wir vorgefunden haben.

Nachhaltigkeit bedeutet Sicherung der Bedürfnisse künftiger Generationen.

Der Umweltgipfel von Rio

1992 trafen sich im brasilianischen Rio de Janeiro die Vertreter von 178 Staaten, darunter auch Deutschland, zu einem Umweltgipfel. Auf der Tagesordnung dieser Rio-Konferenz stand die Planung für die zukünftige Entwicklung auf der Erde. 10 000 Delegierte aus der ganzen Welt rangen in verschiedenen Konferenzen und Workshops um die Formulierungen und Empfehlungen für ein gemeinsames Leitbild. Dabei mussten ökologische, ökonomische und soziale Ziele miteinander in Einklang gebracht werden.

Schließlich kamen fünf Dokumente zustande, welche die Vielzahl an Interessengegensätzen berücksichtigen:

- Die Deklaration von Rio über Umwelt und Entwicklung
- Die Klimaschutz-Konvention
- Die Artenschutz-Konvention
- Die Walddeklaration
- Die Agenda 21

Die Deklaration von Rio über Umwelt und Entwicklung beinhaltet 27 Grundsätze (Prinzipien).

Aufgaben

1 Übersetzt den Text (▷ B 1) und diskutiert in der Gruppe darüber.

2 Gib in eine Suchmaschine die Begriffe „Nachhaltigkeit" oder „Weltgipfel Rio" oder „Agenda 21" u. ä. ein und erstelle dazu ein Referat.

Agenda 21
Auf der Rio-Konferenz ist deutlich geworden, dass eine nachhaltige Entwicklung nur durch ein weltweites Aktionsprogramm erreicht werden kann. In der „Agenda 21“ wurde deshalb ein Leitbild formuliert, dem sich jeder Staat mit ganz unterschiedlichen Vorstellungen, Maßnahmen und Methoden nähern kann. Die jeweiligen Regierungen sind für die Umsetzung dieses Leitbilds verantwortlich. Dabei beteiligen sich auch regierungs-unabhängige Organisationen wie WWF, BUND, NABU usw.. Auch die breite Öffentlichkeit soll sich an Aktionen der „Lokalen Agenda 21“ beteiligen.

Die Zukunft beginnt jetzt
Die Fähigkeit, konstruktiv an der Gestaltung der Zukunft mitzuarbeiten, kann man schon heute in der Schule lernen. Im Projektunterricht wird geschult, Probleme vorausschauend aus verschiedenen Blickwinkeln zu betrachten und über den „Tellerrand der Fächer“ hinaus zu blicken. Es ist nicht schwer, gemeinschaftlich, also kooperativ, zu arbeiten und sich und die anderen für interessante Themen zu motivieren.

Der ökologische Fußabdruck
Deine Schuhgröße kennst du. Aber weißt du auch, wie groß dein ökologischer Fußabdruck ist?

Alles, was du im Alltag benutzt oder konsumierst, benötigt zu seiner Herstellung und Entsorgung Energie und Rohstoffe. Für die Bereitstellung dieser Ressourcen wird eine bestimmte Fläche benötigt, die je nach Lebensgewohnheit größer oder kleiner ist. Für die Produktion von 1 kg Gemüse müssen z. B. 0,95 m^2 Ackerland und 10 Mega-Joule Energie aufgewendet werden. Das entspricht weiteren 1,41 m^2 Fläche. So kannst du für jeden Energie- und Materialverbrauch eine bestimmte Menge Land (Acker- oder Weideland, Wald) berechnen. Dabei gibt es die Kategorien: Nahrung, Mobilität, Haus und Heim, Güter und Dienstleistungen. Da es nicht möglich ist, jedem Verbrauch genaue Werte zuzuweisen, gibt der ökologische Fußabdruck nur eine ungefähre Vorstellung davon, auf welch „großem“ Fuß du lebst.

„Fairer Welthandel unterstützt eine nachhaltige Landwirtsaft in den Erzeugerländern.“

„Jedem Erdenbürger steht ein ökologischer Fußabdruck von etwa 1,8 ha zu.“

Beispiele für ökologische Fußabdrücke

- **Vereinigte Staaten:** 9,6 ha pro Person
  Alle 280 Mio. Bürger der USA beanspruchen somit eine ökologische Fläche von 27 Mio. km^2. Das entspricht beinahe der Fläche des gesamten afrikanischen Kontinents.

- **Deutschland:** 4,6 ha pro Person
  Die Bundesbürger verbrauchen zusammengenommen etwa die 11-fache Fläche der Bundesrepublik.

- **Bangladesh:** 0,6 ha pro Person
  Für alle Bangladeshi zusammen, entspricht das ungefähr der doppelten Fläche Deutschlands.

- **Afrika:** 1,2 ha pro Person
  Alle 800 Mio. Einwohner Afrikas beanspruchen damit eine ökologische Fläche von 9,6 Mio. km^2.
  Das entspricht ungefähr der Fläche der Vereinigten Staaten.

„Im Jahr 2000 gab es weltweit [illegible]0 Naturschutzgebiete.“

„Seit 1980 gehen jährlich 15 Mio. Hektar tropischen Regenwaldes zugrunde.“

„Täglich sterben etwa 70 Arten aus.“

Ökologisch denken – nachhaltig handeln

1 Wald im Frühling

2 Wald im Sommer

3 Wald im Herbst

4 Wald im Winter

Waldgesellschaften verändern sich
In Europa gibt es viele Waldgesellschaften. Sie sind abhängig von Klima, geologischem Untergrund und Höhenlage. Einige gelten als besonders schützenswerte Gebiete.

Boden und Klima bestimmen den Waldtyp
Jede Pflanze hat eigene Ansprüche an Boden- und Klimaverhältnisse. Mithilfe eines Bodenprofils wird der Waldboden beurteilt. Bodenart, pH-Wert und Lichtverhältnisse sind wichtige Faktoren für das Wachstum von Waldpflanzen.

Blätter haben verschiedene Aufgaben
Laub- und Nadelblätter dienen dem Gasaustausch und der Abgabe von Wasser. Sie sind aus mehreren Schichten aufgebaut. In den Zellen, in denen Chloroplasten mit Chlorophyll vorkommen, findet die Fotosynthese statt.

Pflanzen betreiben Fotosynthese
Mithilfe des Chlorophylls stellen Pflanzen aus Wasser und Kohlenstoffdioxid Traubenzucker her. Dabei wird Sauerstoff frei. Die Energie für den gesamten Vorgang liefert das Sonnenlicht. Wälder sind neben dem Plankton des Meeres die wichtigsten Sauerstofflieferanten der Erde.

Pflanzen leiten Wasser
Um Wasser und Nährstoffe in alle Pflanzenteile zu leiten, besitzen die Pflanzen Gefäßzellen, die bei krautigen Pflanzen in Leitbündeln zusammengeschlossen sind oder bei Bäumen die Holzschicht bilden.

Bäume wachsen
Baumstämme sind schichtartig aufgebaut. Man unterscheidet Borke, Bast, Kambium, Holzschicht und Markgewebe. Jahresringe geben Auskunft über die Lebensbedingungen des Baumes.

Lebewesen bilden Nahrungsketten
Am Anfang jeder Nahrungskette stehen Pflanzen als Erzeuger von Nährstoffen. Erstverbraucher sind Pflanzenfresser, die aus diesen Nährstoffen Energie gewinnen. Diese Tiere dienen ihrerseits den Zweitverbrauchern als Nahrung. Am Ende jeder Nahrungskette stehen Endverbraucher, deren Zahl jedoch in der Natur sehr klein ist. Zersetzer sorgen für eine ständige Rückführung von Stoffen in den Stoffkreislauf.

Stoff- und Energiefluss
Die Energie fließt in einem Ökosystem wie in einer Einbahnstraße.
Durch den Treibhauseffekt erwärmt sich die Atmosphäre, was zu großen Katastrophen führen kann.
Sauerstoff und Kohlenstoff befinden sich in einem ständigen Kreislauf.

Der Wald hat viele Funktionen
Neben ihrer Aufgabe als Sauerstofflieferanten dienen Wälder als riesige Wasserspeicher. Sie gleichen extreme Sommer- und Wintertemperaturen aus und wirken als starke Staubfilter. Für den Menschen bieten Wälder wichtige Erholungsmöglichkeiten, für Pflanzen und Tiere sind sie schützenswerte Lebensräume. Als Holzlieferanten stellen Wälder eine Rohstoffquelle dar, von der viele Arbeitsplätze in verschiedenen Wirtschaftszweigen abhängen.

Schadstoffe der Luft belasten die Wälder
Luftschadstoffe aus Industrie, Haushalten und Straßenverkehr führen zu einer Schwächung und Schädigung der Bäume. Dadurch sind sie besonders anfällig gegenüber Schädlingen und Infektionen durch Krankheitserreger.

Tropische Regenwälder sind bedroht
Tropische Regenwälder erstrecken sich in einem Gürtel nördlich und südlich des Äquators. Dort ist das Klima ganzjährig heiß und feucht. Die Vielfalt der Tier- und Pflanzenarten in den verschiedenen Stockwerken ist sehr groß. Die komplizierten Nahrungsnetze sind wegen des Raubbaus durch den Menschen stark gefährdet. Immer mehr Regenwald wird weltweit zerstört.

Verantwortlich handeln
Nachhaltigkeit (engl. sustainability) bedeutet die Sicherung des Lebensstandards der nachfolgenden Generationen. In der Deklaration von Rio wurde dazu ein Leitbild entwickelt. In der Agenda 21 versuchen viele Staaten, dieses Leitbild umzusetzen. Der „ökologische Fußabdruck" ist ein Indikator für die Nachhaltigkeit.

Aufgaben

1 Ein durchschnittlicher Baum von 15–20 m Höhe bewirkt folgende Leistungen:

Leistung	
Produktion organischer Stoffe	4 000 kg / Jahr
Sauerstoffproduktion	3 Mill. l/Jahr 370 l/Std.
Filterleistung (Staub)	7 000 kg/Jahr
durch Wurzeln verhinderter Wasserabfluss	70 000 l / Jahr
seine Wurzeln durchziehen	1 t Humusboden 50 t Mineralboden

Beschreibe den Nutzen des Baumes für uns Menschen. Unser Sauerstoffbedarf beträgt z. B. pro Tag 560–700 l.

2 Erstelle eine Tabelle zum Aufbau eines Baumstammes. Schicht – Aufbau – Aufgabe

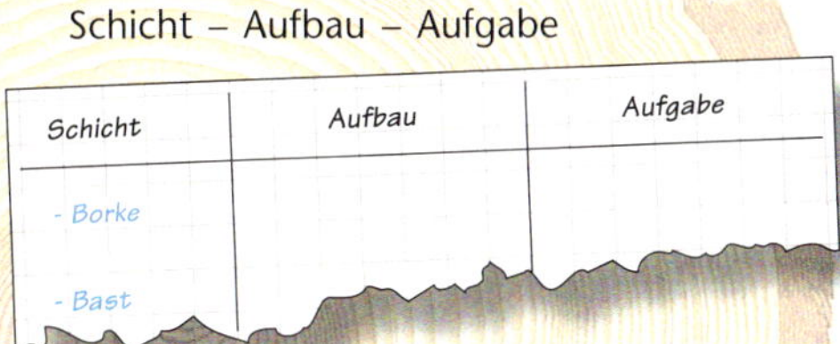

3 Vergleiche das Naturschutzgebiet „Wutachschlucht" mit einem Naturwald in deiner Umgebung. Erstelle dazu eine Fotodokumentation.

4 Welche Faktoren bestimmen den Waldtyp?

5 Zeichne Begriffskärtchen mit folgenden Begriffen und schneide sie aus: Sauerstoff, Zweitverbraucher, Destruent, Endverbraucher, Fotosynthese, CO_2 und H_2O, Licht, Atmung, Erstverbraucher, Produzent, Nährstoffe, Energie, Mineralsalze

- Lege Kärtchen mit verwandten Begriffen auf einem DIN-A4-Blatt nebeneinander.
- Klebe sie nun mit weitem Abstand voneinander auf das Blatt.
- Falls nötig, schreibe weitere Begriffe hinzu.
- Verbinde die Begriffe durch Pfeile. Schreibe über die Pfeile, wie die Begriffe zusammengehören.
  Beispiele:
  … liefert …
  … wird gefressen von …

6 Ermittle über das Internet die Waldflächen in den einzelnen Bundesländern. Berechne nun für jedes Bundesland den prozentualen Anteil an der gesamten Waldfläche der Bundesrepublik Deutschland.

7 Warum nennt man Ameisen die „Polizei des Waldes"?

8 Erkläre deinen Mitschülerinnen und Mitschülern die Zusammenhänge des Waldsterbens. Benütze dazu das Fließschema auf Seite 251.

1 Zu Aufgabe 8

9 Erstelle eine Mind-Map zum Thema „Nachhaltigkeit".

10 Informiere dich über mögliche Folgen des Treibhauseffektes und stelle eine kurze Computerpräsentation zusammen.

11 Informiere dich im Internet über weitere internationale Vereinbarungen zum Umweltschutz. Fasse zusammen.

2 Zu Aufgabe 11

12 Beschreibe den Tagesablauf im tropischen Regenwald.

13 Nenne möglichst viele Ursachen für den Raubbau im tropischen Regenwald.

3 Zu Aufgabe 13

14 Besucht ein Regenwaldhaus oder einen Zoo mit Treibhaus in eurer Nähe und beschreibt die Lebensbedingungen der Tiere und Pflanzen.

15 Erkläre mit eigenen Worten, was du unter Nachhaltigkeit verstehst. Stelle eine Sammlung aus Karikaturen zum Thema zusammen.

Stoffwechsel

5 Während des Verdauungsprozesses befindet sich bis zu einem Fünftel der Gesamtblutmenge in der glatten Muskulatur von Magen und Darm. Dadurch steht der Skelettmuskulatur nur noch sehr wenig sauerstoffreiches Blut zur Verfügung: Der Muskel übersäuert, es kommt zu Krämpfen. Ertrinken kann die Folge sein.

17 Bespiele: Enzym – Substrat; Blutzellen-Antigene – Antikörper im Serum; Antigene – Antikörper (Immunreaktion); Viren – Zelloberfläche (Andocken von Krankheitserregern); Basenpaarung bei der DNA (C-G, A-T); Insekten – Blüten (Bestäubung)

Für die Gesundheit kann jeder etwas tun

4 a) Bei psychosomatischen Erkrankungen bewirken seelische Probleme, dass der Körper krank wird.
Bsp: Magen-Darm-, Herz-Kreislauf- oder Hauterkrankungen.

b) Um psychosomatische Erkrankungen zu vermeiden, sollten seelische Belastungen verarbeitet werden und negativer Stress abgebaut werden. Ein gesundes, ausgeglichenes, zufriedenes Leben ist die beste Vorbeugung.

10 a)

Aktive Immunisierung	Passive Immunisierung
abgeschwächte Erreger werden geimpft; eigene aktive Immunabwehr mit Bildung von Antikörpern und Gedächtniszellen; Gedächtniszellen bleiben langfristig im Körper; Schutzimpfung	Antikörper werden geimpft; Erreger werden mit Antikörpern bekämpft, Heilung; kein Impfschutz, da die Antikörper von anderen Lebewesen gebildet wurden; Heilimpfung

b) Um verschiedene Erkrankungen auszuschließen, wenn eine Infektion vorliegt, sollte ein Impfpass vorhanden sein. Hat man sich beispielsweise eine tiefe Schnittwunde beim Spielen im Garten zugezogen, können Ärzte anhand der im Impfpass eingetragenen Tetanus-Impfung diese Erkrankung von vornherein ausschließen.

c) Die Impfung gegen das Röteln-Virus bei Mädchen gehört heutzutage zum Standard. Eine Impfung auch für Jungen würde die Krankheit weiter eindämmen und damit auch das Infektionsrisiko für Mädchen und Frauen reduzieren. Die befürchteten Schäden am Fetus im Mutterleib bleiben jedoch auch aus, wenn alle Mädchen und Frauen gegen Röteln geimpft sind.

Erwachsen werden – die Zeit voller Fragezeichen

12 Zu den Nebenwirkungen gehören Migräne, hoher Blutdruck und Thrombosegefahr. Wenn man zusätzlich raucht oder Übergewicht hat, erhöht sich das Risiko, eine Thrombose zu erleiden. Nikotin verengt die Gefäße und Übergewicht kann dazu führen, dass sich Ablagerungen in den Arterienwänden bilden. Der Durchmesser der Arterien verkleinert sich, sodass ein Blutgerinnsel schneller hängen bleiben und die Arterie verstopfen kann.

Die Zelle – Baustein des Lebendigen

10 In jeder Zelle sind von Biomembranen umhüllt Organellen zu finden, die differenzierte Aufgaben übernehmen.
Beispiele:
Golgi-Apparat: Steuerungssystem für die Vesikel
Mitochondrien: Aufbau von ATP
Ribosomen: Aufbau der DNA
Endoplasmatisches Retikulum: Membranfabrik – Produktion von Fetten und Proteinen
Chloroplasten: Fotosynthese
Amyloplasten: Stärkekörnchen
Leukoplasten: enthalten Farbstoffe

Erbanlagen werden an die Nachkommen weitergegeben

3 Der Vater des Kindes kann eine der Blutgruppen A (A0), B (B0), oder Null (00) haben. Die Blutgruppe AB ist unmöglich. Bezüglich des Rhesusfaktors ist der Vater entweder rhesusnegativ (rh^-rh^-), oder mischerbig rhesuspositiv (Rh^+rh^-).

7 Die Auslesezüchtung ist die ursprünglichere Methode, bei der ein Züchter Individuen mit gewünschten Merkmalen ausliest und weiterzüchtet. Bei der Kombinationszüchtung sollen erwünschte Erbmerkmale verschiedener Linien durch Kreuzung und anschließender Auslese der genotypischen Neukombinationen zusammengebracht werden.

Die unendliche Geschichte der Evolution

4 **Hyracotherium (Eohippus):**
Körpergröße ca. 50 cm, gewölbter Rücken, kurzer Hals, kurze Schnauze, kurze Beine, langer Schwanz
Das Tier ging auf Pfoten ähnlich wie die Hunde mit der Ausnahme, dass es an jeder der 4 Vorderzehen und 3 Hinterzehen kleine Hufe hatte. Das Gehirn war klein,
Laubfressergebiss, Zähne klein

Equus:
Größe ca. 1,80 m, Rücken gerade, längerer Hals, lange Schnauze, lange Beine, langer Schwanz;
geht auf der Mittelzehe mit Huf,
Gehirnvolumen größer,
Grasfressergebiss, Zähne länger

13 Das Schnabeltier wird bis 55 cm lang und erreicht ein Gewicht von etwas mehr als 2 kg. Männchen sind größer und schwerer als Weibchen. Typisch sind der „Entenschnabel" und Schwimmhäute. Männchen tragen einen „Giftsporn". Der Schwanz, der an den eines Bibers erinnert, dient als Fettspeicher.
Das Schnabeltier ist an der Ostküste Australiens und auf Tasmanien verbreitet. Es lebt in oder in der Nähe von Süßgewässern.
Seine Lebensweise ist amphibisch, es kann gut tauchen. Jedes Tier besitzt eine Erdhöhle am Rande seines Gewässers.
Nahrung: Wasserinsekten und deren Larven sowie Krebse und Schnecken.
Das Weibchen legt meistens 2 Eier, die 7 – 10 Tage lang bebrütet werden.
Die Jungen werden im Alter von 3 – 4 Monaten entwöhnt.

Ökologisch denken – nachhaltig handeln

1 Ein Baum versorgt rund 15 Menschen mit Sauerstoff. Durch seine Filterleistung trägt er zur Reinigung der Luft von Staubteilchen bei und verringert dadurch die Aufnahme dieser Schadstoffe in die Atemwege.
Die Pflanzenwurzeln durchziehen den Boden und lockern ihn dadurch auf. In Verbindung mit dem verrottenden Herbstlaub entsteht ein „lebender" Boden, der innerhalb des Stoffkreislaufs seine Aufgabe als Mineralstoff- und Nährstofflieferant erfüllen kann. Ein schattiger Waldboden speichert mit seinem dichten Wurzelgeflecht viel Wasser, das für die Trinkwassergewinnung wichtig ist.

U1.1 Getty Images (stone/Tim Davis), München – **U1.2** Getty Images RF (RF/Photodisc Rot/Lawrence Lawry), München – **U4.1** Getty Images (Imagebank/Sandra Baker), München – **U4.2** Bilderberg (Thomas Ernsting), Hamburg – **U4.3** Iconica (Paul Vozdic), New York City – **U4.4** ZEFA (G. Schuster), Düsseldorf – **3.1** Corbis (Mug Shot), Düsseldorf – **3.2** Stockfood Photo Stock Agency (FoodPhotography), München – **4.1** Corbis (LWA-Dann Tardif), Düsseldorf – **4.2** Fotex (Th. McCarthy), Hamburg – **5.1** Okapia (Manfred P. Kage), Frankfurt – **5.2** DigitalVision (Digital Vision), Maintal-Dörnigheim – **6.1** Okapia (KHS), Frankfurt – **7.1** Wischuf, Tilman, Cleebronn – **7.2** Schutzgemeinschaft Deutscher Wald, Bonn – **8.1** ullstein bild (ddp), Berlin – **8.2** Corbis (Mug Shot), Düsseldorf – **9.1** creativ collection, Freiburg – **9.2** Mauritius (Mitterer), Mittenwald – **9.3** Stockfood Photo Stock Agency (S. u. P. Eising), München – **9.4** Stockfood Photo Stock Agency (FoodPhotography), München – **9.5** Okapia (Michael F. Havelin), Frankfurt – **12.1**A MEV, Augsburg – **12.1**B Klett-Archiv (H. Fahrenhorst), Stuttgart – **12.1**C Stockfood Photo Stock Agency (Elizabeth Watt), München – **12.1**D Stockfood Photo Stock Agency (Eising), München – **12.1**E Stockfood Photo Stock Agency (Maximilian Stock LTD), München – **13.1**A Stockfood Photo Stock Agency (Bodo A. Schieren), München – **13.1**B MEV, Augsburg – **13.1**C Stockfood Photo Stock Agency (Gerhard Bumann), München – **13.1**D MEV, Augsburg – **13.1**E Stockfood Photo Stock Agency (FoodPhotography), München – **13.1**F Stockfood Photo Stock Agency (FoodPhotogr. Eising), München – **13.3**A IFA (Schmitz), Ottobrunn – **13.3**B Stockfood Photo Stock Agency (FoodPhotogr. Eising), München – **14.1**A Stockfood Photo Stock Agency (Michael Meisen), München – **14.1**A Okapia (Hapo), Frankfurt – **14.1**B Okapia (G.Büttner), Frankfurt – **14.1**C Okapia, Frankfurt – **14.1**D, **14.1**E, **16.3**, **16.4**, **16.2**A, **16.2**B, **16.2**C MEV, Augsburg – **16.2**D Stockfood Photo Stock Agency (Plewinski, Antje), München – **16.2**E Stockfood Photo Stock Agency (TH Foto-Werbung), München – **16.2**F Stockfood Photo Stock Agency (Maximilian Stock LTD), München – **17.1**A Okapia (G.Büttner), Frankfurt – **17.1**B Okapia (Tschanz-Hofmann), Frankfurt – **17.1**C Okapia (G.Büttner), Frankfurt – **17.1**D Okapia (Hans Reinhard), Frankfurt – **17.1**E MEV, Augsburg – **17.1**F Okapia (G.Büttner), Frankfurt – **18.1**A, **18.1**B MEV, Augsburg – **18.1**C Getty Images RF (Eyewire), München – **18.1**D, **18.1**E MEV, Augsburg – **18.1**F Okapia, Frankfurt – **18.1**G Elsner, Gert, Stuttgart – **18.1**H Stockfood Photo Stock Agency (Eising), München – **18.1**I Okapia (McCoy/Rainbow), Frankfurt – **20.1** Silvestris (S. Kerscher), Dießen – **20.2** Seitz, Dr. Hans-Jürgen, Aspach – **21.2** laif, Köln – **21.3** Stockfood Photo Stock Agency (Gaby Bohle), München – **21.4** Stockfood Photo Stock Agency (Michael Brauner), München – **21.5** Stockfood Photo Stock Agency, München – **21.6** Stockfood Photo Stock Agency (TH Foto-Werbung), München – **22.2** Okapia (Dr.med.J.P.Müller), Frankfurt – **22.1**A Klett-Archiv (Michael Steinle), Stuttgart – **22.1**B MEV, Augsburg – **22.1**C Grimmel, Ralph, Stuttgart – **22.1**D MEV, Augsburg – **22.1**E creativ collection, Freiburg – **22.1**F Corbis, Düsseldorf – **22.1**G Helga Lade (Michler), Frankfurt – **22.1**H, **22.1**I, **22.1**I, **22.1**J, **22.1**K MEV, Augsburg – **22.1**L Getty Images RF (Eyewire), München – **22.1**M MEV, Augsburg – **23.1** Charlotte Willmer-Klumpp, Herbolzheim – **26.2**A Seitz, Dr. Hans-Jürgen, Aspach – **26.2**B Seitz, Dr. Hans-Jürgen, Aspach – **27.2** Okapia (Institut Pasteur, CNRI), Frankfurt – **30.1** Okapia (NAS), Frankfurt – **30.2** Avenue Images GmbH (Ingram Publishing), Hamburg – **30.3** Bildagentur Waldhäusl, Rosenau – **30.4** Blohm, Christian, Nufringen – **30.5** Okapia (SIU/NAS), Frankfurt – **31.2** Okapia (Sovereign/ISM), Frankfurt – **32.1** MEV, Augsburg – **35.4** Seitz, Dr. Hans-Jürgen, Aspach – **36.2** Seitz, Dr. Hans-Jürgen, Aspach – **38.1** Corbis (Lois Ellen Frank), Düsseldorf – **38.2** Picture-Alliance (dpa), Frankfurt – **40.2** Avenue Images GmbH (image 100), Hamburg – **40.3** Comune di Almese, Comune di Almese – **40.4** FOCUS (SPL), Hamburg – **40.1**A Corbis (RF), Düsseldorf – **42.1**A Okapia (L.Mulvehill), Frankfurt – **42.1**B Okapia (NAS), Frankfurt – **43.5** Picture-Alliance (dpa/Universität Zürich), Frankfurt – **46.1** FOCUS (SPL), Hamburg – **48.1** www.bilderbox.com (Erwin Wodicka), Thening Österreich – **48.3** Deutsches Rotes Kreuz (DRK-Bildarchiv, GS), Berlin – **49.1** ullstein bild, Berlin – **51.1** Seitz, Dr. Hans-Jürgen, Aspach – **54.1** Mauritius (Phototake), Mittenwald – **54.2** Corbis (LWA-DANN TARDIF), Düsseldorf – **55.1** Corbis (Astier Frederik / Sygma), Düsseldorf – **55.2** Corbis, Düsseldorf – **55.3** Fotex, Hamburg – **55.4** Okapia (Hans Reinhard), Frankfurt – **56.2** Picture-Alliance (dpa-Fotoreport), Frankfurt – **56.1**A Niehoff, Ulrich, Bienenbüttel – **56.1**B Mauritius (age fotostock), Mittenwald – **56.1**C, **57.1** Niehoff, Ulrich, Bienenbüttel – **57.2** Okapia, Frankfurt – **57.**Z1 Deutsches Museum, München – **57.**Z2 FOCUS, Hamburg – **57.**Z3 Mauritius, Mittenwald – **58.3** Okapia (CNRI), Frankfurt – **58.1**A Deutsches Museum, München – **58.1**B Sächsische Landesbibliothek, Dresden – **58.2**A Okapia (D. M. Phillips), Frankfurt – **58.2**B Okapia (Dr. Gary Gaugler), Frankfurt – **58.2**C FOCUS (Dr. Gary Gaugler/SPL), Hamburg – **59.1** Corbis (Corbis KIPA), Düsseldorf – **62.1** FOCUS (A. B. Dowsett/Scienc), Hamburg – **62.2**A Okapia (Biophoto Ass./Scienc), Frankfurt – **62.2**B Mauritius (Hubatka), Mittenwald – **64.1** Okapia (Richard Green), Frankfurt – **64.2** FOCUS (SPL), Hamburg – **64.3** Okapia (Manfred P. Kage), Frankfurt – **64.4** Okapia (David Scharf/P. Arno), Frankfurt – **64.5** Okapia (Kwangshin Kim), Frankfurt – **65.1** FOCUS (SPL), Hamburg – **65.2** FOCUS (Science Photo Library), Hamburg – **65.3** Okapia (J. Watney/PR Science), Frankfurt – **65.4** Helga Lade (BAV), Frankfurt – **65.5** Niehoff, Ulrich, Bienenbüttel – **65.6** Okapia (NAS/Biophoto Associa), Frankfurt – **66.1** Eye of Science, Reutlingen – **66.2** Eye of Science, Reutlingen – **68.1** laif (Veit Mette), Köln – **69.1**, **69.2**, Niehoff, Ulrich, Bienenbüttel – **71.2**A Mauritius (Phototake), Mittenwald – **71.2**B Fotex, Hamburg – **71.2**C Bundeszentrale für gesundheitliche, Köln – **72.1** Picture-Alliance, Frankfurt – **73.4** Deutsches Grünes Kreuz, Marburg – **74.2** Mauritius (Photri), Mittenwald – **74.3** Vario-Press (Bernhard Classen), Bonn – **74.1**A Mauritius (Habel), Mittenwald – **74.1**B Fotex (Susa), Hamburg – **76.1**A Mauritius (age), Mittenwald – **76.1**B Mauritius (Enzinger), Mittenwald – **76.1**C Fotex (Melanie), Hamburg – **76.1**D Klett-Archiv (Charlotte Willmer-Klumpp), Stuttgart – **76.1**E Fotex, Hamburg – **77.1** Hermal GmbH, Reinbek – **77.2** Corbis (Lawrence Manning), Düsseldorf – **77.3** Getty Images RF (Photodisc), München – **78.1** laif (Veit Mette), Köln – **78.3** laif (Enker), Köln – **78.4** Fotex (Rex Interstock), Hamburg – **78.5** Bilderberg (Wolfgang Kunz), Hamburg – **78.6** laif (Veit Mette), Köln – **78.7** Fotex (Rex Interstock), Hamburg – **78.9** Bilderberg (Wolfgang Kunz), Hamburg – **79.1** Silvestris (Janicek), Dießen – **79.2** Thomas, Dr. Bernd, Bergatreute – **80.1** FOCUS, Hamburg – **81.1** Okapia (G. W. Willis), Frankfurt – **81.2** FOCUS (NIBSC/SPL), Hamburg – **81.3** FOCUS (Dr. Kari Lounatamaa/), Hamburg – **81.4** FOCUS (Moredun Animal Healt), Hamburg – **82.3** Okapia (Neufried), Frankfurt – **82.1**A Wischuf, Tilman, Cleebronn – **82.1**B Okapia (Lond. Sc. Films/OSF), Frankfurt – **82.1**C Silvestris, Dießen – **82.1**D Eye of Science (Meckes), Reutlingen – **83.3** Eye of Science (Meckes), Reutlingen – **83.5**A Institut für Parasitologie (Prof. Dr. Bruno Gott), Bern – **83.5**B Wischuf, Tilman, Cleebronn – **84.1** Corbis, Düsseldorf – **85.1** Okapia (Karl Gottfried Vock), Frankfurt – **86.1** Helga Lade (K. Röhrig), Frankfurt – **86.2** Getty Images RF (Photo Disc), München – **86.3** Mauritius (Rosenfeld), Mittenwald – **86.4** Corbis (Nadia Mackenzie –Elizabeth Whiting & Asso), Düsseldorf – **86.5** Mauritius (AGE), Mittenwald – **86.6** Mauritius (Auli), Mittenwald – **86.7** FOCUS (Samuel Ashfield/SPL), Hamburg – **86.8** Fotex (Susa), Hamburg – **86.9** Mauritius (age), Mittenwald – **88.7** Okapia (V. Steger, P. Arnol), Frankfurt – **88.8** Eye of Science (Meckes), Reutlingen – **89.10** Fotex (Susa), Hamburg – **89.11** Helga Lade (BAV), Frankfurt – **89.12** Okapia (Jeffrey Telner), Frankfurt – **90.1** Mauritius (Lehn), Mittenwald – **90.2** Niehoff, Ulrich, Bienenbüttel – **90.3** archivberlin (Alex Tossi), Berlin – **90.4** Fotex (Th. McCarthy), Hamburg – **90.5** Fotex (Th. McCarthy), Hamburg – **90.6** Fotex (Th. McCarthy), Hamburg – **91.1** Visum, Hamburg – **91.2** Niehoff, Ulrich, Bienenbüttel – **91.3** Action Press (Hans-Georg Gaul), Hamburg – **91.4** Getty Images (Nathan Bilow, Allsports), München – **92.1** Niehoff, Ulrich, Bienenbüttel – **93.1** Niehoff, Ulrich, Bienenbüttel – **94.2** Helga Lade (TPH), Frankfurt – **94.3** Mauritius (age fotostock), Mittenwald – **94.1**A Mauritius (Fergusson), Mittenwald – **94.1**B Mauritius (C. Bayer), Mittenwald – **95.1** Okapia (Claude Cortier), Frankfurt – **95.2** Action Press (Retna Pictures Ltd.), Hamburg – **95.3** Picture-Alliance (Kay Nietfeld), Frankfurt – **95.4** Klett-Archiv (Nicole Regier), Stuttgart – **98.1**A Action Press (In Photo), Hamburg – **98.1**B images.de digital photo GmbH (Melanie Pawlowski), Berlin – **99.3** Mauritius (age), Mittenwald – **100.1** Getty Images Deutschland GmbH, München – **101.1** Mauritius (Lehn), Mittenwald – **102.1** Mauritius (Keyphoto International), Stuttgart – **102.2** Mauritius (Mitterer), Mittenwald – **103.1** Mauritius (Kumicak), Mittenwald – **103.2** Organon GmbH, Oberschleißheim – **103.3** FOCUS (Saturn Stills), Hamburg – **103.4** Focus (Gusto / SPL), Hamburg – **103.5** Klett-Archiv (Tobias Storck), Stuttgart – **104.1** Focus (SPL/Mauro Fermariello), Hamburg – **104.2** FOCUS (SPL), Hamburg – **104.1**A Picture-Alliance (dpa/Klaus Rose), Frankfurt – **104.1**B MEV, Augsburg – **105.3** Okapia (NAS/H. Morgan), Frankfurt – **105.4** Charlotte Willmer-Klumpp, Herbolzheim – **105.5** Charlotte Willmer-Klumpp, Herbolzheim – **106.3** Keystone, Hamburg – **106.4** Corbis (Thom Lang), Düsseldorf – **107.1** Corbis (Duomo), Düsseldorf – **107.2** Nummer gegen Kummer e.V., Wuppertal – **108.1** Okapia (NAS Biophoto), Frankfurt – **108.2** FOCUS (Saturn Stills), Hamburg – **108.3** Mauritius (Kumicak), Mittenwald – **108.4** Organon GmbH, Oberschleißheim – **109.7** Okapia (Jim Corwin, NAS), Frankfurt – **109.8** Bilderberg (Peter Blok), Hamburg – **119.1** Lieder, Johannes, Ludwigsburg – **110.2** Norbert Cibis, Lippstadt – **111.1** Lieder, Johannes, Ludwigsburg – **111.2** Image 100, Berlin – **111.3** Okapia (NAS/Bill Longcore), Frankfurt – **113.3** Bergau, Manfred, Bohmte – **114.1** Picture-Alliance (ZB - Fotoreport), Frankfurt – **114.2** Klett-Archiv (Nature + Science AG), Stuttgart – **114.3** Naturfotografie Frank Hecker, Panten-Hammer – **114.4** Focus (SPL), Hamburg – **114.5** Picture-Alliance (OKAPIA KG / Manfred P.Kage), Frankfurt – **115.1** Okapia (NAS/Biophoto), Frankfurt – **115.2** Okapia (NAS/Biophoto), Frankfurt – **115.3** Okapia (NAS/Biophoto), Frankfurt – **115.3** Klett-Archiv (Nature + Science AG), Stuttgart – **115.4** Okapia, Frankfurt – **115.1+2** Okapia, Frankfurt – **116.1** Greiner&Meyer (Meyer), Braunschweig – **116.2** Corbis (Jacqui Hurst), Düsseldorf – **116.3** Reinhard-Tierfoto, Heiligkreuzsteinach – **116.4** Widmann, Peter, Tutzing – **117.6** Okapia (Hans Reinhard), Frankfurt – **118.1**C Okapia (NAS/Dr. D. W. Fawcett), Frankfurt – **118.1**AB Okapia (NAS/Biophoto Associates), Frankfurt – **119** Okapia (NAS/Biophoto), Frankfurt – **119.1** Norbert Cibis, Lippstadt – **119.3** Naturfotografie Frank Hecker (Dr. F. Sauer), Panten-Hammer – **119.4** Okapia (NAS/Biophoto), Frankfurt – **119.5** Focus (Science Photo Library), Hamburg – **119.6** Lieder, Johannes, Ludwigsburg – **119.7** Lieder, Johannes, Ludwigsburg – **119.8** Okapia (Manfred P. Kage), Frankfurt – **121.1** Mauritius (Rosenfeld Images Ltd), Mittenwald – **122.1**B Creativ Collection Verlag GmbH, Freiburg – **122.1**C Picture-Alliance (OKAPIA KG/Karin Montag), Frankfurt – **122.1**D Klett-Archiv (Nature + Science AG), Stuttgart – **122.1**E Okapia (NAS/Bill Longcore), Frankfurt – **123** Okapia (BiologyMedia), Frankfurt – **123.3** Okapia (NAS/Bill Longcore), Frankfurt – **123.4** Okapia (BiologyMedia), Frankfurt – **123.5** Okapia, Frankfurt – **123.6** FOCUS (SPL), Hamburg – **124.2** FOCUS (SPL), Hamburg – **125.2** Okapia (Norbert Lange), Frankfurt – **125.3** FOCUS (SPL), Hamburg – **128.1**A Silvestris (Lenz Lothar), Dießen – **128.1**B Silvestris (Otto Stadler), Dießen – **128.Z1** FOCUS (Science Photo Library), Hamburg – **128.Z2** FOCUS (SPL/A. Barrington Brown), Hamburg – **132.1** Bridgeman Art Library, London – **132.2** Pixtal, New York NY – **135.1** Okapia (Norbert Lange), Frankfurt – **136.1** Fotosearch RF (Photodisc RF), Waukesha, WI – **136.2** Lieder, Johannes, Ludwigsburg – **137.1** Wygasch, Dr. Joachim, Paderborn – **138.1** Deutsches Museum, München – **138.2** Avenue Images GmbH (Lifestyles Productions/Index Stock), Hamburg – **138.3** Corbis (RF), Düsseldorf – **139.1** SEMEX Deutschland GmbH, Verden – **139.2** Mosaik Verlag/Verlagsgruppe Random (Lennart Nilsson), München – **139.3** Creativ Collection Verlag GmbH, Freiburg – **139.4** DigitalVision (Digital Vision), Maintal-Dörnigheim – **139.5** FOCUS (SPL), Hamburg – **139.1**A Okapia (NAS/Tom McHugh), Frankfurt – **139.1**B Okapia (KHS), Frankfurt – **140.1** FOCUS (SPL), Hamburg – **141.1** Helga Lade (NDS), Frankfurt – **141.2** Fehrmann, Ulrike – **142.1** FOCUS (SPL), Hamburg – **143.1** K. Hägele – **144.1** Frey, Prof. Dr. Hans Dieter, Tübingen – **144.2** Naturfotografie Frank Hecker, Panten-Hammer – **144.2** Naturfotografie Frank Hecker (Dr. F. Sauer), Panten-Hammer – **144.3** Wischuf, Tilman, Cleebronn – **145.1**A Reinhard-Tierfoto, Heiligkreuzsteinach – **145.1**B Okapia (Hans Reinhard), Frankfurt – **145.1**D Okapia (Hans Reinhard), Frankfurt – **145.1**E Silvestris (Lothar Lenz), Dießen – **145.2**A Silvestris (Robert Bruckner), Dießen – **145.3**A Okapia (Gabriela Staebler), Frankfurt – **145.3**B Okapia (NAS/Tim Davies), Frankfurt – **145.3**C Okapia (John Netherton/ OSF), Frankfurt – **145.3**D Okapia (Robert Winslow), Frankfurt – **145.3**E Okapia (Joe McDonald), Frankfurt – **145.4**C Okapia (J-L Klein & M-L Hubert), Frankfurt – **145.5**A Wischuf, Tilman, Cleebronn – **145.5**B Corel Corporation, Unterschleissheim – **145.5**B, **145.5**C, **145.5**D Wischuf, Tilman, Cleebronn – **146.1** Deutsches Museum, München – **146.3** Deutsches Museum, München – **147.1**, **147.2** Reinhard-Tierfoto, Heiligkreuzsteinach – **147.4** Okapia (Christian Grzimek), Frankfurt – **149.1**A, **149.1**B MEV, Augsburg – **150.1**C Okapia (Björn Svensson), Frankfurt – **150.1**AB Okapia (Hans Reinhard), Frankfurt – **151.2** Mauritius (Palkovic), Mittenwald – **152.2** USIS, Bonn – **154.1**A Okapia (R. Jackmann), Frankfurt – **154.1**B Reinhard-Tierfoto, Heiligkreuzsteinach – **154.3**A Okapia (Jens-Peter Laub), Frankfurt – **154.3**B Reinhard-Tierfoto, Heiligkreuzsteinach – **154.4**A Reinhard-Tierfoto, Heiligkreuzsteinach – **154.4**B Silvestris, Dießen – **154.5**A Okapia (Manfred Danegger), Frankfurt – **154.5**B Klett-Archiv (H. Fahrenhorst), Stuttgart – **156.3**A Mitchell, Terence, West Yorks WF **5 9** EU – **156.3**A Reinhard-Tierfoto, Heiligkreuzsteinach – **156.3**B The National Auricula & Primula Society, Northern Section (TerenceMitchell), West Yorks, UK – **157.1** Aug. Hedinger GmbH & Co. KG, Stuttgart – **158.2** Bild-Archiv Okapia KG, Frankfurt – **158.1**A Okapia (BiophotoAss/Science Source), Frankfurt – **158.1**B Okapia (BiophotoAss/Science Source), Frankfurt – **158.1**C Corbis, Düsseldorf – **162.1** Grieb-Bubbel, Marlies, Düsseldorf – **163.1**A Getty Images (McVay), München – **163.1**B Corbis (RF), Düsseldorf – **163.B1** Hoechst AG, Frankfurt – **164.3** Okapia (Ulla Spiegel), Frankfurt – **164.1**A Max-Planck-Institut für Züchtungsfo, Köln – **164.1**A Okapia (Hans Reinhard), Frankfurt – **164.1**B, **164.1**C, **164.1**D Max-Planck-Institut für Züchtungsfo, Köln – **164.1**E Reinhard-Tierfoto, Heiligkreuzsteinach – **165.4**A MEV, Augsburg – **165.4**B Okapia (J-L Klein & M-L Hubert), Frankfurt – **166.1**A Joker (Alexander Stein), Bonn – **167.2** FOCUS (SPL), Hamburg – **167.2** TriAss Fotoagentur, Dortmund – **167.3** Okapia (Dan McCoy/Rainbow), Frankfurt – **167.3** Okapia (Dan McCoy/Rainbow), Frankfurt – **167.B1** Okapia (NAS/H. Morgan), Frankfurt – **168.3** Okapia (Hans Reinhard), Frankfurt – **170.2** FOCUS (SPL), Hamburg – **172.1** The Jackson Laboratory, Bar Harbor, Maine **04609-1500** – **173.1** Corbis (Bettmann), Düsseldorf – **175.1** Okapia (NAS/W.&D. McIntyre), Frankfurt – **175.1**A Creativ Collection Verlag GmbH, Freiburg – **176.1** Focus (Biophoto Associate/Science Photo Library), Hamburg – **176.2** MEV, Augsburg – **177.1** Okapia (Martin M. Rotker/NAS), Frankfurt – **177.2** Juniors Bildarchiv, Ruhpolding – **178.1** Focus (SPL/Sinclair Stammer), Hamburg – **178.2** Picture-Alliance (dpa), Frankfurt – **179.1** Bilderberg (Wolfgang Schnaubelt), Hamburg – **179.2** FOCUS (John Reader/ SPL), Hamburg – **179.3** Unbekannter Lieferant, Stuttgart – **179.5** Naturmuseum Senckenberg, Frankfurt/Main – **180.1** Okapia (Marcel Gut), Frankfurt – **180.2** Okapia (Kjell B. Sanved), Frankfurt – **180.3** Bilderberg (Thomas Ernsting), Hamburg – **180.4** Okapia (KHS), Frankfurt – **181.1** Staatliches Museum für Naturkunde, Stuttgart – **181.1** Bilderberg (Thomas Ernsting), Hamburg – **181.2** Staatliches Museum für Naturkunde, Stuttgart – **181.2** Bilderberg (Thomas Ernsting), Hamburg – **181.3** Staatliches Museum für Naturkunde, Stuttgart – **181.3** Okapia (Ca.Biological/'Photo), Frankfurt – **181.4** Okapia (Breck P. Kent), Frankfurt – **181.5** Picture Press (Voe Stern), Hamburg – **182.1** Bilderberg (Ernsting), Hamburg – **183.1** Staatliches Museum für Naturkunde (Rotraud Harling), Stuttgart – **184.1** Corbis (Charles & Josette Lenars), Düsseldorf – **185.1** Okapia (Johann Brandstetter), Frankfurt – **187.2**A Corbis (Ralph White), Düsseldorf – **190.1** AKG (Erich Lessing), Berlin – **190.2** AKG, Berlin – **190.3** Bridgeman Art Library (Museum of Fine Arts, Boston, Massachuset), London – **191.1**A AKG, Berlin – **191.1**B Okapia (NAS S.Camazine), Frankfurt – **191.1**C Corbis (Bettmann), Düsseldorf – **191.1**D AKG, Berlin – **192.1**A Pixtal, New York NY – **192.1**B Corbis (Bettmann), Düsseldorf – **192.1**C Astrofoto (NASA), Sörth – **193.1** AKG, Berlin – **194.1**A Wischuf, Tilman, Cleebronn – **194.1**B Mauritius (S.Thamm), Mittenwald – **194.1**C MEV, Augsburg – **194.1**D Reichle, Jörg, Gerlingen – **194.1**E Andrea Kujat, Böhlen – **194.1**F MEV, Augsburg – **194.3**A Okapia (Dietmar Nill), Frankfurt – **194.3**B Reinhard-Tierfoto, Heiligkreuzsteinach – **196.1** Corbis (Bettmann), Düsseldorf – **196.2** Interfoto, München – **196.3** Unbekannter Lieferant, Stuttgart – **196.1**A AKG, Berlin – **198.2**A Getty Images (Image Bank/Guy Edwards), München – **198.2**B Pott, Dr. Eckart, Stuttgart – **199.3** Naturmuseum Senckenberg, Frankfurt/Main – **200.3** Okapia (Alan Root), Frankfurt – **200.2**A Okapia (J. Schauer/Fricke), Frankfurt – **200.2**B Bayerische Staatsammlung für Paläon, München – **201.7** MEV, Augsburg – **201.4**A Focus (Sinclair Stammers), Hamburg – **201.4**B Okapia (NAS/Douglas Faulkner), Frankfurt – **201.5**A Bayeri-